2013 年 9 月 24 日，住房和城乡建设部防灾研究中心专家委员会成立暨建筑防灾研讨会在北京顺利召开

2013 年 5 月，住房和城乡建设部防灾研究中心副主任委员宫剑飞一行访问俄罗斯建筑科学研究中心

# 上海力岱结构工程技术有限公司

力岱公司全称为上海力岱结构工程技术有限公司，是由宝钢工程技术集团有限公司（以下简称宝钢工程）、上海现代建筑设计（集团）有限公司（以下简称现代集团）、日本新日铁住金工程技术株式会社（以下简称新日铁住金）三家股东方共同出资组建的一家新公司，旨在引进日本先进的隔减震技术，并与中国规范相结合，以此为基础，开发研究新的隔减震技术，为中国的建筑市场提供更多更好的隔减震产品，并推动国内隔减震领域的技术进步。

力岱公司在UBB产品及服务方面，具有以下优势：

（1）产品设计优势

新日铁住金很早就开始了采用屈曲约束支撑进行减震设计的研究，在产品受力机理、构件细部设计、构件受力性能方面进行了大量的理论和试验研究，积累了丰富的UBB构件设计经验。

（2）结构技术支持优势

现代集团作为国内大型的建筑设计企业，在超高层建筑设计、结构隔减震设计、超限复杂结构的设计方面处于国内领先地位，具有大量的工程业绩，如央视办公楼新台址、苏州东方之门等大型项目。力岱公司依托现代设计集团的支持，提供系统的隔减震解决方案。

（3）产品制作优势

宝钢工程下辖宝钢钢构有限公司，前身为冠达尔钢结构有限公司，在国内钢结构加工制作领域享有盛誉。上海外滩的超高层建筑群中，东方明珠电视塔、金茂大厦、环球金融中心、上海中心大厦，均由宝钢钢构有限公司（冠达尔钢结构有限公司）提供钢结构制作服务。力岱公司的产品，结合日本先进的制造工艺，委托宝钢钢构有限公司进行加工制作。

目前公司产品主要分屈曲约束支撑（UBB）、U型阻尼器及U型阻尼橡胶隔震支座、粘弹性阻尼器，含墙板型与支撑型、低摩擦弹性滑移支座、抗震/减震墙板型阻尼器。

（1）UBB

屈曲约束支撑（UBB）是采用外套钢管和混凝土来约束芯材，使芯材不易产生屈曲变形，能够稳定地产生塑性变形的轴心受力构件。芯材和混凝土之间使用特殊的无粘结材料，钢管和混凝土不承受任何轴力。这样的组合构造，使得芯材的拉伸和压缩都具有同性状的稳定特性。

**屈曲约束支撑（UBB）**

**U型阻尼器**

（2）U型阻尼器及U型阻尼橡胶隔震支座

U型阻尼器由新型的钢材通过精心设计组成。U型阻尼器的大小和个数不同，阻尼器的性能选择范围也越大。而且，阻尼器的合理位置的布置，能够有效地解决大楼整体偏离重心的问题。U型阻尼橡胶隔震支座，是由高质量的热轧钢材加工制作成型的钢材和橡胶两种材料相结合的阻尼器。在施工时更加便于安装、能更加有效地节省使用空间。而且，橡胶和阻尼器的完美搭配能够充分发挥两者的作用。

**U型阻尼橡胶隔震支座**

（3）粘弹性阻尼器（墙板型与支撑型）

粘弹性阻尼器最适于各风振条件和地震条件下的建筑物。阻尼器受到轴力或水平作用时，粘弹性体会产生剪切变形，这种结构可以有效地吸收振动能量。

• 支撑型：由芯材、内鞘管与粘弹性体交互重叠组成。

• 墙板型：由钢板与粘弹性体交互重叠组成。

（4）低摩擦弹性滑移支座

① 高性能，摩擦系数非常小。在各种周期的地震都能发挥稳定的性能。

② 低成本&微空间。经过无数次的改良和试验，能够实现以最低成本达到最优秀的效果。在高压强的条件下，滑移面和叠层橡胶能自由地发挥作用，实现产品的性能。

③ 耐久性&维护。采用特殊的滑移板，能够发挥优良的耐久性能。日本特制的PTFE材料作为摩擦面材料，长期使用也极为稳定。选用的日本特制的高质量叠层橡胶。

④ 隔震效果，可以提高隔震建筑的固有周期，不论建筑物的高度如何，都可以有效地实现隔震效果。

（5）抗震/减震墙板型阻尼器

① 低廉成本&便捷施工，与一般钢结构可同时进行安装。

② 耐久性&维护，采用特殊处理优质钢板，能够发挥优良的耐久性能，便于维护与检验。

③ 自由设计，根据设计的要求，可方便地对数量和强度进行调整。

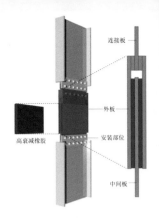

**粘弹性阻尼器**

**低摩擦弹性滑移支座**

**抗震/减震墙板型阻尼器**

# 项目实例

**虹桥国家会展中心**

**2010年上海世界博览会世博中心**

**上海东方体育中心游泳馆**

**东方之门**

**君津中央医院（日本）**

**京阪神不动产新町第二大厦（日本）**

地址：上海市浦东新区世纪大道1500号东方大厦9楼903　电话：021-58881300/58889928　传真：021-58885822

邮箱：tianhai@lead-dynamic.com　　　　　　　网址：www.lead-dynamic.com

# 建研防火设计性能化评估中心有限公司

## 公司概况

    建研防火设计性能化评估中心有限公司，是在中国建筑科学研究院建筑防火研究所"性能化防火设计与评估中心"的基础上，于 2004 年 4 月正式注册成立的中国建筑科学研究院所属独立法人单位。公司依靠中国建筑科学研究院在建筑领域的科技优势，以国家建筑工程质量监督检验中心建筑防火质检部以及建筑防火研究所下设的结构耐火、建筑防火材料、通风与排烟、报警与灭火、消防安全评估等专业设计与研究室为基础，力争成为建筑领域国内技术领先的科技创新型防火咨询公司。

    公司主要从事建筑火灾风险评估、建筑消防性能化设计咨询等服务工作。曾参与多项国家与省部级科研任务，完成了上百项国家及省级重点工程项目的消防设计咨询工作，培养了一支理论扎实、经验丰富、勇于创新的消防技术研究与服务团队。目前拥有防火性能化设计与评估专业技术人员 18 人，涉及建筑结构、材料、电气、暖通空调、给排水、安全工程等多专业，其中研究员 3 名，高级工程师 5 名，工程师 5 名，助理工程师 4 名。同时，拥有大量高性能工作站，以及 FDS、FLUENT、SMARTFIRE、SOLVENT、SIMULEX、STEPS、buildingEXODUS、PATHFINDER、ANSYS 等多种专业分析软件。

## 联系方式

办公电话：010 － 64517632　传　真：010 － 84285007

张向阳（常务副总经理）（18610183886）　电子信箱：zxycabr@126.com

李　磊（副总经理）（18610183880）　电子信箱：llga66@126.com

刘文利（总工）（18610183885）　电子信箱：cabr2751@126.com

## 商业类

北京金源时代购物中心消防设计性能化评估
北京华贸中心商贸广场消防设计性能化评估
金融街活力中心消防设计性能化评估
北京石景山万达广场消防设计性能化评估

## 办公类

新保利大厦消防设计性能化评估
中国海洋石油办公楼消防设计性能化评估
中国石油天然气集团办公楼消防设计性能化评估
北京电视中心消防设计性能化评估
中央电视台新台消防设计性能化评估
中青旅大厦消防设计性能化评估
数字北京大厦消防设计性能化评估
南京国资绿地金融中心消防设计性能化评估
河南省广播电视发射塔工程消防设计性能化评估

## 交通类

金融街地下车行隧道系统消防设计性能化评估
东直门地铁交通枢纽消防设计性能化评估
首都机场 3# 航站楼消防设计性能化评估
北京南站消防设计性能化评估
湖南黄花机场消防设计性能化评估
北京奥林匹克公园地下车行隧道工程消防设计评估

## 体育文艺类

国家大剧院钢结构防火性能评估
中国国家博物馆消防设计性能化评估
国家游泳中心（水立方）消防设计性能化评估
国家奥林匹克体育场（鸟巢）消防设计性能化评估
国家奥林匹克体育馆消防设计性能化评估
北京五棵松体育文化中心消防设计性能化评估
国家数字图书馆消防设计性能化评估
中国科学技术馆消防设计性能化评估
厦门文化艺术中心消防设计性能化评估
内蒙古乌兰恰特大剧院消防设计性能化评估
山东省博物馆消防设计性能化评估

## 会展与其他

国家奥林匹会议中心消防设计性能化评估
湖南国际会展中心消防设计性能化评估
烟台世贸会展中心消防设计性能化评估
中山市博览中心消防设计性能化评估
包头国际会展中心消防设计性能化评估

# 青鸟消防
## JADE BIRD FIRE

## 北大青鸟环宇消防设备股份有限公司
### Beida Jade Bird Universal Fire Alarm Device Co.,Ltd.

北大青鸟环宇消防设备股份有限公司成立于 2001 年 6 月,是北京大学北大青鸟集团的下属控股公司。公司专业从事火灾自动报警及联动控制系统、电气火灾监控系统、燃气探测报警系统、有毒有害气体检测报警及系统、气体灭火系统等消防安全产品的研究、开发、生产、销售、服务及相关增值业务。公司依托北京大学的技术与人才优势,全力发展以嵌入式技术为核心的消防电子产品及智能消防物联远程监控系统,逐步将青鸟消防发展成为专业的消防安全电子产品制造和智能消防安全系统服务企业。

公司产品主要包括:以火灾探测设备及警报装置、区域显示系统、火警通讯系统、联动控制系统、中央控制显示系统、无线探测、无线收发系统等构成的火灾自动报警及联动控制系统;以剩余电流式电气火灾监控探测器、测温式电气火灾监控探测器、现场模块和电气火灾监控设备等构成的电气火灾监控系统;以各种燃气探测器、有毒有害气体检测仪及报警控制器等构成的燃气探测报警系统;以七氟丙烷、IG541、细水雾等构成的气体灭火系统;基于火灾自动报警及联动控制系统,采用先进的计算机网络技术、云计算技术、图像处理技术开发的青鸟智能消防物联远程监控系统等五大类产品体系,为消防安全领域提供全面解决方案,可以形成跨区域的集消防、安防、监控与智能识别于一体的消防安全报警系统。

公司以振兴中国民族品牌为己任,以完全自主知识产权架构产品体系,以完善的市场渠道阵营创造佳绩,以全方位的精准服务赢得客户;经过十余年的快速发展,先后取得了百余项国内、国际的各种认证证书,荣获了几十项国家级、省市级荣誉证书,产品销售业绩超过 5 亿元,在全球已经拥有 100 家以上销售、服务机构,公司现已发展成为中国消防行业民族品牌的杰出代表。在大力开拓国内市场的同时,公司不仅积极开拓海外市场,还组建了北美子公司,正全力建设北美生产基地,逐步以符合 UL 等国际标准的本土化产品拓展海外市场,青鸟消防正逐步发展成为全球性消防企业,成为中国消防行业国际化的代表。

消防协会"AAA级企业信用等级"证书

奥运场馆

上海世博会

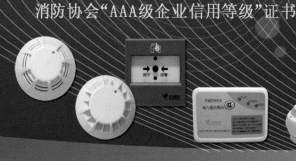

公司地址:北京市海淀区成府路 207 号北大青鸟楼 C 座
联系电话:(+86)010-82615888    传真:(+86)010-62758875
公司网址:www.jbufa.com

# 技术领先　注重服务

**远程电缆**股份有限公司是专业生产电线电缆的大型企业，成立于2001年2月，并于2012年8月在深圳证券交易所上市，股票简称"远程电缆"，股票代码"002692"。公司位于江苏省宜兴市官林镇，公司注册资本32643万元，占地25万余平米，厂房建筑面积16万余平米，员工800余名，已形成50万余公里的年生产能力，主要从事电力电缆、裸电线、电气装备用电线电缆等的研发、制造、销售。公司研发的耐火系列产品广泛应用在建筑等领域。

远程电缆股份有限公司
地址：中国江苏省宜兴市官林镇远程路8号

公司通过了GB/T 19001质量管理体系、GB/T 24001环境管理体系、GB/T 28001职业健康安全量管理体系的认证，是高新技术企业。产品广泛应用于电力、石化、冶金、建筑、铁路交通等领域，并出口亚洲、非洲国家和地区。

# 防火线缆行业领军企业

**热　线：4001868166　传　真：0510-87206771**

**E-mail：chinayuancheng@yccable.cn**

# 建研（北京）抗震工程结构设计事务所有限公司

　　建研（北京）抗震工程结构设计事务所有限公司隶属中国建筑科学研究院，具有结构甲级设计资质和特种工程承包资质。目前公司拥有国家一级注册结构工程师5人，教授级高工4人，专业从事结构超限咨询和既有建筑结构检测鉴定，加固设计与施工。

**超限咨询**

无锡九龙仓　　　　　　太原千禧商务大厦

**检测鉴定**

民族文化宫　　　　　　北京华润饭店

**加固设计**

北京紫金宾馆1号楼　　厦门郑成功纪念馆
（比利时大使馆旧址）

**专项施工**

厦门检察院办公楼平移工程　锦州国际酒店加固工程

**专项施工**

国家博物馆加固工程

# 可视化 CCP 协同平台
## ——防灾减灾调度指挥工具

## A. 业务模型架构——"四网合一"系统

采用多层分布式体系：即底层为部署在互联网骨干网络上的云计算服务器群，配合本地专业数据服务器，协调架构在上层的能够处理专项业务和相应硬件的各个分系统插件，如：远程视频监控系统、防灾管理系统、远程调度指挥视频会议系统、物联网系统等，同时通过数据的抽取和挖掘为上层防灾减灾的管理和决策支持服务。

业务架构图

## B. "云视频服务"架构模式

中国建筑产业链——远程可视化（CCP）协同平台是软、硬结合的音视频及数据交互系统，采用 B/S+C/S 结构，整个系统由网站、客户端软件、相关硬件终端和本地"私有云"服务器、骨干网"公有云"服务器群构成，适应大规模应用。能有效应对灾害发生时，系统高峰使用量带来的服务器及带宽压力。

## C. 物联网系统架构扩展模式

远程可视化（CCP）协同平台采用先进的物联网技术。可以对建筑物的健康状态进行监控，将监控数据上报综合管理平台，对各子系统进行融合，进行报警联动等处理。各级管理部门可以及时准确了解建筑物的健康状况，提前预警灾害的发生，减低灾害的损害程度，并将传统的灾害应急调度指挥效率有效提高。

慧鱼粘钢胶加固系统 FC–SRS

慧鱼碳纤维加固系统 FRS

慧鱼高强环氧锚固胶 FIS EM

慧鱼灌注型粘钢胶加固系统 FSB

# 慧鱼抗震加固产品系列

碳纤维加固系统 FRS

粘钢胶加固系统

高强环氧锚固胶 FIS EM

**慧鱼碳纤维加固系统**
- 改性环氧树脂，免底涂且浸渍、粘结与修补兼用
- 减少施工工序、易于保证施工质量

**慧鱼粘钢胶加固系统**
- 粘度低，流淌性好，保证压力注胶的密实性
- 胶体韧性好，通过国家抗冲击剥离测试
- 满足国家规范A级胶要求，通过2160小时湿热老化试验

**慧鱼高强环氧锚固胶**
- ETA认证，适用于开裂及非开裂混凝土
- ICC认证，抗震等级A-F，IBMB防火认证：F-120分钟
- 经认证适用于水钻成孔及水下安装

德国慧鱼集团
慧鱼（太仓）建筑锚栓有限公司
fischer (Taicang) Fixings Co., Ltd.
公司网址：www.fischer.cn
公司微博：weibo.com/fischerchina

客服热线：400-820-3920

# fischer

*innovative solutions*

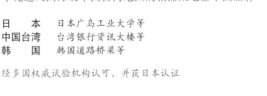

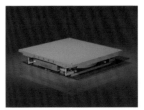

# 建筑防灾年鉴

## 2013

住房和城乡建设部防灾研究中心　编

中国建筑工业出版社

**图书在版编目（CIP）数据**

建筑防灾年鉴 2013／住房和城乡建设部防灾研究
中心编 .—北京：中国建筑工业出版社，2014.5
ISBN 978-7-112-16599-5

Ⅰ.①建… Ⅱ.①住… Ⅲ.①建筑物—防灾—中
国—2013—年鉴 Ⅳ.① TU89-54

中国版本图书馆 CIP 数据核字（2014）第 053242 号

责任编辑：张幼平
责任设计：董建平
责任校对：陈晶晶 赵 颖

## 建筑防灾年鉴
### 2013
住房和城乡建设部防灾研究中心 编

\*

中国建筑工业出版社出版、发行（北京西郊百万庄）
各地新华书店、建筑书店经销
北京京点设计公司制版
北京建筑工业印刷厂印刷

\*

开本：787×1092 毫米 1/16 印张：28¾ 插页：8 字数：740 千字
2014 年 5 月第一版 2014 年 5 月第一次印刷
定价：88.00 元
ISBN 978-7-112-16599-5
（25406）

# 《建筑防灾年鉴 2013》

**指导委员会：**

主　　　任：王　俊　中国建筑科学研究院院长，研究员
副 主 任：李朝旭　中国建筑科学研究院副院长，教授级高工
　　　　　　路　红　天津市国土资源和房屋管理局巡视员，博士生导师
　　　　　　林海燕　中国建筑科学研究院副院长，研究员
　　　　　　赵基达　中国建筑科学研究院总工，研究员


**编 委 会：**

主　　任：王清勤　住房和城乡建设部防灾研究中心主任
副主任：李引擎　住房和城乡建设部防灾研究中心副主任
　　　　王翠坤　住房和城乡建设部防灾研究中心副主任
　　　　黄世敏　住房和城乡建设部防灾研究中心副主任
　　　　高文生　住房和城乡建设部防灾研究中心副主任
　　　　程志军　中国建筑科学研究院标准规范处处长
　　　　金新阳　中国建筑科学研究院结构所副所长
　　　　宫剑飞　中国建筑科学研究院地基所副所长
委　员：王广勇　中国建筑科学研究院　　　　　　　　　　　高工
　　　　王庆生　北京市建筑节能专业委员会　　　　　　　副总工程师
　　　　王　岩　远程电缆股份有限公司　　　　　　　　　总工程师
　　　　王毅红　长安大学　　　　　　　　　　　　　　　教授
　　　　方平治　中国气象局上海台风研究所
　　　　田　海　上海力岱结构工程技术有限公司　　　　　营销部总经理
　　　　边智慧　河北省建筑科学研究院　　　　　　　　　教授级高工
　　　　吕西林　同济大学　　　　　　　　　　　　　　　教授
　　　　朱立新　中国建筑科学研究院　　　　　　　　　　高工
　　　　朱春玲　中国建筑科学研究院　　　　　　　　　　研究员
　　　　刘文利　中国建筑科学研究院　　　　　　　　　　研究员
　　　　刘庆宽　石家庄铁道大学　　　　　　　　　　　　教授

3

# 前　言

　　中国是世界上自然灾害频发的地区之一，近年来我国连续遭受了南方低温雨雪冰冻、汶川特大地震、大范围秋冬春连旱、青海玉树地震、舟曲特大山洪泥石流、华北地区洪涝风雹灾害、四川雅安地震、甘肃岷县漳县地震等重特大自然灾害，积极应对这些自然灾害是建筑防灾减灾的主要工作。我国每年基础设施建设规模宏大，"大码头、大钢铁、大化工、大电能"纷纷上马，但重大工程防灾减灾等基础性科学研究距世界先进水平还有一定的差距，尤其是灾害作用机理和工程防灾减灾技术方面的原创性科学研究极度匮乏。因此，突破灾害和工程防灾减灾领域的关键性科学问题显得尤为紧迫和重要。

　　联合国机构 2013 年 5 月 15 日发布《2013 年全球减灾评估报告》认为：自 2000 年以来，自然灾害造成的直接损失已经高达 2.5 万亿美元；最近 3 年自然灾害造成的损失越来越高昂。因此，采取有效的防灾与减灾措施和手段是实现国民经济可持续发展的重要保障，是国家财产和人民生命安全的重要保证。国务院办公厅于 2010 年 12 月颁布了"国家防震减灾规划（2011～2015 年）"、住房和城乡建设部也颁布了"城乡建设防灾减灾十二五规划"，并将防灾减灾人才队伍建设纳入《国家中长期人才发展规划纲要（2010—2020 年）》，规划要求进一步提高防灾减灾能力，最大程度保障人民群众生命财产安全。党的十八大报告提出"加强防灾减灾体系建设，提高气象、地质、地震灾害防御能力"。这些都是党和国家对工程防灾减灾领域的殷殷期许，更是工程防灾减灾领域应该急于解决的重大课题与核心任务。

　　为贯彻《城乡建设防灾减灾"十二五"规划》，促进各地开展建筑防灾的相关工作，提高我国建筑防灾能力，受住房和城乡建设部委托，住房和城乡建设部防灾研究中心（以下简称防灾中心）自 2012 年起开展《建筑防灾年鉴》的编纂工作。防灾中心专家团队通过共同的辛勤劳动，《建筑防灾年鉴（2012）》已于 2013 年 3 月顺利出版发行。《建筑防灾年鉴》的编写，旨在全面系统地总结我国建筑防灾减灾的研究成果与实践经验，交流和借鉴各省市建筑防灾工作的成效与典型事例，增强全国建筑防灾减灾的忧患意识，推动建筑防灾减灾工作的发展与实践应用，使世人更全面了解中央政府和人民为防灾减灾所作的巨大努力。

　　《建筑防灾年鉴（2013）》作为我国建筑防灾减灾总结与发展的年度报告，为力求系统全面地展现我国 2013 年度建筑防灾工作的开展全景，在编排结构上进行了调整。全书共分为 8 篇，包括综合篇、政策篇、标准篇、地方篇、科研篇、成果篇、工程篇、附录篇。

　　第一篇综合篇，选编 8 篇综述性论文，内容涵盖综合防灾、建筑抗震、防火、防洪、抗风雪和地质灾害等多个方面。主要对建筑防灾减灾领域研究进展进行全面综合、分析与评述，旨在于概述本领域研究的基本面貌，为研究者了解学科发展现状提供条件，有效促进学科研究品质的提升，科学引导学科研究的发展。

第二篇政策篇，选编国家颁布的有关建筑防灾方面的法律条例 2 部，指导意见 2 项；各地方颁布的有关建筑防灾方面的法律条例 4 部，管理规定 1 项和专项规划 1 条。这些政策法规的颁布实施，为防灾减灾事业的发展发挥政策支持、决策参谋和法制保障的作用。

第三篇标准篇，主要收录国家、行业、协会以及地方标准在编或修订情况的简介，主要包括：编制或修编背景、编制原则和指导思想、修编内容与改进等方面内容，便于读者能在第一时间了解到标准规范的最新动态，做到未雨绸缪。

第四篇地方篇，通过对河北、四川、云南、安徽、厦门、西安等 7 个省市建筑防灾的总体情况，组织机构，政策法规，标准规范、科研情况和地方特色防灾等方面的介绍，向读者展示各地建筑防灾的发展情况，便于读者对全国的建筑防灾减灾发展有一个概括性的了解。

第五篇科研篇，主要选录了重大在研项目、课题的研究进展、关键技术、试验研究和分析方法等方面的文章 15 篇，集中反映了建筑防灾的新成果、新趋势和新方向，便于读者对近年来建筑防灾减灾领域的研究进展有较为全面的了解和概要式的把握。

第六篇成果篇，"科学技术是第一生产力"，本篇选录了包括工程抗震、建筑防火、建筑抗风雪、灾害风险评估计、地质灾害在内的 20 项具有代表性的最新科技成果。通过整理、收录以上成果，希望借助防灾年鉴的出版机会，能够和广大防灾科技工作者充分交流，共同发展、互相促进。

第七篇工程篇，防灾减灾工程案例，对我国防灾减灾技术的推广具有良好的示范作用。本篇选取了有关工程抗震、建筑防火、抗风、灾害风险评估以及防灾信息化等领域的工程案例 7 个，通过对实际工程如何实现防灾减灾的阐述，介绍了防灾减灾实践经验，以达到抛砖引玉、促进防灾减灾事业稳步前进的目的。

第八篇附录篇，基于住房和城乡建设部、民政部和国家统计局等相关部门发布的灾害评估权威数据，本篇主要收录了我国 2012 年到 2013 年间，住房和城乡建设部抗震防灾、村镇建设防灾工作情况，民政部、国家减灾办发布的 2012 年全国自然灾害基本情况、2013 年上半年全国灾情等数据。此外，2013 年度内建筑防灾减灾领域的研究、实践和重要活动，以大事记的形式进行了总结与展示，读者可简洁阅读大事记而洞察我国建筑防灾减灾的总体概况。

本书可供从事建筑防灾减灾领域研究、规划、设计、施工、管理等专业的技术人员、政府管理部门、大专院校师生参考。

本年鉴在编纂过程中，受到住房和城乡建设部、各地科研院所及高校的大力支持，在此对他们的指导与支持表示由衷的感谢。本书引用和收录了国内大量的统计信息和研究成果，在此对他们的工作表示感谢。

　　本书是防灾中心专家团队共同辛勤劳动的成果。虽然在编纂过程中几易其稿，但由于建筑防灾减灾信息的浩如烟海，在资料的搜集和筛选过程中难免出现纰漏与不足，恳请广大读者朋友不吝赐教，斧正批评。

住房和城乡建设部防灾研究中心

中心网址：www.dprcmoc.com

邮箱：office@dprcmoc.cn

联系电话：010-64517465

传真：010-84273077

2013 年 11 月 18 日

# 目　录

# 第一篇 综合篇

建筑防灾减灾是一项复杂的系统工程,大到国家的发展规划,小到具体建筑的防灾设计,贯穿社会生活的各个层面;同时,它还包含了不同的专业分工和学科门类,具有综合性强、多学科互相渗透等显著特点。

本篇选录8篇综述性论文,内容涵盖综合防灾、建筑抗震、防火、防洪、抗风雪和地质灾害等多个方面,对建筑防灾减灾研究进展进行综合、分析与评述,旨在概述本领域研究的基本面貌,为研究者了解学科发展现状提供条件;评价本领域研究的得失,有效促进学科研究品质的提升;揭示本领域研究的发展趋势,引导学科研究的发展。

论文的选编工作难免挂一漏万,恳请读者不吝批评指正,也期待广大的防灾研究工作者能够通过防灾年鉴这个交流平台,阐发观点与见解,共同促进我国建筑防灾减灾研究工作的发展进步。

# 1．论既有建筑防灾综合性能评估的必要性

张靖岩　毕小玉

住房和城乡建设部防灾研究中心

## 引言

在我国工业化中期经济高速发展的带动下，我国现阶段已进入国际公认的城市化加速发展期。目前城市化率已超过 30%，隐性城市化已超过 40%（含无户籍的常住人口），由此诞生了城市建筑群。建筑群[1]按照使用功能可分为公共建筑群、住宅建筑群、商业建筑群、宫殿和宗教建筑群等，还有由若干使用功能不同的建筑物组成的多功能建筑群。这些建筑群由新建建筑和既有建筑组成，是城市化的重要标志，是城市发展过程中的主要产物以及人居生活的重要支撑。

在过去，无论是政府工作人员，还是科研与技术人员，都存在一种重建设、轻维护倾向。据有关部门统计，近年来新建房屋还在以每年超过 $2 \times 10^8 m^2$ 的速度增加[2]，这正是我国还是发展中国家的突出表现。以后随着经济的发展，受土地资源的限制，新建房屋比例会不断下降，旧房比例会不断增加，危险要素也相应增加，这将导致城市成为最易受灾的地区。我国地域辽阔，人口众多，环境复杂，自然变异强烈，同时经济基础和减灾能力比较薄弱，这些特点也决定了由新、旧建筑构成的建筑群这种承灾体面临着更加严峻的考验。1998年夏季长江流域和东北地区的特大洪涝灾害造成房屋倒塌 497 万间；2005 年 11 月 26 日发生在江西的震级不算大的 5.7 级地震，就造成 1.8 万余间房屋倒塌，60 多万人需要转移安置；2006 年 7 月 14 日第四号强热带风暴"碧利斯"在福建霞浦登陆以来，洪涝灾害在浙江、福建、江西、湖南、广东和广西造成 156 人死亡，141 人失踪，紧急转移安置 169.7 万人。2002 年"一汽"的一个车间倒塌，造成停产数天；武钢一混凝土支架倒塌，导致停产均造成数千万元的损失；等等。

在这种形势下，及时了解既有建筑抵御突发灾害的能力，尤其是对经历过灾害的大型、有一定社会影响的建筑进行综合抵御灾害能力的评估与加固工作必将是一项重要的任务，也是一个必然的发展趋势。

### 一、造成我国既有建筑不安全现状的原因

造成我国既有建筑能耗高、抗灾能力弱、使用功能差等问题的原因有很多种，包括：

1. 老旧建筑很少或没有考虑结构安全性设计

我国 20 世纪 50 年代及以前的建筑，尤其是住宅的砖砌体中砂浆标号很低，楼盖与屋盖采用木结构，结构的安全性很难保证；60 年代和 70 年代初期的建筑，受当时我国经济条件限制，强调节约革新，采用薄墙、浅基础，建筑设计标准低，使用功能相对落后，已经不能满足现代的安全水准要求；70 年代中后期的建筑，其设计与施工逐步趋于正规，但

由于这一时期的结构设计在抗震要求上考虑较少，而我国绝大部分地区处于地震区，这一期间建造的建筑在抗震性能方面有很大的隐患；80 年代与 90 年代初的建筑，由于处于建设的快速发展期与中国经济的转型期，有些工程的材料质量低，施工质量差，这些都在结构的安全性能方面留下极大的隐患。

2. 建筑结构老化

许多既有建筑物临近或超过设计工作年限。建筑物在长期使用过程中，在内部或外部的、人为或自然的因素作用下，将发生材料劣化、结构损伤，这种损伤的累积势必造成结构性能退化。我国建筑设计基准周期为 50 年 [3]，据有关部门统计，我国既有建筑约有 50% 进入老化阶段，大量建筑都进入结构使用年限终结期，面临使用安全性鉴定和加固问题（如中国美术馆与建设部大楼 2002 年均开始大修与加固）。

3. 设防标准改变

以抗震为例，1949 年以前的建筑，基本都没有考虑抗震设防；1949 年至 1974 年的建筑，鉴于当时的历史条件，建筑设计采用苏联规范设计，除极为重要的工程外，一般建筑都没有考虑抗震设防；1974 年发布了全国第一本建筑抗震设计规范，即《工业与民用建筑抗震设计规范》（试行）TJ 11-74[4]，但当时的抗震设防标准较低；1976 年唐山大地震后，分别于 1989 年和 2001 年对抗震设计规范做了两次调整，提高了抗震设防标准。如深圳地区，1990 年以前设计、施工的建筑物按基本烈度六度考虑，1990 年以后基本烈度调整为七度。对于没设防或过去按较低抗震设防标准设计的建筑，特别是人员密集的公共场所等，应采取措施进行灾害防御能力鉴定，及时予以加固补强，提高其防灾能力。

4. 设计荷载改变

设计荷载问题与设防标准问题类似，与国民经济水平密切相关，随着国民经济水平的提高而不断提高。如住宅与公共建筑楼面活荷载，在 89 规范 [5] 及以前的设计规范中，都是 $150kg/m^2$，2002 版规范提高到 $200 \sim 250\,kg/m^2$ [6]。有些住宅或公共建筑，到了业主手中，常有采用花岗石、大理石等材料进行豪华装修的情况，仅装修荷载就达到或超过过去的设计活荷载，这类房屋的安全是个值得关注的问题。

二、国内外的相关规定

发达国家对既有建筑物安全性鉴定都有相应的法律、法规或标准，但大多是在日常使用情况下对结构的检测，而对于假想灾害情况下建筑灾害抵御能力也很少涉及。新加坡的房屋建筑管理法 [7] 强制规定：除业主自用的独立、半独立和单连的小型住宅和临时建筑物外，所有公寓、宿舍等居住建筑在建造后 10 年及以后每隔 10 年必须进行强制鉴定，其他的公共、商业、工业等建筑物则为建造后 5 年及以后每隔 5 年进行一次强制鉴定。日本通常要求建筑物服役 20 年后进行一次鉴定 [8]。鉴于对混凝土结构进行维护管理的重要性与实际需要，1999 年日本混凝土协会创立了"混凝土诊断师制度"。英国等国家有房屋测量师（鉴定师）的从业注册制度，提供房产及其设施的安全鉴定与资产评估等服务；政府对于体育场馆等人员密集的公共建筑，规定了强制的定期鉴定要求 [9-10]。德国建筑法明确规定业主或租用者必须依法维护他们的房屋，设在各城市的建筑监管局定期对既有房屋进行检查；如发现问题，则通知业主或用户按该局指示进行处理，拒绝处理者会依法受到罚款，甚或惩罚 [11]。

而我国目前还没有出台对既有建筑综合防灾性能鉴定的相关标准规定，现有的关于安全性的检测与鉴定标准或多或少存在片面性。如 20 世纪 80 年代末和 90 年代初编制的《工业厂房可靠性鉴定标准》（GBJ 144-90）[12]，主要针对新中国成立后所建成的使用环境相对较差的工业建筑的耐久性和可靠性问题；20 世纪末《民用建筑可靠性鉴定标准》（GB 50292-1999）[13] 和修编后的《危险房屋鉴定标准》（JGJ 125-99）[14]，基本上套用了《工业厂房可靠性鉴定标准》（GBJ 144-90）[15] 的鉴定方法和相应的评判指标；《建筑结构检测技术标准》（GB/T 50344-2004）[16] 的问世对既有建筑结构的检测发挥了重要的指导作用。由于规范变迁和结构安全性理念的变化，目前有些内容和规定已不合适，主要存在的问题有：1. 这些鉴定标准把安全性、适用性、耐久性问题混合在一起进行鉴定的方法，不符合当前既有建筑可靠性评估原则；2. 这些鉴定标准大多没有考虑意外灾害作用下的建筑结构的抗倒塌能力和结构整体安全性评价；3. 现有的标准未能对既有建筑的防灾综合性能进行评定。另外，在我国的法律法规体系中，只有《中华人民共和国防震减灾法》[17] 对建筑的抗震性能鉴定作出了要求；在 2008 年 10 月 7 日住房和城乡建设部发布的《市政公用设施抗灾设防管理规定》[18] 中，首次提到"定期对土建工程和运营设施的抗灾性能进行评价，并制定相应的技术措施"，但是对存有量更大的、有一定社会影响的公共建筑等没有作出要求，对于鉴定手段以及鉴定资质也没有提及。

从以上分析可以看出，对既有建筑的综合防灾性能评估，发达国家已经走在前面，但是为了体现科学性以及实用性，对既有建筑进行综合防灾性能评估必须抓住两个原则：一是"立足于建筑"，一是"体现综合的理念"。

### 三、建筑综合防灾能力评估体系建立原则

建筑综合防灾能力是指建筑在抵御地震、洪水、火灾、泥石流和其他地质灾害时的承受和应对能力。对建筑本体综合防灾能力的评估，对建筑的使用者而言，可全面保障其知情权，可让其根据需求进行合理选择；对于政府和社会管理者而言，评估结果可以作为建筑管理的一个参考标准，有的放矢，防灾能力较差建筑需作为重点关注对象，定期检查评估，降低灾害风险，从而做到防患于未然；同时评估结果对建筑的维修、加固和改造也具有一定的指导意义。建筑本体综合防灾能力的评估工作需要遵守以下一些原则[19-20]：

1. 评估要突出概括性和指导性

评价指标体系的建立应体现"概括性"和"指导性"原则，建筑的综合防灾能力反映的是建筑对多种灾害而不是针对单灾种的综合抵御能力，因此评估指标要概括，评估结果要对建筑的综合防灾能力提升有指导意义。指导性可再细分析一下。

2. 评估结果要强调时效性

评估是针对建筑当前状态分析其具备的防灾能力，反映的是目前的状况和性能。在正常使用情况下，相对年限内其防灾能力不会有明显下降，但是在有效期内受灾或改变使用状态时，必须进行重新评估，保证评估结果的有效性。

3. 评估指标要成系统

评估指标要包含系统目标所涉及的一切方面，而且对定性问题要有恰当的评估指标，防止结果的片面性。相互补充或相互独立的防灾能力评估指标要区别对待，体现系统的整体规律性和个体差异性。

鉴于以上原则，这里提出建筑主体防灾能力的概念，从结构、设施、人员三个方面去衡量建筑主体的防灾能力。

### 四、建筑综合防灾能力评估体系内容

《民用建筑可靠性鉴定标准》根据民用建筑的特点和当前结构可靠度设计的发展水平，采用了以概率论为基础，以结构各种功能要求的极限状态为鉴定依据的可靠性鉴定方法，简称为概率论极限状态鉴定法。该方法的特点之一，是将已有建筑的可靠性鉴定，划分为安全性鉴定与正常使用性鉴定两个部分，分别于《建筑结构设计统一标准》定义的承载能力极限状态和正常使用极限状态相对应，并通过对已有结构构件进行可靠度校核所积累的数据和经验，具体确定了满足实用要求的不同等级的评定界限。另一个特点是：根据分级模式设计的评定程序，将复杂的建筑结构体系分为相对简单的若干层次，然后分层分项进行检查，逐层逐步进行综合，以取得满足实用要求的可靠性鉴定结论[21]。

建筑综合防灾能力的评估参考《民用建筑可靠性鉴定标准》的鉴定方法，根据分级模式将评估部分按要素、子单元和鉴定单元三个层次展开，根据建筑评价指标体系建立的原则，结合各类建筑的具体情况，构建了建筑综合防灾能力评估指标体系，概括了各类建筑评估的主要内容，包括结构、设施和人员三个方面若干项指标因素。

结构是建筑安全的基础，更是建筑防灾的主体。建筑结构设计施工如果达不到规范要求，那么建筑本身就是极不安全的，防灾能力就更受怀疑。近年来，我国出现了"楼脆脆"、"楼歪歪"、"楼倒倒"等众多建筑安全事故，使得人们对建筑结构本身的安全性提出质疑，而连年发生建筑物质量低劣甚至倒塌事故并非偶然。20世纪90年代以来，随着经济的快速发展以及相关规范政策的出台，建筑的总体质量得到有力提升，从"七五"期末工程质量合格率62%上升到"九五"期末工程质量合格率升为92%，但仍有近1/10的工程质量不合格。更有部分个人或集团由于受利益的驱使，偷工减料导致建筑结构安全问题屡禁不止，所以，建筑结构安全是建筑综合防灾性能评估考虑的首要因素。

设施指建筑内部为用户提供生产、生活以及灾害庇护的公共服务设施，包括公共设施、防灾设施和灾害救助等。一套完善可靠的公共设施是用户正常生活所必不可少的，同样也是建筑综合防灾能力的重要体现。建筑物内的防灾设施是针对建筑可能发生的灾害预先配备的设施，可起到疏散、援助、抵御、对抗灾害的作用，合理充分地利用该设施可将灾害（如火灾）遏制在萌芽状态；而灾害救助则是指建筑物在受灾状态下接受外界援助的救助通道，需时刻保证通道的畅通性和可用性，做到不挪用占用，否则在评估过程中会进行相应扣分或者降级。

人员安全性指标包括建筑物内的人员组成、人员危险性和疏散空间等。不同的人员组成对灾害的应变和行动能力有很大差别，人员对建筑的熟悉程度、距离疏散出口的距离以及人员本身的行动能力是导致人员危险性的直接因素，而建筑内部的避难场所、疏散通道以及应急照明等疏散要素是导致人员危险性的间接因素。

### 结语

建筑综合防灾能力评估是城市防灾减灾的核心工作，准确高效的评估还需依赖政府和政策的支持。这里采取的评估指标体系是对建筑本体的一个概括性划分，针对特定建筑具体评估时，需要对二级指标进行细化，同时各项指标的权重需有针对性地确定，这样鉴定的灵活度和工作量明显增加，因此还需要投入更多的研究工作。

## 参考文献

[1]  百度百科．城市建筑群．http：//baike.baidu.com/view/4404386.htm.2010.11

[2]  李惠强．建筑结构诊断鉴定与加固修复 [M]．华中科技大学出版社，2002

[3]  卢谦，遇平静等．在役建筑物安全性鉴定制度的研究 [C]．第八届全国建筑物鉴定与加固改造学术会议，2006：12-19

[4]  国家基本建设委员会．工业与民用建筑抗震设计规范 [Z]1974

[5]  GBJ 7-89，建筑结构荷载规范 [S]

[6]  GB 50009-2001，建筑结构荷载规范 [S]

[7]  新加坡房屋建筑管理法，Building Control Acl.The Government Printer，Singapore 2000

[8]  李菁，季如进．建筑物正常使用和修缮责任，建筑物的耐久性、使用年限与安全评估，分报告 11

[9]  英国标准 BS8210.建筑物维护管理指南，1986，BSI 发布

[10]  英国标准 BS7543.建筑物及建筑构件、制品和组件的耐久性指南，2003 年 7 月 .BSl 发布

[11]  李菁，季如进．住宅共用部位、共用设施设备维修基金及其管理，建筑物耐久性、使用年限与安全评估，分报告 12

[12]  GBJ 144-90，工业厂房可靠性鉴定标准 [S]

[13]  GB 50292-1999，民用建筑可靠性鉴定标准 [S]

[14]  JGJ 125-99，危险房屋鉴定标准 [S]

[15]  GBJ 144-90，工业厂房可靠性鉴定标准 [S]

[16]  GB/T 50344-2004，建筑结构检测技术标准 [S]

[17]  全国人民代表大会常务委员会．中华人民共和国防震减灾法 [Z].2008-12-27

[18]  百度百科：《市政公用设施抗灾设防管理规定》http：//baike.baidu.com/view/2430335.htm.

[19]  尹波，杨彩霞．既有建筑综合改造指标体系和综合评价研究 [C]．第七届国际绿色建筑与建筑节能大会论文集．北京：中国科学技术出版社，2011.254-257

[20]  范磊．既有建筑综合评价研究 [D]．北京：北京交通大学出版社，2007

[21]  陈铭建．既有民用建筑安全鉴定方法及工程应用 [D].广西：广西大学出版社，2007

# 2. 高层建筑结构抗震研究的若干进展

吕西林　蒋欢军

同济大学土木工程防灾国家重点实验室

## 引言

由于城市发展的需要和建筑技术进步的推动，世界各地已经建成和正在兴建大量的高层建筑。目前中国已成为世界上高层建筑发展最快的国家。据最新的统计资料，已建成的世界上最高的 20 幢建筑中我国大陆占 7 幢，在建的世界上最高的 20 幢建筑中我国大陆占 12 幢。我国 86% 的百万以上人口大城市位于地震区，高层建筑密集，人口、财富高度集中，地震灾害链易发，高层建筑抗震形势严峻。

高层建筑虽然已在世界各地广泛兴建，但其抗震问题并未真正解决，抗震理论与技术落后于发展的需要。2010 年 2 月发生在智利的 8.8 级大地震造成了大量的高层建筑损坏，给我们敲响了警钟。近年来，世界范围内大城市附近发生的几次近断层大地震，推动了高层建筑抗震研究，在高层建筑抗震概念设计、结构体系、计算分析、结构设计与构造措施等领域取得了长足的发展。同济大学土木工程防灾国家重点实验室自 1988 年成立后，进行了大量的工程结构抗震研究，其中高层建筑抗震是其主要的研究方向之一。本文对近 10 年来在该实验室进行的高层建筑结构抗震研究工作进行了总结，简单介绍已取得的一些研究成果和工程应用情况，从而也可以使读者从一个侧面了解我国高层建筑结构抗震研究的进展。

## 一、高层建筑结构抗震控制研究与应用

### 1. 新型组合抗震消能支撑研究与应用

抗震消能装置作为减少结构地震反应的一种有效手段，已受到了广大科技人员的重视。在过去三十多年中，国内外的研究人员已开发了许多消能减振装置，这些装置主要可分为以下四类：粘弹性阻尼器、粘滞阻尼器、金属阻尼器和摩擦阻尼器，目前主要用于框架结构。这些装置基本上是单一种类的消能器，消能作用有限。吕西林等提出了一种新型组合式抗震消能支撑[1]，该装置由铅芯橡胶消能器与油阻尼器并联再与钢支撑通过节点板串联构成，如图 2-1 所示。铅芯橡胶消能器与油阻尼器均能提供较大阻尼，前者为变形相关型，后者为速度相关型，因此该装置具有双重消能效果，且铅芯橡胶消能器能提供一定的平面外刚度，可以给油阻尼器？出平面运动限位。本装置与主体结构的连接简单，施工方便，传力可靠，日后更换简单。

系统研究了粘滞阻尼器的抗震消能性能，进行了国产粘滞阻尼器的反复荷载试验，并对安装有该抗震消能装置的三层钢框架结构模型进行了振动台试验（试验模型如图 2-2 所示），输入多种地震波对结构进行激励，并与没有安装该装置的普通结构模型进行对比，验证了所开发的组合抗震消能装置具有很好的消能减震能力。该装置已获得国家专利，在上海港汇广场（全国面积最大的加固改建工程，30 万 m²）、上海世博会主题馆（亚洲最大

的展馆）、中国移动万荣局办公楼、上海化工研究院办公楼、同济大学土木学院新大楼（国内首次在全钢结构建筑中应用消能减震体系）、汶川地震后多个中小学校舍、医院等的抗震加固、上海市校安工程抗震加固等三十多个项目中得到应用，取得了显著的经济效益和社会效益。如上海港汇广场商务楼，已建部分为 8 层，拟加建到 18 层，总高度为 70.5m，超过 7 度区框架结构限值 55m。在设计中采用本研究开发的减震支撑，达到了抗震要求，并大大减少了抗震加固施工对原建筑正常运营的影响。图 2-3 为加层后的上海港汇广场商务楼外观，图 2-4 所示为该抗震消能支撑在施工现场的安装情况。

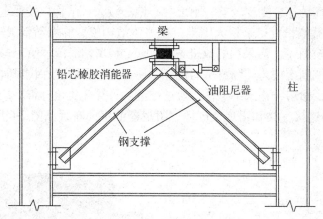

图 2-1　组合式抗震消能支撑　　　　　　　　图 2-2　试验模型

图 2-3　上海港汇广场商务楼外观　　　　　图 2-4　组合抗震消能支撑现场安装情况

2. 用流体阻尼器连接的耦联结构体系的研究与应用

在现代大都市中，由于用地紧张或使用功能等方面的要求，建筑物往往可能靠得很近或采用天桥等构件连接，在强震发生时，相邻结构间有可能发生碰撞。为了提高相邻建筑物的抗震性能并防止它们之间相互碰撞，可采用控制装置来连接相邻建筑物以减少地震反应。吕西林等对于这种耦联结构体系的抗震控制问题进行了系统的理论与试验研究[2]。对两个 1/4 比例的相邻的 6 层和 5 层钢框架模型进行了多种工况的振动台试验(如图 2-5 所示)，包括不同的连接类型（无连接、刚接、油阻尼器连接）、不同连接位置，不同连接方式（阻尼器在同一平面内的平行连接和倾斜连接)、不同的地震波激励。试验研究表明：只要采用具有合适参数的流体阻尼器在适当的位置连接具有不同自振频率的相邻结构，能够在两结构自振频率变化很小的情况下，增大两结构的振型阻尼比，并且减少地震反应。接着，采用通用有限元分析程序 ANSYS 对试验模型进行数值计算，进而提出了一个标准化的两层计算模型，用来模拟高塔楼和矮裙房相连接的情况，推导其运动方程，并进行广泛的参数分析，为其工程应用打下了基础。

该控制方法已在上海世贸国际广场中得到了应用[3]。该大厦的主楼为 60 层巨型外框架加核心筒结构，裙房为 10 层钢筋混凝土框剪结构，另外还有一个广场。在该工程原设计中，广场与裙房连成整体，广场部分刚度较差，刚度中心偏心较大，结构扭转严重，造成广场位移过大，对结构以及幕墙设计带来很大困难。在整体结构模型的振动台试验中，广场与裙房之间的刚性连杆被拉断了。后采用的改进方案如下：利用粘滞流体阻尼器替代刚性连杆，利用主楼较好的抗侧刚度作为广场裙房的依托，使得阻尼器既能在抗风时也能在抗震时起消能作用，从而减少裙房结构水平位移。通过详细的计算和优化分析，最后采用 40 个 60t 的粘滞流体阻尼器连接主楼和裙房及广场，阻尼器的平面布置如图 2-6 所示，该大厦的透视图如图 2-7 所示。

 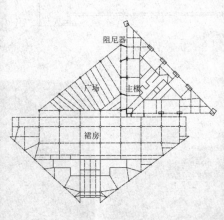 

图 2-5 用流体阻尼器连接的 　　图 2-6 上海世贸国际广场结 　　图 2-7 上海世贸国际广场透
　　　　试验模型 　　　　　　　　　构平面和阻尼器布置图 　　　　　　视图

### 3. 新型组合隔震系统的研究与应用

开发了由橡胶支座与滑动支座组成的组合基础隔震系统，进行了基础组合隔震结构的振动台试验研究[4]。试验模型为一个三层钢框架结构，分别进行了基础固定结构模型和基础隔震结构模型的试验。基础隔震结构模型采用两种隔震系统：铅芯橡胶隔震系统和组合隔震系统。铅芯橡胶隔震系统由四个铅芯橡胶支座构成，分别由日本和中国厂家生产，分别进行试验；组合隔震系统由四个叠层橡胶支座和两个滑移摩擦隔震支座组成，其中滑移摩擦隔震支座由日本厂家生产，叠层橡胶隔震支座由中国厂家生产。组合隔震系统中叠层橡胶支座布置在四个角部，滑移摩擦隔震支座布置在中间。试验模型在振动台上的安装如

图 2-8 所示。试验结果表明：中国和日本厂家生产的铅芯橡胶隔震系统具有同样良好的隔震效果；组合隔震系统也具有良好的隔震效果，隔震层的变形复位能力较强，且上部结构的地震反应对不同地震波的敏感性较铅芯橡胶隔震系统小，其隔震效果与两种不同类型隔震支座的比例和布置有关。另外，利用通用有限元分析程序 ANSYS 建立了试验结构的计算模型，对组合隔震系统建立了双线型的恢复力模型，进行了地震反应及能量分析。

图 2-8　安装在振动台上的基础隔震结构模型

上述组合隔震系统已应用于日本的 4 个高层建筑工程（这也是中国研究人员开发的抗震防灾新技术第一次在日本的高层建筑工程中应用）和上海国际赛车场。上海国际赛车场（F1 赛车场）的巨型屋盖系统重约 10000t，支承在四个混凝土巨型柱上，如图 2-9 所示。由于钢桁架结构在支承柱间跨度达到 91.3m，考虑 30° 温差在桁架轴向将产生 50～60mm 的伸长变形，若采用传统的固定铰支座，则在正常使用条件下产生的温度应力将导致混凝土柱严重开裂，结构耐久性和安全性受到影响。若采用一端固定、一端滑动的支座，则可释放温度应力，但大震下的结构变形和安全不能满足要求。为解决温度应力和大震下的结构安全问题，采用了组合隔震支座，用具有滑动功能的盆式支座承受竖向压力，用橡胶支座进行复位和消能减震，以确保正常使用和大震时的结构安全。组合隔震支座现场安装情况见图 2-10，支座的具体构造如图 2-11、图 2-12 所示。

图 2-9　上海国际赛车场新闻中心和空中餐厅外观

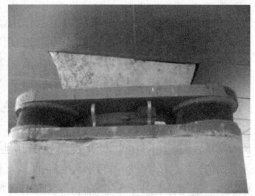

图 2-10　组合隔震支座现场安装情况

对铰接结构和隔震结构分别进行了多遇地震、基本烈度和罕遇地震地震作用下的弹性和弹塑性时程分析。通过对比可以看出，设置减震支座后，底部结构各层位移反应远小于铰接结构，在两个方向都有较好的减震效果。在基本烈度和罕遇地震作用下，巨型屋盖系统加速度反应的减震效果分别为 76% 和 82%。

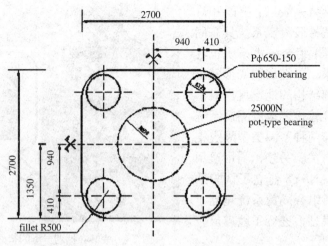

图 2-11 一个柱子上的支座布置

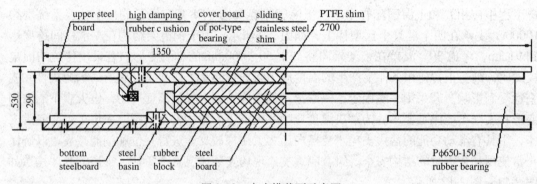

图 2-12 支座横截面示意图

## 二、高层结构——地基动力相互作用研究

### 1. 可液化地基——高层结构体系相互作用的振动台试验及数值分析

进行了可液化地基-高层结构体系相互作用的振动台试验[5]，试验采用柔性容器以减小边界影响。为了使模型试验结果能尽量真实地反映原型结构体系的性状，本试验进行了试验模型的相似设计，土体和上部结构遵循相同的相似关系，允许重力失真。模型缩尺比例为 1/10，质量密度相似系数 $S\rho = 1$，弹性模量相似系数 $S_E=1/2.668$，时间相似系数 $S_t=0.1633$，按 Buckingham $\pi$ 定理导出其他各物理量的相似关系式和相似系数。试验模型土采用普通饱和黄砂，将粗颗粒筛掉。上覆黏土层 0.20m，下面砂土为 1.30m，在各层土中，砂土是可液化土。试验前，模型所用材料均进行了材料性能试验，实测了材料性能参数。试验中采用加速度计量测地基土体的动力响应，在土中埋置了孔隙水压力计量测土体的孔隙水压力变化。图 2-13 给出了试验测点布置图，模型外观见图 2-14。试验中再现了液化场地土中高层结构的震害现象，如出现了喷水、冒砂、土表下沉、土表大量积水、上部结构发生沉降和倾斜等。基于已进行上述土—高层结构振动台试验，利用参数识别技术对试验记录的土体加速度和孔隙水压力进行分析，研究了场地液化机理及土的动力特性[6]。

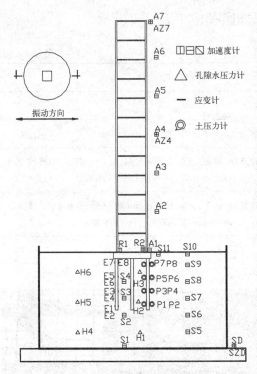

图 2-13  试验测点布置图

图 2-14  试验模型外观

采用基于 Biot 固结理论的流固耦合分析方法，建立了液化场地桩—土—高层结构相互作用体系的计算模型（图 2-15），对振动台模型试验进行三维有效应力分析[7]。建模过程考虑了如下几个方面：饱和砂土本构模型的选取、单元网格划分、结构单元的模拟、孔压模型的选取、土—结构接触面非线性的模拟。通过与前期进行的振动台模型试验结果与计算结果的对比分析，验证计算模型的合理性。

2. 相邻高层结构—桩—土相互作用的振动台试验及数值分析

完成了相邻高层结构—桩—土相互作用的振动台试验，利用上海软土作为

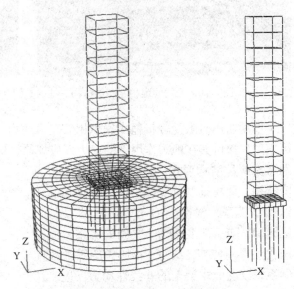

图 2-15  振动台试验结构计算模型

地基土，上部结构采用 12 层现浇钢筋混凝土框架，模型几何相似比 1/15，考虑了两种不同间距，0.5D 和 2.0D（D 为建筑物的宽度），见图 2-16 所示，试验方案见表 2-1 所示。根据振动台模型试验所获得的数据，详细分析了相邻高层结构—地基动力相互作用对结构地震反应的影响规律，包括对加速度反应、模型动力特性、桩身应变幅值和桩土接触压力等

的影响规律的研究，对比分析了不同结构间距对相邻结构地震反应的影响。

试验方案　　　　　　　　　　　　　　　　　　　表 2-1

| 序号 | 试验编号 | 试验内容 |
|---|---|---|
| 1 | FF15C | 自由场 1.5m 土层（1/15 模型） |
| 2 | PS15S | 桩基、上部 12 层框架结构、1.5m 土层（1/15 模型），桩长 0.8m |
| 3 | PS15C1 | 两个结构形式完全相同的建筑物，桩基、上部 12 层框架结构、1.5m 土层（1/15 模型），桩长 0.8m，两建筑物间距为 0.2m（0.5 倍的相邻方向上的结构宽度） |
| 4 | PS15C2 | 两个结构形式完全相同的建筑物，桩基、上部 12 层框架结构、1.5m 土层（1/15 模型），桩长 0.8m，两建筑物间距为 0.8m（2 倍的相邻方向上的结构宽度） |

编号说明：FF－表示自由场；PS－表示桩基、上部结构为12层框架结构；
　　　　　C－表示两个相邻建筑；1、2－表示两建筑物间距1和2；15－表示缩尺比为1/15。

图 2-16　不同间距相邻高层结构－桩－土相互作用的振动台试验研究（不同间距）

　　借助通用有限元分析程序建立相邻高层结构—桩—土动力相互作用体系三维有限元计算模型，探讨其在地震作用下的动力反应规律。地基土体采用上海软土，上部相邻结构分别考虑两种结构形式：框架结构和框架剪力墙结构，计算模型见图 2-17。土体采用等效线性化模型，根据土的动剪切模量 $G$ 与阻尼比 $D$、随剪应变幅值 $\gamma$ 之间的关系，通过迭代法得到使 $G$、$D$ 与 $\gamma$ 相协调的等效线性体系，以近似求解土的非线性动力反应。在 ANSYS 程序中施加黏弹性边界时，利用程序中的弹簧—阻尼单元，在每一节点处施加三个方向的边界元件。

　　将两种不同结构形式的相邻高层结构—桩—土动力相互作用体系（DCI 体系）的计算分析结果分别与其对应的单个结构—桩—

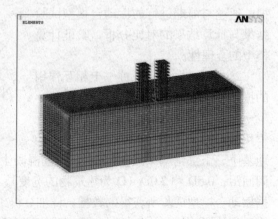

图 2-17　相邻框架结构—桩—土 DCI 计算模型

土动力相互作用体系（SSI体系）以及刚性地基上结构的情况进行比较，证实了DCI效应与SSI效应的差异，从而说明在某些情况下DCI不可忽略。在上述分析的基础上，进一步进行参数研究，考虑多种因素的影响，包括相邻结构间距、地基土体性质、结构刚度等方面，比较在不同情况下各相邻结构动力相互作用体系的动力特性以及相互之间动力反应的差异。

### 三、高性能构件抗震研究

1. 内置钢板钢筋混凝土剪力墙研究

完成了16个内置钢板钢筋混凝土剪力墙在低周反复荷载作用下的抗震性能试验[8]。试件的主要变化参数为高宽比、墙体厚度、钢板厚度、构造措施，试件安装如图2-18所示。试验得到了各试件的荷载—位移滞回曲线，其中某构件的结果如图2-19所示。根据试验曲线计算得到了延性系数、等效粘滞阻尼系数等参数，从强度、变形和能量等三个方面评价了构件的抗震性能；比较了不同参数对剪力墙抗震性能的影响；研究了细部构造措施如拉结筋和钢板上焊接栓钉等对

图 2-18　内置钢板钢筋混凝土剪力墙试件安装

于 SPRCW 剪力墙受力破坏特征以及抗震性能方面的影响；对比了内置钢板钢筋混凝土剪力墙与普通钢筋混凝土剪力墙在破坏形态、承载能力、变形能力以及耗能能力方面的区别。

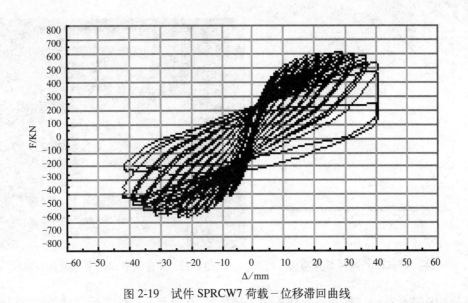

图 2-19　试件 SPRCW7 荷载－位移滞回曲线

通过对试验结果的分析，拟合得到了内置钢板钢筋混凝土剪力墙的抗剪承载力计算公式。通过对试验结果的分析，拟合得到了如图2-20所示的荷载—位移恢复力模型。利用DIANA程序建立了上述试件的非线性力学计算模型，如图2-21所示[9]。

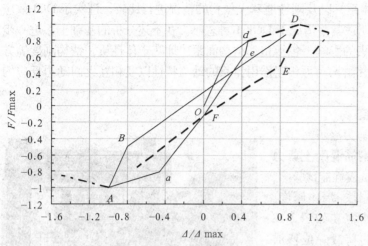

图 2-20　内置钢板钢筋混凝土剪力墙荷载—位移恢复力模型

图 2-21　内置钢板钢筋混凝土剪力墙计算模型

### 2. 高含钢率 SRC 组合柱研究

完成了 13 个宽翼缘十字形钢骨形式的高含钢率 SRC 组合柱的抗震性能试验[10]。主要变化参数为加载方式（低周反复加载、单调加载）、轴压比（0.2、0.5、0.65、0.8）和含钢率（10%、15%、20%），研究了构件的破坏机理、延性、强度退化及这些参数对结果的影响规律。13 个试件的外形尺寸相同，组合柱截面及纵筋、箍筋、栓钉布置形式如图 2-22 所示。为方便同实验机加载头的连接，在柱顶处设置了销铰装置，试验装置如图 2-23 所示。

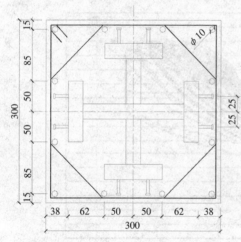

图 2-22　高含钢率 SRC 柱截面

图 2-23　高含钢率 SRC 柱试验加载装置

部分构件的荷载—位移滞回曲线如图 2-24 所示。从全部构件的滞回曲线图中可以看出，所有试件的荷载—位移滞回曲线均十分饱满，呈稳定的纺锤形。每级荷载（位移）下的滞回环几乎重合，钢骨断裂发生前同一级荷载（位移）下承载力没有发生明显退化，滞回曲线和钢结构的滞回曲线更为相似，更多表现出钢结构的性能。

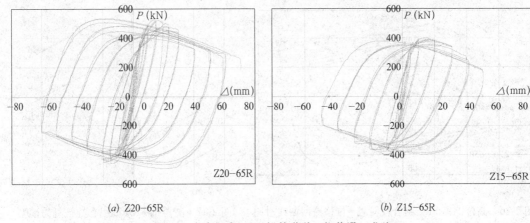

(*a*) Z20–65R　　　　　　　　　　(*b*) Z15–65R

图 2-24 高含钢率 SRC 柱的荷载 - 位移滞回曲线

接着，完成了 7 个宽翼缘十字形钢骨形式的高含钢率 SRC 组合柱抗震性能试验，研究了钢骨截面延展性对组合柱承载能力和抗震性能的影响。单调压弯试验 4 个，反复加载试验 3 个。7 个高含钢率 SRC 组合柱试件的材料选用、试件尺寸、含钢率、配筋率、配箍率、构造措施和试验轴压比均相同，仅钢骨截面延展程度不同。钢骨含钢率为 15%，轴压比为 0.50，体积配箍率确定为 1.0%。通过对试验数据的详尽分析，从延性和变形能力、强度退化、耗能能力三个方面研究了钢骨截面延展性对组合柱抗震性能的影响。研究表明：高含钢率 SRC 柱的承载能力和耗能能力随着钢骨截面延展性的提高而呈线性增加，构件的强度退化和刚度退化速度随截面延展性的提高而下降。钢骨截面延展性对构件延性的影响不明显。此外，还完成了 18 个截面边长为 500mm 的宽翼缘十字形钢骨形式的高含钢率 SRC 组合方柱的低周反复荷载试验，研究了含钢率、箍筋配箍率以及轴压比对组合柱抗震性能的影响[11]。

采用 ABAQUS 软件建立了高含钢率 SRC 组合柱的计算模型，如图 2-25 所示，对试验进行了数值模拟，获得的荷载－位移曲线、破坏形式与试验基本一致。图 2-26 给出了有限元分析所得到的部分构件的荷载－位移滞回曲线。

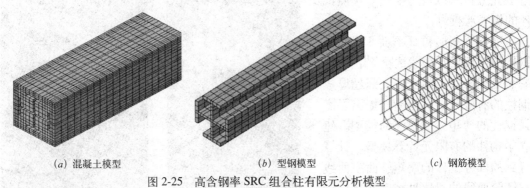

(*a*) 混凝土模型　　　　　(*b*) 型钢模型　　　　　(*c*) 钢筋模型

图 2-25　高含钢率 SRC 组合柱有限元分析模型

根据试验数据建立了构件的荷载—位移三折线骨架曲线，三个特征点分别对应于屈服点、荷载峰值点和极限位移点，进而研究了滞回规律，提出了反映构件的强度退化、刚度退化和滑移捏拢等特征的恢复力模型，如图 2-27 所示。

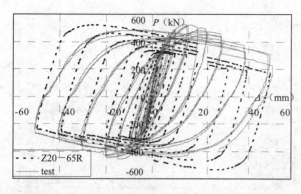

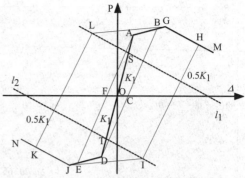

图 2-26　高含钢率 SRC 组合柱荷载-位移滞回曲线对比　　图 2-27　高含钢率 SRC 组合柱恢复力模型

### 3. 高强超厚板钢柱研究

完成了 14 根箱形截面和 12 根 H 形截面高强钢柱的轴心受压和偏心受压极限承载力试验研究及理论分析[12, 13]。14 根（轴压、偏压各 7 根）箱形柱板厚均为 11mm，试件长度均为 3m 左右。柱子长细比分别为 35、50、70，长细比为 35 类型的试件 6 根，50、70 类型各 4 根。以实际测量的试件尺寸和材性试验结果建立有限元模型，对 Q460 高强钢焊接箱形柱的极限承载力进行了分析预测。分析模型考虑试件的初始缺陷，并将实际测量的残余应力值当做构件的初始应力。H 形截面腹板采用 11mm 厚钢板，翼缘采用 21mm 厚钢板。轴心受压、弱轴偏心两种受载情况下，考虑 40、55、80 三种长细比，每种长细比制作 4 根试件，共 12 根（6 根轴心受压、6 根偏心受压）钢柱。由以上高强钢焊接箱形和 H 形柱轴心受压、偏心受压的计算结果可知，考虑了几何初始缺陷与残余应力的有限元分析可以较为准确地预测试件的极限承载力。

进行了箱形和 H 形共 8 根高强钢柱的低周反复加载试验[14]，试件安装见图 2-28。建立了高强超厚板钢柱的有限元计算模型，提出了高强钢柱的弯矩—曲率滞回模型。建立了构件的有限元计算模型，计算得到的部分试件的弯矩—曲率曲线与试验曲线的对比见图 2-29。综合试验与有限元结果，提出了 Q460 箱形和 H 形高强钢柱弯矩曲率滞回模型如图 2-30、图 2-31 所示。

(a) 箱形截面柱　　　　　　　(b) H 形截面柱

图 2-28　高强超厚板钢柱试件安装

18

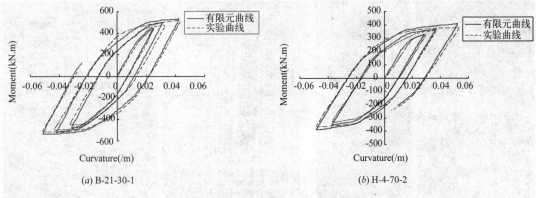

图 2-29　计算滞回曲线与试验曲线对比

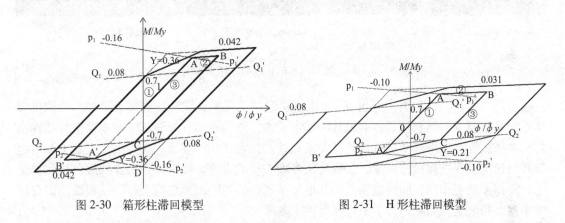

图 2-30　箱形柱滞回模型　　　　图 2-31　H 形柱滞回模型

### 四、超限高层建筑抗震研究

1. 复杂高层及超高层建筑振动台试验研究

结构模型的地震模拟振动台试验已被公认为是经济、可靠评价和检验结构整体抗震性能的直接手段，特别是对于那些复杂结构，当数值分析不能得到精确、可靠的结果时，模型试验往往被推荐使用。动力相似理论无疑是模型结构振动台试验最重要的基础。为了验证动力相似理论在振动台试验中的有效性，吕西林等进行了动力相似理论的专题研究，验证了在振动台试验中模型结构与原型结构在自振特性、动力反应、破坏机理、恢复力特性等方面具有很好的相似性。在基础研究的基础上，近十年来先后进行了建造于上海、北京、广州、昆明、舟山等城市的二十多幢复杂结构体系的高层及超高层建筑结构模型的振动台试验研究 [15-17]。图 2-32 所示为部分建筑的振动台结构模型。通过这些试验研究，得到了原型结构的动力特性、地震反应和破坏机理，发现了结构的抗震薄弱部位，并在此基础上提出了改善结构抗震性能的改进措施和意见，为保证这些大型工程的地震安全性提供了有力的技术支持和保障，获得了很好的经济效益和社会效益。在长期的试验研究基础上，目前已形成了一整套比较成熟的结构模型的设计和施工方法、试验测试和分析技术、数值计算方法。部分结构模型的振动台试验结果已得到了建成后实际结构现场实测结果的验证。

2. 超限高层建筑工程抗震设计指南编制

结合超限高层建筑结构的试验研究、理论分析及工程实践，编制了全国第一本由政府部门（上海市城乡建设和交通委员会）批准发布的《超限高层建筑工程抗震设计指南》（第

(a) 上海中心　　　(b) 北京财富中心二　　(c) 云南昆明南亚之门　　(d) 上海国际设计中心
　　　　　　　　　　期写字楼

图 2-32　超限高层结构振动台试验模型

一版、第二版）[18]，主要内容包括：超限高层建筑工程的认定和抗震概念设计、结构抗震体系的基本要求、结构抗震性能设计的基本要求、结构抗震计算分析的基本要求、结构抗震构造措施要点、地基基础抗震设计要求和结构抗震试验的要求。该指南为提高上海市超限高层建筑工程抗震设计质量，加快抗震专项审查的进度，促进审查工作的规范化和科学化，发挥了重要作用，同时也为全国其他兄弟省市的超限高层建筑工程的抗震设防审查提供了重要的依据，为业内许多工程师提供了参考。

结语

本文对近 10 年来在同济大学土木工程防灾国家重点实验室进行的高层建筑结构抗震研究进行了回顾和总结。目前，由于城市用地的日益紧张和社会需求的日趋多样化，建筑物的高度和跨度不断增加，体型越来越复杂，结构抗震分析与设计的难度不断增加。抗震结构新体系及其高性能抗震和消能减震部件的研究与开发是改善复杂高层建筑抗震性能的最有效途径。此外，基于性能的抗震设计方法可实现对复杂高层建筑在生命期内的地震损伤和经济损失的有效控制。本实验室今后将重点在抗震结构新体系、高性能抗侧力构件、高性能消能减震部件、基于性能的抗震设计方法等方面加强研究。

参考文献

[1] Qiang Zhou and Xilin Lu. Shaking table test and numerical analysis of a combined energy dissipation system with metallic yield dampers and oil dampers [J]. Structural Engineering and Mechanics-An International Journal, 2004, 17（2）：187-201.

[2] Zhen Yang, Youlin Xu, and Xilin Lu. Experimental seismic study of adjacent buildings with fluid dampers [J]. Journal of Structural Engineering, 2003, 129（2）：197-205.

[3] Xilin Lu, Zhiguo Gong, Dagen Weng, and Xiaosong Ren, The application of a new structural control concept for tall building with large podium structure [J]. Engineering Structures, 2007, 29（8）：1833-1844.

[4]  朱玉华，吕西林，施卫星，冯德民．铅心橡胶基础隔震房屋模型地震反应分析 [J]. 振动工程学报，2003，16（2）：256-260.

[5]  李培振，程磊，吕西林，任红梅．可液化土—高层结构地震相互作用振动台试验 [J]. 同济大学学报，2010，38（4）：467-474.

[6]  李培振，崔圣龙，吕西林，赵鹏．液化地基自由场振动台试验的土性参数识别 [J]. 同济大学学报，2010，38（6）：791-797.

[7]  Hongmei Ren, Xilin Lu, and Peizhen Li. Numerical simulation of dynamic PSSI system considering liquefaction [J]. Journal of Asia Architecture and Building Engineering，2009，8（1）：191-196.

[8]  吕西林，干淳洁，王威．内置钢板钢筋混凝土剪力墙抗震性能研究 [J]. 建筑结构学报，2009，30（5）：89-96.

[9]  干淳洁，吕西林．内置钢板钢筋混凝土剪力墙非线性仿真能研究 [J]. 建筑结构学报，2009，30（5）：97-102.

[10]  陈以一，赵宪忠，王海生，胡敬礼．高含钢率 SRC 柱滞回性能试验和数值模型构建 [J]. 哈尔滨工业大学学报，2009，41（增2）：13-17.

[11]  殷小溦，吕西林，蒋欢军．高含钢率型钢混凝土压弯构件受力性能影响因素分析．建筑结构学报，2013，34（5）：105-113.

[12]  王彦博，李国强，陈素文，孙飞飞．Q460 钢焊接 H 形柱轴心受压极限承载力试验研究 [J]. 土木工程学报，2012，45（6）：58-64.

[13]  李国强，王彦博，陈素文．高强钢焊接箱形柱轴心受压极限承载力试验研究 [J]. 建筑结构学报，2012，33（3）：8-14.

[14]  李国强，王彦博，陈素文等．Q460C 高强度结构钢焊接 H 形和箱形截面柱低周反复加载试验 [J]. 建筑结构学报，2013，34（3）：81-86.

[15]  Xilin Lu, Yun Zou, Wensheng Lu, and Bin Zhao. Shaking table model test on Shanghai World Financial Center Tower[J]. Earthquake Engineering and Structural Dynamics，2007，36（4）：439-457.

[16]  蒋欢军，和留生，吕西林等．上海中心大厦抗震性能分析与振动台试验研究 [J]. 建筑结构学报，2011，32（11）：55-63.

[17]  Juhua Yang, Yun Chen, Huanjun Jiang, and Xilin Lu. Shaking table tests on China Pavilion for Expo 2010 Shanghai China [J]. The Structural Design of Tall and Special Buildings，2012，21（4）：265-282.

[18]  吕西林主编．超限高层建筑工程抗震设计指南（第二版）[M]. 同济大学出版社，2009.

# 3. 用全面和辩证的思维做好房屋震害研究分析

——对"5·12"地震三个震害严重的县镇房屋倒塌毁损情况的调研与思考

"5·12"地震造成巨大的人员伤亡和经济损失。据中国地震局地质研究所所长、国家汶川地震专家委员会南北带地震构造研究组组长张培震介绍，这次地震震级 8.0 级，震源深度 14km，地震主要能量释放在一分多钟内完成。随后发生余震 2.6 万余次，其中最大余震震级达 6.4 级，这些余震主要分布在从映秀镇到青川县的龙门山断裂带中北段，形成长达 300km 的余震带。其特点是能量积累慢、复发周期长、影响范围大、破坏强度高、次生灾害严重。地震释放出巨大的能量以弹性波的形式传遍中国大陆乃至整个地球。地震还引发数以万计的山崩、滑坡、塌方和泥石流等严重地质灾害，毁坏了交通、通信等生命线系统。与之相对应的地表均是震灾最严重的区域。据民政部门统计，截至 2008 年 5 月底，四川、陕西、甘肃等 10 个省（市）共倒塌房屋 696 万余间，损坏 2336 万余间。其中，四川省倒塌房屋 558 万余间，损坏 2001 万余间。

2008 年 6 月 8 日，国务院《汶川地震灾后恢复重建条例》（以下简称《条例》）正式颁布实施。《条例》就组织开展地震灾害调查评估工作作出规定，内容包括房屋、基础设施、公共服务设施等建（构）筑物的受损程度和数量等。目前，有关部门已经完成灾情严重地区城乡住房受损情况报告，并作为编制恢复重建规划的依据。但实事求是地说，这份报告还不能涵盖房屋震害研究的全部内容，因为不同的部门侧重不同，至少对房屋破坏原因、破坏状态等重要问题并未给出深入分析，因此还不能等同或替代房屋震害研究报告。有鉴于此，我们认为，应当在此报告的基础上，组织对灾区房屋震害情况进行研究，最终形成权威性、综合性的分析报告。面对人类历史上一次罕见的大地震给国家和灾区群众造成如此巨大的灾难，做全面、科学、系统的房屋震害研究必不可少，这也是历史的要求。其实，在汶川地震应急抢险阶段，住房城乡建设部就派出大量专家，指导协助四川省建设厅完成了重灾区城镇住宅、教育、医疗等建筑安全性应急评估约 5.8 亿 $m^2$，占震前建筑总面积的 95.6%。另外，住房城乡建设部等选派的专家组也在灾区现场搜集了大量资料。基于上述工作，并适当参考有关部门的报告，可再选择若干个灾情严重或地震灾害典型的市（县、镇）对各类建（构）筑物，包括城镇水电气路等生命线工程进行震害研究，点面结合，如汉旺镇（编者注：原东方汽轮机厂所在地）、北川县城、映秀镇等。经过深入细致的工作，编写出房屋震害研究报告已具备了一定的基础，条件也比较充分。

基于上述对房屋震害研究工作的认识，2008 年 6 月下旬，我们在四川省建设厅总工程师田文、省质量监督总站副站长向学、省建筑科学研究院副院长高永昭、德阳市建设局副局长邓宁和绵阳市建设局总工程师张迅等同志的陪同下，专门对遭受地震破坏最严重的绵竹市汉旺镇、北川县城和汶川县映秀镇的房屋毁损情况进行了实地调查和现场踏勘。在映秀镇调研期间，正在指挥过渡安置房建设的广州市建委副主任向恩明同志介绍了有关情况。7月初，我们又赴甘肃省陇南灾区调研，甘肃省建设厅总工程师梁文钊同志介绍了有关情况。通过对房屋倒塌毁损情况的研究分析，我们体会到，"凡事苦心剖析，大条理、小条理、始条理、终条理。理其绪而分之，又比其类而合之"。房屋震害研究，应突出把握好全面和辩证的分析，主要内容包括：

**一、要做各种破坏原因分析**

张培震同志分析，北川县城遭到毁灭性破坏的主要原因包括：一是该地区发震断裂从整个县城通过；二是县城附近的地震破裂位移大；三是县城坐落在河滩松散堆积物上，场地效应和地基失效使破坏加剧；四是大量山体滑坡和岩石崩塌使灾害更为严重。张培震的分析按地基基础和土力学的专业术语可描述为：造成破坏的原因有强震作用力；震中心区过大地表开裂或隆起；江河滩涂附近强震引起强烈的砂土液化；强震引起山体滑坡造成建（构）筑物被埋或被冲切破坏。以上四种原因不仅仅是北川县城房屋倒塌毁损的原因，也是整个地震灾区房屋倒塌毁损的主要原因。

1. 强震作用力。强震作用力直接导致房屋倒塌毁损是普遍存在的，不仅在平原坝区，而且在山区。汶川地震中，汉旺镇是最典型的单纯受地震作用力破坏的地区，其房屋未遭受山体滑坡、崩塌、泥石流的影响，建（构）筑物地基也未产生液化、震陷，镇内（不包括镇周边山区）房屋受地震力破坏规律很明显，即呈现出整体倒塌、部分整体倒塌或局部倒塌加严重破坏、未整体倒塌但严重破坏或局部倒塌加严重破坏、未整体倒塌但有破坏甚至严重破坏4种破坏状态。

2. 山体滑坡。中央领导同志在视察北川灾情时曾讲到，震中在汶川，重灾在北川。北川县城为何破坏严重？据张迅同志介绍，除强震作用力外，大面积山体滑坡的次生灾害给房屋带来了毁灭性破坏：山体滑坡造成北川县城老城区近1/3几乎被埋没，新城区将近1/4被埋没、破坏。事实上，对于发生在山区的地震而言，山体滑坡始终是加重灾情的最主要原因，不论是城镇房屋还是农村房屋，不论是什么年代建造的房屋，也不论是按什么设防标准设计施工的房屋，还不论是房屋、道路、桥梁或市政基础设施等都会遭受严重破坏，造成大量人员伤亡。山体滑坡次生灾害破坏规律在山区县镇非常典型和普遍。又据甘肃省某重灾县的人员伤亡统计数据，全县共有15人在汶川地震中遇难，其中12人是由于山体滑坡、泥石流等次生灾害造成的。汶川地震的失踪人员中，被山体滑坡掩埋占相当比例。

3. 地基液化。部分地区由于坐落在河滩松散堆积物上，地震发生后，容易引发强烈砂土液化，导致房屋震陷破坏。这类破坏中比较典型的是映秀镇，因其建在岷江河滩松散堆积物上，场地效应和地基失效使破坏加剧，一些建筑出现地表开裂、地基液化、震陷的破坏。尽管与前两种破坏原因相比，地基液化具有特殊性，但在建（构）筑物设计阶段是否考虑砂土液化对房屋抗震安全的影响，在几度抗震设防烈度区域考虑等问题，都需要在房屋震害研究中加以归纳分析。

4. 过大地表开裂或隆起。过大地表开裂或隆起导致的房屋破坏大都发生在地震中心区域或临近断裂带区域，是震害原因中较为极端的现象，与地基液化类似，具有局部特殊性。这种破坏原因在地震中心区域都有所发生，如北川县城、映秀镇等。

**二、要做各种破坏状态分析**

由于地震作用力直接造成的房屋破坏，其状态与房屋的建造年代、质量及抗震设防标准等因素有关，具有一定的规律性。作为最典型的单纯受地震作用力破坏的地区，汉旺镇实际地震烈度接近 10 度，远远超出震前 6 度的设防标准，据邓宁同志介绍，镇内房屋破坏状态可大致分为：

1. 整体倒塌。20 世纪 80 年代以前修建的房屋，包括 20 世纪 50 年代修建的砖木结构及未经正规设计建造的民房几乎全部倒塌；按 1974 版《规范》设计，因抗震设防标准较低，构造措施较差或无构造措施的房屋，80% 以上整体倒塌。

2. 部分整体倒塌或局部倒塌加严重破坏。1980～1990 年间修建的房屋或未经正规设计建造的房屋，或虽按 1978 版《规范》进行设计，因抗震设防标准仍然较低，构造措施仍然较差，约有 40%～50% 整体倒塌，其余为局部倒塌加严重破坏。

3. 未整体倒塌但严重破坏或局部倒塌加严重破坏。1990～2000 年间修建的房屋按 1989 版《规范》进行设计，因抗震设防标准有一定提高并采取抗震构造措施，该时期修建的房屋一般未出现整体倒塌但严重破坏，或局部倒塌加严重破坏。局部倒塌的原因有待分析。另外，汉旺镇几栋虽为 20 世纪 70 年代修建，但按 1989 版《规范》进行抗震加固的房屋亦属于此类，没有整体倒塌但严重破坏。

4. 未整体倒塌但有破坏甚至严重破坏。2000 年以后修建的房屋，按现行 2001 版《规范》进行设计，因抗震设防概念明确，抗震构造措施要求严格，该时期修建的房屋，即使烈度为 10 度，超过设防烈度约 4 度，一般也未出现整体倒塌或局部倒塌，仅为破坏甚至严重破坏，有些可能有加固价值，有些经鉴定应予拆除。

通过对汉旺镇房屋倒塌毁损情况的研究分析，我们可以初步得出结论，只要完全按照现行的 2001 版《规范》设计施工，即使地震作用超过设防烈度一些，建筑物也可以在大震时不倒，保证室内人员的生命安全；基于唐山地震经验教训编制的 1989 版《规范》，能够保证地震作用初期房屋不倒塌，为室内人员逃生赢得宝贵时间。这些都是重要的经验总结。

### 三、要做城镇房屋与农村房屋的震害对比分析

以上是对城镇房屋震害情况的分析，具有一定的规律性，特别是对于单纯受地震作用力破坏的房屋而言。房屋震害研究，旨在揭示建（构）筑物在地震力作用下的破坏机理，有针对性地制定对策，调整抗震设防标准，改进建筑抗震设计方法等。

对于灾区大量的农村房屋，由于未纳入城镇建设监管体系，均由农民自主建设，其震害情况更为复杂，也更为严重。据有关部门统计，汶川地震共造成川、陕、甘 3 省房屋倒塌约 1.6 亿 $m^2$，其中农村房屋约占 8 成多。对此，《条例》规定："地震灾区的县级人民政府应当组织有关部门对村民住宅建设的选址予以指导，并提供能够符合当地实际的多种村民住宅设计图，供村民选择。村民住宅应当达到抗震设防要求，体现原有地方特色、民族特色和传统风貌。"以灾后重建为契机，全面加强农房建设，是我国城乡建设领域的一次重大进步，在城乡统筹发展进程中无疑具有深远意义。其实，全国各地都在积极推进城乡建设统筹的试点示范，在实施城乡建设统筹方面的经验和做法：免费提供多套农房设计图纸供农民自主选择，免费为农民提供测量和咨询服务，加强对农村工匠的技术培训，加强农房建设的质量安全检查与巡查等等。而灾后重建规模如此之大的城乡建设统筹还是空前的。据调研，目前陕西、甘肃两省 6 个重灾县的灾后农民过冬房建设正有序、有效推进，住房和城乡建设主管部门主要负责指导、协调和帮助：派出农房建设指导专家组，着重帮助做好农房建设的设计图纸审查、施工现场指导和农村工匠培训 3 项工作，特别是农房设

计图纸应体现"安全抗震、经济实用、就地取材、民族特色、节能环保、方便自建"的原则。

**四、要做正常设计施工与非正常设计施工房屋的震害对比分析**

对汉旺镇房屋震害的典型分析，应当代表灾区城镇正常设计施工房屋的震害规律。事实上，灾区绝大多数城镇房屋的毁损情况均在上述规律所描述的范畴内。为进一步加强恢复重建工程质量安全监管，住房和城乡建设部发出通知，要求所有恢复重建工程都应按规定纳入正常的质量安全监管，要求四川、陕西和甘肃省灾区各级住房和城乡建设主管部门加大对恢复重建工程质量安全的监管力度，进一步完善相应的监督管理机制。

与正常设计施工相对应的是非正常设计施工的房屋震害，是指本应纳入城镇建设监管体系但却不满足设计施工要求而导致的房屋倒塌毁损情况。根据《条例》的规定，灾区县级以上人民政府要负责组织工程质量和抗震性能鉴定并做出相应处理。我们认为，特别是实际地震烈度与设防烈度基本吻合的地震灾区，按 2001 版《规范》设计建造而发生倒塌的房屋，更具典型性，有些极端个案在得出结论后也应尽可能纳入当地房屋震害研究报告。

**五、要做超过与没有超过设防标准情况的对比分析**

据三地住房和城乡建设主管部门负责同志介绍，汉旺镇烈度接近 10 度，原设防烈度仅为 6 度；北川县城烈度达 10.5 度，震前设防烈度为 7 度；映秀镇烈度几乎达到了 11 度，而震前设防烈度为 7 度。

有关地震等级划分按三水准设防：50 年一遇地震，475 年一遇地震（设计基本地震），1975 年一遇地震（罕遇地震）。一种观点认为，这次地震毫无疑问属罕遇地震！但甘肃省住房城乡建设厅总工程师梁文钊同志指出，历史上这一地区多次发生大地震，如 1879 年的 8.0 级地震，1933 年的 7.5 级地震，因此简单套用上述理论很难解释本次大地震。

房屋震害研究中，要对比分析超过和没有超过设防标准两种情况，不能一概而论。哪些县镇的实际地震烈度没有超过设防标准，与超过设防标准地区的房屋震害情况是否存在异同；哪些县镇的实际地震烈度超过设防标准，其房屋破坏规律是否随着烈度超出程度的不同而不同。有鉴于此，全面、科学、系统的房屋震害研究更显得弥足珍贵。

**六、要做其他有关对比分析**

除以上 5 个方面的分析以外，房屋震害研究还应做好：

1. 国内几次强震灾害对比分析。如要全面分析对比唐山地震、集集地震与汶川地震的规律，内容涉及地震形态、地震次生灾害和房屋毁损等情况。中国科学院院士周锡元介绍，尽管唐山、集集和汶川地震都是突发型的，无前震，震源很浅，但汶川地震是逆冲加走滑断裂，震源破裂过程最复杂，持续时间最长。另外，汶川地震波及的面积、造成的受灾面积、诱发的地质灾害、次生灾害比唐山和集集地震也大得多。

2. 国内外强震灾害对比分析。内容除上面提及的以外，可否引申至各国应对房屋倒塌毁损的应急抢险机制以及评估、鉴定、加固机制等。

3. 次生火灾情况对比分析。如与旧金山大地震和阪神地震相比，汶川地震引发的次生火灾数量极少，这对于汶川地震灾区范围内分布有各类燃气管道的市镇而言，其中必然有值得借鉴的经验和做法。

综上所述，房屋震害研究不可或缺，应突出把握好全面和辩证分析。一是做好房屋破坏原因分析，二是做好房屋破坏状态分析，三是做好城镇房屋与农村房屋的震害对比分析，四是做好正常设计施工与非正常设计施工房屋的震害对比分析，五是做好超过与没有超过设防标准情况的对比分析等。通过房屋震害研究，应科学、理性、实事求是地回答若干重大科学技术的基本问题：诸如如何利用震害现场资料，整理总结建（构）筑物，包括城镇市政基础设施（特别是生命线工程）的破坏规律；如何科学评价现行建筑抗震规范在抵御地震灾害、保护室内人员生命安全方面的实际效果；抗震设防标准的调整应体现科学性和严肃性，是否应当以房屋震害研究结果为依据；对于公共建筑和服务设施，在抗震设防等级确定、结构体系选择等方面有哪些需要思考的问题等等。通过研究这类问题，进而引申至技术标准和相关政策的调整。

（参与调研的同志有王铁宏、田文、向学、高永昭、邓宁、张迅、韩煜、马骏驰）

中国建设报 /2013-5-3 第 001 版

# 4．我国建筑防火性能化设计的发展历程

李引擎　张向阳　李磊　刘文利　肖泽南
中国建筑科学研究院建筑防火研究所

随着城市建筑的快速发展，不可避免地出现了许多现行格式规范难以解决的消防设计问题。故 20 世纪 80 年代出现了"以性能为基础的防火安全设计方法"（performance-based fire safety design method）的概念，到现在为止，以性能为基础的防火安全设计方法（简称"性能化防火设计方法"）已被十多个国家所接受，并成为当前国际建筑防火设计领域研究的重点。

## 一、建筑防火规范的历史与现状

各国建筑防火规范的制定和体现有不同的形式，如美国有关建筑防火的规范大部分由协会或标准组织制定，这些机构多属于独立的非营利机构，不受任何组织和机构管理。各联邦政府自主采标，并经一定程序将采纳的标准颁布作为本地区的技术标准[1]。

日本涉及建筑防火标准的法律文件为《建筑基准法》，其下再分别设置《建筑基准法施行令》、《建筑基准法施行规则》和一系列告示，如《避难安全见证法》、《耐火性能检证法等》，以上文件共同构成建筑防火法规体系[2-3]。

我国的建筑防火规范已有几十年的历史。1956 年 4 月，国家基本建设委员会批准颁布了《工业企业和居住区建筑设计暂行防火标准》；1960 年 8 月，国家基本建设委员会和公安部批准颁布《关于建筑设计防火的原则规定》及所附《建筑设计防火技术资料》；1974 年 10 月，《建筑设计防火规范》批准颁布，该标准奠定了我国建筑防火标准的基础，此后于 1987 年进行了系统的修订，2006 年再次修订形成了现行的《建筑设计防火规范》GB 50016-2006。随着我国高层建筑的大量兴起和快速发展，原国家经济委员会和公安部 1982 年联合发布了《高层民用建筑设计防火规范》，并分别于 1995 年、1997 年、1999 年、2001 年和 2005 年进行了局部修订，形成了现行的《高层民用建筑设计防火规范》GB 50045-95（2005 年版）。除上述两本建筑防火的基本规范，我国针对特定场所和工程也形成了部分专门的防火设计规范[4-5]。

综合看来，我国建筑防火标准规范体系已基本实现了与国际先进标准的接轨，标准所采纳的基本技术指标和方法具有较强的科学性和可操作性，初步建立了包容和跟进新技术、新产品、新做法的标准管理机制。

建筑防火规范对促进消防技术进步、保证建筑工程的消防安全、保障人民群众的生命财产安全发挥着重要作用。目前我国这些规范中的大多数规定是依照建筑物的用途、规模和结构形式等提出的，并且详细地规定了防火设计必须满足的各项设计指标或参数，设计人员不需要复杂的计算和分析过程，容易理解和掌握，这种设计方法被称为"指令性"的

设计方法，采用这种设计方法所对应的规范称为指令性的规范。

## 二、性能化防火设计方法的诞生

### 1. 现行建筑防火规范面临的主要问题

指令性规范对设计过程的各个方面作出具体规定，然而对该设计方案所能达到的性能水准则不甚明了。应该说，指令性规范为社会的发展和进步作出了十分巨大的贡献，但从社会进步的角度看，现行的指令性规范也存在某些重大的缺陷[6]：

1）由于历史的原因，现行规范之间和规范中有关条文之间常常出现互不沟通、相互矛盾的现象，即设计方法之间无法形成一个完整的闭环系统，无法实现系统性。

2）无法给出一个统一、清晰的整体安全度水准。现行规范适用于各类建筑，而各种建筑风格、类型和使用功能的差异，则无法在现行规范中给予明确的区别。因此，现行规范给出的设计结果无法告诉人们各建筑所达到的安全水准是否一致，当然也无法回答一幢建筑内各种安全设施之间是否能协调工作，以及综合作用的安全程度如何。

3）跟不上新技术、新工艺和新材料的发展。指令性规范严格的定量规定妨碍设计人员使用新的研究成果进行设计，尽管这样的设计可能导致系统安全程度的提高和投入的减少，但很可能会与规范不符。大多数指令性规范的条款来源于对历次火灾经验教训的总结，这种经验总结不可能涵盖所有的影响因素，尤其是随着建筑形式的发展而出现的新的问题，更不可能是规范编写者在几年甚至十几年前编写规范时就能全部考虑到的。

4）限制了设计人员主观创造力的发展。具体的规范条文，常常限制了设计人员的想象力，无形中僵化了人们的思维。与此同时，设计者对规范中未规定或规定不具体的地方，也会因盲目性而导致设计结果的失误。

5）无法充分体现人的因素对整体安全度的影响。建筑是为人类的生产和生活服务的，人的素质无疑在很大程度上影响着建筑防火安全的水平，如人的生产、生活习惯，楼宇物业管理水平，人在火灾中的心理状态等都在事实上成为安全设计的主要考虑因素之一，然而现行规范中无法充分体现该类因素的作用。

现行防火规范是以传统的建筑形式或建筑构造为对象提出的建筑规则，不适应不断涌现的大型化、形式多样化的建筑需求，无法解决建筑规范和建筑功能需求之间的矛盾，给设计者、业主及消防监督管理工作造成了困难。为适应建筑发展需要，并确保建筑防火安全性能，必须加强建筑性能化体系的研究，逐步建立性能法规制度，努力提高建筑防火安全性能，并兼顾合理性与经济性。

### 2. 建筑性能化防火设计规范的兴起

性能化的防火设计方法是 20 世纪 80 年代中期由英国和日本首先提出的。到目前为止，性能化的防火设计方法在国际上已受到了广泛的关注，其中英国、日本、澳大利亚、加拿大、芬兰、新西兰、美国等在这一领域发展比较迅速。"性能化设计"源于英文词汇"performance-based design"，它是以某一（某些）安全目标为设计目标，基于综合安全性能分析和评估的一种工程方法[7-8]。

1）性能化防火设计的特点

性能化防火设计与指令性的防火设计相比较具有以下特点[9-11]：

（1）基于目标的设计

在性能化防火设计中，安全目标是防火设计应该达到的最终目标或安全水平。安全目标确定后，设计人员应根据建筑物的各种不同空间条件、功能要求及其他相关条件，自由选择达到防火安全目标而应采取的各种防火措施并将其有机地结合起来，构成建筑物的总体防火设计方案。

（2）综合的设计

在性能化设计中，应该综合考虑各个防火子系统在整个设计方案中的作用，而不是将各个子系统简单地叠加。综合设计要了解探测报警、灭火、疏散、防排烟、被动防火措施、救援等子系统的性能，再针对可能发生的火灾特性，具体实现各子系统的性能。最后用工程学的方法对发生火灾时的火灾特性进行预测，并判断其结果是否与所规定的安全目标一致。要达到某一安全目标，可能需要组合多种防火措施，而组合方法可能并不是一种，如果加强了某项措施，另一项措施则可能处于次要的地位，反之亦然。

（3）合理的设计

性能化防火设计方法的研究，就是要改进现行防火设计方法中存在的问题，以达到设计的合理性。性能化的防火设计，并不是直接提高安全标准或降低防火措施的成本，而是在保证建筑物需要满足的防火安全水平的前提下，更合理地配置各个防火子系统。

性能化防火设计规范的主要优点体现在以下几个方面：

（1）加速技术革新。在性能规范的体系中，对设计方案不作具体规定，只要能够达到性能目标，任何方法都可以使用，这样就加快了新技术在实际设计中的应用，不必考虑应用新型设计方法会导致与规范的冲突。性能规范给防火领域的新思想、新技术提供了广阔的应用空间。

（2）提高设计的经济性。性能设计的灵活性和技术的多样化给设计人员提供了更多的选择，在保证安全性能的前提下，通过设计方案的选择可以采用投入效益比最优化的系统。

（3）加强设计人员的责任感。性能设计以系统的实际工作效果为目标，要求设计人员通盘考虑系统的各个环节，减小对规范的依赖，不能以规范规定不足为理由忽视一些重要因素。这对于提高建筑防火系统的可靠性和提高设计人员技术水平都是很重要的。

2）性能化防火设计的步骤

性能化消防设计的基本程序是：

（1）确定建筑物的使用功能和用途、建筑设计的适用标准；

（2）确定需要采用性能化设计方法进行设计的问题；

（3）确定建筑物的消防安全总体目标；

（4）进行性能化消防试设计和评估验证；

（5）修改、完善设计并进一步评估验证确定是否满足所确定的消防安全目标；

（6）编制设计说明与分析报告，提交审查与批准。

一般来说，需要解决的消防问题不同，所采用的分析方法不同，性能化防火设计的步骤可能会不同，但是多数情况下还是遵循一定的设计流程 [12-14]。性能化设计的步骤参见图 4-1。

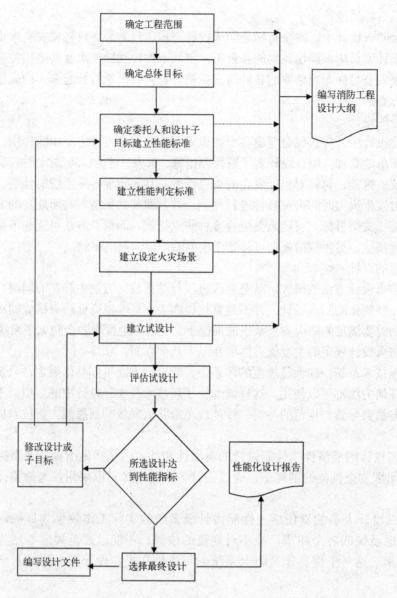

图 4-1 性能化消防设计基本步骤框图

### 三、性能化设计的工程实践

性能化防火设计在我国已有十多年的工程实践，多家科研、设计单位完成了大量的科研项目和实际工程设计，总体上我国的性能化设计已达到国际先进水平。其中中国建筑科学研究院建筑防火研究所自 2002 年 2 月以来，已完成了上百项重要工程的性能化防火设计与评估工作，积累了大量工程实践经验。尤其在 2008 北京奥运会期间，采用性能化设计理念，成功解决了国家体育场、国家体育馆等 11 个奥运会竞赛场馆以及国际广播中心等 4 个奥运会非竞赛场馆，国家会议中心、奥林匹克公园地下交通联系通道等 6 个奥运会相关设施建筑功能与消防安全之间存在的矛盾，实现了建筑物的建筑功能、消防安全和经济投资的最佳统一。由于性能化防火设计考虑全面，火灾场景选择合理，提出的各项管理措施落实到位，各项消防设施运行正常，确保了奥运场馆及相关设施在奥运会期间的消防安全，为实现"平安奥运"目标奠定了坚实基础。鉴于在 2008 年北京奥运工程消防设计咨询和火灾风险评估方面的突出成绩，该工作团队被人力资源社会保障部、国务院国有资产监督管理委员会联合授予"中央企业先进集体"的称号。

建筑防火研究所通过承担国家"九五"科技攻关课题《地下与大空间建筑火灾防排烟与疏散救生高新技术》、"十五"科技攻关课题《人员密集大空间公共建筑性能化防火设计应用研究》、《大型公共建筑人员疏散模型与疏散引导系统研究》和"十一五"科技支撑计划课题《城市地下空间安全疏散防火设计技术研究》、《大型及重要建筑火灾监测预警及自动处置系统》等工作，在性能化防火设计理论与实验方面取得了一定的成绩。包括：自主开发了 Evacuator 疏散软件，用于模拟发生火灾等紧急情况下各类建筑物（包括办公楼、教学楼、酒店、地铁等）中人员疏散逃生的过程，计算所有人安全逃生所需要的时间，找到疏散瓶颈处，得到出口和楼梯的人员流量等数据；针对我国机械车库行业存在的问题，从解决实际防火设计难题出发，对钢混结构机械立体停车库内火灾蔓延问题进行了理论与实验研究，研究成果被《汽车库、修车库、停车场设计防火规范》修订组所采纳；采用实体试验方法（如热烟测试方法），对一些高大空间的实际排烟效果进行了测试，同时也对数值模拟程序适用性进行了验证。

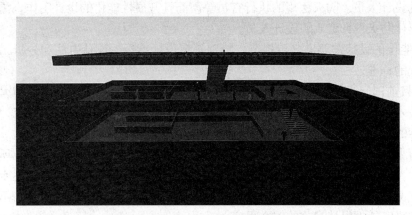

图 4-2 Evacuator 自带三维展示功能图

图 4-3 立体车库全尺寸实验

31

图4-4　中央电视台新台址热烟试验　　　　图4-5　国家会议中心高座比赛场馆热烟试验

## 四、展望

就目前而言，虽然指令性的防火设计方法向性能化防火设计方法的转变，是防火设计的一种发展趋势，但是这个转变过程是一个渐进的过程，在一个很长的时期内我们还不能完全脱离指令性的设计方法，原因有以下三点。

1）指令性的设计方法虽然有局限性，但是已经形成了一条系统化的分析和设计方法，而性能化防火设计在这一方面还不够完善。

2）人们对性能化防火设计需要一个认识和接受的过程，包括已经习惯于采用指令性防火设计的设计人员、防火法规的执行官员等。而且开展性能化的设计工作，需要培养一批具备性能化防火设计资质的设计人员。

3）性能化的设计需要进一步规范，特别是在设计指标、设计方法和分析工具选择方面没有统一的标准。

4）从目前国际上性能化防火设计技术发展的情况来看，虽然在性能化防火设计的理论和工程技术方面已经取得了巨大的发展，但是还有许多问题需要进一步研究，包括火灾试验数据库的建立和适合工程应用的分析工具的开发等。

由此可见，由指令性规范向性能规范的转型不是一蹴而就的。目前国际上所谓性能规范都只是包含部分性能规定，并没有实现百分之百的性能规范。指令性规定逐步被性能规定替代，在某个时期内二者甚至可以并存，这样既不妨碍新技术的应用，而当不具备足够的技术水准时又能够保持当前的安全程度。

### 参考文献

[1]　平野敏佑.火灾科学的发展前景.火灾科学，Vol.1，No.1，1992.

[2]　日本建筑省编，孙金香、高伟译.建筑物综合防火设计.天津科技翻译出版公司，1994.8.

[3]　The SFPE Guide to Performance-based Fire Protection Analysis and Design, Draft for Comments, Society of Fire Protection Engineers, Bethesda, USA, December, 1998.

[4]　肖学锋.发展消防安全工程学和性能化防火规范.消防科学与技术，1999，11（4）.

[5]　汪箭，吴振坤，徐琼，范维澄.火灾安全工程设计的发展和研究.消防科学与技术，1999，11（4）.

[6]　吴启鸿，肖学锋.论发展我国以性能为基础的建筑防火技术法规体系.消防科学与技术，1999，2（1）.

[7]　倪照鹏.国外以性能为基础的建筑防火规范研究综述.消防技术与产品信息，2001（10）.

[8]　《消防安全工程工作组》编.国外性能化防火设计译文集.2001，9.

[9]  霍然，袁宏永．性能化建筑防火分析与设计．合肥：安徽科学技术出版社，2003．

[10]  中国消防手册第三卷．消防规划·公共消防设施·建筑防火设计．上海科学技术出版社，2006．

[11]  李引擎等．建筑防火安全设计手册．郑州：河南科学技术出版社，1998．

[12]  韩新，沈祖炎，曾杰等．大型公用建筑防火性能话评估方法基本框架研究．消防科学与技术，2002.3．

[13]  B J Meacham & R L P Custer, Performance-Based Fire Safety Engineering：An Introduction of Basic Concepts, Journal of Fire Protection Engineering, Vol. 7, No. 2, 1995.

[14]  罗明纯．重大项目消防工程的性能设计法．东方空调网，2001.7．

# 5．我国消防产品生产情况分析

赵富森

中国消防协会

## 一、我国消防生产概貌

产业是社会生产力不断发展的必然结果，与其他产业一样，消防产业也有一个逐步发展成型的过程。至 2010 年底，我国国内消防产品生产企业已达到 5800 余家，规模较大、年产值超亿元的企业不断出现，经济类型也从较为单一的国营、集体企业形式发展为多种经济形式并存，企业基本建立起了现代企业制度。消防产业已有从业人员 160 万人，年均销售额 3570 亿元，年均税收 280 亿元，年均研发投入 133 亿元，自有品牌 26000 个。目前中国的消防企业已能生产各类消防车、消防泵、消防艇、火灾探测报警设备、固定灭火设备、灭火器、灭火剂、防火门、抢险救援器材、消防员装备等。所生产的各类消防产品，基本可以满足我国防火灭火工作的需要。产品的技术进步很快，一些产品的主要技术指标已接近或达到国际先进水平，部分传统产品已被具有国际先进水平的新技术产品取代。中国消防协会 2011 年度产业信息调查表明：灭火器、消防水带两种传统设备大量出口，灭火器总销售量的 45.8% 用于出口，消防水带总销售量中 42.5% 用于出口。消火栓、钢质隔热防火门、洒水喷头、防火阀、消防应急指示标志等近年来也有了一定数量的出口，其中消火栓产品的出口率为 5.3%，钢制隔热防火门产品的出口率为 9.8%，洒水喷头产品的出口率为 1.4%，防火阀产品的出口率为 1.3%，建筑防火安全标志产品的出口率为 28%。

产业的发展离不开专业人才的贡献，经过改革开放后 30 余年的不断发展，全国消防行业生产企业从业人员的总体情况统计表明，目前全行业的从业人员的知识结构和专业技术结构与以往比较都有了较大改变。

消防企业专业技术人员统计表　　　　　　　　　　表 5-1

| 地区 | 员工总数（人） | 本科 | 硕士 | 博士 | 初级职称 | 中级职称 | 高级职称 |
|------|------|------|------|------|------|------|------|
| | | 人数 | 人数 | 人数 | 人数 | 人数 | 人数 |
| 华北 | 232100 | 10000 | 500 | 40 | 5900 | 6200 | 2500 |
| 东北 | 106300 | 4600 | 200 | 20 | 2900 | 2500 | 1100 |
| 华东 | 779400 | 34000 | 1800 | 50 | 19900 | 17000 | 7500 |
| 华南 | 207200 | 9000 | 450 | 30 | 5300 | 4600 | 2000 |
| 华中 | 114400 | 5000 | 400 | 10 | 2900 | 2600 | 1200 |

续表

| 地区 | 员工总数（人） | 本科 | 硕士 | 博士 | 初级职称 | 中级职称 | 高级职称 |
| --- | --- | --- | --- | --- | --- | --- | --- |
| | | 人数 | 人数 | 人数 | 人数 | 人数 | 人数 |
| 西南 | 115500 | 5000 | 300 | 20 | 3000 | 3500 | 1000 |
| 西北 | 45100 | 1900 | 100 | 10 | 1100 | 1000 | 500 |
| 合计 | 1600000 | 69500 | 3750 | 180 | 41000 | 37400 | 15800 |

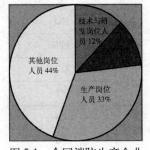

图 5-1　全国消防生产企业中各岗位人员所占比例图

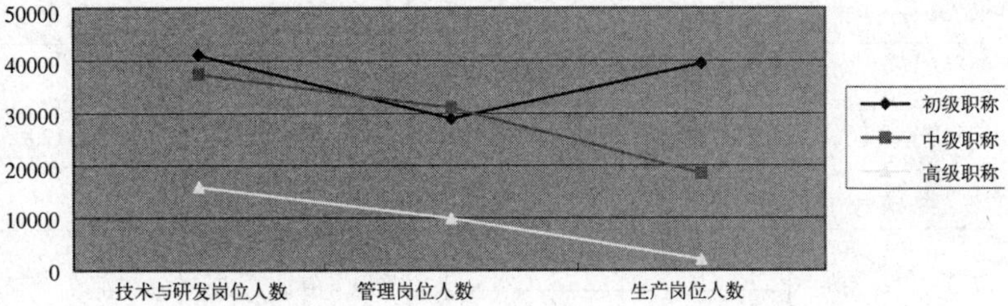

图 5-2　全国生产企业管理、生产、技术研发岗位职称分布情况图

## 二、消防产品生产企业分布与产业发展

### 1. 消防生产企业产业群分布

由于历史和经济社会发展的原因，我国的消防生产企业大多分布在东部，尤其是集中在东部沿海经济发达地区。全国消防产业大体按地域可分为三个大的产业群，分别是以浙江、江苏、上海为主的长三角产业群，以广东为主的珠三角产业群，以北京、天津、河北、山东、辽宁为主的环渤海产业区。这三大产业区的企业总数，占全国消防生产企业总数的75.4%。

全国消防生产企业地区分布及所占比例情况表　　　　表 5-2

| 地区 | 省份 | 企业数量（家） | 各地区企业数量（家） | 各地区企业占企业总数比例（%） | 各省（市、区）企业占企业总数比例（%） |
| --- | --- | --- | --- | --- | --- |
| 华北地区 | 北京 | 390 | | | 6.7 |
| | 天津 | 184 | | | 3.1 |
| | 河北 | 197 | 844 | 14.2 | 3.3 |
| | 山西 | 52 | | | 0.8 |
| | 内蒙古 | 21 | | | 0.3 |
| 东北地区 | 黑龙江 | 83 | | | 1.4 |
| | 吉林 | 42 | 386 | 6.5 | 0.7 |
| | 辽宁 | 261 | | | 4.4 |

| 地区 | 省份 | 企业数量（家） | 各地区企业数量（家） | 各地区企业占企业总数比例（%） | 各省（市、区）企业占企业总数比例（%） |
|---|---|---|---|---|---|
| 华东地区 | 山东 | 400 | 2834 | 48.4 | 6.8 |
| | 江苏 | 935 | | | 16 |
| | 安徽 | 112 | | | 1.9 |
| | 浙江 | 617 | | | 10.6 |
| | 福建 | 177 | | | 3 |
| | 上海 | 593 | | | 10.1 |
| 华南地区 | 广东 | 697 | 753 | 12.8 | 11.9 |
| | 广西 | 42 | | | 0.7 |
| | 海南 | 14 | | | 0.2 |
| 华中地区 | 湖南 | 83 | 416 | 7 | 1.4 |
| | 湖北 | 96 | | | 1.6 |
| | 河南 | 153 | | | 2.6 |
| | 江西 | 84 | | | 1.4 |
| 西南地区 | 四川 | 232 | 420 | 7.1 | 3.9 |
| | 云南 | 59 | | | 1 |
| | 贵州 | 24 | | | 0.4 |
| | 重庆 | 105 | | | 1.8 |
| 西北地区 | 宁夏 | 9 | 164 | 1.27 | 0.15 |
| | 新疆 | 33 | | | 0.56 |
| | 青海 | 4 | | | 0.06 |
| | 甘肃 | 20 | | | 0.34 |
| | 陕西 | 98 | | | 0.16 |

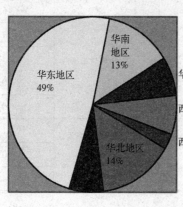

图 5-3　全国消防生产企业
地区分布比例图

2．2000年与2010年消防生产情况比较

《中国消防》杂志2001第2期刊登文章《中国的消防产品市场与消防产业发展趋势》，对2000年消防产业生产和市场情况进行了较为全面的介绍，下面就文中的数据和2010年消防生产和市场情况进行简单的比较。

2000年与2010年国内消防企业数量、产品品种数量、规格型号数量对比　　　表5-3

| 序号 | 类别 | 企业数量（家） | | 品种数量（个） | | 规格型号数量（个） | |
|---|---|---|---|---|---|---|---|
| | | 2000年 | 2010年 | 2000年 | 2010年 | 2000年 | 2010年 |
| 1 | 消防车 | 24 | 31 | 19 | 28 | 206 | 397 |
| 2 | 消防泵 | 35 | 122 | 42 | 79 | 143 | 1003 |
| 3 | 灭火剂 | 89 | 132 | 31 | 176 | 208 | 339 |
| 4 | 灭火器 | 192 | 97 | 23 | 140 | 1330 | 1408 |
| 5 | 消火栓 | 167 | 174 | 18 | 39 | 85 | 198 |
| 6 | 消防接口 | 53 | 47 | 6 | 8 | 65 | 71 |
| 7 | 消防水带 | 77 | 67 | 4 | 40 | 371 | 345 |
| 8 | 消防枪炮 | 47 | 83 | 7 | 39 | 116 | 205 |
| 9 | 防火门 | 559 | 1044 | 84 | 182 | 4038 | 5415 |
| 10 | 火灾报警设备 | 165 | 295 | 24 | 135 | 639 | 2984 |
| 11 | 喷水灭火设备 | 90 | 101 | 39 | 75 | 291 | 630 |
| 12 | 泡沫灭火设备 | 14 | 45 | 26 | 55 | 36 | 204 |
| 13 | 气体灭火设备 | 62 | 95 | 1 | 41 | 93 | 394 |
| 14 | 给水设备及配件 | 175 | 144 | 171 | 20 | 255 | 210 |
| 15 | 抢险救援器材 | 21 | 35 | 24 | 52 | 42 | 119 |
| 16 | 消防员装备 | 17 | 27 | 12 | 9 | 32 | 97 |
| 17 | 防火阻火材料 | 547 | 821 | 225 | 333 | 578 | 1301 |
| 18 | 建筑防火构配件 | 612 | 931 | 89 | 289 | 667 | 7890 |

2000年与2010年几种主要消防产品的市场情况对比　　　表5-4

| 种类 | 国内消防企业年销售量 | | 国内产品年出口量 | |
|---|---|---|---|---|
| | 2000年 | 2010年 | 2000年 | 2010年 |
| 各类消防车辆（辆） | 1440 | 30700 | 60 | 1600 |
| 干粉灭火剂（万吨） | 2.5 | 15.9 | 0.5 | 4.4 |
| 泡沫灭火剂（万吨） | 2 | 23 | -- | 1.8 |

| 种类 | 国内消防企业年销售量 | | 国内产品年出口量 | |
|---|---|---|---|---|
| | 2000 年 | 2010 年 | 2000 年 | 2010 年 |
| 各类灭火器（万只） | 600 | 1800 | 200 | 1500 |
| 消防水带（万米） | 3000 | 9400 | 3000 | 6950 |
| 火灾探测器（万只） | 180 | 385 | 30 | 23 |
| 洒水喷头（万只） | 770 | 16000 | — | 270 |

从以上的统计数据看，目前我国消防产业虽然有了较大的发展，但是产业结构布局不尽合理，产业链条还有待完善，企业规模过小、企业数量过多的现象仍比较普遍。目前，国内同时有几百家，甚至千余家企业在生产同一产品，因此导致国内消防企业在产品结构组成方面不尽合理。这种现象导致消防产业得不到高效发展和质的升华，难以形成实力雄厚竞争力较强的集团企业，对提高产品竞争力，融入全球经济不利。只有向规模集约化、营销规范化、管理标准化方向努力，通过资本运作与兼并收购等市场化运作，进行大力的行业整合，使相关行业资源进行合理的配置，建立强大的营销网络，共享资源，建立集团化管理的多产品、多企业的联合体，才能打造我国消防产业的规模型企业。

### 三、国内主要消防产品生产和技术

1. 消防车泵产品生产和技术

1）消防车辆生产和技术情况

国内的消防车生产企业是我国消防车辆的主要供应商，占全国生产总量的 70% 以上。目前，全国形成一定规模的国内消防车专业制造生产企业截止到 2010 年底已有 31 家。这31 家企业中，有近万名从业人员，年产销各类消防车辆四千余台。

31 家企业按照地域分布如下：辽宁 3 家、北京 3 家、上海 3 家、广东 3 家、江苏 2 家、吉林 2 家，此外还有位于黑龙江、内蒙古、江西、山东、安徽、陕西、河南、湖南、四川等省的 15 家消防车辆生产企业。主要生产企业有徐州重型机械厂、沈阳捷通消防车有限公司、陕西银河消防科技有限公司、长春基洋消防车辆有限公司、牡丹江森田特种车辆改装有限公司、临沂消防器材总厂、四川森田消防装备制造有限公司、苏州市捷达消防车辆装备有限公司、明光市浩淼消防科技有限公司等。

随着我国火灾扑救工作的迫切需要和生产制造技术的快速发展，国产消防车无论在设计技术方面，还是在制造工艺方面都有了突破性的进展，国产消防车技术日益成熟，消防车辆的设计开发与制造工艺已经接近国外技术水平。目前我国消防车在举高车、远程大流量供水系统、压缩空气泡沫消防车、机场消防车、路轨消防车等方面取得了比较大的进步，有的达到了国际同类产品水平，有的填补了国内空白。

我国消防车保有量以每年 13% 左右的速度快速增长。在三十多家国产消防车生产企业中，达到年生产 500 台消防车能力的屈指可数，有的甚至年产量不足 100 台。如按市场年需 4000 台消防车计算，平均每个厂需生产一百多台消防车。这种局面难以形成规模效益，而且带来消防车市场的激烈竞争。

2）消防泵生产和技术情况

我国消防泵生产企业有 122 家，品种有 400 余个。消防泵生产企业可分为两种类型，一种是专门生产消防泵的企业，另一种是消防车生产企业同时生产消防泵。由于消防泵的需求不大，所以消防泵专门生产企业的规模不大。其中陕西航天动力高科技股份有限公司发展迅猛，目前该公司车载消防泵产、销量居国内消防泵厂家首位，具有一定品牌优势。另外，上海华夏震旦消防设备有限公司、苏州市捷达消防车辆装备有限公司、湖北省消防器材厂、临沂消防器材总厂等公司都有较高的市场占有率。

2. 抢险救援器材产品和技术

抢险救援器材是消防器材中一个比较新的门类，这类产品在我国的引进和使用是随着消防部队职能的扩展而逐渐形成的，主要包括侦检、警戒、救生、破拆、堵漏、输转、洗消、照明、排烟等种类，约有一百余个品种。我国的抢险救援器材企业的成立时间大都不超过 20 年。国内的抢险救援器材企业 104 家，这些企业全部为中小型企业，其中绝大部分为合资企业或民营企业。

经过近 20 年的发展，尤其是 2000 年以来，国内抢险救援器材产品企业有了较快速的发展，逐步加大了科技研发的力度。从近几届国际消防展览会来看，抢险救援器材产品企业的科研成果也得到一定体现。如破拆类器材，在液压破拆工具、组合式液压破拆工具、高压水射流切割灭火装备等方面已基本达到先进国家水平；如堵漏类器材，大多数企业具有石油化工堵漏的技术基础，因此技术实力较强，特别是许多企业根据我国国情，按照不同的堵漏环境，研发了各种新型强磁堵漏工具，在实战中发挥了较好作用；如排烟类、照明类和中转水池等方面，国内企业均有较好的拳头产品，可取代进口产品。因此，可以说抢险救援器材产品企业的技术水平得到了较大提高。破拆、抢险、堵漏类的产品重要企业有艾迪斯鼎力科技（天津）有限公司、天津泰瑞工贸有限公司、北京航天力云高新技术有限公司、天津神封科技发展有限公司、上海虹安消防装备有限公司、泰州市华东消防器材有限公司等，这些企业有着较高的生产能力。

3. 消防员个人防护装备生产和技术

最早的消防员个人防护装备在我国诞生于 20 世纪 50 年代，经过多年来的发展，我国有 30 多家消防员个人防护装备生产企业，形成以几家规模较大企业为龙头，若干中小企业并存的生产格局。消防员个人防护装备生产企业大致有三种类型：一是技术实力相对较强的中型企业，如江西长江化工有限公司、桂林橡胶制品厂等；二是原国有企业改制或合资而成的股份制企业，如北京英特莱科技有限公司、青岛星轮实业有限公司、上海服装集团公司等；三是民营企业，规模普遍不大，如青岛美康特种防护制品有限公司、泰州市华通消防装备厂、九江消防装备有限公司、上海赞瑞实业有限公司、上海宝亚安全设备有限公司等。在消防员个人防护装备生产企业中，部分大企业具有较强的技术实力，有的企业技术实力已达到国际先进水平，产品批量出口。

4. 火灾报警设备生产和技术

我国的消防电子生产企业以东部发达地区为主，长三角地区企业数量次之，中西部地区生产企业比例较低。我国消防电子产品生产已经初具规模，围绕火灾报警设备的火灾报警触发器件、火灾报警装置、消防电器控制设备共有 295 家生产企业。消防电子产品生产企业的规模比较低，员工数平均为 70 人左右，50 人以下的小企业占据了企业总数的 59%

左右，而规模在 200 ~ 500 人以及 500 人以上的大中型企业分别只占 7% 和 2% 左右。消防电子产品生产企业 2010 年平均销售额约为 1300 万元，其中销售额在 1000 万元以下的企业数量占 67% 左右，销售额在 5000 万元以上的大中型企业仅占 9% 左右。从人员和经营情况分析，消防电子企业小规模企业仍然偏多，中等规模企业数量不断上升，这说明整个消防行业正进入成长期。

我国电子领域的发展很快，但是国际竞争优势不大，芯片、处理器等核心技术产业发展相对滞后，受制于国外企业，因此我们的消防电子企业的发展也受到一定影响。国内消防电子企业的科研能力和水平普遍不高，高水平的研发人员多集中在规模较大的消防电子企业。处于行业领先地位的消防电子报警企业，拥有强大的科研队伍，科研和创新能力较强。国内排名前列的企业，工艺水平相对比较高，某些方面已经接近国外企业。海湾安全技术有限公司、北京利达集团公司、深圳市赋安安全系统有限公司、上海松江电子仪器厂都是国内知名、市场占有率较高的火灾报警器生产企业。

5. 防火材料产品生产和技术

国内防火材料专业生产厂家有 350 来家，其中较大型的有 60 多家，能够生产包括防火涂料、防火封堵材料、防火板、防火门、防火卷帘、防排烟设备、耐火（阻燃）电线电缆及槽盒、防火木制窗框、防火木材、防火贮物箱、防火玻璃、防火木塑材料在内的 7 大类、44 个品种的防火材料产品，基本能够满足中国防火工作的需要。

20 世纪 70 年代，一些工业发达国家就已经在钢结构、木结构等防火工程中大量应用防火涂料。20 世纪 80 年代中期，随着我国钢结构建筑物的迅速发展，钢结构防火保护技术问题比较突出。在此之后，防火涂料技术、防火板材技术、防火密封材料技术、阻燃装修材料技术等应运而生。该行业的发展基本属于引进吸收型。由于国内该行业发展较晚，至今还在成长期，因此行业具有较大潜力。

6. 固定灭火系统产品生产和技术

1）自动喷水灭火系统

我国洒水喷头类生产企业有 60 余家，主要分布在北京、上海、福建、江苏、浙江、广东、四川等省市，年产洒水喷头 4000 万只，水雾喷头 500 万只、早期抑制快速响应喷头 50 万只，水幕喷头 100 万只。涂覆钢管类生产企业有 150 余家，主要分布在山东、江苏、广东、河南等省市。沟槽式管接件类生产企业有 200 多家，主要集中在山东省，占企业总数的 80%，产量占全国 65% 左右。湿式报警阀生产企业有 40 多家，主要分布在北京、上海、浙江、福建、广东等省市，年产量为 8 万台。雨淋报警阀生产企业有 30 余家，主要分布在北京、上海、浙江、福建、广东等省市，年产量为 5 万台。

2）气体灭火系统

我国生产气体灭火系统（装置）的企业达 200 余家，主要分布在江苏、浙江、广州、四川、陕西等省，其中 80% 为小型组装型企业，20% 为中型具有研发水平的企业。小型企业年产值小于 5000 万元人民币，中型企业年产值 5000 万 ~ 20000 万元人民币。热气溶胶灭火装置的生产企业约有 30 余家，主要集中在江西、陕西两省，其中一家为创业板上市公司，另外约有 5 家左右规模较大，其余规模较小。

3）泡沫灭火系统

我国生产泡沫灭火系统（装置）的企业近 50 余家，主要分布在上海、浙江、河南、江西、陕西等省市，其中 70% 为小型组装型企业，30% 为中型具有研发水平的企业。小型企业年产值小于 1000 万元人民币，中型企业年产值大于 3000 万元人民币。市场的总额应在 4～5 亿，进口产品约占市场份额的 10%～20%。

4）干粉灭火系统

我国生产干粉灭火系统（装置）的企业达 60 余家，主要分布在江苏、浙江、广州、四川、陕西等省，其中 80% 为小型组装型企业，20% 为中型具有研发水平的企业。

5）固定消防给水设备

国内消防给水设备的生产企业超过 500 家，主要分布特点是沿海城市密集，内陆城市稀少，多集中在山东、上海、江苏、辽宁、浙江、北京、天津等省市，其中 40% 的企业为小型企业，45% 为中型企业，15% 为大型企业。小型企业年产值小于 2000 万元人民币，中型企业年产值在 2000 万到 1 亿元人民币之间，大型企业年产值 1 至 3 亿元人民币。

7. 耐火构配件行业技术

耐火构配件专业涉及的主要消防产品大致可以分为三类：1）防火分隔类产品，如防火墙、防火隔墙、防火门、防火窗、防火卷帘等；2）建筑防排烟系统产品，包括档烟垂壁、防火阀、排烟防火阀、排烟阀口、排烟风机、耐火排烟管道等；3）防火配件产品，包括防火门窗用五金配件、防火膨胀密封件、防火卷帘用控制器和卷门机、档烟垂壁用控制器和电机、耐火电缆槽盒等。

根据 2011 年出版的《中国消防产业发展调研报告》，防火门生产企业 1044 家，建筑防排烟系统产品生产企业有 100 余家，耐火构配件相关产品生产企业 170 家，除少数中型企业外，大部分是小型企业。国内现有的防火门窗五金配件企业绝大部分由生产传统门窗五金的企业演变而来，企业规模大小不一，普遍规模较小，技术力量薄弱；此类企业 70% 以上年产值都在 2000 万以下。各企业人数从十几人至上百人不等，以直销经营为主，大多数厂家直接供应工程公司、防火门厂；行业中各企业的人才良莠不齐，规模较大的企业有瑞中天明（北京）门业有限公司、辽宁营口盼盼安居股份有限公司、烟台华盛工业有限公司、浙江金意达实业有限公司、哈尔滨飞云实业有限公司等。

## 参考文献

[1] 中国消防，2001（2）.

[2] 消防技术与产品信息，2010（5）.

[3] 中国消防产业发展调研报告，2010.

# 6. 我国村镇防灾建设概述

葛学礼　朱立新　史毅　于文

随着我国村镇建设的快速发展，城镇化和新农村建设已成为各级政府议事的重要内容。村镇经济的快速发展必然带来人口数量的增加和财富的集中，一旦遭受破坏性的地震、洪水、风暴等自然灾害的袭击，在缺乏有效防御措施的情况下，将会造成严重的人员伤亡和经济损失。实践表明，我国自然灾害（地震、洪水和台风）的受灾地区主要集中在广大农村和乡镇。

本文作者曾先后对河北、云南、四川、新疆、西藏、内蒙古、安徽、江西、浙江等地震灾区、洪水灾区和台风灾区进行了房屋灾害调查。通过村镇既有建筑现状调查和地震、洪水、台风、火灾中的房屋灾害调查，掌握了我国村镇房屋的建筑材料、结构形式、建造方式、传统习惯及其灾害特点和存在的主要问题。在村镇建筑防灾相关技术标准和导则的编制过程中，针对村镇建筑在抗震、抗洪、抗风、防火等方面存在的主要问题，采取了相应的抗御措施，对减轻村镇建筑因地震、洪水、风暴、火灾等灾害造成的人员伤亡和经济损失具有重要意义。

近年来，对村镇建筑防灾减灾进行研究的单位和技术人员很多，在村镇防灾建设方面做出了深入细致的研究工作，取得了丰硕的研究成果。限于篇幅，本文不能全面详述，主要就中国建筑科学研究院在村镇防灾方面的相关工作和研究内容、成果等进行概述。

## 一、村镇防灾建设既有工作和存在的主要问题

### 1. 村镇抗灾防灾建设既有的工作

近些年来，我国建设行政管理部门在村镇抗灾能力建设方面做了不少工作，为提高我国村镇防灾减灾能力打下了良好的基础，主要包括以下几个方面的工作成果：

1）制定了一些相关的法规、政策

1994 年出台的 38 号部长令《建设工程抗御地震灾害管理规定》第二十五条规定："农村建设中的公共建筑、统建的住宅及乡镇企业的生产、办公用房，必须进行抗震设防；其他建设工程应根据当地经济发展水平，按照因地制宜、就地取材的原则，采取抗震措施，提高农村房屋的抗震能力。"2000 年，建设部印发了《关于加强农村建设抗震防灾工作的通知》（建抗 [2000] 18 号），明确提出在编制农村建设规划时增加抗震防灾的内容，农村建设中的基础设施、公共建筑、中小学校、乡镇企业、三层以上的房屋工程应作为抗震设防的重点，必须按照现行抗震设计规范进行抗震设计、施工。

这些相关法规、政策的出台，为加强村镇抗震防灾建设，提高村镇建筑的抗震能力，保证广大农村群众的生命财产安全，起到了指导性的作用。

2）制定了一些通用和专用技术标准

（1）我国现行的《建筑抗震设计规范》、《建筑抗震鉴定标准》、《建筑抗震加固技术规程》等抗震技术标准除了适用于城市各类建筑外，对土木石等农村常用的结构类型也提出了抗震设计的基本原则和措施要求。

（2）国家标准《蓄滞洪区建筑工程技术规范》在村镇防洪规划、村镇建筑抗洪设计计算与抗洪构造措施等方面提出了具体要求。

（3）针对村镇建筑抗震的行业标准《镇（乡）村建筑抗震技术规程》JGJ 161-2008 已于 2008 年 10 月 1 日开始实施。《镇（乡）村建筑抗震技术规程》在村镇房屋大量震害调查和试验研究基础上，总结了村镇房屋的震害特点，提出了适合村镇房屋加强整体性和加强构件连接的抗震措施，建立了村镇低造价房屋抗震极限承载力的验算方法。提出的抗震措施较大幅度提高了农村低造价房屋的抗震能力。

（4）协会标准《既有村镇住宅建筑抗震鉴定和加固技术规程》CECS 325：2012 已颁布实施，规程在对村镇建筑的地震震害进行调查研究和归纳总结的基础上，分析村镇各类典型结构类型建筑的震害原因，进一步研究村镇住宅抗震鉴定的合理设防水准，以及村镇住宅的抗震鉴定实用方法。对现有加固技术应用于既有村镇典型结构建筑加固的适用性、实效性进行研究和改进，确定了典型村镇建筑的抗震加固实用技术措施。

（5）行业标准《村镇建筑抗震鉴定与加固技术规程》正在编制过程中。

3）部分省、自治区、直辖市制订了地方标准和导则

部分省、自治区、直辖市的建设行政主管部门组织编制了农村建筑抗震技术规程、导则、构造图集和挂图等，以及简明易懂的建筑抗震知识宣传图件。这些技术规程、导则及图件在指导农民建造具有抗震能力的房屋方面起到了积极作用。

4）建筑抗震技术培训工作

部分省、自治区、直辖市的建设行政主管部门组织了农村建筑工匠建筑抗震技术培训，并开展了抗震试点村、试点工程建设等。技术培训和试点工程建设，增进了农民对村镇建筑抗震知识的了解，并使他们对如何建造抗震农房、抗震构造措施具体做法有了形象的认识。

内蒙古自治区近些年实行生态移民、震后恢复重建移民、扶贫移民和老城改造移民工程建设，集中建造了一批试点小区和村镇。自治区各级建设部门主要抓了以下几个小区和村镇的抗震安全民居试点工程：一是鄂尔多斯生态移民统建、自建安居工程，二是西乌珠穆沁旗震后恢复重建移民安居工程，三是阿鲁科尔沁旗震后恢复重建移民安居工程等。在移民建镇过程中，首先从规划入手，抗震安全建设、环境与生态保护和绿化等工作全面协调，统筹兼顾。鄂尔多斯生态移民自建工程中，不仅把《农村牧区房屋抗震措施图集》免费下发到乡镇村落，还配置了技术人员进行现场指导。西乌珠穆沁旗在震后恢复重建移民安居工程中采取统一规划、统一设计、统一招标施工和监理质量监督检验等措施，使施工质量得到保障。阿鲁科尔沁旗在震后恢复重建移民安居工程中，首先抽调大批工程技术人员深入灾区农村、牧区开展房屋震害调研与鉴定工作，根据震害轻重，因地制宜采取加固或迁移新建等方案，并编制了《震后房屋重建维修技术指南》。这些统建和自建的试点小区、村镇成为自治区抗震安全的样板工程。

5）统一建设、统一管理工作

部分省、自治区在农村的震后恢复重建和移民建镇等工作中，进行统一建设、统一管

理，按照国家强制性标准进行抗震设防，取得了不少好的经验。

针对新疆的实际情况提出："要用 5 年左右的时间，在全区实施城乡抗震安居工程，让群众住到抗震性能好的房子里去。"城乡抗震安居工程取得了很大成绩，已基本完成二百一十多万户安居房屋建造工作。2005 年 2 月 15 日新疆阿克苏乌什县发生的 6.2 级破坏性地震造成 5800 多户原有未抗震设防房屋损坏，而 2004 年建设的 3491 户抗震安居房屋经受住了地震的考验，没有损坏，对减轻地震灾害损失起到了重要作用，同时起到了良好的示范作用。抗震安居房屋与普通民房在地震中的不同表现给农村群众留下了深刻的印象，为后期抗震安居工程的推进打下了良好的群众基础。

云南、西藏等省、自治区也开展了村镇安居工程建设。

2. 存在的主要问题

1）村镇建设中缺少建设规划的指导和技术法规依据

我国大多数非建制镇和自然村未进行建设规划工作，宅基地审批与规划和建设管理工作脱节，在施政过程中缺少技术法规依据，行政上只进行建筑场地（宅基地）审批管理，不能实行进一步的监管工作。目前随经济发展，农村外地务工人员分流了大量劳动力，在实际中形成了大量的空心村，既占用了粮田，又浪费了旧的宅基地，如果没有统一的建设规划来协调整治，会在一定程度上制约村镇建设的健康发展。

2）农民缺乏必要的防灾知识，传统的建造方法存在不利防灾的因素

由于农村民房绝大多数是自主建造，何时建造，采用何种结构形式、何种建筑材料等，完全由房主根据自己的财力、传统习惯等与建筑工匠议定，建房的随意性大、传统观念强，缺乏基本的防灾知识，这些给农村建筑带来了相当大的灾害隐患。就抗震而言，大多数农民对地震区房屋的抗震设防没有认识，房屋建造以满足使用要求为主，结构上仅考虑荷载的竖向传递，不了解基本的抗震防灾技术措施。

传统的不科学做法主要表现在以下几个方面：

（1）地基与基础不牢固

农村地区建房时对基础的重视程度很差，房屋的基础埋深浅（300～500mm），有的甚至仅在原地平整一下就砌墙。在正常使用情况下，地基不均匀沉降导致墙体开裂现象也较为普遍。

（2）承重墙体整体性差

既有村镇房屋的墙体砌筑砂浆强度普遍偏低，大多用手捻即碎，水泥含量很少或仅采用黏土、砂、白灰混合，强度等级大多在 M1 左右，甚至更低。

受建筑材料限制，同一房屋采用不同材料的墙片的情况也比较多见，纵横墙交接处为通缝，不能咬槎砌筑，连接很差。云南、河北、内蒙古等不少地区的农房采用内层土坯外层砖的里生外熟做法，由于材料规格和强度不同，导致墙体两张皮，地震中破坏严重。如云南丽江地震和内蒙古西乌旗地震表明里生外熟墙体房屋的抗震能力甚至不如土坯墙房屋。

部分土坯墙体房屋砌筑方式不合理，采用丁砌或立砌，有时土坯干码，没有泥浆或泥浆饱满性极差。图 6-1 为西藏日喀则地区农村建房时的照片，土木结构房屋，除了门窗洞口上下一丁一顺砌筑外，其他部位墙体均为丁砌，有的墙体甚至是立砌（图 6-2），加之砌块竖缝中基本没有泥浆，所以处处几近通缝，造成墙体松散、整体性极差。

图 6-1　西藏日喀则农村土坯墙干码丁砌　　　　图 6-2　西藏日喀则农村土坯墙干码立砌

（3）围护墙体与承重木构架（木柱）无拉结。木构架承重、土坯或砖围护墙房屋，木构架与围护墙之间无任何拉结措施，地震时，柔性的木构架与刚性的围护墙因自振频率不同相互碰撞，导致围护墙倒塌、木构架歪斜或倒塌。围护墙倒塌是木构架房屋最为普遍的破坏现象。

（4）房屋整体性差。楼屋盖标高处没有设置圈梁（混凝土、配筋砖圈梁或木圈梁），预制混凝土圆孔板楼、屋盖在墙或混凝土梁上的板端钢筋没有拉结，柱脚石不嵌固（图 6-3）、穿枋对头卯榫连接（图 6-4）、柱卯孔对柱子截面削弱过大等，这些问题的存在均加重了房屋震害。

图 6-3　柱脚石不嵌固，柱根位移　　　　　图 6-4　穿枋对头卯榫连接，没有锚固

（5）屋盖系统的整体性（节点连接）差。檩条与屋架之间没有扒钉连接；檩条与檩条之间连接差；屋架与柱之间没有设置斜撑；屋架开间没有设置竖向剪刀撑；山墙、山尖墙与木屋架或檩条没有拉接；内隔墙墙顶与梁或屋架下弦没有拉结等。

（6）片面追求大空间、大开窗，窗间墙过窄，宽度仅有 490mm 甚至 370mm，对抗震极为不利，这种现象在全国各地农村均较普遍。

由上述可见，我国农村地区房屋的建造仅以承受竖向重力荷载为主要的满足条件，承受水平荷载能力普遍较差。历次地震灾害表明，村镇房屋的震害是造成人员伤亡的主要原因。在台风灾害调研中也发现，村镇房屋墙体倒塌，局部或整体塌落也是主要的破坏现象。洪灾中生土房屋因浸泡倒塌，水流力作用下房屋的破坏也与整体性差、建造材料强度低直接相关。

3）主体建筑材料缺乏，房屋造价高

我国西南、西北和华北等一些地震高发地区的农村受当地环境的限制，主体建筑材料如砖、石、木材甚至砂子等存在不同程度的短缺。如云南大姚、新疆巴楚、内蒙古西乌旗等地农村，砖、石、钢筋、水泥等建筑材料的运距大多在几百公里以上，运费过高，致使建材成本大幅增加，农民不堪重负。

4）空斗墙房屋传统做法对防灾不利

空斗墙房屋是华东、中南一些地区村镇广泛采用的一种结构类型，从普通农村民居到乡镇政府办公楼等公共建筑均有采用这种结构类型的。一些沿海地区村镇不仅是台风经常登陆之地，也是抗震设防地区，如浙江苍南县、福建福鼎市均为6度抗震设防区。这些地区空斗墙房屋在砌筑方式等方面存在着严重的防灾安全隐患。

大部分地区空斗墙房屋的通常做法是采用标准黏土砖，沿竖向有一斗一眠、三斗一眠、五斗一眠等砌筑方法，沿水平方向一般是一丁一顺砌法。而浙江温州、湖南等一些地区村镇空斗墙沿竖向在一层内为全空斗砌法，除楼板下有一皮立砌实心砖外，整个层内在墙体厚度方向无眠砖拉接，沿水平方向一般为三顺一丁，墙体为大空腔（厚度方向为170mm空腔），实际上是空壳墙。这种做法导致墙体自身的整体性很差。

5）灾前资金投入少，缺乏有效的防灾推进机制

在农村房屋防灾方面，国家和地方的资金投入主要是用于灾后恢复重建，如云南省自1988年11月6日澜沧—耿马7.6级地震以来发生5.0级以上破坏性地震42次，国家和地方用于救灾和恢复重建的费用分别为11.49亿元和15.47亿元，如果这些经费用于震前房屋抗震，云南省每年有1亿多元可用，这对提高农村房屋的抗震能力、减少地震人员伤亡和经济损失将发挥重大作用。近年发生的几次破坏性大地震，灾后的救灾和重建费用更是居高不下。

6）缺少防灾减灾管理约束机制

我国农村建房一直以来是个人行为，法律法规未予涉及，由于缺少防灾减灾管理约束机制，相关技术标准的推广和应用在实际中不够顺畅。为了引导、鼓励农民提高其房屋的防灾能力，真正有效地规范农村防灾能力建设，应当建立村镇防灾减灾管理约束机制。建议中央和地方财政设立村镇民居防灾减灾建设基金，即必要的抗灾设防与加固专项费用，作为引导资金。因为只要有少量的建房补助（如补助钢筋、水泥等建材实物），就可以此为契机来规范和约束农村的建房行为。

面对灾害，防范是最有效的减灾措施。如果能在灾前加强防灾方面的投入，建立相应的管理机制并加以落实，切实提高村镇建设的综合防灾能力，不仅可在减轻灾害损失方面发挥重要作用，也对减少人员伤亡、安定民心、维护社会稳定更具有现实的意义。

**二、抗灾防灾研究状况和主要研究成果**

1. 村镇建筑抗震

1）村镇建筑抗震系列试验研究

村镇房屋的震害调查主要是了解房屋的破坏形态，了解结构构件的破坏原因，积累的宏观经验主要应用于房屋的抗震构造措施。而对房屋抗震性能的定量描述和抗震构造措施的验证主要通过试验实现。在编制村镇抗震相关技术标准和进行相关课题研究的过程中，

进行了一系列的试验研究，研究成果不仅应用于标准规范的编制，在实践也用于示范工程的建设，编制村镇抗震的指南、手册、图集等。近年来，中国建筑科学研究院主持完成了一系列村镇抗震相关试验，主要包括：

（1）村镇木柱木屋架生土围护墙房屋足尺模型振动台试验研究；

（2）农村木构架承重土坯围护墙房屋振动台试验研究（1/2 缩尺）；

（3）村镇单层实心砖墙房屋模型（加固）振动台试验研究（1/4 缩尺）；

（4）村镇单层实心砖墙房屋模型（未设防）振动台试验研究（1/4 缩尺）；

（5）村镇两层空斗砖墙房屋模型（设防）振动台试验研究（1/4 缩尺）；

（6）新疆喀什老城区生土建筑抗震加固试验研究（1/2 缩尺）；

（7）温州大仓砖空斗墙房屋模型振动台试验研究（1/4 缩尺）；

（8）木构架节点抗震加固试验研究；

（9）木剪力墙加固木结构抗震性能试验；

（10）土坯墙抗震加固试验研究；

（11）黏土砖砌体墙抗震加固试验研究。

除上述由中国建筑科学研究院主持完成的一系列试验项目，由中国建筑科学研究院主编的现行行业标准《镇（乡）村建筑抗震技术规程》的编制过程中，部分参编单位也进行了各类村镇建筑的抗震试验研究，其成果为规程的编制提供了技术依据，主要包括：

（1）生土墙承重墙体抗震性能试验研究

参编单位长安大学建筑工程学院承担了生土结构部分的编制任务，为此进行了生土承重墙体的抗震性能和材料性能试验研究。

（2）村镇木构架房屋抗震性能试验研究

参编单位河北工业大学进行了木构架房屋的抗震性能试验研究。就此项内容在河北省建设厅申请了科研项目《村镇建筑抗震试验研究》并获得了资助。

（3）云南农村民居地震安全工程典型土坯、土筑墙力学性能试验研究

参编单位昆明理工大学结合云南省农村民居地震安全工程，由云南省建设厅斥资 6 万元人民币作为研究经费，开展了云南农村民居地震安全工程典型土坯、土筑墙力学性能试验研究。

2）住宅灾后恢复重建关键技术研究

该课题系"十一五"国家科技支撑计划子课题，由中国建筑科学研究院承担完成。

（1）主要研究内容

主要针对地震、风暴等自然灾害，重点研究、受损住宅快速评估技术、灾后简易住房建造技术、受损住房加固技术，为村镇住宅灾后修复、加固与住区恢复重建规划提供技术支持。

（2）课题研究目标

提出村镇各结构类型住宅抗灾设计（主要是地震、风暴等）的基本要求，对不同灾害情况下各结构类型在整体性、节点连接、局部构造等方面的设计提出各自的特殊要求，为村镇住宅的抗灾设计规范、规程的编制提供基础数据。

按照子课题所提出的灾损住宅修复与加固技术，使村镇住宅所增加的造价控制在农民可承受的范围内。

（3）主要研究成果

①灾后新建房屋设防技术

整体性措施：采用配筋砖圈梁、配筋砂浆带或木圈梁等措施。

墙体抗倒塌措施：纵横墙设拉结筋、山尖墙设墙揽、墙体与木柱设拉结筋等。

防止屋盖及其构件塌落措施：在屋架（木梁）与木柱之间设置斜撑；在屋架（木梁）与檩条之间、檩条与檩条之间、檩条与椽条之间，采用木夹板、铁件、扒钉、8号铁丝等拉结措施。

②受损房屋修复与加固技术

整体性措施：采用外加配筋砂浆带圈梁、外加角钢带圈梁、钢丝网（非钢筋网）水泥砂浆面层等措施。

墙体抗倒塌措施：墙体与木柱加设拉结筋、山尖墙设墙揽等措施。

防止屋盖及其构件塌落措施：在屋架（木梁）与木柱之间加设斜撑；在屋架（木梁）与檩条之间、檩条与檩条之间、檩条与椽条之间，增设木夹板、铁件、扒钉、8号铁丝等拉结措施。

裂缝墙体修补措施：采用灌浆修复、钢丝网水泥砂浆面层等措施。

③灾后简易住房建造技术

提出了灾后简易住房建造技术，即适用于我国各种温度带地区的"草泥辫围护墙简易住房"。

④村镇住区恢复重建规划技术

在村镇住区灾后恢复重建的规划模式、规划内容、与恢复重建有密切关系的重要调查内容等方面尚属首次提出。

⑤技术成果与国内同类技术、经济和环保指标的比较

外加配筋砂浆带加固措施不仅可满足村镇一、二层房屋地震、台风的抗倒塌要求，其造价仅有城市建筑常用的外加钢筋混凝土圈梁、构造柱加固措施的 1/5～1/4 左右，是农民家庭经济可承受的。

对于村镇一、二层房屋，采用钢丝网砂浆面层、素水泥砂浆面层可满足地震或风暴对房屋产生的水平作用，而造价只有城市建筑常用的钢筋网砂浆面层 1/3 左右，是村镇农民可承受的。

这些创新性技术措施已通过村镇房屋 5 个模型的振动台试验进行了验证，其效果良好。采取这些措施后，可使村镇一、二房屋的抗震能力提高 1～1.5 度。对提高村镇住宅的抗震、抗风能力，减少人员伤亡和经济损失，将发挥重要作用。

（4）研究成果应用

①《既有村镇住宅抗震鉴定与加固技术规程》CECS 的编制。

②《村镇建筑抗震鉴定与加固技术规程》JGJ 的编制

③《镇（乡）村建筑抗震技术规程》JGJ 161 以后的修订。

3）住宅结构维修加固关键技术研究

该课题为"十一五"国家科技支撑计划子课题，由中国建筑科学研究院承担完成。

（1）主要研究内容

①既有村镇住宅结构维修与耐久性提升技术研究。针对既有村镇典型的结构形式研究

选择适宜的结构老化与损伤维修技术，提高结构耐久性技术措施等。

②既有村镇住宅结构改造技术研究。研究既有村镇典型结构住宅结构体系与构造措施的改造方法，以及新材料、新工艺、本地化材料及再生材料的应用等。

③既有村镇住宅地基基础加固技术研究。研究村镇住宅地基处理技术、典型结构住宅的地基基础加固与病害处理技术等。

④既有村镇住宅抗灾（地震、风）加固技术研究。研究现有加固技术应用于既有村镇典型结构住宅加固的适用性以及相应的改进技术，典型村镇住宅结构体系的抗震加固适用技术，风灾区村镇住宅的抗风加固专项技术等。对村镇典型结构类型既有住宅提出抗震加固技术措施，为村镇住宅抗震加固技术指南的编制提供基础数据。

（2）课题研究目标

针对我国既有村镇住宅存在的安全性、耐久性和抗灾性方面的一系列不足，重点研究村镇住宅的综合维修加固技术，提高既有村镇住宅的安全性、耐久性和抗震性。

（3）主要研究成果

①角钢－打包带加固墙体新技术

采用角钢－打包带加固后，土坯墙体的开裂荷载比未加固墙体提高 22.4%，极限荷载比未加固墙体提高了 40.28%，破坏位移提高了 35.50%，延性系数提高了 128%。加固效果明显。

采用角钢－打包带加固后，砖砌体墙体的极限荷载比未加固墙体提高了 33.87%，破坏位移提高了 226%，延性系数提高了 378%。加固效果明显。

采用角钢－打包带加固木结构土坯围护墙房屋振动台模拟试验结果表明，8.75 度中震情况下，墙体严重破坏，纵墙外闪非常严重，泥浆灰缝几乎已全部破坏，土坯之间由于泥浆的破坏失去了连接，使墙体失去了整体性，但由于有打包带的作用，房屋未发生倒塌破坏。加固效果良好。

②配筋加强带加固砌体技术

采用配筋加强带加固后，墙体的开裂荷载较未加固墙体有所提高，提高幅度为41.9%。极限荷载比未加固墙体提高了 79.0%，破坏位移提高了 141%，延性系数提高了256%。加固效果明显。

配筋加强带加固砌体房屋振动台模拟试验结果表明，8.75 度中震情况下，泥被剧烈晃动，窗间墙沿裂缝被剪切成独立小柱，随地震动移动，裂缝宽度达到 3mm。其他墙体未出现严重破坏。加固效果良好。

（4）研究成果应用

①《既有村镇住宅抗震鉴定与加固技术规程》CECS 的编制。

②《村镇建筑抗震鉴定与加固技术规程》JGJ 的编制

③《镇（乡）村建筑抗震技术规程》JGJ 161 的修订。

2．村镇建筑抗洪

1）山区乡村建筑抗洪设计方法研究

该课题为"十一五"国家科技支撑计划子课题，由中国建筑科学研究院承担完成。

（1）主要研究内容

①山区乡村建筑在水流作用下的破坏机理研究

为了了解山洪对山区乡村房屋的作用机理，掌握水头冲击和水流力等对房屋的作用强度，在大连理工大学水工试验室的波流槽中，对山区乡村广泛采用的既有房屋模型做了水头冲击和水流力对房屋模型作用的试验研究。

②山区乡村建筑抗水流设计方法研究

进行了几十条河流坡降调查，得到坡度与流速的关系；根据试验归纳总结获得的水流阻力综合影响系数 $K_w$，给出了墙体开洞率与作用在墙体表面上水流力的计算公式 $F_w$。同时给出了墙体截面抗水流力受剪验算、孤立墙体平面外抗弯验算、洞口侧面墙体平面外沿齿缝抗弯验算方法。

③既有山区乡村建筑抗洪评价方法研究

主要在房屋抗洪评价内容、评价原则、外观和内在质量、材料强度、结构体系、整体性连接构造、易引起局部倒塌的部件及其连接构造等方面提出了抗洪评价方法。

④既有山区乡村建筑抗洪加固技术措施研究。

主要对房屋在加强结构整体性、加强墙体自身的整体性和强度、加强墙体与木构架的连接、加强屋盖系统的整体性（节点连接）等方面提出了抗洪加固技术措施。

（2）关键技术

①山区乡村建筑抗水流作用设计方法；

②既有山区乡村建筑抗洪评价方法；

③既有山区乡村建筑抗洪加固技术措施。

（3）成果应用领域

资料表明，中国 2100 多个县级行政区中，有 1500 多个分布在山丘地区，受到山洪、泥石流、滑坡灾害威胁的人口达 7400 万人。

2004 年 9 月 4 日，温家宝总理批示："山洪灾害频发，造成损失巨大，已成为防灾减灾工作中的一个突出问题。必须把防治山洪灾害摆在重要位置，认真总结经验教训，研究山洪发生的特点和规律，采取综合防治对策，最大限度地减少灾害损失。"

本课题的研究内容是当前山区乡村抗洪建设所急需的，其成果是以研究报告、论文的形式提出的，也是编制山区乡村抗洪建设规范、标准的前期工作。当本研究成果形成标准并付诸实施后，将对山区乡村的防洪规划、新建房屋的抗洪设计与施工、既有建筑的抗洪鉴定与加固起到重要作用，对提高山区乡村抗洪能力建设、减轻洪水造成的人员伤亡和经济损失具有重要意义。

3. 山区乡村房屋模型水流作用试验研究

（1）试验目的

为了了解山洪对山区乡村房屋的作用机理，掌握水头冲击和水流力等对房屋的作用强度，以提出设计计算方法。在大连理工大学水工试验室的波流槽中，对山区乡村房屋模型做了水头冲击和水流力对房屋模型作用的试验研究工作。试验期望获得以下数据：

①测试房屋模型在不同开洞率、不同流速的山洪水头冲击下，模型各墙体的水头冲击压力分布；

②测试房屋模型在不同开洞率、不同流速的山洪水流作用下，模型各墙体的水流压力分布；

（2）试验模型与试验情况

在大连理工大学水工试验室波流槽进行了 108 个工况试验。该试验委托大连理工大学肖诗云教授主持完成。试验模型、水头冲击和水流作用试验分别见图 6-5、图 6-6 和图 6-7。

图 6-5　试验模型　　　　图 6-6　水头冲击试验　　　　图 6-7　水流作用试验

（3）试验结论

①在稳定流速作用下，建筑模型迎流面的压力分布呈二次曲线分布，压力值在水平方向趋势为中间大两头小，竖直方向随高度的增加而减小（包含静水压力）。

②在稳定流速作用下，模型沿水流方向所受总合力随着开洞率的增大而减小。因此，在设计和建造山区乡村房屋时应考虑墙体的开洞率，以降低所受到的水流作用力。

（4）水流作用计算方法

作用于墙体迎流面上的水流力标准值，可按下式计算：

$$F_w = K_w \frac{\rho}{2} V^2 A \tag{6.1}$$

式中：$F_w$——水流力标准值（kN）；

　　　$K_w$——水流阻力综合影响系数，可按表 6-1 取值；

　　　$V$——水流设计流速（m/s）；

　　　$\rho$——水的密度（t/m³），取 1.0；

　　　$A$——墙面的毛面积（m²）。

水流阻力综合影响系数 $K_w$　　　　　　　　　表 6-1

| 墙面开洞率（$\eta$） | 0.25 | 0.30 | 0.35 | 0.40 | 0.45 |
| --- | --- | --- | --- | --- | --- |
| 水流阻力综合影响系数（$K_w$） | 1.79 | 1.64 | 1.51 | 1.39 | 1.28 |

获得水流阻力综合影响系数 $K_w$ 是本试验主要成果之一。

4．村镇建筑抗风

1）低层房屋抗灾技术研究

该课题为住房和城乡建设部工程质量安全监管司 2010 年度所列项目。课题由中国建筑科学研究院承担完成。

（1）研究内容

①通过对台风灾区房屋灾害的现场调查，分析乡村低层房屋在建筑材料、结构形式、传统建造习惯等方面存在的问题，研究低层房屋在结构的整体性、节点连接等方面存在的抗风不足；

②通过房屋风灾的现场调查，分析乡村低层房屋台风破坏原因，总结已有的抗风设计

与建造经验；

③提出新建低层房屋的抗风技术措施和现有低层房屋的抗风加固措施；

④通过总结地震对乡村低层房屋破坏的原因和以往试验研究成果，提出乡村现有低层房屋抗震加固措施。

（2）课题研究目标

①通过对台风灾区低层房屋灾害的现场调查，研究低层房屋在抗风方面存在的问题，分析我国乡村低层的砖木、土木、石木房屋台风破坏原因，在抗风方面存在的主要问题，提出新建低层房屋的抗风技术措施和现有房低层屋的抗风加固措施；

②总结近些年地震对乡村低层房屋破坏的原因，并在以往试验研究成果的基础上，提出乡村现有低层房屋抗震加固措施。

（3）课题主要成果

通过房屋地震破坏现场调查和试验研究，经过归纳总结，本着"因地制宜、简单有效、经济合理"的原则，提出了村镇房屋抗御地震、风暴技术措施，提出了低层房屋墙体截面抗风受剪极限承载力验算方法，编制了低层房屋抗风技术导则。

村镇房屋抗御地震、风暴技术措施主要包括加强房屋结构整体性措施、加强墙体抗倒塌措施、防止屋盖及其构件塌落措施以及裂缝墙体修补措施等。这些创新性措施可用于村镇新建房屋的抗震、抗风设防和现有房屋的加固。

①新建房屋设防技术

a. 整体性措施：采用配筋砖圈梁、配筋砂浆带或木圈梁等措施。

b. 墙体抗倒塌措施：墙体与木柱设拉结筋、纵横墙设拉结筋、山尖墙设墙揽等。

c. 防止屋盖及其构件塌落措施：在屋架（木梁）与檩条之间、檩条与檩条之间、檩条与椽条之间，采用木夹板、铁件、扒钉、8号铁丝等拉结措施。

②现有房屋修复与加固

a. 整体性措施：采用外加配筋砂浆带圈梁、外加角钢带圈梁、钢丝网水泥砂浆面层等措施。

b. 墙体抗倒塌措施：墙体与木柱设拉结筋、山尖墙设墙揽等措施。

c. 防止屋盖及其构件塌落措施：在屋架（木梁）与檩条之间、檩条与檩条之间、檩条与椽条之间，采用木夹板、铁件、扒钉、8号铁丝等拉结措施。

（4）研究成果应用

①《低层房屋抗风技术导则》的编制。

②《既有村镇住宅抗震鉴定与加固技术规程》CECS的编制。

③《镇（乡）村建筑抗震技术规程》JGJ 161以后的修订。

村镇房屋风暴水平荷载计算方法

提出了风暴荷载作用下结构的水平荷载标准值计算公式：

$$w_k = \beta \mu_s \mu_z w_0 \tag{6.2}$$

$$w_0 = 6.25 \times 10^{-4} v_0^2 \tag{6.3}$$

式中：$w_k$——风荷载标准值（$kN/m^2$）；

　　　$\beta$——低层房屋风振系数，9～11级取1.51，12～13级取1.52，14～15级取1.53，16～17级取1.54；

$\mu_s$——风荷载体型系数，按国标《建筑结构荷载规范》GB 50009 取值；

$\mu_z$——风压高度变化系数，按国标《建筑结构荷载规范》GB 50009 取值；

$w_0$——基本风压（$kN/m^2$）；

$v_0$——基本风速（m/s），可按表 6-2 取值。

风级与风速平均值对应关系  表 6-2

| 风级 | 9 | 10 | 11 | 12 | 13 | 14 | 15 | 16 | 17 |
|---|---|---|---|---|---|---|---|---|---|
| 风速（m/s） | 22.60 | 26.45 | 30.55 | 34.80 | 39.20 | 43.80 | 48.55 | 53.50 | 58.65 |

5. 村镇建筑防火

在村镇建筑防灾方面，中国建筑科学研究院承担完成了"十一五"国家科技支撑计划子课题"住宅防火功能改善关键技术研究"。

（1）主要研究内容

课题研究内容主要包括以下四个方面：

①既有村镇住宅结构耐火性能改善技术研究；

②改善既有村镇住宅防火性能的建筑设计技术研究；

③改善既有村镇住宅防火性能的材料开发与应用技术研究；

④既有村镇住宅防火设备系统改造技术研究。

（2）课题研究目标

通过对既有村镇建筑的调研，进行既有村镇住宅结构耐火性能改善技术、建筑设计技术、设备系统改造技术等一系列研究工作，使既有村镇住宅的防火性能得到改善，提高既有村镇住区的整体防火安全。

（3）主要研究成果

课题研究形成的科研成果主要形式有：技术手册及指南、研究报告、应用软件、专利、软件著作权登记文件以及科研论文。主要包括：

①技术指南、手册、报告等

《农村消防安全现状调查分析与研究》

《既有村镇住宅电气防火研究》

《草砖房的建造及耐火性能研究报告》

《钢丝网架水泥聚苯乙烯板试验》

《既有村镇住宅改造的结构耐火及材料防火性能技术手册》

《既有村镇住宅消防设备系统配置指南》

《既有村镇住宅建筑防火改造设计技术指南》

《既有村镇住宅防火性能改善技术指南》

②村镇防火信息管理系统软件（简称：村镇防火）V1.1

③专利：基于视频摄像机的火焰监测系统

（4）研究成果应用

本课题所研究的住宅防火功能改善关键技术，可以直接应用于村镇建筑的新建、改建及扩建，可以以相对较少的资金投入大大提高村镇及农村住宅的防火安全性。课题编制的指南和手册、开发的软件、申请的专利等技术成果将为村镇农村住宅提高防火能力在设计、施工以及日常维护等各个环节提供技术支撑，推动农村的改造建设，有较大的经济效益和巨大的社会效益。

　　课题组研发的部分成果，已经成功应用于北京顺义北石槽镇西范各庄村示范工程，完成了其村落火灾信息管理系统，对一户农村建筑完成了房屋的电气防火改造，包括电性能检测、明线改暗线或明线改穿管以及电闸箱改造等，使其建筑防火能力提高了一倍以上。

　　综上所述，在村镇建筑防灾减灾方面，近年来随着国家投入的增加和对相关科研工作的日益重视，中国建筑科学研究院及其他科研院所、高校等在村镇防灾方面进行了大量的工作，并取得了丰富的科研成果。配合我国新农村建设的需求，在国家、省、市各级建设行政管理部门及其他相关部门的推动下，相关科研成果、技术标准与村镇防灾建设实践的结合也日趋紧密，在防灾、灾害重建等方面发挥了重要的作用。

# 7. 热带气旋及其灾害概述

方平治  白莉娜  陈国民  赵兵科
中国气象局上海台风研究所

热带气旋（TC，Tropical Cyclone）是指发生在热带或副热带洋面上的低压大气涡旋，属于中尺度热带天气系统。热带气旋在全球的三大海域生成最多，影响最大，即西北大西洋（包括加勒比海和墨西哥湾）、西北太平洋（包括南海）和孟加拉湾。热带气旋在不同的海域有不同的名称，如在大西洋和北太平洋东部称为"飓风"；在西北太平洋称为"台风"，在孟加拉湾则叫"风暴"。另外，菲律宾称热带气旋为"碧瑶风"，而墨西哥人则称为"鞭打"等。气象学上，只有风速达到某一程度的热带气旋才会被称为"台风"或"飓风"。我国地处西北太平洋的影响范围内，是受热带气旋影响最严重的国家之一。2000 年以来，每年平均超过 9 个热带气旋登陆我国。北起辽宁，南至海南、广东广西的沿海一带，每年都有可能遭受登陆热带气旋的袭击，其中在海南、广东、福建、浙江和台湾五省登陆的次数最多。最近几年，热带气旋还对黑龙江省造成一定的影响。热带气旋是自然界的主要灾害天气系统之一，在其活动过程中，伴随狂风、暴雨、巨浪和风暴潮，并引发次生灾害。1922 年，"汕头台风"在汕头登陆，造成 4 ~ 10 万人死亡；1970 年，孟加拉湾的一个风暴引起的风暴潮，造成 30 万人伤生，100 万人无家可归。

## 一、热带气旋的生成条件

热带气旋是一个扁平的气旋性涡旋，其垂直范围可达到对流层层顶（15 ~ 20km），涡旋的半径可达 1000km 以上。如此巨大的庞然大物，其产生必须具备某些特定条件。长期以来，人们对热带气旋的发生和发展条件进行了许多研究，但至今还没有一致的看法。关于热带气旋发生和发展的物理过程，目前比较一致的看法是：热带气旋的形成过程是由冷中心的热带扰动或低压逐渐变成暖中心的热带气旋的过程。根据目前的研究，热带气旋生成的基本条件为：（1）要有足够广阔的洋面，能够提供高温、高湿大气。热带洋面底层大气的温度和湿度主要取决于洋面水温，热带气旋只能形成于洋面水温高于 26 ~ 27℃ 的暖洋面上，而且在约 60m 深度内海水温度都要高于 26 ~ 27℃。（2）要有低层大气向中心辐合、高层大气向外扩散的初始扰动，而且高层辐散必须超过低层辐合，才能维持足够的上升气流，低层扰动才能不断加强。（3）垂直方向风速切变不能相差太大。上、下层空气相对运动很小，才能使初始扰动中水汽凝结所释放的潜热集中保存在热带气旋眼区的空气柱内，形成并加强为热带气旋的暖心结构。纬度大于 20° 的地区，高层风很大，不利于增暖，热带气旋不易出现。（4）要有足够大的地转偏向力，有利于气旋性涡旋的生成。地转偏向力在赤道附近接近于零，随纬度升高，向南北两极逐渐增大。

根据以上判据，热带气旋生成的区域一般大于 5 个纬度，存在的区域一般低于 40 个纬度。然而，自然界仍有一些极端例子。目前已知的热带气旋达到的最高纬度是 1966 年的大西洋热带气旋 Faith，其纬度达到了北纬 62.9°；热带气旋生成的最低纬度是美国 2004 年观测到的北印度洋热带气旋 Agni，其纬度低至北纬 0.7°。

### 二、热带气旋的结构和强度等级

热带气旋是从比较均匀的热带海洋气团中发展起来的，气压、温度和风的分布有一定的对称性，可以近似地把热带气旋看作圆对称涡旋，对于成熟的热带气旋尤其如此。热带气旋在中低层是一个低压涡旋，越向中心气压越低，有很强的气压梯度。地球海平面上记录的最低气压是 870hPa，为 1979 年在热带气旋 Tip 中心观测到的。到了高层，热带气旋低压区缩小，四周逐渐变成高压区。热带气旋是暖心涡旋，暖心结构是热带气旋的明显特征。暖湿空气环绕中心旋转上升，上升过程中水汽凝结释放大量潜热，热能在中心附近垂直分布。热带气旋内各高度（接近海面例外）的气温都比气旋外围高，特别是在对流层上层，中心温度可比外围高出 10 ～ 15℃。

沿高度方向，一个成熟的热带气旋包括：1）流入层，从地面或洋面到约 3km 的范围内。热带气旋中心接近地面或洋面部分是一个低压区，四周高压区域的空气向中心低压区域辐合流动，特别是在 1km 高度范围内。2）中层，约 3 ～ 7.6km 范围内。该层垂直气流很强，从底层辐合流入的大量暖湿空气通过该层向高空输送。3）流出层，从 7.6km 到热带气旋顶部。空气从中心向外辐散流出，最大流出高度约在 12km，流出的空气和四周的空气混合，然后在热带气旋外围下沉到低层，组成了热带气旋的径向—垂直环流圈。由于地转偏向力作用，地面或洋面的风向内旋转，随高度上升旋转减弱，最终改变方向，在高空呈反气旋式外散环流。这个特点和热带气旋的暖心结构有关，所以热带气旋需要切变微弱的环境来维持暖心结构，延续辐散。

沿径向方向，一个成熟的热带气旋包括：1）风眼（眼区），较强的热带气旋的环流中心是下沉气流，形成一个风眼。眼内的天气通常都是平静无风无云，甚至有阳光，但海面仍可能波涛汹涌。较弱的热带气旋的风眼可能被中心密集云层区遮蔽，甚至没有风眼结构。2）风眼墙（眼壁），热带气旋中包围风眼的是圆桶状的风眼墙。风眼墙内对流非常强烈，该部分云层的高度在热带气旋内通常是最高的，降水强度和风力强度在热带气旋内也是最大的。强烈的热带气旋有眼壁置换周期，即产生新的外眼壁替代内眼壁。其成因是热带气旋眼壁外围的螺旋雨带重组，然后渐渐向内移动，窃取了旧眼壁的湿气与能量。在这一阶段，热带气旋进入了一个减弱的过程。在新眼壁完全取代旧眼壁后，如果环境许可，热带气旋会重新增强。3）螺旋雨带（外区），螺旋雨带是绕着热带气旋中心运动的强对流云和雷暴带。在北半球，螺旋雨带呈逆时针方向绕中心运动。螺旋雨带会带来狂风暴雨，而在两条雨带之间则会较为平静。拥有多条螺旋雨带的热带气旋一般较强及发展成熟，但也有一些热带气旋没有螺旋雨带。

热带气旋按其中心附近的最大持续风速进行强度分级（不考虑降雨）。风速在 17.1m/s 以下的热带气旋称为热带低压（TD：Tropical Depression），风速在 17.2 ～ 24.4m/s 之间的热带气旋称为热带风暴（TS：Tropical Storm），风速在 24.5 ～ 32.6m/s 的热带气旋称为强热带风暴（STS：Severe TS）。更高强度的热带气旋，在各个海域的名称和分级略有不同。在大西洋和北太平洋东部称为飓风，根据萨菲尔—辛普森飓风等级，共分 5 级（CAT：Category）：CAT1，最大持续风速 32.7 ～ 42.2 m/s；CAT2，最大持续风速 42.3 ～ 48.9 m/s；CAT3，最大持续风速 49.0 ～ 57.5 m/s；CAT4，最大持续风速 57.6 ～ 68.9 m/s；CAT5：最大持续风速大于 69.0 m/s。在西北太平洋称为台风，根据《关于实施热带气旋等级国家标准》

（GBT 19201-2006），台风有三个等级：台风（TY：Typhoon），最大持续风速 32.7～41.4m/s；强台风（STY：Severe TY），最大持续风速 41.5～50.9m/s；超强台风（STY：SuperTY），最大持续风速大于 51.0m/s。不同的地区，最大持续风速定义不同。在美国，最大持续风速定义为海平面 10m 高度，基本时距为 1min 的最大平均风速；在我国，最大持续风速定义为海平面 10m 高度，基本时距为 2min 的最大平均风速，而日本为 10min 的最大平均风速。因此，在热带气旋强度对比研究中，需要注意不同资料关于最大持续风速的定义。

### 三、热带气旋的灾害类型

热带气旋对人类主要产生负面影响，属于自然灾害之一，但也有例外，如热带气旋是大气循环的组成部分，能够将热能及地球自转的角动量由赤道地区带往较高纬度；另外，也可为长时间干旱的沿海地区带来雨水。

热带气旋带来的灾害包括强风、暴雨和风暴潮以及次生灾害。热带气旋的最大风速出现在眼壁附近，眼壁之外迅速下降，这和温带气旋的风速径向分布显著不同；另外，外围的螺旋雨带也可产生强风，如热带气旋前方的飑线风等。强风是导致灾害的基本条件，灾害往往还和局部地形有关。局部地形既可以使风速增加，也可以提供灾害产生的物理条件或致灾因子，这也是热带气旋强度和灾害没有必然联系的原因之一。热带气旋带来的灾害还有暴雨。热带气旋中心风弱、干暖，少云、无雨，但眼壁区可导致强降雨；另外，螺旋雨带是强降雨的主要区域，这也是热带气旋降雨具有间歇性的原因。热带气旋是低压气旋，其中心的海平面比外围的海平面高出约 1m；由于浅水效应，海岸附近的海浪可能变得更高，因此，热带气旋登陆时的风暴潮可能给海岸地区带来一定的灾害。天文潮引起的海面增高幅度和热带气旋的低压效应相当，如果和天文潮叠加，会产生更大的灾害。热带气旋引起的次生灾害是风、雨共同作用结果，包括流行病、盐风等。热带气旋过境后带来的积水，以及排水系统所受到的破坏，可能会引起流行病；海水的盐分随热带气旋引起的巨浪被带到陆上，附在农作物的叶面可导致农作物枯萎，附在电缆上则可能引起漏电等。

### 四、西北太平洋热带气旋的源地和路径

西北太平洋热带扰动加强发展为热带气旋的初始位置，在经度和纬度方面都存在着相对集中的地带。在东西方向上，热带扰动发展成热带气旋的区域相对集中在四个海区：1）南海中北部的海面；2）菲律宾群岛以东和琉球群岛附近海面；3）马里亚纳群岛附近海面；和 4）马绍尔群岛附近海面。

热带气旋生成以后，在地转偏向力和大尺度的背景天气系统影响下向西北移动。热带气旋的路径主要由大尺度的背景天气系统影响，登陆热带气旋的路径还受到地形的影响。历史上从来没有完全相同的热带气旋路径。根据多年的资料分析，西北太平洋的热带气旋路径可大致归为七类：1）远海转向，这类热带气旋一般在日本登陆或海上消失或与冷气团相遇，变性为温带气旋；2）低纬转向，这类热带气旋在转向之前或转向点前后一般影响我国的台湾省和菲律宾一带；3）近海北上，这类热带气旋一般影响我国的辽宁省和山东省，以及朝鲜；4）登陆华东，这类热带气旋对我国的台湾省和华东各省有较大威胁；5）西行进入南海，这类热带气旋对我国的广东省和广西壮族自治区，以及越南产生影响；6）登陆华南，这类热带气旋主要影响我国的华南地区；7）倒抛物线路径，这类热带气旋对我国的台湾省和浙闽沿海有较大威胁。

由于背景天气系统的复杂性，导致热带气旋移动路径异常。路径异常是相对概念，与

预报技术相关。通常将异常路径分为八种形式：1）黄海西折。其主要特点是热带气旋沿东经 125°附近北上到黄海时突然西折，袭击辽鲁冀三省沿海，而正常路径是在这一带向东北方向转向的。2）南海北翘，此即前述第 6）类热带气旋路径。正常路径是在南海北部继续西移，登陆我国广东西部、海南岛或越南。这类热带气旋主要特点是到南海北部急转，沿经线方向北上，正面袭击广东省。3）倒抛物线路径，此即前述第 7）类热带气旋路径。热带气旋生成后，正常路径是向西北方向移动或成抛物线向东北方向转向，而倒抛物线则相反，它将折向偏西或西南方向移动，有少数在我国华东登陆。4）回旋路径。当两个热带气旋距离足够接近时，在太平洋上常见到互相作逆时针方向回旋，并存在互相吸引的趋势。5）蛇形路径。热带气旋在前进过程中，出现左右来回摆动，表现成一条蛇形路径。预报时，每一次摆动，都可能引起预报结论的混乱，或随实况不断地改变预报结论。6）顺时针打转。热带气旋打转是其移向急变的一种方式，打转以后往往选择一条新的路径移动，使原来的预报失败。顺时针打转一般发生在基本流场很弱的环境里。7）逆时针打转。有一部分逆时针打转发生在几种基本气流相互作用的环境里，这和顺时针打转基本气流很微弱的环境不同。8）高纬正面登陆。这类热带气旋生成以后一直朝西北方向移动，登陆朝鲜和我国辽宁省和山东省。这类路径很稳定，但概率很小。在同一个经度上，这种路径比正面登陆我国华东沿海的前述第 4）类热带气旋路径要偏北 10 ～ 15 个纬度。

### 五、西北太平洋热带气旋的命名和编号规则

在西北太平洋，热带气旋的命名表由世界气象组织台风委员会制订。共有五份命名表，分别由 14 个委员国各提供两个名字组成，并按提供国家的英文国名顺序使用。不同于大西洋及东北太平洋，该命名表循环使用，即用完 140 个名称后，回到第一个重新开始。

早在 20 世纪初至中期，中国大陆、中国台湾和日本已自行为该区域内的热带气旋编配一个 4 位数字编号，编号首两位为年份，后两位为该年顺序号。例如 0312，即 2003 年第 12 号热带气旋。为减少混乱，日本气象厅在 1981 年获台风委员会委托，为每个西北太平洋及南海区域内达到热带风暴强度的热带气旋编配一个国际编号，但允许其他地区继续自行给予编号。自此，在大部分国际发布中，发布机构会把国际编号放在括号内（JTWC 除外）。由于对热带气旋强度的评估有所不同，各气象机构有时对热带气旋的编号会有差别。例如在 2006 年风季，中国气象局曾对一个未被日本气象厅命名的热带风暴进行编号（中国气象局编号 0615），因此在余下的当年风季，前者的编号都比后者多出一个。当某热带气旋在某地区造成严重破坏，该地区可要求将其除名，负责为该热带气旋命名的国家会再提供一个新名字。例如中国大陆和香港会由市民提名，再选出若干优胜名字，然后提交世界气象组织并选择其中一个名字。

### 六、西北太平洋热带气旋的监测、路径和强度预报

对热带气旋进行全方位实时监测的综合探测体系主要由气象卫星、多普勒天气雷达和地面自动气象观测站构成。在热带气旋监测预报服务中，借助于气象卫星的相关业务能有效地掌握热带气旋的定位和定强信息，并能了解热带气旋未来的动态和降水分布；沿海地区多普勒天气雷达网则为近海热带气旋的强度和位置变化、降水强度和登陆区域的实时监测提供重要保障；而地面自动气象观测站能提供实时的风雨监测信息，进一步提高路径和强度预报的精度。另外，从 20 世纪 40 年代起，美国开始主动对大西洋、太平洋和墨西哥湾的热带气旋实施飞机穿越观测并形成业务；进入 2000 年以来，日本、中国台湾也相继实施了飞机穿越观测台风的实验。主动观测大大提高了路径和强度的预报精度（约 30%）。

2007 年以来，中国气象局上海台风研究所开始在华东沿海地区实施登陆台风的移动观测，为台风的路径和强度预报提供必要的气象数据支持。2012 年以来，中国气象局上海台风研究所也在积极筹划无人飞机穿越台风观测实验。随着高性能计算机运算能力的不断提升，近年来西北太平洋地区各国正不断地发展各自的全球台风预报模式、区域台风预报模式和台风集合预报系统。日本东京区域台风中心参与日常台风发报的模式主要包括一套全球模式系统和两套集合预报系统（包括一套台风集合预报系统和一套一周天气集合预报系统）。我们国家从国家气象中心到区域气象中心再到沿海各省级气象台站也都在大力发展台风数值预报业务体系。

正是借助于上述气象综合探测体系和数值预报模式等技术的不断进步和完善，自 20 世纪 90 年代以来台风业务预报有了长足的进步，其中台风路径综合预报误差呈现逐渐减小的趋势。2012 年，中央气象台 24 小时、48 小时和 72 小时路径综合预报误差分别为 93 km、167 km 和 241km，其中 24 小时误差首次低于 100km，24km 和 48 小时误差较 20 世纪 90 年代初降低了约 60%，72 小时路径预报误差与 20 世纪 90 年代初的 48 小时预报水平相当。过去 20 多年来，包括中央气象台在内的西北太平洋地区各大台风预报中心，在台风强度预报方面的提高仍然缓慢。目前在强度业务预报中广泛使用的方法依然是一些传统的气候持续性方法和统计动力模式，而数值预报模式的强度预报能力仍然有限。当前，我国台风强度预报与日本、美国联合台风警报中心、韩国等各主要的预报中心误差基本相当，24 小时预报误差一般为 4 ~ 6m/s，48 小时一般为 5 ~ 9m/s，72 小时一般在 6 ~ 12m/s。就 2012 年而言，中央气象台 24 小时、48 小时和 72 小时强度预报误差分别为 4.4m/s、6.3m/s 和 7.1m/s，美国联合台风警报中心分别为 4.1m/s、6.1m/s 和 6.8m/s，日本气象厅分别为 4.5m/s、6.9 m/s 和 8.7m/s，韩国气象厅分别为 4.6m/s、6.1m/s 和 6.4m/s。

## 七、未来挑战

自然界的气象灾害是由不同尺度的天气系统引起的，大如季风尺度，小到龙卷风和鬼风等小尺度。在各种尺度的天气系统中，热带气旋最有可能给人类带来严重灾害。科学家推测曾经存在"超级飓风"，并预言未来可能出现"超级飓风"，足以改变地球气候。1979 年 10 月 12 日，位于西北太平洋上的台风"泰培"（Tip）中心 1min 最大持续风速达 85m/s，中心最低气压 870hpa，环流半径 2174km，七级风圈半径 1110km，10 级风圈半径 280km，其大小已不是传统意义的中尺度系统。2001 年的台风"尤特"（Utor），环流半径也达 2000km。另外就是异常台风，包括路径异常和风雨异常。1986 年的台风"韦恩"（Wayne），1991 年的台风"纳得"（Nat）和 2001 年的台风"百合"（Nari）都是路径非常异常的台风。风雨异常通常指在台风生命期内风速和降雨突然增大，特别是登陆前后，比如 2009 年的台风"莫拉克"（Morakot）。相比路径，风雨预报本身就存在不足。异常台风导致对台风未来的发展动态误判，给防灾减灾带来困扰。气候变化的一个主要特征就是全球变暖。全球变暖后对热带气旋的影响目前还没有定论，研究结论甚至相互对立。如有些研究结果认为全球变暖，导致热带气旋频发；而有些研究结果认为全球变暖并没有明显导致热带气旋频发，可能导致更强的热带气旋出现；甚至也有些结论认为从地球气候的角度出发并没有所谓的气候变化，热带气旋在按照自己的规律行事。

**主要参考文献**

陈联寿，丁一汇著．西太平洋台风概论．科学出版社，1979

# 8．建筑地基基础防灾减灾研究进展

郑立宁　曾德清　符征营　唐建东　张　芬　康景文

中国建筑西南勘察设计研究院有限公司

## 引言

建筑地基基础工程具有特殊的工程性状，属于隐蔽性工程，其所受到的灾害类型主要包括地震灾害、地质灾害、暴雨洪水灾害、冰冻灾害以及环境腐蚀等。本文通过大量资料的系统性分析，归纳总结各类灾害的具体特征以及相关灾害的防灾减灾研究进展，最后提出建筑地基基础防灾减灾未来的发展趋势。

### 一、建筑地基基础灾害特征

#### 1. 地震灾害

地震是当今世界上人们面临的最大自然灾害之一。全世界每年平均发生破坏性地震近千次，其中震级达 7 级或 7 级以上的大地震约十几次，给人类带来了极大的灾难，严重地威胁到人们的财产及生命安全 [1-4]。地基基础的震害特征主要受控于场地地质条件与地基基础形式的组合关系及上部结构特征，震害特征较为复杂。

1）天然地基浅基础震害特征

据统计，天然地基浅基础震害主要发生在液化地基、不均匀地基和软弱地基上，大多数是由于地基承载力的降低或丧失，产生大的变形或滑移，导致上部结构裂缝、倾斜甚至倾倒。如 1976 年唐山地震时北京通县西集地区王庄一带发生严重的砂土液化，农村平房严重下沉、倾斜或倒塌；1985 年墨西哥地震时造成墨西哥城西区的软土地基大量震陷沉降 [5-6]；2008 年汶川地震时造成的北川地区土岩不均匀地基多数滑移破坏。

2）桩基震害特征

（1）非液化地基上桩的震害

该类震害主要包括 3 种。其一为由地震力引起的破坏，受害部位主要在桩头和承台连接处及承台下的桩身上部，以压、拉、压剪等因导致破坏；其二为地震力引起软土摩阻力下降使桩过度下沉，或软硬土层界面的弯剪应力使桩身破坏；其三为土的变位引起的破坏，如挡土墙后土楔滑动、土坡失稳、附近地面荷载下地基失稳等波及建筑下的桩基，使桩身弯矩增大，引起桩头、桩身中部的破坏 [7]。

（2）液化但无侧向扩展地基上桩的破坏

此种情况震后地面下沉较大，上部结构震害轻，无不均匀沉降与倾斜，桩基震后普遍凸出地面。在液化层与非液化层交界面这种刚性突变处桩身均有全断面的水平裂缝。

（3）液化侧向扩展地基上桩的震害

此种情况桩及上部结构的震害主要表现为桩身在液化层底和液化层中部的剪坏或弯曲

破坏，系由流动的土体对桩的侧向压力增大所致，对高层建筑则因重心处水平位移大，产生较大的附加弯矩，使外侧的边桩受到拉力，上部结构因桩身折断而产生不同程度的不均匀沉降[8-11]。

3）箱基筏基震害分析

地震引起附加沉降和倾斜是筏基和箱基上建筑物最常见的震害。箱基和筏基建筑在地震中沉降和倾斜的震害程度，以及上部结构的破坏情况，与许多因素有关，如建筑物的层数、基础宽度、土体承受的静载荷下基底压力大小和偏心距、土质条件、上部结构特性以及建筑物周围是否有沟槽等[7]。

4）复合地基震害特征

关于复合地基的震害，在2008年汶川地震期间部分学者曾开展相关调查，结果显示大量含碎石垫层的刚性桩复合地基处理后建筑结构震害损伤均较为轻微，且地基沉降较小。但复合地基自身破坏特征受埋深影响，尚难以判断。

2. 地质灾害

1）地基滑坡失稳

山区建筑地基基础的稳定性经常会受到山地滑坡的影响。山体滑坡往往造成地基基础的局部或整体严重失稳破坏，导致上部建筑不均匀变形或倾斜甚至倒塌。如曾经选址在古滑坡上的四川省金阳老县城、湖北巴东老县城等，均受滑坡影响巨大，最后不得不进行整城搬迁[12]。

2）地下塌陷与膨胀隆起

（1）岩溶塌陷

我国可溶岩分布面积达363万 km²，是世界上岩溶塌陷发育最广泛的国家之一。据统计，我国有22个省、自治区共发生岩溶塌陷上千处以上，塌陷坑总数超过数万个，尤以广西、贵州、云南、四川、湖北等省区最为发育，北方的山东、河北、辽宁等省也发生过严重的岩溶塌陷灾害。部分岩溶塌陷直接发生在建筑区，造成房屋地基基础及上部结构的严重破坏[13]。

（2）非岩溶塌陷

建筑地基基础非岩溶塌陷主要包括矿区建筑塌陷与城市地下工程建设塌陷。特别是伴随近年来城市地铁的大规模建设，由于多种原因造成大量地下塌陷失稳事故，严重影响地基基础安全，如近年来的深圳地铁、杭州地铁、广州地铁塌陷等。

（3）膨胀隆起

膨胀土地区建筑物的基础结构往往会受到膨胀土胀缩变形影响，特别是天然地基中的浅基础，在膨胀土干湿循环所致的胀缩变形过程中，不断变化的膨胀附加应力造成大量基础结构开裂变形，甚至建筑结构失稳破坏，如广西宁明某办公楼膨胀后下沉、云南蒙自及鸡街大量民房开裂受损等。

3. 暴雨洪水灾害

1）洪水冲蚀破坏

部分临水建筑的地基基础工程，往往受到洪水冲刷与侵蚀的危害，特别在持续强降雨天气，地基基础的主要持力层可能被洪水掏蚀，造成基础局部甚至整体失稳破坏，如2013年7月四川省什邡市红白镇木瓜坪金河磷矿的一栋办公楼被洪水彻底冲毁。

2）地下水浮力破坏

对于坐落在地下水位较高地区且带地下室或自重不大的建筑物，地下水浮力会在工程施工或使用阶段显示出来，如对抗浮设防水位确定不当、不注意抗浮处理或抗浮措施失效，均会导致不良的后果。如厦门世贸中心一期工程、海口市梦幻园商住小区地下基础受到后期的地下水浮力破坏，造成严重的工程事故[14]。

3）湿陷破坏

修建于风积场地地基上的建筑物，由于地基天然结构性的大孔隙存在，在经受暴雨浸泡或洪水淹没时，结构性受到破坏，其自身将产生较大幅度的沉陷，加之上部荷载的压缩变形，必将导致建筑物发生不同程度的变形或破坏。

4. 冻胀冻融灾害

在寒冷地区，建筑地基基础所面临的主要问题分别是冻胀引起的建筑基础破坏与融沉引起的地基下陷失稳。该类灾害在我国北方及高原寒区多层建筑地基基础中较为普遍。

5. 其他灾害

地基基础所受的其他灾害主要为外力爆炸振动、环境腐蚀等，其对于地基基础的安全稳定同样重要，但其发生概率相对较少，相关研究仍不够丰富。

另外，不科学的人为工程活动也给地基基础带来不可忽视的灾害隐患，预防不到位将发展成灾害。如邻近建筑物的大挖大填导致地基基础失稳，场地的无序高填筑地基，导致地基基础的不均匀沉降，上海莲花小区的"楼倒倒"和日本大阪关西机场大量沉降就是此类灾害比较典型的案例。

**二、建筑地基基础防灾减灾研究进展**

1. 地震震害

1）震源机制和地震动场研究

地面运动特征和地震动场的空间变化研究是抗震减灾的重要基础依据。震源的机制研究，主要依靠地震学的研究成果。20 世纪 80 年代后震源反演技术得到发展，主要是利用近场地震动观测记录，并结合新的反演方法，得到一些成果。而在最近的几十年里，强震记录的数据积累很快，尤其 1989 年、1994 年的美国地震，1995 年的日本地震，1999 年中国台湾地震，以及中国大陆汶川地震和雅安芦山地震，几乎每一次地震都积累了几十、上百条强震记录。记录到了振幅大、频谱宽的地震动，以及大的长周期加速度脉冲。这些记录对研究地震动特征具有重要的价值，使得人们可以进一步研究地震动场的空间分布特性，以及地表的破裂、地震波的传播等。此外，场地条件对地震动的影响也得到关注，以往历次的大地震均显示，不同场地条件上的建筑物震害差异十分明显。场地条件不仅影响地震动幅值，还影响其频谱特性。我国不同区域场地条件对地震动响应不同，东部沿海是深厚软土，而西部高原区是浅埋岩层，对山区和盆地地区，局部盆地（谷地）效应显然更为重要[1-3]。

目前我国工程地震研究应充分吸收大陆强震机理与预测的研究成果，以强震动观测记录和大城市地震活动断层探查资料为依托，将震源破裂过程的模拟、地震波传播和场地条件响应的研究紧密结合，开展强地震动特征、近场强地震动、场地条件对地震动的响应以及地震地表变形和破裂的研究[1-3]。

2）不同地基基础形式的地震动力学响应

为了探寻不同地基基础形式的震害机理，广大工程技术人员近年来对地基基础的地震动力学反应进行了深入的研究。研究手段从现场调研到室内试验，不断扩展至理论分析与数值计算。研究理念从地基基础与上部结构分开计算逐步扩展到整体协同分析。其中试验测试是研究基础，模型试验随着技术水平的提高不断进步，其激振方式一般采用稳态强迫激振或现场通过埋入的炸药爆炸引起的模拟地震动激振等。室内小比例尺模型试验比较简单，其条件过于理论化，从分析方法和可靠性的验证来说，是有局限性的。大比例尺模型的现场试验及原型试验需花费大量的人力、物力和财力，实施比较困难。大型数值计算是开展上部结构与地基基础协同动力学分析的主要手段，且随着计算机软硬件的发展，在不断地完善[16]。如清华大学宋二祥开展了刚性桩复合地基 1∶10 比例尺寸的振动台试验，并相应进行了三维有限元数值模拟研究[17, 18]；北京交通大学高博博士采用长 3.5m、宽 1.5m、高 1.9m 的振动台，进行了碎石桩复合地基震后沉降规律试验研究，同时开展了数值模拟对比分析[19]；天津大学李延涛博士利用间接边界元法结合子结构法理论分析研究了考虑土—结构动力相互作用（SSI）的基础隔震与结构控制[20]。

3）地基基础隔震减震技术研究

从 20 世纪 60 年代末开始，国际上就开始了基础隔震的研究。自 70 年代以来，已修建了多幢采用叠层橡胶支座基础的隔震建筑。其中日本对叠层橡胶支座基础隔震的研究和应用发展迅速，日本鹿岛、大成等八大建筑公司都推出了自己建造的隔震建筑。同时，美国 Kelly 提出在结构中设置非结构构件的耗能元件金属软钢屈服耗能器，来分担和耗散本来由结构构件耗散的能量。此外，美国在已倒塌的纽约世界贸易中心双子塔上安装的 1 万多个粘弹性耗能器，美国西雅图的 Columbia SeaFirst 大厦上安装的 260 个粘弹性耗能器，意大利那不勒斯的一幢 29 层钢结构悬挂建筑安装的软钢耗能器，都是耗能减震装置提高结构抗震和抗风性能的成功工程例证[1]。

近年来，关于使用碎石垫层地基的减震隔震研究逐步成为热点。碎石垫层由均匀散体材料（符合粒径级配的碎石或卵石）组成，铺设在地基与基础之间，与基础底面接触，其相对厚度有一定的适用范围。在地震动能量向上部建筑物输入的过程中，碎石颗粒之间重新分配以及促使地基与基础产生不同步相对变位，消散地震动能量，减小地震动能量向上部建筑物的输入，增强建筑物的减震隔震能力[21]。另外，一些学者对碎石垫层隔震计算模型提出了异议，昆明学院姚学群依据已有对滑移位移谱的研究数据和地震实例，建议对砂垫层隔震的房屋，应允许房屋相对垫层产生一定的位移[22]。

另外，借鉴碎石垫层的减震隔震概念，近年逐步出现了预设减震结构的设计理念。由于地震动能量来源与地基通过埋藏在其中或与其密切接触的基础传给上部结构，若预先在地基与基础之间设置刚度比较薄弱的结构带，此结构带并不承受上部荷载，而仅具有基础侧面与基坑侧壁土体之间的有效接触作用。当地震发生时，此结构带首先破坏，减小地震动能量向上部建筑物的输入，增强建筑物的抗震能力。成都博物馆新馆采用了此种设计理念，在基坑支护结构之间设置了断面较小的钢筋混凝土隔离架，虽然目前还未经历地震的考验，但却是一个全新的尝试。

2. 地质灾害

1）地基基础滑坡灾害研究

近年来，关于滑坡灾害及其风险的评价方法和区划制图技术取得了较大进步，滑坡灾害研究由灾害评估向灾害管理方向逐步发展。P.Aleotti 采用 GIS 对意大利北部阿尔卑斯山前缘的 Piedmont 地区的滑坡灾害的危险性及总的风险进行了区划制图研究，在滑坡危险性评价方法上，通过滑坡分布的资料和有关地质因素，构造了滑坡敏感性指标来反映滑坡灾害的危险性。M.Michael-Leiba 等在澳大利亚的一项城市发展规划项目的斜坡地质灾害研究中，把斜坡灾害的危险性、易损性、风险评价作为本体，以 GIS 为技术平台，分别采用平面和三维评价系统，对 Cairns 地区进行了斜坡地质灾害的危险性和风险区划研究。相关研究为地基基础防治滑坡危害的研究提出了指导性方向 [23, 24]。

2）地基基础地下塌陷研究

地基基础塌陷的研究目前主要集中在塌陷区风险性评价、塌陷预测及塌陷区域信息化管理与塌陷防治方面。其中，进行塌陷安全性评价是城市总体规划中一项关键的基础工作，关键是找到各种影响因素对综合指标的非线性综合贡献。传统的方法是统计确定各种影响因素与塌陷的关系，采用模糊综合评判或灰色聚类分析方法进行稳定性分区。而新的方法是应用人工神经网络方法对塌陷进行安全性评价，由此建立塌陷安全评价的多元非线性定量评价模型。塌陷的监测方法归纳起来可分为直接监测法和间接监测法两类。直接监测方法就是通过直接监测地下土体或地面的变形来判断地面塌陷的方法，如监测地面沉降、地面和房屋开裂等常规方法，以及地质雷达和光导纤维等监测地下土体变形的非常规方法。间接监测方法主要有地下管道系统中水（气）压力的动态变化传感器自动监测技术，近年来同样发展较快 [13, 25]。

3. 暴雨洪水灾害

暴雨洪水对地基基础的冲蚀破坏较为常见，目前的研究主要集中在暴雨洪水的预警方面。而近年来建筑基础或地下结构抗浮稳定性分析逐步引起人们的注意。抗浮分析的研究主要集中在抗浮水位的确定、地下水浮力的计算、抗浮的措施方法等。如中航勘察设计研究院的胡恒开展了上部结构与地基基础协同分析下的抗浮计算 [14]，华南理工大学的孙梅英开展了既有地下结构物抗浮加固措施的研究 [27]，重庆大学陈飞铭分析了地下室局部上浮造成结构的破坏形态及抗浮加固的各种方法特征 [28]。

4. 冻胀冻融灾害

关于寒区地基基础冻胀、融沉现象的试验和理论研究已有半个多世纪，冻胀融沉研究可分为基础研究和应用研究。基础研究着重研究冻胀、融沉的表现形式和冻胀机理；应用研究主要研究冻胀、融沉的预报模型和防冻胀、融沉措施 [15]。基础研究中 Everett 首先提出了第一冻胀理论即毛细理论，Miller 后来提出了第二冻胀理论 [29, 30]，日本学者 Yoshiki Miyata 基于水分迁移、热量输运和机械能平衡方程提出宏观冻胀理论 [31]；国内周国庆、陈湘生、王建平、罗小刚等通过室内试验研究，对冻胀融沉机理进行了丰富的研究，但由于实验统计方法的局限性，难以给出冻胀融沉的定量指标。冻土冻胀融沉实际情况的复杂性和实验研究的局限性，使得数值分析显示出其优势，第二冻胀理论和分凝势原理的提出，为数值模型的建立提供了坚实的基础。冻土冻胀、融沉数学模型的研究经历了从单一场到多场耦合模型的发展，但现有的研究成果由于还缺乏实际工程的验证，而且理论模型和实际情况还有差别，有待进一步改进 [32-35]。

多年冻土区的防冻技术常用水淹法、绝热材料覆盖法、泡沫冰法、设置隔热层或热穴等，以及其他的一些辅助方法。而季节性冻土区主要采用改良地基土，或对基础和结构物采取抗冻害措施 [36, 37]。

### 三、建筑地基基础防灾减灾发展趋势

建筑地基基础防灾减灾是个长期复杂的工作，不仅需要多学科的相互交叉和支持，从根本上解决所面临的科学技术难题，同时，也要充分推广应用现有各类成熟的先进技术，切实提高地基基础的抗灾能力。

1. 要深入研究地基基础防灾减灾方面的新理论、新方法、新材料和新技术。以地基基础工程为对象，重点研究其破坏机理、设计理论和灾害的控制。通过持续的理论研究，形成具有我国特色的防灾减灾理论体系，解决我国地基基础实践中的防灾减灾科学技术问题。

2. 促进成果转化，要优先支持和引导科技成果的转化，积极推广现有建筑地基基础灾害控制技术的应用，并加强实践工程的监测和资料整理，通过总结和分析，验证地基基础防灾减灾理论研究成果的可靠性和实用性，为制定一系列既切实有效又便于使用的技术标准提供基础性依据，使得我们现有的科技水平得到充分的体现，发挥作用。

3. 针对建筑地基基础的灾害特征，应加强建筑地基基础在规划设计时的科学性与前瞻性，通过不断完善相应规范标准，建设经济安全的建筑地基基础，保障上部建筑结构的可靠适用。

4. 参照美国、日本、英国等发达国家经验，结合地基基础工程的特殊性，建立完整的建筑地基基础灾害防救组织体系和规划体系，按照灾害评估、区域分级、灾害预警、灾害防治、灾害救助的综合性系列性思路，将防灾减灾与建筑规划设计相结合，将灾害损失降至最低[38-40]。

5. 加强建筑地基基础防灾减灾教育，提高全民对灾害原理的认识及防灾减灾的意识，减少盲目性所致的后续次生灾害发生。

6. 通过参与国际交流与合作，让国际同行了解我国的地基基础工程防灾减灾科学技术水平与工程应用成果，并使我国的地基基础工程防灾减灾科学技术在国际上占有一席之地。

### 参考文献

[1] 陈跃庆，吕西林．几次大地震中地基基础震害的启示 [J]. 工程抗震，2001，2：8-15.

[2] 周福霖，崔杰．土木工程防灾的发展与趋势浅论 [J]. 黑龙江大学工程学报，2010，1（1）：4-10.

[3] 周福霖．工程结构减震控制 [M]. 北京：地震出版社，1997.

[4] 吕西林，复杂高层建筑结构抗震理论与应用 [M]. 北京：科学出版社，2007.

[5] 陈国兴．天然地基浅基础的震害分析 [J]. 岩土工程学报 .1995；17（1）.66-72.

[6] 刘恢先．唐山大地震震害（一）[M]. 北京：地震出版社，1985.

[7] 刘惠珊．桩基震害及原因分析——日本阪神大地震的启示 [J]. 工程抗震，1999：1.37-44.

[8] 山肩邦男．兵库县南部地震にお为建筑物基础の被害の特征と今后の对策．基础工，1996（11）.

[9] 黄雨，舒翔，叶为民．桩基础抗震研究的现状 [J]. 工业建筑，2002；32（7）.50-61.

[10] 刘汉龙，余湘娟．土动力学与岩土地震工程研究进展 [J]. 河海大学学报，1999；27（1）.6-15.

[11] 张克绪，谢君斐，陈国兴．桩的震害及其破坏机制宏观研究 [J]. 世界地震工程，1991；7（2）.7-20.

[12] 张倬元．滑坡防治工程的现状与发展展望 [J]. 地质灾害与环境保护，2000；11（2）.89-97.

[13] 雷明堂，蒋小珍．岩溶塌陷研究现状、发展趋势及其支撑技术方法 [J]. 中国地质灾害与防治学报，1998；9（3）.1-6.

[14] 陈飞铭．地下室上浮破坏及处理措施研究 [D]. 重庆大学工程硕士学位论文，2004.

[15] 柯洁铭，杨平．冻土冻胀融沉的研究进展 [J]. 南京林业大学学报（自然科学版），2004；28（4）.105-108.

[16] 贺雅敏，杨锋.地基—基础—结构共同作用抗震分析综述 [J]. 工业建筑，2006：36.633-637.

[17] 武思宇，宋二祥，刘华北.刚性桩复合地基抗震性能的振动台试验研究 [J]. 岩土力学，2007：28（1）.77-82.

[18] 徐自国，宋二祥.刚性桩复合地基抗震性能的有限元分析 [J]. 岩土力学，2004：25（2）.79-85.

[19] 高博.碎石桩复合地基震后沉降规律试验研究 [D]. 北京交通大学博士论文，2010.

[20] 李延涛.考虑土—结构动力相互作用的基础隔震与结构控制理论研究 [D]. 天津大学博士论文，2004.

[21] 姚学群，徐从发，江晓敏.地基砂石垫层隔震的研究现状和几个有关问题 [J]. 四川建筑科学研究，2010：36（4）.171-175.

[22] 梁艳晨.碎石垫层地基对建筑物的减震隔震性能分析 [D]. 内蒙古科技大学.硕士学位论文，2010.

[23] 殷坤龙，韩再生，李志中.国际滑坡研究的新进展 [J]. 水文地质工程地质，2000：5.1-4.

[24] 李发斌，崔鹏，周爱霞.RS 和 GIS 在滑坡泥石流防灾减灾中的应用 [J]. 灾害学，2004：19（4）.18-24.

[25] 张丽芬，曾夏生，姚运生.我国岩溶塌陷研究综述 [J]. 中国地质灾害与防治学报，2007：18（3）.126-131.

[26] 李小强，姜浩.浅谈天然地基基础抗浮问题 [J]. 工业建筑，2008（38）.761-763.

[27] 胡恒，姚松凯，贾立宏.上部结构与地基基础协同分析下的抗浮研究 [J]. 工程勘察，2008：stp2：9-12.

[28] 孙梅英.既有地下结构物抗浮加固措施 [D]. 华中科技大学.硕士学位论文，2007.

[29] Everett D H.The thermodynamics of frost damage to porous solids[J].Trans Faraday Soc，1961，57：1541-1551.

[30] Miller R D.Freezing and heaving of saturated and unsaturated soils[J].Highway Research Record，1972，393.1-11.

[31] 程国栋.冻土力学与工程的国际研究新进展.2000 年国际地层冻结和土冻结作用会议综述 [R]. 比利时，Inter，2000.

[32] 周国庆.饱水砂层中结构的融沉附加力研究 [J]. 冰川冻土，1998：20（2）.11-14.

[33] 陈湘生，濮家骝.土壤冻胀离心模拟试验 [J]. 煤炭学报，1999：24（6）.615-619.

[34] 王建平，王文顺.人工冻结土体冻胀融沉的模型试验 [J]. 中国矿业大学学报，1999：28（4）.303-306.

[35] 罗小刚，陈湘生，吴成义.冻融对土工参数影响的试验研究 [J]. 建井技术，2000：21（2）.24-26.

[36] 徐学祖，王家澄，张立新.冻土物理学 [M]. 北京：科学出版社，2001.

[37] 吴国侯.土的冻胀理论及其应用 [J]. 勘察科学技术，1997（3）.12-14.

[38] 张翰卿，戴慎志.美国的城市综合防灾规划及其启示 [J]. 国际城市规划，2007：22（4）.58-64.

[39] 陈鼎超.日本的防灾计划评述 [J]. 江苏城市规划，2010：7.35-40.

[40] 王春华.伦敦的城市防灾应急措施 [J]. 中国减灾，2007：3.38-38.

# 第二篇　政策篇

多年来，我国政府坚持把防灾减灾纳入国家和地方的可持续发展战略。2007年8月，中国政府颁布《国家综合减灾"十一五"规划》，明确要求地方政府将防灾减灾纳入当地经济社会发展规划；2012年1月，中国政府继续颁布《国家综合防灾减灾"十二五"规划》，明确指出防灾减灾工作需要立足国民经济和社会发展全局，统筹规划综合防灾减灾事业发展，加速推进各项能力建设，不断完善综合防灾减灾体系，切实保障人民群众生命和财产安全。

本篇选录了国家颁布的有关建筑防灾方面的法律条例2部，指导意见2项；各地方颁布的有关建筑防灾方面的法律条例4部，管理规定1项和专项规划1条。这些政策法规的颁布实施，为防灾减灾事业的发展发挥政策支持、决策参谋和法制保障的作用。加强防灾减灾法律体系建设，推进依法行政，大力开展防灾减灾事业发展政策研究意义十分重大，对推动我国防震减灾科学发展、改革创新，实现最大限度减轻灾害损失具有重要的作用。

# 1. 中华人民共和国防汛条例

2005 年 09 月 27 日发布（1991 年 7 月 2 日中华人民共和国国务院令第 86 号发布根据 2005 年 7 月 15 日《国务院关于修改〈中华人民共和国防汛条例〉的决定》修订）

## 第一章 总 则

**第一条** 为了做好防汛抗洪工作，保障人民生命财产安全和经济建设的顺利进行，根据《中华人民共和国水法》，制定本条例。

**第二条** 在中华人民共和国境内进行防汛抗洪活动，适用本条例。

**第三条** 防汛工作实行"安全第一，常备不懈，以防为主，全力抢险"的方针，遵循团结协作和局部利益服从全局利益的原则。

**第四条** 防汛工作实行各级人民政府行政首长负责制，实行统一指挥，分级分部门负责。各有关部门实行防汛岗位责任制。

**第五条** 任何单位和个人都有参加防汛抗洪的义务。

中国人民解放军和武装警察部队是防汛抗洪的重要力量。

## 第二章 防汛组织

**第六条** 国务院设立国家防汛总指挥部，负责组织领导全国的防汛抗洪工作，其办事机构设在国务院水行政主管部门。

长江和黄河，可以设立由有关省、自治区、直辖市人民政府和该江河的流域管理机构（以下简称流域机构）负责人等组成的防汛指挥机构，负责指挥所辖范围的防汛抗洪工作，其办事机构设在流域机构。长江和黄河的重大防汛抗洪事项须经国家防汛总指挥部批准后执行。

国务院水行政主管部门所属的淮河、海河、珠江、松花江、辽河、太湖等流域机构，设立防汛办事机构，负责协调本流域的防汛日常工作。

**第七条** 有防汛任务的县级以上地方人民政府设立防汛指挥部，由有关部门、当地驻军、人民武装部负责人组成，由各级人民政府首长担任指挥。各级人民政府防汛指挥部在上级人民政府防汛指挥部和同级人民政府的领导下，执行上级防汛指令，制定各项防汛抗洪措施，统一指挥本地区的防汛抗洪工作。

各级人民政府防汛指挥部办事机构设在同级水行政主管部门；城市市区的防汛指挥部办事机构也可以设在城建主管部门，负责管理所辖范围的防汛日常工作。

**第八条** 石油、电力、邮电、铁路、公路、航运、工矿以及商业、物资等有防汛任务的部门和单位，汛期应当设立防汛机构，在有管辖权的人民政府防汛指挥部统一领导下，负责做好本行业和本单位的防汛工作。

**第九条**　河道管理机构、水利水电工程管理单位和江河沿岸在建工程的建设单位，必须加强对所辖水工程设施的管理维护，保证其安全正常运行，组织和参加防汛抗洪工作。

**第十条**　有防汛任务的地方人民政府应当组织以民兵为骨干的群众性防汛队伍，并责成有关部门将防汛队伍组成人员登记造册，明确各自的任务和责任。

河道管理机构和其他防洪工程管理单位可以结合平时的管理任务，组织本单位的防汛抢险队伍，作为紧急抢险的骨干力量。

## 第三章　防汛准备

**第十一条**　有防汛任务的县级以上人民政府，应当根据流域综合规划、防洪工程实际状况和国家规定的防洪标准，制定防御洪水方案（包括对特大洪水的处置措施）。

长江、黄河、淮河、海河的防御洪水方案，由国家防汛总指挥部制定，报国务院批准后施行；跨省、自治区、直辖市的其他江河的防御洪水方案，有关省、自治区、直辖市人民政府制定后，经有管辖权的流域机构审查同意，由省、自治区、直辖市人民政府报国务院或其授权的机构批准后施行。

有防汛抗洪任务的城市人民政府，应当根据流域综合规划和江河的防御洪水方案，制定本城市的防御洪水方案，报上级人民政府或其授权的机构批准后施行。

防御洪水方案经批准后，有关地方人民政府必须执行。

**第十二条**　有防汛任务的地方，应当根据经批准的防御洪水方案制定洪水调度方案。长江、黄河、淮河、海河（海河流域的永定河、大清河、漳卫南运河和北三河）、松花江、辽河、珠江和太湖流域的洪水调度方案，由有关流域机构会同有关省、自治区、直辖市人民政府制定，报国家防汛总指挥部批准。跨省、自治区、直辖市的其他江河的洪水调度方案，由有关流域机构会同有关省、自治区、直辖市人民政府制定，报流域防汛指挥机构批准；没有设立流域防汛指挥机构的，报国家防汛总指挥部批准。其他江河的洪水调度方案，由有管辖权的水行政主管部门会同有关地方人民政府制定，报有管辖权的防汛指挥机构批准。

洪水调度方案经批准后，有关地方人民政府必须执行。修改洪水调度方案，应当报经原批准机关批准。

**第十三条**　有防汛抗洪任务的企业应当根据所在流域或者地区经批准的防御洪水方案和洪水调度方案，规定本企业的防汛抗洪措施，在征得其所在地县级人民政府水行政主管部门同意后，由有管辖权的防汛指挥机构监督实施。

**第十四条**　水库、水电站、拦河闸坝等工程的管理部门，应当根据工程规划设计、经批准的防御洪水方案和洪水调度方案以及工程实际状况，在兴利服从防洪，保证安全的前提下，制定汛期调度运用计划，经上级主管部门审查批准后，报有管辖权的人民政府防汛指挥部备案，并接受其监督。

经国家防汛总指挥部认定的对防汛抗洪关系重大的水电站，其防洪库容的汛期调度运用计划经上级主管部门审查同意后，须经有管辖权的人民政府防汛指挥部批准。

汛期调度运用计划经批准后，由水库、水电站、拦河闸坝等工程的管理部门负责执行。

有防凌任务的江河，其上游水库在凌汛期间的下泄水量，必须征得有管辖权的人民政府防汛指挥部的同意，并接受其监督。

第十五条 各级防汛指挥部应当在汛前对各类防洪设施组织检查，发现影响防洪安全的问题，责成责任单位在规定的期限内处理，不得贻误防汛抗洪工作。

各有关部门和单位按照防汛指挥部的统一部署，对所管辖的防洪工程设施进行汛前检查后，必须将影响防洪安全的问题和处理措施报有管辖权的防汛指挥部和上级主管部门，并按照该防汛指挥部的要求予以处理。

第十六条 关于河道清障和对壅水、阻水严重的桥梁、引道、码头和其他跨河工程设施的改建或者拆除，按照《中华人民共和国河道管理条例》的规定执行。

第十七条 蓄滞洪区所在地的省级人民政府应当按照国务院的有关规定，组织有关部门和市、县，制定所管辖的蓄滞洪区的安全与建设规划，并予实施。

各级地方人民政府必须对所管辖的蓄滞洪区的通信、预报警报、避洪、撤退道路等安全设施，以及紧急撤离和救生的准备工作进行汛前检查，发现影响安全的问题，及时处理。

第十八条 山洪、泥石流易发地区，当地有关部门应当指定预防监测员及时监测。雨季到来之前，当地人民政府防汛指挥部应当组织有关单位进行安全检查，对险情征兆明显的地区，应当及时把群众撤离险区。

风暴潮易发地区，当地有关部门应当加强对水库、海堤、闸坝、高压电线等设施和房屋的安全检查，发现影响安全的问题，及时处理。

第十九条 地区之间在防汛抗洪方面发生的水事纠纷，由发生纠纷地区共同的上一级人民政府或其授权的主管部门处理。

前款所指人民政府或者部门在处理防汛抗洪方面的水事纠纷时，有权采取临时紧急处置措施，有关当事各方必须服从并贯彻执行。

第二十条 有防汛任务的地方人民政府应当建设和完善江河堤防、水库、蓄滞洪区等防洪设施，以及该地区的防汛通信、预报警报系统。

第二十一条 各级防汛指挥部应当储备一定数量的防汛抢险物资，由商业、供销、物资部门代储的，可以支付适当的保管费。受洪水威胁的单位和群众应当储备一定的防汛抢险物料。

防汛抢险所需的主要物资，由计划主管部门在年度计划中予以安排。

第二十二条 各级人民政府防汛指挥部汛前应当向有关单位和当地驻军介绍防御洪水方案，组织交流防汛抢险经验。有关方面汛期应当及时通报水情。

## 第四章 防汛与抢险

第二十三条 省级人民政府防汛指挥部，可以根据当地的洪水规律，规定汛期起止日期。当江河、湖泊、水库的水情接近保证水位或者安全流量时，或者防洪工程设施发生重大险情，情况紧急时，县级以上地方人民政府可以宣布进入紧急防汛期，并报告上级人民政府防汛指挥部。

第二十四条 防汛期内，各级防汛指挥部必须有负责人主持工作。有关责任人员必须坚守岗位，及时掌握汛情，并按照防御洪水方案和汛期调度运用计划进行调度。

第二十五条 在汛期，水利、电力、气象、海洋、农林等部门的水文站、雨量站，必须及时准确地向各级防汛指挥部提供实时水文信息；气象部门必须及时向各级防汛指挥部提供有关天气预报和实时气象信息；水文部门必须及时向各级防汛指挥部提供有关水文预报；海洋部门必须及时向沿海地区防汛指挥部提供风暴潮预报。

第二十六条 在汛期，河道、水库、闸坝、水运设施等水工程管理单位及其主管部门在执行汛期调度运用计划时，必须服从有管辖权的人民政府防汛指挥部的统一调度指挥或者监督。

在汛期，以发电为主的水库，其汛限水位以上的防洪库容以及洪水调度运用必须服从有管辖权的人民政府防汛指挥部的统一调度指挥。

第二十七条 在汛期，河道、水库、水电站、闸坝等水工程管理单位必须按照规定对水工程进行巡查，发现险情，必须立即采取抢护措施，并及时向防汛指挥部和上级主管部门报告。其他任何单位和个人发现水工程设施出现险情，应当立即向防汛指挥部和水工程管理单位报告。

第二十八条 在汛期，公路、铁路、航运、民航等部门应当及时运送防汛抢险人员和物资；电力部门应当保证防汛用电。

第二十九条 在汛期，电力调度通信设施必须服从防汛工作需要；邮电部门必须保证汛情和防汛指令的及时、准确传递，电视、广播、公路、铁路、航运、民航、公安、林业、石油等部门应当运用本部门的通信工具优先为防汛抗洪服务。

电视、广播、新闻单位应当根据人民政府防汛指挥部提供的汛情，及时向公众发布防汛信息。

第三十条 在紧急防汛期，地方人民政府防汛指挥部必须由人民政府负责人主持工作，组织动员本地区各有关单位和个人投入抗洪抢险。所有单位和个人必须听从指挥，承担人民政府防汛指挥部分配的抗洪抢险任务。

第三十一条 在紧急防汛期，公安部门应当按照人民政府防汛指挥部的要求，加强治安管理和安全保卫工作。必要时须由有关部门依法实行陆地和水面交通管制。

第三十二条 在紧急防汛期，为了防汛抢险需要，防汛指挥部有权在其管辖范围内，调用物资、设备、交通运输工具和人力，事后应当及时归还或者给予适当补偿。因抢险需要取土占地、砍伐林木、清除阻水障碍物的，任何单位和个人不得阻拦。

前款所指取土占地、砍伐林木的，事后应当依法向有关部门补办手续。

第三十三条 当河道水位或者流量达到规定的分洪、滞洪标准时，有管辖权的人民政府防汛指挥部有权根据经批准的分洪、滞洪方案，采取分洪、滞洪措施。采取上述措施对毗邻地区有危害的，须经有管辖权的上级防汛指挥机构批准，并事先通知有关地区。

在非常情况下，为保护国家确定的重点地区和大局安全，必须作出局部牺牲时，在报经有管辖权的上级人民政府防汛指挥部批准后，当地人民政府防汛指挥部可以采取非常紧急措施。

实施上述措施时，任何单位和个人不得阻拦，如遇到阻拦和拖延时，有管辖权的人民政府有权组织强制实施。

第三十四条 当洪水威胁群众安全时，当地人民政府应当及时组织群众撤离至安全地带，并做好生活安排。

第三十五条 按照水的天然流势或者防洪、排涝工程的设计标准，或者经批准的运行方案下泄的洪水，下游地区不得设障阻水或者缩小河道的过水能力；上游地区不得擅自增大下泄流量。

未经有管辖权的人民政府或其授权的部门批准，任何单位和个人不得改变江河河势的自然控制点。

## 第五章　善后工作

**第三十六条**　在发生洪水灾害的地区，物资、商业、供销、农业、公路、铁路、航运、民航等部门应当做好抢险救灾物资的供应和运输；民政、卫生、教育等部门应当做好灾区群众的生活供给、医疗防疫、学校复课以及恢复生产等救灾工作；水利、电力、邮电、公路等部门应当做好所管辖的水毁工程的修复工作。

**第三十七条**　地方各级人民政府防汛指挥部，应当按照国家统计部门批准的洪涝灾害统计报表的要求，核实和统计所管辖范围的洪涝灾情，报上级主管部门和同级统计部门，有关单位和个人不得虚报、瞒报、伪造、篡改。

**第三十八条**　洪水灾害发生后，各级人民政府防汛指挥部应当积极组织和帮助灾区群众恢复和发展生产。修复水毁工程所需费用，应当优先列入有关主管部门年度建设计划。

## 第六章　防汛经费

**第三十九条**　由财政部门安排的防汛经费，按照分级管理的原则，分别列入中央财政和地方财政预算。

在汛期，有防汛任务的地区的单位和个人应当承担一定的防汛抢险的劳务和费用，具体办法由省、自治区、直辖市人民政府制定。

**第四十条**　防御特大洪水的经费管理，按照有关规定执行。

**第四十一条**　对蓄滞洪区，逐步推行洪水保险制度，具体办法另行制定。

## 第七章　奖励与处罚

**第四十二条**　有下列事迹之一的单位和个人，可以由县级以上人民政府给予表彰或者奖励：

（一）在执行抗洪抢险任务时，组织严密，指挥得当，防守得力，奋力抢险，出色完成任务者；

（二）坚持巡堤查险，遇到险情及时报告，奋力抗洪抢险，成绩显著者；

（三）在危险关头，组织群众保护国家和人民财产，抢救群众有功者；

（四）为防汛调度、抗洪抢险献计献策，效益显著者；

（五）气象、雨情、水情测报和预报准确及时，情报传递迅速，克服困难，抢测洪水，因而减轻重大洪水灾害者；

（六）及时供应防汛物料和工具，爱护防汛器材，节约经费开支，完成防汛抢险任务成绩显著者；

（七）有其他特殊贡献，成绩显著者。

**第四十三条** 有下列行为之一者，视情节和危害后果，由其所在单位或者上级主管机关给予行政处分；应当给予治安管理处罚的，依照《中华人民共和国治安管理处罚法》的规定处罚；构成犯罪的，依法追究刑事责任：

（一）拒不执行经批准的防御洪水方案、洪水调度方案，或者拒不执行有管辖权的防汛指挥机构的防汛调度方案或者防汛抢险指令的；

（二）玩忽职守，或者在防汛抢险的紧要关头临阵逃脱的；

（三）非法扒口决堤或者开闸的；

（四）挪用、盗窃、贪污防汛或者救灾的钱款或者物资的；

（五）阻碍防汛指挥机构工作人员依法执行职务的；

（六）盗窃、毁损或者破坏堤防、护岸、闸坝等水工程建筑物和防汛工程设施以及水文监测、测量设施、气象测报设施、河岸地质监测设施、通信照明设施的；

（七）其他危害防汛抢险工作的。

**第四十四条** 违反河道和水库大坝的安全管理，依照《中华人民共和国河道管理条例》和《水库大坝安全管理条例》的有关规定处理。

**第四十五条** 虚报、瞒报洪涝灾情，或者伪造、篡改洪涝灾害统计资料的，依照《中华人民共和国统计法》及其实施细则的有关规定处理。

**第四十六条** 当事人对行政处罚不服的，可以在接到处罚通知之日起十五日内，向作出处罚决定机关的上一级机关申请复议；对复议决定不服的，可以在接到复议决定之日起十五日内，向人民法院起诉。当事人也可以在接到处罚通知之日起十五日内，直接向人民法院起诉。

当事人逾期不申请复议或者不向人民法院起诉，又不履行处罚决定的，由作出处罚决定的机关申请人民法院强制执行；在汛期，也可以由作出处罚决定的机关强制执行；对治安管理处罚不服的，依照《中华人民共和国治安管理处罚法》的规定办理。

当事人在申请复议或者诉讼期间，不停止行政处罚决定的执行。

## 第八章 附 则

**第四十七条** 省、自治区、直辖市人民政府，可以根据本条例的规定，结合本地区的实际情况，制定实施细则。

**第四十八条** 本条例由国务院水行政主管部门负责解释。

**第四十九条** 本条例自发布之日起施行。

# 2. 气象灾害防御条例

## 第一章　总　则

**第一条**　为了加强气象灾害的防御，避免、减轻气象灾害造成的损失，保障人民生命财产安全，根据《中华人民共和国气象法》，制定本条例。

**第二条**　在中华人民共和国领域和中华人民共和国管辖的其他海域内从事气象灾害防御活动的，应当遵守本条例。

本条例所称气象灾害，是指台风、暴雨（雪）、寒潮、大风（沙尘暴）、低温、高温、干旱、雷电、冰雹、霜冻和大雾等所造成的灾害。

水旱灾害、地质灾害、海洋灾害、森林草原火灾等因气象因素引发的衍生、次生灾害的防御工作，适用有关法律、行政法规的规定。

**第三条**　气象灾害防御工作实行以人为本、科学防御、部门联动、社会参与的原则。

**第四条**　县级以上人民政府应当加强对气象灾害防御工作的组织、领导和协调，将气象灾害的防御纳入本级国民经济和社会发展规划，所需经费纳入本级财政预算。

**第五条**　国务院气象主管机构和国务院有关部门应当按照职责分工，共同做好全国气象灾害防御工作。

地方各级气象主管机构和县级以上地方人民政府有关部门应当按照职责分工，共同做好本行政区域的气象灾害防御工作。

**第六条**　气象灾害防御工作涉及两个以上行政区域的，有关地方人民政府、有关部门应当建立联防制度，加强信息沟通和监督检查。

**第七条**　地方各级人民政府、有关部门应当采取多种形式，向社会宣传普及气象灾害防御知识，提高公众的防灾减灾意识和能力。

学校应当把气象灾害防御知识纳入有关课程和课外教育内容，培养和提高学生的气象灾害防范意识和自救互救能力。教育、气象等部门应当对学校开展的气象灾害防御教育进行指导和监督。

**第八条**　国家鼓励开展气象灾害防御的科学技术研究，支持气象灾害防御先进技术的推广和应用，加强国际合作与交流，提高气象灾害防御的科技水平。

**第九条**　公民、法人和其他组织有义务参与气象灾害防御工作，在气象灾害发生后开展自救互救。

对在气象灾害防御工作中做出突出贡献的组织和个人，按照国家有关规定给予表彰和奖励。

## 第二章　预　防

**第十条**　县级以上地方人民政府应当组织气象等有关部门对本行政区域内发生的气象灾害的种类、次数、强度和造成的损失等情况开展气象灾害普查，建立气象灾害数据库，按照气象灾害的种类进行气象灾害风险评估，并根据气象灾害分布情况和气象灾害风险评估结果，划定气象灾害风险区域。

**第十一条**　国务院气象主管机构应当会同国务院有关部门，根据气象灾害风险评估结果和气象灾害风险区域，编制国家气象灾害防御规划，报国务院批准后组织实施。

县级以上地方人民政府应当组织有关部门，根据上一级人民政府的气象灾害防御规划，结合本地气象灾害特点，编制本行政区域的气象灾害防御规划。

**第十二条**　气象灾害防御规划应当包括气象灾害发生发展规律和现状、防御原则和目标、易发区和易发时段、防御设施建设和管理以及防御措施等内容。

**第十三条**　国务院有关部门和县级以上地方人民政府应当按照气象灾害防御规划，加强气象灾害防御设施建设，做好气象灾害防御工作。

**第十四条**　国务院有关部门制定电力、通信等基础设施的工程建设标准，应当考虑气象灾害的影响。

**第十五条**　国务院气象主管机构应当会同国务院有关部门，根据气象灾害防御需要，编制国家气象灾害应急预案，报国务院批准。

县级以上地方人民政府、有关部门应当根据气象灾害防御规划，结合本地气象灾害的特点和可能造成的危害，组织制定本行政区域的气象灾害应急预案，报上一级人民政府、有关部门备案。

**第十六条**　气象灾害应急预案应当包括应急预案启动标准、应急组织指挥体系与职责、预防与预警机制、应急处置措施和保障措施等内容。

**第十七条**　地方各级人民政府应当根据本地气象灾害特点，组织开展气象灾害应急演练，提高应急救援能力。居民委员会、村民委员会、企业事业单位应当协助本地人民政府做好气象灾害防御知识的宣传和气象灾害应急演练工作。

**第十八条**　大风（沙尘暴）、龙卷风多发区域的地方各级人民政府、有关部门应当加强防护林和紧急避难场所等建设，并定期组织开展建（构）筑物防风避险的监督检查。

台风多发区域的地方各级人民政府、有关部门应当加强海塘、堤防、避风港、防护林、避风锚地、紧急避难场所等建设，并根据台风情况做好人员转移等准备工作。

**第十九条**　地方各级人民政府、有关部门和单位应当根据本地降雨情况，定期组织开展各种排水设施检查，及时疏通河道和排水管网，加固病险水库，加强对地质灾害易发区和堤防等重要险段的巡查。

**第二十条**　地方各级人民政府、有关部门和单位应当根据本地降雪、冰冻发生情况，加强电力、通信线路的巡查，做好交通疏导、积雪（冰）清除、线路维护等准备工作。

有关单位和个人应当根据本地降雪情况，做好危旧房屋加固、粮草储备、牲畜转移等准备工作。

**第二十一条**　地方各级人民政府、有关部门和单位应当在高温来临前做好供电、供水和防暑医药供应的准备工作，并合理调整工作时间。

**第二十二条** 大雾、霾多发区域的地方各级人民政府、有关部门和单位应当加强对机场、港口、高速公路、航道、渔场等重要场所和交通要道的大雾、霾的监测设施建设，做好交通疏导、调度和防护等准备工作。

**第二十三条** 各类建（构）筑物、场所和设施安装雷电防护装置应当符合国家有关防雷标准的规定。

对新建、改建、扩建建（构）筑物设计文件进行审查，应当就雷电防护装置的设计征求气象主管机构的意见；对新建、改建、扩建建（构）筑物进行竣工验收，应当同时验收雷电防护装置并有气象主管机构参加。雷电易发区内的矿区、旅游景点或者投入使用的建（构）筑物、设施需要单独安装雷电防护装置的，雷电防护装置的设计审核和竣工验收由县级以上地方气象主管机构负责。

**第二十四条** 专门从事雷电防护装置设计、施工、检测的单位应当具备下列条件，取得国务院气象主管机构或者省、自治区、直辖市气象主管机构颁发的资质证：

（一）有法人资格；

（二）有固定的办公场所和必要的设备、设施；

（三）有相应的专业技术人员；

（四）有完备的技术和质量管理制度；

（五）国务院气象主管机构规定的其他条件。

从事电力、通信雷电防护装置检测的单位的资质证由国务院气象主管机构和国务院电力或者国务院通信主管部门共同颁发。依法取得建设工程设计、施工资质的单位，可以在核准的资质范围内从事建设工程雷电防护装置的设计、施工。

**第二十五条** 地方各级人民政府、有关部门应当根据本地气象灾害发生情况，加强农村地区气象灾害预防、监测、信息传播等基础设施建设，采取综合措施，做好农村气象灾害防御工作。

**第二十六条** 各级气象主管机构应当在本级人民政府的领导和协调下，根据实际情况组织开展人工影响天气工作，减轻气象灾害的影响。

**第二十七条** 县级以上人民政府有关部门在国家重大建设工程、重大区域性经济开发项目和大型太阳能、风能等气候资源开发利用项目以及城乡规划编制中，应当统筹考虑气候可行性和气象灾害的风险性，避免、减轻气象灾害的影响。

## 第三章 监测、预报和预警

**第二十八条** 县级以上地方人民政府应当根据气象灾害防御的需要，建设应急移动气象灾害监测设施，健全应急监测队伍，完善气象灾害监测体系。

县级以上人民政府应当整合完善气象灾害监测信息网络，实现信息资源共享。

**第二十九条** 各级气象主管机构及其所属的气象台站应当完善灾害性天气的预报系统，提高灾害性天气预报、警报的准确率和时效性。

各级气象主管机构所属的气象台站、其他有关部门所属的气象台站和与灾害性天气监测、预报有关的单位应当根据气象灾害防御的需要，按照职责开展灾害性天气的监测工作，并及时向气象主管机构和有关灾害防御、救助部门提供雨情、水情、风情、旱情等监测信息。

各级气象主管机构应当根据气象灾害防御的需要组织开展跨地区、跨部门的气象灾害联合监测，并将人口密集区、农业主产区、地质灾害易发区域、重要江河流域、森林、草原、渔场作为气象灾害监测的重点区域。

第三十条　各级气象主管机构所属的气象台站应当按照职责向社会统一发布灾害性天气警报和气象灾害预警信号，并及时向有关灾害防御、救助部门通报；其他组织和个人不得向社会发布灾害性天气警报和气象灾害预警信号。

气象灾害预警信号的种类和级别，由国务院气象主管机构规定。

第三十一条　广播、电视、报纸、电信等媒体应当及时向社会播发或者刊登当地气象主管机构所属的气象台站提供的适时灾害性天气警报、气象灾害预警信号，并根据当地气象台站的要求及时增播、插播或者刊登。

第三十二条　县级以上地方人民政府应当建立和完善气象灾害预警信息发布系统，并根据气象灾害防御的需要，在交通枢纽、公共活动场所等人口密集区域和气象灾害易发区域建立灾害性天气警报、气象灾害预警信号接收和播发设施，并保证设施的正常运转。

乡（镇）人民政府、街道办事处应当确定人员，协助气象主管机构、民政部门开展气象灾害防御知识宣传、应急联络、信息传递、灾害报告和灾情调查等工作。

第三十三条　各级气象主管机构应当做好太阳风暴、地球空间暴等空间天气灾害的监测、预报和预警工作。

## 第四章　应急处置

第三十四条　各级气象主管机构所属的气象台站应当及时向本级人民政府和有关部门报告灾害性天气预报、警报情况和气象灾害预警信息。

县级以上地方人民政府、有关部门应当根据灾害性天气警报、气象灾害预警信号和气象灾害应急预案启动标准，及时作出启动相应应急预案的决定，向社会公布，并报告上一级人民政府；必要时，可以越级上报，并向当地驻军和可能受到危害的毗邻地区的人民政府通报。

发生跨省、自治区、直辖市大范围的气象灾害，并造成较大危害时，由国务院决定启动国家气象灾害应急预案。

第三十五条　县级以上地方人民政府应当根据灾害性天气影响范围、强度，将可能造成人员伤亡或者重大财产损失的区域临时确定为气象灾害危险区，并及时予以公告。

第三十六条　县级以上地方人民政府、有关部门应当根据气象灾害发生情况，依照《中华人民共和国突发事件应对法》的规定及时采取应急处置措施；情况紧急时，及时动员、组织受到灾害威胁的人员转移、疏散，开展自救互救。

对当地人民政府、有关部门采取的气象灾害应急处置措施，任何单位和个人应当配合实施，不得妨碍气象灾害救助活动。

第三十七条　气象灾害应急预案启动后，各级气象主管机构应当组织所属的气象台站加强对气象灾害的监测和评估，启用应急移动气象灾害监测设施，开展现场气象服务，及时向本级人民政府、有关部门报告灾害性天气实况、变化趋势和评估结果，为本级人民政府组织防御气象灾害提供决策依据。

**第三十八条** 县级以上人民政府有关部门应当按照各自职责，做好相应的应急工作。

民政部门应当设置避难场所和救济物资供应点，开展受灾群众救助工作，并按照规定职责核查灾情、发布灾情信息。

卫生主管部门应当组织医疗救治、卫生防疫等卫生应急工作。

交通运输、铁路等部门应当优先运送救灾物资、设备、药物、食品，及时抢修被毁的道路交通设施。

住房城乡建设部门应当保障供水、供气、供热等市政公用设施的安全运行。

电力、通信主管部门应当组织做好电力、通信应急保障工作。

国土资源部门应当组织开展地质灾害监测、预防工作。

农业主管部门应当组织开展农业抗灾救灾和农业生产技术指导工作。

水利主管部门应当统筹协调主要河流、水库的水量调度，组织开展防汛抗旱工作。

公安部门应当负责灾区的社会治安和道路交通秩序维护工作，协助组织灾区群众进行紧急转移。

**第三十九条** 气象、水利、国土资源、农业、林业、海洋等部门应当根据气象灾害发生的情况，加强对气象因素引发的衍生、次生灾害的联合监测，并根据相应的应急预案，做好各项应急处置工作。

**第四十条** 广播、电视、报纸、电信等媒体应当及时、准确地向社会传播气象灾害的发生、发展和应急处置情况。

**第四十一条** 县级以上人民政府及其有关部门应当根据气象主管机构提供的灾害性天气发生、发展趋势信息以及灾情发展情况，按照有关规定适时调整气象灾害级别或者作出解除气象灾害应急措施的决定。

**第四十二条** 气象灾害应急处置工作结束后，地方各级人民政府应当组织有关部门对气象灾害造成的损失进行调查，制定恢复重建计划，并向上一级人民政府报告。

## 第五章　法律责任

**第四十三条** 违反本条例规定，地方各级人民政府、各级气象主管机构和其他有关部门及其工作人员，有下列行为之一的，由其上级机关或者监察机关责令改正；情节严重的，对直接负责的主管人员和其他直接责任人员依法给予处分；构成犯罪的，依法追究刑事责任：

（一）未按照规定编制气象灾害防御规划或者气象灾害应急预案的；

（二）未按照规定采取气象灾害预防措施的；

（三）向不符合条件的单位颁发雷电防护装置设计、施工、检测资质证的；

（四）隐瞒、谎报或者由于玩忽职守导致重大漏报、错报灾害性天气警报、气象灾害预警信号的；

（五）未及时采取气象灾害应急措施的；

（六）不依法履行职责的其他行为。

**第四十四条** 违反本条例规定，有下列行为之一的，由县级以上地方人民政府或者有关部门责令改正；构成违反治安管理行为的，由公安机关依法给予处罚；构成犯罪的，依法追究刑事责任：

（一）未按照规定采取气象灾害预防措施的；

（二）不服从所在地人民政府及其有关部门发布的气象灾害应急处置决定、命令，或者不配合实施其依法采取的气象灾害应急措施的。

**第四十五条** 违反本条例规定，有下列行为之一的，由县级以上气象主管机构或者其他有关部门按照权限责令停止违法行为，处 5 万元以上 10 万元以下的罚款；有违法所得的，没收违法所得；给他人造成损失的，依法承担赔偿责任：

（一）无资质或者超越资质许可范围从事雷电防护装置设计、施工、检测的；

（二）在雷电防护装置设计、施工、检测中弄虚作假的。

**第四十六条** 违反本条例规定，有下列行为之一的，由县级以上气象主管机构责令改正，给予警告，可以处 5 万元以下的罚款；构成违反治安管理行为的，由公安机关依法给予处罚：

（一）擅自向社会发布灾害性天气警报、气象灾害预警信号的；

（二）广播、电视、报纸、电信等媒体未按照要求播发、刊登灾害性天气警报和气象灾害预警信号的；

（三）传播虚假的或者通过非法渠道获取的灾害性天气信息和气象灾害灾情的。

## 第六章　附　则

**第四十七条** 中国人民解放军的气象灾害防御活动，按照中央军事委员会的规定执行。

**第四十八条** 本条例自 2010 年 4 月 1 日起施行。

# 3. 国务院关于加强和改进消防工作的意见

国发 [2011]46 号

各省、自治区、直辖市人民政府，国务院各部委、各直属机构：

"十一五"以来，各地区、各有关部门认真贯彻国家有关加强消防工作的部署和要求，坚持预防为主、防消结合，全面落实各项消防安全措施，抗御火灾的整体能力不断提升，火灾形势总体平稳，为服务经济社会发展、保障人民生命财产安全作出了重要贡献。但是，随着我国经济社会的快速发展，致灾因素明显增多，火灾发生几率和防控难度相应增大，一些地区、部门和单位消防安全责任不落实、工作不到位，公共消防安全基础建设同经济社会发展不相适应，消防安全保障能力同人民群众的安全需求不相适应，公众消防安全意识同现代社会管理要求不相适应，消防工作形势依然严峻，总体上仍处于火灾易发、多发期。为进一步加强和改进消防工作，现提出以下意见：

**一、指导思想、基本原则和主要目标**

（一）指导思想。以邓小平理论和"三个代表"重要思想为指导，深入贯彻落实科学发展观，认真贯彻《中华人民共和国消防法》等法律法规，坚持政府统一领导、部门依法监管、单位全面负责、公民积极参与，加强和创新消防安全管理，落实责任，强化预防，整治隐患，夯实基础，进一步提升火灾防控和灭火应急救援能力，不断提高公共消防安全水平，有效预防火灾和减少火灾危害，为经济社会发展、人民安居乐业创造良好的消防安全环境。

（二）基本原则。坚持政府主导，不断完善社会化消防工作格局；坚持改革创新，努力完善消防安全管理体制机制；坚持综合治理，着力夯实城乡消防安全基础；坚持科技支撑，大力提升防火和灭火应急救援能力；坚持以人为本，切实保障人民群众生命财产安全。

（三）主要目标。到 2015 年，消防工作与经济社会发展基本适应，消防法律法规进一步健全，社会化消防工作格局基本形成，公共消防设施和消防装备建设基本达标，覆盖城乡的灭火应急救援力量体系逐步完善，公民消防安全素质普遍增强，全社会抗御火灾能力明显提升，重特大尤其是群死群伤火灾事故得到有效遏制。

**二、切实强化火灾预防**

（四）加强消防安全源头管控。制定城乡规划要充分考虑消防安全需要，留足消防安全间距，确保消防车通道等符合标准。建立建设工程消防设计、施工质量和消防审核验收终身负责制，建设、设计、施工、监理单位及执业人员和公安消防部门要严格遵守消防法律法规，严禁擅自降低消防安全标准。行政审批部门对涉及消防安全的事项要严格依法审批，凡不符合法定审批条件的，规划、建设、房地产管理部门不得核发建设工程相关许可证照，安全监管部门不得核发相关安全生产许可证照，教育、民政、人力资源社会保障、卫生、文化、文物、人防等部门不得批准开办学校、幼儿园、托儿所、社会福利机构、人力资源市场、医院、博物馆和公共娱乐场所等。对不符合消防安全条件的宾馆、景区，在限期改正、消除隐患之前，旅游部门不得评定为星级宾馆、A级景区。对生产、经营假冒伪劣消防产品的，质检部门要依法取消其相关产品市场准入资格，工商部门要依照消防法和产品质量法吊销其营业执照；对使用不合格消防产品的，公安消防部门要依法查处。

（五）强化火灾隐患排查整治。要建立常态化火灾隐患排查整治机制，组织开展人员密集场所、易燃易爆单位、城乡结合部、城市老街区、集生产储存居住为一体的"三合一"场所、"城中村"、"棚户区"、出租屋、连片村寨等薄弱环节的消防安全治理，对存在影响公共消防安全的区域性火灾隐患的，当地政府要制定并组织实施整治工作规划，及时督促消除火灾隐患；对存在严重威胁公共消防安全隐患的单位和场所，要督促采取改造、搬迁、停产、停用等措施加以整改。要严格落实重大火灾隐患立案销案、专家论证、挂牌督办和公告制度，当地人民政府接到报请挂牌督办、停产停业整改报告后，要在7日内作出决定，并督促整改。要建立完善火灾隐患举报、投诉制度，及时查处受理的火灾隐患。

（六）严格火灾高危单位消防安全管理。对容易造成群死群伤火灾的人员密集场所、易燃易爆单位和高层、地下公共建筑等高危单位，要实施更加严格的消防安全监管，督促其按要求配备急救和防护用品，落实人防、物防、技防措施，提高自防自救能力。要建立火灾高危单位消防安全评估制度，由具有资质的机构定期开展评估，评估结果向社会公开，作为单位信用评级的重要参考依据。火灾高危单位应当参加火灾公众责任保险。省级人民政府要制定火灾高危单位消防安全管理规定，明确界定范围、消防安全标准和监管措施。

（七）严格建筑工地、建筑材料消防安全管理。要依法加强对建设工程施工现场的消防安全检查，督促施工单位落实用火用电等消防安全措施，公共建筑在营业、使用期间不得进行外保温材料施工作业，居住建筑进行节能改造作业期间应撤离居住人员，并设消防安全巡逻人员，严格分离用火用焊作业与保温施工作业，严禁在施工建筑内安排人员住宿。新建、改建、扩建工程的外保温材料一律不得使用易燃材料，严格限制使用可燃材料。住房城乡建设部要会同有关部门，抓紧修订相关标准规范，加快研发和推广具有良好防火性能的新型建筑保温材料，采取严格的管理措施和有效的技术措施，提高建筑外保温材料系统的防火性能，减少火灾隐患。建筑室内装饰装修材料必须符合国家、行业标准和消防安全要求。相关部门要尽快研究提高建筑材料性能，建立淘汰机制，将部分易燃、有毒及职业危害严重的建筑材料纳入淘汰范围。

（八）加强消防宣传教育培训。要认真落实《全民消防安全宣传教育纲要（2011—2015）》，多形式、多渠道开展以"全民消防、生命至上"为主题的消防宣传教育，不断深化消防宣传进学校、进社区、进企业、进农村、进家庭工作，大力普及消防安全知识。注意加强对老人、妇女和儿童的消防安全教育。要重视发挥继续教育作用，将消防法律法规和消防知识纳入党政领导干部及公务员培训、职业培训、科普和普法教育、义务教育内容。报刊、广播、电视、网络等新闻媒体要积极开展消防安全宣传，安排专门时段、版块刊播消防公益广告。中小学要在相关课程中落实好消防教育，每年开展不少于1次的全员应急疏散演练。居（村）委会和物业服务企业每年至少组织居民开展1次灭火应急疏散演练。充分依托公安消防专业院校加强人才培养。国家鼓励高等学校开设与消防工程、消防管理相关的专业和课程，支持社会力量开展消防培训，积极培养社会消防专业人才。要加强对单位消防安全责任人、消防安全管理人、消防控制室操作人员和消防设计、施工、监理人员及保安、电(气)焊工、消防技术服务机构从业人员的消防安全培训。

**三、着力夯实消防工作基础**

(九)完善消防法律法规体系。要及时制定消防法实施条例,完善消防产品质量监督和市场准入制度、社会消防技术服务、建设工程消防监督审核和消防监督检查等方面的消防法规和技术标准规范。有立法权的地方要针对本地消防安全突出问题,及时制定、完善地方性法规、地方政府规章和技术标准。直辖市、省会市、副省级市和其他大城市要从建设工程防火设计、公共消防设施建设、隐患排查整治、灭火救援等方面制定并执行更加严格的消防安全标准。

(十)强化消防科学技术支撑。要继续将消防科学技术研究纳入科技发展规划和科研计划,积极推动消防科学技术创新,不断提高利用科学技术抗御火灾的水平。要研究落实相关政策措施,鼓励和支持先进技术装备的研发和推广应用。要加强火灾科学与消防工程、灾害防控基础理论研究,加快消防科研成果转化应用。要加强高层、地下建筑和轨道交通等防火、灭火救援技术与装备的研发,鼓励自主创新和引进消化吸收国际先进技术,推广应用消防新产品、新技术、新材料,加快推进消防救援装备向通用化、系列化、标准化方向发展。要加强消防信息化建设和应用,不断提高消防工作信息化水平。

(十一)加强公共消防设施建设。要科学编制和严格落实城乡消防规划,对没有消防规划内容的城乡规划不得批准实施。要合理布设生产、储存易燃易爆危险品的单位和场所,确保城乡消防安全布局符合要求,消防站、消防供水、消防通信、消防车通道等公共消防设施建设要与城乡基础设施建设同步发展,确保符合国家标准。负责公共消防设施维护管理的部门和单位要加强公共消防设施维护保养,保证其能够正常使用。商业步行街、集贸市场等公共场所和住宅区要保证消防车通道畅通。任何单位和个人不得埋压、圈占、损坏公共消防设施,不得挪用、挤占公共消防设施建设用地。

(十二)大力发展多种形式消防队伍。要逐步加强现役消防力量建设,加强消防业务技术骨干力量建设。要按照国家有关规定,大力发展政府专职消防队、企业事业单位专职消防队和志愿消防队。多种形式消防队伍要配备必要的装备器材,开展相应的业务训练,不断提升战斗力。继续探索发展和规范消防执法辅助队伍。要确保非现役消防员工资待遇与当地经济社会发展和所从事的高危险职业相适应,将非现役消防员按规定纳入当地社会保险体系;对因公伤亡的非现役消防员,要按照国家有关规定落实各项工伤保险待遇,参照有关规定评功、评烈。省级人民政府要制定专职消防队伍管理办法,明确建队范围、建设标准、用工性质、车辆管理、经费保障和优惠政策。

(十三)规范消防技术服务机构及从业人员管理。要制定消防技术服务机构管理规定,严格消防技术服务机构资质、资格审批,规范发展消防设施检测、维护保养和消防安全评估、咨询、监测等消防技术服务机构,督促消防技术服务机构规范服务行为,不断提升服务质量和水平。消防技术服务机构及从业人员违法违规、弄虚作假的要依法依规追究责任,并降低或取消相关资质、资格。要加强消防行业特有工种职业技能鉴定工作,完善消防从业人员职业资格制度,探索建立行政许可类消防专业人员职业资格制度,推进社会消防从业人员职业化建设。

(十四)提升灭火应急救援能力。县级以上地方人民政府要依托公安消防队伍及其他优势专业应急救援队伍加强综合性应急救援队伍建设，建立健全灭火应急救援指挥平台和社会联动机制，完善灭火应急救援预案，强化灭火应急救援演练，提高应急处置水平。公安消防部门要加强对高层建筑、石油化工等特殊火灾扑救和地震等灾害应急救援的技战术研究和应用，强化各级指战员专业训练，加强执勤备战，不断提高快速反应、攻坚作战能力。要加强消防训练基地和消防特勤力量建设，优化消防装备结构，配齐灭火应急救援常规装备和特种装备，探索使用直升机进行应急救援。要加强灭火应急救援装备和物资储备，建立平战结合、遂行保障的战勤保障体系。

**四、全面落实消防安全责任**

（十五）全面落实消防安全主体责任。机关、团体、企业事业单位法定代表人是本单位消防安全第一责任人。各单位要依法履行职责，保障必要的消防投入，切实提高检查消除火灾隐患、组织扑救初起火灾、组织人员疏散逃生和消防宣传教育培训的能力。要建立消防安全自我评估机制，消防安全重点单位每季度、其他单位每半年自行或委托有资质的机构对本单位进行一次消防安全检查评估，做到安全自查、隐患自除、责任自负。要建立建筑消防设施日常维护保养制度，每年至少进行一次全面检测，确保消防设施完好有效。要严格落实消防控制室管理和应急程序规定，消防控制室操作人员必须持证上岗。

（十六）依法履行管理和监督职责。坚持谁主管、谁负责，各部门、各单位在各自职责范围内依法做好消防工作。建设、商务、文化、教育、卫生、民政、文物等部门要切实加强建筑工地、宾馆、饭店、商场、市场、学校、医院、公共娱乐场所、社会福利机构、烈士纪念设施、旅游景区（点）、博物馆、文物保护单位等消防安全管理，建立健全消防安全制度，严格落实各项消防安全措施。安全监管、工商、质检、交通运输、铁路、公安等部门要加强危险化学品和烟花爆竹、压力容器的安全监管，依法严厉打击违法违规生产、运输、经营、燃放烟花爆竹的行为。环境保护等部门要加强核电厂消防安全检查，落实火灾防控措施。

公安机关及其消防部门要严格履行职责，每半年对消防安全形势进行分析研判和综合评估，及时报告当地政府，采取针对性措施解决突出问题。要加大执法力度，依法查处消防违法行为，对严重危及公众生命安全的要依法从严查处；公安派出所和社区（农村）警务室要加强日常消防监督检查，开展消防安全宣传，及时督促整改火灾隐患。

（十七）切实加强组织领导。地方各级人民政府全面负责本地区消防工作，政府主要负责人为第一责任人，分管负责人为主要责任人，其他负责人要认真落实消防安全"一岗双责"制度。要将消防工作纳入经济社会发展总体规划，纳入政府目标责任、社会管理综合治理内容，严格督查考评。要加大消防投入，保障消防事业发展所需经费。中央和省级财政对贫困地区消防事业发展给予一定的支持。市、县两级人民政府要组织制定并实施城乡消防规划，切实加强公共消防设施、消防力量、消防装备建设，整治消除火灾隐患。乡镇人民政府和街道办事处要建立消防安全组织，明确专人负责消防工作，推行消防安全网格化管理，加强消防安全基础建设，全面提升农村和社区消防工作水平。地方各级人民政府要建立健全消防工作协调机制，定期研究解决重大消防安全问题，扎实推进社会消防安全"防火墙"工程，认真组织开展火灾事故调查和统计工作。对热心消防公益事业、主动报告火警和扑救火灾的单位和个人，要给予奖励。各省、自治区、直辖市人民政府每年要将本地区消防工作情况向国务院作出专题报告。

（十八）严格考核和责任追究。要建立健全消防工作考核评价体系,对各地区、各部门、各单位年度消防工作完成情况进行严格考核,并建立责任追究机制。地方各级人民政府和有关部门不依法履行职责,在涉及消防安全行政审批、公共消防设施建设、重大火灾隐患整改、消防力量发展等方面工作不力、失职渎职的,要依法依纪追究有关人员的责任,涉嫌犯罪的,移送司法机关处理。公安机关及其消防部门工作人员滥用职权、玩忽职守、徇私舞弊、以权谋私的,要依法依纪严肃处理。各单位因消防安全责任不落实、火灾防控措施不到位,发生人员伤亡火灾事故的,要依法依纪追究有关人员的责任;发生重大火灾事故的,要依法依纪追究单位负责人、实际控制人、上级单位主要负责人和当地政府及有关部门负责人的责任;发生特别重大火灾事故的,要根据情节轻重,追究地市级分管领导或主要领导的责任;后果特别严重、影响特别恶劣的,要按照规定追究省部级相关领导的责任。

国务院

2011 年 12 月 30 日

# 4. 民政部关于加强自然灾害救助评估
# 工作的指导意见

各省、自治区、直辖市民政厅（局），新疆生产建设兵团民政局：

我国是世界上自然灾害最为严重的国家之一，自然灾害给人民群众的生产生活造成重大影响，自然灾害救助工作直接关系到受灾群众的切身利益。为提高自然灾害救助决策的科学性，提升自然灾害救助工作的总体水平，切实保障受灾群众的基本生活，现就加强自然灾害救助评估制度建设，大力推进自然灾害救助评估工作，提出以下意见：

**一、总体目标**

立足于自然灾害救助工作需求，积极推进自然灾害救助评估工作的机制建设，不断规范自然灾害救助评估项目，完善自然灾害评估工作程序，健全自然灾害救助评估指标体系，探索自然灾害救助评估工作方式方法，加强自然灾害救助评估工作队伍建设，逐步形成机制健全、程序严谨、指标系统、方法科学、责任明确的自然灾害救助评估制度，为自然灾害救助提供决策依据，更好地服务于受灾群众。

**二、评估原则**

客观全面。评估工作应客观、全面地反映自然灾害造成的损失、受灾群众基本生活需求和救助工作情况，确保评估结果的真实性和可靠性。

及时高效。根据不同评估事项的特点和时间要求，及时组织开展评估工作，及时报告评估结果，确保评估工作的时效性。

公开透明。评估工作的程序、标准、方法、过程及结果，凡是可公开的，应适时向社会公开，确保评估工作的透明度。

**三、评估事项**

自然灾害救助评估主要包括救助准备评估、应急救助评估、灾后救助评估和年度综合评估。

（一）救助准备评估。

1.灾害风险评估：对本行政区域可能发生的自然灾害及其可能影响范围和损失进行评估。

2.救助需求评估：对本行政区域本年度保障受灾群众基本生活的资金、物资等方面的可能需求进行评估。

3.救助能力评估：对本行政区域救助工作管理体制、运行机制、政策法规、资金物资、技术装备、人员配备等方面的准备情况进行评估。

（二）应急救助评估。

1.灾害损失评估：对自然灾害造成的实际损失及损失发展趋势进行评估。

2.应急救助需求评估：对应急期需紧急转移安置或需紧急生活救助人员情况，以及保障受灾群众基本生活的资金、物资等方面的实际需求进行评估。

3. 应急救助绩效评估：对应急期救助工作的政策、措施及实际效果进行评估。

（三）灾后救助评估。

1. 倒损农房重建救助需求评估：对因灾倒塌、损坏农户住房情况，以及重建和维修救助资金等方面的实际需求进行评估。

2. 过渡期救助需求评估：对因灾需过渡期救助人员情况，以及保障受灾群众过渡期基本生活的资金、物资等方面的实际需求进行评估。

3. 冬春救助需求评估：对因灾需当年冬季和次年春季救助人员情况，以及保障受灾群众基本生活的资金、物资等方面的实际需求进行评估。

4. 灾后救助绩效评估：对因灾倒塌、损坏农户住房恢复重建救助、过渡期救助、冬春救助工作的政策、措施及实际效果进行评估。

（四）年度综合评估。

1. 年度灾害损失评估：对本行政区域当年灾害损失总体情况及单灾种的损失情况进行评估。

2. 年度救助工作绩效评估：对本年度救助工作的政策、措施及实际效果进行全面评估。

**四、评估流程**

自然灾害救助评估基本流程主要包括以下几个环节：

（一）成立评估工作组。一般情况下，组长由本级民政部门领导担任，成员视情邀请相关部门参加。

（二）确定评估事项。根据灾害过程和救助工作的不同阶段，确定评估事项。

（三）确定评估方法。根据评估事项和评估时限选择评估方法，注重定性评估与定量评估相结合、室内评估与现场评估相结合。

（四）制定评估工作方案。根据评估事项特点制定评估工作方案，一般应包括评估工作的时间进度安排、人员分工、准备工作要求等。

（五）细化评估标准。根据评估事项的核心指标，结合当地实际情况，细化各项评估标准。

（六）收集分析评估信息。信息的收集整理要及时、全面、准确，要重点分析评估灾害风险、灾害损失和救助需求，以及救助工作的情况。

（七）撰写评估报告。根据评估事项确定评估报告的结构和形式，评估报告的内容应当有事实、有分析、有结论、有建议等。

（八）审核和上报评估报告。评估报告完成后，经审核后及时上报。

**五、评估指标**

为避免各地在评估时没有统一指标或指标过细、不易操作等情况，每个评估事项只设定核心指标，各地可结合实际情况进行细化，构建具体量化的评估指标。

（一）救助准备评估指标。主要包括年度自然灾害发生趋势及预判本年度保障受灾群众基本生活的可能需求；救灾资金预算安排；救灾物资储备与救灾装备配备；灾情管理制度和机制建设；物资应急调运机制建设；应急救助预案、工作规程制修订及救灾演练；救灾人员培训计划编制与落实；灾害信息员队伍和应急避难所建设等情况。

（二）应急救助评估指标。

1. 灾害损失评估。主要包括受灾区域和人员、房屋和农作物受灾等情况。

2. 应急救助需求评估。主要包括需紧急转移安置、需紧急生活救助人员数量，需救灾资金数量，需临时住所、衣被、食品、饮用水等生活类救灾物资数量。

3. 应急救助绩效评估。主要包括是否能在《自然灾害情况统计制度》（民发〔2011〕168 号）规定的时间内了解和报告本行政区域发生的灾情及趋势；是否能及时了解、掌握保障受灾群众基本生活所需资金和物资的数量；是否能按本地自然灾害救助应急预案规定启动救助应急响应机制；是否能确保应急期受灾群众有饭吃、有衣穿、有水喝、有住处、有病能治。

（三）灾后救助评估指标。

1. 倒损农房重建救助需求评估。主要包括倒损农房间数、户数及需重建或维修农房间数、户数；需救助对象的构成及自救能力；需重建或维修救助资金数量；本级安排恢复重建资金数量、需上级帮助解决恢复重建资金数量。

2. 过渡期救助需求评估。主要包括需过渡期救助人员数量；需救助对象的构成及自救能力；需救助时段；需救助资金、物资数量；本级安排救助资金和物资数量；需上级帮助解决救助资金和物资数量。

3. 冬春救助需求评估。主要包括冬春因灾生活困难需口粮、衣被、取暖和伤病等救助人员数量；需救助对象的构成及自救能力；需救助时段；需救助资金、物资数量；本级安排救助资金和物资数量；需上级帮助解决资金和物资数量。

4. 灾后救助绩效评估。主要包括是否能在规定时间内了解、掌握因灾倒损农房需恢复重建的间数、户数及救助资金；是否能在规定时间内了解、掌握过渡期救助所需资金和物资数量；是否能在规定时间内了解、掌握本行政区域因灾冬春期间生活困难需救助人数、户数和资金总量，需救助人数和户数的构成及需救助时段情况；是否制定并实施了救助工作方案；是否制定并出台了相关政策和措施；是否能在规定时间内拨付救助资金和物资；是否能在规定时间内向受灾群众发放救助资金和物资；是否能公开、公平、公正发放救助资金和物资，救助资金和物资的使用是否符合法律和政策规定。

（四）年度综合评估指标。主要包括本行政区域全年灾情会商核定情况；全年救灾工作组织协调、救灾应急准备、应急救助、灾后救助、救灾捐赠、减灾等工作开展情况；信息发布与宣传情况；减灾救灾政策制度制定和落实情况。

**六、评估时限**

（一）救助准备评估时限。

县级民政部门应在每年 4 月 10 日前完成救助准备评估工作，地（市）级民政部门应在每年 4 月 20 日前完成救助准备评估工作，省级民政部门应在每年 4 月 30 日前完成救助准备评估工作，民政部应在每年 5 月 20 日前完成救助准备评估工作。

（二）应急救助评估时限。

1. 灾害损失评估。灾害发生地地（市）级、县级民政部门应及时评估自然灾害造成的损失。省级民政部门对于一次灾害过程达到重大以上等级的，应及时开展灾害损失评估。省级、地（市）级、县级民政部门应在灾害过程结束后 15 个工作日内完成灾害损失的核定评估工作。民政部组织的特大灾害损失评估应在接到省级民政部门灾害损失评估报告后 15 个工作日内完成。

2. 应急救助需求评估。灾害发生地地（市）级、县级民政部门应及时评估保障受灾群众基本生活的需求。省级民政部门对于一次灾害过程达到重大以上等级的，应及时开展应急救助需求评估。

3. 应急救助绩效评估。灾害发生地省级、地（市）级、县级民政部门启动本级救灾应急响应后，应在应急救助基本结束后 15 个工作日内完成应急救助绩效评估。

（三）灾后救助评估时限。

1. 倒损农房重建救助需求评估。灾害发生地地（市）级、县级民政部门应在灾害过程结束后 15 个工作日内完成因灾倒损农房重建救助需求评估工作。省级民政部门对于一次灾害过程房屋倒损数量达到重大以上等级的，应在灾害过程结束后 15 个工作日内完成倒损农房重建救助需求评估。

2. 过渡期救助需求评估。灾害发生地地（市）级、县级民政部门应在应急救助后期组织开展过渡期救助需求评估，10 个工作日内完成。省级民政部门对于一次灾害过程达到重大以上等级的，应在应急救助后期开展过渡期救助需求评估，10 个工作日内完成。

3. 冬春救助需求评估。灾害发生地县级民政部门应在每年 10 月 15 日前完成冬春救助需求评估，地（市）级民政部门应在 10 月 20 日前完成冬春救助需求的核定评估工作，省级民政部门应在 10 月 25 日前完成冬春救助需求的核定评估工作，民政部应在 11 月 30 日前完成全国冬春救助需求的核定评估工作。在评估结束后发生新灾，冬春救助需求增加的，立即逐级上报。

4. 灾后救助绩效评估。灾害发生地地（市）级、县级民政部门在过渡期救助、农房恢复重建救助结束后，对于一次灾害过程达到重大以上等级的，应在 15 个工作日内完成灾后救助绩效评估。省级民政部门对于一次灾害过程达到特大等级的，应在过渡期救助、农房恢复重建救助结束后 15 个工作日内完成灾后救助绩效评估。灾害发生地县级民政部门应在次年的 6 月 5 日前完成冬春救助绩效评估工作，地（市）级民政部门应在 6 月 10 日前完成冬春救助绩效评估工作，省级民政部门应在 6 月 15 日前完成冬春救助绩效评估工作，民政部应在 6 月 30 日前完成全国冬春救助绩效评估工作。

（四）年度综合评估时限。

灾害发生地县级民政部门应在每年 1 月 20 日前完成上一年度综合评估工作，地（市）级民政部门应在 1 月 31 日前完成上一年度综合评估工作，省级民政部门应在 2 月 15 日前完成上一年度综合评估工作，民政部应在 2 月 28 日前完成上一年度综合评估工作。

**七、工作要求**

（一）强化评估理念。开展自然灾害救助评估是自然灾害救助工作走向规范化、科学化的必然要求，各地民政部门要强化自然灾害救助评估的理念，建立健全自然灾害救助评估制度，大力推进自然灾害救助评估工作，全面提高自然灾害救助工作的整体水平，更好地服务于广大受灾群众。

（二）加强组织领导。自然灾害救助评估工作面临的困难多，各地民政部门要将自然灾害救助评估工作作为救灾工作的重要环节和基础，纳入重要工作日程，加强组织领导和督促检查，加大资金投入和人才培养力度，切实解决评估工作面临的困难和问题，为开展自然灾害救助评估工作创造良好的条件。

（三）健全评估机制。自然灾害救助评估工作涉及范围广、协调事项多，各地民政部门要加强内部与外部两方面的组织协调工作，加强自然灾害救助评估工作机制建设，从本地实际出发，细化自然灾害救助评估工作规程，明确互动联动的工作方式，注重培养专家队伍及第三方力量，并在实践中不断完善和优化，逐步形成运转高效的自然灾害救助评估机制。

（四）实施分类指导。由于不同地区、不同层级评估工作的基础不同，在推进评估工作时，省（区、市）民政厅（局）要针对各地（市、州、盟）、县（市、区）评估工作的基础，采取区别对待、分类指导的方法，推进评估工作。当前要重点推进灾害损失和需求评估。

（五）注重成果运用。评估的目的是提供救助决策依据，总结自然灾害救助工作的经验，发现自然灾害救助工作的薄弱环节。各地民政部门要重视评估结果的运用，将它作为完善自然灾害救助体系、提高自然灾害救助水平的重要措施和制度性保障。

（六）加强数据库建设。自然灾害救助评估工作离不开灾情和救助工作数据及相关基础数据。各地民政部门要注意收集整理本行政区域内的历史灾害损失数据、救助工作数据、基础地理信息数据、社会经济背景数据等，逐步建立本地自然灾害救助评估基础数据库，为自然灾害救助评估提供翔实的数据。

来源：民政部门户网站　2013/02/17

民政部

2012 年 8 月 28 日

# 5. 北京市实施《中华人民共和国防震减灾法》规定

(2013年7月26日北京市第十四届人民代表大会常务委员会第五次会议通过)

**第一条** 为了防御和减轻地震灾害，保护人民生命财产安全，根据《中华人民共和国防震减灾法》及相关法律法规，结合本市实际情况，制定本规定。

**第二条** 在本市行政区域内进行防震减灾活动，应当遵守相关法律、行政法规及本规定。

**第三条** 市和区、县人民政府应当加强对防震减灾工作的领导，根据中国地震烈度区划图或者地震动参数区划图、本市地震小区划图、地震安全性评价结果确定的抗震设防要求、国家及本市有关建设工程的强制性标准和本市防震减灾规划，做好抗震设防工作。

区、县人民政府应当建立健全防震减灾工作机构。乡镇人民政府、街道办事处应当明确专人负责防震减灾工作。

地震工作主管部门和规划、发展改革、住房城乡建设、农村工作等相关行政部门，按照职责分工做好防震减灾工作。

**第四条** 市地震工作主管部门应当会同有关部门编制本市防震减灾规划，报市人民政府批准。防震减灾规划应当与国民经济和社会发展规划、城乡规划和土地利用总体规划相衔接。市地震工作主管部门应当根据本市防震减灾规划制定本市年度防震减灾工作计划。

区、县人民政府应当根据本市防震减灾规划及年度防震减灾工作计划制定区县防震减灾年度工作计划，并组织实施。

市和区、县人民政府应当将防震减灾工作经费列入财政预算，保障防震减灾规划和工作计划的实施。

**第五条** 市和区、县人民政府应当加强防震减灾知识的宣传和教育工作，增强公民防灾减灾的意识和能力。

**第六条** 地震监测台网实行统一规划，分级、分类管理。

市和区县地震监测台网建设、运行和维护的经费，列入财政预算。

**第七条** 市和区县地震工作主管部门应当加强对强震动监测设施建设的监督管理，并对监测设施建设给予技术指导。

新建、扩建、改建下列建设工程，应当建设强震动监测设施，并符合同步建设的基础设施、公共服务设施规划管理的规定，建设费用由建设单位承担：

（一）特大桥梁、大中型水库大坝；

（二）供水、供电、供气、供热主干线及大型交通、通信枢纽等城市基础设施主体工程；

（三）120米以上的高层建筑；

（四）法律、法规和市人民政府确定的其他重大建设工程。

前款所列设施或者建筑物的所有权人负责强震动监测设施的管理和运行维护，并保证监测数据的正常传输。强震动监测设施的运行维护费用由财政部门给予适当补贴。

市和区县地震工作主管部门负责本市强震动监测数据的归集和使用管理。

**第八条** 市地震工作主管部门应当会同农业、林业、水务、气象、国土等部门建立地震宏观异常现象会商机制,对相关情报、信息进行共享、会商处理。

地震预报意见由市人民政府按照国务院规定的程序发布。

**第九条** 本市根据防震减灾规划和计划,开展地震活动断层探测和地震小区划工作。相关管理工作由地震工作主管部门负责。

**第十条** 新建、扩建、改建建设工程应当按照国家和本市规定的抗震设防要求进行建设。建设工程抗震设防要求应当纳入控制性详细规划编制内容,相关单位在进行建设工程立项审批、规划许可、工程设计、工程施工、竣工验收时应当审查建设工程是否符合抗震设防要求。

**第十一条** 下列建设工程,建设单位应当按照国家和本市规定进行地震安全性评价,并按照经审定的地震安全性评价报告确定的抗震设防要求进行抗震设防:

(一)对社会有重大价值或者重大影响的大型交通、电站、通信枢纽、广播电视设施、学校、医院、供水、供电、供气、供热设施等建设工程;

(二)受地震破坏后可能引发严重次生灾害的水库大坝、堤防、贮油、贮气设施,输油、输气设施,贮存易燃易爆、剧毒和强腐蚀性物质的设施,核供热、核能研究、核能利用放射性物质贮存设施等建设工程。

需要进行地震安全性评价的建设工程的具体范围由市地震工作主管部门会同市规划、发展改革、住房城乡建设等部门确定。

建设单位应当在竣工验收后将建设工程抗震设防情况向建设工程所在地的区县地震工作主管部门备案。

**第十二条** 按照国家和本市规定,已经建成的建设工程有下列情形之一的,所有权人应当委托相关单位进行抗震鉴定,相关行政主管部门根据防震减灾的需求也可以委托进行抗震鉴定:

(一)达到设计使用年限需要继续使用的;

(二)进行结构改造或者改变使用用途可能影响抗震性能的;

(三)未采取抗震设防措施或者达不到现行抗震设防要求的。

鉴定单位应当向所有权人出具抗震鉴定报告,抗震鉴定报告应当包括鉴定结论、加固价值评估及抗震设防建议。抗震鉴定报告应当报送区县住房城乡建设、地震部门备案。

**第十三条** 房屋建筑所有权人应当根据抗震鉴定报告,对不符合抗震设防标准且具有加固价值的房屋建筑采取抗震加固措施。

抗震加固改造方案应当经房屋建筑所有权人共同决定。抗震加固改造方案应当明确具体实施抗震加固改造项目管理人,项目管理人承担建设单位的相关职责,依法组织竣工验收。

**第十四条** 按照国家和本市规定,区、县人民政府可以组织房屋建筑所有权人进行抗震加固。

区、县人民政府应当根据抗震鉴定情况,编制抗震加固改造计划,并逐年推进。

住房城乡建设、规划、地震等行政主管部门以及教育、卫生、文物等行业主管部门应当对抗震加固项目进行监督管理。

任何单位和个人不得阻挠、妨碍抗震加固的实施。

**第十五条** 按照国家和本市规定，经抗震鉴定、安全鉴定为危险房屋，需要停止使用的，房屋建筑所有权人及使用人应当根据鉴定报告的处理建议停止使用并搬出危险部位。

使用人拒不按照规定搬出的，住房城乡建设主管部门应当书面责令使用人搬出，情况紧急危及公共安全的，为预防突发事件的发生，区、县人民政府可以依法责成有关部门组织搬出，并妥善安置。

**第十六条** 市和区、县人民政府应当扶持、引导农民建设抗震农民住宅，并逐步将农民住宅建设纳入规范化管理。

编制乡镇规划和村庄规划时应当落实防震减灾规划的相关要求，充分考虑防震减灾工作。

住房城乡建设、规划、质量技术监督、地震等部门应当制定抗震农民住宅建设技术标准，编制抗震农民住宅设计图集和施工技术指南，并免费提供。

**第十七条** 本市鼓励、引导农民进行住宅抗震加固。

区、县人民政府统筹安排本区县农民住宅抗震加固改造工作；乡镇人民政府负责具体组织实施工作，并指导村民委员会引导农民进行住宅抗震加固。

住房城乡建设、规划、农村工作等行政主管部门对农民住宅抗震加固改造工作提供技术指导，并对工程质量进行监督管理。

**第十八条** 市规划主管部门应当会同市地震、应急管理等部门，组织编制本市地震应急避难场所规划。地震应急避难场所规划经市人民政府批准后纳入本市各级城乡规划。区、县人民政府应当组织地震应急避难场所和配套设施设备建设，拓展绿地、公园、操场、广场、体育场馆等公共场所地震应急避难功能，并做好周边疏散通道的日常维护。

地震工作主管部门应当按照规定和标准，认定地震应急避难场所，并将地震应急避难场所的位置向社会公布。地震工作主管部门应当加强对地震应急避难场所运行维护情况的监督检查，每2年组织一次对地震应急避难场所的核定。

地震应急避难场所的所有权人负责地震应急避难场所的维护和管理，并按照规范设置地震应急避难场所标志。财政部门给予适当补贴。

**第十九条** 市和区、县人民政府应当完善地震应急决策、指挥、预警、处置、响应、善后等各项工作机制。

**第二十条** 市地震工作主管部门应当按照国家和本市规定，会同有关部门进行地震风险评估。

供排水、供电、供气、供热、交通、通信等城市基础设施和本市各专项应急指挥部办公室应当将与地震灾害有关的基础数据提供给地震工作部门。地震工作主管部门应当根据地震发生发展机理，活动断层和地震小区划情况，编制风险源和风险区划图，并向前述部门或者单位提出地震应急风险防范任务要求。

地震工作主管部门应当将风险源、风险区划图和地震应急风险防范任务要求报送市和区、县人民政府及应急管理部门。

**第二十一条** 本市建立健全与国家有关部门，驻京中国人民解放军、中国人民武装警察部队，周边省、自治区、直辖市的地震应急联动机制，加强统一指挥，统筹应急资源，保障地震应急信息沟通，资源共享。

**第二十二条** 本市各级人民政府及其工作部门应当制定本行政区域或者本部门的地震

应急预案。企事业单位、社会团体、居民委员会和村民委员会应当制定本单位的地震应急预案。地震应急预案应当包括地震应急避险线路图和人员疏散应急方案。

**第二十三条** 本市鼓励志愿者组织、机关、社会团体、企事业单位建立地震应急志愿者队伍，承担地震应急科普宣传、信息报告工作，接受地震应急先期处置、善后的知识培训和演练。市和区县地震工作主管部门应当对志愿者队伍予以指导。

**第二十四条** 政府工作部门、企事业单位、社会团体应当根据应急预案，组织开展地震应急演练。街道办事处、乡镇人民政府应当积极指导居民委员会、村民委员会组织本地区居民、村民开展地震应急演练。

市和区、县人民政府应当根据实际需要，在本级财政预算和物资储备中安排地震应急和救灾资金、物资。有关行政主管部门应当加强对地震应急和救护物资生产、销售的监督管理，积极引导市民储备必要的应急和救护物资，提高市民在地震灾害中自救、互救的能力。

**第二十五条** 防震减灾知识应当纳入中小学校教学计划，学校应当开展专题教育，每年至少组织一次应急疏散演练，培养学生的安全避险意识和自救互救能力。教育行政主管部门应当加强检查指导并推广先进学校的典型经验。

地震工作主管部门应当会同有关部门制作防震减灾知识宣传材料。新闻媒体应当在公益广告时间或者版面免费刊播适当比例的防震减灾公益性宣传内容。

防震减灾科普教育基地应当免费对公众开放。

**第二十六条** 本市建立防震减灾信息系统，市地震工作主管部门负责全市防震减灾信息系统建设和运行管理工作。防震减灾信息系统包括地震观测信息系统、地震烈度速报系统和地震预警系统。

区、县人民政府应当建立地震灾情信息速报网络和灾情速报平台。

市地震工作主管部门应当充分发挥在京防震减灾科研机构优势，联合开展地震预报基础研究，不断提高预测水平。

**第二十七条** 行政机关工作人员在防震减灾工作中不依法履行职责，依照《中华人民共和国防震减灾法》和《行政机关公务员处分条例》的规定给予行政处分。

**第二十八条** 违反本规定第七条第二款规定，建设单位未建设强震动监测设施的，地震工作主管部门应当责令限期改正；逾期不改正的，处2万元以上20万元以下罚款。

**第二十九条** 本规定所称建设工程或者房屋建筑的所有权人，包括产权人和依法承担产权人责任的管理人。

**第三十条** 本规定自2014年1月1日起施行。2001年10月16日北京市第十一届人民代表大会常务委员会第三十次会议通过的《北京市实施〈中华人民共和国防震减灾法〉办法》同时废止。

# 6. 辽宁省防震减灾条例

(2011 年 3 月 30 日辽宁省第十一届人民代表大会常务委员会第二十二次会议通过)

## 第一章　总　则

**第一条**　为了防御和减轻地震灾害，保护人民生命和财产安全，促进经济社会的可持续发展，根据《中华人民共和国防震减灾法》等有关法律、法规，结合本省实际，制定本条例。

**第二条**　在本省行政区域内从事防震减灾活动，适用本条例。

**第三条**　省、市、县（含县级市、区，下同）人民政府应当加强对防震减灾工作的领导，建立健全防震减灾工作机构，完善防震减灾工作体系，将防震减灾工作纳入本级国民经济和社会发展规划，所需经费列入财政预算。

省、市、县人民政府负责管理地震工作的部门或者机构（以下简称地震工作主管部门）和发展改革、教育、公安、民政、国土资源、住房和城乡建设、交通、卫生以及其他有关部门在本级人民政府领导下，按照职责分工，各负其责，密切配合，共同做好防震减灾工作。

乡镇人民政府、街道办事处应当指定人员，在地震工作主管部门的指导下做好防震减灾的相关工作。

**第四条**　省、市、县人民政府抗震救灾指挥机构负责统一领导、指挥和协调本行政区域的抗震救灾工作。抗震救灾指挥机构的日常工作由地震工作主管部门承担。

**第五条**　省、市、县人民政府应当组织开展防震减灾知识宣传教育、应急救助知识的普及和地震应急救援演练工作，建立健全防震减灾宣传教育长效机制，把防震减灾知识宣传教育纳入国民素质教育体系及中小学公共安全教育纲要，增强公民的防震减灾意识。

**第六条**　省、市、县人民政府应当鼓励和支持防震减灾科学技术研究，逐步提高防震减灾科学技术研究经费投入，推广先进的科学研究成果，支持开发和推广符合抗震设防要求的新技术、新工艺、新材料。

## 第二章　防震减灾规划

**第七条**　地震工作主管部门应当根据上一级防震减灾规划和本行政区域的实际情况，会同有关部门，组织编制本行政区域的防震减灾规划，报本级人民政府批准后组织实施，并报上一级地震工作主管部门备案。

**第八条**　各级防震减灾规划应当纳入国民经济和社会发展总体规划，并做好防震减灾规划与其他各相关规划之间的衔接，统筹资源配置，确保防震减灾任务和措施的落实。

**第九条**　防震减灾规划公布实施后，省、市、县人民政府应当组织地震、发展改革、住房和城乡建设、国土资源等有关部门做好防震减灾规划的实施工作，及时对规划实施情况进行评估。

## 第三章　地震监测和预报

**第十条**　省人民政府应当加强地震监测预报工作，建立多学科地震监测系统，逐步提高地震监测预报水平。

**第十一条**　地震工作主管部门应当根据上级和本级防震减灾规划，按照布局合理、资源共享的原则，制定本级地震监测台网建设规划，报本级人民政府批准后实施。

地震监测台网的建设资金和运行经费列入本级财政预算。

**第十二条**　大型水库及江河堤防、油田及石油储备基地、核电站、高速铁路等重大建设工程和建筑设施的建设单位，应当按照国家和省有关规定，建设专用地震监测台网或者强震动监测设施，其建设资金和运行费用由建设单位承担。

建设单位应当将建设专用地震监测台网或者强震动监测设施的情况报省地震工作主管部门备案。

地震工作主管部门应当对专用地震监测台网和强震动监测设施的建设和运行给予技术指导。

专用地震监测台网和强震动监测设施的管理单位，应当做好监测设施的日常维护和管理，将监测信息及时上报省地震工作主管部门。

**第十三条**　地震工作主管部门应当会同有关部门，按照国家有关规定设置地震监测设施和地震观测环境保护标志，标明保护范围和要求。

**第十四条**　新建、改建、扩建建设工程，应当避免对地震监测设施和地震观测环境造成危害。

建设国家重点工程，确实无法避免对地震监测设施和地震观测环境造成危害的，建设单位应当按照地震工作主管部门的要求，增建抗干扰设施或者新建地震监测设施，其费用由建设单位承担。

市、县地震工作主管部门应当将新建地震监测设施的建设情况，报省地震工作主管部门备案。

**第十五条**　任何单位和个人观测到与地震可能有关的异常现象和提出地震预测意见，均可以向地震工作主管部门报告，地震工作主管部门应当进行登记并出具接收凭证，及时组织调查核实。

**第十六条**　省、市、县人民政府及其地震工作主管部门应当加强强震动监测设施的建设，建立健全地震烈度速报系统，为抗震救灾指挥工作提供科学依据。

**第十七条**　本省行政区域内的预报意见，由省人民政府按照国家规定的程序发布。

新闻媒体报道与地震预报有关的信息，应当以国务院或者省人民政府发布的地震预报为准。

任何单位和个人不得制造、传播地震谣言。因地震谣言影响社会正常秩序的，由县以上人民政府或者由其授权地震工作主管部门迅速采取措施予以澄清，其他有关部门和新闻媒体应当予以配合。

## 第四章 地震灾害预防

**第十八条** 抗震设防重大工程和可能发生严重次生灾害的建设工程,应当在项目选址、可行性研究前进行地震安全性评价。地震安全性评价报告,除根据有关规定由国务院地震工作主管部门审定的外,由省地震工作主管部门负责审定,并确定抗震设防要求。

前款规定以外的一般建设工程,应当按照地震烈度区划图或者地震动参数区划图确定抗震设防要求。建设单位应当在领取建设施工许可证后十日内,将抗震设防要求的采用情况报当地地震工作主管部门备案。

学校、幼儿园、医院、大型文体场馆、大型商业设施等人员密集场所的建设工程,应当按照高于当地房屋建筑的抗震设防要求进行设计和施工,增强抗震设防能力。

**第十九条** 项目审批部门应当将抗震设防要求纳入建设项目管理内容。对可行性研究报告或者项目申请报告中未包含抗震设防要求的,不予批准或者核准。

住房和城乡建设行政主管部门和铁路、交通、民航、水利、电力等其他专业工程的主管部门应当将抗震设防要求纳入工程初步设计或者设计文件的审查内容。建设工程的抗震设计未经审查或者未通过审查的,不予发放施工许可证。

**第二十条** 已经建成的下列建设工程,未采取抗震设防措施或者抗震设防措施未达到抗震设防要求的,应当按照国家有关规定定期进行抗震性能鉴定,并限期采取必要的抗震加固措施:

(一)重大建设工程和可能发生严重次生灾害的建设工程;

(二)交通、通信、供水、排水、供电、供气、输油等工程;

(三)具有重大历史、科学、艺术价值或者重要纪念意义的建设工程;

(四)学校、幼儿园、医院、大型文体场馆、大型商业设施等人员密集场所的建设工程;

(五)地震重点监视防御区内的建设工程。

省、市、县人民政府应当组织地震、住房和城乡建设、卫生、教育等有关部门,对学校、幼儿园、医院、大型文体场馆、大型商业设施等人员密集场所进行抗震性能普查。

**第二十一条** 省、市、县人民政府应当加强农村地区建设工程的抗震设防管理,结合新农村建设,将农村村民住宅和乡村公共设施抗震设防要求纳入建设工程抗震设防要求的管理范围,制定推进农村民居地震安全工程的扶持政策,引导农民在建房时采取科学的抗震措施。

**第二十二条** 建设单位应当在建筑物使用说明书中明确建筑物所采用的抗震设防要求,注明建筑抗震构件、隔震装置、减震部件等抗震设施。

任何单位和个人不得损坏建筑物的抗震设施。

**第二十三条** 市人民政府和地震重点监视防御区的县人民政府应当组织开展地震小区划、活动断层探测和地震危险性分析、震害预测等防震减灾基础性研究工作,为城乡土地利用总体规划、工程选址、防震减灾规划编制提供科学依据。

**第二十四条** 省、市、县人民政府应当组织住房和城乡建设、地震、教育等有关部门,利用城市广场、体育场馆、绿地、公园、学校操场等公共设施,因地制宜搞好应急避难场所建设,统筹安排所需的交通、供水、供电、环保、物资储备等设备设施。应急避难场所应当设置明显的指示标识,并向社会公布。

学校、幼儿园、医院、大型文体场馆、大型商业设施等人员密集场所应当设置地震应急疏散通道，配备必要的救生避险设施。

**第二十五条** 县级人民政府有关部门和乡镇人民政府、街道办事处、居民委员会、村民委员会应当定期组织开展地震应急知识的宣传普及活动和地震应急救援演练，提倡公民自备应急救护器材，提高公民在地震灾害中自救互救的能力。

机关、团体、企业、事业单位应当按照本级人民政府的要求，对本单位人员进行地震应急知识宣传教育，排查和消除地震可能引发的安全隐患，定期进行地震应急救援演练。

学校应当进行地震应急知识教育，定期组织学生开展地震紧急疏散演练活动，提高学生的安全避险和自救互救能力。

**第二十六条** 省、市、县人民政府及其地震、教育、科技等有关部门应当开展地震安全社区、防震减灾科普宣传示范学校和科普教育基地建设，制定相应的考核验收标准并组织实施。

**第二十七条** 省、市、县人民政府及其地震工作主管部门应当研究制定支持群测群防工作的各项保障措施，建立稳定的经费渠道，鼓励、支持和引导社会组织和个人开展地震群测群防活动，充分发挥群测群防在地震短期预报、临震预报、灾情信息报告和普及地震知识中的作用。

地震工作主管部门应当对防震减灾群测群防网络建设和管理给予指导。

## 第五章　地震应急与救援

**第二十八条** 地震工作主管部门应当会同有关部门，根据上一级人民政府地震应急预案，编制本级人民政府的地震应急预案，经本级人民政府批准后，报上一级人民政府和地震工作主管部门备案。

交通、铁路、水利、电力、通信等城市基础设施和学校、幼儿园、医院、大型文体场馆、大型商业设施等人员密集场所的经营、管理单位，以及可能发生严重次生灾害的核电站、矿山、危险化学品的生产、经营、储存单位，应当制定地震应急预案，并报当地地震工作主管部门备案。

制定地震应急预案的部门和单位应当定期组织地震应急演练，开展预案和应急演练的评估，并根据实际情况及时修订地震应急预案。

**第二十九条** 省、市、县人民政府应当加强以公安消防队伍及其他优势专业应急救援队伍为依托的综合应急救援队伍建设，提高地震、医疗、交通运输、矿山、危险化学品等相关行业专业应急救援队伍抗震设防救灾能力。

省、市、县人民政府应当为地震灾害应急救援队伍的建设提供必要的保障。

**第三十条** 政府鼓励企业、事业单位、社会团体组建民间地震灾害救援志愿者队伍，参与应急救援。

地震工作主管部门应当对志愿者队伍的应急救援培训和演练提供技术指导。

**第三十一条** 省、市、县人民政府应当完善地震应急物资储备保障体系，健全储备、调拨、配送、征用和监管体制，保障地震应急救援装备和应急物资供应。

**第三十二条** 地震预报意见发布后，省人民政府根据预报的震情，可以宣布有关区域进入临震应急期；当地人民政府应当按照地震应急预案，组织有关部门做好震情监测、重点单位的抗震防护、居民避震疏散、应急物资调配、地震应急知识和避险技能的宣传等应急防范和抗震救灾准备工作。

第三十三条 地震灾害发生后，省、市、县人民政府应当根据地震灾害和应急响应级别，启动地震应急预案，开展抗震救灾工作。

特别重大地震灾害发生后，按照国务院抗震救灾指挥机构统一部署，开展抗震救灾工作。

第三十四条 地震灾害发生后，各级救援队伍应当立即进入紧急待命状态，按照抗震救灾指挥机构的统一部署，赶赴地震灾区实施救援。

第三十五条 地震灾害发生后，地震灾区人民政府应当及时向上一级人民政府报告地震震情和灾情信息，同时抄送上一级地震、民政、卫生等部门。必要时可以越级上报，不得迟报、谎报、瞒报。

地震震情、灾情、抗震救灾等信息和海啸等次生灾害的信息实行归口管理，由抗震救灾指挥机构统一、准确、及时地向社会发布。

## 第六章　震后安置与重建

第三十六条 地震灾区人民政府应当做好受灾群众的过渡性安置工作，组织受灾群众和企业开展生产自救。

过渡性安置点所在地的县人民政府应当组织有关部门对次生灾害、饮用水水质、食品卫生、疫情等加强监测，开展流行病学调查，整治环境卫生，避免对土壤、水环境等造成污染。

过渡性安置点所在地的公安机关应当加强治安管理，依法打击各种违法犯罪行为，维护社会秩序。

第三十七条 破坏性地震发生后，省人民政府应当及时组织地震、财政、发展改革、住房和城乡建设、民政等有关部门对地震灾害损失进行调查评估。地震灾害评估结果按有关规定评审后，报省人民政府和国务院地震工作主管部门。

第三十八条 特别重大地震灾害发生后，省人民政府应当配合国务院有关部门，编制地震灾后恢复重建规划；重大、较大、一般地震灾害的灾后恢复重建规划，由省发展改革部门会同有关部门及地震灾区的市、县人民政府根据国家有关规定编制，报省人民政府批准后实施。

## 第七章　法律责任

第三十九条 违反本条例规定，有危害地震观测环境、破坏地震监测设施、未依法进行地震安全性评价、未按照抗震设防要求进行设计和施工、未依法履行职责以及制造、传播地震谣言等行为的，依照《中华人民共和国防震减灾法》等有关法律、法规的规定处理。

## 第八章　附　则

第四十条 本条例自 2011 年 6 月 1 日起施行。

# 7. 四川省防震减灾条例

1996年6月18日四川省第八届人民代表大会常务委员会第二十一次会议通过 根据1999年12月10日四川省第九届人民代表大会常务委员会第十二次会议

## 第一章 总 则

**第一条** 为防御和减轻地震灾害，保护人民生命和财产安全，促进经济社会的可持续发展，根据《中华人民共和国防震减灾法》等法律、法规，结合四川省实际，制定本条例。

**第二条** 在四川省行政区域内从事防震减灾规划、地震监测预报、地震灾害预防、地震应急准备与救援、地震灾后过渡性安置和恢复重建等活动，适用本条例。

**第三条** 防震减灾工作，实行预防为主、防御与救助相结合的方针。

**第四条** 县级以上地方人民政府应当加强对防震减灾工作的领导，将防震减灾工作纳入本级国民经济和社会发展规划，所需经费纳入本级财政预算，将防震减灾工作纳入政府目标绩效管理。

县级以上地方人民政府防震减灾工作主管部门或者机构，在本级人民政府领导下，会同发展和改革、公安、民政、财政、国土资源、住房和城乡建设、交通运输、铁路、水利、卫生、教育、农业等部门，按照职责分工，共同做好防震减灾工作。

**第五条** 县级以上地方人民政府应当加大对防震减灾的投入，统筹安排专项资金，用于地震监测台网建设、预警系统建设、避难场所建设、防震减灾知识宣传教育、地震灾害紧急救援队伍建设与培训、群测群防、建筑抗震性能鉴定与加固等工作。

省人民政府应当加大对民族地区、革命老区、贫困地区的防震减灾事业的扶持。

**第六条** 县级以上地方人民政府应当设立抗震救灾指挥机构，统一领导、指挥和协调本行政区域的防震减灾及抗震救灾工作。

县级以上地方人民政府防震减灾工作主管部门或者机构承担本级人民政府抗震救灾指挥机构的日常工作，所需专职工作人员应当予以保障。

**第七条** 从事防震减灾活动，应当遵守国家有关防震减灾标准。

**第八条** 各级地方人民政府应当支持开展地震群测群防活动，鼓励、引导、规范社会组织和个人参加防震减灾活动。

对在防震减灾工作中做出突出贡献的单位或者个人给予表彰和奖励。

省防震减灾工作主管部门会同省财政部门确定群测群防工作队伍建设的保障机制。

## 第二章 防震减灾规划

**第九条** 县级以上地方人民政府防震减灾工作主管部门或者机构会同同级有关部门，

根据上一级防震减灾规划和本行政区域的实际情况，组织编制本行政区域的防震减灾规划，报本级人民政府批准后组织实施，并报上一级防震减灾工作主管部门或者机构备案。

第十条　县级以上地方人民政府及其住房和城乡建设、国土资源、卫生、教育、民政、交通运输、通信、水利、农业等部门编制相关规划，应当包含地震灾害防御内容、体现防震减灾要求。

第十一条　防震减灾规划报送审批前，组织编制机关应当征求有关部门、单位、专家和公众的意见。

防震减灾规划报送审批文件中应当附具意见采纳情况及理由。

## 第三章　地震监测预报

第十二条　县级以上地方人民政府防震减灾工作主管部门或者机构，应当采取下列措施，提高地震监测能力和预测水平：

（一）制定、实施地震监测预测方案；

（二）强化短期与临震跟踪监测措施；

（三）编制地震监测台网规划，优化台网布局；

（四）建立大中城市地下深井观测网，建立完善空间观测系统；

（五）加强地面强震动监测台网建设；

（六）完善流动式地震监测手段；

（七）建立短期与临震震情跟踪会商制度，建立地震预测判定指标体系。

第十三条　下列工程应当建设专用地震监测台网并保持运行：

（一）油气田、矿山、石油、化工等重大建设工程；

（二）坝高 100 米以上，库容 5 亿立方米以上的水库；

（三）库容 1 亿立方米以上，水库正常蓄水区及其外延 5 千米范围内有活动断层通过的水库；

（四）库容 1 亿立方米以上，受地震破坏后可能对重要城镇、重要基础设施造成严重次生灾害的水库。

第十四条　本条例第十三条第一项规定的工程应当在投产前建设专用地震监测台网并投入运行；第二项、第三项、第四项规定建设的专用地震监测台网应当在开始蓄水前 1 年投入运行。

本条例第十三条规定的工程尚未建设专用地震监测台网的，应当自本条例施行之日起及时补建专用地震监测台网并投入运行。

省防震减灾工作主管部门应当对专用地震监测台网的规划与建设给予监督和指导。

第十五条　下列建设工程应当设置强震动监测设施：

（一）核电站和核设施建设工程；

（二）最高水位蓄水区及其外延 10 千米范围内有活动断层通过、遭受地震破坏后可能产生严重次生灾害的大型水库；

（三）处于地震重点监视防御区、地震基本烈度 7 度以上（地震动峰值加速度大于或者等于 0.15g）并位于活动断裂带区域内的特大桥梁；

（四）抗震设防烈度为 7 度（0.10g、0.15g 分区）、8 度（0.20g、0.30g 分区）、9 度（0.40g 分区）地区，高度分别超过 160 米、120 米、80 米的公共建筑。

**第十六条** 有关项目审批部门在审批或者核准本条例第十三条、第十五条规定的建设工程的可行性研究报告或者立项申请报告时，应当征求同级防震减灾工作主管部门或者机构对该工程专用地震监测台网建设方案或者强震动设施设置方案的意见。

**第十七条** 省防震减灾工作主管部门负责提出全省烈度速报与预警系统规划建设方案，经省人民政府批准后组织实施。

市（州）区域烈度速报台网规划建设方案应当遵循统一规划、分级管理的原则，经省防震减灾工作主管部门同意后，方可组织实施。

**第十八条** 专用地震监测台网、强震动监测设施的建设资金和运行经费由建设单位承担。

**第十九条** 地震监测台网及强震动监测设施的设计、施工及采用的设备、软件，应当符合国家相关技术标准和规范。

**第二十条** 专用地震监测台网的地震监测数据信息应当实时传送到省防震减灾工作主管部门。

省防震减灾工作主管部门负责监测信息共享的管理与服务。

**第二十一条** 地方各级人民政府应当依法保护地震监测设施和地震观测环境。

**第二十二条** 地方各级人民政府防震减灾工作主管部门或者机构应当会同公安等有关部门，按照国家有关规定和标准设立地震监测设施和地震观测环境保护标志，标明保护要求。

国家未对地震监测设施保护的最小距离做出明确规定的，由地方人民政府防震减灾工作主管部门或者机构会同有关部门，通过现场实测确定。

**第二十三条** 新建、改建、扩建各类建设工程，不得对地震观测环境造成危害。建设国家重点工程，无法避免对地震观测环境造成危害的，建设单位在工程设计前应当征得县级以上防震减灾工作主管部门或者机构的同意，并按国家有关规定承担增建抗干扰工程或者拆迁、新建地震监测设施的所需费用。

新建地震监测设施建成并正常运行满一年后，原地震监测设施方可拆除。

对地震观测环境保护范围内的建设工程项目，县级以上城乡规划主管部门在依法核发选址意见书时，应当征求同级地方人民政府防震减灾工作主管部门或者机构的意见；不需要核发选址意见书的，城乡规划主管部门在依法核发建设用地规划许可证或者乡村建设规划许可证时，应当征求同级地方人民政府防震减灾工作主管部门或者机构的意见。

**第二十四条** 本省行政区域内的地震长期预报、地震中期预报、地震短期预报和临震预报，由省人民政府发布。

在已发布地震短期预报的地区，发现明显临震异常，情况紧急的，当地市（州）、县（市、区）人民政府可以发布 48 小时之内的临震预报，同时向省人民政府及省防震减灾工作主管部门和国务院地震工作主管部门报告。

**第二十五条** 县级以上地方人民政府防震减灾工作主管部门或者机构应当依照国家有关规定，及时向社会公告有关地震的震情和灾情。

**第二十六条** 发生地震谣言地区的县级以上地方人民政府防震减灾工作主管部门或者机构，应当及时予以澄清。

## 第四章 地震灾害预防

**第二十七条** 地震灾害预防，应当坚持工程性预防为主，工程性预防和非工程性预防相结合的原则。

**第二十八条** 确定省地震重点监视防御区由省防震减灾工作主管部门提出意见，报省人民政府批准。

**第二十九条** 地震重点监视防御区县级以上地方人民政府应当组织开展震害预测、地震活动断层探测工作，并将结果作为制定城乡规划与建设的依据，充分考虑当地的地震地质构造环境并采取工程性防御或者避让措施。

**第三十条** 新建、扩建、改建建设工程，应当达到抗震设防要求。县级以上地方人民政府防震减灾工作主管部门或者机构负责本行政区域内抗震设防要求的监督管理工作。

**第三十一条** 抗震设防要求按下列规定确定：

（一）重大建设工程和可能发生严重次生灾害的建设工程，应当按照国家和省规定的范围进行地震安全性评价，并按省以上防震减灾工作主管部门审定的地震安全性评价报告结果确定；

（二）开展了地震动参数复核或者地震小区划工作的地区的一般建设工程，按经审定的地震动参数复核或者地震小区划结果确定；

（三）其他一般建设工程，按照地震动参数区划图确定。

学校、医院等人员密集场所的建设工程，应当按照高于当地房屋建筑的抗震设防要求进行设计和施工。

地震灾区区域性抗震设防要求需要变更的，由省防震减灾工作主管部门按照规定报国家有关部门审批。

**第三十二条** 下列地区的一般建设工程，应当将地震动参数复核结果作为抗震设防要求：

（一）位于地震动参数区划分界线两侧各4千米区域的建设工程；

（二）地震研究程度及资料详细程度较差的边远地区的建设工程。

前款规定地区的范围，由市（州）、县（市、区）人民政府防震减灾工作主管部门或者机构提出并经省防震减灾工作主管部门确认后执行。

**第三十三条** 建设工程的抗震设防要求应当纳入基本建设管理程序。

设计单位应当按照抗震设防要求和抗震设计规范对建设工程进行设计。施工、工程监理单位应当按照抗震设计进行施工、监理。

重大建设工程和可能发生严重次生灾害的建设工程，有关项目审批部门应当将省以上防震减灾工作主管部门审定的地震安全性评价报告作为建设工程可行性论证、项目选址、工程设计、施工审批、施工监理和竣工验收的必备内容。

一般工业和民用建设工程，有关项目审批部门在进行立项申请、项目选址和施工图审批时，应当将项目有关文件抄送同级人民政府防震减灾工作主管部门或者机构备案。防震减灾工作主管部门或者机构应当在收到备案文件之日起10日内提出意见。

不符合抗震设防要求的，有关项目审批部门不予批复、核准或者备案。

　　**第三十四条**　县级以上地方人民政府应当组织住房和城乡建设、交通运输、水利、电力等相关主管部门依照国家有关规定，对已建成的工程开展抗震性能鉴定。建设工程产权人、使用人也可以委托具有相应资质的设计、检测单位对建设工程抗震性能进行鉴定。抗震性能鉴定和抗震加固费用，由委托方承担。

　　**第三十五条**　县级以上地方人民政府应当加强对农村公共设施和村民住宅抗震设防工作的领导，住房和城乡建设、防震减灾、国土资源、农业等有关部门应当按照各自职责做好农村公共设施和村民住宅抗震设防管理工作。

　　乡村基础设施、公用设施应当达到抗震设防要求。

　　县级以上地方人民政府应当安排专项资金，并制定相应政策，支持、鼓励农村村民对住宅采取抗震设防措施，逐步提高农村民居的抗震能力。

　　县级以上住房和城乡建设行政主管部门应当加强对农村民居建设管理，会同财政、防震减灾、国土资源等部门加强农村民居抗震设防的技术指导、工匠培训和信息服务等工作。

　　**第三十六条**　县级以上地方人民政府应当按照国家技术标准，规划建设应急疏散通道和应急避难场所。

　　已经建设或者指定为避难场所的广场、公园、城市绿地、学校、体育场馆、人防设施未经批准不得改变其功能。

　　**第三十七条**　地震重点监视防御区县级以上地方人民政府应当在本级财政和物资储备中安排适当的抗震救灾资金和物资。

　　**第三十八条**　承担地震安全性评价工作的单位和个人，应当具有地震安全性评价资质，并在资质许可范围从事地震安全性评价工作。

　　在本省行政区域承接地震安全性评价工作的单位，应当在工程建设项目所在地的市（州）、县（市、区）人民政府防震减灾工作主管部门或者机构备案。

　　**第三十九条**　县级以上地方人民政府应当建立和完善地震宏观测报网、地震灾情速报网、地震知识宣传网，在乡镇人民政府和街道办事处明确防震减灾工作人员。

　　**第四十条**　县级以上地方人民政府及其有关部门，乡（镇）人民政府、城市街道办事处、村（居）民委员会等基层组织，社会团体、学校、新闻媒体、企业事业单位等，应当组织防震减灾知识宣传教育、开展地震应急演练。

　　县级以上地方人民政府防震减灾工作主管部门或者机构应当会同有关部门指导、协助、督促有关单位做好防震减灾知识宣传教育和地震应急避险、救援演练工作。

　　**第四十一条**　涉及核工程、高速铁路、地铁、供电、供气、储油等重要工程设施，应当建立地震紧急安全自动处置系统。

　　**第四十二条**　地方各级人民政府鼓励和扶持防震减灾技术、装备的研究开发与推广运用。

　　**第四十三条**　地方各级人民政府应当建立由政府预案、政府部门预案、基层组织预案、企事业单位预案、重大活动预案组成的地震应急预案体系。县级以上地方人民政府防震减灾工作主管部门或者机构应当督促、检查、指导本行政区域地震应急预案的制订、修订和演练。

　　地震应急预案的制定单位应当将预案报送同级人民政府防震减灾工作主管部门或者机构备案。

　　**第四十四条**　县级以上地方人民政府抗震救灾指挥机构应当建立具备震情监视、灾情速报、信息传递、辅助决策、数据处理等功能的地震应急指挥技术系统。县级以上地方人民政府有关部门和单位应当向地震应急指挥技术系统提供相关信息。

**第四十五条** 省人民政府和地震重点监视防御区内的市（州）、县（市、区）人民政府应当依托公安消防、安全生产和其他专业救援队伍建立地震灾害紧急救援队伍。

鼓励县级以上地方人民政府有关部门、基层组织、企事业单位和社会团体建立地震灾害救援志愿者队伍。

**第四十六条** 省防震减灾工作主管部门负责会同有关部门对各类救援队伍的地震灾害紧急救援能力进行测评。

**第四十七条** 划定为年度地震重点危险区的县级以上地方人民政府抗震救灾指挥机构，应当组织有关部门加强地震应急准备工作，及时将应急准备工作情况报告上级人民政府抗震救灾指挥机构。

## 第五章　地震应急救援

**第四十八条** 地震应急救援工作遵从指挥机构统一领导、综合协调、分级负责、属地为主的原则。

**第四十九条** 破坏性地震临震预报发布后，有关区域进入临震应急期。

有关地方人民政府抗震救灾指挥机构应当公告地震可能影响的区域范围和程度，并组织有关部门采取下列应急措施：

（一）发布避震通知，必要时组织避震疏散；

（二）开展临震应急宣传；

（三）对交通、通信、供水、排水、供电、供气、输油等生命线工程和次生灾害源采取紧急防护措施；

（四）督促检查应急防范、抢险救灾与医疗救护等准备工作；

（五）加强震情及次生灾害的监视，及时向社会公布；

（六）其他应急措施。

**第五十条** 地震短期预报和临震预报在发布预报的时域、地域内有效。预报期内未发生地震的，原发布机关应当做出撤销或者延期的决定，向社会公布，并妥善处理善后事宜。

**第五十一条** 地震发生后，地震灾区进入震后应急期。

地震灾区县级以上地方人民政府除依法采取的紧急措施外，还应当采取下列措施：

（一）公告震情、灾情、抗震救灾动态信息；

（二）组织公民参加抗震救灾；

（三）情况紧急时，依法向单位和个人征用抗震救灾设施装备、场地和其他物资；

（四）其他应急措施。

**第五十二条** 省防震减灾工作主管部门应当及时向省人民政府及其抗震救灾指挥机构报告震情和灾情初判意见，提出采取地震应急处置建议，发布震情公告。

地震灾区、波及区的人民政府抗震救灾指挥机构应当收集、汇总地震灾情，及时报告上一级人民政府抗震救灾指挥机构和防震减灾工作主管部门或者机构，必要时可以越级上报。不得迟报、谎报、瞒报。

**第五十三条**　地震灾区的抢险救援队伍、医疗防疫队伍和参与救援的解放军、武警部队、民兵和预备役部队应当服从抗震救灾指挥机构的统一部署。

**第五十四条**　气象、水利、国土资源、卫生、环境保护等有关部门以及工程设施的经营管理单位应当加强对灾害监测、预防和应急处置的工作。

**第五十五条**　地震灾区乡（镇）人民政府、街道办事处、村（居）民委员会和企事业单位，应当组织灾区人员开展自救、互救。

## 第六章　地震灾后过渡性安置和恢复重建

**第五十六条**　省防震减灾工作主管部门会同省发展和改革、财政、住房和城乡建设、交通运输、民政等部门，按照国家有关规定开展地震灾害损失调查评估。

**第五十七条**　对地震灾区的受灾人员进行过渡性安置，可以采取就地安置与异地安置，集中安置与分散安置，政府安置与自行安置相结合的方式。

设置过渡性安置点应当考虑环境安全、交通、防疫、防火、防洪、基本农田保护等因素，配套建设必要的基础设施和公共服务设施，确保受灾人员的安全和基本生活需要。

过渡性安置点所在地的有关部门应当对次生灾害、饮用水水质、食品卫生、疫情等加强监测，组织流行病学调查，开展心理辅导，整治环境卫生。公安机关应当加强治安管理，维护社会秩序。

**第五十八条**　地震灾区人民政府及有关部门应当组织开展生产自救。

地震灾区人民政府及有关部门应当优先恢复对社会生活、生产有重大影响的交通运输、通信、供水、排水、供电、供气、输油等工程系统的功能，为恢复灾区人员生活和生产经营提供条件。

**第五十九条**　灾后恢复重建，应当坚持统一领导、分级负责；以人为本、尊重自然、遵循规律、科学规划、统筹兼顾；做到恢复功能与发展提高相结合，自力更生与多方参与、对口支援相结合。

**第六十条**　县级以上地方各级人民政府应当加强对地震灾后恢复重建工作的领导、组织和协调，通过政府投入、社会募集、市场运作等方式筹集地震灾后恢复重建资金。

县级以上地方各级人民政府应当加强对地震灾后恢复重建资金、物资、工程项目的监督检查，建立同步、全程监督机制和公告公示制度。

对灾后社会捐赠的资金和物资应当设立专户分类管理，对资金和物资的分配使用进行严格审批。

对捐建、援建的工程项目应当严格管理，不得擅自改变用途或者拆迁、拆除，如确需改变用途或者拆迁、拆除的，应当征得捐建方、援建方同意后，依法批准并报省级主管部门备案。

**第六十一条**　重大、较大、一般地震灾害发生后，根据实际需要，省发展和改革部门会同财政、交通运输、住房和城乡建设、民政、国土资源、防震减灾、农业、环境保护等部门与地震灾区的市（州）人民政府共同组织编制地震灾后恢复重建规划，报省人民政府批准后组织实施。

编制地震灾后恢复重建规划，应当征求有关部门、单位、专家和公众特别是地震灾区受灾人员的意见；重大事项应当组织有关专家进行专题论证。

**第六十二条** 地震灾区有重大科学价值的地震遗址、遗迹，由当地人民政府组织负责防震减灾工作主管部门或者机构等有关部门提出意见，经省人民政府防震减灾工作主管部门会同有关部门审核并报省人民政府批准后，由当地人民政府指定有关部门进行特殊保护。

地震遗址、遗迹的保护应当列入地震灾区的重建规划。

**第六十三条** 地震灾区的县级以上地方人民政府应当组织有关部门和单位，抢救、保护与收集整理有关档案、资料、文物，对因地震灾害造成遗失、毁损的档案、资料，及时进行补充和恢复，及时收集、整理抗震救灾中形成的各类档案。

## 第七章　法律责任

**第六十四条** 有下列行为之一的，由有权机关对直接责任人员和主管人员依法给予行政处分；构成犯罪的，依法追究刑事责任：

（一）履行防震减灾工作职责的部门在实施行政许可或者办理批准文件时，违反本条例规定的；

（二）批准未经抗震设防要求审定的建设工程立项施工的；

（三）擅自向社会发布或者泄露地震预测信息的；

（四）擅自改变捐建、援建工程项目用途或者拆迁、拆除的；

（五）迟报、谎报、瞒报灾情的；

（六）国家工作人员在防震减灾工作中，不服从命令、滥用职权、玩忽职守、徇私舞弊的；

（七）截留、挪用、贪污抗震救灾款物的。

**第六十五条** 违反本条例第十三条规定，未按照要求建设专用地震监测台网的，由县级以上地方人民政府防震减灾工作主管部门或者机构责令限期改正；逾期不改正的，对直接负责的主管人员和其他直接责任人员，依法给予处分。

**第六十六条** 违反本条例第十五条规定，未设立强震动监测设施的，由县级以上地方人民政府防震减灾工作主管部门或者机构责令限期改正；逾期不改正的，对直接负责的主管人员和其他直接责任人员，依法给予处分。

**第六十七条** 违反本条例第三十六条第二款规定的，由县级以上地方人民政府防震减灾工作主管部门或者机构责令停止违法行为，处2万元以上10万元以下的罚款；情节严重的，处10万元以上20万元以下的罚款。造成破坏的，恢复原状；造成损失的，依法承担赔偿责任。

**第六十八条** 违反本条例规定的行为，法律、法规已有处罚规定的，依照其规定处理。

## 第八章　附　则

**第六十九条** 本条例下列用语的含义：

地震重点监视防御区，是指未来一定时间内，可能发生地震并造成灾害，需要加强防震减灾工作的区域。

地震重点危险区，是指未来一年或者稍长时间内可能发生5级以上地震的区域。

　　抗震设防要求，是指建设工程抗御地震破坏的准则和在一定风险水准下抗震设计采用的地震烈度或者地震动参数。

　　地震安全性评价，是指根据对建设工程场地条件和场地周围的地震活动与地震地质环境的分析，按照工程设防的风险水准，给出与工程抗震设防要求相应的地震烈度和地震动参数，以及场地的地震地质灾害预测结果。

　　地震动参数，表征地震引起的地面运动的物理参数，包括峰值、反应谱和持续时间等。

　　地震烈度区划图，是指以地震烈度为指标，将国土划分为不同抗震设防要求区域的图件。

　　地震动参数区划图，是指以地震动参数（如峰值加速度和地震动反应谱特征同期）为指标，将国土划分为不同抗震设防要求区域的图件。

　　地震动参数复核，是指采用最新基础资料和研究成果，对地震动参数区划图给出的某地地震动参数进行核实或者修正。

　　地震小区划，是指根据地震区划图及某一区域（场地）范围内的具体场地条件给出抗震设防要求的详细分布。包括地震动小区划和地震地质灾害小区划等。

　　**第七十条**　本条例自 2012 年 10 月 1 日起施行。

# 8. 湖北省防震减灾条例

(2011年9月29日湖北省第十一届人民代表大会常务委员会第二十六次会议通过)

## 第一章 总 则

**第一条** 为了防御和减轻地震灾害，保护人民生命和财产安全，促进经济社会可持续发展，根据《中华人民共和国防震减灾法》等有关法律、行政法规的规定，结合本省实际，制定本条例。

**第二条** 本省行政区域内的防震减灾活动，适用本条例。

**第三条** 防震减灾工作实行预防为主、防御与救助相结合的方针。

**第四条** 县级以上人民政府应当加强对防震减灾工作的领导，建立健全防震减灾工作机构，加强防震减灾队伍建设和人才培养，完善防震减灾工作体系和联席会议制度，并将防震减灾工作纳入政府年度工作目标考核体系。

省人民政府对地震重点监视防御区的地震工作机构人员配置、地震监测台网建设以及群测群防工作等落实情况，应当重点加强监督检查，并逐步实现在地震重点监视防御区有地震专门工作机构。

县级以上人民政府地震工作主管部门和发展改革、财政、民政、住房和城乡建设、国土资源、水利、交通运输、卫生、公安、教育、新闻出版等有关部门，按照职责分工，各负其责，密切配合，共同做好防震减灾工作。

乡镇人民政府、街道办事处在上级人民政府及其有关部门的指导下，做好防震减灾相关工作。

**第五条** 县级以上人民政府应当根据上一级防震减灾规划和本行政区域的实际情况，编制防震减灾专项规划，并纳入国民经济和社会发展总体规划，实现防震减灾与经济社会发展同步规划、同步实施、同步发展。

县级以上人民政府及其有关部门编制城乡规划、土地利用总体规划、主体功能区规划，应当听取地震工作主管部门意见，确保规划符合防震减灾的总体要求。

**第六条** 县级以上人民政府应当将防震减灾工作所需经费纳入本级财政预算，并逐步增加投入，保障防震减灾工作需要。

省、市（州）人民政府和地震重点监视防御区的县级人民政府应当设立防震减灾专项资金。防震减灾专项资金主要用于地震监测台网建设和维护、既有建筑抗震性能鉴定及加固指导、农村村民住宅和城市社区地震安全指导、防震减灾知识宣传教育、防震减灾业务培训、社会动员及地震应急演练、地震应急处置及装备、地震群测群防等工作。

**第七条** 县级以上人民政府抗震救灾指挥机构负责统一领导、指挥和协调本行政区域内的抗震救灾工作，其日常工作由本级人民政府地震工作主管部门承担。

第八条 县级以上人民政府应当坚持地震专业台网监测与群测群防相结合，加强地震群测群防体系建设，建立和完善地震宏观测报网、地震灾情速报网、地震知识宣传网，提高捕捉地震短期与临震宏观异常、报告灾情信息和普及防震抗震知识的能力。

乡镇人民政府、街道办事处应当配备兼职防震减灾助理员；地震重点监视防御区、地震次生灾害易发区内的县级人民政府地震工作主管部门、乡镇人民政府、街道办事处应当指导帮助社区、村（居）民委员会建立防震减灾联络（观察）员队伍，组织开展群测群防活动。

省人民政府应当结合抢险救灾体系建设，整合建设投入资源，对地震重点监视防御区内的贫困地区地震宏观测报网、地震灾情速报网、地震知识宣传网建设和防震减灾联络（观察）员队伍建设给予扶持。

第九条 县级以上人民政府应当支持防震减灾科学技术研究，推广应用先进的科学技术成果，提高防震减灾工作科技水平。

第十条 各级人民政府及其有关部门和单位应当把防震减灾知识作为全民素质教育的重要内容，加强防震减灾科普宣传，普及防震减灾知识，组织开展地震应急救援演练，增强公民防震减灾意识，提高全社会的防震减灾能力。

每年 5 月 12 日所在周为全省防震减灾宣传活动周。

第十一条 任何单位和个人都有依法参加防震减灾活动的义务。

各级人民政府及其有关部门对在防震减灾工作中作出突出贡献的单位和个人给予表彰、奖励。

## 第二章 地震监测预报

第十二条 全省的地震监测台网实行统一规划，分级、分类管理。

省级地震监测台网规划，由省人民政府地震工作主管部门根据全国地震监测台网总体规划和地震监测工作实际需要编制，报省人民政府批准后实施。

市、县级地震监测台网规划，由市、县级人民政府地震工作主管部门根据省级地震监测台网规划和地震监测工作实际需要编制，报本级人民政府批准后实施。

第十三条 重点水库及江河堤防、油（气）田及油（气）储备、矿山、石油化工、高速铁路、城市轨道交通、超高层建筑以及核电站等重大建设工程的建设单位，应当按照国家和省有关规定建设专用地震监测台网或者强震动监测设施，并将建设情况报省人民政府地震工作主管部门备案。

建设专用地震监测台网或者强震动监测设施，应当遵守法律法规和国家标准，保证建设质量，其建设资金和运行维护经费由建设单位承担。

省、市(州)地震工作主管部门对专用地震监测台网和强震动监测设施的建设给予指导。

第十四条 地震工作主管部门会同国土资源、规划等部门按照有关规定，划定地震观测环境保护范围，设置保护标志，并将保护范围纳入土地利用总体规划和城乡总体规划。

地震监测设施和地震观测环境依法受到保护。任何单位和个人不得侵占、毁损、拆除或者擅自移动地震监测设施，不得危害地震观测环境。

第十五条 省人民政府地震工作主管部门应当建立健全省、市、县地震监测台网的监测数据实时传输系统，实现监测数据互联互通，并按照国家有关规定建立地震信息网站，依法向社会发布地震监测信息。

县级以上人民政府地震工作主管部门应当向省地震监测台网中心实时传输监测数据，并将有关分析意见及时报送上一级人民政府地震工作主管部门。

专用地震监测台网和强震动监测设施的管理单位应当向省地震监测台网中心实时传输监测数据，并及时报送有关分析意见。

**第十六条** 省人民政府应当按照全国地震烈度速报系统建设的要求，建立和完善省地震烈度速报系统，保障系统正常运行，为抗震救灾和工程建设提供依据。

**第十七条** 省人民政府地震工作主管部门根据地震活动趋势和震害预测结果，提出确定本省地震重点监视防御区的意见，报省人民政府批准。

地震重点监视防御区的县级以上人民政府及其地震工作主管部门，应当增加地震监测台网密度，加强震情跟踪和流动监测工作，完善测震、地震前兆等综合监测系统。

**第十八条** 单位和个人观测到可能与地震有关的异常现象时，可以向所在地县级以上人民政府地震工作主管部门或者乡镇人民政府、街道办事处、社区、村（居）委员会报告。乡镇人民政府、街道办事处、社区、村（居）委员会接到报告后应当及时向县级以上人民政府地震工作主管部门报告。地震工作主管部门应当对报告事项进行登记，立即组织调查核实并及时上报。

**第十九条** 省、市（州）人民政府地震工作主管部门应当定期召开震情会商会，对地震预测意见和可能与地震有关的异常现象进行综合分析研究，形成震情会商意见，经评审后及时报本级人民政府。

单位和个人提出的地震预测意见，应当以书面形式向县级以上人民政府地震工作主管部门报告。

**第二十条** 地震预报意见和地震信息实行统一发布制度。本省行政区域内的地震预报意见，由省人民政府按照国家规定程序发布，地震信息由省人民政府地震工作主管部门发布。

新闻媒体刊登或者播发地震预报消息应当以国家和省人民政府发布的地震预报为准。

除发表本人或者本单位对长期、中期地震活动趋势的研究成果及进行相关学术交流外，任何单位和个人不得向社会散布地震预测意见。任何单位和个人不得向社会散布地震预报意见及其评审结果。对制造、散布地震谣言，影响社会安定的言行，各级人民政府及其地震工作主管部门应当及时采取措施予以澄清。

**第二十一条** 一次齐发爆破用药相当于 4000 千克 TNT 炸药能量以上的爆破作业，爆破单位应当在实施爆破作业 24 小时前，将爆破地点、时间及用药量书面告知爆破作业实施地县级以上人民政府地震工作主管部门。

## 第三章 地震灾害预防

**第二十二条** 县级以上人民政府地震工作主管部门负责本行政区域内抗震设防要求和地震安全性评价的监督管理工作。

**第二十三条** 县级以上人民政府应当组织开展地震活动断层探测和危险性评价，并将探测、评价结果作为制定城乡规划的依据，确保城乡建设避开地震活动断层等不利地段。

**第二十四条** 新建、扩建、改建建设工程应当符合下列抗震设防要求：

（一）一般建设工程按照地震动参数区划图或者地震小区划结果确定抗震设防要求；

（二）重大建设工程和可能发生严重次生灾害的建设工程应当按照国家、省有关规定进行地震安全性评价，并根据经审定的地震安全性评价报告确定抗震设防要求；

（三）位于地震动参数区划分界线8公里区域和地震研究程度、资料详细程度较差地区的建设工程，应当进行地震动参数复核，并根据地震动参数复核结果确定抗震设防要求；

（四）学校、医院、商场、体育场馆等人员密集场所的建设工程，应当按照国家有关规定，高于当地房屋建筑的抗震设防要求进行设计和施工。

建设单位对建设工程的抗震设计、施工的全过程负责，设计、施工、工程监理等单位依法对建设工程的抗震设计、施工质量负责。

**第二十五条**　县级以上人民政府应当全面落实抗震设防要求，将建设工程的抗震设防要求纳入基本建设管理程序，加强对建设工程的勘察、设计、施工、监理、竣工验收等环节的抗震设防质量监督和管理。

地震工作主管部门、住房和城乡建设部门应当加强抗震设防工作协调，科学确定和运用各类建设工程抗震设防要求，确保建设工程强制性标准与抗震设防要求的相互衔接。对地震重点监视防御区、人口稠密区和经济发达地区的交通、电力、通信、供水供气、水利等基础设施的抗震设防，应当根据实际情况适当提高设防标准，以增强其紧急情况下抗震抢险和救灾的能力。

各级项目审批部门和设计图审查部门应当将地震工作主管部门确定的建设工程抗震设防要求作为项目审查、设计审核和竣工验收的依据和必备内容。

**第二十六条**　县级以上人民政府应当组织有关部门按照国家有关规定，对未采取抗震设防措施或者抗震设防措施未达到要求的既有建筑，进行抗震性能鉴定，并由产权单位依照抗震设防要求采取必要的抗震加固措施。学校、医院、商场、体育场馆等人员密集场所的建设工程应当优先组织鉴定和加固。具体办法由省人民政府规定。

**第二十七条**　县级以上人民政府应当加强农村村民住宅和乡村公共设施抗震设防的指导和管理，结合新农村建设、村庄整治以及危房改造等，推广适合不同地区的抗震设计和施工技术，建设抗震示范工程，支持、引导农村建造符合抗震设防要求的住宅和设施。

对建制镇、集镇规划区公用建筑以及因扶贫搬迁、移民搬迁、灾区重建等而集中建设的村民住宅工程，应当按照抗震设防要求和建设工程的强制性标准进行抗震设防。

**第二十八条**　县级以上人民政府应当利用广场、绿地、公园、学校、体育场馆等公共场所和设施，合理确定地震应急避难场所，统筹安排应急避难所需交通、供水、供电、排污等基础设施建设。

学校、医院、商场、体育场馆等人员密集场所应当设置地震应急疏散通道，并配备必要的救生避险设施。

地震应急避难场所、应急疏散通道应当设置明显的指示标志。

**第二十九条**　机关、团体、企业事业单位应当按照所在地人民政府的要求，结合实际情况，制定防震减灾工作制度，落实相关措施，组织开展地震应急知识的宣传普及活动和地震应急救援演练。地震工作主管部门应当给予专业指导和帮助。

学校应当将防震减灾知识纳入公共安全教学内容，加强对学生和教师职工地震应急知识教育，每学年组织一次以上地震应急救援和疏散演练，增强师生的安全避险和自救互救能力。

报刊、广播、电视、互联网站等公众媒体应当开展地震灾害预防和应急、自救互救知识的公益宣传。

## 第四章　地震应急救援、灾后安置和重建

**第三十条**　各级人民政府及其有关部门应当加强抗震救灾指挥体系建设，制定地震应急预案，建立和完善相关制度和保障系统，明确职责分工，组织联合演练，健全指挥调度、协调联动、信息共享、社会动员等工作机制，提高地震应急救援、灾后安置组织指挥和应变能力。

**第三十一条**　各级人民政府制定本行政区域的地震应急预案，报上一级人民政府地震工作主管部门备案。省会城市地震应急预案，同时报国务院地震工作主管部门备案。

县级以上人民政府有关部门，根据本级人民政府地震应急预案，制定本部门地震应急预案，并报同级地震工作主管部门备案。

交通、水利、电力、通信、供水供气等基础设施和学校、医院、商场、体育场馆等人员密集场所的经营管理单位，以及可能发生次生灾害的核电站、矿山、危险物品的生产经营单位，应当制定本单位地震应急预案，并报所在地县级人民政府地震工作主管部门备案。

地震应急预案应当根据实际需要和形势变化适时修订。

地震重点监视防御区的市、县、乡镇人民政府、街道办事处应当适时组织开展地震应急预案演练，检验预案执行情况，完善地震应急预案体系和联动协调机制。

**第三十二条**　省人民政府和地震重点监视防御区的市、县级人民政府建立地震灾害紧急救援队伍。地震灾害紧急救援队伍可以依托现有消防或者其他应急救援队伍组建，也可以单独组建。

地震重点监视防御区的乡镇人民政府、街道办事处依托专职消防队、治安联防消防队建立地震灾害紧急救援队伍，承担应急救援工作。

地震灾害紧急救援队伍应当配备相应的装备和器材，开展培训和演练，提高救援能力。

**第三十三条**　鼓励、支持社区、村（居）民委员会、企业事业单位根据需要建立志愿救援队伍，开展群众性自防自救工作。

鼓励各类志愿者组织参与应急救援、抗震救灾活动。

**第三十四条**　县级以上人民政府及其地震工作主管部门和其他有关部门，应当组织地震灾害紧急救援队伍、地震灾害志愿者队伍开展培训和演练，提高救援人员的应急救援和安全防护能力。

**第三十五条**　临震预报发布后，相关区域的各级人民政府应当立即采取下列措施：

（一）加强震情监视，及时报告、通报震情变化；

（二）责成交通、水利、电力、通信、供水供气等基础设施和学校、医院、商场、体育场馆等人员密集场所经营管理单位，以及核电站、矿山、危险物品的生产经营单位立即采取紧急防护措施；

（三）责令地震灾害紧急救援队伍和负有特定职责的人员进入待命状态；

（四）适时组织群众疏散；

（五）采取维护社会秩序稳定的措施；

（六）加强地震应急知识和避险技能宣传；

（七）督促落实抢险救灾准备工作。

**第三十六条**　地震灾害发生后，各级人民政府应当按照有关规定立即启动地震应急预案。抗震救灾指挥机构应当立即组织有关部门和单位迅速调查受灾情况，提出地震应急救援力量配置方案，采取国家规定的紧急措施，并根据需要采取以下措施：

（一）组织有关企业生产应急救援物资，组织、协调社会力量提供援助；

（二）按规定为运送抗震救灾物资、设备、救援人员和灾区伤病员的车辆提供免费通行等服务；

（三）向单位和个人征用、调用应急救援所需设备、设施、场地、交通工具和其他物资；

（四）组织、调配志愿者和灾区群众有序参加抗震救灾活动，并为其提供信息和后勤保障等服务；

（五）组织新闻媒体及时、准确报道震情、灾情及抗震救灾等信息。

**第三十七条**　地震灾害发生后，省人民政府应当及时组织对地震灾害损失进行调查评估，为地震应急救援、灾后过渡性安置和恢复重建提供依据。

地震灾区的县级以上人民政府地震工作主管部门以及环境保护、卫生、国土资源、水利等有关部门应当对环境、卫生防疫、次生灾害等进行监测和评估，并采取有效的防范措施。

**第三十八条**　地震灾区各级人民政府应当妥善做好受灾群众的过渡性安置工作，组织开展生产自救。

设置过渡性安置点应当考虑环境安全、交通、防疫、防火、防洪、基本农田保护等因素，配套建设必要的基础设施和公共服务设施，确保受灾群众的安全和基本生活需要。

过渡性安置点所在地的有关部门应当对次生灾害、饮用水水质、食品卫生、疫情等加强监测，组织流行病学调查，开展心理辅导，整治环境卫生。公安机关应当加强治安管理，维护社会秩序。

**第三十九条**　特别重大地震灾害发生后，省人民政府应当配合国家有关部门，编制地震灾后恢复重建规划。重大、较大及一般地震灾害发生后，省人民政府应当根据实际需要，组织有关部门和地震灾区的市、县级人民政府编制地震灾后恢复重建规划。

编制地震灾后恢复重建规划，应当征求有关部门、单位、专家和公众特别是地震灾区受灾群众的意见；重大事项应当组织有关专家进行专题论证。

## 第五章　监督检查

**第四十条**　县级以上人民政府及其有关部门对下列防震减灾事项组织开展监督检查：

（一）防震减灾规划的编制与实施；

（二）防震减灾工作经费保障；

（三）地震监测台网的规划、建设、运行，监测设施和监测环境的保护；

（四）建设工程抗震设防措施与管理；

（五）地震灾害紧急救援队伍的建设；

（六）地震应急预案的编制与演练，地震应急避难场所的设置与管理；

（七）抗震救灾物资储备；

（八）防震减灾知识宣传教育；

（九）其他防震减灾工作。

**第四十一条** 县级以上人民政府住房和城乡建设、交通、铁路、水利、电力、地震等有关部门应当按照职责分工，加强对工程建设强制性标准、抗震设防要求执行情况和地震安全性评价工作的监督检查。

**第四十二条** 县级以上人民政府卫生、食品药品监督、质量技术监督、工商行政管理、价格等有关部门和单位，应当加强对抗震救灾所需食品、药品、消毒产品、建筑材料等物资质量、价格的监督检查。

**第四十三条** 县级以上人民政府地震、财政、民政等有关部门和审计机关应当加强对地震应急救援、地震灾后过渡性安置和恢复重建资金、物资以及社会捐赠款物使用情况的监督管理。

## 第六章 法律责任

**第四十四条** 违反本条例规定，法律、行政法规有处罚规定的，从其规定。

**第四十五条** 违反本条例第十三条规定，未按照要求建设专用地震监测台网和强震动设施的，由县级以上人民政府地震工作主管部门责令限期改正；逾期不改正的，处 5000 元以上 5 万元以下的罚款。

**第四十六条** 违反本条例第二十一条规定，爆破单位在实施爆破作业前未履行告知义务的，由爆破作业实施地县级以上人民政府地震工作主管部门给予警告；情节严重的，并处 2000 元以上 5000 元以下的罚款。

**第四十七条** 违反本条例第二十四条第一款第（二）项规定，未进行地震安全性评价，或者未按照地震安全性评价报告确定的抗震设防要求进行抗震设防的，由县级以上人民政府地震工作主管部门责令限期改正；逾期不改正的，处 3 万元以上 30 万元以下的罚款。

**第四十八条** 违反本条例第二十四条第一款第（一）、（三）、（四）项规定，对不需要进行地震安全性评价的建设工程，建设单位未按照地震工作主管部门确定的抗震设防要求进行抗震设防的，由县级以上人民政府地震工作主管部门会同有关部门责令限期改正；逾期不改正的，处 1 万元以上 10 万元以下的罚款。

**第四十九条** 制造、散布地震谣言，引发群众恐慌，扰乱社会秩序，构成违反治安管理行为的，由公安机关依法处理；构成犯罪的，依法追究刑事责任。

**第五十条** 县级以上人民政府地震工作主管部门以及其他有关行政管理部门的国家工作人员，在防震减灾工作中玩忽职守、滥用职权、徇私舞弊的，由其所在单位或者监察机关依法给予行政处分；构成犯罪的，依法追究刑事责任。

## 第七章 附 则

**第五十一条** 本条例自 2011 年 12 月 1 日起施行。2001 年 5 月 31 日湖北省第九届人民代表大会常务委员会第二十五次会议通过的《湖北省实施〈中华人民共和国防震减灾法〉办法》同时废止。

# 9. 湖南省自然灾害救助应急预案

## 1. 总则

### 1.1 编制目的

建立健全应对自然灾害救助体系和运行机制，规范应急救助行为，提高应急救助能力，最大程度地减少人民群众生命和财产损失，维护灾区社会稳定。

### 1.2 编制依据

《中华人民共和国突发事件应对法》、《自然灾害救助条例》、《国家自然灾害救助应急预案》、《湖南省实施＜中华人民共和国突发事件应对法＞办法》、《湖南省突发公共事件总体应急预案》等法律法规和有关规定。

### 1.3 适用范围

本预案适用于本省行政区域内自然灾害救助工作。

### 1.4 工作原则

坚持以人为本，确保受灾人员基本生活；坚持统一领导、综合协调、分级负责、属地管理为主；坚持政府主导、社会互助、灾民自救，充分发挥基层群众自治组织和公益性社会组织的作用。

## 2. 应急指挥体系及职责

省、市州、县市区人民政府设立减灾委员会，负责组织、领导本行政区域的自然灾害救助工作。

### 2.1 应急组织机构

省人民政府设立省减灾委员会(以下简称省减灾委)，由省人民政府分管副省长任主任，省人民政府副秘书长、省民政厅厅长、省发改委副主任、省财政厅副厅长任副主任，省农业厅、省林业厅、省水利厅、省国土资源厅、省住房和城乡建设厅、省交通运输厅、省卫生厅、省经信委、省公安厅、省教育厅、省科技厅、省环保厅、省广播电影电视局、省统计局、省地震局、省气象局、省军区司令部、武警湖南省总队、省红十字会等单位负责人为成员。

省减灾委办公室设在省民政厅，由省民政厅分管副厅长任办公室主任。

### 2.2 应急组织机构职责

#### 2.2.1 省减灾委

负责全省自然灾害的预防和应急处置工作；制定全省救灾工作方针、政策和规划；组织、领导全省救灾工作；协调开展重大减灾活动，指导市州、县市区开展减灾工作；统一调度全省自然灾害应急救援队伍和应急救援保障资源，统一协调驻湘部队、武警、预备役部队参加救灾工作；及时向省人民政府和民政部报告灾情及救灾工作情况，会同新闻部门发布重大、特别重大自然灾害信息；负责接待上级、外省（区、市）及国际、境外慰问团和核灾救灾工作组；负责灾后救助与恢复重建工作。

### 2.2.2 省减灾委办公室

承担省减灾委的日常工作；联络协调各成员单位做好应急准备、指导参与救灾工作；收集、汇总、评估、报告灾害相关信息、灾区需求和救灾工作情况，召开救灾会商会议，提出应对方案；协调落实对灾区的支持和帮助措施；承办省减灾委交办的其他事项。

### 2.2.3 省减灾委员会成员单位职责

省民政厅　负责救灾工作；组织核查并会同新闻部门发布灾情信息；管理、分配中央和省级救灾款物并监督使用；组织、指导救灾捐赠；承担省减灾委办公室工作。

省发改委　安排重大抗灾救灾基建项目，协调落实项目建设资金和以工代赈资金。

省财政厅　负责抗灾救灾资金安排、拨付和监督检查。

省农业厅　负责重大农业作物病虫草鼠害和动物疫病的防治工作，帮助、指导灾后农业生产恢复。

省林业厅　负责重大野生动物疫情、林业有害生物的监测、防治以及森林火灾的防范好应急处置工作。

省水利厅　掌握汛情、水旱灾情水利工程险情，组织、协调、指导全省防汛抗旱抢险救灾工作，负责灾后水利设施的修复。

省国土资源厅　负责地质灾害监测、预警；协助抢险救灾，协调重大地质灾害防治的监督管理。

省住房和城乡建设厅　负责将综合防灾纳入城乡规划，组织制定灾后恢复重建规划，指导灾后房屋和市政基础设施的抗震鉴定、修复、重建等工作。

省交通运输厅　负责抗灾救灾人员、物资的公路、水路运输，组织转移灾民所需的车船交通工具，抢修被毁公路、航道等交通基础设施。

省卫生厅　组织抢救伤病员；开展疫情和环境卫生监测；实施卫生防疫和应急处置措施，组织专家赴灾区开展心理援助。

省经信委　负责灾区无线电信号的监测及管制。

省公安厅　指导、协助维护灾区治安秩序、疏导交通；加强安全防范，保卫重点目标，打击违法犯罪；协助组织紧急疏散转移、解救群众等工作。

省教育厅　帮助灾区恢复正常教学秩序，做好校舍恢复重建工作。

省科技厅　负责安排重大救灾科研项目。

省环保厅　组织、协调灾区环境污染情况的监测与评估。

省广播电影电视局　负责灾区广播、电视系统设施的恢复工作。

省统计局　协助分析灾害情况和制定统计标准。

省地震局　负责地震现场监测和分析预报，开展地震灾害调查与损失评估，参与制定地震灾区重建规划。

省气象局　负责气象灾害的监测、预警、预报，做好救灾气象保障服务工作。

省军区司令部　组织、协调军队、民兵和预备役部队参加抢险救灾。必要时，协助灾区人民政府进行灾后恢复重建工作。

武警湖南省总队　组织所属部队参加救灾，协助当地公安部门维护灾区秩序和社会治安，协助当地政府转移群众及重要物资。

省红十字会　依法开展救灾工作和社会募捐，通过中国红十字总会向境外和国际社会发出救助呼吁；根据捐赠者意愿，接收、管理、分发救灾款物并监督使用；组织红十字医疗队参与灾区伤员救治工作。

**3. 预警机制**

3.1 预警信息

省有关部门（单位）发布气象灾害、地震趋势、汛情、旱情、地质灾害、森林火灾和林业生物灾害预警信息时应及时通报省减灾委办公室。

省减灾委办公室根据有关部门（单位）提供的灾害预警预报信息，结合预警地区的自然条件、人口和社会经济情况进行分析评估，及时启动救灾预警响应，向民政部、省委、省人民政府报告，并通报省减灾委成员单位和相关市州、县市区。

3.2 灾情管理

县市区民政部门按照《自然灾害情况统计制度》，做好灾情信息收集、汇总、分析、上报工作。

3.2.1 对于突发性自然灾害，县市区民政部门应在灾害发生后 2 小时内将本级灾情和救灾工作情况向市州民政部门报告；市州和省民政部门在接报灾情信息 2 小时内向上一级民政部门报告。

对于本行政区域内造成死亡人口（失踪）10 人以上或房屋大量倒塌、农田大面积受灾等严重损失的自然灾害，县市区民政部门应在灾害发生后 2 小时内同时上报省民政厅和民政部。

3.2.2 特别重大、重大自然灾害灾情稳定前，灾区各级民政部门执行灾情 24 小时零报告制度。

3.2.3 对于旱灾，灾区各级民政部门应在旱情初现、群众生产生活受到一定影响时初报；在旱情发展过程中，每 10 日续报一次，直至灾情解除后核实上报结果。

3.2.4 县级以上人民政府要建立健全灾情会商制度，减灾委或民政部门要定期或不定期组织相关部门召开灾情会商会，全面客观评估、核定灾情数据。

3.3 救灾预警响应

3.3.1 启动条件

省相关部门（单位）发布自然灾害预警信息，出现可能威胁人民生命财产安全、影响基本生活，需要提前采取应对措施的情况。

3.3.2 启动程序

省减灾委办公室根据有关部门（单位）发布的灾害预警信息，决定启动救灾预警响应。

3.3.3 救灾预警响应措施

减灾预警响应启动后，省减灾委办公室立即组织协调相关工作。视情采取以下措施：

（1）及时向省减灾委领导、省减灾委成员单位报告并向社会发布预警响应启动情况；向相关市州、县市区发出灾害预警响应信息，提出灾害救助工作要求。

（2）加强值班，根据有关部门（单位）发布的灾害监测预警信息分析评估灾害可能造成的损失。

（3）通知有关救灾物资储备库做好救灾物资准备工作，启动与交通运输、铁路、民航等部门（单位）应急联动机制，做好救灾物资调运准备，紧急情况下提前调拨。

（4）派出预警响应工作组，实地了解灾害风险情况，检查各项救灾准备及应对工作情况。

（5）及时向民政部、省委、省人民政府报告预警响应工作情况。

（6）做好启动救灾应急响应的各项准备工作。

3.3.4 救灾预警响应终止

灾害风险解除或发展为灾害后，省减灾委办公室决定预警响应终止。

### 4. 应急响应

省减灾委设定Ⅳ、Ⅲ、Ⅱ、Ⅰ等四个省级自然灾害救助应急响应等级。

4.1 Ⅳ级响应

4.1.1 启动条件

（1）某一市州或相邻跨市州几个县市区行政区域内，发生重大自然灾害，一次灾害过程出现下列情况之一的：死亡失踪10人以上20人以下；紧急转移安置或需紧急生活救助3万人以上5万人以下；倒塌房屋和严重损坏房屋0.3万间以上0.5万间以下；旱灾造成缺粮或缺水等生活困难，需政府救助人数占农业人口15%以上或60万人以上。

有关数量表述中"以上"含本数，"以下"不含本数。

（2）省人民政府决定的其他事项。

4.1.2 启动程序

灾害发生后，省减灾委办公室经分析评估，认定灾情达到启动标准，由省减灾委办公室常务副主任决定进入Ⅳ级应急响应。

4.1.3 响应措施

省减灾委办公室组织、协调自然灾害救助工作。

（1）省减灾委办公室视情组织有关部门（单位）召开会商会，分析灾区形势，研究落实对灾区的救灾支持措施。

（2）省减灾委办公室派出工作组赶赴灾区慰问受灾群众，核查灾情，指导地方开展救灾工作。

（3）省减灾委办公室与灾区保持密切联系，及时掌握并按照有关规定会同新闻部门发布灾情和救灾工作信息。

（4）根据灾区申请和有关部门（单位）对灾情的核定情况，省财政厅、省民政厅按照应急资金拨付程序及时下拨省级救灾资金并监督使用。省减灾委办公室为灾区紧急调拨生活救助物资，指导、监督基层落实救灾应急措施和发放救灾款物。卫生部门指导灾区做好医疗救治、卫生防病等工作。

（5）省减灾委其他成员单位按照职责分工，做好有关工作，督促落实救灾应急措施。

4.1.4 响应终止

救灾应急工作结束后，由省减灾委办公室决定终止Ⅳ级响应。

4.2 Ⅲ级响应

4.2.1 启动条件

（1）某一市州或相邻跨市州几个县市区行政区域内，发生重大自然灾害，一次灾害过程出现下列情况之一的：死亡失踪20人以上50人以下；紧急转移安置或需紧急生活救助5万人以上，10万人以下；倒塌和严重损坏房屋0.5万间以上1万间以下；干旱灾害造成缺粮或缺水等生活困难，需政府救助人数占农业人口20%以上或100万人以上。

（2）省人民政府决定的其他事项。

### 4.2.2 启动程序

灾害发生后，省减灾委办公室经分析评估，认定灾情达到启动标准，向省减灾委提出进入Ⅲ级响应的建议；省减灾委秘书长（省民政厅副厅长）决定进入Ⅲ级应急响应。

### 4.2.3 响应措施

省减灾委秘书长组织协调自然灾害救助工作。

（1）省减灾委立即将灾情和救灾工作情况报告省委、省人民政府和国家有关部门（单位），请求国家救灾主管部门给予支持。

（2）省减灾委办公室及时组织有关部门（单位）及受灾市州召开会商会，分析灾区形势，研究落实对灾区的救灾支持措施。

（3）派出由省民政厅负责同志带队、有关部门（单位）参加的联合工作组赶赴灾区慰问受灾群众，核查灾情，指导救灾工作。

（4）省减灾委办公室与灾区保持密切联系，及时掌握并按规定会同新闻部门发布灾情和救灾工作动态信息。有关部门（单位）做好新闻宣传等工作。

（5）省民政厅、省财政厅及时向民政部、财政部申请中央自然灾害救助应急资金。

（6）根据灾区申请和有关部门对灾情的核定情况，省财政厅、省民政厅及时下拨中央和省本级的自然灾害生活补助资金。省民政厅为灾区紧急调拨生活救助物资，指导、监督基层落实救灾应急措施和发放救灾款物；交通运输、铁路、民航等部门（单位）加强救灾物资运输保障工作。卫生部门指导灾区做好医疗救治、卫生防病和心理援助工作。

（7）灾情稳定后，省减灾委办公室指导受灾市州、县市区评估、核定自然灾害损失情况，并根据需要开展灾害社会心理影响评估，组织开展灾后救助和心理援助。

（8）省减灾委其他成员单位按照职责分工，做好有关工作，督促落实救灾应急措施。

### 4.2.4 响应终止

救灾应急工作结束后，由省减灾委办公室提出建议，省减灾委秘书长（省民政厅副厅长）决定终止Ⅲ级响应。

## 4.3 Ⅱ级响应

### 4.3.1 启动条件

（1）某一市州或者相邻跨市州几个县市行政区域内，发生重大自然灾害，一次灾害过程出现下列情况之一的：死亡失踪50人以上80人以下；紧急转移安置或需紧急生活救助10万人以上30万人以下；倒塌和严重损坏房屋1万间以上10万间以下；干旱灾害造成缺粮或缺水等生活困难，需政府救助人数占农业人口25%以上或200万人以上。

（2）省人民政府决定的其他事项。

### 4.3.2 启动程序

灾害发生后，省减灾委办公室经分析评估，认定灾情达到启动标准，向省减灾委提出进入Ⅱ级响应的建议；省减灾委副主任（省民政厅厅长）决定进入Ⅱ级响应状态。

### 4.3.3 响应措施

由省减灾委副主任（省民政厅厅长）组织协调自然灾害救助工作。

（1）省减灾委立即将灾情和救灾工作情况报告省委、省人民政府和国家有关部门（单位），请求国家救灾主管部门给予支持。

（2）省减灾委副主任主持召开会商会，省减灾委成员单位及有关受灾市州、县市区人民政府参加，分析灾区形势，研究落实对灾区的救灾支持措施。

（3）省人民政府负责同志率有关部门（单位）人员赶赴灾区慰问受灾群众，核查灾情，指导救灾工作。

（4）省减灾委办公室与灾区保持密切联系，及时掌握灾情和救灾工作信息；组织灾情会商，按规定会同新闻部门发布灾情，及时发布灾区需求。有关部门（单位）按照职责做好灾害监测、预警、预报和新闻宣传工作。

（5）省民政厅、省财政厅及时向民政部、财政部申请中央自然灾害救助应急资金。

（6）根据灾区申请和有关部门（单位）对灾情的核定情况，省财政厅、省民政厅及时下拨中央和省本级自然灾害生活补助资金。省民政厅为灾区紧急调拨生活救助物资，指导、监督基层落实救灾应急措施和发放救灾款物；交通运输、铁路、民航等部门（单位）加强救灾物资运输保障工作。卫生部门根据需要，及时派出医疗卫生队伍赴灾区协助开展医疗救治、卫生防病和心理援助等工作。

（7）省民政厅、省减灾委办公室视情开展救灾捐赠活动，适时向社会公布灾情和灾区需求，主动接收并及时下拨捐赠款物，公示其接收和使用情况。湖南省红十字会依法开展救灾募捐活动，参加救灾和伤员救治工作。

（8）灾情稳定后，省减灾委办公室组织评估、核定并按有关规定发布自然灾害损失情况，开展灾害社会心理影响评估，根据需要组织开展灾后救助和心理援助。

（9）省减灾委其他成员单位按照职责分工，做好有关工作，督促救灾应急措施的落实。

### 4.3.4 响应终止

救灾应急工作结束后，由省减灾委秘书长（省民政厅副厅长）提出终止建议，由省减灾委副主任（省民政厅厅长）决定终止Ⅱ级响应。

### 4.4 Ⅰ级响应

#### 4.4.1 启动条件

（1）某一市州或者相邻跨市州几个县市行政区域内，发生特别重大自然灾害，一次灾害过程出现下列情况之一的：死亡失踪80人以上；紧急转移安置或需紧急生活救助30万人以上；倒塌和严重损坏房屋10万间以上；干旱灾害造成缺粮或缺水等生活困难，需政府救助人数占农牧业人口30%以上或250万人以上。

（2）省人民政府决定的其他事项。

#### 4.4.2 启动程序

灾害发生后，省减灾委办公室经分析评估，认定灾情达到启动标准，由省减灾委副主任（省民政厅厅长）向省减灾委主任（省人民政府副省长）提出启动Ⅰ级响应的建议；省减灾委主任决定启动Ⅰ级应急响应。

#### 4.4.3 响应措施

由省减灾委统一领导、组织自然灾害减灾救灾工作。

（1）省减灾委立即将灾情和救灾工作情况报告省委、省人民政府和国家有关部门（单位），请求国家救灾主管部门给予支持。

（2）省减灾委主持会商，省减灾委成员单位及有关受灾市州、县市区人民政府参加，对救灾的重大事项作出决定。

（3）省人民政府负责同志率有关部门（单位）人员赶赴灾区慰问受灾群众，核查灾情，指导开展救灾工作。

（4）省减灾委办公室组织灾情会商，按规定会同新闻部门发布灾情，及时发布灾区需求。有关部门（单位）按照职责做好灾害监测、预警、预报和新闻宣传工作。

（5）省民政厅、省财政厅及时向民政部、财政部申请中央自然灾害救助应急资金。

（6）根据灾区申请和有关部门（单位）对灾情的核定情况，省财政厅、省民政厅及时下拨中央和省本级自然灾害生活补助资金。省民政厅为灾区紧急调拨生活救助物资，指导、监督基层落实救灾应急措施和发放救灾款物；交通运输、铁路、民航等部门（单位）做好运输保障工作。卫生部门根据需要，及时派出医疗卫生队伍赴灾区协助开展医疗救治、卫生防病和心理援助等工作。

（7）省公安厅负责灾区社会治安维护、交通疏导和协助组织灾区群众紧急转移，配合有关救灾工作。省军区司令部、武警湖南省总队根据有关部门（单位）和灾区人民政府请求，组织协调军队、武警、民兵、预备役部队参加救灾，必要时协助灾区运送、装卸、发放救灾物资。

（8）省发改委、省农业厅、省商务厅、省粮食局保障生活必需品市场供应和价格稳定。省经信委组织基础电信运营企业做好应急通信保障工作，组织协调救援装备、防护和消杀用品、医药等生产供应工作。省住房和城乡建设厅指导灾后房屋和市政公用基础设施的质量安全鉴定等工作。

（9）省民政厅、省减灾委办公室视情组织开展救灾捐赠活动，适时向社会发布灾情和灾区需求；主动接收并及时下拨社会各界捐赠款物，公示其接收和使用情况。湖南省红十字会依法开展救灾募捐活动，参加救灾和伤员救治工作。

（10）灾情稳定后，省减灾委办公室组织评估、核定并按有关规定统一发布自然灾害损失情况，开展灾害社会心理影响评估，并根据需要组织开展灾后救助和心理援助。

（11）省减灾委其他成员单位按照职责分工，做好有关工作，督促落实救灾应急措施。

4.4.4 响应终止

救灾应急工作结束后，由省减灾委办公室提出建议，省减灾委决定终止Ⅰ级响应。

**5. 应急保障**

5.1 资金保障

省、市州、县市区人民政府按照救灾工作分级负责、救灾资金分级负担，以地方为主的原则，建立合理的救灾资金分担机制，并逐步加大救灾资金投入。

5.1.1 县级以上人民政府应当将自然灾害救助工作纳入国民经济和社会发展规划，建立健全与自然灾害救助需求相适应的资金、物资保障机制，将自然灾害救助资金和自然灾害救助工作经费纳入财政预算。

5.1.2 省财政每年综合考虑有关部门（单位）灾情预测和上年度实际支出等因素，合理安排省级自然灾害生活补助资金，专项用于帮助解决遭受特别重大、重大自然灾害地区受灾群众的基本生活困难。

5.1.3 救灾预算资金不足时，各级财政通过预备费保障受灾群众生活救助需要。

5.2 物资保障

5.2.1 合理规划、建设地方救灾物资储备库，完善救灾物资储备库的仓储条件、设施和功能，形成救灾物资储备网络。省减灾委在全省建立1个省级和14个市州级救灾物资储备库，自然灾害多发、易发地区的县级人民政府应当根据实际情况，按照合理布局、规模适度的原则，设立救灾物资储备库。

5.2.2 制定救灾物资储备规划，建立健全救灾物资采购和储备制度，合理确定储备品种和规模；加强救灾物资储备能力建设，建立生产厂家名录，健全应急采购和供货机制。

5.2.3 各级人民政府应建立健全救灾物资应急保障和补偿机制以及救灾物资紧急调拨和运输制度。

5.3 通信和信息保障

5.3.1 以公用通信网为基础，合理组建灾情专用通信网络。通信运营部门应依法保障灾情信息的传送畅通。

5.3.2 加强省、市州、县市区三级灾情管理信息系统建设，确保省人民政府及时准确掌握重大自然灾害信息。

5.3.3 充分利用现有资源、设备，完善灾情和数据产品共享平台，完善部门间灾情共享机制。

5.4 设备保障

5.4.1 省各有关部门（单位）应配备救灾管理工作必需的设备和装备。县级以上人民政府应当建立健全自然灾害救助应急指挥技术支撑系统，并配备必要的交通、通信等设备。各级减灾委办公室应配备救灾必需的车辆、移动（卫星）电话、计算机、摄（录）像机和全球卫星定位系统等设备和装备。

5.4.2 县级以上地方人民政府应利用公园、广场、体育场馆等公共设施，统筹规划设立应急避难场所，并设置明显标志。

5.5 人力保障

5.5.1 加强各级各类自然灾害专业救援队伍和民政灾害管理人员队伍建设，培育和引导相关社会组织和志愿者队伍，提高自然灾害救助能力。

5.5.2 组织有关方面专家，重点开展灾情会商、赴灾区的现场评估及灾害管理的业务咨询工作。

5.5.3 推行灾害信息员培训和职业资格证书制度，建立健全各级灾害信息员队伍。村民（居民）委员会和企事业单位应设立专兼职灾害信息员。

5.6 社会动员保障

5.6.1 省民政厅、省减灾委办公室要完善救灾捐赠管理相关政策，建立健全救灾捐赠动员、运行和监管机制，规范救灾捐赠的组织发动、款物接收、统计、分配、使用、公示、表彰等工作。

5.6.2 省民政厅、省减灾委办公室应建立健全社会捐助接收站、点，形成经常性社会捐助接收网络。

5.6.3 要完善非灾区支援灾区、轻灾区支援重灾区的救助对口支援机制。

## 6. 灾后救助与恢复重建

6.1 过渡性生活救助

6.1.1 特别重大、重大灾害发生后，省减灾委办公室组织有关部门（单位）、专家及灾区民政部门评估灾区过渡性生活救助需求情况。

6.1.2 省财政厅、省民政厅及时拨付过渡性生活救助资金。省民政厅指导灾区做好过渡性救助的人员核定、资金发放等工作。

6.1.3 省财政厅、省民政厅监督检查灾区过渡性生活救助政策和措施的落实，定期通报灾区救助工作情况，过渡性生活救助工作结束后组织人员进行绩效评估。

6.2 冬春救助

自然灾害发生后的当年冬季、次年春季，灾区人民政府为生活困难的受灾人员提供基本生活救助。

6.2.1 省民政厅组织各地于每年9月下旬开始调查受灾群众冬、春季生活困难情况，会同各级民政部门，组织有关专家赴灾区开展评估，核实情况。

6.2.2 灾区县级民政部门应当在每年9月底前统计、评估本行政区域受灾人员当年冬季、次年春季的基本生活困难和需求，核实救助对象，编制工作台账，制定救助工作方案，经本级人民政府批准后组织实施，并报上一级民政部门备案。

6.2.3 根据各级人民政府或民政、财政部门的请款报告，结合灾情评估情况，省财政厅、省民政厅确定资金补助方案，及时下拨中央和省级自然灾害生活补助资金，专项用于帮助解决受灾群众冬、春季吃饭、穿衣、取暖等基本生活困难。

6.3 倒损住房恢复重建

因灾倒损住房恢复重建由县市区人民政府负责组织实施，以受灾户自建为主。建房资金通过政府救助、社会互助、邻里帮工帮料、以工代赈、自行借贷、政策优惠等多种途径解决。重建规划和房屋设计要因地制宜，科学合理布局，充分考虑灾害因素。

6.3.1 灾情稳定后，县市区民政部门和减灾委办公室立即组织灾情核定，建立因灾倒塌房屋台账。市州民政局和减灾委办公室将本市州因灾倒塌房屋情况报省民政厅和省减灾委办公室。

省民政厅、省减灾委办公室会同省有关部门（单位）或专家赴灾区开展因灾倒塌房屋等灾情评估，制定恢复重建工作方案，报省人民政府和民政部。

6.3.2 根据市州人民政府向省人民政府的申请，结合评估小组的倒房情况评估结果，省财政厅会同省民政厅下拨倒损住房恢复重建补助资金，专项用于灾民倒房恢复重建。

6.3.3 倒房恢复重建工作结束后，各级民政部门应采取实地调查、抽样调查等方式，对本地倒损住房恢复重建补助资金管理工作开展绩效评估，并将评估结果报上一级民政部门。省民政厅收到市州级人民政府民政部门上报的绩效评估情况后，派出督查组对全省倒损住房恢复重建补助资金管理工作进行绩效评估。

6.3.4 住房和城乡建设部门负责倒损住房恢复重建的技术支持和质量监督等工作。其他相关部门（单位）按照各自职责，做好重建规划、选址，依法依规制定出台优惠政策，支持做好住房重建工作。

6.4 其他设施重建

发展改革、教育、财政、住房和城乡建设、交通运输、水利、农业、卫生、广播电视、电力、通信、金融等部门（单位）做好灾区教育、医疗、水利、电力、交通、通信、供排水、广播电视等设施的恢复重建工作。

**7. 监督管理**

7.1 救助款物监管

建立健全监察、审计、财政、民政、金融等部门参与的救灾专项资金监管协调机制。

各级民政、财政部门对救灾资金管理使用，特别是基层发放工作进行专项检查，跟踪问效。各有关地区和部门（单位）要配合监察、审计部门对救灾款物和捐赠款物的管理使用情况进行监督检查。

7.2　宣传、培训和演练

省民政厅、省减灾委办公室会负责组织开展本预案的宣传、培训，定期或不定期地组织开展预案演练，增强灾害应急救助能力。

7.3　奖励与责任

对在自然灾害救助工作中作出突出贡献的先进集体和个人，按照国家有关规定给予表彰和奖励；对在自然灾害救助工作中玩忽职守造成损失的，严重虚报、瞒报灾情的，依据国家有关法律法规追究当事人的责任，构成犯罪的，依法追究其刑事责任。

**8. 附则**

8.1　预案管理与更新

省民政厅根据情况变化，及时修订完善本预案。

8.2　预案制定与实施

本预案经省人民政府批准后实施，由省人民政府办公厅印发，自公布之日起施行。

湖南省政府网站　时间：2013/01/07

# 10. 江苏省防震减灾条例

## 第一章 总　则

**第一条**　为了防御和减轻地震灾害，保护人民生命和财产安全，促进经济社会的可持续发展，根据《中华人民共和国防震减灾法》等法律、行政法规，结合本省实际，制定本条例。

**第二条**　在本省行政区域内从事防震减灾活动，适用本条例。

**第三条**　防震减灾是社会公益事业，是公共安全的重要组成部分。

防震减灾工作实行预防为主、防御与救助相结合的方针。

**第四条**　县级以上地方人民政府应当将防震减灾工作纳入本级国民经济和社会发展规划，所需经费列入财政预算，其经费投入应当与国民经济发展和财政收入增长相适应。

**第五条**　县级以上地方人民政府应当加强对防震减灾工作的领导，建立健全防震减灾工作体系，建立和完善防震减灾工作管理责任制，组织有关部门和单位做好防震减灾工作。

县级以上地方人民政府负责管理地震工作的部门和发展改革、建设、民政、卫生、公安、教育、民防以及其他有关部门，按照职责分工，各负其责，密切配合，共同做好防震减灾工作。

**第六条**　县级以上地方人民政府抗震救灾指挥机构负责统一领导、指挥和协调本行政区域的抗震救灾工作，其日常工作由本级人民政府负责管理地震工作的部门承担。

**第七条**　县级以上地方人民政府负责管理地震工作的部门应当会同有关部门，根据上一级防震减灾规划和本地区震情、震害预测结果，编制本行政区域的防震减灾规划，报本级人民政府批准后组织实施。

防震减灾规划应当与土地利用总体规划、城乡规划等相关规划相衔接。

**第八条**　省、设区的市人民政府及其发展改革、科技等部门应当将防震减灾重大科研项目列入科技发展规划，加大科研投入，支持防震减灾科学研究和科技创新，加强对外交流与合作。

鼓励和支持高校、科研机构、企业研究开发用于防震减灾的新技术、新装备、新材料。

**第九条**　县级以上地方人民政府应当建立和完善地震宏观测报、地震灾情速报和防震减灾宣传网络。乡镇人民政府和街道办事处应当配备防震减灾专兼职工作人员。

**第十条**　地方各级人民政府及其有关部门应当组织开展防震减灾知识的宣传教育工作，把防震减灾知识纳入国民素质教育体系及中小学公共安全教育纲要，并作为各级领导干部和公务员培训教育的重要内容，推进地震安全社区、防震减灾科普示范学校和教育基地等建设，提高全社会的防震减灾意识和应对地震灾害的能力。

机关、社会团体、企业、事业单位和村（居）民委员会等基层组织，应当在本单位、本区域开展防震减灾宣传教育活动，提高防震减灾宣传教育实效。

新闻媒体应当开展地震灾害预防和应急、自救互救知识的公益宣传，扩大防震减灾宣传教育覆盖面。

县级以上地方人民政府负责管理地震工作的部门应当指导、协助和督促有关单位做好防震减灾知识宣传教育。

**第十一条** 对在防震减灾工作中做出突出贡献的单位和个人，应当按照国家有关规定给予表彰和奖励。

## 第二章 地震监测预报

**第十二条** 县级以上地方人民政府应当加强地震监测预报工作，建立多学科地震监测系统和地震监测信息共享平台，逐步提高地震监测预报能力和水平。

沿海县级以上地方人民政府应当加强海域地震监测台网建设，提高近海海域地震监测预测能力。

**第十三条** 地震监测台网实行统一规划，分级、分类建设和管理。地震监测台网密度应当满足地震监测预报工作的需要。

全省地震监测台网由省级地震监测台网和市、县级地震监测台网组成，其建设资金和运行经费应当列入财政预算。

**第十四条** 大型水库、油田等重大建设工程，应当按照国家有关规定建设专用地震监测台网；大型水库大坝、跨江大桥、发射塔、城市轨道交通、一百五十米以上的超高层建筑等，应当按照地震监测台网规划设置强震动监测设施；核电站工程应当建设专用地震监测台网和强震动监测设施。

专用地震监测台网和强震动监测设施的建设由建设单位负责，运行和管理由建设单位或者营运单位、养护单位负责。

**第十五条** 建设地震监测台网应当遵守有关法律、法规，严格执行国家有关标准，确保建设质量。

地震监测站点建设可以利用废弃或者闲置的油井、矿井、钻井和其他地下工程等设施，并采取相应的安全保障措施。

**第十六条** 观测到可能与地震有关的异常现象的单位和个人，可以向所在地县级以上地方人民政府负责管理地震工作的部门报告，也可以直接向国务院地震工作主管部门报告。县级以上地方人民政府负责管理地震工作的部门接到报告后，应当进行登记并在收到报告之日起立即组织核实，并根据地震监测信息研究结果，对可能发生地震的地点、时间和震级作出预测。

**第十七条** 省人民政府负责管理地震工作的部门应当组织召开震情会商会，对地震预测意见和可能与地震有关的异常现象进行分析研究，形成震情会商意见，报省人民政府；经震情会商形成地震预报意见的，在报省人民政府前，应当组织专家进行评审，作出评审结果，并提出对策建议。

设区的市人民政府负责管理地震工作的部门可以组织召开震情会商会，形成的会商意见向省人民政府负责管理地震工作的部门报告。

**第十八条** 本省行政区域内的地震预报意见统一由省人民政府发布。

除发表本人或者本单位关于长期、中期地震活动趋势的研究成果，或者进行相关学术交流外，任何单位和个人不得向社会散布地震预测意见。任何单位和个人不得向社会散布地震预报意见及其评审结果。

新闻媒体刊登、播发地震预报消息，应当以国务院或者省人民政府发布的地震预报为准。与地震预报有关的宣传报道、文稿出版，应当经省人民政府负责管理地震工作的部门审核。

**第十九条** 省人民政府负责管理地震工作的部门根据地震活动趋势和震害预测结果，提出本省地震重点监视防御区的意见，报省人民政府批准。

地震重点监视防御区的县级以上地方人民政府应当组织有关部门加强防震减灾工作，做好震情跟踪、流动观测和可能与地震有关的异常现象观测以及群测群防工作，并及时将有关情况报上一级人民政府负责管理地震工作的部门。

**第二十条** 省、设区的市人民政府应当按照全国地震烈度速报系统建设的要求，建立和完善地震烈度速报系统，保障系统正常运行，为抗震救灾工作和工程建设提供依据。

## 第三章 地震灾害预防

**第二十一条** 设区的市以及位于地震重点监视防御区或者有地震活动断层通过的县（市、区）人民政府，应当组织有关部门开展地震活动断层探测、震害预测工作。城市规划与建设应当依据地震活动断层探测、震害预测结果，采取工程性防御或者避让措施。

**第二十二条** 新建、扩建、改建建设工程，应当达到抗震设防要求。

下列建设工程应当进行地震安全性评价，并按照经审定的地震安全性评价报告所确定的抗震设防要求进行抗震设防：

（一）城市轨道交通，高速公路、独立特大桥梁，中长隧道，机场，五万吨级以上的码头泊位，铁路干线的重要车站、铁路枢纽和大型汽车站候车楼、枢纽的主要建筑；

（二）大中型发电厂（站）、五十万伏以上的变电站，输油（气）管道，大型涵闸、泵站工程；

（三）二百千瓦以上的广播发射台、省级电视广播中心、二百米以上的电视发射塔，省、市邮政和通信枢纽工程；

（四）大、中型城市的大型供气、供水、供热主体工程；

（五）地震烈度七度以上设防地区的八十米以上高层建筑、六度设防地区的一百米以上高层建筑，以及单体面积超过三万平方米的商场、宾馆等公众聚集的经营性建筑设施；

（六）地方各级人民政府应急指挥中心，六千座以上的体育场馆，大型剧场剧院、展览馆、博物馆、图书馆、档案馆；

（七）位于地震动参数区划分界线两侧各四千米区域内的新建大中型建设工程；

（八）法律、法规规定和省人民政府确定的其他需要进行地震安全性评价的工程。

前款规定之外的一般建设工程，应当按照地震烈度区划图或者地震动参数区划图所确定的抗震设防要求进行抗震设防。幼儿园、学校、医院等人员密集场所的建设工程，应当在当地房屋建筑抗震设防要求的基础上提高一档进行抗震设防。

**第二十三条** 建设工程抗震设防要求管理应当纳入基本建设程序。

县级以上地方人民政府负责项目审批的部门及有关部门，应当将抗震设防要求纳入建设工程可行性研究报告、项目申请报告或者初步设计文件的审查内容。未包含抗震设防要求的建设工程，不予批准。

进行地震安全性评价的建设工程，建设单位应当将地震安全性评价报告依法报送国务院地震工作主管部门或者省人民政府负责管理地震工作的部门审定。需要提交国务院地震工作主管部门审定的地震安全性评价报告，应当按照国家有关规定报省人民政府负责管理地震工作的部门初步审查。

**第二十四条** 从事地震安全性评价工作的单位应当具有相应的资质，严格执行国家技术标准，对建设工程地震安全性评价质量负责。

地震安全性评价单位应当将其承担的评价项目报项目所在地负责管理地震工作的部门备案。

**第二十五条** 有关建设工程的强制性标准，应当与抗震设防要求相衔接。

建设工程应当按照抗震设防要求和工程建设强制性标准进行抗震设计。设计单位应当对抗震设计质量负责。各类房屋建筑及其附属设施和市政公用设施的建设工程的抗震设计审查，由建设行政主管部门负责；铁路、公路、港口、码头、机场、水工程和其他专业建设工程的抗震设计审查，分别由铁路、交通、水利和其他有关专业主管部门负责。建设单位应当按照国家有关规定申报抗震设计审查，对建设工程的抗震设计、施工的全过程负责。

施工单位应当按照抗震设计进行施工，并对抗震施工质量负责。

监理单位应当按照抗震设计的要求和施工规范，保证监理工程质量。

建设工程竣工验收时，建设单位应当对建设工程是否符合抗震设防要求一并组织验收。

**第二十六条** 县级以上地方人民政府应当组织开展重点监视防御区或者新建开发区、大型厂矿企业的地震小区划工作，制定地震小区划图。

地震小区划图经国务院地震工作主管部门审定后，应当作为确定一般建设工程抗震设防要求的依据。

**第二十七条** 设区的市、县（市）人民政府应当对辖区内已经建成的建设工程进行抗震性能检查。已经建成的下列建设工程，未采取抗震设防措施的或者抗震设防措施未达到抗震设防要求的，应当按照国家有关规定进行抗震性能鉴定，并采取必要的抗震加固措施：

（一）重大建设工程；

（二）可能发生严重次生灾害的建设工程；

（三）具有重大历史、科学、艺术价值或者重要纪念意义的建设工程；

（四）幼儿园、学校、医院等人员密集场所的建设工程；

（五）地震重点监视防御区内的建设工程。

鼓励和支持对未达到抗震设防要求的前款规定外的其他已经建成的建设工程采取必要的抗震加固措施。

因地质灾害、次生灾害等原因受损的现有建筑物，可以继续使用的，应当采取修复措施，使现有建筑物达到规定的抗震设防要求。

**第二十八条** 对各类房屋建筑及其附属设施进行装修、维修、改建时，不得擅自破坏主体结构、增加荷载，不得破坏抗震设施。确需改变主体结构、增加荷载、改变使用功能或者提高抗震设防类别的，产权人或者使用人应当委托具有相应资质的设计、施工单位进行设计施工，并按照规定进行抗震设计审查。

**第二十九条**　县级以上地方人民政府应当鼓励推广使用有利于提高抗震性能的建筑结构体系和新技术、新工艺、新材料。

建设工程采用可能影响工程主体或者承重结构的新技术、新材料、新结构的，应当经省人民政府有关部门组织的建设工程技术专家委员会审定，符合抗震要求后，方可使用。

**第三十条**　高速铁路、城市轨道交通、枢纽变电站、主干输油输气管网、核设施等重大工程设施和可能发生严重次生灾害的工程设施，应当逐步将紧急自动处置技术纳入安全运行控制系统，提升应对破坏性地震的能力。

**第三十一条**　县级以上地方人民政府应当加强农村村民住宅和乡村公共设施抗震设防管理，增加资金投入，建设抗震设防示范工程，引导和扶持农村村民建设具有抗震性能的房屋。

建设、地震等主管部门应当开展农村住宅实用抗震技术的研究开发，制定农村住宅建设技术标准，编制农村住宅抗震设计图集和施工技术指南，并向建房村民免费提供；开展地震环境和场地条件勘察，提供地震环境、建房选址技术咨询和技术服务，为农村住宅建设选址、确定抗震设防要求提供依据；加强农村建筑工匠培训，普及建筑抗震知识。

**第三十二条**　在村镇抗震设防区内新建农村基础设施、公共建筑、统一建设的农村村民住宅或者跨度超过十二米的生产性建筑，应当按照抗震设防要求和工程建设强制性标准进行规划、设计和施工。农村村民自建住宅应当采取有效措施达到抗震设防要求。未达到抗震设防要求的公共建筑应当进行抗震加固；鼓励农村村民对未达到抗震设防要求的已有自建房屋进行抗震加固。

## 第四章　地震应急救援与恢复重建

**第三十三条**　县级以上地方人民政府应当建立地震应急指挥体系，加强地震灾害损失快速评估、灾情实时获取和快速上报系统建设，建立健全应急指挥管理和应急检查等制度，完善应急与救援协作联动机制，做好地震应急与救援工作。

**第三十四条**　全省应当建立健全地震应急预案体系。

县级以上地方人民政府及其有关部门和乡镇人民政府应当根据有关法律、法规以及上级人民政府及其有关部门的地震应急预案和本行政区域的实际情况，制定本行政区域的地震应急预案和本部门的地震应急预案，并按照有关规定报送备案。

县级以上地方人民政府负责管理地震工作的部门应当建立地震应急预案管理制度，加强对有关部门和单位地震应急预案制定工作的指导和督查。

**第三十五条**　地震发生后可能产生严重后果或者影响的下列单位，应当制定本单位的地震应急预案，并报所在地县级人民政府负责管理地震工作的部门备案：

（一）采矿、冶炼企业，易燃易爆物品、危险化学品、放射性物品等危险品的生产、经营、储存和使用等可能发生地震次生灾害的单位；

（二）通信、供水、供电、供油、供气等城市基础设施的经营、管理单位；

（三）铁路、机场、大型港口、大型汽车站、城市轨道交通等交通运输经营、管理单位；

（四）幼儿园、学校、医院、剧场剧院、大型商场、大型酒店、体育场馆、旅游景区等公共场所和其他人员密集场所的经营、管理单位，以及大型社会活动的主办单位；

（五）金融、广播电视、重要综合信息存储中心等单位；

（六）地震发生后可能产生严重后果或者影响的其他单位。

**第三十六条** 县级以上地方人民政府及其有关部门，以及地震发生后可能产生严重后果或者影响的单位，应当每年组织地震应急演练，提高地震灾害应急处置和救援能力。

乡镇人民政府、街道办事处、村（居）民委员会、社会团体、企业、事业等单位和组织，应当结合各自的实际情况，定期开展地震应急演练。

学校应当进行防震减灾知识和地震应急知识普及教育，每学年至少组织一次地震应急疏散演练，培养学生的安全避险意识和自救互救能力。

**第三十七条** 县级以上地方人民政府应当依托公安消防队伍或者其他专业应急救援队伍，按照一队多用、专职与兼职相结合的原则，建立地震灾害紧急救援队伍。

地震灾害紧急救援队伍和其他各类应急救援队伍，应当加强地震应急救援培训和演练，配备专业救灾工具和设备，提高救援人员的地震灾害抢险救援和安全防护能力。

**第三十八条** 设区的市、县（市）人民政府应当遵循统筹规划、平灾结合、综合利用、分期实施的原则，按照有关技术标准，利用广场、绿地、学校操场和体育场等空旷区域或者符合国家标准的其他场所，规划和建设地震应急避难场所。地震应急避难场所的位置应当向社会公布，并设置明显的指示标识。

幼儿园、学校、住宅区、医院、剧场剧院、大型商场、大型酒店、体育场馆、车站等人员密集场所，应当设置地震应急疏散通道，配备必要的救生、避险设施。

**第三十九条** 建设部门负责组织、协调地震应急避难场所建设工作。负责管理地震工作的部门指导编制地震应急避难场所应急疏散预案和演练，参与地震应急避难场所建设技术指导和验收。民防部门应当在人防工程和疏散基地建设中融入应急避难功能。其他有关部门应当根据职责分工，配合做好本系统地震应急避难场所规划、建设和管理等工作。

地震应急避难场所的管理单位应当按照国家有关规定，对场所、设施、物资等进行维护和管理，保持应急疏散通道畅通。

**第四十条** 地震灾害发生后，所在地的地方各级人民政府应当按照有关规定立即启动地震应急预案，开展抗震救灾工作。

地震灾害发生后，县级以上地方人民政府抗震救灾指挥机构应当组织有关部门和单位迅速调查受灾情况，除采取国家规定紧急措施外，还可以根据需要采取以下紧急措施：

（一）部署地震灾害紧急救援队伍和其他各类应急救援队伍等应急救援力量开展紧急救援活动；

（二）组织调配志愿者队伍和有专长的公民有序参加抗震救灾活动；

（三）组织协调运输经营单位，优先运送抗震救灾所需物资、设备、工具、应急救援人员和灾区伤病人员，并为应急车辆提供免费通行服务；

（四）组织经济和信息化主管部门、基础电信运营企业优先保障抗震救灾指挥机构及地震、民政、卫生、建设等部门的通讯畅通。

**第四十一条** 县级以上地方人民政府应当建立地震事件新闻发布制度。

地震灾害发生后，所在地的县级以上地方人民政府抗震救灾指挥机构应当立即采取措施，及时、准确、统一向社会发布震情、灾情和应急救援工作等相关信息。

发生地震谣传、误传事件时，谣传、误传发生地的人民政府应当采取措施，及时、准确、统一向社会发布相关信息，维护社会稳定。

第四十二条　地震灾区地方各级人民政府应当做好受灾群众的过渡性安置工作，组织受灾群众和企业开展生产自救。

对地震灾区的受灾群众进行过渡性安置，应当根据地震灾区的实际情况，采取就地安置与异地安置，集中安置与分散安置，政府安置与自行安置相结合的方式。

第四十三条　特别重大地震灾害发生后，省人民政府应当配合国务院有关部门，编制地震灾后恢复重建规划。重大、较大及一般地震灾害发生后，省人民政府应当根据实际需要和国家有关规定，组织有关部门和地震灾区的市、县（市）人民政府，编制地震灾后恢复重建规划并组织实施。

## 第五章　监督管理

第四十四条　县级以上地方人民政府应当加强对防震减灾规划和地震应急预案的编制与实施、地震应急避难场所设置与管理、地震灾害紧急救援队伍的培训、防震减灾知识宣传教育和地震应急救援演练等工作的监督检查。

第四十五条　县级以上地方人民政府及其地震、国土资源、建设、城乡规划和公安等有关部门，应当按照法律、法规规定，加强地震监测设施和地震观测环境保护工作。

县级以上地方人民政府负责管理地震工作的部门应当加强对地震监测台网的建设、运行的监督管理。

第四十六条　县级以上地方人民政府建设、交通、水利、地震等有关部门和电力、铁路等有关单位应当按照职责分工，加强工程勘查、设计、施工、监理和竣工验收等环节的抗震设防质量监督管理。

第四十七条　县级以上地方人民政府监察、财政、民政等有关部门和审计机关应当按照各自职责，依法对地震应急救援、地震灾后过渡性安置和恢复重建的资金、物资以及社会捐赠款物使用的情况进行监督管理。

第四十八条　县级以上地方人民政府卫生、食品药品监督、工商、质监、价格等部门应当加强对抗震救灾需要的食品、药品、建筑材料等物资的质量、价格的监督检查。

第四十九条　县级以上地方人民政府监察机关应当加强对参与防震减灾工作的行政机关和法律、法规授权的具有管理公共事务职能的组织及其工作人员的监察。

## 第六章　法律责任

第五十条　县级以上地方人民政府负责管理地震工作的部门以及其他依照本条例规定行使监督管理职权的部门，有下列情形之一的，对直接负责的主管人员和其他直接责任人员，依法给予处分：

（一）对不符合抗震设防要求和建设工程强制性标准的建设工程予以批准的；

（二）超出建设工程抗震设防要求确定权限，降低抗震设防要求的；

（三）发现违法行为或者接到对违法行为的举报不予查处的；

（四）其他违反本条例的行为。

**第五十一条** 违反本条例规定，有关建设单位未按照要求建设专用地震监测台网或者强震动监测设施的，由县级以上地方人民政府负责管理地震工作的部门责令限期改正；逾期不改正的，处二万元以上二十万元以下罚款。

违反本条例规定，专用地震监测台网和强震动监测设施的营运单位或者养护单位，未将地震监测信息及时报送省人民政府负责管理地震工作的部门的，由省人民政府负责管理地震工作的部门责令改正。

**第五十二条** 违反本条例规定，未进行地震安全性评价，或者未按照地震安全性评价报告所确定的抗震设防要求进行抗震设防的，由县级以上地方人民政府负责管理地震工作的部门责令限期改正；逾期不改正的，处三万元以上三十万元以下罚款。

**第五十三条** 违反本条例规定，向社会散布地震预测意见、地震预报意见及其评审结果，扰乱社会秩序，构成违反治安管理行为的，由公安机关依法给予处罚。

违反本条例规定，制造、散布地震谣言，扰乱社会秩序，构成违反治安管理行为的，由公安机关依法给予处罚；情节严重，构成犯罪的，依法追究刑事责任。

**第五十四条** 违反本条例规定，承担地震安全性评价工作的单位未办理项目备案手续的，由县级以上负责管理地震工作的部门责令限期改正。

## 第七章 附 则

**第五十五条** 本条例自 2011 年 12 月 1 日起施行。

# 第三篇 标准篇

  《建筑防灾年鉴2012》标准规范篇已对目前我国现行的大多数工程建设国家标准、行业标准、协会标准以及地方标准作出了概括与总结，这些标准规范涵盖抗震防灾规划，抗震设防分类，防灾减灾的设计、施工、检测、鉴定和加固等方面，是我国近20年来城乡建设防灾减灾标准化工作成果的缩影。本篇主要收录国家、行业、协会以及地方标准在编或修订情况的简介，主要包括编制或修编背景、编制原则和指导思想、修编内容与改进等方面内容，便于读者能在第一时间了解到标准规范的最新动态，做到未雨绸缪。

# 1. 国家标准《建筑抗震设计规范》GB 50011-2010 修订简介

## 一、背景

1966 年，位于 6 度区不设防的邢台发生震中烈度 10 度的地震，倒塌的房屋近 120 万间；1976 年，位于 6 度区不设防的唐山发生震中烈度 11 度的大地震，倒塌的房屋 320 万间；2008 年位于 7 度设防的汶川发生震中烈度 10 ～ 11 度的地震，再一次证实我国基本烈度地震有很大不确定性的事实，减轻地震灾害的根本对策是提高各类建设工程的抗震能力。

1976 年唐山大地震后，建设行政主管部门做出了 6 度开始抗震设防和所有房屋建筑按"大震不倒"的抗震设防标准进行设计的决策，明确要求在遭遇高于当地设防烈度大约一度的"大震"影响时，建筑不致倒塌和发生危及生命安全的严重破坏。汶川地震表明上述决策是正确的：除了危险地段山体滑坡造成的灾害外，总体上城镇倒塌和严重破坏需要拆除的房屋不到 10%，凡是严格按照 89 抗震规范或 2001 抗震规范的规定进行设计、施工和使用的各类房屋建筑，包括中小学校舍，在遭遇到比当地设防烈度高一度的地震作用时均经受了考验，没有出现倒塌破坏，有效地保护了人民的生命安全，这个经验应充分肯定。在汶川灾区恢复重建工作中，只要按重建的设防烈度严格执行抗震规范的有关规定，总体上在遭遇高于重建烈度一度的地震下，生命安全是有保证的。

根据原建设部建标 [2006]77 号文件通知，由中国建筑科学研究院会同有关的设计、勘察、研究和教学单位组成国家标准《建筑抗震设计规范 GB 50011-2001》（以下简称《抗震规范》）修订编制组，负责《抗震规范》的修订工作，修订编制组成员共 55 人，于 2007 年 1 月召开第一次全体成员工作会议，讨论并通过了修订大纲，开始了《建筑抗震设计规范》GB 50011-2001 的全面修订工作。

2008 年 4 月形成了各章节的修订初稿。2008 年 5 月 12 日汶川地震后，根据国务院《汶川地震灾后恢复重建条例》和建设部的相关要求，配合灾区地震动参数区划图的修改，进行了局部修订，除按新抗震设防分类标准修改设防分类、调整灾区的地震动参数外，主要增加了强制性条文。随后，于 2009 年 5 月形成了"征求意见稿"并发至广大勘察、设计、教学单位和抗震管理部门征求意见，其方式有三种：设计单位或抗震管理部门召开讨论会，形成书面材料提出意见；设计人员直接用书面材料或电子邮件提出意见；以及在有关刊物上发表的意见。累计共收集到千余条次意见。此后于 2009 年 8 月开展了试设计工作。根据收集的意见和试设计的结果，经反复讨论，进一步修改条文。

《抗震规范》修订送审稿审查会于 2009 年 11 月 13 ～ 14 日在北京召开。审查委员会在听取了编制组关于《抗震规范》修订送审稿编制过程、主要内容、重点审查内容的汇报后，对《抗震规范》修订送审稿进行了逐条审查，经过认真讨论，提出了审查意见。编制组根据审查意见修改调整后于 2010 年 5 月 31 号发布实施。

### 二、编制原则和指导思想

《建筑抗震设计规范》是目前建设行业广泛应用的一本国家标准，也是其他工业部门编制行业规范的基础，是众多规范中占有基础性及重要地位的规范，因此，在修订过程中，编制组始终将以下几点作为编制工作的指导思想：(1) 从国家的大利益出发，从国家技术立法的角度来进行；(2) 严格按照规范修订的管理程序进行；(3) 充分考虑国家各地的地域差异情况；(4) 注意与相关规范的协调性。

另外，在具体的编制过程中，始终把握以下原则进行工作：(1) 以结构体系为主，构件主要由行业规范规定；(2) 成熟的内容纳入规范，不成熟的、争议较大的不纳入；(3) 各章的体例应一致（沿用 2001 规范）；(4) 修订过程中的不同意见由领导小组统一协调。

### 三、主要的修编内容和改进

与 2001 版抗震设计规范相比，本次全面修订的内容有下列变动：

2001 规范共有 13 章 54 节 11 附录 554 条；其中，正文 447 条，附录 107 条。

本次修订共有 14 章 59 节 13 附录 642 条。其中，正文增加 45 条，占原条文的 10%；附录增加 43 条，占 40%。新增大跨屋盖结构、地下结构、框排架结构、钢支撑—混凝土框架和钢框架—混凝土筒体结构，以及性能化设计原则，并删去内框架的有关内容。

1. 保持现行抗震规范的基本规定

本次全面修订继续保持了 89 版、2001 版抗震设计规范对建筑结构抗震设计的下列基本规定：

1）用三个不同的概率水准和两阶段设计体现"小震不坏、中震可修、大震不倒"的基本设计原则；

2）以抗震设防烈度为抗震设计的基本依据，引入"设计地震分组"，体现地震震级、震中距的影响；

3）不同类型的结构需采用不同的地震作用计算方法；并利用"地震作用效应调整系数"，体现某些抗震概念设计的要求；

4）按照建筑结构设计统一标准的原则，通过"多遇地震"条件下的概率可靠度分析，建立了结构构件截面抗震承载力验算的多分项系数的设计表达式；

5）把抗震计算和抗震措施作为不可分割的组成部分，强调通过概念设计，协调各项抗震措施，实现"大震不倒"；

6）砌体结构需设置水平和竖向的延性构件形成墙体的约束，以防止倒塌；

7）钢筋混凝土结构需确定其"抗震等级"，从而采取相应的计算和构造措施；对框架结构还要求控制"薄弱层弹塑性变形"，通过第二阶段的设计防止倒塌；

8）装配式结构需设置完整的支撑系统，采取良好的连接构造，确保其整体性。

本次修订继续保持 2001 版对 89 版抗震设计规范所发展的某些抗震设计基本规定：

9）增加了设计基本地震加速度 0.15g、0.30g 的设计要求；

10）提出了不同阻尼比的地震作用和控制结构最小地震作用的强制性要求；

11）进一步明确概念设计的某些具体要求，从而加强各类结构的抗震构造；

12）纳入隔震、减震设计以及非结构构件等，开始向性能化设计前进。

2. 本次修订对建筑结构场地地基设计要求的改进

1）建筑场地类别划分的局部调整

对于场地剪切波速大于 800m/s 的场地，新增场地类别 $I_0$ 类；

对于中软土和软弱土的平均剪切波速分界，考虑覆盖层取 20m，由 140m/s 调整为 150m/s。

2）液化判别方法的改进

调整标准贯入法液化判别公式，将自 74、78 版抗震规范沿用的 15m 深度内判别采用直线改为对数曲线，可延续到 15m 深度以下的判别，并进一步考虑震级的影响，重新定义液化判别的锤击数基本值——M7.5 液化概率 32% 时水位 2m、埋深 3m 的液化临界锤击数，判别结果总体上基本保持与 2001 版接近。

不同设计地震分组新旧锤击数基本值的对比如下：

| 设计基本加速度 | 0.10g | 0.15g | 0.20g | 0.30g | 0.40g |
|---|---|---|---|---|---|
| 第一组 | 5.32 (6) | 7.6 (8) | 9.12 (10) | 12.16 (13) | 14.44 (16) |
| 第二组 | 6.58 (8) | 9.4 (10) | 11.28 (12) | 15.04 (15) | 17.86 (18) |
| 第三组 | 7.21 (8) | 10.3 (10) | 12.36 (12) | 16.48 (15) | 19.57 (18) |
| M7.5 的基准值 | 7 | 10 | 12 | 16 | 19 |

注：括号内为2001版的数据。

3）软土震陷判别

新增按液性指数判别软土震陷的方法。

3. 本次修订对结构抗震分析规定的改进

1）改进了不同阻尼比的设计反应谱

2001 版不同阻尼比的设计反应谱在 5s 后出现交叉，且阻尼比 0.25 的反应谱倾斜下降段按公式计算将变为倾斜上升段，条文硬性规定取 0.0。本次修订，阻尼比 0.05 保持不变，调整后公式的形式不变，参数略有变化，使钢结构的地震作用有所减少，消能减震的最大阻尼比可取 0.30，除 I 类场地外，在周期 6s 以前，不同阻尼比基本不交叉。

平台段的调整数值，钢结构阻尼比 0.02 时由 1.32 降为 1.27；阻尼比 0.30 时为 0.55。

倾斜下降段的斜率，阻尼比 0.02 时由 0.024 改为 0.027，阻尼比 0.30 时为 0.002。

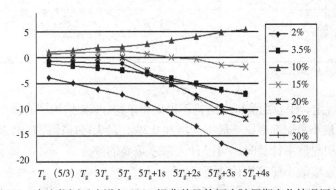

图 1-1　本次修订反应谱与 2001 规范差异的幅度随周期变化情况汇总

2）设计特征周期的调整

对于 $I_0$ 类场地，明确其设计特征周期。

对于罕遇地震的设计特征周期，6、7 度与 8、9 度一样，也要求增加 0.05s。

3）增加了 6 度设防的设计参数

本次修订增加了 6 度设防的要求，包括：不规则结构应计算地震作用；6 度最小地震剪力系数取 0.008、6 度罕遇地震影响系数最大值取 0.28 等。

4）配合大跨屋盖结构的设计需要，新增有关多点、多向地震输入的要求，以及竖向地震作用振型分解反应谱法、竖向地震为主的地震作用基本组合。

5）配合钢结构构件承载力验算方法的改进，调整了钢结构构件承载力抗震调整系数 $\gamma_{RE}$ 的取值：强度破坏取 0.75，屈曲稳定取 0.80。

4. 本次修订对抗震概念设计和建筑结构延性设计要求的改进

1）不规则结构抗震概念设计的改进

本次修订明确，本规范 3.4.3 条的规定，只是主要的不规则类型而不是全部。

在 2008 年局部修订的基础上，本次修订参照 IBC 的规定，明确将扭转位移比不规则判断的计算方法，改为"在规定的水平力作用下并考虑偶然偏心"，以避免位移按振型分解反应谱组合的结果刚性楼盖边缘中部的位移大于角点的不合理现象。

对于扭转位移比的上限 1.5，明确在层间位移很小的情况下，采取措施可予以放宽。

对于竖向构件不连续的内力调整系数，参照 IBC 的规定，将上限 1.5 提高到 2.0。

2）钢筋混凝土结构的抗震等级划分、内力调整和构造措施的改进

（1）抗震等级的高度分界

配合建筑设计通则中高度的划分，本次修订增加了 24m 作为钢筋混凝土结构的抗震等级划分的一个指标，还补充了 0.30g 的最大适用高度规定。

（2）提高框架结构强柱弱梁、强剪弱弯内力调整和构造要求

根据汶川地震的经验，本次修订比 2001 版提高了框架结构中框架柱的内力调整系数，而其他各类结构中框架柱的内力调整系数保持不变。

| | 强柱弱梁 | 柱嵌固端 | 柱强剪 | 核芯 |
|---|---|---|---|---|
| 一级 | 1.7（1.4） | 1.7（1.5） | 1.5（1.4） | 1.4（1.35） |
| 二级 | 1.5（1.2） | 1.5（1.2） | 1.3（1.2） | 1.3（1.2） |
| 三级 | 1.3（1.1） | 1.3（1.1） | 1.2（1.1） | 1.1（1.0） |
| 四级 | 1.2（1.0） | 1.1（1.0） | 1.1（1.0） | |

注：括号内为2001版的内力调整数据。

本次修订还规定，甲、乙类框架结构不得采用单跨；框架结构柱的最小截面尺寸比 2001 版增加 100mm，最小总配筋率比一般框架增加 0.2%，最大轴压比控制比 2001 版加严 0.05。

此外，柱体积配箍率计算时，可以计入箍筋重叠的部分。

（3）提高抗震墙最小配筋的构造要求：

本次修订明确规定，抗震墙厚度可按无支长度控制，提高了最小分布筋的直径和间距

的要求，并要求在小震下不应出现小偏心受拉。

对于 2001 版执行中意见较多的约束边缘构件，本次修订提出按轴压比适当减小配箍特征值。轴压比为约束边缘构件上限时，保持 2001 版的 0.20；当轴压比为约束边缘构件下限时，取 0.11，轴压比每增加 0.1，配箍特征值增加 0.03。

(4) 对于框架与抗震墙组成的结构，本次修订明确区分三种情况：框架占比例很小时属于抗震墙结构范畴，墙体占比例很小时属于框架结构范畴，一般的框架抗震墙结构，指墙体分配的倾覆力矩占总地震倾覆力矩的 50% 以上。为提高框架—抗震墙和框架—筒体结构的多道防线，本次修订明确：这两类结构中，框架部分按刚度分配的最大楼层地震剪力，不宜小于结构总地震剪力的 10%；当小于 10% 时，墙体承担的地震作用需要适当加大。

对板柱结构，继续要求设置抗震墙；本次修订放松了 2001 版最大高度控制；当高度不大于 12m 时，不要求墙体承担全部地震作用。

3）砌体结构总高度、结构布置和构造柱（芯柱）设置的改进

(1) 砌体房屋使用范围的控制仍保持层数和总高度双控。降低了 6 度设防的最大高度，补充了 0.15g 和 0.30g 的高度控制要求；并根据本次试设计的结果，调整了横墙较少房屋的高度控制：改为 6、7 度时丙类建筑，采取加强措施可与一般房屋有相当的高度和层数。

(2) 补充了墙体布置规则性的有关规定。包括减小最大横墙间距，局部尺寸放松时不小于规定的 80%，纵向墙体开洞面积控制，以及不应布置转角窗等。

(3) 在 2008 年局部修订的基础上，进一步提高和细化构造柱设置和构造要求，小砌块房屋楼梯间的芯柱要求，也与砖房一样提高。

(4) 加强底框房屋的设计要求：底层的砌体抗震墙仅用于 6 度设防；底框房屋次梁托墙的数量和位置，严格控制在楼梯间等个别轴线处；过渡层形成约束砌体的要求等。

(5) 配筋小砌块房屋，抗震措施加强后高度控制有所放宽，也可用于 9 度设防。墙体要求满灌，短肢小砌块墙严格控制，增加约束边缘构件和三级墙肢的体积配筋率。

4）钢结构的抗震等级、内力调整和构造措施的改进

(1) 补充 0.15g 和 0.30g 最大适用高度的规定。

(2) 新增钢结构抗震等级划分的规定，以 50m 为界，按设防类别、设防烈度和高度划分为四个抗震等级，规定相应的内力调整和构造要求。

(3) 参考国外规范，将 2001 版的内力增大系数按四个抗震等级归纳整理，并修改了钢结构构件的承载力抗震调整系数，使之更为配套、合理。

(4) 将 2001 版的构件长细比、板件宽厚比等构造要求，重新按四个抗震等级归纳整理。

(5) 调整了钢结构的阻尼比，按高度的不同分别取 0.02、0.03 和 0.04。当偏心支撑承担的地震倾覆力矩大于总地震倾覆力矩 50% 时，阻尼比尚可增加 0.005。

(6) 对单层钢结构厂房，补充了柱间支撑的设计要求，调整了屋盖支撑构造和构件长细比要求，并按地震作用控制确定板件宽厚比等构造要求。

5. 隔震设计适用范围和隔震后抗震措施的调整

1）隔震减震设计，不限于 2001 版的 8、9 度设防区。

2）隔震设计不要求隔震前结构的基本周期小于 1.0s，大底盘顶的塔类结构也可采用隔震设计；但保持 2001 版隔震后的地震作用需满足各类结构共同的最小值控制要求，且高宽比不大于 4，大震时严格控制隔震垫的拉应力。

3）修改了水平向减震系数的定义——直接取各层地震剪力（或倾覆力矩）在隔震后与隔震前的最大比值，调整了 2001 版隔震后水平地震作用的取值，并依据该系数简化隔震后结构的抗震措施。

4）根据相关产品标准和工程实践，调整了 2001 版关于隔震、减震元件性能检验的规定。

5）对于约束屈曲支撑，作为消能减震的一种元件，有关的基本设计方法也纳入本次修订中。

6. 新增若干类结构的抗震设计规定

1）大跨度屋盖结构

本次修订规定了刚性大跨钢结构屋盖的抗震设计要求，主要包括屋盖选型、分类（单向类和空间类）、计算模型、多向和多点输入要求、阻尼比确定方法、挠度控制和关键构件应力比控制，以及屋盖构件节点和支座的基本构造要求。

2）地下空间建筑结构

本次修订规定了地下建筑结构抗震设计的范围和基本要求，包括地基选型、结构布置、计算模型和地震作用计算方法，以及不同于地上建筑的抗震构造要求。

3）框排架结构

本次修订提出了框排架混凝土和钢结构厂房，包括左右并列和上排下框厂房的基本设计要求，主要明确不同于一般多层框架厂房、一般排架厂房的抗震设计要点：结构布置、重力荷载取值、贮仓竖壁影响、短柱、牛腿等设计，以及屋盖支撑和柱间支撑的构造要求。

4）钢支撑—混凝土框架和钢框架—混凝土筒体结构

对于高度大于混凝土框架、筒体的结构，部分采用钢结构提高抗震性能后，总高度可有所增加。本次修订规定了一些基本设计要求，包括抗震等级、地震作用在钢结构和混凝土结构之间的分配和调整、结构总体阻尼比、不同结构材料连接部位的构造等。

7. 新增有专门要求的建筑进行抗震性能设计的原则要求

本次修订提供了关于性能化设计的原则规定和参考指标，包括性能化设计的地震动水准、预期破坏状态、结构和非结构的承载力水平和相应的变形控制要求，弹塑性分析的模型和基本分析方法，并提供了结构构件、非结构构件性能化设计的一些参考指标——承载力达到高、中、低的划分指标，延性要求高、中、低的抗震等级，层间位移角与破坏状态的对应关系，非结构构件性能系数等。

8. 依据地震动参数区划图调整设计地震分组

2010 版抗震规范附录 A 中，设计地震分组按中国地震动参数区划图 B1 作了调整。东经 105° 以西的绝大多数城镇、东经 105° 以东处于北纬 34° ~ 41° 之间的多数城镇，设计地震分组为第二组或第三组，在全国约 2500 个抗震设防城镇中，设防烈度不变而设计地震分组提高的城镇共 1000 多个（约占 40%）；然而，按 2008 年第 1 号修改单，在汶川地震影响区域中，四川的天全、丹巴、芦山、雅安，陕西的勉县由设计第三组降为设计第二组。

**四、征求意见的情况**

在修订过程中，先后收到书面材料、电子邮件约 70 件，累计约收到 1127 条（次）意见。

总的认为，修订继续保持 2001 版规范的基本规定是合适的，所增加的新内容总体上符合汶川地震后的要求和设计需要，反映了我国抗震科研的新成果和工程实践的经验，吸取了一些国外的先进经验，更加全面、更加细致、更加科学，必将把我国抗震设计水平提高一步。

修订编制组经过反复认真讨论，对收集到的意见进行归纳和处理。

**五、试设计的情况**

本次修订，共补充了下列工程的试设计算例：1. 小开间多层普通砖和多孔砖砌体房屋；2. 横墙较少多层普通砖和多孔砖砌体房屋；3. 多层钢结构房屋；4. 高层钢结构房屋；5. 网壳屋盖结构；6. 弦支穹顶屋盖结构；7. 张弦梁屋盖结构。

**六、结束语**

国内外的地震经验教训表明，地震造成的损失主要来自于工程震害及其次生灾害，如何最大限度地减轻地震灾害损失，越来越成为各国政府和工程技术界十分关心并致力于解决的问题。

近年来的特大地震灾害再次告诉我们，严格执行工程建设强制性标准，搞好新建工程的抗震设防，对原有未经抗震设防的工程进行抗震加固等，是减轻地震灾害的最直接、最有效的途径和方法。《建筑抗震设计规范》就是将一系列的抗震技术措施以技术标准的形式确定下来，并通过强制性条文使之法制化，为建筑工程抗震设计和抗震设防管理提供依据。

几十年来，我国经过几代工程抗震专家的努力，在总结历次地震经验教训的基础上，充分吸收了国外的先进经验，建立起了比较完整的工程抗震技术标准体系，其中《建筑抗震设计规范》是工程抗震技术标准体系中最重要、应用面最广的国家标准，一直以来都在工程抗震技术标准体系中起着龙头作用。

2001版《建筑抗震设计规范》实施对提高我国建筑工程抗震设防水平起了重大作用，但随着现代科学技术的发展，工程抗震理论和实践有了很多新的进展，亟须纳入工程建设标准。《建筑抗震设计规范》的修订，特别落实了新修订的《防震减灾法》的要求，充分发挥了高等院校、科研设计单位的人才、技术优势，调查总结了近年来国内外大地震的经验教训，开展了专题研究和部分试验研究，采纳了地震工程的新科研成果，考虑了我国的经济条件和工程实践，适度提高了建筑工程抗震设防的结构安全度，体现了国家的经济、技术政策。

本文执笔人：黄世敏　戴国莹　罗开海
执笔人单位：中国建筑科学研究院

# 2. 行业标准《工程抗震术语标准》JGJ/T 97-2011 修订介绍

## 一、背景

2008年9月和10月，中国建筑科学研究院组织专家对建设部建标函[2007]51号和建标工[2007]64号中规定需要复审的《城镇与工程防灾专业组审查标准项目》进行了初审和复审，其中对《工程抗震术语标准》形成的意见如下：

该标准是我国工程抗震领域一本重要的基础性标准。工程抗震包括地震、抗震和减灾等方面的内容。它是一门涉及地震学、工程学和社会学等方面的综合性学科。该标准自发布以来，规范、统一了工程抗震领域中的基本术语，使工程抗震领域的学术交流更加准确和方便，推动了该领域的技术进步和发展。

该标准自1996年9月1日施行以来，至今已有十余年的历史。在此期间，国内外的工程抗震领域取得了许多重要成果，出现了大量新的名词和术语，需要进一步统一和规范。

## 二、主要修订内容

在前期调研的基础上，修订组认为，该标准的修订应该主要在以下几个方面：

1. 工程地震方面：近年来，工程场地地震安全性评价在全国地震区（尤其是在大、中城市）得到了广泛的应用，并出台了国家标准《工程场地地震安全性评价》。这方面一些新的术语应该纳入该标准。

2. 抗震理论和设计方面：基于性能的抗震设计理论和方法、隔震减震新技术，以及结构振动控制理论的应用越来越受到重视和得到深入的发展，已经开始在一些规范、规程中得到体现，同时一些新的计算分析方法也得到了应用。与之相关的新概念和设计分析方法逐步为广大研究和设计人员使用。地下建筑工程、地基基础的抗震理论和抗震计算方法近年来也得到了很快的发展，出现了新的概念和技术术语。

3. 抗震加固方面的新材料和新技术的发展：抗震加固技术在我国也得到了长足的发展，工程技术人员吸取国内外成果，一些新材料如碳纤维、钢绞线及其相应的施工工艺等得到了较广泛的应用。

4. 工程抗震试验方面：近年来，我国工程技术人员进行了大量的工程结构抗震性能试验研究，同时对抗震试验的理论与方法也开展了相应的研究工作。在动力试验的相似关系、试验加载准则、试验数据处理分析等方面取得很大的成就，而这些成果在1996年的标准中是没有涉及的。

5. 抗震减灾方面：随着我国经济实力和认知水平的提高，近年来抗震减灾的规划工作越来越受到重视，相应的国家抗震防灾规划编制标准已经出台，抗震防灾规划也已经开始在一些城市中得到应用。另外，地理信息系统在抗震防灾规划编制中得到了越来越广泛的应用。

### 三、《标准》中术语及其含义的来源

《标准》中的术语及其含义来源于以下几个方面：1. 与工程抗震设计、抗震鉴定、抗震加固、抗震防灾规划、地震安全性评价等有关的标准、规范规程和技术条例；2. 有关工程抗震和抗震减灾的行政法规；3. 地震工程、工程抗震和地震对策方面的论文和专著；4. 有关词典、百科全书、外文资料等。

### 四、修订工作进展

修订组于2008年10月28日在北京召开了成立暨第一次工作会议，标志着修订工作正式启动。在这次会议上，初步确定了修订工作的技术原则、人员分工、进度计划等，最终形成了修订工作大纲等文件。

修订工作的技术原则为：

准确——尽可能做到所选用的词中文解释正确，英文翻译准确；

全面——尽可能做到将工程抗震领域近年来出现的新的名词和术语吸收到本标准中来；

规范——尽可能做到用词规范。

修订组于2009年3月召开初稿讨论会暨第二次工作会议，对前期工作形成的《标准》（初稿）逐条进行了深入、细致的讨论。在讨论会上，大家对需要增加、修改的内容提出了各自的看法，删除了原《标准》或初稿中与工程抗震关系不大或应用得太少的条文；对（初稿）中的有些章节的顺序进行了调整，使条文结构更合理。会后又征求了不同专业专家的意见，并查阅了大量的资料进行了反复修改，2009年9月形成了征求意见稿，于2009年9～10月在"国家工程建设标准化信息网"和"中国建筑科学研究院"网站上进行了公开征求意见，同时主编单位还以书面的形式发函至有关单位征求意见，并发函征求与工程抗震、地震工程有关的科研、设计、教学、施工、勘察、管理等部门专家的意见。修订组对征求意见稿中专家们提出的意见进行了认真的分析，采纳了大部分意见。将专家们提出的意见汇总形成了《标准》（征求意见稿）意见汇总和处理表，经过各章节负责人与参加人员之间的多次沟通讨论、修改和完善，完成了《标准》（送审稿）。

2009年12月10日召开了《标准》送审稿审查会议，审查委员会在听取了修订组关于《标准》修订过程、主要内容、重点审查内容的汇报，对该《标准》逐章、逐条进行了认真的审查和讨论，形成了如下意见：

1. 该《标准》内容完整，送审资料齐全，符合审查要求。

2. 该《标准》术语表述确切，与现行相关标准协调一致。

3. 该《标准》根据近年来国内外工程抗震的发展，对原标准作了较大的修改，增加了大量新的术语。

审查委员会对《标准》提出了修改意见和建议。

审查委员会认为，编制组开展了大量的调查研究工作，吸收了最新的国内外抗震规范、期刊和会议论文中工程抗震的词汇，并在全国范围内广泛征求了有关科研、设计、教学、施工、勘察单位及抗震管理部门的意见，经反复讨论、修改、充实和完善，形成了该《标准》的送审稿。该《标准》对统一我国工程抗震的术语具有重要意义。

审查委员会一致通过了《标准》审查，认为该《标准》无重大遗留问题。会议要求修订组根据审查会议的意见和建议，对《标准》送审稿进一步修改和完善，尽快形成报批稿，按规定程序报批。

根据审查委员会的意见和建议，修订组对《标准》的内容进行了相应的修改和补充，与 2009 年 12 月 25 日提出了《标准》的报批稿。该《标准》于 2011 年 1 月 28 日发布，2011 年 8 月 1 日实施。

**五、一点遗憾**

在《城镇与工程防灾标准复审会议纪要》中写道："原《工程抗震术语标准》的内容还需要扩充有关大坝、桥梁、公路、铁路、海洋平台等工程领域共性的抗震术语。为此，建议对该标准进行修订，并改为国家标准。"该《标准》修订工作原本计划于 2008 年初启动，2009 年底完成报批稿，共两年时间。而（建标 [2008]102 号）是 2008 年 6 月下达的，2008 月 10 月才开始启动，比原计划推迟了 10 个月，原计划的进度都要改变，如果要加进上述领域的抗震术语的话，该标准的名称可能都要改变，因此没有时间进行上述工作。只有将这点遗憾留到下次修订时再弥补了。

本文执笔人：江静贝　符圣聪　尹保江　常兆中（《工程抗震术语标准》修订组）
执笔人单位：中国建筑科学研究院

# 3．行业标准《既有建筑地基基础加固技术规范》 JGJ 123-2012 修订介绍

根据住房和城乡建设部建标[2009]88号文的要求,中国建筑科学研究院会同有关勘察、设计、施工、科研、大专院校等单位对国家行业标准《既有建筑地基基础加固技术规范》JGJ 123-2000进行修订。

本次规范修订工作的原则是：

1. 在原规范设计原理、加固工法基础上，按加固工程需要增加新的章节内容。

2. 反映近年来地基基础加固技术科研工作成熟的成果，反映原规范实施以来地基基础加固工程实践的成功经验。

3. 补充完善充实原设计规范中的部分内容。

4. 与相关规范协调，提高既有建筑地基承载力、变形计算和耐久性设计水平。

规范主要修订内容是：

1. 增加加固后的既有建筑地基基础应满足建筑物承载力、变形和稳定性要求的规定；

2. 增加加固后的既有建筑地基基础设计使用年限应满足加固后既有建筑的设计使用年限的要求；

3. 增加既有建筑地基基础加固使用的材料应符合国家现行有关标准对耐久性和环境保护的要求；

4. 增加既有建筑的地基基础鉴定评价的要求；

5. 增加确定既有建筑地基承载力特征值的持载试验方法；

6. 增加不同加固方法的承载力和变形计算方法；

7. 增加托换加固的内容；

8. 增加当既有建筑地基基础外部条件改变可能影响其正常使用或危及安全时，应遵循预防为主的原则；

9. 增加地下水位过大变化引起的事故补救内容；

10. 增加检验与监测内容。

本次规范修订，2010年10月形成规范征求意见稿，2011年6月形成送审稿，2011年7月22日在北京召开送审稿审查会。审查委员一致肯定规范的修订工作，认为两年多来修订组通过广泛调查、分析研究，在完善规范内容、保证质量、与相关规范协调等方面做了大量工作。修订工作总结了近10年国内外既有建筑地基基础加固的实践经验和科研成果，并经工程试算、协调和广泛征求意见，形成了送审稿。编制程序符合规定。修订后的《既有建筑地基基础加固技术规范》进一步明确了既有建筑地基基础加固的设计原则，各种加固技术的工程应用方法，概念清楚，设计人员容易掌握；在全面修订的基础上，增加了地基基础加固的耐久性设计、不同加固方法的承载力和变形计算方法、托换加固、持

载再加荷载荷试验等内容，能满足工程实践的需要，并完善了既有建筑的地基基础鉴定评价、纠倾加固、移位加固、事故预防和补救、加固方法等内容。修订后的规范内容更加充实和完善，在保证工程质量的基础上提高了地基基础加固工程的可靠性设计水平，反映了我国地基基础加固技术的特点和技术先进性。规范总体上达到国际先进水平。

本文执笔人：滕延京　李　湛
执笔人单位：中国建筑科学研究院

# 4. 协会标准《既有村镇住宅建筑抗震鉴定和加固技术规程》 CECS 325：2012

## 一、前言

作为农业和人口大国，我国主要的人口居住在农村。2005 年末，全国既有村镇房屋建筑面积 309.5 亿 $m^2$，其中住宅 257.6 亿 $m^2$，占 83.2%。而目前我国村镇住宅安全存在隐患，防灾抗灾能力薄弱。其主要原因是经济落后，既有的村镇住宅建筑在建筑材料、结构型式、传统建造习惯等方面存在严重问题，抗震能力差。因此，编制相关的技术标准以指导村镇地区的抗震鉴定与加固，改善村镇的抗震能力建设现状，是一项紧迫而重要的工作。

我国既有村镇住宅很大一部分未考虑抗震设防，有些地震多发地区在多年的经验教训中总结出了一些抗震构造措施并加以应用，但并不能满足相应的设防要求。唐山地震后建筑抗震鉴定、加固的实践和震害经验表明，对既有建筑进行抗震鉴定，并对不满足要求的建筑采取适当的抗震对策和加固措施，是减轻地震灾害的重要途径。

制定《规程》的目的，就是为了减轻既有村镇住宅地震破坏，减少人员伤亡和经济损失，同时为抗震加固或采取其他抗震减灾对策提供依据。

编制既有村镇住宅抗震加鉴定与改造技术标准并推广应用，不仅能直接改善和提高广大村镇居民的居住环境和生活质量，还将会形成数千、上万亿元计的巨大建筑市场，拉动相关产业的发展，具有巨大的社会、经济和环境效益。

在此背景下，根据中国工程建设标准化协会建标协字 [2011]111 号文"关于印发《2011年第二批工程建设协会标准制订、修订计划》的通知"的要求，编制了《既有村镇住宅建筑抗震鉴定和加固技术规程》（以下简称《规程》）。建研科技股份有限公司为主编单位。这是关于既有村镇住宅抗震鉴定加固的技术标准。《规程》规程已颁布，由 2013 年 1 月 1日起开始实施。

## 二、适用对象与编制原则

### 1.适用对象

《规程》的适用对象主要是基层设计单位（如县设计室）、乡镇施工队和乡镇建设技术人员，以及村镇建筑工匠等。用于量大面广、造价较低的村镇建筑进行抗震鉴定与加固施工指导。

### 2.编制原则

目前我国一些地区（特别是西部地区）的村镇经济尚不发达，农户经济条件尚不富裕，除经济发达地区或大规模移民村镇有统一规划外，村镇住宅的建设绝大多数仍处于自发建设阶段，缺乏统一、有效的指导和监管。总体来说，一方面在一定程度上受建筑材料和传统建造方式的制约，另一方面，村镇建筑的抗震防灾技术的推进和落实工作在不同地区存在较大差异，因此大部分既有村镇住宅的抗震能力现状并不乐观。因此，通过抗震鉴定和加固提高既有村镇住宅的抗灾能力，一定要从我国村镇建设的实际情况出发，研究可行性强的抗震能力评价方法，对既有村镇住宅抗震能力进行鉴定，并为抗震加固或采取其他抗震减灾对策提供依据。

村镇住宅的抗震加固，主要是针对现有建筑在地震灾害中表现出的整体性不足、构造上不合理、习惯做法存在的缺陷方面等予以改进，或在构造措施方面予以加强。这种改进或加强是本着只增加少量经济投入的原则而提高其防灾能力的，即抗震加固措施所增加的造价应控制在农民可承受的范围内。

简而言之，《规程》的编制与现行行业标准《镇（乡）村建筑抗震技术规程》JGJ 161是一致的，应体现"因地制宜，就地取材、简易有效、经济合理"的原则。

### 三、《规程》编制的背景工作概况

#### 1. 技术路线

调查和总结村镇住宅的地震震害，分析其震损原因。研究村镇住宅抗震鉴定的合理设防水准；研究村镇住宅的抗震鉴定实用方法。

研究现有加固技术应用于既有村镇典型结构住宅加固的适用性以及相应的改进技术，典型村镇住宅结构体系的抗震加固适用技术。

针对村镇量大面广的砌体结构、木结构、土木结构和石结构房屋的特点研究有别于城市建筑的抗震鉴定方法与加固技术措施。

在以上技术路线的指导下，《规程》编制过程中进行了大量的现场调研（震害调研）、试验研究工作，并进行了示范工程的建设。

#### 2. 进行村镇住宅建筑现场调研及震害调研资料的收集

作为国家"十一五"科技支撑计划课题"既有村镇住宅改造关键技术研究"（2006BAJ04A03）的基础工作，参加该课题研究的规程编制组成员采用亲自参加实地调研和利用在校学生假期社会实践活动学生现场调研相结合的方式，进行了全国不同省市不同地区随机抽样的散点调研。

在现场调研中，搜集与积累了农村砌体结构、木结构、生土结构和石结构等房屋的现状资料，对各地村镇房屋的建筑风格、建筑材料、结构类型、构造措施、传统习惯、抗震能力等有较为深入的了解，对各类既有村镇住宅在抗震能力方面的现状与差异进行了总结，掌握其抗震性能、损坏特征以及对加固改造的需求情况。

规程编制组成员在近年来的村镇建筑抗震工作中，还进行了大量的震害调研工作，对震害调研资料进行收集和归纳整理，结合村镇住宅的现状调研，为规程的编制打下了良好的基础。

#### 3. 配合《规程》编制进行试验研究

村镇住宅的现状及震害调查主要是了解房屋的结构特点、破坏形态，了解结构构件的破坏原因，积累的宏观经验主要应用于总结村镇房屋抗震能力的主要决定因素，找出村镇房屋抗震能力的薄弱环节，确定各类房屋抗震性能评价的关键性项目，进一步有针对性地加以改进，采取有效的抗震加固措施。

在此基础上，为了更好地归纳和总结村镇住宅建筑综合抗震能力评价的方法，验证村镇住宅抗震加固的效果，编制组针对不同类型的村镇住宅建筑，进行了一系列的试验研究工作。其中包括构件的静力加固试验（木柱、木梁、生土墙等）、拟静力加固试验（砌体墙、生土墙)、生土结构抗震加固工法试验、结构整体地震模拟振动台试验(抗震设防对比试验、抗震加固对比试验)等。

这一系列试验很好地验证了各类村镇住宅建筑抗震设防和加固措施的抗震效果,为村镇住宅建筑的抗震性能评价和抗震加固提供了基础基料,并为相关章节条文的制定提供了依据。

4. 抗震加固示范工程

2011 年 10 月,由国家"十一五"科技支撑计划课题"既有村镇住宅改造关键技术研究"(2006BAJ04A03) 资助,在四川省什邡市冰川镇天桥村对一栋震损砖木民宅进行了抗震加固。

示范工程对象为 2008 年汶川地震中震损的农民房屋,该房屋的结构形式为单层坡屋顶砖木结构,平面呈 L 形,为当地普遍采用的建筑形式,该房屋在汶川地震中部分墙体出现裂缝,震害程度为中等偏轻。该示范工程顺利完成,取得了良好的示范效应。

结合抗震加固示范工程,对村镇建筑的抗震加固造价进行了经济分析。考虑到农村房屋为农民自行建造,通常为村民互助建造或村镇施工队建造,不发生施工间接费、利润、税金等费用,因此,在对房屋进行造价分析时只计算出工程直接费用,即人工费、材料费、机械费。在实际中,由村镇施工队承担抗震加固施工时,基本符合上述情况,加固费用的支出主要为直接费用。如果采取村民互助的形式,则人工费方面还有可能进一步减少。示范工程砖木房屋建筑面积约 110m$^2$,按当地农村建房一般造价估算,新建同等面积房屋造价为 8 万~10 万,抗震加固费用在新建房屋造价的 20% ~ 25% 之间。

该房屋加固费用较高的主要原因是:其一,该房屋采取的加固措施较一般砖砌体房屋的加固涉及面广,加固项目多,因此加固费用也偏高;其二,示范工程的抗震加固,由村内有震后重建资质的施工队伍施工,因此发生的人工费用相对略高。

对于一般的墙厚为 180mm 或 240mm 的砖墙房屋,可采用单面钢丝网水泥砂浆加固,加固面可减少约一半左右,其他加固基本措施相同的情况下,较示范工程房屋的抗震加固费用可节约 1/3 以上,抗震加固造价可控制在 10% ~ 20% 之间,基本在农民可承受的范围内。

**四、《规程》主要技术内容简介**

1. 适用范围

《规程》适用于抗震设防烈度为 6 度、7 度、8 度和 9 度地区既有村镇住宅的抗震鉴定与加固,不适用于新建村镇住宅的抗震设计和施工质量的评定。

既有村镇住宅主要是指乡镇与农村中层数为一、二层的一般住宅建筑。对于村镇中三层及以上的砌体房屋和石结构房屋,应按现行国家标准《建筑抗震鉴定标准》GB 50023 和现行行业标准《建筑抗震加固技术规程》JGJ 116 进行抗震鉴定与加固。

2. 抗震设防目标

制定《规程》的目的,是为了减轻既有村镇住宅地震破坏,减少人员伤亡和经济损失,同时为抗震加固或采取其他抗震减灾对策提供依据。

现有村镇住宅进行抗震鉴定和加固的目标,与《镇(乡)村建筑抗震技术规范》对新建村镇住宅规定一致,比较符合村镇建设的现状。

现行行业标准《镇(乡)村建筑抗震技术规范》提出的村镇建筑抗震设防目标是:当遭受低于本地区抗震设防烈度的多遇地震影响时,一般不需修理可继续使用;当遭受相当于本地区抗震设防烈度的地震影响时，主体结构不致严重破坏，围护结构不发生大面积倒塌。

3. 主要技术内容

村镇建筑抗震鉴定及加固的基本要求、地基与基础的抗震鉴定与加固；砌体结构、木结构、生土结构、石结构房屋的抗震鉴定要求及抗震加固措施等。

1）抗震鉴定方法

《规程》中的抗震鉴定方法与《镇（乡）村建筑抗震技术规范》中的设计和构造措施要求相互对应，并与《建筑抗震鉴定标准》相协调，各类结构的抗震鉴定均分为一般规定、结构体系鉴定、材料及施工做法、整体性连接和抗震构造措施鉴定、易引起局部倒塌的部件及其连接要求等几方面的内容，在此基础上进行综合评定。

在抗震承载力验算方面，为便于使用，仍延续采用《镇（乡）村建筑抗震技术规范》中的查表法来进行验算。《镇（乡）村建筑抗震技术规范》在抗震承载力计算中采用的是极限承载力设计方法，鉴定时房屋的抗震能力验算不考虑承载力的调整，主要是考虑以下几方面的因素：村镇住宅普遍材料强度偏低、施工质量保证性差，抗震承载力的储备和冗余度低，抗震构造措施方面通常不完备，难以形成完整的抗震构造体系，无法对房屋的综合抗震能力起到充分的保证作用。

2）抗震加固技术措施

抗震加固针对村镇建筑在实际中存在的材料强度低、结构整体性差、抗倒塌能力弱等方面的问题，同时考虑到村镇地区施工水平普遍偏低、建筑机械应用及建筑材料使用受一定限制的现状，采取的抗震加固措施力求简便易行，降低施工门槛，原则是简单有效、经济可行。一方面，要用较低造价的、农民可承受的投入来改善既有村镇住宅的抗震性能，另一方面，要充分考虑所采取的加固措施在村镇中的适用性和可行性，以保证加固措施切实起到应有的作用。

抗震加固措施主要包括以下几个方面，针对不同结构形式的房屋，具体做法有所不同：提高房屋抗震承载力的加固方法、加强房屋整体性加固方法以及局部易倒塌部位的加固方法。针对各种加固方法均提出具体的要求，以便使用。

**五、小结及展望**

1. 特点

《规程》密切结合我国农村经济发展状况和农村建筑的地域特点，充分考虑了基层设计单位和村镇建筑工匠等使用对象的技术水平，体现了因地制宜、简单有效、经济合理的编制指导思想，可操作性强。在编制过程中，进行了大量村镇住宅建筑现状调查和抗震试验研究，在总结村镇住宅建筑震害特点的基础上，充分吸收了既有村镇住宅建筑抗震鉴定与加固改造的研究成果，提出了适合村镇住宅建筑的抗震鉴定方法及抗震加固措施，具有一定的创新性。

《规程》反映了既有村镇住宅建筑抗震研究的最新成果，有较强的针对性和实用性；技术指标科学合理，符合国家技术政策，适用性强，能够满足提高村镇住宅建筑抗震能力的需要。提出的抗震加固措施可有效提高村镇住宅建筑的抗震能力，具有显著的社会和经济效益。对于不满足抗震设防要求的既有村镇住宅建筑，在采取《规程》的抗震加固措施后，其抵御地震的能力可提高 1 度以上。

2. 对今后工作的展望

1）《规程》中村镇住宅建筑的覆盖面有待扩大

我国幅员辽阔，各地村镇地区的建筑类型多样，在条件成熟时可纳入有代表性的其他结构形式，扩大规程的涵盖面。

对村镇建筑继续开展较为广泛的抗震能力调查，以进一步掌握和了解农村房屋的既有结构型式和建造方式，分析其在抗震方面存在的主要问题及加固改造需求，以便在规程修订时补充和修改。

2）总结村镇建筑抗震相关研究工作成果，加强科研成果向实用的转化。

3）通过必要的试验验证，并吸收各地村镇建筑抗震加固工作的成果，进一步扩展实用型的村镇抗震加固方法。进一步完善适用于村镇住宅建筑的抗震加固方法。

对于专家建议的村镇住宅建筑的简化鉴定，需要进行进一步的归纳和梳理，以确定重要的鉴定项目。

执笔人：朱立新　葛学礼　于　文

执笔人单位：中国建筑科学研究院

# 5. 北京市《外墙外保温工程施工防火安全技术规程》 DB 11/729-2010 介绍

## 一、前言

在建筑节能中，外围护结构保温隔热是至关重要的环节，其核心问题是保温材料及其配套技术体系的应用。二十多年来，我国建筑节能工作取得长足进步，外墙外保温技术的应用功不可没。但是，目前外保温工程所采用的保温材料主要是聚苯板、聚氨酯等有机保温材料，防火性能较差。为防止和减少建筑火灾的危害，保护人身和财产安全，在应用外保温及其施工时应采取防火技术措施，提高外保温的防火能力。以下结合北京市对外保温火灾案例的调研，介绍《外墙外保温规程施工防火技术规程》的编制原则和实施要点。

北京市质量技术监督局京质监标 [2008]73 号文件《关于印发 2008 年北京市地方标准制修订计划的通知》，明确要求制定《外墙外保温工程施工防火安全技术规程》（以下简称《规程》）。现已批准为北京市地方规程，编号为 DB 11/729-2010，自 2011 年 1 月 1 日起实施。

## 二、《规程》编制背景

目前，外墙外保温材料大多采用高分子有机发泡轻质保温板，如模塑聚苯板（EPS 板）、挤塑聚苯板（XPS 板）、硬质发泡聚氨酯等，虽然要求这些材料均为阻燃型，但其材料本身的燃烧性能仍属可燃产品，且外墙保温施工是在多工种立体交叉作业的建筑工地，施工过程中存在较大的火灾隐患。这类保温材料在火灾发生时无法做到不燃烧、不爆裂、不蔓延、不流淌、无毒气。外墙外保温系统复合在结构墙体外侧，其本身的燃烧性能和耐火极限对于抵抗相邻建筑的火灾侵害、阻止建筑本身的火势蔓延，都是十分重要的。现行《高层民用建筑设计防火规范》中未涉及外墙外保温的防火设计。对外墙外保温系统缺乏使用范围的限定，外墙外保温防火技术仍缺乏国家或行业标准及相关技术规范，生产企业的产品说明书中一般也缺少防火性能指标。与国外不同的是，我国中高层建筑居多，火灾发生时的救援难度大，对建筑的综合防火技术尤其是外墙外保温的防火技术要求更高。近年来，频发的施工现场火灾事故不得不引起我们对外墙外保温工程防火问题的高度重视。

2008 年，北京市编制完成了北京市建委"建材推优限劣政策调研成果"《消除建筑外墙保温材料消防隐患的管理技术措施》的调研，重点确定了提高施工现场保温工程消防管理的水平，明确要求制定北京市《外墙外保温工程施工防火技术规程》，并将其作为 2008 年度北京市建委重点折子工程中的一项。为此，课题组对近几年建筑施工现场的火灾案例进行了调查。据不完全统计，2007 ~ 2009 年，北京地区发生在建筑施工现场的火灾近三十余起。火灾原因多为施工过程中用火不慎，引燃建筑保温材料，导致火势蔓延。建筑物投入使用后由外因引发火灾的很少。另外，火灾发生时散发浓烟，给人员逃生和消防人员施救带来了一定困难。无论起火原因如何，有机保温材料均充当了火势蔓延的帮凶。从调查案例分析，外墙外保温工程火灾的主要问题归纳如下：

1. 发生火灾的高层建筑约占 61%，公共建筑约占 68%，居住建筑约占 32%。

2. 发生火灾的外墙外保温系统中，保温幕墙约占 55%，聚苯板约占 70%，聚氨酯约占 25%。

3. 火灾发生的原因，施工电气焊约占 60%，吸烟不慎约占 10%，其他电器等不明原因约占 30%。

4. 火灾发生的时间，码放阶段约占 20%，上墙阶段约占 65%，已竣工的工程不足 10%。

火灾产生的原因分析：施工现场管理问题较为突出。施工现场防火管理水平差，保温材料表面保护层防火能力不足，保温材料的阻燃能力达不到 B2 级以上；施工处于多工种立体交叉作业，裸露的保温板材料存在较大的火灾隐患，施工现场消防管理薄弱；保温材料堆放缺少统一的堆放场，多数见缝插针，甚至沿保温工程周围码放；堆放场缺少明显的消防安全宣传标识，临时消防车道和消防器材不到位。尤其是高层建筑外墙外保温工程施工，楼面层未安装临时消防设施，保温材料大部分未做界面处理，施工现场缺少严禁吸烟的标识等。

总之，调研中发现，目前外保温工程施工现场管理水平较差，没有真正将节能工程作为一个分项或分部对待，不少工地仅将其作为一个装饰工序，消防管理很不完善。

在调查的基础上，调查组提出了如下建议：加强保温工程施工管理；进一步完善和提高材料及系统的防火构造措施；大型公建以及幕墙工程采用有机保温材料应慎重；发展墙体自保温体系等。我国正处于建筑工程高速发展阶段，建筑节能是节能工作中的重要环节，保温材料需求量极大，目前普遍应用的有机保温材料以其性能和价格优势，仍将在我国建筑保温工程中占据主导地位。因此，只有把握好此类保温材料的使用关，制定切实可行的外保温防火安全管理办法并有效实施，才能预防和杜绝施工工地火灾的发生。

### 三、《规程》编制原则

《规程》按照公安部和住房和城乡建设部有关规定的指导原则，密切结合北京市建筑节能的施工状况和建筑节能相关要求编制。这是北京市乃至全国首次编制该类规程，主要参考标准为 GB 50045《高层民用建筑设计防火规范》、GB 50222-1995《建筑内部装修设计消防规范》、GB 50016-2006《建筑设计防火规范》、GB 50411-2007《建筑节能工程施工质量验收规范》、《北京市消防条例》和《北京市建筑工程施工消防安全管理规定》、北京市公安局消防局北京市建设委员会消监字 27 号（2007）《关于进一步加强施工现场临建房屋消防安全管理的通知》、GB 20286-2006《公共场所阻燃制品及组件燃烧性能要求和标识》、GB 8624-1997《建筑材料燃烧性能分级》以及《聚氨酯硬泡外墙外保温工程技术导则》等。

《规程》为强制性施工规程，要求施工单位严格执行。其主要强制点为：①明确消防安全管理工作分工；②做好材料进场前的消防准备工作；③加强材料存放场地的消防管理工作；④严控可燃保温材料施工过程中的消防管理工作；⑤加强保温工程消防管理的检查验收。

《规程》原则上不涉及防火安全设计问题，但要求应采取合理的墙体保温系统构造方式，增加防火构造措施，做好防火隔离带等。尤其是中高层建筑，应采取合理的墙体保温系统构造方式，并采取有效的防火构造措施。

《规程》应考虑外墙外保温工程施工的总分包各方施工时的配合协商，合理安排工序，尽可能避免明火作业，如附近有明火作业，必须严格按照施工作业用火规定进行操作，必须获得外保温工程施工保卫部门检查批准，领取《动火许可证》，只能在指定地点和限定时间内有效，在有专人看火并具备有效消防措施的条件下进行。外保温工程施工动用电气焊等明火时，必须保证电气焊作业正下方区域内不得有裸露可燃性保温材料，并设专人监督。严禁在已安装的保温材料上进行电气焊接和切割作业。

《规程》应要求外保温工程施工现场不得大量积存可燃材料，应相对集中放置在安全区域并应有明显标志。外墙外保温工程施工必须配备灭火器、砂箱或其他灭火工具。指定专人维护、管理、定期更新，保证其完整好用。夜间作业不得使用碘钨等高温聚光灯照明。下班前必须将零星保温材料和碎屑等清除干净，切断电源。还应要求施工作业楼层工位按分格线或当日流水作业面及时涂刷界面剂或进行装饰面层基层处理，保温层上墙后应及时抹面，未进行抹面施工的保温层不得超过 2 层。严禁外保温工程施工保温层长期裸露，这样做不仅有利于施工消防安全，还能够起到对保温层的保护作用，防止紫外线对保温材料的老化破坏。

《规程》还应要求建筑保温工程施工所用照明、电热器等设备的高温部位靠近非 A 级保温材料或导线穿越 B2 级以下（含 B2 级）保温材料时，应采用岩棉、瓷管等 A 级材料隔热。当照明灯具或镇流器嵌入可燃保温材料时，应采取隔热措施予以分隔。电箱的壳体和底板宜采用 A 级材料制作。配电箱不得安装在 B2 级以下（含 B2 级）的保温材料上。保温墙体明敷塑料导线应穿管或加线槽板保护，保温吊顶内的导线应穿金属管或 PVC 管保护，导线不得裸露。

总之，《规程》本着"预防为主、防消结合"的原则，以加强外墙外保温工程施工现场的防火安全管理，保障施工现场的消防安全为当务之急，参照其他易燃材料（如化工材料）的管理方式，尽快消除外保温施工全过程的消防隐患。

**四、《规程》主要内容解析**

《规程》共分 6 章，包括总则、术语、一般规定、材料防火性能要求、施工防火、防火安全验收。有 3 个附录：附录 A"聚苯板材料现场打火机简易点燃试验方法"、附录 B"保温材料燃烧性能技术要求"、附录 C"外墙外保温工程施工防火安全验收记录"。

总则与术语：主要说明《规程》编制的目的、范围以及与相关规程的关系。该《规程》适用于北京市行政区域内新建、改建和扩建的民用建筑及既有民用建筑节能改造的外墙外保温工程施工，具有广泛的适用性。列举了《规程》中使用的术语，扩大了外墙外保温工程的含义，即"作为保温幕墙的一部分所形成的建筑物实体"，包含外保温幕墙的做法及保温装饰板工程等。

一般规定：针对北京地区的建筑特点，规定了外保温工程施工防火的基本要求。为了保证标准实施的有效性，主要规定了可燃性保温材料的基本要求和总、分包方的职责。

材料防火性能要求：按照公安部和住房和城乡建设部联合发布的《民用建筑外保温系统及外墙装饰防火暂行规定》，保温材料的燃烧性能应满足设计要求，并不得低于 B2 级。对进入施工现场的可燃类保温材料，应按附录 B"保温材料燃烧性能技术要求"对其燃烧性能等级进行见证取样复验，较 GB 50411-2007《建筑节能工程施工质量验收规范》更加严格。考虑到施工现场的可操作性，《规程》补充了对燃烧性能试验氧指数的要求和附录 A"聚苯板材料打火机简易点燃试验方法"，前者可以作为可见证试验，后者只能作为施工现场对聚苯板燃烧性的参考性试验方法。

施工防火：这是本《规程》的重要内容，主要规定了外墙外保温工程施工现场应为禁火区域，以消除将外墙外保温工程施工仅作为装饰工程一部分对待的误区。规定了可燃类保温材料存放和堆放的防火安全要求；施工防火要点规定了动用明火和与引发保温材料燃烧的因素在施工过程中应关注的区域和时段。从已发生的外保温火灾看，绝大多数是由于施工现场明火与保温工程交叉作业酿成的，这是预防和杜绝外保温工程火灾的关键。事实证明，不少火情是由施工现场保温材料废弃物引燃蔓延的，因此，外保温工程现场保温材料的堆放管理，以及随时清理现场的废弃保温材料也应引起足够重视。

防火安全验收：规定了防火安全验收的内容，目的是要求施工项目自觉地关注该《规程》的实施，形成必要的检查记录，防止突击应付检查，防火安全验收内容在工程竣工资料中应有明确的体现，以保证《规程》实施的有效性。因此，规定附录 C "外墙外保温工程施工防火安全验收记录"为规范性附录。

本《规程》与《民用建筑外保温系统及外墙装饰防火暂行规定》（公通字 [2009]46 号）协调一致，并进一步完善和具体化。二者相关的施工要求对照见表 5-1。

《民用建筑外保温系统及外墙装饰防火暂行规定》
与《外墙外保温工程施工防火安全技术规程》的施工要求对照 　　　表 5-1

| 编号 | 《民用建筑外保温系统及外墙装饰防火暂行规定》 | 《外墙外保温工程施工防火安全技术规程》 | 说明 |
|---|---|---|---|
| 1 | 保温材料进场后，应远离火源。露天存放时，应采用不燃材料完全覆盖。 | 5.2.1 当可燃类保温材料储存在库房中时，库房应由不燃性材料搭设而成，并有专人看管。当可燃类保温材料露天堆放时，堆放场应符合以下要求：<br>1. 堆放场四周应由不燃性材料围挡；<br>2. 堆放场应为禁火区域，其周围 10m 范围内及上空不得有明火作业，并应有显著标识；<br>3. 堆放场附近不得放置易燃、易爆等危险物品；<br>4. 堆放场应配备种类适宜的灭火器、砂箱或其他灭火器具；<br>5. 堆放场内材料的存放量不应超过 3 天的工程需用量，并应采用不燃性材料完全覆盖。<br>5.2.2 外保温工程施工时，作业现场保温材料临时堆放条件应符合 5.2.1 条 1、2、3 款要求。严禁在施工建筑物内堆存保温材料。 | |
| 2 | 需要采取防火构造措施的外保温材料，其防火隔离带的施工应与保温材料的施工同步进行。 | 5.3.1 采用防火构造的外保温工程，其防火构造的施工应与保温材料的施工同步进行。 | 构造措施可包括防火隔离带、防火梁、防火分仓、防火覆面包裹等 |
| 3 | 可燃、难燃保温材料的施工应分区段进行，各区段应保持足够的防火间距，并宜做到边固定保温材料边涂抹防护层。未涂抹防护层的外保温材料高度不应超过 3 层。 | 5.3.2 外保温工程的施工应分区段进行，各区段应保持一定的防火间距，并宜尽早安排覆盖层（抹面层或界面层）的施工。保温层施工时，没有保护面层的保温层不得超过三层楼高，裸露不得超过 2 天。 | |
| 4 | 幕墙的支撑构件和空调机等设施的支撑构件，其电焊等工序应在保温材料铺设前进行。确需在保温材料铺设后进行的，应在电焊部位的周围及底部铺设防火毯等防火保护措施。 | 5.3.4 幕墙的支撑构件和空调机等设施的支撑构件，其电焊等工序应在保温材料铺设前进行，确需在保温材料铺设后进行的，应在电焊部位的周围采用防火毯等防火保护措施。 | |

| 编号 | 《民用建筑外保温系统及外墙装饰防火暂行规定》 | 《外墙外保温工程施工防火安全技术规程》 | 说明 |
|---|---|---|---|
| 5 | 不得直接在可燃保温材料上进行防水材料的热熔、热粘结法施工。 | 5.3.3 外保温工程施工区域动用电气焊、砂轮等明火时，必须确认明火作业所涉及区域内的可燃类保温材料已覆盖了抹面层或界面层，并设专门的动火监护人，配备足够的灭火器材。严禁在已完成安装的保温材料上进行电气焊接和其他明火作业。 | 原46号文防水材料的热熔、热粘结法施工，是指防水。 |
| 6 | 施工用照明等高温设备靠近可燃保温材料时，应采取可靠的防火保护措施。 | 5.3.7 施工用照明等发热设备靠近可燃类保温材料时，应采取可靠的防火保护措施。电气线路不应穿过可燃类保温材料，确需穿过时，应采取穿管（不燃材料）防火保护等措施。 | |
| 7 | 聚氨酯等保温材料进行现场发泡作业时，应避开高温环境。施工工艺、工具及服装等应采取防静电措施。 | 5.3.5 聚氨酯等保温材料进行现场发泡作业时，应避开高温环境，施工工具及服装等应采取防静电措施。<br>5.3.6 喷涂聚氨酯保温材料必须在喷涂后24h内进行防护层施工。 | |
| 8 | 施工现场应设置室内外临时消火栓系统，并满足施工现场火灾扑救的消防供水要求。 | 5.2.1 当可燃类保温材料储存在库房中时，库房应由不燃性材料搭设而成，并有专人看管。当可燃类保温材料露天堆放时，堆放场应符合以下要求：<br>1. 堆放场四周应由不燃性材料围挡；<br>2. 堆放场应为禁火区域，其周围10m范围内及上空不得有明火作业，并应有显著标识；<br>3. 堆放场附近不得放置易燃、易爆等危险物品；<br>4 堆放场应配备种类适宜的灭火器、砂箱或其他灭火器具；<br>5. 堆放场内材料的存放量不应超过3天的工程需用量，并应采用不燃性材料完全覆盖。 | |
| 9 | 外保温工程施工作业工位应配备足够的消防灭火器材。 | 5.1.2 外保温工程施工作业工位，应配备足够的消防器材，指定专人维护、管理、定期更新，应确保其适用、有效。 | |
| 10 | 与外墙和屋顶相贴邻的竖井、凹槽、平台等，不应堆放可燃物。 | 5.4.1 外保温工程完工后与外墙相毗邻的竖井、凹槽、平台等，不得堆放可燃物。 | |
| 11 | 火源、热源等火灾危险源与外墙、屋顶应保持一定的安全距离，并应加强对火源、热源的管理。 | 5.4.2 外保温工程完工后，火源、热源等火灾危险源与外墙保持一定的安全距离，并应加强对火源、热源的管理。 | |
| 12 | 不宜在采用外保温材料的墙面和屋顶上进行焊接、钻孔等施工作业。确需施工作业的，应采取可靠的防火保护措施，并应在施工完成后，及时将裸露的外保温材料进行防护处理。 | 5.4.3 外保温工程附近不宜进行焊接、钻孔等明火施工作业，确需明火施工作业的，应采取可靠的防火保护措施。 | |
| 13 | 电气线路不应穿过可燃外保温材料。确需穿过时，应采取穿管等防火保护措施。 | 5.4.4 施工所用照明、电热器等设备的发热部位靠近可燃类保温材料或导线穿越可燃类保温材料时，应采取有效隔热措施予以分隔。 | |

### 五、《规程》实施要点

《规程》3.0.2、5.1.1、5.2.1、5.3.3、6.0.2 条为强制性条文，重点涉及可燃保温材料的技术要求及堆放、保温工程施工现场用火以及防火工作检查验收的内容。

1．3.0.2 外保温工程所用保温材料的燃烧性能应满足设计要求，并不得低于表 5-2 的要求。

保温材料的燃烧性能要求　　　　　　表 5-2

| 保温材料 燃烧性能 | 聚苯乙烯泡沫塑料 | | 硬质聚氨酯泡沫塑料 | 酚醛树脂 泡沫塑料 | 胶粉聚苯颗粒 保温浆料 |
|---|---|---|---|---|---|
| | XPS | EPS | | | |
| 氧指数（%） | —— | ≥ 30 | ≥ 26 | ≥ 32 | |
| 燃烧性能等级 | 不低于 B2 级 | | | 不低于 B1 级 | 不低于 B1 级 |

由于外墙外保温工程开展的时间不长，相应的防火标准也不够健全，因此，本《规程》规定了对可燃类材料的最低燃烧性要求。保温材料的燃烧性试验是为了对所用保温材料的燃烧性进行验证，主要按附录 B 表 B.0.1 试验方法和 GB/T 2406-1993《氧指数》要求验证其是否符合表 5-2 的要求。此条文是对外保温材料的最低要求，要求在 GB 50411-2007《建筑节能工程施工质量验收规范》的基础上进行有见证检验，目的是规范外保温材料的市场准入行为。条文的实施可能会给施工现场的材料验收增加一定的工作量和投入，执行过程中，有氧指数要求的可以按相关要求见证。

2．5.1.1 外保温工程施工现场应为禁火区域，并应远离火源，严禁吸烟。当附近有明火作业时，必须严格执行动火审批制度，并采取相应的安全措施。

此条文主要针对外保温工程施工现场的防火要求进行定性，强调整个施工现场为禁火区域，要求施工承包单位应采取足够的安全消防措施，不允许将外保温工程作为一般装修施工来对待，而且强调了施工的全过程和全方位，特别是明火作业，应有相应的安全措施。

3．5.2.1 当可燃类保温材料储存在库房中时，库房应由不燃性材料搭设而成，并有专人看管。当可燃类保温材料露天堆放时，堆放场应符合以下要求：（1）堆放场四周应由不燃性材料围挡；（2）堆放场应为禁火区域，其周围 10m 范围内及上空不得有明火作业，并应有显著标识；（3）堆放场附近不得放置易燃、易爆等危险物品；（4）堆放场应配备种类适宜的灭火器、砂箱或其他灭火器具；（5）堆放场内材料的存放量不应超过 3 天的工程需用量，并应采用不燃性材料完全覆盖。

从调研结果看，可燃类保温材料现场堆放发生的火灾约占火灾总数的 20%，因此，《规程》中对可燃类保温材料的现场堆放规定了相对严格的措施。目前，许多外保温施工现场尚不具备专用的堆放场地，也无专人对堆放场地负责，存放量缺少控制，保温材料的覆盖也不到位，因此，条文规定了库房和露天堆放时的具体要求：首先要求有固定的堆放场，并围挡。这条目前很多工地未能实现，希望在执行中引起足够重视。

4．5.3.3 外保温工程施工区域动用电气焊、砂轮等明火时，必须确认明火作业所涉及区域内的可燃类保温材料已覆盖了抹面层或界面层，并设专门的动火监护人，配备足够的灭火器材。严禁在已完成安装的保温材料上进行电气焊接和其他明火作业。

　　此条文是防止外保温工程施工现场发生火情的重中之重。从调研结果看，多起外保温工程火灾的发生，均是由于施工中无规则地动用电气焊、砂轮等明火，违章作业，明火与保温交叉作业、无证施工等。提出一些必要的防火要求（如动火申请、监护人、灭火器材等）是预防外保温火灾发生的关键。条文说明规定了外保温工程施工区域应包括保温工程作业临时堆放区、与保温工程作业区面垂直区、未完工保温墙体周边 5m 区域。外保温工程施工区域动用电气焊、砂轮等明火是施工中发生火灾的主要原因，因此，《规程》中对外保温工程施工区电气焊接和其他明火作业提出了严格要求。

　　5. 6.0.2 外保温工程防火安全验收时，应检查下列文件和记录：外保温工程设计文件、外保温材料的燃烧性能设计要求以及施工单位的资质证明等；材料进场验收记录，包括所用外保温材料的检验报告、清单、数量、进场批次、合格证以及燃烧性能检验报告；外保温材料燃烧性能的见证检验报告；施工记录和隐蔽工程施工防火验收记录。

　　此条文是对外保温工程防火安全验收的管理，要求形成验收资料并归档，以促进《规程》的有效实施。目的是督促施工现场对防火安全管理自觉执行，防止为应付消防检查突击拼凑资料，并为执法检查和竣工验收提供内容规定。其中，施工记录和隐蔽工程施工防火验收记录的多少，《规程》中没有提出具体要求，应根据工程规模来确定。

## 六、结语

　　我国正处于建筑工程高速发展阶段，建筑节能是节能工作的重要部分，量大面广的节能建筑需要巨量的保温材料，现用的高分子有机发泡轻质保温材料存在火灾安全隐患，但在性能与价格上具有很大优势，短期无法被其他材料所替代，因此，提高施工现场保温工程消防管理的水平，制定保温工程防火施工技术规程并认真贯彻执行是当务之急。虽然目前的调查结果表明外保温系统火灾大多发生在施工过程阶段，但就其重要性和长期性而言，提高现有外墙外保温系统的防火性能，消除建筑物使用过程中的火灾隐患应是外保温防火安全工作的核心。北京市出台地方标准，用以规范外保温工程施工过程中现场的安全技术管理工作，必将对建筑节能外墙外保温的发展以及城市发展和减灾工作起到积极的推动作用。

执　笔　人：王庆生

执笔人单位：北京市建筑节能专业委员会

# 6．吉林省地方标准《民用建筑外保温工程防火技术规程》 DB 22/T496-2010 编制与执行情况介绍

众所周知，我国的建筑规模庞大，建筑能耗已占全社会各行业总能耗的30%，而且还在增长，建筑节能已刻不容缓。而作为建筑节能措施中最重要的组成部分，外墙外保温系统得到了日益广泛的应用。由于大部分外墙外保温系统采用的是可燃的有机保温材料，这就引发了业内对于"外墙外保温系统防火问题"这一命题的热烈讨论，特别是在央视火灾、上海11·15火灾、沈阳皇朝万鑫火灾发生之后，公安部相继出台了46号文和65号文，随即出现了关于外保温系统的材料、设计、施工、验收、检测等各个标准与这两个文件特别是65号文之间的矛盾与问题。吉林省也不例外，出现了许多问题。为了解决这些问题，吉林省于2010年8月19日在全国第一个出台了关于外保温工程防火技术的地方标准，并于2012年6月修编。本文主要介绍吉林省外保温工程防火地方标准编制与执行的情况。

## 一、吉林省外墙保温的主要做法

从1991年起，吉林省就开展了关于节能墙体的构造和材料的研究与应用，并进行了大量的工程实践，推出了以聚苯保温板（EPS板）外墙外保温系统为代表的多种节能墙体构造，且得到了广泛的应用，取得了良好的效果和经验。这些节能墙体构造主要有夹心保温、单一材料节能外墙和外保温。由于夹心保温做法的工程质量不易保证，热桥问题严重，住户投诉量大，而逐步被外保温做法所替代。单一材料节能外墙仅限于用保温砂浆砌筑的加气混凝土砌块，由于加气混凝土吸水率高、抗冻性差、抹灰易开裂，且当时国家尚未发布其应用技术标准等原因，因此用量较小。所以，在吉林省最广泛采用的是外墙外保温系统。在外墙外保温系统中，EPS板薄抹灰外保温系统占85%以上，其次是XPS板和聚氨酯硬泡外保温。据不完全统计，全省自1991年以来的二十多年间，采用EPS板薄抹灰外保温系统的民用建筑达1亿$m^2$以上，其中80%以上为居住建筑。2010年吉林省既有居住建筑节能改造即"暖房子"工程，面积达980万$m^2$，2011～2013年平均每年达2000万$m^2$左右，全部采用EPS板薄抹灰外保温系统。由于EPS板外墙外保温技术起步最早，在技术上最成熟，应用也最广泛，而且国家也已发布关于EPS板薄抹灰外墙外保温系统的技术标准，吉林省也出台了《聚苯乙烯（EPS）板外墙外保温工程施工及验收规程》，并已编制出版有关EPS板外墙外保温建筑构造图集。因此，EPS板外保温系统是吉林省最主要的外墙外保温系统。

## 二、吉林省地方标准《民用建筑外保温工程防火技术规程》 DB 22/T4962010 的编制情况

### 1.编制背景

近几年火灾频发，尤其是高层建筑火灾，火势蔓延快，人员疏散困难，扑救难度大，造成的损失及"后果"严重。央视火灾以后，全社会对火灾的认识和重视程度达到了一个前所未有的高度。由于现行的防火规范对外墙外保温系统的防火没有具体要求，为此公安

部、住房和城乡建设部于 2009 年 9 月 25 日联合发布了公通字 [2009]46 号《民用建筑外保温系统及外墙装饰防火暂行规定》。由于 46 号文是一个文件，而不是技术标准，不能用来指导具体的工程实践，因此，北京、陕西、浙江、辽宁等省市相继组织编制《民用建筑外保温工程防火技术规程》。吉林省政府为了更好地执行 46 号文，于 2010 年 6 月 4 日由吉林省住房和城乡建设厅勘察设计处组织消防、设计、施工等单位的专家和领导召开"外墙外保温系统防火技术措施座谈会"。在这次会议上，与会专家一致认为应尽快编制吉林省的外保温工程防火技术规程以指导外保温工程的设计、施工和验收。吉林省住房和城乡建设厅于 2010 年 6 月 8 日下发《关于组织编制吉林省工程建设地方标准＜民用建筑外保温工程防火技术规程＞的通知》（吉建设 [2010]17 号）文，委托吉林省建筑设计院有限责任公司作为主编单位，并成立编制组。编制工作历时两个月完成，于 2010 年 8 月 19 日发布，2010 年 9 月 1 日实行。吉林省《民用建筑外保温工程防火技术规程》DB22/T496-2010 是在全国第一个出台的关于外保温防火的地方标准，也是当时唯一的一部关于外保温工程防火的技术标准。

2. 本规程的特点

1）依据：本规程的主要依据是 46 号文、相关的火灾试验报告及吉林省的工程实践经验总结。

2）规程的主要内容：1. 总则，2. 术语，3. 外墙外保温防火设计，4. 屋面保温防火设计，5. 施工防火，6. 防火安全验收和 6 个附录。

3）本规程在外墙外保温防火设计中，在 46 号文的基础上提出了与 A 级等效的外保温工程防火构造要求，即当设置防火隔离带有困难时，外墙外保温应采取无空腔构造、加厚防火保护层、防火分仓等措施。可解决因设置防火隔离带对外墙外保温系统整体性和耐久性、耐候性的影响，以避免产生强度、吸水性、开裂、结露等问题。同时在附录中提供多种与 A 级等效的构造做法。

4）本规程根据热固型保温材料和热塑型保温材料燃烧性能的不同，在建筑外保温领域中的适用范围作了不同的规定。

5）本规程特别提出关于加气混凝土等保温砌块外墙的防火设计。

加气混凝土砌块为无机不燃材料，耐火极限较高，保温性能较好。在吉林省这个严寒地区，采用保温砂浆砌筑的厚度在 350 ～ 400mm 的 B05 级加气混凝土砌块墙体，即可满足吉林省公建节能 50% 和居住建筑节能 65% 的要求。加气混凝土砌块与保温浆料相结合，即可提高保温性能，又可起到防水、防开裂、防透风、找平等作用，是很好的既保温又防火的墙体构造，因此，可以用于任何高度的民用建筑和幕墙建筑。为保证在混凝土梁、柱等热桥部位不产生结露等问题，本规程还提出了相应的保温措施和构造做法。

6）本规程在施工防火中对材料防火性能、材料堆放、施工准备、施工防火要点、成品防火保护、监理单位工地检查等都作出了具体规定。

7）本规程还对防火安全验收也作出了规定。

8）在附录中提供了防火隔离带的具体作法和要求。

综上所述，本规程是一个贴近实际、可操作性很强的标准，并获得了吉林省标准创新奖。

3. 执行情况

本规程发布后，吉林省住房和城乡建设厅与吉林省公安厅消防局分别组织全省设计、施工、监理及建设单位进行了二十余次的宣贯，不仅提高了大家对外保温工程防火意义的认识，也明确了具体的做法，对外保温工程的防火工作起到了很好的推进作用。

上海 11·15 火灾之后，公安部于 2011 年 3 月 14 日又出台了 65 号文。65 号文要求外保温材料应采用燃烧性能为 A 级的保温材料。由于当时 A 级保温材料市场供应量严重不足，对 A 级保温材料的种类、A 级保温材料的外保温技术、施工验收及防火隔离带的做法等，一无标准，二无实践经验，这使得全国许多外保温工程出现设计、施工、验收方面的困难，甚至许多在建工程的外墙外保温施工基本处于停工状态。

吉林省 2011 年的 2000 万 m² 的"暖房子"工程同样受到了影响，由于"暖房子"工程的任务和计划都已确定，是必须要完成的，资金也是限定的，采用价格高的 A 级保温材料，根本不可能完成任务。因此，吉林省住房和城乡建设厅组织包括消防部门的专家在内的有关专家进行论证，并在此前进行了粘贴方法及 B1 级保温材料的火灾试验，根据试验结果，专家们讨论一致认为："暖房子"工程和保障性住房外墙外保温可以采用 B1 级 EPS 板薄抹灰外保温系统，施工与验收仍执行我省的地方标准。这几年的"暖房子"工程没有发生火灾事故。

对于其他建筑工程的外墙外保温，吉林省政府协调吉林省住房和城乡建设厅与吉林省消防局，通过专家论证，由吉林省住房和城乡建设厅发文，要求在执行本规程的同时，将本规程中可以采用的 B2 级保温材料全部提高为 B1 级，并推广与 A 级等效的构造做法，从而保证了外保温工程的正常进行。

**三、规程修编的情况**

吉林省于 2012 年 1 月开始对吉林省地方标准《民用建筑外保温工程防火技术规程》DB 22/T4962010 进行修编，修编后编号改为 DB 22/T496-2012，2012 年 6 月 15 日发布，2012 年 7 月 1 日实施。

1. 规程修编的原因

1）2011 年 12 月 30 日，国务院发布了《国务院关于加强和改进消防工作的意见》（国发 [2011]46 号）文，文件要求："新建、改建、扩建工程的外保温材料一律不得使用易燃材料，严格限制使用可燃材料。"也就是说外保温材料不得使用燃烧性能为 B3 级的，严格限制使用 B2 级的保温材料。原规程中规定外墙外保温材料不得低于 B2 级，不能满足国发 [2011]46 号文的要求。

2）65 号文出台后，促进了 A 级保温材料及其外保温技术的发展，出现了许多新的 A 级保温材料和技术。同时 B1 级的 EPS 板也已大量上市，且价格仅略高于 B2 级的 EPS 板。这些都为解决外保温防火问题提供了市场条件，也可作为规程修编的基础。

3）原规程通过近两年来的实施，发现存在一些问题。如空腔问题、防火分仓问题、防火隔离带问题、人员密集场所外保温防火问题、幕墙建筑外保温防火问题、地下室外墙保温防火问题等，这些问题都需要进行调整与修改。

2. 修编的内容

1）将外墙外保温系统中保温材料的燃烧性能的最低等级由 B2 级改为 B1 级。

2）修改了空腔的概念。原规程中空腔的概念是："保温层与基层墙体、保温层与面板之间的空气层"，修改后为："保温层与外饰面板之间的空气层"。因为当采用薄抹灰外保温系统时，保温板与基层墙体之间的缝隙只有 3 ~ 5mm，经火灾试验证明这种空腔对火灾的影响不大，原规程中的无空腔构造也就没有多大意义，且施工困难，若采用满粘 EPS 板还会产生开裂、费工费料、造价高等问题，因此修改。修改后的空腔概念仅用于幕墙建筑。

3）取消防火分仓这一防火构造。所谓防火分仓是指用不燃或难燃保温材料将连续可燃保温层分隔成相互独立的小面积固定尺寸区域。具体的方法是将 EPS 板用聚苯颗粒保温浆料贴砌于基层墙体上，每块 EPS 板的四周均有 10mm 的灰缝。这是一种很好的防火构造，在保证质量的前提下，防火效果很好。但在实际应用中存在施工难度大、工期长、造价高、质量难于控制、分仓缝处易产生热桥等问题，推广时阻力很大，因此用量很少。

4）增加了对防火隔离带的技术要求。原规程中对防火隔离带的要求比较简单，缺少关于施工、验收、检测等方面的要求，在执行的过程中质量不易控制。修编后在附录中对防火隔离带增加了基本规定、防火隔离带性能要求、防火隔离带组成材料性能要求、防火隔离带的设计与构造、防火隔离带的施工与验收、防火隔离带外墙外保温系统耐候性试验方法等。

5）增加对人员密集场所外保温防火的要求。首先增加了人员密集场所和公众聚集场所的概念，要求凡人员密集场所和公众聚集场所的外墙外保温材料燃烧性能等级应为 A 级，比原规程提高了标准。

6）提高了对幕墙建筑外保温防火的要求。即要求凡幕墙建筑的外墙外保温材料燃烧性能等级应为 A 级。在原规程中可以采用与 A 级等效的构造做法。

7）增加了对地下室外墙保温防火的要求，并对采用 B2 级保温材料的屋面，其防水层不得采用需热熔法施工的防水材料。

3. 外墙外保温防火的主要做法与材料的应用

根据修编后的规程，又修编了吉林省工程建设标准设计《外墙外保温建筑构造》图集，在图集中增加了有关的防火构造，在防火隔离带的构造中采用了四种 A 级材料。

1）A 级保温材料的应用

（1）缝合玻璃丝棉板

指上下为玻璃丝网格布，中间为玻璃棉，并用玻璃丝连接线将网格布和玻璃棉按一定纵横行距缝合在一起的玻璃棉板材，且表面经防水处理。可以采用聚合物砂浆粘贴，表面做一布二浆的薄抹灰系统，便于施工。

其特点是缝合玻璃丝棉的抗拉和抗压强度要大大高于普通玻璃棉，且保温、防火、防潮性能好，价格不高。这种材料是吉林省嘉博墙体耐火保温材料有限公司的专利产品。

（2）保温砂浆增强竖丝岩棉板

是以多条岩棉带作芯材，由耐碱玻纤网保温砂浆防护层包裹且岩棉平行于板厚方向的板状制品。产品在工厂预制并进行特殊养护，现场可直接安装固定在基层墙体上。这是北京振利的产品。

其特点一是抗拉拔强度高，表面抗拉强度大于 0.15MPa。二是防水抗沉降性能好，因岩棉板由防水性能良好的玻纤网复合保温砂浆包裹，形成了分段防水防潮体系，不会产生岩板受潮后的沉降。三是益于劳动保护，因岩棉板表面由保温砂浆包裹，现场作业工人不直接接触岩棉纤维，避免皮肤过敏的发生。四是施工简单，现场可用简易木工手机锯裁切，并可用于薄抹灰系统。

（3）TPS 板（真金板）——隔离仓型 EPS 板。

即运用高分子颗粒防火隔离仓技术，将可发性聚苯乙烯珠粒用不燃材料包裹，再模塑而成具有遇火焰形成连续蜂窝状阻火结构的保温板。其燃烧性能等级可达到 A2 级。这种材料是亚士创能科技（上海）股份有限公司的专利产品。

其特点是 TPS 板具有 EPS 板所有优良的物理力学性能，且优于 EPS 板，如导热系数为 0.033（W/m·K），低于 EPS 板的导热系数 0.039（W/m·K）；抗拉强度可达 0.3MPa，高于 EPS 板的 0.1MPa；其尺寸稳定性和吸水率均与 EPS 板相同，但防火性能远高于 EPS 板。由于 EPS 外保温技术成熟，应用广泛，而 TPS 外保温技术与 EPS 完全相同，易于推广，如果价格适宜，则具有广阔的市场前景。

（4）A2 级改性酚醛保温板

即通过改性，使其燃烧性能达到 A2 级的酚醛保温板。

酚醛板是热固型保温材料，遇火碳化，其防火、保温和抗压性能良好，但由于其尺寸稳定性能较差，脆性大，变形较大，用于外保温系统，易产生翘曲、开裂、脱落等问题，且表面易粉化，耐久性差等问题，因此在应用的过程中出现许多问题。一些企业真对这个问题进行了大量的试验与研究，采用对酚醛板的改性技术，如加入增柔剂等助剂，增强其柔韧性和尺寸稳定性与耐久性，加入阻燃剂和无机材料以提高其防火性能等，通过这些改性技术，已大改善了酚醛板的物理力学性能，在一些工程项目中已取得良好的效果。

2）与 A 级等效的构造做法

与 A 级等效的做法有两种，一是将保温板表面用无机材料（如聚合物水泥砂浆）裹覆，以达到复合 A 级，可用于薄抹灰系统。二是采用厚抹灰系统，即在 B1 级保温材料外抹 20mm 厚的无机保温浆料或 A2 级的聚苯颗粒保温浆料，形成防火保护层，以达到系统 A 级。

## 四、两点建议

1. 提倡并促进提高 EPS 板等有机保温材料的防火性能的研究、应用及推广，主要是因为 EPS 外保温技术成熟，应用广泛，如果 EPS 板等有机保温材料的燃烧性能等级都能达到 A2 级，就可以彻底解决外保温工程的防火问题。TPS 板的出现已经使 EPS 板达到 A2 级成为可能。

2. 不要大力推广使用无机保温材料。无机保温材料如岩棉和玻璃棉等，由于其生产过程为高能耗、高污染，不符合我国节能环保的产业政策，且施工中对工人的健康影响很大，因此不宜大量使用。对于无机保温材料的应用，还应进一步提高其外保温技术，提高其强度、防水性能、系统的耐候性，简化施工方法等，并应发布相应的技术标准。

执　笔　人：吴雪岭

执笔人单位：吉林省建苑设计集团有限公司

# 7. 国家标准《高填方地基技术规范》编制情况介绍

我国分布有广泛的山区及丘陵地区。在这些地区，由于地表起伏变化大，往往需要"开山填谷"解决工程建设的用地，由此形成大面积、大土石方量的高填方地基。随着国民经济的持续发展，特别是西部大开发战略的实施，这种高填方地基日益增多。如云南临沧机场、云南省昆明新机场、贵阳龙洞堡机场、九寨沟机场等工程都遇到大规模的高填方地基处理问题。

目前国内一般认为高填方地基是指填方高度大于 20m 的填筑地基。但我国目前的不少高填方地基填方高度可达百米以上。如九寨黄龙机场工程的高填方地基，最大填方高度达 102m，云南省昆明新机场工程填方量达 1.3 亿 $m^3$，高填方、大土石方量、顺坡填筑等诸多难点在国内外实属罕见。

自 20 世纪 90 年代以来，中国建筑科学研究院等单位分别针对山区机场的高填方地基处理作过较多的研究。中国建筑科学研究院地基基础研究所参与贵阳龙洞堡机场、福建三明沙县机场等山区机场高填方地基处理工程，并针对山区机场高填方等地基处理问题开展了系统的试验研究。甘厚义等在对主要试验研究成果进行了总结，建议在高填方地基处理前，根据地质条件和填土厚度，对原地面覆盖土层进行地基变形及稳定计算，确定该原地基是否需要处理及处理的目标值，并依据不同情况建议了换填强夯、置换强夯、直接强夯等不同处理方法，还成功地解决了大块石、土石混合料高填方地基加固填料的选配、分层填筑方法和强夯加固施工参数以及处理后地基检测方法等一系列关键问题。同时对夯后地基提出了野外回弹模量、载荷试验、密度试验和沉降长期观测等切实可行的检测方法。

此外，还有不少研究人员结合工程实际对高填方地基的处理及检测技术进行研究。分别结合绵阳南郊机场和攀枝花机场高填方地基加固对强夯法的施工参数进行了试验研究。针对重庆万州五桥机场高填方工程，采用强夯法进行填筑体处理的试验。结合绵阳机场高填方强夯加固工程实践，建议对山区卵砾石土高填方地基强夯加固的合理技术参数，还深入讨论强夯处理的有效加固深度，建议新的加固深度计算公式。针对三峡库区的一个污水处理厂工程中的厚度逾 60m 的高填方地基，研究了高填方地基的湿法填筑方法。结合实际工程对高填方地基处理效果的不同检测方法进行了对比。

对高填方地基的沉降及稳定性进行计算分析，也是很重要的一个方面，因为它至少可以使我们对所面对的问题有一个较完整的量化认识，但这方面的文献相对来说还较少，有关的研究还需深入。

综上所述，可以看出以下两点：

1. 通过近年的一些工程实践，工程界在高填方地基的处理及检测技术方面已积累了一些经验，但还欠系统；在全面总结分析的基础上，从而来规范高填方地基的设计与施工是十分必要的。

2. 高填方地基的稳定及变形规律还研究较少，变形及稳定计算方法还很不成熟，需要下大气力进行研究。高填方地基是一个三维的、高度非线性的、时效的复杂系统，其稳定性及变形受多种因素的影响，如原地基土层分布与岩土特性、地基处理效果、填筑料的岩土特性、碾压密实度、填筑速率、工程措施、排水措施以及降水情况等，这些因素共同构成对高填方地基稳定性的影响系统。近年所取得的一些研究成果和工程实践经验，为编写《高填方地基技术规范》提供了坚实的技术和理论支持。

基于以上情况，针对山区高填方地基处理主要工程问题，结合既有研究成果和工程实践，通过理论分析和统计计算，充分利用工程试验结果，为山区高填方地基处理的勘察、设计、施工、检测和监测等设计与施工技术进行规范，以达到高填方地基工程的安全、科学、经济、标准、适用。

根据住房和城乡建设部[关于印发2011年工程建设标准规范制订、修订计划的通知（建标[2011] 17号]的要求，高填方地基技术规范编制组经广泛调查研究，认真总结实践经验，参考有关国际标准和国外先进标准，并在广泛征求意见的基础上，制定本规范。

本规范的主要技术内容是：1. 总则；2. 术语和符号；3. 基本规定；4. 工程测量和岩土工程勘察；5. 原场地地基；6. 填筑地基；7. 边坡工程；8. 排水工程。

执　笔　人：宫剑飞
执笔人单位：中国建筑科学研究院

# 第四篇　地方篇

我国的防灾减灾领导体制是以政府统一领导、部门分工负责、灾害分级管理，属地管理为主。当前灾害防范的严峻性受到各级政府和社会各界的普遍重视，各地不断加强地方管理机构的能力建设，制定并完善地方建筑防灾相关政策规章和标准规范。为配合各级政府因地制宜地做好建筑的防灾减灾工作，各地纷纷成立建筑防灾的科研机构，开展建筑防灾的咨询、鉴定和改造工作，宣传建筑防灾理念，普及相关知识，推广适用技术，分析、整理和汇总技术成果，总结实践经验，开展课题研究并建立支撑平台。

本篇通过对河北、四川、云南、安徽、厦门、西安等7个省市建筑防灾的总体情况、组织机构、政策法规、标准规范、科研情况和地方特色防灾等方面的介绍，向读者展示各地建筑防灾的发展情况，便于读者对全国的建筑防灾减灾发展有一个概括性的了解。

# 1. 河北省建筑防灾总体情况

## 一、建筑防灾总体概况

河北省位于华北地区的腹心地带,北京、天津两市的外围,地处北纬 36°05′至 42°37′、东经 113°11′至 119°45′之间,兼跨内蒙古高原。河北省全省地势由西北向东南倾斜。西北部为山区、丘陵和高原,其间分布有盆地和谷地,中部和东南部为广阔的平原。海岸线长 487 km。河北省在地质构造上是华北断块的组成部分。规模巨大的东西向和北东向两大构造带贯穿其境,新构造运动强烈,由 37 条活动断裂构成的各种不同类型的新生代断陷盆地,成为河北及邻区 7 级以上强震发生的主要地区。河北省地震构造带主要为东西向燕山褶皱带和北东向的华北平原沉降带,在其交接部位是强震多发地区。

在国家质量技术监督局发布的《中国地震动参数区划图》GB 18306-2001 和《建筑抗震设计规范》GB 5001-2001 中,河北省县级以上城镇(除康保县外)全部位于需要进行抗震设防的地区,地震动峰值加速度等于和大于 0.10g(相当于原地震基本烈度Ⅶ度、Ⅷ度区)的设区市 10 个(比原地震烈度区划图增加 2 个)、县(市)城镇 96 个(比原地震烈度区划图增加 29 个)。在《建筑抗震设计规范》GB 50011-2010 中,河北省内部分市、区、县(市、区)地震分组发生了变化。

2002 年 10 月,按照建设部《超限高层建筑工程抗震设防管理规定》和《河北省超限高层建筑工程抗震设防管理实施细则》的规定,河北省建设厅组织对超限高层建筑工程进行抗震设防专项审查。河北省各设市、区、县(市、区)加大了抗震防灾管理力度。以保定市为例,2006 年全市完成 100 个单位 365 项工程的抗震设计审查备案项目,对其中 146 项新建工程施工图进行抽查复审,查出问题 110 多项。完成 228 项新建工程的主体抗震措施专项检查,查出问题 50 多项。对 236 项竣工工程进行现场核查。

## 二、建筑防灾机构简介

河北省防震减灾事业开始于 1966 年的邢台地震,1971 年成立了河北省革命委员会地震办公室和河北省地震队,1976 年改为河北省地震局。河北省地震始终以提高河北省综合防震减灾能力为目标,以依法行政严格执法为保障,在地震监测预报、震害防御、应急救援方面扎实工作。监督检查省内各设市、区、县(市、区)防震减灾的有关工作进展情况,配合开展新建、改建、扩建建筑工程项目的施工图抗震审查工作,并组织编写省内抗震防灾相关政策法规。

## 三、河北省建筑防灾政策法规

2007 年 11 月 30 日,河北省政府修订颁布实施《河北省地震局安全性评价管理条例》。河北省的防震减灾法制建设一直走在全国的前列,早在 1996 年《中华人民共和国防震减灾法》未出台之前,《河北省地震安全性评价管理条例》作为全国第一部防震减灾地方法规就已颁布施行，为全省开展建设工程抗震设防要求和地震安全性评价、保证全省社会环境地震安全提供了重要的法律依据。之后，根据《中华人民共和国防震减灾法》，又陆续颁布和实施了《河北省实施〈中华人民共和国防震减灾法〉办法》、《河北省地震监测和地震观测环境保护条例》、《建设工程地震安全性评价分类》等一系列防震减灾法规、标准和一批相关的规范性文件，防震减灾工作逐步纳入法制化管理轨道，依法开展防震减灾工作的局面在全省已基本形成。

**四、河北省建筑防灾科研项目情况**

2006 年，河北省建筑科学研究院和河北省抗震防灾办公室编制《河北省抗震防灾图集——城乡建设篇》，并通过河北省建设厅组织的成果鉴定。该《图集》收录了河北省新中国成立后历次地震震害、抢险救灾、震后重建、抗震加固、震中地区建筑现状，抗震工作会议、技术培训，以及抗震科研规划科技活动等各方面的图像资料，范围广泛，内容丰富，信息量大，客观地记载了全省几十年震害和抗震防灾工作的历史，具有重要的史料价值和应用价值。该课题还将图像资料制成了电子文件，以数字形式保存，对这些图像资料的永久存储，以及交流传递和利用起到了重要作用。在理论研究和工程实践的基础上，总结出《河北省抗震防灾图集——城乡建设篇》，成果达到了国际先进水平。

由河北理工学院建筑设计研究院完成的"底部两层框架节能砌体隔震建筑结构体系研究"，成果获河北省 2006 年科技进步一等奖。研究通过对底部两层框架基础隔震和层间隔震的分析，得出基础隔震优于层间隔震的结论。在分析计算的基础上，提出隔震器设置的最佳部位及地震作用简化计算方法，及其建筑和结构构造要求，并提出水、暖和电专业的构造措施。该研究成果不仅可为建筑行业理论研究和工程实践提供参考，也可为国家及地方制订相关标准提供依据，具有显著的社会经济效益和环境效益，处于国内领先水平。

河北省各地区建筑存在建造年代不同、采用的建筑标准不同、抗震设防标准不同、建筑技术不同等问题，校舍抗震加固工作较为复杂。为了总结校舍抗震加固技术，有计划、有针对性地解决问题，自 2008 年开始，河北省建筑科学研究院承担相应建筑结构加固技术科研课题攻关，主要包括《玄武岩纤维布加固混凝土结构的应用技术研究 (2008-203)》、《混凝土无机料植筋重复荷载下动力特性研究 (2009)》、《既有建筑隔震加固技术应用研究 (2010)》、《碳纤维和钢板加固损伤混凝土框架结构抗震性能试验研究 (2011)》、《复合地基在地震作用下受力特性研究与应用 (2011)》、《植筋连接形成结构构件的力学性能对比研究 (2012)》、《通过植筋加固连接形成框架节点的抗震性能研究 (2012)》、《耗能减震技术在既有砼建筑加固中的应用 (2013)》、《古建筑整体移位关键技术研究 (2013)》、《古塔平移关键技术研究 (2013)》、《古建筑夯土稳定性试验研究 (2013)》等，并编制了《建筑物整体移位技术规程》等一系列技术标准，并对研究成果进行加固设计方案的选择和优化，确定出合理低成本、施工影响小又安全便捷的最佳加固方案，做到科学合理、安全适用、经济和缩短工期，取得良好的社会经济效益。

2008 年，河北联合大学河北省地震工程研究中心承担《城镇防灾避难疏散场所规划设计研究》国家课题研究。城镇防灾避难疏散场所是为应对突发性自然灾害和事故灾难，政府指定的用于居民在临灾时或灾时集中进行疏散和避难生活、配置有避难生活服务设施的一定规模场地和按照应急避难要求建设的建筑工程。城镇防灾避难疏散场所规划设计研究，有利于提高城镇防灾减灾和应急救援水平，利于各种灾害疏散场所的统筹规划和配置，它使我国城镇防灾避难场所的设计、建设和管理都有法可循，对促进城镇应急疏散体系建设具有重要意义。城镇防灾避难疏散场所规划设计研究成果广泛应用于城市规划和城镇应急疏散体系建设。

河北建筑工程学院抗震减灾研究所在河北省建筑抗震防灾方面也作出了重大贡献，主要研究领域为：结构隔震、减振与振动控制；生命线工程及大型工程地震反应分析及地震灾害预测；城市综合防灾减灾技术及决策支持系统的开发研究；土动力学和岩土地震工程，包括：土的动力特性和本构关系、土层地震反应和波散射理论、波动问题的数值模拟理论、地基和土工构筑物地震稳定性评价、土体—结构动力相互作用分析等。研究所近年来已取得一系列科研成果，其中《土—结构动力相互作用对结构控制的影响》获得 2007 年张家口市科技进步一等奖和河北省科技进步二等奖。《考虑结构—地下室—桩—土相互作用的结构控制研究》获得 2006 年河北省建设行业科技进步一等奖。

为规范全省农村镇抗震工作，提高村镇的综合防灾能力，最大限度地减轻地震灾害，保护人民群众生命财产安全，2013 年河北省建筑科学研究院承担了《华北地区新农村绿色小康住宅技术集成与综合示范》国家"十二五"课题子课题，其中华北地区村镇住宅抗震和应急避难技术研究，主要提出适合华北地区的村镇新建住宅抗震实用技术，既有住宅的抗震加固技术和应急避难疏散技术，建立村镇住宅抗震技术服务体系，构建村镇抗震防灾的管理约束机制。

### 五、河北省防灾宣传教育介绍

为了增加广大民众地震科学基础知识、防震避震、应急避险和自救互救等相关方面的知识，增强广大民众防震减灾意识和能力，学习地震科普知识，河北省省委、省政府先后在省内修建 6 处国家级防震减灾科普教育基地及 10 处省级防震减灾科普教育基地，其中国家级防震减灾科普教育基地分别为河北省唐山抗震纪念馆、河北省邢台地震资料陈列馆（邢台地震纪念碑）、河北省唐山地震遗址（遗址三处）、河北省邯郸市防震减灾科普教育基地、河北省石家庄防震减灾科普教育宣传培训基地、河北省科技馆防震减灾展厅。

2007 年 12 月，河北省科技馆防震减灾展厅建成开展以来，已接待观众近 17 万人次，很好发挥了基地的防震减灾社会宣传作用，为提高全省防震减灾意识和能力起到了极大作用。

2009 年，省地震局、教育厅、科技厅、科协有关专家组成评委会，对各设区市推荐参评的防震减灾科普示范学校进行了评审，授予 57 所学校"河北省防震减灾科普示范学校"称号，在中小学教学过程中大力宣传防震减灾知识。

2009 年 12 月，河北省地震局有关专家组成评委会，对省内各设区市推荐参评的地震安全示范社区进行了评审，授予 10 个社区"河北省地震安全示范社区"称号。

2011 年，河北省地震局根据《国务院关于进一步加强防震减灾工作的意见》（国发〔2010〕18 号）、《河北省人民政府关于进一步加强防震减灾工作的意见》（冀政〔2010〕114 号）文件要求，编制了《河北省防震减灾宣传规划（2011-2015 年）》，下发各市地震局、市委宣传部，做好河北省防震减灾宣传工作。

2008 年汶川地震后，每年 5 月 12 日防灾减灾日，都开展形式多样的抗震设防宣传活动。2012 年 5 月 12 日，河北省防灾减灾的主题是"弘扬防灾减灾文化，提高防灾减灾意识"。为弘扬防灾减灾文化，普及地震科普知识，提高公众的防灾减灾意识和震灾避险、自救、互救技能，创造安全、和谐的环境，将五月份定为河北省创建地震安全环境防灾减灾文化宣传月。

### 六、防灾减灾典型事例

1. 既有建筑的抗震改造

1）中小学校舍抗震加固

为贯彻《河北省中小学校舍安全工程实施方案》，依据《全国中小学校舍安全工程技术指南》，提高河北省中小学校舍综合防灾减灾能力，并结合河北省中小学校舍实际情况，制定了《河北省中小学校舍加固改造实施细则》。主要针对河北省域内公立和民办、教育系统和非教育系统的所有中小学校舍加固改造设计及施工。对采用砌体与钢筋混凝土柱混合承重的内框架、底层框架和底部框架—抗震墙结构的教学用房以及学生宿舍和食堂建筑，改变其建筑用途。

2009 年，制定河北省中小学校舍安全工程实施方案，从 2009 年开始，用 3 年时间，对地震重点监视防御区、七度以上地震高烈度区、洪涝灾害易发地区、山体滑坡和泥石流等地质灾害易发地区的各级各类城乡中小学存在安全隐患的校舍进行抗震加固、迁移避险，提高综合防灾能力。其他地区按抗震加固、综合防灾的要求，集中重建整体出现险情的 D 级危房、改造加固局部出现险情的 C 级校舍，消除安全隐患。

河北省 2009 年完成加固、改造规划 3 年总工作量的 30%，2010 年完成 3 年总工作量的 60%，2011 年完成 3 年总工作量的 10%。河北省建筑科学研究院作为主要参与单位，共完成了河北省内 50% 中小学抗震鉴定加固设计工作，有效地提高了中小学校舍的抗震防灾水平。

2）历史风貌建筑加固保护

鼓励采用新的抗震加固理念和抗震加固新技术，在北响堂石窟、万里长城山海关及东罗成 6km 城墙修复工程、京杭大运河景县华家口段修缮和中山靖王墓防渗加固等加固改造中，通过使用新的技术，取得较好的效果，也降低了成本，为河北省内其他历史风貌建筑的加固改造提供了范例。

2002 年 6 月至 2005 年 6 月，河北省古代建筑保护研究所对石窟实施了加固保护工程。北响堂石窟是继云冈、龙门石窟之后，开凿的规模较大的石窟，系北朝晚期重要的石窟群，为中外学者所瞩目。

2006 年 8 月，河北省建筑科学研究院承揽山海关关城及东罗城 6km 城墙修复工程。山海关长城古城墙保护工程是国家实施长城保护工程的首批项目，也是新中国成立后河北省最大的文物保护工程。整个工程修复山海关 6000m 长城、动用了 800 万块长城砖及 30 万 m³ 粉质黏土，工程量大，实施过程中不可预见因素多，且工程的管理、监理、施工没有可参考的固定模式和经验，但在施工过程中，文物部门始终坚持最大限度保存原物、保护文物信息真实、完整注重文物展示、妥善处理修整形象、体现价值、尊重传统做法、合理运用现代技术、充分保证文物完整性的原则，获得了有关专家的好评。

2012 年 8 月，河北省建筑科学研究院承担京杭大运河河北省景县华家口夯土坝险工修缮保护工程。京杭大运河作为古代伟大的水利工程，是国际遗产领域十分关注的线性文化遗产。国务院将京杭大运河列入我国 2014 年世界文化遗产申报项目，河北省第一批列入申遗名录的遗产点包括华家口夯土坝险工、红庙村金门闸遗址、马场炮台及军营遗址、连镇谢家坝等四处。华家口夯土坝险工段位于南运河左岸衡水市景县安陵镇华家口村东南，修缮坝体长约 255m，高 8.0m，坝顶平均宽度 9.5m，此坝位于运河拐弯处，为三七灰土逐层夯筑而成，建于清末民初，是南运河河北段仅存的两处夯土坝之一。

2013 年，河北省建筑科学研究院对中山靖王墓刘胜墓及王后窦绾墓进行防渗加固试验研究。中山靖王墓位于河北省保定市西北 20km、满城县西 1.5km 的陵山主峰上的山岩之中，为全国重点文物保护单位。原有的墓室防渗设施长久失修，加之自然和人为破坏的作用，雨季期间汉墓内渗漏严重，需要对墓室进行防渗加固处理。

2012 至 2013 年期间，河北省建筑科学院承担了一系列天津历史风貌建筑加固保护，例如河北工业大学海水利用中心试车间加固工程。该试车间位于天津市红桥区丁字沽一号路河北工业大学北院院内，建于 1953 年，单层三跨砖木混合结构空旷房屋，建筑平面呈矩形，长度为 72m，宽度为 36m，原设计为天津汽车工业学校金工长。建筑使用至今将近六十年，已超出设计合理使用年限近十年，经历地震等自然灾害侵袭，木屋盖存在不同程度的自然损坏、结构损坏及耐久性损坏，降低了木屋盖的承载能力。为保证使用安全，对其木屋架部分进行加固设计保护。

2. 隔震技术在河北省应用情况

近几年来，河北省各设市、区推动隔震技术应用。目前，已有多栋建筑及桥梁采用该技术，并建成投入使用。

在房屋建筑中应用隔震技术具有代表性的有：

1）邯郸釜山小区采用隔震支座隔震技术；

2）衡水地质大队办公楼采用隔震支座隔震技术；

3）唐山东关小学教学楼采用隔震支座隔震技术；

4）河北科技大学新校区图书馆采用隔震支座隔震技术；

5）滦南县农村信用合作联社办公楼采用隔震支座隔震技术；

6）石家庄国家机场改扩建工程应用橡胶支座、盆式支座隔震技术。

在桥梁中应用隔震技术具有代表性的有：

1）承德旅游桥工程采用橡胶板、橡胶支座隔震技术；

2）承德高速承德段第一合同段采用盆式支座、橡胶支座隔震技术；

3）张家口市北绕城高速公路工程 Qz 合同段采用橡胶支座隔震技术；

4）邢衡高速邢台 LJSG-8 段采用盆式支座隔震技术；

5）邯郸东环立交桥工程采用铅芯隔震支座隔震技术。

3. 河北省综合防灾减灾规划编制

为进一步提高防灾减灾能力，依据《国家综合防灾减灾规划（2011～2015 年)》、《河北省国民经济和社会发展第十二个五年规划纲要》及有关法律法规和规定，2009 年开始编制《河北省综合防灾减灾规划》，包括五个大项若干小项：

一、现状与形势：（一)"十一五"期间防灾减灾工作取得显著成效。（二)"十二五"时期我省防灾减灾工作面临的形势、挑战和机遇。

二、指导思想、基本原则和规划目标：（一）指导思想。（二）基本原则。（三）规划目标。

三、主要任务：（一）加强自然灾害监测预警能力建设。（二）加强防灾减灾信息管理与服务能力建设。（三）加强自然灾害风险管理能力建设。（四）加强自然灾害工程防御能力建设。（五）加强区域和城乡基层防灾减灾能力建设。（六）加强自然灾害应急处置与恢复重建能力建设。（七）加强防灾减灾社会动员能力建设。（八）加强防灾减灾人才和专业队伍建设。（九）加强防灾减灾文化建设。

　　四、重大项目：（一）省级自然灾害应急救助指挥系统建设工程。（二）救灾物资储备工程。（三）综合减灾示范社区和避难场所建设工程。（四）防灾减灾宣传教育和科普工程。

　　五、保障措施：（一）进一步完善工作机制。（二）健全政策措施和预案体系。（三）加大资金投入力度。（四）做好规划实施与评估工作。

## 七、大事记

　　2006年，河北省工程抗震学术委员会在省土木建筑学会的领导下，在挂靠单位河北省建筑科学研究院的支持和各位委员协助下，组织召开了本年度学术年会，开展学术交流、技术培训、进行科技攻关、技术咨询服务等活动，为全省建设事业的发展作出了积极贡献。

　　2007年11月30日，《河北省地震局安全性评价管理条例》修订完成。

　　2007年，河北省地震局制定了《河北省设区市、县（市、区）防震减灾工作综合评比办法》（试行）。

　　2010年，河北省地震局制定并颁发了《河北省地震安全示范社区工作实施办法》。

　　2011年10月9日，河北省地震标准化技术委员会成立。

　　2011年12月29日，河北省地震标准化技术委员会成立大会暨第一次全体委员会议在省地震局召开。

　　2012年3月6日，河北省地震局组织召开了2012年河北省地震安全性评价资质单位座谈会，省工程地震勘察研究院等10家省内地震安全性评价资质单位负责人参加会议，中国地震局地球物理勘探中心郑州基础工程勘察研究院等5家省外资质单位相关负责人也应邀参会。

　　2012年5月2～4日，由中国地震局政策法规司主办、河北省地震局承办的全国地震标准编写技术暨地方标准化工作研讨班在河北省承德举行。

　　2012年5月29日至6月2日，河北省政府法制办、省地震局及省政府法制办行政法规处、省地震局政策法规处相关人员共同组成考察组考察了云南防震减灾法制工作。

　　2012年7月26日，由中国老科协、中国老科协地震分会、中国地震学会、中国地震灾害防御中心、河北省地震局主办，廊坊市地震局、中国地震灾害防御中心（宣教部）承办的首都圈（京津冀地区）防震减灾系列科普示范活动启动仪式在廊坊市举行。

　　2012年8月8日，省地震局政策法规处和邯郸市地震局共同组织在邯郸市召开了大中城市防震减灾能力建设座谈会。

　　2012年8月10日，河北省防震减灾宣传工作座谈会在石家庄召开。

　　2012年9月28日，河北省人大环资工委和省地震局共同组织召开了《河北省防震减灾条例（草案）》立法修订会。在省人大环资工委前期征求11个设区市和12个相关厅局意见的基础上，就《河北省防震减灾条例（草案）》进行了修订和完善。

执　笔　人：赵士永　付素娟　李旭光
执笔人单位：河北省建筑科学研究院

# 2．四川省震后建筑安全及抗震鉴定的实施

四川省是自然灾害多发省份，具有灾害种类多、分布地域广、发生频率高、灾害损失重的特点，自然灾害给四川省人民生命财产造成了巨大灾难和损失。而地震灾害更为突出，仅五年连续发生了汶川"5·12"和雅安"4·20"地震，地震灾区城镇房屋建筑受到不同程度的破坏。为了尽快恢复正常生活生产秩序，四川省住房和城乡建设厅在震后及时决定，在前期安全性应急评估工作的基础上，根据《中华人民共和国防震减灾法》、住房和城乡建设部《房屋建筑工程抗震设防管理规定》（第148号令）和《四川省建设工程抗御地震灾害管理办法》（省人民政府令第266号），分别于2008年6月24日和2013年4月27日，向各市、州建设行政主管部门，各扩权试点县（市）下发《关于开展全省地震灾区城镇受损房屋建筑抗震鉴定修复加固工作的通知》（以下简称《"5·12"通知》）及《四川省住房和城乡建设厅关于"4·20"芦山7.0级地震灾区城镇受损房屋建筑安全鉴定修复加固拆除工作有关事项的通知》（以下简称《"4·20"通知》），在全省开展地震灾区城镇受损房屋建筑安全及抗震鉴定工作。

震后建筑安全及抗震鉴定以已有的29个四川省建设工程质量（事故）鉴定机构为主，并同时要求具备：1）是独立的法人单位；2）有不低于人民币50万元的注册资金；3）建筑结构、地基基础、建筑施工、建筑材料、设备安装、市政基础设施及检测等相关专业技术人员不少于10人以上，并取得个人的《四川省建设工程质量（事故）鉴定能力证书》；4）具有符合计量认证标准、经法定部门检测合格的相关的技术设备与仪器。

"5·12"汶川地震后，全省迅速成立了数个工作组，由住建厅有关领导牵头，组织开展对重灾市州受损房屋逐幢确定受损程度，并进行安全及抗震鉴定，提出处置意见。据统计，共组织鉴定受损住房15.42万幢、135.33万套、1.39亿 $m^2$。其中，城镇住房25.91万套，需维修加固受损住房134.86万套。

"4·20"芦山强烈地震中，"5·12"汶川特大地震灾后重建公共建筑经受住了地震考验，重灾区城镇居民自建房和部分公共建筑毁损非常严重，城镇基础设施严重受损。共鉴定公共建筑2345栋，面积387.2万 $m^2$。从鉴定结果看，"5·12"汶川特大地震后重建的学校、医院、体育馆和办公楼主体结构良好，公共建筑96.2%可继续使用或维修加固后使用。其中，重灾区芦山县、宝兴县和天全县重建的公共建筑基本完好或轻微损坏，可使用的占45%，需鉴定维修加固后使用的占51.2%，严重破坏的只占3.8%；"5·12"地震前修建的公共建筑中，芦山县、宝兴县和天全县需维修加固后使用和严重破坏的占72.3%，其中芦山县更为突出，达83.3%。城镇居民自建房严重破坏、倒塌或损毁的城镇居民住房共4.95万套，其中，芦山县芦阳镇97.5%遭到严重破坏、倒塌或中等破坏已无维修加固价值，基本完好或轻微损坏的仅2.5%。宝兴县灵关镇更为严重，以上两个统计数据分别达97.9%和2.1%。分析认为，"5·12"地震后重建的公共建筑质量和抗震设防能力得到大幅提高，经受住了"4·20"7.0级地震的考验。"5·12"地震前修建的建筑，由于此次地震造成重

灾区的实际地震烈度达到 8～9 度，超过当地建筑抗震设防标准，此外，重灾区城镇居民住房多为自建的砖混结构建筑，大多没有经过正规设计，没有设置圈梁、构造柱等抗震措施，砌筑墙贴的黏结材料强度差，房屋整体性和抗震能力弱，成为此次城镇居民自建房破坏较大的主要原因。

## 一、四川省震后建筑安全及抗震鉴定政策法规

《"5·12"通知》指出，全省地震灾区因地震受损、在应急评估中结论为中等破坏、轻微损坏的城镇房屋建筑，须经安全及抗震鉴定。并规定，房屋建筑抗震鉴定应主要依据以下原则进行鉴定：1992 年 7 月 1 日以前设计的建筑工程，按《建筑抗震鉴定标准》进行鉴定；1992 年 7 月 1 日至 2001 年 12 月 31 日之间设计的建筑工程，按《建筑抗震设计规范》进行鉴定；2003 年 1 月 1 日以后设计的建筑工程，按《建筑抗震设计规范》进行鉴定；已按《工业与民用建筑抗震鉴定标准》或《建筑抗震鉴定标准》进行鉴定、加固的，或按 1978 年及以后国家建筑抗震设计规范设计和施工的房屋建筑，直接按原设计所依据的相关规范进行鉴定；房屋建筑抗震设防类别按照《建筑工程抗震设防分类标准》确定；对学校、医院、体育场馆、博物馆、文化馆、图书馆、影剧院、商场、交通枢纽等人员密集的公共服务设施，应当按照高于当地房屋建筑的抗震设防要求进行抗震鉴定和加固设计；若国家出台相关新的标准规范，按新的标准规范执行。《通知》强调，安全及抗震鉴定工作应在对工程场地、设计、施工、材料及震害现状等情况进行全面调查，并进行安全性评估和必要分析验算的基础上，提交抗震鉴定报告。鉴定报告应作出是否满足国家相关标准规范的结论，提出是否需要加固的建议。需要进行工程检测的，应委托具有相应资质的单位进行检测。

《"4·20"通知》在《"5·12"通知》和经验总结的基础上，给出了安全鉴定的范围和鉴定方式，更具体和具有可操作性。震后已进行安全性应急评估的房屋建筑，在安全性应急评估结论的基础上，按以下方式进行安全鉴定：(1) 应急评估结论为轻微损坏的，不再进行房屋建筑安全及抗震鉴定，可直接进行修复使用；(2) 应急评估结论为中等破坏的，应当按照地震灾区所在地的抗震设防要求和相关技术标准、规范进行安全性鉴定和抗震鉴定，并出具书面鉴定结论，依据鉴定结论确定加固措施；(3) 地震后未进行安全性应急评估或对应急评估结论有异议的，可委托进行安全及抗震鉴定；(4) 应急评估结论为严重破坏、危险禁用的，原则上列入拆除重建范围。同时给出安全及抗震鉴定的合同示范文本。

## 二、安全及抗震鉴定的组织实施及要求

由四川省级建设行政主管部门根据灾后具体情况确定启动鉴定机构和人员的数量及规模，市（州）、县（市、区）住房城乡建设主管部门负责安全及抗震鉴定工作的组织和实施。房屋所有权人以书面委托方式，选择有相应资质的鉴定机构进行；房屋建筑有多个产权人的，安全鉴定机构的选择，按《物业管理条例》（国务院令第 379 号）第 12 条的规定，由业主大会作出决定；异产毗连房屋的安全鉴定，房屋所有权人应当共同申请并依法履行权利和义务；受损房屋建筑需要进行工程检测的，房屋所有权人或委托人应当委托具有资质的工程质量检测单位。

安全及抗震鉴定应当遵守国家有关法律法规和国家现行工程建设标准。任何单位和个人不得降低抗震设防标准。安全鉴定依据《建筑抗震鉴定标准》GB 50023-2009、《民用建筑可靠性鉴定标准》GB 50292、《工业建筑可靠性鉴定标准》GB 50144-2008、《危险房屋鉴定标准》JGJ 125、《四川省建筑抗震鉴定与加固技术规程》DB51/T 5059-2008 等现行标

准规范的要求，逐栋进行单体建筑的鉴定，形成每一栋单体工程的书面安全鉴定报告，并提出修复、加固、拆除重建的意见和建议。安全鉴定机构对提交的安全鉴定报告的准确性、真实性承担相应的法律责任。

房屋建筑安全及抗震鉴定报告应包括的主要内容：1）工程概况：工程地点、建筑面积、建造年代、设计单位、施工单位、监理单位、结构体系、基础形式，鉴定委托单位，鉴定目的、范围和要求。2）执行标准和依据：《民用建筑可靠性鉴定标准》、《建筑抗震鉴定标准》、《四川省建筑抗震鉴定与加固技术规程》、《中国地震动参数区划图》、《建筑结构荷载规范》、《建筑抗震设计规范》、相关设计图纸、质保资料和相关检测报告。3）查阅资料及现场检查和检测情况：设计简单描述，结构平面示意图，质保资料小结，基础部分，上部承重结构，梁、板、柱、墙，维护系统，关键构件裂缝示意图。4）承载能力验算条件：恒载标准值、活荷载标准值、基本风压、设防烈度及地震动参数、计算软件。5）安全性鉴定（根据构件及检查项目评定子单元安全等级，进而作出鉴定单元评级）：（1）地基基础：描述评定方法、内容和结论；（2）上部承重结构：各种构件安全性评级、结构的整体性评级、侧向位移评级、上部承重结构评级；（3）维护系统的承重部分；（4）安全性鉴定结论。6）抗震鉴定：（1）场地地基和基础；（2）根据房屋类型进行一级鉴定，不满足要求时进行二级鉴定；（3）必要时按抗震设计规范进行验算，给出验算结果；（4）按抗震鉴定标准给出抗震鉴定结论。7）建议。

### 三、震后建筑安全及抗震鉴定科研情况

1. 汶川大地震对四川省震区的建筑造成了很大破坏，由于原有建筑的设防烈度较低，建筑形式复杂，且设计施工水平参差不齐，导致震害轻重不同，急需对震区现有建筑物进行有针对性的抗震鉴定与加固设计，以保证灾区震后的恢复重建工作能够顺利和有序地进行，尽快恢复正常的生活和生产秩序。根据四川省建设厅 [2008] 257 号文件的要求，由西南交通大学负责主编及成都市建设工程质量监督站等单位组成编制组，结合四川省实际情况，共同编制了《四川省建筑抗震鉴定与加固技术规程》（以下简称《规程》）。

2010 年 5 月 19 日，《规程》通过了由四川省科技厅组织的科技成果鉴定，与会专家一致认为：《规程》编制符合实际、科学合理、切实可行、具有创新性，为四川省建筑抗震鉴定与加固提供了规范性文件，特别是在灾后恢复重建工作中发挥了不可替代的技术支撑作用；技术成果整体上处于国内先进水平，建议进一步扩大《规程》的适用范围。

2. 开展四川省灾后房屋建筑应急鉴定工作程序及方法研究。通过研究，充分认识灾区的特殊条件下开展鉴定工作的困难性和应急鉴定的重要性：1）检测工作中需要使用的很多仪器由于自然原因不能够使用，如电力、交通中断等；2）受到损害的工程结构的状态不确定，对检测人员的安全性有很大威胁，一些必要的检测手段不能使用，详细的破坏情况不能够通过检测得到，只能够通过宏观震害情况进行估计；3）震后受损的工程结构情况极其复杂，并且鉴定工作时间紧迫，准确的力学模型难以建立，难以对结构的性能和状态作出全面、准确的分析，评价过程缺乏系统性，对结构的评价带有很大的主观性，鉴定结论往往因人而异；4）目前我国还没有一个专门针对遭受自然灾害的建筑结构快速鉴定的规范或标准，因此对灾损建筑结构快速评判的判定标准依据、结果可靠性、可信性和及采信程度带来了不确定性。因此，有必要建立一种较为准确、科学，并且简单易行的灾后工程结构应急鉴定程序和方法，以应对未来灾后工程结构的评估需求。

初步研究表明，应急鉴定方法由结构震害表现入手，引入层次分析法和模糊数学对结

构的总体情况进行评价，避开复杂的力学计算，且利用简单的计算程序提高了鉴定工作的可靠性。较为适用于震后复杂情况下的应急鉴定方法：（1）分析各类工程结构常见震害，筛选出地震中各类结构易发生破坏的构件，并根据震害特征，对这些构件的破坏程度提出易于操作的、定量和定性的判断标准；（2）根据以上评判标准，对结构构件进行现场检测和统计，得出各类构件在地震中发生破坏的百分比，利用类比或简单的数学方法对各类构件进行安全等级评价和判断；（3）利用层次分析法对各类构件和组成部分进行权重评价；（4）依据各类构件、各结构层的权重进行综合评判，得出整体结构的安全性评价。

**四、安全和抗震鉴定宣传教育**

2008 年 8 月 7 日，特别针对这些技术问题编制完成的《四川省建筑抗震鉴定与加固技术规程（试行）》宣传贯彻会在金牛宾馆举行，来自各区（市）县建设局、质监站及建筑设计、审查、施工、监理等单位相关负责人及工程技术人员总计 350 人接受了技术规程编制专家们面对面的讲解和培训，为下一步大面积展开的震后建筑加固做好了先期的技术知识支撑。

2013 年 4 月 27 日，四川省住房和城乡建设厅下发了关于"4·20"芦山 7.0 级地震灾区城镇受损房屋建筑安全鉴定修复加固拆除工作有关事项的通知，加强各专业鉴定人员的储备，使各房屋建筑鉴定机构建立稳定的、逐步发展壮大的、素质不断提高的鉴定人员队伍。不断加强对应急评估骨干队伍的管理，及时更新鉴定机构及人员名单，定期或不定期组织应急评估的相关政策和技术培训，适时组织灾害现场观摩演练，使应急评估骨干人员能准确把握应急评估操作、了解相关政策、技术指标和评估要领，以保证灾后应急评估第一手资料的准确、系统、全面。

**五、安全和抗震鉴定典型案例**

1."5·12"震后鉴定

1）都江堰珍发大酒店。2008 年 5 月 28 日～6 月 5 日，对位于都江堰市安轻路2005 年 12 月前竣工并交付使用的珍发大酒店进行了震后鉴定。建筑面积 1.09 万 $m^2$，6 层，底层为商场，二层及以上为客房，无地下室，基础形式采用独立基础，基础埋置深度约3.5m。采用地震前后情况调查、查阅相关资料、现场实地检查、取芯、测试、室内试验等手段进行。

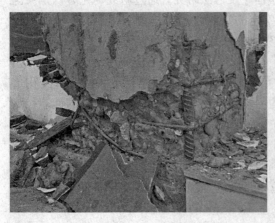

图 2-1　框架柱底部和顶部震害状态

图 2-2　围护结构及结构构造震害状态

经调查了解和现场检查，综合分析后作出鉴定结论：根据检查结果，按照《建筑地震破坏等级划分标准》，都江堰大发公司珍发大酒店建筑地震破坏等级划分为中等破坏应停止使用。

2）雅安市芦山县地方税务局住宿楼安全性鉴定。六层砖混结构，地震前建筑结构无损伤，建筑物墙体采用 M10 实心黏土砖墙，基础采用 M10 水泥砂浆，一～四层采用 M7.5 混合砂浆，四层以上采用 M5 混合砂浆。建筑物现场加设砖木结构斜屋面，与设计图不符。

住宿楼一层部分墙体有水平及斜裂缝，构造柱有水平裂缝（见图 2-3 ~ 图 2-6）。

图 2-3　立面图 1　　　　　　　　　　　　图 2-4　立面图 2

 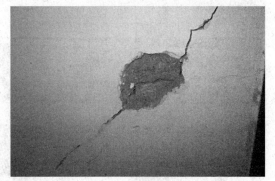

图 2-5　墙体 1　　　　　　　　　　　　图 2-6　墙体 2

依据《民用建筑可靠性鉴定标准》和经现场检测调查结果可知本工程地基基础 $B_u$ 级，主体结构及围护系统安全性鉴定评定均为 $C_u$ 级，即房屋结构安全，按正常性使用评定均为 $C_s$ 级，符合国家现行设计规范要求。住宿楼地震后多数承重构件轻裂缝，部分明显裂缝。进行修复和抗震加固后可继续使用。

3）绵阳芙蓉汉城 51 栋地震后鉴定。51 栋总长约 75.90m，宽度为 22.40m，最大建筑宽度 28.30m，总建筑面积约 0.93 万 $m^2$；六层框架结构，围护墙采用页岩空心砖 M5.0 混合砂浆砌筑；基础为柱下独立基础，地基基础设计等级为丙级；结构抗震设防烈度为 6 度，设计基本地震加速度值为 0.05g（第二组）；场地土层自上而下依次为杂填土层、粉质黏土层、黏土层、含黏性土卵石层、泥岩层，柱下独立基础，换填垫层厚度大于 2m。地震前建筑结构无损伤。

主体结构实测表明，地面各层抽测墙平面基本对齐；结构整体平面布置符合相关标准规定，对应布置，结构竖向抗侧力构件上下连续贯通。纵横墙开洞洞口上下基本对齐，平面布置规则，楼层墙与轴线重合，各层墙竖向连续、经现场检查，受检楼房地面以上主体一二层为商铺，三层以上为住宅，均为框架结构。各层结构平面布置符合相应图纸设计要求。

51 栋各大角的倾斜率分别为：东北角 0.07%，东南 0.04%，西北角 0.01%，西南角 0.04%。按 JGJ 125-99《危险房屋鉴定标准》中第 4.3.4 条，"墙、柱产生倾斜，其倾斜率大于 0.7%，或相邻墙体连接处断裂成通缝"评定为危险点，可以判断房屋倾斜率在正常范围内（见图 2-7～图 2-9）。

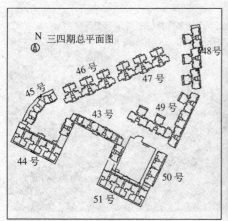

图 2-7 51 栋立面图

图 2-8 装饰构造柱柱头损坏和楼梯板裂缝贯通

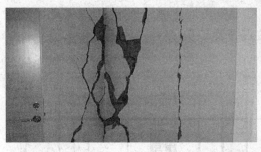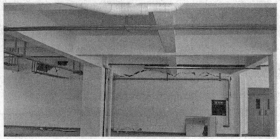

图 2-9　一层填充墙破坏和填充墙裂缝

绵阳芙蓉汉城 51 栋主体结构轻微损伤，三层以上基本完好，建议加固或修复后使用。对于有损伤的围护结构和装饰性构件，修复即可。

2. 雅安"4·20"芦山地震鉴定

1）雅安市正黄·金域首府主体结构安全性鉴定。正黄·金域首府于 2011 年开始建造，共计约 160000m²；1 号～4 号、11 号～13 号楼建筑总高度均为 99.450m，地下 1 层，地上 33 层，其中 3 号与 13 号有 4 层框架结构裙房。采用全现浇钢筋混凝土剪力墙结构，基础采用钢筋混凝土筏板基础。目前 1 号楼修建至 27 层，11 号楼修建至地下室负一层，尚未封顶。2 号～4 号、12 号、13 号楼均已封顶。

本工程基础持力层为稍密（及以上）卵石层，地基承载力特征值 $f_{ak}$=650kPa。本工程按地震烈度 7 度计算地震作用，设计基本地震加速度值为 0.10g，设计地震分组为第二组，设计特征周期为 0.40s，Ⅱ类场地，剪力墙及框架柱抗震等级为二级；本工程建筑抗震类别为丙类，建筑结构安全等级为二级，地基基础设计等级为甲级。

经现场调查表明，1 号～4 号、11 号～13 号楼未见明显倾斜；剪力墙墙体与混凝土柱、梁等未见开裂，无明显变形；部分板钢筋间距较设计偏大，但在规范允许范围之内，不影响主体结构安全性能；部分板保护层厚度基本符合设计及规范要求。

综合上述调查、检测以及综合分析结果表明，2 号～4 号、12 号、13 号楼主体结构工程质量符合设计及规范要求，主体结构现状安全；1 号、11 号楼已施工部分结构工程质量符合设计及规范要求，已完工部分结构现状安全，可继续施工（图 2-10）。

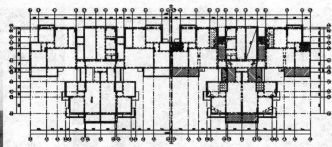

图 2-10　所鉴定房屋群体外观和典型主体结构平面示意图

2）名山县新店卫生院业务综合楼安全性鉴定。综合楼为 4 层框架结构房屋。房屋总长约为 28.5m，总宽约为 15.0m，结构总高度为 14.400m，总面积约为 1800m²。工程抗震设防烈度 7 度（0.10g），设计地震分组为第三组；建筑场地类别为Ⅱ类，地基基础设计等级为丙级；抗震设防类别为重点设防类，框架抗震等级二级；结构设计使用年限 50 年。业务综合楼现状及建筑平面示意图见图 2-11。

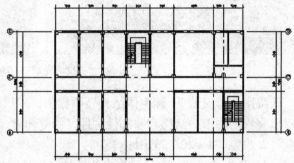

图 2-11　业务综合楼现状外观和建筑平面示意图

经现场检查表明，房屋主体结构混凝土构件及框架节点未出现明显开裂、变形，各构件现状工作正常。现场对部分混凝土构件混凝土强度及钢筋设置情况进行抽测，实体检测值中个别构件箍筋间距不满足设计或规范要求。部分填充墙受地震作用出现不同程度破坏，破坏形式主要包括：1）墙体抹灰层开裂脱落；2）填充墙与主体结构间界面处拉裂；3）填充墙墙体剪切开裂破坏。

经现场检查，填充墙施工过程中存在的问题主要包括：1）填充墙与主体结构交界处未设钢丝网片；2）洞口宽度超过 2.1m 时，洞口两侧构造柱漏设；3）填充墙体超过 5m 时，墙顶与梁板未设置钢筋拉结。

根据《民用建筑可靠性鉴定标准》GB 50292-1999，综合上述检测调查结果，名山新店卫生院业务综合楼安全性鉴定评定为 $B_{su}$ 级，房屋主体结构现状安全见图 2-12 和图 2-13。建议对于产生贯通性裂缝的填充墙体采取整体拆除重砌；对于局部抹灰开裂的填充墙可剔除开裂抹灰后采用高标号砂浆修复；填充墙与主体结构交界处出现开裂时，可剔除顶部松散块材，重新砌筑，墙顶应与梁底拉结，界面处采用钢丝网水泥砂浆抹面；楼梯间填充墙

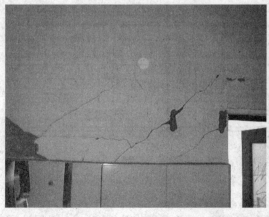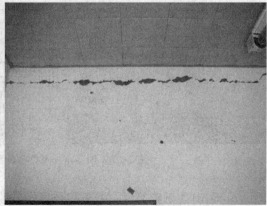

图 2-12　墙体开裂破坏和填充墙体开裂破坏

建议采用钢丝网—水泥砂浆抹面；现场检测箍筋间距大于设计要求，应请原设计单位进行进一步计算复核加固的必要性。

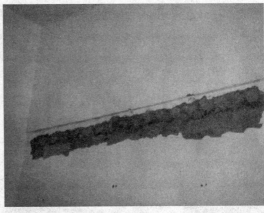

图 2-13　门洞口两侧未设置构造柱和墙顶与梁底实心砖斜砌

3）蒲江县顺城苑 3 号住宅楼安全性鉴定。项目位于蒲江县顺城路，修建于 2008 年。经 4·20 芦山大地震后，3 号住宅楼部分墙体出现开裂。顺城苑 3 号住宅楼共六层，建筑高度 20.75m，建筑面积 5345m²。住宅楼平面形式为矩形，结构形式为底层框架抗震墙结构。结构的安全等级为二级，地基基础设计等级为丙级；建筑抗震设防类别为丙类；框架和抗震墙等级均为二级。混凝土强度等级：基础 C25；基础垫层 C10；基顶至 3.800m 抗震墙、框架柱、梁、板 C30；3.800m 至屋顶梁、板、圈梁 C25；构造柱 C25。3.800m 以上承重墙体采用 KP1 型页岩多孔砖，强度等级 MU10。3.800～12.800m 承重墙体砂浆强度等级为 M10，12.800m 至屋面标高砂浆强度等级为 M7.5。房屋外观和平面示意图见图 2-14。

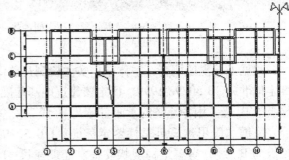

图 2-14　顺城苑 3 号住宅楼外观和平面示意图

根据现场调查，分析裂缝原因。底层填充墙与框架梁、柱交界处水平裂缝，底层填充墙体在与框架梁、柱交界处未设置钢丝网拉结。在地震作用下，空心砖填充墙与钢筋混凝土构件两种不同材料在地震作用下产生位移不一致出现开裂；承重墙体裂缝，新近出现的该类裂缝基本位于门窗洞口等结构较薄弱处，个别洞口过梁上方局部墙体开裂，且多为墙体表面抹灰层开裂。此类裂缝主要由地震作用引起房屋各部位变形不协调所致；构造柱、楼板及梁裂缝，2处钢筋混凝土梁出现垂直裂缝。该梁裂缝为楼板裂缝的延伸，而楼板裂缝为上下贯通。个别构造柱出现垂直裂缝。此类裂缝主要由混凝土干缩、温度应力等原因造成，在地震作用下，该类裂缝出现进一步发展。现场情况调查见图2-15及图2-16。

图2-15　墙下水平裂缝和顶板裂缝

图2-16　圈梁与墙交界处裂缝和门间墙体中部水平裂缝及可见构造柱微裂缝

　　根据上述现场调查、主体结构实体检测及整体倾斜测量情况，依据《民用建筑可靠性鉴定标准》GB 50292-1999，评定该建筑地基基础安全性等级为$B_u$级，上部结构的安全性等级为$B_u$级，围护系统的承重部分为$B_u$级，安全性等级为$B_{su}$级。

　　依据《民用建筑可靠性鉴定标准》GB 50292-1999，评定顺城苑3号住宅楼安全性等级为$B_{su}$级，房屋结构现状安全。处理建议：1）对底层箍筋间距超出规范限值的框架柱采用粘贴碳纤维进行加固；2）对出现裂缝的梁及楼板进行裂缝封闭并进行加固处理；3）对出现裂缝的构造柱进行裂缝封闭处理；4）对出现裂缝的墙体应及时采取可靠措施进行加固修复。

## 六、大事记

### 四川7级以上地震目录（公元814年至2013年4月）

| 编号 | 地震 | | 震中位置 | | | 震级 | 震中烈度 | 震源深度(km) |
|---|---|---|---|---|---|---|---|---|
| | 年.月.日 | 时-分-秒 | 北纬 | 东京 | 参考地名 | | | |
| 1 | 814.4.2 | | 27.9° | 102.1° | 西昌一带 | 7 | IX | |
| 2 | 1216.3.17 | | 28.4° | 103.8° | 雷波马湖 | 7 | IX | |
| 3 | 1536.3.19 | | 28.1° | 102.2° | 西昌北 | 71/2 | X | |
| 4 | 1713.9.4 | | 32.0° | 103.7° | 茂县叠溪 | 7 | IX | |
| 5 | 1725.8.1 | | 30.0° | 101.9° | 康定 | 7 | IX | |
| 6 | 1789.6.1 | | 29.9° | 102.0° | 康定、泸定间 | 73/4 | ≥X | |
| 7 | 1816.12.8 | | 31.4° | 100.7° | 炉霍 | 71/2 | X | |
| 8 | 1850.9.12 | | 27.7° | 102.4° | 西昌、普格间 | 71/2 | X | |
| 9 | 1870.4.11 | | 30.0° | 99.1 | 巴塘 | 71/4 | X | |
| 10 | 1893.8.29 | | 30.6° | 101.5 | 道孚乾宁 | 71/4 | IX | |
| 11 | 1896 | | 32.5° | 98.0 | 石渠洛须 | 7 | IX | |
| 12 | 1904.8.30 | 19-24 | 31.0° | 101.1 | 道孚 | 7 | IX | |
| 13 | 1923.3.24 | 20-40-06 | 31°31′ (31.3°) | 100°00′ 103.7°) | 炉霍、道孚间 | 71/4 | X | |
| 14 | 1933.8.25 | 15-50-30 | 31°54′ (32.0° | 103°24′ /100.8°) | 茂县叠溪 | 71/2 | X | |
| 15 | 1948.5.25 | 15-11-21 | 29°30′ (29.5° | 100°30′ /100.5°) | 理塘 | 7.3 | X | |
| 16 | 1955.4.14 | 09-29-02 | 30°00′ (30°0′ | 101°48′ /101°54′) | 康定折多塘 | 71/2 | X | 20 |
| 17 | 1973.2.6 | 18-37-07 | 31°18′ (31°29′ | 100°48′ /100°32′) | 炉霍雅德 | 7.6 | X | 11 |
| 18 | 1976.8.16 | 22-06-45 | 32°36′ (31°37′ | 104°06′) | 松潘、平武间 | 7.2 | VIII | 15 |
| 19 | 1976.8.23 | 11-30-05 | 32°30′ (32°25′ | 104°18′ /104°12′) | 松潘、平武间 | 7.2 | VIII | 23 |
| 20 | 2008.5.12 | 14-28 | 31° | 103.4° | 汶川映秀 | 8 | XI | |
| 21 | 2013.4.20 | 08-02 | 30.3° | 103.0° | 雅安芦山县 | 7 | X | 13 |

执笔人：薛文坤　王海洋　周其健　汪　凯　邓正宇　康景文
执笔人单位：中国建筑西南勘察设计研究院有限公司

# 3．云南省近年来减隔震技术应用与发展概况

## 一、引言

减隔震技术是隔震技术和消能减震技术的统称，分别指设置隔震层以隔离水平地震动和设置消能部件吸收与消耗地震能量 [1]。长期以来的研究和多次实际地震考验表明，减隔震技术是减轻建筑结构地震灾害的有效手段。

云南省是我国遭受地震灾害最为严重的省份之一，减隔震技术和产品的研发与推广应用具有切实的需求。20 世纪 90 年代以来，采用省内自行研制的叠层橡胶隔震支座的基础隔震技术在逐步开始推广应用，发展较为迅速，成为同类技术的主流。其后，随着 2001 版抗震设计规范的颁布实施、消能减震技术的实际应用、自主产品的逐步成熟和规模化生产、数量众多的减隔震项目完成，时至今日，云南省减隔震的发展和应用水平已走在了全国的前列。

## 二、减隔震技术推广应用的政策环境

建筑物采用减隔震技术的首要目的是提高其抗震安全性，这是在学术技术界早已取得的共识。然而在实际应用的工程中，由于认识上的不同步，或多或少会遇到来自各方面的阻力，例如关于经济代价、设计和施工的复杂性以及建设周期等方面的顾虑。以往的经验也表明，新技术在推广应用的初期是否顺利，除了需要该技术自身具有很好的实际效果和成熟程度之外，往往也需要一定的外力助推。

"隔震技术和消能减震技术的主要使用范围，是可增加投资来提高抗震安全的建筑" [1]。实际上，全省多年来的工程实践表明，随着相关产品的成熟和量产化、掌握了相应技能的设计和施工队伍的壮大，在一定条件下采用了减隔震技术特别是基础隔震技术的结构，与常规的抗震结构相比，在抗震安全性得到明显提高的前提下，建设周期不会延长，造价反而可能略有降低。

在这样的技术支撑下，云南省和昆明市政府相关部门积极作为，以严峻的地震形势和繁重的抗震减灾任务为背景，适时出台了《云南省人民政府办公厅关于加快推进减隔震技术发展与应用的意见》[2]、《关于进一步加快推进我省减隔震技术发展与应用工作的通知》[3]、《关于加快推进减隔震技术应用的通知》[4] 等关键的政策性文件，为减隔震技术的推广应用提供了良好的政策环境。

具体来说，"对 8、9 度抗震设防区三层以上中小学校舍、县以上医院的三层以上医疗用房" [3]、"对 8 度和 9 度抗震设防区符合适合条件的三层以上幼儿园（单体建筑面积 2000m² 以上）、中小学校舍、县以上医院的三层以上医疗用房" [4] 应当采用减隔震技术。在施工图审查和抗震设防专项审查的具体执行过程中，通常将在校学生包含未成年人的中专等各类学校、具有一定规模的各类专科医院也纳入了这个范围。

如果浏览全国各省、市政府和相关部门的网站，会发现以政府之力来推动和倡导一项专门的工程技术的情况是不太多见的，这恰好充分反映了云南省地震灾害深重、抗震减灾

任务迫切的基本省情。

### 三、近年来减隔震相关的科技工作

一项工程技术的发展、成熟和推广应用，有赖于理论、试验、技术标准、工程实践及其总结等方面的工作，同时也有赖于质量可靠的工业化产品。作为一种研究和发展历史超过半个世纪的结构被动控制技术，减隔震技术理论基础的可靠性和在实际地震中的有效性是毋庸置疑的。为了将这种技术在云南省进行推广应用，为数众多的科技工作者开展了长期的探索和实践。

1. 隔震技术地方标准的编制

在云南省住房和城乡建设厅的主持下，由云南震安减震技术有限公司、昆明理工大学、云南省地震工程研究院、云南省设计院、昆明恒基建设工程施工图审查中心等单位共同承担的《建筑工程叠层橡胶隔震支座性能要求和检验规范》[5]和《建筑工程橡胶隔震支座施工及验收规范》[6]两个隔震技术相关的地方标准已经完成了编制工作，并于2012年10月通过了技术审查，2013年6月正式实施。

《建筑工程叠层橡胶隔震支座性能要求和检验规范》在现行国家标准的基础上，结合实践经验，对隔震支座的力学性能指标进行了调整，增加了控制竖向压缩变形量的要求、极限拉伸应力的要求、控制竖向压力作用下侧向不均匀变形的要求、拉伸刚度的检测要求，提高了剪切性能允许偏差的要求、极限剪应变的要求。此外，考虑到隔震支座的重要性和工程实践的可实施性，明确了型式检验、出厂检验、第三方检验和进场验收的内容、要求和范围。

《建筑工程橡胶隔震支座施工及验收规范》明确了建筑隔震工程作为子分部工程进行验收，子分部工程质量的验收则划分为：隔震支座安装、隔震层构（配）件及隔离缝分项工程；检验批的划分、验收文件应符合《云南省建筑工程施工质量验收统一规程》DBJ 53/T-23的规定。

目前云南省已批准立项正在编制中的隔震技术相关的标准有《隔震建筑专用标识技术规程》，计划申请立项的有《隔震建筑维护及管理技术规程》。

2. 调查、研究和试验工作

自20世纪90年代以来，云南省采用了基础隔震的建筑物逐渐增多，但基础性档案资料的收集整理一直没有系统地进行。不论是隔震还是减震，建成以后的维护管理都是非常重要的，减隔震器材的工作状况、减隔震构造是否能够维持原状并且确保地震时的正常工作，都需要加以专门的关注。事实上，这也是减隔震建筑的重要特点之一。

在云南省住房和城乡建设厅、昆明市住房和城乡建设局的组织下，昆明理工大学、云南省建筑工程设计院等单位开展了全省已建成隔震建筑物的普查。至2012年下半年，共进行了200余栋已投入使用的隔震建筑物的现场调查，总建筑面积约为200余万平方米。调查资料详细记录了隔震建筑的基本信息，采集了丰富的图片，并建立了基于谷歌地图的查询手段。调查进行过程中对结构尚未完工的项目未予记录，计划以2～3年为一个周期，持续将这项工作进行下去。

2012年5月12日，云南省设计院新建成的大楼进行了国内首例隔震建筑的实体实验。该大楼为高度约50m的14层钢结构偏心支撑框架，采用了24个云南省生产的叠层橡胶隔震支座和滑动支座。在大楼的隔震层采用了250t动态加载作动器施加动力荷载，进行了自由衰减振动、正弦共振激励振动、地震模拟激振等试验，取得了非常宝贵的试验资料。

2013年上半年，在云南省地震工程研究院等单位的大力支持下，中央电视台科教频道在云南省拍摄了《地震来了》科普专题片，于4月21日和5月12日在"原来如此"栏目播出。专题片通过在昆明理工大学的地震模拟振动台上进行的两幢房屋的足尺试验，生动对比了抗震与不抗震、隔震与非隔震的效果。

3. 隔震建筑的类型和高度进一步扩展

截至2011年，云南省隔震项目的形式均为基础隔震（包括地下室顶作为嵌固部位、无地下室等情况）；2012年以来，出现了大底盘上的多塔隔震结构。高度方面，在完成国内9度区最高隔震建筑（72m，框筒结构，19层）的基础上，2013年3月则完成了由周福霖院士、欧进萍院士主持的8度区采用隔震技术近百米高层的抗震设防专项审查，建成后将成为国内目前最高的隔震建筑；7月则完成了由周福霖院士、傅学怡大师主持的8度区采用厚板作为隔震（转换）层的抗震设防专项审查。此外，尚有一些诸如对坡地建筑采用不等高设置的隔震支座、采用隔震进行既有房屋加固改造的项目正在开展方案论证。

4. 消能减震技术逐步得到应用

云南省第一例采用消能减震技术的项目是大理市的洱源振戎民族中学。该项目当时共有9栋建筑，其中5栋采用基础隔震，2栋采用原云南工业大学叶燎原教授团队研发的钢板—橡胶摩擦消能器、2栋采用原哈尔滨建筑大学欧进萍院士团队研发的T字芯板摩擦耗能器。该项目于1996年投入使用。其后，云南农业大学7号教学楼（钢板—橡胶摩擦消能器）、省公安边防总队指挥中心附属楼（钢板—橡胶摩擦消能器）、昆明长水国际机场航站楼（叠层橡胶支座与液体阻尼器混合隔震）和指挥塔台（用于控制风振和微震的TMD）、国家开发银行云南省分行办公大楼（屈曲约束支撑和液体阻尼器）等项目也陆续竣工。

消能减震技术的应用起步较晚，实施的工程项目数量较少。从标准层面上看，还没有给出像隔震建筑分部设计法那样的简化方法；消能器材种类繁多，但相应的产品标准还在制定中。目前在全省大力推广减隔震技术的背景下，云南省抗震工程技术研究中心、昆明理工大学设计研究院、云南省设计院、云南省建筑工程设计院、昆明市建筑工程设计研究院等率先开展了采用液体阻尼器、金属阻尼器、屈曲约束支撑等器材的消能减震研究与设计，这些努力将逐步丰富和完善全省减隔震技术应用的手段和范围。

**四、目前隔震技术应用中的一些问题**

随着国家和地方技术标准、计算软件等的发展，建筑隔震的设计方法和设计手段实际上已经是各种被动控制技术中最为完善的，但由于实际工程项目的千差万别，仍然会不断地出现新的问题，这里可以将其分为构造与计算两类。

不少有经验的工程技术人员认为，在隔震项目的设计中，构造比计算具有更加重要的意义，因为隔震建筑与普通抗震建筑相比，其结构体系发生了根本性的变化，隔震是否有效很大程度上取决于隔震构造是否有效。其中的关键是在地震中隔震层以上结构必须不受阻碍地产生预期的位移，才能达到预期的隔震效果。但在目前的设计中，对这一部分的重视程度尚显不足。例如，穿过设置于地下室顶的隔震层的电梯间通常采用下挂式，其周边应留有足够宽度的隔离缝，而这一要求必须在建筑方案阶段就得到满足，但建筑专业和结构专业往往缺乏方案阶段对此问题的沟通；与之类似，穿过隔震层的设备管线应当采用能容忍几十厘米变形的柔性接头，但达到这一要求的实际工程项目却较为少见；当两栋均采用隔震或其中一栋采用隔震的建筑相连时，其竖向隔离缝、水平连通处的构造均较为困难，需仔细考虑，但设计文件中往往不予提及或简单采用常规的构造；建筑物出入口处较宽或较长的踏步或坡道也是设计难点，不少设计做法尚不周全。以上种种，挂一漏万，值得在今后的设计和审查工作中加以特别的重视。

隔震计算一般要求采用时程分析法，因此地震波选取的问题首当其冲。由于隔震后建筑物周期很长，而我国规范的设计反应谱又有意识地将位移控制段的曲线抬高，带来了一定的选波难度；又因为隔震支座的非线性特性，弹性条件下的振型分解反应谱法计算结果已不便作为地震波是否合适的判据，因此计算用地震波的反应谱与规范设计反应谱的吻合程度便成为了主要的选波依据，采用主要周期点上 20% 的平均容许误差来控制是恰当的，但尚应控制各条波的离散程度不应太大。

隔震建筑嵌固刚度比的要求是新抗规 [1] 颁布以来一直存在争议的问题之一，一些同行和作者认为其主要原因是规范推荐的分部设计法将隔震层上下的结构独立分开进行设计，希望隔震层下的结构具有充分的侧向刚度，故提出这一要求。实际上，现有的不少计算软件已经可以将（基础以上的）整个结构一同建模进行计算，在不采用分部设计法的前提下，只需满足隔震层下结构的强度和刚度要求、上部结构的隔震效果，设计亦可成立。当然此时仍需对上部结构施加水平地震作用的调整系数（即 $\Psi$）。

考虑到目前的橡胶隔震支座对竖向地震没有隔震效果，并且担心水平向减震系数取得过小时会导致结构可能无法承受竖向地震作用效应，故规范要求在 9 度时和 8 度且水平向减震系数不大于 0.3 时隔震层以上的结构应计算竖向地震作用。很多设计实例表明，由于受到这一要求和最小剪重比的限制，8 度时将水平向减震系数取到 0.3 以下并不具有好的效果，因此多数设计人员不直接采用隔震分析提供的小于 0.3 的水平向减震系数，而是人为将其提高。

随着采用隔震的建筑高度不断提升，支座受拉的问题愈发突出。其中一种现象是虽然可以控制支座最大拉应力不超过规范的限值，但计算反映出同时受拉的支座较多，个别实例中接近 50%。虽然尚未有过隔震支座因受拉而受损的报道，并且真实的侧倾情况难以用计算模拟，但为安全计，仍然建议通过优化上部结构和支座布置来尽可能地减小支座受拉的最大应力和数量，无法消除受拉时需要在设计文件中专门提出相应的支座检测要求，如有条件可采取适当的限位和抗拉构造及措施。

## 五、结语

减隔震技术作为一种新兴的工程抗震技术，其发展前途不可限量。目前的客观环境极其有利于这种技术的推广应用，同时由于技术本身的特点和优势，许多在政府文件要求之外的项目也主动采用并且获益。虽然在发展过程中存在诸多问题，并且在全省尚未大规模地经历过地震检验，但国内外的经验和该技术的理论基础足以使我们相信其必将成为未来工程抗震的主流方向。

**参考文献**

[1]　建筑抗震设计规范 GB50011-2010[S]

[2]　云南省人民政府办公厅文件 . 云南省人民政府办公厅关于加快推进减隔震技术发展与应用的意见（云政办发 [2011]55 号）

[3] 云南省住房和城乡建设厅、云南省发展和改革委员会、云南省财政厅、云南省工业和信息化委员会、云南省地震局、云南省教育厅、云南省科技厅、云南省卫生厅、云南省地税局. 关于进一步加快推进我省减隔震技术发展与应用工作的通知（云建震 [2012]131 号）

[4] 昆明市住房和城乡建设局、昆明市规划局、昆明市发展和改革委员会、昆明市教育局、昆明市卫生局、昆明市质量技术监督局. 关于加快推进减隔震技术应用的通知（昆建通 [2012]157 号）

[5] 建筑工程叠层橡胶隔震支座性能要求和检验规范（报批稿）[S]

[6] 建筑工程橡胶隔震支座施工及验收规范（报批稿）[S]

# 4．皖北地区村镇建筑防火现状及消防安全对策

## 引言

与城市相比，我国村镇人口众多，经济、技术发展滞后，特别是在消防工作方面，现有消防基础设施落后，缺乏必要的消防管理机构，致使村镇建筑防火能力差，发生火灾时损失非常严重。

本文以皖北某地区村镇的建筑防火安全为研究对象，分析该地区火灾危险因素，概述既有建筑防火设计，并针对村镇住宅防火现状提出消防安全对策。

皖北地区位于安徽省北部淮河以北地区，东接江苏，南界淮河，西与河南毗邻，北与山东接壤。该地区村镇人口稠密，降雨较为充沛，经济活动以农业生产为主，基础设施相对落后。

### 一、火灾事故及火灾危险因素分析

1. 常见的火灾类别

1）厨房类火灾

厨房是农村用火最为经常的场所，厨房火灾一直在农村火灾种类中占有最大的比例，较严重的厨房火灾一般是由于对燃烧完的高温灰烬疏于管理，或者正在燃烧的秸秆引燃厨房内堆放的干柴所导致。

2）照明取暖引起的火灾

较早时期的农村还没有通电，晚间照明是依靠煤油灯，目前在偶尔停电的时候或者节日期间，仍然为点燃蜡烛，燃尽的蜡烛有时候会点燃周边的可燃物，从而引起火灾。冬天的明火取暖（20世纪80～90年代的农村比较经常）也可能导致火灾的发生。

3）电气火灾

随着农村家用电器的普及，电气火灾越来越多，引起电气火灾的原因包括电线电缆的老化、质量低下导致的电线短路，或者由于电器故障引起火灾发生。

4）节日烟花、爆竹、焚香导致的火灾

由于风俗传统的原因，逢年过节，都会有大量的烟花爆竹和烧香焚纸的活动，尤其是随着近年来农村生活水平的提高，这些活动越演越烈。烟花爆竹主要表现为燃放、存放过程引发火灾，小孩子玩耍爆竹也容易引起火灾。烧香是过年过节的祭拜行为，每家都会在屋内和屋外点燃大型燃香，轻则几斤，重则几十斤乃至上百斤，烧香位置距离木质条几、座椅和中堂（墙画）很近，一旦香烛看管不严，极易发生火灾，近年来由此引发的火灾层出不穷。

5）焚烧秸秆导致的火灾

农村劳动力近年来大量向城市转移，面对土地的机械化程度越来越高，农业秸秆的处理逐渐成为留守农村的重要负担，这些秸秆除了一部分被堆放柴跺，满足日常生活燃料外，大量秸秆被燃烧处理。焚烧秸秆的行为一方面造成资源浪费、引起环境污染，另一方面也为火灾的发生留下了隐患。目前，由于焚烧秸秆引发的柴垛蔓延乃至诱发住宅火灾时有发

生（焚烧秸秆主要在秋收。可以预见，随着秋收机械化程度的提高，秸秆粉碎回填将成为趋势，焚烧秸秆现象将得到缓解）。

6）儿童玩火引起的火灾

农村的小孩子户外活动较多，基本是一个村子的小孩子集体玩耍，比较容易聚集在一起以玩火为乐，从在野外烧农作物取食，到点燃篝火娱乐等都可能。较小的孩子容易在房前屋后、室内玩火，尤其在春节前后这种情况更多，主要由于烟花爆竹较多，本地又有玩篝火、放孔明灯的风俗。

7）成人抽烟引起的火灾

农村烟民众多，抽烟既是习惯，也常常被认为是社会交往工具，抽烟引起的火灾也常常发生。农村环境下对烟头的处理方式也比较随意，基本是随手扔掉，尤其是酒后和夜间，对烟头的处理更缺少控制。夜间烟头的阴燃阶段不易被发现，常常会发生较大的火灾，如果发生火灾房间人员已经入睡，甚至可能导致烟气中毒，从而丧失向外逃生的机会和能力。

2. 火灾危险因素分析

农村火灾危险因素众多，既有建筑内外的可燃物（物的因素）、人的不安全用火行为（人的因素）和自然环境的不利条件（环境的因素），所调查地区的火灾危险因素分析总结如下：

1）物的因素

农村环境下可能导致火灾的可燃物很多，包括：

（1）建筑内的家具、生产工具、衣物等。

（2）住宅内的各种电器（目前农村常用的电器包括电视机、洗衣机、电冰箱，部分条件好的家庭开始使用空调、微波炉、电磁炉等）。

（3）各种电线电缆。农村建筑的电线电缆多为明线（部分新建住宅采用墙内布线或墙外暗线），有些电线质量不过关、日久老化、鼠咬等，极易发生短路、触电等事故，从而导致火灾的发生。

（4）建筑本体的可燃性能。部分新修建筑开始采用可燃材料进行装修装饰，而老旧建筑其屋顶结构多为木质、秸秆等可燃材料，一旦发生火灾，容易产生蔓延；

（5）厨房的燃气、燃料。目前本地区厨房多还采用焚烧农作物秸秆的方式，大量秸秆在厨房堆放，烧火的时候容易发生火灾。部分家庭厨房采用液化气罐，同样存在用火的安全问题。

（6）建筑外的可燃物堆放，农村的生活环境比较开敞，一般会在房前屋后堆放晒干的农作物秸秆、杂草和树枝等，有些堆垛距离房屋较近或者直接靠近墙壁，一旦室外柴草堆垛发生火灾，很可能向相邻建筑物蔓延。目前采用砖混、框架结构的新建住宅对外部火灾的抵御能力要高很多。

2）人的因素

火灾的发生除了要具备物的可燃性之外，还要有用火或导致火灾发生的不安全行为。农村社会在生产和生活过程中用火的行为众多，不安全的用火行为常常导致火灾的发生。

（1）生活用火。如厨房生火做饭、冬季生火取暖等，这些行为往往需要多人配合，如有人做饭、有人负责烧火，在人手不够的情况下有时候会一个人完成工作或有小孩子协助，这常常导致厨房火灾的发生。

（2）风俗行为。逢年过节经常在堂屋烧香焚纸，对焚烧过程的疏于看管也是导致火灾的重要原因。

（3）烟头致火。目前在农村，男性烟民的比例很大，点燃的烟头经常是火灾发生的导火线，尤其是未熄灭的烟头具有隐蔽、阴燃、不易察觉等特点，常常使火灾在初期不易被觉察和控制。

（4）其他用火行为。包括焚烧秸秆、孩童玩火、停电照明等，都是可能导致火灾发生的原因。

3）环境的因素

农村较开放的生活环境和更依靠环境的生活方式，使得气候条件、生活方式、空间布局等环境条件对建筑防火的影响比城市要明显得多。以气候为例：

（1）干燥的气候季节往往在秋季，这个季节处于秋收期，有大量的秸秆堆放和焚烧，干燥的气候条件使得秸秆非控制燃烧的可能性更大，蔓延速度也会变快。

（2）风的因素对火灾蔓延尤其是在建筑物之间的蔓延尤为明显，尤其在茅草房和砖瓦房发生火灾时，风往往成为火灾大规模蔓延的主要决定因素。

（3）干旱的气候环境对救火水源的影响。目前，本地区还没有正规的消防队伍和消防水源，火灾发生后主要利用井水、溪水、池塘水进行灭火，一旦气候干旱，灭火水源将受到直接影响。

另外，环境因素的影响还表现在人的防火观念、行为方式、由当地文化传统所决定的建筑风格和布局等多个方面。

**二、建筑形式变迁及其对防火性能的影响**

在相当长的一段时期，在当地农民还在为温饱问题和基本生活努力时，农村的建筑防火基本还处于原始阶段，从建筑设计和布局的防火到火灾扑救与救援，基本还处于无意识的阶段。

生活水平的改善使得物质条件首先得到提高，从而产生了更多的火灾诱发因素，如用电和电器的普及、烟花爆竹的增多、家具和装修装饰的提高等。这些环境的改变无疑增加了火灾发生的可能性。

建筑形式的改变是以改变居住环境的生活条件为出发点的，而防火性能要求基本未作为考虑。但在客观上，建筑结构形式的变化极大地提高了建筑防火性能，从茅草房到砖瓦房到现在的砖混、框架建筑形式，建筑防火性能得到一步一步提高。

所以，从这个层面上分析，随着危险因素的增加，农村目前发生火灾的可能性是变大了，但随着建筑结构形式的变化，农村发生重大火灾事故的可能性是降低了。

1. 土坯墙和茅草屋顶的建筑形式

20世纪80年代中期之前，本地区的农村基本以土坯房为主，较好条件的是在土墙底部铺设一定厚度的青砖，房屋的顶部是由木梁、竹子或秸秆形成的坡屋顶，屋顶的最上面铺设麦秸（或稻草），可以达到疏导雨水的目的。

房屋内部的房间之间大多以芦苇、竹子、秸秆编织的簰作为分隔物，室内布置简单家具、床、生产工具等。这个时期本地区农村基本还没有通电，以油灯作为照明工具。

这种房屋一般能形成四合院，侧面厢房一般作为厨房，厢房和南北房间之间留有一定的距离。这样安排厨房的布局，一方面改善了卫生条件，另一方面也起到了防火分隔作用，将当时最可能发生火灾的厨房进行一定的隔离。

这样的建筑显然防火性能极差，一旦发生火灾，火灾蔓延极为迅速，常常使得一户人家的房屋及财产损失殆尽。如果住宅之间防火间距不够或者遇到风势的影响，火灾还可能在不同的住宅之间蔓延，形成更大规模的火灾。这种建筑形式目前已经很少见到。

2. 砖墙及竹木覆瓦屋顶建筑形式

20 世纪 80 年代中期以后，农村兴起第一轮建房热，这次建房持续到 90 年代中期，主要的建筑形式是砖瓦结构，即房屋墙体和壁面整体实现砖结构，基础部分加水泥和少量钢筋，地上的砖之间以泥土粘合，屋顶结构是以木梁、芦苇和竹子形成坡屋顶，屋顶上部铺设瓦片输导雨水。

这种建筑形式内部房间（一般 3 间宽，前后两排，中间有厢房形成四合院）之间的分隔有两种：砖体实体墙分隔（被称为硬山）、木梁下砖体或篾体分隔（被称为假山）。

房间内的可燃物分布没有固定形式，基本后排两侧房间作为卧室，中间作为堂屋（客厅），厢房作为厨房，前排房间作为杂物堆放处（实际的功能分区较为随便，也不是所有住宅都能形成四合院）。

砖瓦结构的建筑比之前的建筑在防火性能上有了明显的提高。硬山墙体分隔的采用有效延缓了火灾在住宅内部的快速蔓延，非完全的可燃屋顶也一定程度上限制了火灾的规模，顶部的瓦片能够控制火势向建筑外蔓延，尤其可以延缓火灾向相邻住宅的蔓延。

3. 砖混、框架建筑形式

21 世纪初，农村兴起了建设以砖混、框架结构为主体形式的楼房建筑，这类建筑高度多以 2 层和 3 层为主，墙体和屋面均采用不燃材料的砖、水泥、钢筋构成，这种建筑无论是在结构稳定性还是在防火性能方面均有较大的提高。

首先，建筑本体材料实现了不可燃，控制了火灾发生后的快速蔓延，也提高了建筑结构的抗火性能。其次，建筑内部房间之间基本采用承重实墙，避免火灾在房间之间的快速蔓延。另外，普遍采用的室外楼梯和独立楼梯间有效控制了火灾在楼层之间的蔓延。

受到传统生活方式的影响，新建楼房住宅还是会形成院落，保留厢房作为厨房，前排房屋受到后排房屋宽度增加的影响一般被取消。建筑的功能布局一般为一层设堂屋，两侧作为老人卧室或车库，二层设卧室，中部设餐厅。三层功能根据家庭需求不同可随意安排。

由于建筑本体的不可燃，农村条件下室外装修基本为瓷砖和水泥墙，本地区农村住宅多为独立建筑（部分新规划住宅为 2 户连排），不同住户之间留下一定距离的通道，客观上起了防火分隔的作用。新建住宅火灾在不同建筑之间蔓延的可能性极低。

4. 村镇住宅的装修装饰

由于农村建筑发展较快，目前本地区多半建筑形成了向砖混结构的转变，村镇住宅的装修装置以这类建筑为分析对象。一般来说，农村住宅面积较大，$300 \sim 500m^2$ 较为多见，这既与农民的生活方式和生活传统有关，也与相互的攀比观念有关，目前的村镇住宅还表现出假大空的特点。受到劳动力外出的影响，所建建筑常常是质量得不到保证、建筑外观和结构五花八门、住宅内部利用率极低，常常是一层是杂货铺，二层住人，三层养耗子。

所以，在这种条件下，村镇住宅的装修装饰基本还处于起步阶段，一般是在年轻人结婚的房间进行简单装修，可燃装修材料较少，基本不会对火灾蔓延产生影响。

影响火灾规模和蔓延速度的主要是室内堆放和布置的可燃物，如衣物被褥、家具家电、储存的粮食和生产工具等。

### 三、建筑防火基础设施

1. 村镇传统防火观念

本地区传统上防火观念较强，"水火无情"的观念口口相传，重要的原因是社会经济落后，传统的房屋结构形式多为茅草房和土坯结构，一旦发生火灾，往往造成一个家庭财产的全部损失，甚至引发不同房屋之间的火灾蔓延。

近年来，随着砖混结构和框架结构的新建村镇住宅的普及，建筑防火得到很大的改善，传统的防火观念有所淡化，人们对于电器火灾、燃气火灾等越来越多的火灾形式还没有足够的重视。

2. 建筑防火

村镇建筑防火的变化可从以下几个方面描述，首先，住宅建筑形式的变化引起的建筑防火的进步，这在前面已经有所论述。

其次，建筑布局的防火分隔。目前，本地区农村一般将厨房和主房分开布置，厨房和主房之间相隔一定的距离，这一方面有生活习惯和卫生的原因，另一方面，客观上解决了厨房作为重要火灾源头的火灾蔓延问题，即厨房火灾尽管发生较多，但极少大范围蔓延。

目前村镇 2 ～ 3 层楼房建筑越来越多出现，本地区建筑的楼梯设置尽管存在着多种形式，但最多的楼梯布局是室外楼梯或侧房独立楼梯间，并通过走廊与上层连接，在楼梯通道和走廊没有可燃装修材料的条件下，火灾在不同楼层之间蔓延的可能性极低。

家庭住宅之间的防火分隔。传统上本地区住宅是成排分布，考虑交通的需要，往往每栋建筑之间独立布局，至少每两栋住宅之间保留有较宽的通道，这样既便于交通通行，客观上也避免了火灾在不同建筑之间的蔓延。尤其在砖混和框架的建筑构造条件下，情况更是这样。

3. 消防水源

本地区基本没有设置市政的消防供水，可能的消防水源包括如下几种可能：

1）河流、沟渠、池塘、湖泊。本地区沟渠池塘众多，建筑多依水而建，距离天然水源较近，消防取水比较方便，但缺点是天然水源受到气候条件的影响，某些时期有枯水的可能。

2）井水、地下水。本地区人畜饮水主要通过井口取自地下水，人力压水或者电机取水，可作为消防用水，优点是近距离、常年供水，缺点是出水量有限。

4. 消防人员及组织

本地区经济条件比较落后，和大多数农村地区一样，没有组织性的消防队伍和人员，目前的消防力量主要包括：

1）村民自发相互救援。尽管没有组织和专业训练，但受到传统价值观的影响，一旦火灾发生，村子青壮年人员均会自发投入灭火救援。

2）专业消防队救援。专业消防队处于城区，火灾发生后，即便立即报警，消防队到达火灾现场也需要较长时间，其结果往往是，消防队到达的时候，火灾已经被扑灭或者火灾已经失控，造成较大的损失。

5. 灭火器材和设施

村镇消防器材往往是就地取材，器具多用。本地区基础设置落后，专业灭火器材和设置基本没有，可能的消防用具包括：

1）水盆、水桶、碗瓢等各种盛水器皿，这是传统的救火工具，也是最及时和最方便的工具，在多数村镇火灾中目前还发挥主要作用；

2）农用水泵。生活用水和农业生产往往需要大量的水泵，有电驱动的，也有柴油机驱动的，如果水源方便，其救灾能力往往得到极大的提高；

3）专业消防车和灭火器材，优点是消防能力强，缺点是远水不解近渴。

### 四、新宅基规划和建筑防火设计

1. 村镇的新住宅规划形式

皖北地区新住宅规划可以分为以下几种形式：

1）村民在自家宅基地上建新房

一般情况下，每户农村居民会有一处或几处宅基地，在村镇没有统一规划的情况下，村民会自行在本家的宅基地上翻建或新建住宅，目前自行建房多为独立式2～3层砖混结构。

2）村镇统一规划新建住宅

这种以小康村的形式出现的由村镇统一规划的住宅多为在旧村外重新选址建设，建筑布置包括联排、双拼或独栋等多种形式。一般为砖混结构形式，统一规划住宅在道路交通、供水供电等方面存在优势。

2. 新建住宅的防火设计

村镇住宅建筑防火设计还处于初级阶段，同时，目前的村镇建筑形式尤其是新建住宅存在着不少有利建筑防火的方面，这些可能无意识却客观存在的有利方面包括：

1）以独栋或双拼为主流的建筑布局为满足通行、采光和院落要求而形成的间距客观上提供了较为合理的防火间距。

2）本地区一般将厨房、杂物间等附属用房与主房分开布置，在满足卫生的同时，也一定程度上降低了火灾风险。

3）部分新建楼房楼梯设置到室外，室内隔墙多为实体砖混结构，从而降低了火灾在房间之间以及上下楼层之间蔓延的可能。

4）目前村镇住宅装修一般较为简单，不太容易通过可燃装修材料形成火灾蔓延。

### 五、结论与展望

以目前的社会经济发展水平，本地区农村建筑火灾问题还不是农民或地方政府面临的最迫切需要解决的问题。消防基础设置、消防规章制度、机构建设和建筑防火设计还处于较低的水平。

应该看到，提高村镇的消防安全水平需要一个长期的过程，消防安全水平应和村镇社会经济发展水平相协调，对于本地区的村镇建筑防火，可考虑从以下几个方面开展工作。

1. 建立村民互助消防安全队伍，加强消防应急演练

农村居民具有火灾条件下相互帮助、自发共同应对火灾的传统观念，但缺乏固定的业余消防队伍，更为重要的是，缺少应对火灾发生的应急预案，一旦发生火灾，大家手忙脚乱，缺乏必要的组织性和灭火技术。应考虑合理制定火灾应急预案并对预案进行演练。

2. 普及消防安全常识，提高防火安全意识

对于在住宅设计阶段如何考虑建筑防火问题，如何在日常用火中注意防止火灾的发生，火灾发生后如何采取有效的灭火和降低损失的措施等基本的消防安全常识，目前在农村还没有得到有效的普及。应加强这方面的教育，提高农民的防火安全意识。

3. 因地制宜逐步改善村镇的消防安全基础设施

针对目前基础设置落后的现状，村镇的消防安全应立足实际，充分利用本地自然水源较为丰富和具有相当数量的农业灌溉机械，部分居民实现集中供水或自家机械供水的条件，配合当地自发或有组织的村民互助消防队伍，实现火灾初期的消防扑救。

4. 总结村镇建筑防火特点，提高村镇住宅建筑防火设计水平

应认真总目前村镇建筑尤其是新建住宅的设计经验，吸收有利建筑防火的因素。结合当地的生活习惯、建筑功能需求和建筑审美需要改善建筑设计，逐步提高村镇住宅的建筑防火设计水平。

### 参考文献

[1] 骆中钊. 新农村建设规划与住宅设计 [M]. 北京：中国电力出版社，2008.

[2] 骆中钊. 现代村镇住宅图集 [M]. 北京：中国电力出版社，2001.

[3] 村镇建设设计防火规范 GBJ 39-90[S].

# 5. 厦门市台风灾害的新特点介绍

## 引言

厦门是我国东南沿海风景优美、经济发达的大城市。改革开放三十多年来，厦门市的城市建设发生了翻天覆地的变化，不但建成区的规模扩大了十几倍，而且高层建筑的数量已达一千多幢，全市总建筑面积达一亿多平方米。然而，由于厦门市面临太平洋和南海，每年夏秋季均要受到热带风暴或台风的袭击，南亚热带季风性气候十分明显。在新版国标《建筑结构荷载规范》GB 5009－2001中规定，厦门市的基本风压为：50年一遇 $W_o$ = 0.8kPa；100年一遇 $W_o$ = 0.95kPa，这在我国东南沿海百万以上人口的大城市中，几乎是最高的（与广东的汕头市、湛江市相同）。由此将导致厦门市许多高耸建筑，尤其是那些60m以上对风荷载比较敏感的高层建筑或大跨度、长悬臂的公共建筑，其结构设计往往由风荷载起主要控制作用，而7度基本烈度的地震作用则退居其次。因此，可以说，台风灾害是厦门市城市建设中潜在的最严重的自然灾害，切实搞好厦门市各类建设工程的抗风设计既十分重要又非常紧迫，事关人民群众的生命财产安全和城市的可持续发展，也是落实科学发展观、维护社会稳定、确保经济特区建设成果的需要。

### 一、厦门地区台风灾害的新特点

#### 1. 台风灾害特点

厦门市气象台提供的最近五十年袭击厦门地区的台风资料详见表5-1。其中"国家旧规范"指《建筑结构荷载规范》GBJ 9-87，"国家新规范"指《建筑结构荷载规范》GB 5009-2001。表中风力等级是指英国人蒲福（Beaufort）制定的以地面10m高处的风速为划分标准的风力等级，而"台风"的定义按国际标准是指"热带气旋中心附近最大平均风力12级或以上"。从表5-1可看出：

1）在近五十年内，正面袭击厦门地区的台风高达8次之多，这在我国东南沿海经济较发达的大城市中名列前茅。

最近50年袭击厦门地区的台风资料　　　　　　　　表5-1

| 时间 | 台风编号 | 十分钟平均最大风速 | | 瞬时极大风速 | | 最大风速大于6级的持续时间（h） | 日降雨量（mm） |
|---|---|---|---|---|---|---|---|
| | | 风速（m/s） | 风力等级 | 风速（m/s） | 风力等级 | | |
| Sep-56 | 5626号 | 34 | 12 | 40 | 13 | 30 | 100.5 |
| Jul-58 | 5810号 | 11.7 | 6 | 18.7 | 8 | 17 | 210 |
| Jul-58 | 5813号 | 18 | 8 | 27.4 | 10 | 2 | 55.5 |
| Aug-59 | 5903号 | 38 | 13 | 60 | 17 | 7 | 49.8 |

| 时间 | 台风编号 | 十分钟平均最大风速 | | 瞬时极大风速 | | 最大风速大于6级的持续时间（h） | 日降雨量（mm） |
|---|---|---|---|---|---|---|---|
| | | 风速（m/s） | 风力等级 | 风速（m/s） | 风力等级 | | |
| Aug-61 | 6120号 | 22.6 | 9 | 31.5 | 11 | 5 | 37.7 |
| Jul-73 | 7301号 | 28.7 | 11 | 42 | 14 | 18 | 140.7 |
| Oct-73 | 7315号 | 27.2 | 10 | 42.3 | 14 | 26 | 154.6 |
| Oct-99 | 9914号 | 25.3 | 10 | 47.1 | 15 | 11 | 208 |
| 国家旧规范中厦门地区的设防风速 | | 34.6 | 12 | 52 | 15 | 30年一遇 | |
| | | 36.3 | 12 | 54.5 | 16 | 50年一遇 | |
| 国家新规范中厦门地区的设防风速 | | 28.3 | 11 | 42.4 | 14 | 10年一遇 | |
| | | 35.8 | 12 | 53.7 | 16 | 50年一遇 | |
| | | 39 | 13 | 58.4 | 17 | 100年一遇 | |

2）国家新颁布的《建筑结构荷载规范》中50年一遇的10min平均最大风速还略小于旧规范的取值（同时也小于50年来所发生台风的最大值），因此，假如按建筑工程的设计基准期50年考虑，厦门地区的现行设计基本风压并未比旧规范提高，这是与新颁结构设计系列规范的编制原则相违背的，也是不太合理的。

3）每次台风袭击厦门地区，都带来巨大的日降雨量，并引发山洪暴发，但是降雨量的大小与台风的风力等级并无直接关系。

4）袭击厦门地区的台风持续时间均较长，日降雨量大小与台风持续时间长短有一定的相关性，一般是持续时间越长，日降雨量也越大。

与三十年多前台风灾害相比，随着城市建设规模的不断扩大和经济的快速发展，厦门市高层建筑、高柔构筑物、大跨度长悬臂公共建筑等对风荷载较敏感的工程结构也日益增多，厦门地区的台风灾害出现了许多新的特点，9914号强台风给我们带来了许多有益的启示。

2. 9914号强台风的启示

1999年10月9日，时已进入中秋季节，可14号强台风就在当天上午10时左右从福建省龙海市登陆，然后正面袭击厦门。台风在厦门市区上空迂回盘旋，台风中心附近最大平均风力达14级以上，瞬时极大风速达47.1m/s，并伴随着长时间的倾盆大雨，过程雨量达208mm，当时正值天文大潮，潮水位超过警戒线0.3m，近海海面惊涛骇浪，浪高6～7m。

9914号台风是厦门地区改革开放近二十年来所遭受到的最强大的台风，也是厦门市解放后遭遇损失最惨重的一次自然灾害。这次强台风破坏力巨大，造成全市大范围停水、停电、停气和交通中断，轮渡趸船沉没，海堤决口，会展中心工地400t·m塔吊倒塌，绝大部分大跨度轻型屋面严重受损，部分高层建筑围护结构遭受破坏，大量附属构筑物或构件（如屋顶天线、装饰构架、女儿墙、雨篷、遮阳板、广告牌等）严重损坏，市区行道树75%受损。全市死亡13人，受伤近千人，直接经济损失近20亿元人民币。根据文献[1]

的记载，9914 号台风带来的灾害具有如下特点：

1）建筑物的地基基础和主体结构均无明显损坏；凡是经过正规设计和施工的建筑工程，无一幢房子倒塌，甚至连严重损坏都很少。这种现象可从两方面来解释：一是本次台风虽然瞬时极大风速高达 47.1m/s，但对工程结构起破坏作用的 10min 平均最大风速并不高，仅 25.3m/s，与之相应的理论风压为 0.4kPa，不但远远低于老规范中 30 年一遇的设计风压 0.75kPa，甚至也低于 10 年一遇的设计基本风压 0.5kPa，因此 9914 号台风对已按 30 年一遇基本风压进行抗风设计的主体结构而言，不会造成严重破坏是理所当然的；二是厦门市自成立经济特区以来，市区两级建设行政主管部门对建筑工程的设计和施工质量管理比较规范，尤其对主体结构的安全十分重视，因此，所有新建工程都基本达到国家规范中抗震、抗风设防标准的要求，对老旧民房和危房也进行过多次的调查摸底，并根据调查结果，采取不同的措施，或结合旧城改造予以拆除重建，或进行结构抗震抗风加固或限制建筑使用功能和使用荷载，以防患于未然。因此，可以说，9914 号台风对厦门市的建筑工程是一次实实在在的质量大检验，而检验的结果表明，厦门市的建筑工程主体结构质量是比较好的，基本能抵御 12 级强台风的袭击。这一点与四十多年前的台风灾害有很大的差异，许多经历过 20 世纪 50 年代强台风袭击的老市民都有共同的体会。

2）建筑物的围护结构遭受到一定程度的破坏，而附属于建筑主体结构上的构筑物则遭受较严重破坏。近二十年来，厦门市的许多高层建筑的外围护结构有的采用玻璃幕墙或金属幕墙、石幕墙，也有许多多层、高层建筑的外门窗采用铝合金门窗，在 9914 号台风中，这些幕墙和铝合金门窗等围护结构，有部分遭受到损坏，但损坏程度不算严重。这说明，由于本次台风的瞬时极大风速较大，高达 47.1m/s，它是 10min 平均最大风速的 1.86 倍，由此产生的阵风系数 $\beta_z$ 是 3.46，远远大于现行国家规范中 2.25 的取值，加之建筑的外围护结构对瞬时阵风风压较敏感，从而产生部分工程的局部损坏是在情理之中。但是又由于本次台风的平均风压 $W$ 乘以阵风系数后，仍只有 1.384kPa，与玻璃幕墙或铝合金门窗的设防风压 $0.75 \times 2.25 = 1.688$kPa 相比，尚有一定差距，因此，建筑工程的外围护结构不应该产生大面积的严重损坏，除非是围护结构的设计未按现行国家规范的要求进行抗风验算或建造过程中材料的选用和施工质量有缺陷，文献 [1] 的调查结果证实了这个判断。

然而对于附属于建筑主体结构上的构筑物，如屋顶的临时搭盖、装饰构件、悬挑较大的雨篷和遮阳板、依附在主体结构上的广告牌等，在本次台风中却遭受了严重的破坏。其原因主要是这些附属构筑物，大都未经过正规的抗风设计，或设计时考虑不周，或无现行国家规范可供遵循，当然也有许多属违章搭盖；其次是这些附属构筑物（构件）的施工质量十分低劣，尤其是与主体结构的连接部分存在较多问题，留下抗风的安全隐患。这种现象，是 20 世纪 50 年代至 70 年代的台风灾害中少见的，不能不引起政府建设行政主管部门的重视和相关工程设计、施工人员的深思。

3）大跨度轻型屋盖遭受严重破坏。最为严重的是厦工 1 号、2 号厂房，其装配式网架上的屋面板总面积 3450m²，基本被掀掉，太古飞机维修厂房网架上的屋面板也受损十分严重。此外，还有思明检察院玻璃屋盖、正新橡胶厂、厦门造船厂船体车间、厦港旅游公司综合楼、永丰余纸业有限公司主厂房、华纶公司厂房等的屋盖被全部或部分掀掉。这种现象的出现，在厦门以往台风中也是少见的，因为二十年前厦门地区还很少有大跨度轻型屋盖存在。因此如何防止大跨度轻型屋盖的台风灾害，将是厦门市乃至我国东南沿海城市工程管理部门需要重点研究的课题。

4）台风造成的经济损失日益增多。5903 号台风比 9914 号台风的风力要大得多，但后者却比前者造成更大的经济损失，这种现象与地震灾害的发生完全相似。其主要原因是现代城市的建设规模和经济总量与几十年前相比已经大大提高了，公共社会和个人家庭所拥有财产的价值也已今非昔比，因此，不管发生什么样的自然灾害，全社会的经济损失总量都将是巨大的。这也进一步表明：城市的经济建设越是高速发展，社会的财富积累越多，人民的生活水平越是提高，全社会越要重视城市的综合防灾工作，否则，为之付出的代价将是惨重的。

总之，建筑工程主体结构基本无碍，外围护结构轻度损坏，附属构筑物和大跨度轻型屋盖严重破坏，这就是厦门市 9914 号台风灾害的特点，同时也是我国东南沿海城市近三十年来台风灾害的共同现象。9914 号台风之后十四年来，厦门市虽然也遭受过若干次强台风的袭击，但这些后续台风对建设工程造成的破坏程度均未超越 9914 号台风。

**二、防御台风灾害的对策措施及建议**

我国自从 1976 年唐山 7.6 级大地震之后，从国务院到地方各级政府都十分重视抗震防灾工作，并已建立了一套比较完备的抗震防灾管理体制；政府在抗震防灾方面的科研投入也是相当大的，例如闽南防震减灾综合示范研究共投入了 1600 多万元。目前在全国各土木类高等院校中几乎都有专门的研究机构或人员从事工程抗震方面的理论或试验研究。此外，经过三十多年的努力，与工程抗震相关的国家规范、行业标准和地方规程也已大量颁布实施，广大工程技术人员对抗震知识的理解和掌握程度已有很大的提高。2003 年，建设部还颁发了第 117 号部长令，要求 6 度以上地震区城市都要编制抗震防灾规划。目前，福建省的大部分城市均已编制完成，部分县（市）正在编制之中。然而，相比之下，沿海城市的抗风防灾工作，却比抗震防灾工作要落后得多，尤其是在技术管理层面上更是如此。

1. 对策措施

事实上，地震虽然是易损性较高的自然灾害，但地震的危险性却很低，其发生的概率远比台风小得多。我们平常所说的抗震设防基本烈度地震，其 50 年超越概率仅 10%，相应的重现期是 475 年；而罕遇地震的 50 年超越概率仅 2.5%，其重现期是 1975 年。相比之下，就厦门市而言，12 级以上台风的重现期大约是 40～50 年；就福建省全省范围而言，其重现期则更短。也就是说，目前我国东南沿海城市正在建设的各类房屋建筑，在其设计使用期限内，至少会遭遇一次 12 级以上强台风的袭击，而低于 12 级的强热带风暴则几乎每年都会遇到，只是强度大小不一样而已。因此，对福建沿海城市来说，在自然灾害中台风灾害的危害性（＝危险性 × 易损性）可能要比地震的危害性更严重，而实际情况也确实如此。1949 年以来，福建省境内既无大地震发生，也未遭受到临近地区大地震的严重影响。虽然偶尔有小震发生，其破坏性并不大；台湾 9·21 集集大地震，对福建沿海影响显著，但在福建沿海，其地震烈度也只有达到 5.5 度，给闽粤两省造成的经济损失不足 2 个亿。然而如表 5-2 所示，单 1988～2012 年，福建沿海遭受的台风灾害直接经济损失就高达 781 亿元，人员死亡 1614 人。这里丝毫没有轻视或贬低抗震防灾工作重要性的意思，而是呼吁全社会在进一步做好抗震防灾工作的同时，要更加重视抗风防灾工作，切实搞好工程抗风的研究和相关科技成果的推广应用。为此，特提出如下对策措施，供政府主管部门和广大工程技术人员参考。

1）要加大城市抗风防灾工作的宣传力度，提高全社会对抗风防灾工作重要性的认识。

2）要尽快建立城市综合防灾管理机构，对预防和减轻城市各类自然灾害实行统一协调和管理，做到救灾资源的优化配置、科研经费的合理分配和使用，同时政府还应逐年增加在防灾减灾方面的财政投入。

3）出台有关地方性法规或规章，为做好抗风防灾工作提供法规和政策方面的保障。同时要提高全社会对编制城市抗风防灾规划，或城市建设综合防灾规划重要性的认识。

4）要组织编制国家或地方的《建筑抗风设计规范》，以便明确设计重现期换算系数，统一规定结构构架的屋面风荷载计算原则（含刚性屋盖和大跨度柔性屋盖，后者目前尚无规范可循，而日本、美国等均有相关技术规定[2]可供设计者采用）等。

5）对建造在山腰或山顶的建筑物，一定要考虑局部地形条件对风压高度变化系数的修正，但有许多结构工程师在进行工程设计时，只按照现行结构设计软件进行常规的抗风计算，而常常忽略局部地形条件对风压高度变化的影响，这可能会使结构的抗风安全性降低，为工程埋下隐患。

6）进行建筑物围护结构设计时，局部风压体型系数一定要按规范考虑足够。特别是对屋面角部、檐口、雨篷、遮阳板等突出构件负压区，其风吸力很大，也是 9914 号台风重点破坏的部位。同时，还要考虑阵风系数 $\beta_{gz}$ 影响，尤其是卷帘门、玻璃幕墙、铝合金门窗等围护结构，更是如此。9914 号台风中许多轻型屋面的破坏，都是由于局部门窗首先破坏，从而诱发亥姆霍兹共振[3]而产生的，因此确保围护结构的抗风安全是至关重要的；当然让广大市民在台风来临之前，关闭好所有的门窗则是一件更重要的事情。

7）沿海各城市之间要加强抗风防灾技术协作和信息交流，成立相应的学术组织，定期召开学术研讨会，尤其是与台湾地区之间也要多开展学术和技术交流。

8）要通过专项科学研究，不断提高城市抗风防灾的技术水平。

1988 ~ 2012 年福建省台风灾害受灾情况 表 5-2

| 年份 | 登陆台风个数 | 影响台风个数 | 受灾面积（万公顷） | 受灾人口（万人） | 死亡人数（人） | 倒塌房屋（万间） | 直接经济损失（亿元） |
|------|------------|------------|----------------|----------------|--------------|----------------|------------------|
| 1988 | 0 | 1 | 14.69 | 164.6 | 55 | 2.33 | 2.7 |
| 1989 | 2 | 2 | 13.29 | 488.1 | 131 | 7.672 | 6.2 |
| 1990 | 5 | 1 | 72.03 | 1864.7 | 427 | 11.496 | 33.6 |
| 1991 | 0 | 3 | 13.71 | 229.6 | 17 | 1.902 | 5.15 |
| 1992 | 2 | 1 | 11.75 | 457.1 | 15 | 2.901 | 11.11 |
| 1993 | 0 | 0 | 0 | 0 | 0 | 0 | 0 |
| 1994 | 3 | 1 | 18.35 | 716.5 | 25 | 0.114 | 54.77 |
| 1995 | 0 | 2 | 8.11 | 493.5 | 25 | 1.805 | 23.9 |
| 1996 | 3 | 1 | 34.33 | 1191.3 | 266 | 0 | 78.69 |
| 1997 | 1 | 2 | 2.5 | 232.7 | 0 | 0 | 15.07 |
| 1998 | 0 | 0 | 0 | 0 | 0 | 0 | 0 |

续表

| 年份 | 登陆台风个数 | 影响台风个数 | 受灾面积（万公顷） | 受灾人口（万人） | 死亡人数（人） | 倒塌房屋（万间） | 直接经济损失（亿元） |
|---|---|---|---|---|---|---|---|
| 1999 | 1 | 2 | 18.5 | 452.54 | 72 | 17.5 | 40 |
| 2000 | 1 | 1 | | | 1 | | 11.9 |
| 2001 | 3 | 4 | 21.1 | 804 | 129 | | 57.9 |
| 2002 | 0 | 1 | 12.5 | 221 | 1 | 3.5 | 32.6 |
| 2003 | 0 | 0 | 0 | 0 | 0 | 0 | 0 |
| 2004 | 1 | 2 | 132 | 582.4 | 8 | 2.22 | 39.75 |
| 2005 | 2 | 5 | 71.6 | 870.8 | 74 | 2.3 | 138.2 |
| 2006 | 4 | 4 | 30.5 | 748.4 | 324 | 7.85 | 114.49 |
| 2007 | 2 | 3 | 19.15 | 314.32 | 28 | 0.0026 | 36.737 |
| 2008 | 4 | 7 | 15.821 | 162.55 | 1 | 0.13 | 17.47 |
| 2009 | 2 | 6 | 14.066 | 165 | 4 | 0.14 | 19.83 |
| 2010 | 4 | 6 | 14.79 | 116.42 | 0 | 0.07 | 33.1 |
| 2011 | 1 | 4 | 1.62 | 56.76 | 0 | 0.02 | 5.32 |
| 2012 | 1 | 3 | 10.59 | 1.42 | 11 | 6 | 2.65 |
| 合计 | 42 | 60 | 550.997 | 10333.71 | 1614 | 67.9526 | 781.137 |
| 平均 | 1.68 | 2.4 | 22.04 | 413.35 | 64.56 | 2.718 | 31.245 |

## 2. 几点建议

1）各地应根据国家规范的规定和国内外风工程研究的成果，通过对城市现有房屋高度、密度和地形地貌的调查，编制地面粗糙度类别分区图，并定期修改或更新，以供广大工程技术人员参考使用。因为工程结构的抗风设计中有两个重要的参数，即风压高度变化系数和梯度风高度，两者均与地面粗糙度类别密切相关。广大结构设计人员在进行具体建筑工程设计时，有时很难判定工程场地的地面粗糙度类别，甚至会因人而异，从而导致设计风荷载取值差异很大，或者造成工程投资上的浪费，或者降低结构抗风的安全性。因此有必要统一做出沿海各城市地面粗糙度类别的分区图来，尤其是像厦门市这样的海岛型城市更是如此[4]。

2）要加强对高层建筑群风环境的研究。因为距离较近的高层建筑之间会产生相互干扰的群体效应，这种局部风荷载的变化要比单幢高层建筑复杂得多。它不但对主体结构的抗风设计有影响，而且对外墙面上的覆面设计、搭盖物、观光电梯、屋顶设计也有显著影响[5]。因此在有条件时，应通过物理风洞试验或数字风洞模拟来精确获取包含周边建筑物相互干扰影响在内的真实风压分布数据，以供设计时使用。当条件不允许时，也应严格执行《建筑结构荷载规范》GB 50009 - 2001 第 7.3.2 条的规定，将按单幢高层建筑考虑的体型系数 $\mu_s$ 乘以相互干扰增大系数，以策安全。

3）沿海城市和地区应通过积累风速资料，比较准确地制定基本风压等值线图，以弥补国家基本风压图比例尺太小、精度偏低的不足。

4）随着高层、超高层钢结构或钢—混凝土组合结构的不断建设，柔性建筑物顶部的风致舒适度问题必将日益突出，如何采取有效措施防止建筑物舒适度超规超限，确保建筑物的正常使用，应该成为工程抗风研究的一项重要内容。

执 笔 人：林树枝　廖河山

执笔人单位：厦门市建设与管理局

## 参考文献

[1] 厦门市建设委员会.9914号台风对厦门市建设工程破坏情况的调研及对策研究[R]，2000.10.

[2] 黄本才.结构抗风分析原理及应用[M].同济大学出版社，2001.

[3] 程志军，楼文娟，孙柄南，唐锦春.屋面风荷载及风致破坏机理[J].建筑结构学报，2000：21（4）.

[4] 厦门市建设委员会 & 同济大学.厦门岛地面粗糙度类别分区研究技术报告[R]，2000.7.

[5] 厦门市建设与管理局 & 厦门市建筑装饰协会.高层建筑风环境问题的研究[R]，2002.11.

# 6．农村抗震民居示范基地——陕西省西安市高陵县防震减灾科普馆

## 一、概述

陕西高陵县防震减灾科普馆是国内首个以农村民居抗震设防知识为主要宣传内容的防震减灾科普馆。它的建成和开放，为广大农民直观地学习掌握抗震设防知识提供了场所，填补了我国在农村防震减灾宣传教育上没有专门场馆的空白，2010 年 5 月 11 日，汶川地震两周年之际，高陵县防震减灾科普馆正式开馆。

"农村抗震民居示范基地"是防震减灾科普馆的重要组成部分，由长安大学王毅红教授课题组与高陵县科技局合作建设，它涵盖了整个村镇砌体结构住宅从设计到施工的全部过程，是村镇砌体结构抗震构造措施研究成果的一个具体应用。

基地依据村镇民居的特点，设计了一套砌体结构农房的建筑、结构施工图，以 1：1 的比例建于高陵县防震减灾科普馆内，作为示范工程供当地及周边地区农村基层建设人员参观学习。该示范工程以近年来在村镇建筑抗震性能方面的研究成果为设计依据，将科学先进的抗震构造措施合理地应用到村镇建筑建设当中。村镇民居建筑的实体展示，使村镇居民可以更为直观地了解抗震构造措施及施工方法，同时也可为其他省、市村镇民居的基层建设工作提供借鉴、参考和交流学习的机会与平台。

## 二、基地建设

### 1. 示范基地简介

"农村抗震民居示范基地"建于高陵县防震减灾科普馆内。科普馆面积 800m²，展馆共分上下两层。科普馆的二层主要运用数字多媒体、光电一体化等科技手段，采取板块漂移演示、断层模拟，防震小屋练习、动画片等趣味互动形式，生动、立体展示地震形成、危害、监测、防御和应急等防震减灾知识，参观者在模拟环境中既能轻松学习了解地震预防知识，又能对所讲解知识留下深刻印象。该馆的一层就是"农村抗震民居示范基地"。基地以 1：1 比例建造了农村抗震民居，以抗震民居实体展示了房屋设计、建材配比及地基、圈梁、构造柱等关键节点的具体工序，以直观的形式向农民展示一栋砌体结构农房从选址到建成的整个详细过程。

### 2. 示范工程设计

示范基地以课题在村镇建筑抗震性能方面的研究成果为设计依据，示范了整个村镇砌体结构民居从设计到施工的全部过程。

示范基地总体平面布置见图 6-1。

1）建筑材料的质量控制（A、B 区）

依据试验室条件做少量试件，示范 2：8 和 3：7 灰土、素土及常用混凝土强度等级的配合比质量控制。

2）抗震构造节点加强措施示范（C、D、E、F、G、H区）

示范砖、毛石、灰土三种基础做法；构造柱与圈梁的连接；烟囱与女儿墙的抗震构造措施；有构造柱与无构造柱纵横墙体的节点连接做法；基础隔震垫等。

3）一套砌体结构农房的1：1示范模型（I区）。

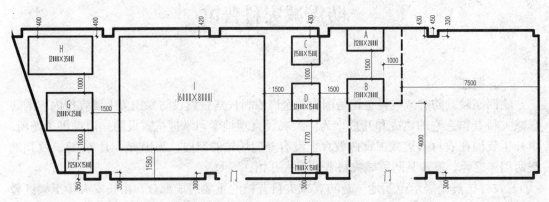

图 6-1　总体平面布置图

示范模型为1：1的农村抗震民居的实体模型，原型来源于陕西省农村民居，采用当地应用最为广泛的一种户型，开间3.3m，进深6m。在实践中多采用3个开间，考虑到科普馆实际场地空间的限制，房屋结构的重复性和相似性，将房屋沿一个截面断开，只做一个开间进行展示，同样可以达到示范整个房屋结构做法的作用。

3. 示范基地的建设情况

高陵县防震减灾科普馆中农居抗震模型示范展区，通过建筑材料质量控制、抗震构造节点加强措施、实体房屋模型三部分内容展示了砌体房屋设计、施工的具体步骤。

整个示范基地分为以下几个展区：

1）农居抗震模型展区（图6-2）；

2）抗震构造措施节点展区（图6-3）；

3）砌体农房实体模型展区（图6-4）；

4）宣传板展区（图6-5）。

图 6-2　农居抗震模型展区现场

图 6-3 抗震构造措施节点展区

图 6-4 砌体农房实体模型展区

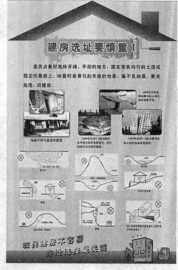

图 6-5　宣传板展区

### 三、示范基地实施意义

示范基地是国内首个以农村民居抗震设防知识为主要宣传内容的防震减灾科普馆。全年向社会公众免费开放，接待社会团体、部门单位和个人来参观。与中小学校建立联系，组织中小学生到本馆参观，通过讲解员讲解、报告会、讲座、放映地震科普片等形式宣传地震科普知识。它的建成和开放，为广大农民直观地学习掌握抗震设防知识提供了场所，填补了我国在农村防震减灾宣传教育上没有专门场馆的空白。

高陵县防震减灾科普馆于 2010 年 5 月 11 日汶川地震两周年正式开馆，国家地震局、陕西省、西安市的相关领导前去参观指导，许多媒体记者也进行了采访报道（图 6-6）。中央电视台《走进科学》栏目组专门对高陵县防震减灾科普馆内的砌体结构农房抗震措施示范基地进行采访，在 2011 年 5 月 12 日汶川地震三周年时以《震不倒的房子》为题面向全国观众播出。

图 6-6　科普馆开馆仪式

　　高陵县防震减灾科普馆自 2010 年 5 月 11 日开馆至 2011 年 9 月，已接待各类参观团体 150 多个，共计 15000 人次以上。该馆开放近一年来，参观者普遍反映良好，认为内容丰富、直观、易懂，既能看到地震科普图片，又能看到地震仪器实物和模型，图文并茂，生动形象，很值得一看。许多居民参观后表示受益匪浅、印象深刻，有的前来学习、咨询，有的索取资料、拍摄录像，仿照设计制作，在防震减灾科普教育方面产生了积极的推动和示范作用。

　　　　　　　　　　　　　　　　　执笔人：王毅红
　　　　　　　　　　　　　　　　　执笔人单位：长安大学建筑工程学院

# 7. 西安市城市地质环境与土地工程能力评价

**前言**

西安市地处我国中部，是驰名中外的历史文化古城，为了满足城市日益增长的社会、经济发展需要，避免和减少由于各种潜在的灾害与工程活动诱发的灾害所带来的昂贵的工程处理费用，充分挖掘西安城市范围内高质量环境与土地资源的开发潜力，对低质量环境与土地的开发给予必要的控制和积极的工程处理，最大限度地促进城市发展与环境协调，充分发挥和提高城市的经济、社会与环境效益，进行了此项研究。

**一、工作总体思路**

城市是人类生活最集中、土地利用最密集的地区，也是土地开发对环境干扰和环境对人类工程活动反馈最强烈的地区之一。土地工程利用能力评价的重要性毋庸置疑。正是通过它，一方面要最大限度地发挥土地赋存的环境条件所表现出来的资源能力，另一方面又要最大限度地减少环境条件所起的制约作用。

通过以往的研究实践，确定实用于西安市的研究技术路线，要点如下：

1. 认识城市地质环境质量、城市环境的生态变异和地质灾害孕育和发生过程是一个受控于城市环境地质条件现状的动态系统过程；

2. 查明这一动态系统过程的关键在于查清城市地质环境的主题要素；

3. 结合现有资料，建立地学信息钻孔数据库、评价物理模型、经济模型以及综合评价的数学模型；

4. 对场地的土地工程能力进行综合技术、经济评价；

5. 从土地利用、防灾及生态保护出发，编制城市开发及土地控制条例；

6. 不断引进、开发、利用新技术、新方法，保证使用资料的可靠性，提高城市土地工程利用评价的精度。

**二、西安市地质环境的主题特征**

地质环境主题的确定，应能够表达地质环境利用和保护的突出特点。内容上，要依据现有的环境地质问题和已产生的或潜在的地质灾害来确定，还要反映地质环境利用过程中土地工程潜力开发的成功经验，二者都为了在评价时能较科学准确地表现地质环境的质量等级；此外，主题特征应具有典型性和空间区域性两者相统一的特点，即不但要求内容的典型性，还要求空间上有较大范围的覆盖。

根据上述原则，通过对地质环境的研究，西安市地质环境主题特征可确定为：

1. 地震及场地伴生震害影响；2. 地裂缝及地面沉降；3. 湿陷性黄土地基；4. 饱和软黄土；5. 人工填土。

**三、西安市土地工程能力的综合技术分析**

土地工程能力是土地利用时土地所赋存和表现出的土地工程属性方面的不同内容。城市地质环境表现的三种突出属性是特性、稳定性和适宜性。特性是土地依存的地质环境所固有的一种基本特征；稳定性是依存地质环境的土地资源用作某种专门工程用途时，土地所能表现的安全性能力；适宜性则是依存地质环境的土地资源，被用作广泛用途时所表现出的技术经济条件的优劣程度。

在正确捕捉城市地质环境主题特征的基础上与场地的特性、稳定性、适宜性进行联系分析，筛选和构造出评判信息主因素，并落实到场地单元三种属性与综合属性的计算分析评价中。

城市土地工程能力评判模型的建立过程要以层次分析为基础，建立起与层次关系相适应的单层综合评判结构模型和多层综合评判结构模型。单层综合评判结构模型要完成以场地单元三种属性为出发点的土地工程能力的评判，而多层综合评判结构模型则需在单层评判结果基础上，完成综合程度最高的土地工程能力的评价。

1. 单层综合评判结构模型：

单层综合评判结构模型的建模过程如下：

设：场地单元 $X_i$ 某种属性评判因素的信息集 $X_i=(X_{i1}, X_{i2}, \cdots, X_{im})$，$X_{im}$ 表示单元 $X_i$ 被考虑的第 $j$ 个因素信息值，$j=1, 2, \cdots, m$；决断集 $V=\{V_1, V_2, \cdots, V_K\}$，$V_i$ 表示评判的结果；权数集 $A=\{A_1, A_2, \cdots, A_m\}$，$A_j$ 是第 $j$ 个因素被考虑的权数。

设第 $j$ 个因素的单因素评判结果 $R_j=(r_{11}, r_{12}, \cdots\cdots, r_{1k})$，因而可得到 $m$ 个因素的总评判矩阵

$$R=\begin{bmatrix} R_1 \\ R_2 \\ \vdots \\ R_m \end{bmatrix}=\begin{bmatrix} r_{11} & r_{12} & \cdots & r_{1k} \\ r_{21} & r_{22} & \cdots & r_{2k} \\ \vdots & \vdots & \cdots & \vdots \\ & & \cdots & \\ r_{m1} & r_{m2} & & r_{mk} \end{bmatrix}$$

式中 $r_{ji}$ 表示某场地单元第 $j$ 个因素属于评判结果 $V_i$ 的隶属度。$r_{ji}$ 的取值，视具体情况，可通过专业方式，专家评分或统计等方法获得。

考虑权数分配影响，得到综合评判 $B=A \cdot R$

上述单层综合评判结构模型，可画成如下框图。

2. 多层综合评判结构模型

多层综合评判结构模型的建模可按下面步骤进行。

第一步：将因素集 $X=(X_1, X_2, \cdots, X_m)$ 按某种属性分成 $S$ 个子集，记作 $X_1, X_2, \cdots, X_{sj}$，满足 $\sum X_i=X$，设每个子集 $X_i=(X_{i1}, X_{i2}, \cdots, X_{im})$，$i=1, 2, \cdots, S$；则有 $\sum m_i=m$；

第二步：对于每一个子集 $X_i$ 按单层次分别进行综合评判，设 $X_i$ 的诸因素权重分配为 $A_i$，$X_i$ 的单因素评价矩阵为 $R_i$，则得到：$B_i=A_i \cdot R_i$，$i=1, 2, \cdots, S$；

第三步：将每个子集作为一个元素看待，用 $B_i$ 作为它的单因素评判，这样 $R=\begin{bmatrix} B_1 \\ B_2 \\ \vdots \\ B_S \end{bmatrix}$ 是

$(X_1, X_2, \cdots, X_S)$ 的单因素评判矩阵，每个 $X_i$ 作为 $X$ 中的一部分，反映了 $X$ 的某种属性，

按它们的重要性给出权重分配 $A$，于是有：$B=A \cdot R=A \cdot \begin{bmatrix} A_1 & \cdot & R_1 \\ A_2 & \cdot & R_2 \\ \vdots & & \vdots \\ A_S & \cdot & R_S \end{bmatrix}$ 框图如下：

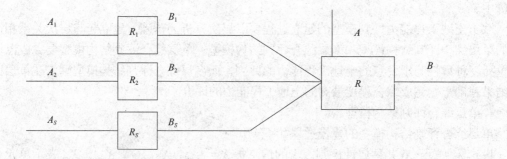

这里给出的是双层综合评判结构模型，若在层次划分中，得到的 $(X_1, X_2, \cdots, X_S)$ 仍含有较多的因素，可对它再作划分，得到三级以至更多级的综合评判结构模型。

根据评判结构模型及其所需容纳的评判信息与具体数字模型或方法相结合，落实到场地单元进行计算分析或综合，这一过程可归结为评价模型的形成与使用。

西安市场地单元的特性、稳定性、适宜性以及三种属性综合的土地工程能力所使用的评价模型如下：

特性评价模型：模糊软划分；

稳定性评价模型：逻辑信息法；

适宜性评价模型：模式识别与最优隶属评判；

土地工程能力：模糊综合评判。

### 四、西安市土地工程能力的综合经济分析

土地工程开发不仅与社会政治、科技及经济系统关系密切，而且与地质环境系统共存于大自然。因此土地工程开发综合经济分析要立足于城市地质环境主题特征研究基础上，并与社会经济相结合。对此，我们运用费用损失指标分析法来实现。

费用损失指标分析法原理如下：

假定所有的随机事件都决定费用，服从泊松概率分布，而其中每一件事都假定与其他事件相独立，且发生概率在任何时间都是一个常数，那么这几个事件在给定的 $\Delta t$ 时间服从泊松分布，发生概率：$P = \dfrac{(\lambda \cdot \Delta t)^n}{n} \cdot e^{-\lambda \Delta t}$，其中 $\lambda$ 为事件重发概率。

不难看出，如果这些事件在时间间隔 $t$ 中服从泊松分布，那么下个事件从目前起将发生在 $t$ 单位时间的概率则服从幂指数分布：其概率为 $P = \lambda \cdot e^{-\lambda t}$

事件重发间隔时间 $t$ 为：$t = \displaystyle\int_0^\infty \lambda t e^{-\lambda t} dt = 1/\lambda$

在计算所有期望费用时，除了折价比外，假定每事件的费用都是常数。令 $X=$ 时间 $t$ 时每事件的费用，那么时间 $t$ 时的费用目前的折价值为：$Xe^{-\lambda t}$，$\lambda$ 为折价比，则下次事件产生的期望费用为：

$$\int_0^\infty (e^{-\lambda t}) \cdot \lambda e^{-\lambda t} dt = \frac{\lambda}{\lambda + \gamma} \cdot X$$

对于损失能够重复发生的事件，应计算将来所有事件的期望费用。首先计算在 $t_1$ 时刻发生第一次事件情况下，第二次事件在 $t_2$ 时发生的概率 $P_2$ 为：

$$P_2 = P_{12} \cdot P_1 = \lambda^2 e^{-\lambda t2}$$

由此推出至第 $t_n$ 时 $n$ 次事件发生下的概率：$P_n = \lambda^n e^{-\lambda t n}$

因而第一次 $n$ 个事件的期望费用为 $X \sum_{i=1}^n \dfrac{\lambda^i}{(\lambda + \gamma)^i}$

对所有将来事件的期望费用则为 $\lim\limits_{n \to \infty} X \sum_{i=1}^n \dfrac{\lambda^i}{(\lambda + \gamma)^i} = \dfrac{\lambda}{\gamma} \cdot X$

西安市土地开发费用组成包括如下几个方面：

1. 岩土承载体费用：指岩土承载体为保证建筑物安全而进行必要的地基处理费用。地基处理费用主要包括湿陷性黄土、饱和软黄土、人工填土和饱和液化的处理费用。这部分费用为基本费用，采用经验统计法计算。

2. 地震损失费用：指在地震作用下建筑物及室内资产所遭受破坏的损失费用及工业停产而产生的损失费用。地震损失费用属于灾害风险费用，采用泊松分布风险法进行计算。

3. 地裂缝及地面沉降损失费用：指在地裂缝及地面沉降作用下建筑物遭受破坏进行处理的损失费用，属灾害风险费用，采用泊松分布风险法进行计算。

4. 活动断裂带损失费用：指西安市东南的长安—临潼大断裂在地震时遭受破坏的损失费用。

以上四大方面土地开发费用分别按低层住宅、多层公寓住宅、高层住宅、工业生产、商业营业、教育科研、医疗卫生与办公用地七种土地利用类型，西安市划分的 417 个评价单元进行分项计算，结果编制成不同土地利用类型的土地工程能力图。

## 五、结论

本文对西安市地质环境敏感性的分析，在技术分析上属定性，在经济分析上属定量。凡属费用高和敏感性高者，要求在开发技术上重点对待，防止向场地属性不利影响的方面恶化，从而造成更大的损失。

对西安市，从技术分析看，整体来讲，场地适宜性敏感性最高，稳定性次之，特性低，即场地的土地工程能力图与场地适宜性分布图相关性最大，与场地稳定性分布图相关性次之，与场地特性分布图相关性最小。

从费用分析看，七种土地利用类型均受地震及不良地基土影响最大，沉降损失次之，地裂缝损失最小。但需注意，西安市的计算分析是建立在 1000m×1000m 的单元网格划分基础上的。地裂缝由于受影响宽度的限制，在公里网格中所占比例较小，故绝对损失值小。这对于为大面积城市整体规划服务的土地工程能力评价中是允许的，但具体到单体建筑，则地裂缝造成的损失最大。故在具体建筑或小区规划时需在考虑大面积土地能力的基础上，严格按《西安市地裂缝场地勘察与工程设计规程（DBJ 24-6-88)》进行。

**参考文献**

[1] 李显忠．南京市土地工程利用定量分析与土地工程利用控制．1992.

[2] 李显忠，方鸿琪等．城市地质灾害的防御系统研究（国家"八五"攻关课题 85-907-07-02 专题报告），

1996.

[3] 西安市规划管理局.《西安城市工程地质图系》说明书，1996.

[4] 张家明等.西安地裂缝研究，1990.

[5] 陕西省地矿局第一水文地质工程地质队.西安地区区域地壳稳定性与地质灾害评价和研究，1991.

[6] 西安市抗震办公室.西安市城市抗震防灾规划，1990.

[7] 西安市抗震办公室.西安市抗震设防区划，1993.

[8] 西安市抗震办公室.西安市抗震防灾规划图集，1994.

[9] 西安市城乡建设委员会.西安市抗震设防区划，1990.

[10] 西安地裂缝场地勘察与工程设计规程，1988.

[11] 西安市城市规划管理局,西安市城市规划设计研究院.西安市城市功能调整规划(1995 年至 2020 年)
(草案)，1995.

执　笔　人：李显忠
执笔人单位：住房和城乡建设部防灾研究中心

# 第五篇　科研篇

近年来，我国的防灾减灾工作取得了一定成效，但在重大工程防灾减灾等基础性科学研究距世界先进水平还有一定的差距，尤其是灾害作用机理和工程防御技术方面的原创性科学研究极度匮乏。随着中央政府对建筑防灾减灾能力的重视和人们对建筑安全要求的不断提高，全国各地众多的科研单位和企业的研发人员积极投身到防灾减灾的科研中，成功地解决了建筑防灾减灾领域中遇到的一些技术难题，并将其以论文的形式共享。本篇选录了在研项目、课题的研究进展、关键技术、试验研究和分析方法等方面的文章 15 篇，集中反映了建筑防灾的新成果、新趋势和新方向，便于读者对近年来建筑防灾减灾领域的研究进展有较为全面的了解和概要式的把握。

# 1. 震损建筑的抗震鉴定加固关键技术研究课题简介

吕西林　李培振

同济大学

（"十一五"国家支撑计划项目"建筑工程抵御大地震灾害综合应用技术研究"课题二
课题编号：2009BAJ28B02）

## 一、课题研究背景及意义

### 1. 课题背景

历次地震灾害表明，特大地震发生后，整个灾区房屋结构倒塌和损坏严重，生产和生活受到严重影响，大量灾民无家可归，亟待安置。为尽快恢复灾区正常的生产和生活秩序，灾后建筑的重建或加固修复迫在眉睫。震损建筑大震后频发的余震中会产生进一步破坏甚至倒塌，需要采取措施尽快加固修复。技术分析表明，对震损建筑进行抗震加固，费用仅为重建的 1/3 左右，时间一般不超过半年，对大量轻微破坏和中等损坏程度的建筑可以通过抗震加固使其满足现行规范的技术要求，使灾区尽快恢复生产生活秩序，减轻地震带来的负面社会影响；另外，采取合理、快速而有效的加固措施，能有效避免盲目的整体拆除重建所造成的资源和经济浪费，以及拆除所造成的环境污染。

2008 年 5 月 12 日汶川地震发生后，灾后需重建和加固房屋数量庞大，待加固房屋分属不同年代、不同结构形式、不同施工质量以及不同震损程度，且由于年代久远，部分房屋结构自身老化严重，房屋结构加固程度差异性较大。这就要求加固施工材料易取，加固方法简单便捷，同时确保加固效果安全可靠。但对于如何判断其是否可加固修复、加固修复程度如何、采取何种加固修复方案最为合理等问题，现行的抗震设计规范、抗震鉴定规范和抗震加固规范并未深入涉及，因此迫切需要建立这方面的技术规范、规程和操作指南，全面指导震后灾区的重建工作。

### 2. 课题研究的意义

限于当时的经济水平和结构抗震设计理论水平所限，我国相当一部分现有建筑未考虑抗震设防，有些虽考虑了抗震设防，但抗震性能存在诸多隐患。历次大地震中均有大量房屋受到不同程度的破坏，甚至倒塌，震损建筑如何进行鉴定及加固是震后恢复重建的一个关键问题。然而震后建筑鉴定加固市场纷繁复杂、方法各异，建筑加固行业迫切需要规范市场，有关主管部门和社会公众也要求明确震损建筑加固的抗震设防水准和目标。

近年来，我国出台了相关的检测鉴定技术规程或规定，对既有建筑的检测鉴定技术作了相关的介绍和规定，这对于结构检测鉴定技术的推广与应用具有重要的意义，但这些检测鉴定技术规程或规定主要适用于普通既有建筑的检测鉴定，而不能完全适应震损结构的损伤检测与安全性快速评估的要求。因此，开展震后结构损伤检测与震损结构残余承载能力快速评估的研究，以判断该结构是否安全、是否需要加固或是否需要立即拆除重建十分必要。

所开展的课题的研究意义就是要避免盲目拆除现有的震损建筑，提高现有建筑的使用年限，减少新建房屋工程量，减少大量的基建经济投入，减少对水泥、钢材、木材等宝贵的建筑材料的消耗，降低建筑物拆除时造成的空气污染，减少巨量的难以处理的建筑垃圾。通过该课题的研究，可以全面提高我国建筑综合抗震防灾能力和安全水平，降低地震灾害中的生命和财产损失，树立良好的国际形象，促进生产的发展，促进经济协调、可持续发展和社会稳定。

3. 课题目标

通过研究震损建筑的抗震鉴定加固关键技术，实质性提高我国建设工程领域抗震防灾的水平，完善我国建筑安全设计的标准规范体系，制定我国震损建筑抗震鉴定标准和加固技术规程，指导灾区重建工作中的建筑加固修复工作，尽快恢复灾区重建生产生活秩序，减轻地震带来的社会影响，最大限度降低地震发生时的人员伤亡及财产损失，减小地震带来的经济与社会影响。

## 二、课题研究内容

本课题共包括以下方面的研究内容：震损建筑抗震设防水准的研究；砌体结构震损建筑抗震评价、修复和加固研究；混凝土结构震损建筑抗震评价、修复和加固研究；木和砖木结构震损建筑抗震评价、修复和加固研究。

1. 震损建筑抗震设防水准的研究

在收集整理国内外现有研究资料的基础上，分析总结了建筑抗震设防水准的研究成果，总结了历次地震后震损建筑在抗震设防方面的经验，探讨了震损建筑合理抗震设防水准的选择问题，结合我国的工程实践需要，将多水准多目标的抗震设防思想应用于震损建筑，明确了震损建筑的抗震设防水准，并对不同水准地震动参数的取值进行深入研究，给出了不同后续使用年限、不同水准的地震动参数取值，为震损建筑的抗震鉴定及加固提供了数据支撑。主要包括以下内容和成果：

1）提出了砌体结构和混凝土结构的可修性评定的具体指标。

2）按照等超越概率的原则明确了震损建筑抗震设防"三水准"的定义，并确定了不同后续使用年限不同水准（小震、中震、大震）的重现期。

3）总结了震损建筑不同后续使用年限的确定原则。

4）阐释了等设防烈度原则、等超越概率原则和等重现期原则的基本原理，提出了等超越概率原则及等重现期原则在地震动参数取值时的具体计算步骤。

5）指出等设防烈度原则会片面夸大安全需求量，即忽略了不同服役时间对结构所受地震作用的影响，增大加固工作量，不经济、不科学、不合理；等超越概率原则使现有建筑在后续服役期内保持与原结构同样的设计地震风险水平，较为科学合理；而等重现期原则是在等超越概率原则基础上对地震作用的再次折减，减低加固成本，但增加了地震破坏风险。

6）按照等超越概率的原则，推导出了震损建筑不同后续使用年限的各水准地震动参数取值，并给出了与现行抗震设计规范相协调的各水准地震动参数取值简化方法，使不同后续使用年限的震损建筑抗震鉴定及加固中的地震动参数取值具可操作性。

2. 砌体结构震损建筑抗震评价、修复和加固研究

传统的砌体加固方法，经过了很长时间的实际工程应用，是各种不同条件下砌体结构

行之有效的加固方法，能够一定程度上提高原有砌体构件的承载力，使其达到要求的使用功能，但是同时存在着一些固有的缺点，如注浆修补加固中由于裂缝的宽度大小不一，且考虑裂缝的长度和数量，注浆施工量大，对细微裂缝并不能较好地完成注浆修复；外包钢筋混凝土加固和钢筋网水泥砂浆面层加固法，其施工均为湿作业性质，施工周期长，影响加固作业期间建筑物发挥正常的使用功能，同时一定程度上侵占了原有的空间，并增加了结构自重；外包角钢加固法和增设钢支撑体系加固法所用的钢材耐腐蚀与耐高温性能差，必须采取钢结构中的防腐蚀及防火措施，相应增加了加固的成本；外部后张预应力加固法对施工的应力水平要求精确，控制的难度大，极易产生附加压（拉）应力，可能使砌体局部应力过大，造成进一步的损伤，而且在温度 600℃ 以上的环境中，加固体系将很快失效等；此外由于加固材料一般较重，体积较大，又是需要一些大型设备和支撑模板，而旧有建筑往往空间狭小，难以承受大型设备，因此劳动强度和施工难度也比较大。

传统加固方法的不足限制了它们进一步的广泛应用，面对越来越多的需要修复加固的砌体结构，纤维增强复合材料加固技术在修复加固领域逐渐被重视，弥补了传统加固方法的不足。但目前国内外对于纤维加固技术的研究主要集中在混凝土结构加固中，并有较全面的技术规程和施工指南，而在砌体结构加固中仍处于起步阶段，要做到推广并建立相应的技术规程还需要做大量的基础研究工作。

为了推广纤维增强复合材料在砌体结构加固领域，尤其是在灾后恢复重建中震损砌体结构加固中的应用，针对目前纤维加固砌体结构研究的空白点及有待改进之处，本文在国内外现有研究成果的基础上开展了以下的试验研究和理论分析，希望为今后试验研究及工程实践提供参考依据。主要开展了以下几个方面的研究工作：

1）在既有规范标准的基础上，结合现有的研究成果及国内外抗震鉴定方法实际应用的状况，并考虑震后建筑物震害的特点，研究合适的震损建鉴定评价方法，开展了震后砌体结构损伤评估，制定了砌体结构现场检测和损伤评估的流程、震损砌体结构损伤应急评估方法和快速评定标准。介绍了震后应急性加固与维修主要技术，包括对震损建筑的裂缝进行修补、对影响房屋抗震能力的整体性构造缺陷进行加固、增设临时支撑或支架、对房屋建筑受损的非承重构件进行处理。

2）以玄武岩纤维布（BFRP）加固震损砌体砖墙为研究对象，通过 16 个 1/2 缩尺砖墙模型对比试验，研究 BFRP 加固震损砌体结构的抗震性能。基于试验结果，对粘贴玄武岩纤维布加固震损和未震损砖墙的破坏形态、破坏机理、滞回曲线、骨架曲线、特征荷载、延性、变形恢复能力、刚度退化、恢复力模型、耗能能力等进行了较深入的研究。

3）基于大型通用有限元软件 ABAQUS，建立了综合考虑材料非线性、几何非线性以及接触非线性的有限元模型。通过对玄武岩纤维布加固砖墙的全过程非线性有限元分析，较为精确地研究了加固墙体受力特性，并将有限元分析结果与玄武岩纤维布加固砖墙试验结果进行了对比，验证了模型的可靠性。在此基础上，对影响玄武岩纤维布加固砌体砖墙承载力的主要因素进行了参数分析，重点研究了砌体强度、轴压比、纤维布层数及宽度、墙体高宽比、墙体开洞大小及位置等对加固砖墙抗剪受力性能的影响。

玄武岩纤维布加固砖墙有限元分析结果与试验结果对比表明，两者吻合良好，墙体抗剪承载力计算值与试验值之比，开裂荷载介于 0.90 ~ 1.03，峰值荷载介于 0.78 ~ 1.10，这说明有限元分析模型和分析参数的选取合理，可以采用该模型对玄武岩纤维布加固砌体结构进行参数分析；玄武岩纤维布加固砌体砖墙抗剪承载力随着砌体强度、砖墙轴压比的增大而有所提高，但超过一定值后轴压比增大加固墙体承载力增加变缓；在一定程度上，加固砖墙抗剪承载力随纤维布加固层数、纤维布宽度增大，而有所增加，但超过一定值后纤维布宽度对加固墙体抗剪承载力影响不是很明显；针对老旧砌体砖墙（砂浆强度较低砖墙），增加玄武岩纤维布宽度比增加纤维布层数，加固效果更显著；砖墙开洞以及洞口位置对加固墙体承载力有一些影响，随开洞率增大和洞口下移，加固砖墙承载力减小。

4）在前文试验研究和非线性有限元分析的基础上，对玄武岩纤维布加固砌体墙的抗剪受力性能进行了分析，研究了加固墙抗剪机理及其抗剪承载力计算方法。基于叠加原理，提出了玄武岩纤维布加固砖墙抗剪承载力计算公式，在此基础上，引入震损开裂修复后砌体承载力折减系数，给出了玄武岩纤维布加固震损砖墙抗剪承载力计算方法。为了便于工程应用，考虑到施工差异、安全储备以及工程应用的可行性，参考本次试验的数据统计分析，给出不同震损情况下，开裂砌体承载力折减系数取值。

5）通过对一栋缩尺比为1:4的3层砌体结构模型的初始震损、震损后注胶修复及玄武岩纤维布（BFRP）加固两次振动台试验来研究环氧树脂胶结合玄武岩纤维布对震损砌体结构的修复加固效果，对比分析了两次模型的试验破坏现象、结构动力特性（自振频率、振型、阻尼）、惯性力分布、加速度反应、层间位移及纤维布应变等。

3. 混凝土结构震损建筑抗震评价、修复和加固研究

通过对混凝土结构震损建筑抗震评价、修复和加固技术的研究，提出震损混凝土构件梁、柱、板、墙和节点方面的抗震加固措施与抗震计算方法。包括以下研究内容：

1）混凝土结构震损程度（等级）评定方法研究。根据不同的结构类型、震损特点和震损程度，研究震损等级评定方法，作为后续震损结构抗震鉴定和修复加固的基本依据。

2）震损混凝土结构可修指标研究。研究震损混凝土结构承载能力和抗震性能的计算方法，建立震损结构抗震鉴定的基本理论，形成震损结构抗震鉴定方法。结合震损等级评定和抗震鉴定结果，进行震损结构可修指标研究，宏观决策震损结构处置方案。

3）震损混凝土结构现有加固方法综合运用技术研究。对现有混凝土结构加固方法和技术进行研究，研究各种加固方法对震损结构的适用性，研究多种加固方法的综合运用技术。

4）震损混凝土结构加固新工艺或新技术研究。针对震后灾区量大面广的震损结构，研究快捷加固的新工艺或新技术。重点开发和研究新型水泥基高粘结、低收缩、自密实加固用混凝土材料的力学性能、设计方法和应用技术，以及消能减震等技术对不同类型震损结构的计算方法和应用技术。

5）震损混凝土结构抗震计算方法研究。对不同类型混凝土震损结构进行加固后的抗震试验，包括整体模型振动台试验、结构构件和节点抗震承载力试验，重点研究新工艺或新技术的应用效果。进而建立加固震损混凝土结构的抗震计算方法，形成加固设计的基本理论体系。

6）通过加固震损混凝土结构的振动台试验和构件、节点等的抗震承载力试验，研究震损混凝土结构的加固技术及计算方法。

7）通过示范工程，研究和开发了震损混凝土结构成套加固技术。

主要针对目前我国城镇建筑中普遍采用的钢筋混凝土结构，进行震损程度评定方法和可修指标研究，并且对不同震损程度的混凝土构件和结构的修复和加固技术进行试验与计

算分析研究，提出有效的震损评定手段、加固措施以及相关计算方法，为后续震损结构抗震鉴定和修复加固提供基本依据。

4. 木和砖木结构震损建筑抗震评价、修复和加固研究

1) 西南地区木结构民房抗震防灾能力调查分析

成立了一个调查小组，对西南地区木结构民房抗震设防进行调查。小组分赴贵州黔东南州，云南省丽江市，四川省南充市，重庆市江津区，对 6 个乡镇进行了调查、拍摄，了解西南地区木结构民房抗震性能的现状及特点，分析存在的问题及原因，提出一系列提高木结构民房的适宜性抗震性能措施和对策。

2) 榫卯节点抗震性能试验研究及有限元分析

进行了木结构榫卯节点的抗震性能试验研究。通过对六个 1：2 缩比的榫卯节点进行低周反复荷载试验，分析了节点试件的破坏模式、滞回曲线、骨架曲线、耗能能力、节点拔榫量等各项抗震性能指标，并根据试验结果得到榫卯节点的简化恢复力模型。

使用通用有限元分析软件 ABAQUS 对加固前后的木结构榫卯节点进行模拟，通过在 ABAQUS 中适当定义木材材性，合理考虑榫卯节点的接触等因素，对榫卯节点抗震性能进行了分析研究。有限元模拟选取试验结果好的弧形钢板加固进行详细分析，通过与试验数据及试验现象的验证，得到可靠的木结构节点有限元分析模型，并对弧形钢板加固进行参数化分析，优化其加固方式。

3) 弧形耗能器参数化分析

为了考察新型弧形耗能器的力学性能并提高其耗能能力，首先用力学算法推算出影响其性能的影响参数，再利用电液伺服作动器对弧形耗能器进行力学性能试验。然后，采用有限元软件 ABAQUS 进行实体建模的方法对耗能器进行大量的数值分析，并对性能试验和数值分析的结果进行对比，研究弧形耗能器的滞回特征参数与其半径、宽度、厚度之间的关系，回归出二者之间的公式。

4) 典型榫卯木构架力学性能与抗震性能研究

开展三榀榫卯框架试件的低周反复加载试验，通过试验所得的滞回曲线衡量结构的延性、耗能性能，求得结构的刚度和承载力退化等参数，分析研究结构构件的破坏特征和机理。具体包括以下几个方面：(1) 构件的承载力包括单调荷载墙体的屈服、极限承载力、循环荷载下承载力的退化；(2) 滞回耗能特性包括滞回环的形状，滞回环的面积及刚度退化；(3) 构件的破坏，主要是榫卯的破坏。

5) 砖墙围护木结构房屋抗震性能研究

通过对木构架砖围护墙房屋进行振动台试验对其进行抗震性能的研究，对砖墙围护木构架的承载能力和抗震性能作出综合评价。提出木柱与砖墙拉结措施，根据木柱与砖砌围护墙不同的位置关系，针对木柱与墙体的连接分别提出相应的拉结措施，以期延缓墙体倒塌，提高木构架和砖墙的整体性，减少地震来临时的人员伤亡和经济损失。

6) 穿斗木结构抗震性能及耗能扒钉加固研究

(1) 耗能扒钉试验及参数化分析研究

针对震损榫卯节点加固试验研究提出的加固性能良好的扒钉方法，提出一种改进的新型耗能扒钉，并申请专利。对耗能扒钉进行循环拉压试验，采用有限元软件 ABAQUS 进行实体建模的方法对耗能器进行大量的数值分析，并对性能试验和数值分析的结果进行对

比，研究耗能扒钉的滞回特征参数与其半径、宽度、厚度之间的关系。

（2）穿斗木结构振动台试验研究

采用振动台试验，研究采用耗能扒钉加固前后的穿斗木结构房屋在不同水准地震作用下结构抗震性能的影响。

（3）通过结构的地震反应，检验当遭受本地区的多遇地震、标准设防烈度地震及预估的罕遇地震时耗能扒钉对结构抗震性能的影响，提出耗能扒钉加固设计方法。

7）震损木结构加固设计建议

总结现行木结构抗震加固规范的同时，提出了震损木结构加固的一般步骤，如图1-1。

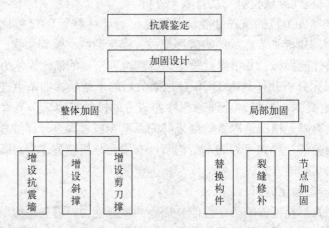

图1-1　震损木结构加固的一般步骤

提出的基于节点转角的大小的加固设计方法，其基本设想是地震中榫卯节点转角越大，节点的破坏程度就越大，并根据节点不同的破坏程度而采取不同的加固方式。

### 三、课题重要成果

1. 编制新型材料加固技术标准

项目编制特种加固混凝土应用技术规程（草案）一部：

开发了新型高粘结、低收缩、自密实加固混凝土材料系列产品，通过梁、柱、框架节点和墙体构件加固前后抗震性能试验对比，并结合理论分析，建立了运用新型混凝土材料进行抗震加固的设计方法，初步形成了《特种加固混凝土应用技术规程（草案）》。

2. 关键技术

综合本课题研究工作，得出了如下创新性的研究成果：

1）提出了震损砌体结构和混凝土结构的可修性评定的具体指标。按照等超越概率的原则，明确了震损建筑抗震设防"三水准"的定义，并确定了不同后续使用年限不同水准（小震、中震、大震）的重现期。按照等超越概率的原则，给出了震损建筑不同后续使用年限的各水准地震动参数取值，并给出了各水准地震动参数取值简化方法。

2）采用试验、有限元模拟、理论计算相结合的方法，验证了新材料玄武岩纤维（BFRP）加固砌体结构和混凝土震损框架节点的适用性。

相比其他纤维增强复合材料，BFRP材料具有较好的综合物理、力学性能，且价格低廉。对砌体试件采用纤维混合加固方式加固，从砌体砖墙和整体模型两方面系统地验证纤维加固震损砌体结构的有效性。采用非线性有限元分析，较为精确地研究了玄武岩纤维加固墙体受力特性并对影响纤维加固砖墙抗剪承载力的主要因素进行了参数分析。基于拉—压杆理论建立纤维加固砌体墙承载力计算公式，考虑了震损砌体砖墙承载力折减系数、纤维布有效拉应变、纤维的直接与间接抗剪贡献等因素，对今后纤维加固震损砌体结构抗剪承载力有一定的参考价值。

以往的纤维复合材料（FRP）在加固框架结构的研究中，都是针对完好结构进行的，而本课题针对震损框架节点，提出了损伤混凝土承载力折减系数的概念和承载力计算方法，形成了纤维复合材料加固震损混凝土结构的构造技术措施和施工工艺，对今后的工程实践有指导意义。

3）在混凝土结构震损建筑抗震评价、修复和加固研究中开发了新型自密实混凝土材料，开展了新型材料加固震损框架柱、节点和整体结构的抗震性能研究，提出了震损节点加固后承载力计算方法、基于混凝土强度折减的框架结构损伤计算模型，及非线性有限元模拟方法，形成了新型材料加固梁、板、柱、墙混凝土构件构造技术措施和震损混凝土结构加固成套技术（标准）。

4）开展了消能减震技术用于震损混凝土结构的加固研究和消能减震装置安装于震损框架结构的连接可靠性研究，形成了用消能减震技术加固震损框架结构时的消能装置安装技术，形成了一套震损框架结构附加黏滞阻尼器减震的加固设计方法。

5）拓展了木结构建筑的抗震加固的方法，通过试验和理论分析，在原有扒钉、钢销等常用加固方法的基础上，应用耗能加固的方法，提出了弧形钢板和L型钢板两种加固方法，获得实用新型专利授权，发明专利处于公开状态中；通过对承载能力、构造等方面的归纳总结，从强度指标、结构位移指标、结构抗震构造三方面提出了震损木结构抗震鉴定指标体系，并给出震损村镇木结构房屋进行残余抗震性能评级方法。填补了国内木结构抗震鉴定方面的技术空白。

3. 示范工程

完成示范工程2项。

1）消能减震在都江堰中学建筑抗震加固中的应用

建筑规模:抗震加固房屋为校区内的15幢框架结构教学用房,建筑面积40000余 $m^2$。1、2、3区教学楼:三幢相同的4层钢筋混凝土框架结构,建筑面积 $3 \times 2440m^2$, 建于2007年。原设计为7度抗震设防,丙类,框架抗震等级为三级;II类场地, $T_g$=0.35s。地震分组为第一组,设计基本地震加速度值为0.10g。现抗震鉴定和加固按8度设防,乙类。II类场地, $T_g$=0.4s。设计地震分组为第二组,地震加速度值为0.20g。6区办公楼:5层钢筋混凝土框架结构,建筑面积6294 $m^2$, 建于2007年。

通过本工程各楼区的消能减震加固分析，可以得出，对震后建筑采用消能减震技术进行加固，有良好的效果和独特的优势，主要体现在以下几个方面:（1）相对于原结构而言，采用消能减震技术加固后的新结构在8度小震时X、Y向最大层间位移角的时程分析平均值得到大幅降低，尤其是薄弱层，其改善尤为明显;（2）按照8度抗震设防的消能减震新结构在罕遇地震下所产生的X、Y方向框架楼层弹性剪力没有超过原结构7度抗震设防时所对应的楼层抗剪承载力;（3）根据结构层间位移角和层间剪力的情况可以判断出消能减震新结构达到了8度的抗震设防目标;（4）采用消能减震支撑，较好地改善了结构薄弱层的抗震性能；(5) 采用附加消能减震支撑的加固措施，大大减少了加固工程量，且对原建筑结构影响较小。

2）新型自密实混凝土材料加固上海南方商城

上海南方商城加固工程位于上海市闵行区，开竣工时间为 2010 年 4～6 月，该工程为南方商城裙楼改造加固工程，建筑面积 5000 $m^2$，由于裙楼加层引起结构改造，采用特种加固混凝土加大截面法加固原框架柱。由于加固材料自密免振，施工方便，1 天拆模，7 天达到设计强度，大大缩短了加固工期，为实际工程赢得了效益。

# 2. 防灾避难场所规划选址研究进展

初建宇，陈灵利，苏幼坡

（河北联合大学建筑工程学院和河北省地震工程研究中心）

## 引言

灾害管理的实践表明，重大灾害事件，特别是地震、洪涝、海啸以及台风等，必然造成大量房屋倒塌和严重破坏，产生大量无家可归者或有家难回者，他们需要被安置在指定的避难场所避难。如我国 2008 年汶川特大地震紧急转移安置 1510 万人，2010 年玉树地震紧急转移安置 22 万人[1-2]。日本 1923 年关东地震后 130 万人避难，1995 年阪神地震后 30 余万人避难，2011 年东日本地震和海啸近 40 万人避难[3]。

防灾避难场所（以下简称避难场所）是指定的用于因灾害产生的避难人员集中进行救援和避难生活，配置应急保障基础设施和应急辅助设施的避难场地及避难建筑[3]。避难场所的规划选址是对避难场所的种类、数量、位置和服务责任区进行布局和划分，涉及人口、经济和环境等多方面的问题，需要考虑多种因素，包括定性和定量的因素。合理的选址布局，不仅可以实现避难场所服务的公平性，而且能够保证灾时快速有序地疏散避难人员和组织救援活动。本文在总结以往研究工作的基础上，综述了避难场所规划选址的研究现状，详细讨论了避难场所选址标准要求、评价指标、选址程序和选址模型等方面取得的成果，针对选址研究存在的问题，提出了进一步研究的建议。

## 一、相关标准要求

我国国家标准《地震应急避难场所 场址及配套设施》GB 21734-2008[4] 规定地震应急避难场所场址有效面积宜大于 2000m²；《城市抗震防灾规划标准》GB 50413-2007[5] 中要求紧急避震疏散场所的用地不宜小于 0.1hm²，固定避震疏散场所不宜小于 1hm²，中心避震疏散场所不宜小于 50hm²。紧急避震疏散场所的服务半径宜为 500m，固定避震疏散场所宜为 2000 ~ 3000m；《镇规划标准》GB 50188-2007[6] 规定疏散场地的面积不小于 4000m²，疏散距离在 500m 以内；日本《防災公園計画・設計ガイドライン》[7] 提出中心防灾公园规模需在 50hm² 以上，固定防灾公园规模在 10hm² 以上，紧急防灾公园规模在 1hm² 以上。

我国已颁布的相关标准由于主编部门、主编单位和各自立项完成的时间不同，编制目的和适用范围各异，在避难场所分类以及对规模和服务范围等要求上，存在交叉和矛盾。但这些标准都是随着应急避难技术的发展应用而不断补充、完善的。"城市抗震防灾规划标准（修订）"、"防灾避难场所设计规范"和"城市综合防灾规划标准"已于 2012 年完成报批，我国避难场所规划技术主要标准已经基本形成。

## 二、选址评价指标

从 20 世纪 90 年代末开始，我国有学者研究避难场所选址影响因素，并逐步形成了评价指标。姚清林[8]提出选择城市地震避难场地应有安全性、可通行性、支持生活能力和容量等评判标准，并给出在现有场地中选择避难场所的步骤；苏幼坡[9]从地质环境、自然环境和人工环境等环境安全要素，规模安全性以及设施安全性方面提出了避难场所选址的安全评价要求；杨文斌等[10]提出城市避难场所规划应远离高大建筑物、易燃易爆化学物品、核放射物、地下断层、易发生洪水、塌方的地方，同时考虑连接场地的道路状况；刘强等[11]从人的需求、技术需求和管理需求出发，建立了特大地震应急避难所选址指标体系；周晓猛等[12]提出距离、容量、配套设施（供水、供电系统等）、安全性和疏散道路等选址指标；初建宇等[13]提出选址应考虑地震灾害、地震灾害、地形状况、与危险源的距离、场所规模、连接的避难道路、与医疗机构和消防站的距离、供水以及供电等因素，建立了选址评价指标体系并给出了评价标准。

选址评价指标的研究已经取得一定进展，但还未完全成熟。安全性是规划避难场所的核心问题，如果避难场所本身存在较大的安全隐患，就失去了其实用价值，这也是所有文献把场所安全性纳入选址评价指标的原因。避难场所适宜的规模（有效避难面积）不仅给避难者提供了更大的生活空间和良好的卫生防疫条件，也便于安全疏散和管理，场所规模也被多数文献纳入评价指标。场所的交通情况、与消防站和医疗机构的距离、供水等均有助于提升避难场所的应急保障能力，也被逐渐纳入评价指标之中。

按照综合防灾的要求，在避难场所规划时宜尽可能考虑多种灾害避难，但应对地震灾害、洪水灾害和风灾等不同灾种的选址因素不会完全相同。中心避难场所和紧急避难场所等承担不同应急功能，所以对规模、供水等要求也不同。因此，难以用一个评价指标体系来解决各种避难场所的选址问题。需要深入研究应对不同灾种，承担不同应急功能的避难场所选址影响因素，完善选址评价指标体系。

### 三、选址程序

避难场所选址的定性研究中，部分成果涉及选址程序。苏幼坡[9]提出，首先调查避难人口与分布，再调查、选择可用作避难疏散场所的场地，调查避难道路情况，最后对避难场所进行安全性诊断的规划程序。邹亮等[14]等提出选址规划的三个步骤：一是根据灾害风险评估结果，分析现有设施的服务能力，二是根据设施服务能力分析结果，进行新增设施规划，三是对设施规划方案进行比选，确定最优方案。李刚等[15]分别给出了紧急避难场所、固定避难场所和中心避难场所规划程序示意图。

以上成果分别研究了避震疏散的规划程序、应急设施的规划步骤和不同类型地震避难场所的规划程序，研究范围略有不同。总结选址规划实践，各类避难场所通常按照以下步骤规划选址：1）调查、评估可利用场所。调查现有绿地、公园、广场、学校操场、体育场馆等可利用场所的安全性、规模和设施条件，评估其改建成避难场所的可行性。2）场所选择和分类。根据场所的性质、容量和设施，将具备改建条件的场所分类。3）场所布局。依据场所类型、容量和设施条件，结合避难人口的分布，给出各类避难场所布局方案并划定责任区。4）新增场所选址。对现有场所容量不满足避难需求或未被覆盖的区域，选择新增场所场址。5）选址布局优化。将现有场所和新增场所统筹考虑，运用优化模型求解，给出最优避难场所布局方案。

### 四、选址理论模型

避难场所规划选址的研究中，定量研究偏少。定量研究成果中大部分为理论模型构建与算法探讨，这些模型可以简单归类为选址模型、责任区划分模型和布局优化模型。

1. 选址模型

避难场所选址规划主要应用了 P- 中位模型和最大覆盖模型等公共设施选址的经典模型。P- 中位（P-median）由 Hakimi[16] 于 1964 年提出。P- 中位模型指在一个给定的数量和位置的需求集合和一个候选设施位置的集合下，分别为 P 个设施找到合适的位置并指派每个需求点到某个特定的设施，使之达到设施点和需求点之间的目标值（总距离或总成本）最小。其最优解趋向于把设施设置在靠近服务需求大的需求点。黄河潮等[17] 利用有容量限制的 P- 中位模型规划城市避难场所，并运用遗传算法求解；周晓猛等[12] 应用改进的 P 中位模型对紧急避难场所选址。

最大覆盖模型（MCLP）由 Church[18] 在 1974 年最早提出。最大覆盖模型假设设施数目 P 和覆盖半径 R 已知，设施最优选址点限制在网络节点上，求解如何对设施进行合理选址，以达到可覆盖的需求量最大的问题。台湾周天颖等[19] 采用考虑距离和时间限制的改进的最大涵盖模型，根据现有设施分布情况，确定避难场所的位置。

P- 中位模型、覆盖模型已广泛应用于医院、消防站等公共设施的实际规划选址中。避难场所虽然属于公共设施，但是讲究"平灾结合"。国家综合防灾减灾规划（2011-2015 年）要求："有效利用学校、公园、体育场等现有场所，建设或改造城乡应急避难场所。"[20] 平时是绿地、公园、学校、体育场馆等，灾时转换成避难场所，发挥应急功能。因此，避难场所选址首先考虑对现有场所的改建，现有场所不足再考虑选址新建，以减少建设和运营成本。上述模型对现有场所的利用考虑不足，理想化地在所有适合的地点选址，而且对避难场所需要覆盖所有居住区等约束条件考虑不全面。

2. 责任区划分模型

避难场所责任区是避难场所负责提供应急避难宿住的指定服务范围，避难场所需要满足此范围内避难需求。责任区划分主要考虑避难场所服务的人口数不能超过其容量，以及疏散人口到场所的距离限制。

李刚等[15] 通过使用灾害影响状况、场地情况、场所主要类型、可利用面积、地形、救灾路线、基础设施状况等评价指标和评分标准，以覆盖半径为权重，基于加权 Voronoi 图提出划分固定避难场所责任区的模型；李久刚等[21] 以确保每个避难场所容量不超限的同时，使所有被疏散人员的总行程距离最小化为目标，提出基于替换插值机制的确定避难场所责任区的模型；曹明等[22] 以 Voronoi 理论为基础，提出考虑实际路网的避难场所责任区的划分模型；黄静等[23] 以避难场所容量及避难距离为约束条件，以避难服务覆盖人数最大化为目标，运用 GIS 空间分析技术划定避难场所责任区。

自李刚等发表研究成果以来，对避难场所责任区划分的研究进展不大。已有模型虽然考虑了部分约束条件，但没有解决居住区和单位划界、实际道路和河流分隔等影响责任区划分的问题，尚需作进一步的研究。

3. 布局优化模型

避难场所布局优化是给定一个地区内避难场所可能分布的地点，考虑居民对避难设施的需求，确定避难场所的最优布局。

徐波等[24] 对高一级避难场所到低一级场所采用距离加权和最小（P- 中位模型），对高一级场所采用最大覆盖准则，使高一级场所覆盖的价值总和最大；陈志芬等[25] 以总的移动距离最短和建设成本最小为目标,分别建立了应急避难场所的规划性选址、老城新选址、补充性选址共 8 个,包含临时、短期、中长期三级层次的选址模型;吴健宏等[26]通过 GIS 的图层叠加,筛选出风险区划图之外的地点作为备选集,建立了以带强制距离限制的最大覆盖为基础的模型。

我国避难场所布局优化模型的发展经历了由简单到复杂的过程,随着考虑参数的增多,模型也愈加复杂,导致求解难度增大。借助 GIS 技术进行场所选址具有较强的实用价值,但大部分文献的理论模型又稍显不足。集成理论模型的优势并利用 GIS 技术实现模型结果的可视化表达,是实现布局优化的较好方式。

五、总结与展望

在避难场所规划选址的研究中,国内学者进行了广泛探讨并取得一定进展,研究成果以定性研究为主,定量研究偏少。

在定性成果方面,避难场所的分类、规模和服务半径等规划技术指标已经成熟,但相关标准需要尽快统一;选址评价指标体系的理论基础尚不够完善,应对不同灾种和不同类型的避难场所(中心避难场所、固定避难场所和紧急避难场所)应分别构建选址评价指标体系;选址评价程序上也有待统一,在首先考虑利用现有场所的情况下再进行补充选址,最后进行避难场所布局优化。

在定量研究成果中,每一种模型均有优缺点,都无法同时解决避难场所选址涉及的所有问题,大部分局限于理论模型构建与算法探讨,存在模型过于理想化、选址约束条件考虑不足和求解难度大等问题。集成选址模型,利用 GIS 技术予以可视化表达的方法,具有较强的可操作性和实际应用价值。

避难场所规划选址定量化研究中,亟须解决的关键问题有:针对不同类型避难场所,分别提出考虑足够约束条件的选址模型,并实现简单求解;基于 GIS 技术,考虑疏散距离、居住区划界和路网分隔的避难场所责任区划分方法;避难场所优化布局模型与 GIS 可视化展示相结合的场所布局优化方法。

**参考文献**

[1] 胡锦涛. 在全国抗震救灾总结表彰大会上的讲话 [OL]. http://news.xinhuanet.com/newscenter/2008-10/08/content_10166536.html,2008-10-8

[2] 回良玉. 在全国抗震救灾总结表彰大会上的讲话 [OL].http://xz.people.com.cn/GB/139207/12495556.html,2010-8-20

[3] 苏幼坡,王兴国. 城镇防灾避难场所规划设计 [M]. 北京:中国建筑工业出版社,2012.

[4] GB 21734-2008.地震应急避难场所 场址及配套设施 [S].

[5] GB 50413-2007.城市抗震防灾规划标准 [S].

[6] GB 50188-2007.镇规划标准 [S].

[7] 城市绿化技術開発機構·防災公園計画·設計ガイドライン [M]. 東京:大藏省印刷局,1999.

[8] 姚清林. 关于优选城市地震避难场地的某些问题 [J]. 地震研究,1997;20(2).244-248.

[9] 苏幼坡. 城市灾害避难与避难疏散场所 [M]. 北京:中国科学技术出版社,2006.

[10] 杨文斌,韩世文,张敬军等. 地震应急避难场所的规划建设与城市防灾 [J]. 自然灾害学报,2004;13(1).126-131.

[11]　刘强，阮雪景，付碧宏．特大地震灾害应急避难场所选址原则与模型研究 [J]. 中国海洋大学学报，2010：40（8）.129-135.

[12]　周晓猛，刘茂，王阳．紧急避难场所优化布局理论研究 [J]. 安全与环境学报，2006：6（S）.118-121.

[13]　初建宇，马丹祥，苏幼坡．基于理想点的已知部分属性权重信息中心避难场所选址方法研究 [J]. 自然灾害学报，2012：21（4）.28-32.

[14]　邹亮，徐峰，任爱珠．灾害应急设施选址规划研究 [C]. 2012 中国城市规划年会论文集．

[15]　李刚，马东辉，苏经宇等．城市地震应急避难场所规划方法研究 [J]. 北京工业大学学报，2006：（10）.901-906.

[16]　Hakimi S L.Optimum.Locations of switching centers and the absolute centers andmedians of a graph[J]. Operations Research，1964：12.450-459.

[17]　黄河潮，林鹏，卢兆明．P- 中位数法在城市应急避难场所规划中的应用 [J]. 应用基础与工程科学学报，2004（S）.62-66.

[18]　Church R.L, Reveille C.S. Theoretical and computational links between the p-median location set-covering and the maximal covering location problem[J].Geographical Analysis，1976：40.406-415.

[19]　周天颖，简甫任．紧急避难场所区位决策支持系统建立之研究 [J]. 水土保持研究，2001：8（1）.17-23.

[20]　国家综合防灾减灾规划（2011-2015 年）[OL].http：//www.gov.cn/zwgk/2011-12/08/content_2015178.html

[21]　李久刚，唐新明，刘正军等．基于行程距离最优及容量受限的避难所分配算法研究 [J]. 测绘学报，2011：40（4）.489-494.

[22]　曹明，初建宇，刘喜暖．基于 GIS 的城市应急避难疏散空间分布 [J]. 河北联合大学学报(自然科学版)，2012：34（2）.84-88.

[23]　黄静，叶明武，王军等．基于 GIS 的社区居民避震疏散区划方法及应用研究 [J]. 地理科学，2011：31（2）.205-210.

[24]　徐波，关贤军，尤建新．城市防灾避难空间优化模型 [J]. 土木工程学报，2008：41（1）.93-98.

[25]　陈志芬，李强，陈晋．城市应急避难场所层次布局研究——三级层次选址模型 [J]. 自然灾害学报，2010：19（5）.13-19.

[26]　吴健宏，翁文国．应急避难场所的选址决策支持系统 [J]. 清华大学学报（自然科学版），2011：51（5）.632-636.

# 3. 地震灾区村镇房屋工程震害研究

葛学礼  朱立新  于  文

中国建筑科学研究院

## 一、前言

自 1976 年唐山大地震至今，我国大陆相继发生了多次破坏性地震，地震震中大多在村镇地区，也有一些发生在城市附近。如 1993 年 1 月 27 日云南普洱 6.3 级、1996 年 2 月 3 日云南丽江 7.0 级地震、1996 年 5 月 3 日内蒙古包头 6.4 级地震、2005 年 11 月 26 日江西九江—瑞昌 5.7 级地震、2007 年 6 月 3 日云南普洱 6.4 级地震、2008 年 5 月 12 日四川汶川 8.0 级特大地震等。地震不仅造成了大量农村房屋破坏与倒塌，也使城市中的多层砖混房屋和混凝土结构等现代建筑以及供水、供电等生命线工程遭到了不同程度的破坏。

为减少地震造成的人员伤亡和经济损失，通过对地震灾区建筑震害及生命线工程震害的现场调查，研究村镇民房在抗震方面存在的问题，分析城市多层砌体和混凝土结构等现代建筑的震害原因，以及供水、供电等生命线工程在抗震方面存在的问题，提出相应的抗震措施，住房和城乡建设部工程质量安全监督与行业发展司下达了"地震灾区工程震害研究"课题。

课题组的技术人员曾先后对河北、云南、四川、新疆、内蒙古、江西、浙江等地震灾区进行房屋震害调查及生命线工程震害调查并为当地政府提出了抗震防灾措施与建议。通过震害现场调查，掌握了我国村镇房屋的建筑材料、结构形式、建造方式、传统习惯及其震害特点和存在的主要问题；总结和归纳了城市多层砖混、混凝土结构等现代建筑的震害原因和主要解决办法；对城市供水、供电等生命线工程的破坏原因进行分析，并提出改进措施。

本文着重介绍"地震灾区工程震害研究"课题中关于村镇房屋震害调查及研究的内容和成果，通过多次地震村镇建筑震害现场调查和归纳、总结，分析村镇民房在建筑材料、结构形式、传统建造习惯等方面存在的问题，针对村镇建筑在结构的整体性、节点连接等方面的不足，提出相应的抗震措施，以提高其抗震能力。

遵循的原则是"因地制宜，就地取材，简易有效，经济合理"，在农民可接受的造价范围内较大程度地提高农村房屋的抗震能力。

从我国村镇建筑现状和存在问题出发，提出村镇建筑与结构的抗震概念设计、加强房屋整体性、加强墙体自身整体性和加强节点连接等方面的抗震措施。

## 二、村镇房屋的结构类型

我国村镇房屋所采用的结构类型与当地的经济发展状况、民俗与传统建造习惯等密切相关，具有明显的地域特点。大多数农村建筑仍为传统的土木砖石类结构，且以单层和两层为主，乡镇和经济发达的东部沿海地区农村中已建有砖混和框架结构房屋。

农村房屋的建造，通常是由当地的建筑工匠，根据房主的经济状况和要求，按照当地的传统习惯建造的，一般不经过设计单位设计。其特点是结构简单，格调基本一致，造价低廉，易于就地取材，房屋的结构形式和建筑风格表现出明显的地域性。

根据其承重材料的不同，可分为以下几种结构类型：

1）生土墙体承重房屋

屋盖重量等荷载由生土墙体承担，主要包括土坯墙房屋、夯土墙房屋（俗称干打垒或板打墙）和土窑洞。生土房屋主要分布在我国西北地区，其他经济落后地区也有一定数量。

2）砖土、石土混合承重房屋

多见于经济较落后的农村地区，建房时受经济条件和建材条件的限制，由砖、石和生土等建筑材料以不同方式混合承重，结构体系杂乱，建造时随意性强，仅以能承受竖向荷载为条件。

大体可归纳为以下几类：下砖上土、下石上土、砖柱土墙和砖土混合的其他类型（砖纵墙土山墙、砖外墙土内横墙、砖外山墙土纵横墙。屋盖重量由不同材料砌筑的墙体承担。

3）木构架承重房屋

木构架承重房屋的屋盖重量等荷载由木柱及其与屋盖构件形成的木构架承担。根据木构架的结构形式不同可分为几大类：穿斗木构架、木柱木屋架和木柱木梁房屋，其中木柱木梁又可细分为平顶木构架（又称门式木构架）、老式坡顶木构架（又称小式木构架）房屋和木构架与生土墙混合承重房屋。

穿斗木构架房屋主要分布在我国西南地区；木柱木屋架房屋在我国各地区均有采用；平顶木构架和老式坡顶木构架房屋在我国北方地区较为多见；木构架与生土墙混合承重房屋在我国贫困地区农村多有采用。

4）石结构房屋

石结构房屋由石砌墙体承重，按墙体所采用的石材可分为料石和毛石房屋；按承重方式可分为横墙承重、纵墙承重和纵横墙混合承重；按楼屋盖可分为石木结构和石混（钢筋混凝土楼屋盖）结构，在东南沿海也有采用石板楼屋盖的房屋（主要集中在福建省）。石结构房屋在我国东南沿海以及山区采用较多，地域分布较广。

5）砖砌体房屋

砖砌体房屋由砖砌墙体或砖柱承重，是目前我国村镇采用最普遍的结构形式。这种房屋的类型很多，按楼屋盖结构形式可分为砖木结构和砖混结构；按墙体的砌筑方式不同又可分为空斗墙体、实心墙体和砖柱排架房屋。这类房屋北方农村多为单层，南方农村则以一层和二层居多，部分为三至四层。

**三、村镇房屋震害特点**

在近年来的历次破坏性地震中，低造价的村镇房屋的破坏甚至倒塌是造成人员伤亡和财产损失的主要原因。通过现场震害调查和分析，总结出常见低造价村镇房屋的震害现象和特点，可为村镇建筑的恢复重建、提高新建房屋的抗震能力提供有益的指导。

1. 土木结构房屋

农村生土墙体承重房屋、木构架生土围护墙房屋及木构架与生土墙混合承重房屋可统称为土木结构房屋，主要材料为生土和木材。农村土木结构房屋造价低，易于就地取材，在我国经济状况较差地区，特别是西部地震高发地区的农村中普遍采用。

土木结构房屋的抗震能力在各类房屋中最低，6度地震就可造成相当数量的破坏，7

度地震时出现一定数量的严重破坏和倒塌，8 度地震时则多数严重破坏达到不可修复程度或倒塌，9 度地震时则全部倒塌。

各类土木结构房屋的震害特点如下：

1）生土墙体承重房屋

大部分墙体倒塌是这类房屋的主要震害特点，由此引起的人员伤亡数量最大。砖土、石土混合承重房屋的抗震能力与生土墙体承重房屋相当，但由于不同材料墙体之间有竖向通缝，墙体的整体性差，抗震能力甚至还不如生土墙承重房屋，其震害特点与生土墙体承重房屋相差不多。

2）木构架与生土墙混合承重房屋

这类房屋的抗震能力与生土墙承重房屋相差不多，墙体在地震力作用下开裂或局部倒塌是常见的震害现象。因为承重山墙为硬山搁檩，在缺乏拉结措施的情况下，檩条脱落会导致屋盖系统塌落，易造成人员伤亡。

3）木构架承重生土围护墙房屋

这类房屋的主要震害特点是墙倒架立或屋架歪闪，高烈度时部分房屋完全倒塌，总体震害较生土墙承重房屋轻。

2. 砖（砌块）木房屋

农村砖木结构房屋包括砖墙承重木屋盖房屋、木构架承重砖围护墙房屋及木构架与生土墙混合承重房屋，砖木房屋总体震害程度较土木房屋轻。

1）砖墙承重木屋盖房屋

（1）砌筑砂浆强度低。调查表明，农村中大多数房屋墙体的砂浆标号在 4 ～ 15 号之间（用手可捻碎），多数为白灰与黏土混合砂浆，或为黏土泥浆，其强度远低于砖的强度；由于砌筑砂浆强度低，墙体的抗震抗剪承载力差，地震时墙体因承载力不足产生开裂破坏，在反复的水平地震作用下典型的破坏形态是墙面出现 45° 的斜裂缝或交叉斜裂缝，裂缝主要沿齿缝开展，门窗间墙、门窗洞角等是易于出裂的薄弱部位。

（2）纵横墙（内外墙）连接不牢。如没有同时咬槎砌筑（如施工时留马牙槎）、无拉结措施等，在水平地震作用下外墙拉脱外闪。

（3）屋盖与墙体无可靠连接。如大梁浮搁于墙体，尤其是檩条与山墙无锚固措施，山墙在水平地震力作用下外闪使屋架塌落。

（4）房屋整体性差。大多没有设置圈梁（如钢筋混凝土圈梁或配筋砖圈梁等）、构造柱等加强整体性的措施。

2）木构架与砖墙混合承重房屋

除墙体平面内的剪切破坏外，高大的硬山搁檩山墙的出平面变形和外闪破坏也是主要的震害现象之一，严重时会导致屋盖塌落。

3）木构架承重砖（砌块）围护墙房屋

与木构架承重生土围护墙房屋相比，砖砌体墙的抗震抗剪承载力普遍高于生土墙，墙体的受剪斜裂缝和交叉裂缝以及平面外的外闪是墙体破坏的主要形式，墙倒架立的严重破坏较少见。

地震灾害现场调查表明，采取一定抗震措施的砖房具有很好的抗震能力。

云南普洱 6.4 级地震震害调查中发现，当地农村有些农民自行生产水泥空心砌块，大多用作搭建棚圈或围墙，也有少数住宅房屋用这种水泥空心砌块砌筑木构架承重房屋的围护墙。这类房屋的整体性差，抗震承载力低，地处8度烈度区的墙体倒塌现象普遍。

### 3. 空斗墙房屋

沿袭传统的建造习惯，我国华东和中南地区的广大农村和乡镇建有大量的空斗砖墙房屋，空斗墙房屋在结构整体性、材料强度、结构形式及构造措施等方面的不足影响了其抗震能力，在6度、7度地震影响下就可能发生破坏。

### 4. 毛石房屋

毛石房屋在部分经济较落后农村地区采用较多，如河北张北地区的农村和一些山区农村。限于当地资源条件和经济状况，毛石房屋的砌筑砂浆强度差别很大。这类房屋的毛石墙体大多采用粉质黏土泥浆砌筑，黏性差，墙体松散，地震中倒塌严重。

### 5. 砖混房屋

在经济条件较好、施工水平较高的地区，有些村镇自建房屋采用砖混结构，这类房屋的抗震承载力主要取决于砌筑砂浆的强度等级，是否有合理的抗震构造措施也是重要的影响因素。

2007年云南普洱6.4级地震中，一些有别于传统木结构房屋的自建房屋在地震中表现出了不同的震害特点。8度烈度区的村民自建二层砖混结构房屋，设有钢筋混凝土圈梁和构造柱，这些砖混房屋在地震中表现良好，墙体只有少数轻微裂缝，震害程度属于基本完好和轻微破坏。

2008年四川省汶川8.0级地震中，都江堰周围村镇房屋产生了严重破坏，近几年新修建的砖混房屋则破坏相对较轻。

## 四、村镇房屋地震破坏原因与抗震主要措施

### 1. 村镇房屋地震破坏主要原因归纳

我国自古以来农民建房都是自建自修，缺乏统一管理，主要由建筑工匠传承约定俗成的修建做法，虽然也有些地震多发区的群众在长期的实践中总结出了一些有效的抗震构造措施，但总体来说村镇房屋在抗震方面缺乏全面的指导，也未形成相应的规范标准。我国大多数农村建筑仍为传统的土木砖石类结构，并且以平房（单层）为主，也建有一些二层及以上的楼房。农村房屋的建造，通常是由当地的建筑工匠（木工或瓦工），根据房主的经济状况和已有的建筑材料，按照当地的传统习惯建造，不经过设计单位设计。其特点是结构简单，建筑风格基本一致，造价低廉，易于就地取材，房屋的结构形式和建筑风格表现出明显的地域性。同时也继承了一些不利于抗灾防灾的做法，使房屋存在抗震隐患。村镇房屋震害主要原因可归纳为以下几方面：

1）地基与基础不牢固

基础埋深浅，农村房屋基础埋深大多在300～500mm之间，有的甚至仅将场地进行简单平整就开始砌墙。地基不均匀沉降导致墙体开裂现象较为普遍。

2）承重墙体材料强度低，整体性差

（1）砌筑砂浆强度普遍偏低，北方农村单层房屋采用黏土泥浆砌筑，少数房屋的砌筑泥浆掺有少量白灰的混合砂浆，其强度等级很低，多在M4～M2.0之间，用手即可捻碎。南方二层及以上房屋大多采用白灰砂浆砌筑，砂浆强度一般在M15～M25之间。用这种低强度砂浆砌筑的墙体抗剪强度差，地震中的破坏和倒塌非常普遍。

（2）纵横墙体不同时咬槎砌筑，没有拉结措施，有些内外墙交接部位甚至留有通缝，墙体之间连接薄弱。

（3）同一房屋采用不同材料的墙体时（如砖墙和石墙、土墙混合），不同墙体交接处不能咬槎砌筑，留有通缝。

3）围护墙体与承重木构架无拉结措施

木构架承重、土坯或砖围护墙房屋，由于木构架与围护墙在地震作用下的动力特性不同，两者之间没有有效拉结，因变形和位移不协调造成相互撞击破坏。如在云南地震现场，有不少土坯围护墙采用立砌方式，整体性极差，震时围护墙整片外闪倒塌。

内隔墙墙顶与梁或屋架下弦没有拉结，墙体上部没有约束，地震作用下产生平面外变形和位移，导致墙体歪闪甚至倒塌。

4）房屋整体性差

（1）楼屋盖标高处没有设置圈梁（混凝土圈梁、配筋砖圈梁或木圈梁）。

（2）预制混凝土圆孔板楼、屋盖在墙或混凝土梁上的板端钢筋没有拉结。

5）屋盖系统的整体性（节点连接）差

（1）檩条与屋架之间没有扒钉连接。

（2）檩条与檩条在端部相互无连接。

（3）屋架与柱之间没有设置斜撑。

（4）屋架之间没有设置竖向剪刀撑。

（5）山墙、山尖墙与木屋架或檩条没有拉结措施。

2. 村镇房屋主要抗震措施

众所周知，房屋的抗震能力与墙体砌筑砂浆的强度、房屋的整体性、墙体自身的整体性、屋盖与墙体的连接以及屋盖系统的整体性等各方面因素有关。我国现行的《建筑抗震设计规范》中，建筑结构的抗震设计是通过抗震计算和相应的抗震构造措施实现的，以满足二阶段三水准的抗震设防要求。通过抗震计算（包括地震作用计算和抗力计算）保证房屋的抗震承载力满足要求；抗震构造措施则是根据抗震概念设计原则，一般不需计算。

对于大部分村镇地区的房屋而言，结构形式及建筑材料的选用有明显的地域差异，这些以土、木、石及砖为主要建筑材料的房屋在建筑材料、施工技术等方面有较大局限性，与按照《抗震规范》设计、建造的房屋有很大差别，难以达到《抗震规范》中第三水准的抗震设防目标的要求。因此在我国的第一部有关村镇建筑抗震的行业标准《镇（乡）村建筑抗震技术规程》中，综合考虑各方面的因素，采用了"小震不坏，中震主体结构不致严重破坏，围护结构不发生大面积倒塌"的抗震设防目标。这一目标的实现，抗震概念设计和抗震构造措施起到了很大的作用，以"因地制宜，就地取材，简易有效，经济合理"为原则，在农民可接受的造价范围内较大程度地提高了农村房屋的抗震能力。这里就村镇房屋应采取的抗震技术措施提出几点建议。

1）抗震防灾规划

进行抗震防灾规划的目的是，通过对地震影响区划研究，选择对建筑抗震有利地段，避开危险地段；通过震害预测和地震损失估计，判断未来震害的形态、规模、分布及特点，为新建工程抗震设防、现有工程抗震加固、抗震防灾应急预案的制定提供依据，提出抗震防灾的主要对策和措施。目前我国地震区的大部分城市已编制了抗震防灾规划。随着社会主义新农村建设的发展，村镇地区的抗震防灾规划也会逐渐纳入技术法规管理的轨道，以提高村镇地区防御地震灾害的能力。

2）建筑场地选择

地震波是通过场地土传播的，场地土的土质和覆盖层厚度对建筑物的震害程度影响很大。场地条件对上部结构的震害有直接影响，因此抗震设防区房屋选址时应选择有利的地段，尽可能避开不利的地段，并且不在危险地段建房。

3）房屋地基、基础

地基应夯实，当建筑场地存在旧河沟、暗浜或局部回填土等软弱土层，确实无法避开时，为保证基础持力层具有足够的承载力，需要挖除软弱土层换填或放坡。逐步放坡可以避免基础高度转换处产生应力集中破坏。

村镇建筑的基础材料一般因地制宜选取，但应保证基础具有一定的强度和防潮能力，一般可采用砖、石、混凝土、灰土或三合土等材料砌筑。

4）建筑设计和结构体系

房屋体型应简单规整；结构体系明确，墙体布置宜均匀对称；房屋墙体在同一高度内不应采用木柱与砖柱、木柱与石柱混合的承重结构，也不应采用砖墙、石墙、土坯墙、夯土墙等不同墙体混合的承重结构。

5）加强房屋整体性

当砌体结构房屋采用木楼、屋盖或预制板楼屋盖时，应在所有纵横墙的基础顶部、每层楼、屋盖（墙顶）标高处设置配筋砖圈梁（石砌体设置配筋砂浆带），当8度为空斗墙房屋和9度时尚应在层高的中部设置一道。经济状况好的可设置钢筋混凝土圈梁与构造柱。

土坯墙房屋可设置配筋砖圈梁或木圈梁，夯土墙应采用木圈梁。8度时，夯土墙房屋尚应在墙高中部设置一道木圈梁；土坯墙房屋尚应在墙高中部设置一道配筋砂浆带或木圈梁。

配筋砖圈梁和配筋砂浆带的纵向钢筋配置应根据墙体厚度在 $2\phi6 \sim 3\phi8$ 之间选择，砖、石、混凝土砌块房屋的砂浆强度等级不宜低于 M5；配筋砖圈梁砂浆层的厚度不宜小于 30mm，配筋砂浆带砂浆层的厚度不宜小于 50mm；

预制混凝土圆孔板楼、屋盖在墙或混凝土梁上的板端钢筋应搭接，并应在板端缝隙中设置直径不小于 $\phi8$ 的拉结钢筋与板端钢筋焊接；预制混凝土圆孔板的板端应采用不低于 C20 的细石混凝土浇筑密实。

6）加强墙体自身的整体性和抗剪承载力

墙体在转角和内外墙交接处必须同时咬槎砌筑；砖（石）砌体的外墙转角及纵横墙交接处，宜沿墙高每隔 750mm 设置 $2\phi6$ 拉结钢筋或 $\phi4@200$ 钢丝网片，拉结钢筋或网片每边伸入墙内的长度不宜小于 700mm 或伸至门窗洞边。

生土墙的外墙转角及纵横墙交接处，宜沿墙高每隔 600mm 设置竹片、荆条网片，网片每边伸入墙内的长度不宜小于 700mm 或伸至门窗洞边。

7）加强屋盖系统的整体性（节点连接）

木屋架与木柱的连接处应设置斜撑；两端开间屋架和中间隔开间屋架应设置竖向剪刀撑；山墙、山尖墙应采用墙揽与木屋架或檩条拉结；内隔墙墙顶应与梁或屋架下弦拉结；在房屋横向的中部屋檐高度处应设置纵向通长水平系杆，并在横墙两侧设置墙揽与纵向系杆连接牢固，或将系杆与屋架下弦钉牢；墙揽可采用木块、木方、角铁等材料；屋盖系统中的檩条与屋架、椽子（或木望板）与檩条，以及檩条与檩条、檩条与木柱（穿斗木构架、小式屋架）之间应采用木夹板、铁件、扒钉、钢丝等相互连接牢固。

8）加强墙体与木构架的连接

木构架承重房屋的围护墙与木柱间应采取拉结措施，结合配筋砖圈梁、外墙转角及纵横墙交接处设置的拉结钢筋，将柱与墙体连接牢固，使墙体既不向里倒塌，也不向外倒塌伤人。

9）加强屋面瓦的锚固

地震中溜瓦是瓦屋面常见的破坏形式，冷摊瓦屋面的底瓦浮搁在椽条上时更容易发生溜瓦，掉落伤人。因此，要求冷摊瓦屋面的底瓦与椽条应有锚固措施。根据地震现场调查情况，建议在底瓦的弧边两角设置钉孔，采用铁钉与椽条钉牢。盖瓦可用石灰或水泥砂浆压垄等做法与底瓦粘结牢固。该项措施还可以防止台风对冷摊瓦屋面造成的破坏。

在农村房屋的建设中，应加大管理和指导力度，普及和落实抗震技术措施，切实提高农村房屋的抗灾能力。一般农村房屋可采用省、自治区建设厅发布的地方标准和图纸，供农民选用。公共建筑应进行正规设计，由专业施工队伍建造。对于自建的一般民房，建议由各级建设行政主管部门负责对村镇建筑工匠进行抗震措施知识培训工作，并由专业技术人员指导监督实施。

# 4. 超高层建筑结构耐火性能和抗火设计关键技术研究

王广勇

中国建筑科学研究院建筑防火研究所

## 一、研究背景

火灾是发生最频繁的灾害，火灾给人类生命和财产造成巨大损失，规模较大的火灾还会带来严重的社会影响和环境污染问题。近年来，超高层建筑的不断出现，增加了消防灭火和人员疏散的难度，给超高层建筑结构的防火安全提出了更高的要求。超高层建筑人员密集，物质财产集中，一旦因火灾发生结构破坏将会引起较大的生命财产损失和恶劣的社会影响，因此，超高层建筑的防火安全十分重要。另外，对火灾后建筑结构的修复加固利用可以保护环境，节约重建造价，加快施工进度。遭受火灾作用的超高层建筑结构的承载能力、刚度以及抗震性能都会遭到不同程度的削弱，火灾后超高层建筑结构的性能评估是火灾后超高层建筑结构处理的首要工作，可为火灾后超高层建筑结构的修复加固和重新利用提供参考依据。因此，对火灾后超高层建筑结构性能评估方法的研究具有重要的理论意义和应用价值。为此，国家科技部下达了"超高层建筑结构耐火性能和抗火设计关键技术研究"子课题研究任务，进行超高层建筑结构的抗火设计研究。

清华大学和中国建筑科学研究院建筑防火研究所共同承担了国家"十二五"科技支撑计划课题"超高层建筑结构与基础安全保障技术研究"（编号2012BAJ07B01）子课题"超高层建筑结构耐火性能和抗火设计关键技术研究"的研究。子课题的研究期限为2012年1月～2015年12月。

## 二、研究目标和主要任务

子课题研究目标：揭示火灾下及火灾后典型超高层建筑结构（如钢—混凝土组合结构等）中关键构件和节点的工作机理及破坏形态，提出相应的抗火设计方法和火灾后力学性能评估方法，为有关工程实际及技术标准的制定提供依据。

子课题研究内容：

1）超高层建筑火灾蔓延特性及温度场分布规律。紧密围绕超高层建筑火灾的特点，结合典型工程实例，研究超高层建筑火灾荷载的分布特点和超高层建筑室内火灾的蔓延特性，确定典型超高层建筑室内火灾温度场分布规律。

2）超高层建筑结构中关键部件的耐火性能。进行超高层建筑结构中典型组合结构梁柱构件和连接节点的耐火性能，提出其抗火设计方法。

3）超高层框架结构的耐火性能。研究超高层框架结构的耐火性能，包括火灾下整体结构中构件的相互作用、结构耐火极限状态、工作机理等规律，在上述研究的基础上提出超高层框架结构抗火设计方法。

4）火灾后高层建筑结构性能评估方法。研究考虑温度和荷载耦合的火灾作用后超高层建筑结构的分析方法，研究火灾后结构及构件的工作机理、破坏特征等规律，提出火灾后超高层建筑结构力学性能的评估方法。

### 三、研究预期成果

1）提出超高层建筑结构抗火设计方法。

2）提出火灾后超高层建筑结构力学性能评估方法。

### 四、研究阶段性成果

目前，课题研究进展顺利，取得了多项科研成果，详述如下。

1）超高层建筑火灾荷载调查及火灾蔓延特性

针对典型的超高层建筑和高层建筑中的住宅、办公室、旅馆、商业用房，进行了火灾荷载的现场调查。在火灾荷载现场调查的基础之上，对上述场所的火灾荷载数值利用数理统计的方法获得了不同保证率的火灾荷载表值。上述数据可为确定高层和超高层建筑的火灾规模提供了基础数据。在上述研究基础上对超高层建筑火灾的竖向和水平向蔓延进行了数值模拟，获得了超高层建筑火灾温度场的分布和发展规律，为超高层建筑结构的抗火设计提供参考依据。

2）型钢混凝土柱耐火性能的试验研究

进行了 ISO-834 标准火灾下型钢混凝土柱耐火性能的试验研究，提出了型钢混凝土柱温度场、变形、破坏形态、耐火极限的变化规律，并为型钢混凝土柱耐火性能计算模型提供验证依据。

图 4-1 超高层建筑 FDS 火灾计算模型

3）型钢混凝土框架耐火性能和火灾后力学性能试验研究

进行了型钢混凝土框架耐火性能和火灾后力学性能的试验研究，研究了型钢混凝土框架火灾下的破坏规律、变形特征和耐火极限随荷载比等参数的变化规律，研究了受火时间、荷载比等参数对型钢混凝土框架火灾后承载能力的影响规律。

4）火灾后型钢混凝土柱抗震性能试验研究

进行了火灾后型钢混凝土柱抗震性能试验，考虑受火时间、轴压比等参数变化，研究了火灾后型钢混凝土柱的承载能力、滞回曲线、耗能能力的规律。

图 4-2　型钢混凝土框架火灾全过程力学性能试验试件

5）火灾后型钢混凝土框架抗震性能试验研究

进行了火灾后型钢混凝土框架结构抗震性能的试验研究，考虑受火时间、轴压比等参数变化，研究了火灾后型钢混凝土框架的破坏规律、滞回曲线和耗能能力等规律。

6）火灾后建筑结构力学性能评估方法

提出了通过火灾现场勘查和火灾数值模拟相结合确定建筑过火温度场的方法。提出了火灾全过程分析方法，该方法能够考虑火灾与荷载的耦合作用，能够获得火灾后建筑结构真实的力学性能。提出了火灾后整体结构验算方法和火灾效应的计算方法，并提出了火灾后构件的承载能力验算方法。上述研究成果成功运用于央视新台址电视文化中心超高层建筑结构的火灾后力学性能评估当中。

7）考核指标完成情况

培养硕士研究生 5 名，在中文核心期刊上发表论文 6 篇。

**五、研究展望**

课题将在未来的几年内，在现有取得的成果基础之上，着重加强以下几个方面的研究工作。

1）建筑结构实用抗火设计方法

在大量参数研究的基础上提出型钢混凝土柱、型钢混凝土梁及型钢混凝土框架结构抗火设计的实用方法。

2）火灾后型钢混凝土柱抗震性能分析理论计算模型

在试验研究的基础上，利用机理分析和参数研究方法，提出火灾后型钢混凝土柱抗震性能分析的理论计算模型，并提出火灾后型钢混凝土柱的恢复力理论模型。

3）火灾后型钢混凝土框架结构抗震性能及其分析理论计算模型

在试验研究基础上，提出火灾后型钢混凝土框架结构抗震性能的理论计算模型及分析方法，提出火灾后型钢混凝土框架结构抗震性能的退化规律，并提出火灾后型钢混凝土框架结构的抗震性能的加固方法。

# 5．我国建筑防火规范的现状及发展展望

刘文利

中国建筑科学研究院建筑防火研究所

## 一、建筑防火规范的历史与现状

火的利用是人类跨入文明社会的重要标志，而火失去控制则为火灾。人类的生活与生产活动没有离开过火，也从来没有离开过火灾。要保障人类生产、生活的消防安全，就必须对火加以控制，而约束人们合理用火，有效控火、灭火的行为准则即为消防法规。

建筑防火规范伴随着城市建筑的产生而产生，也随着城市建筑的快速发展而快速发展。现代城市体现为大量建筑的集中建造和使用，而城市建筑内往往可燃荷载高，人员集中，其火灾往往带来较大损失。制定建筑防火规范成为城市建设发展过程中，保证人员生命安全、减少财产损失的重要举措。

各国建筑防火规范的制定和体现有不同的形式。如美国有关建筑防火的规范大部分由协会或标准组织制定，这些机构多属于独立的非营利机构，不受任何组织和机构管理。美国消防协会（简称NFPA）成立于1896年，属非营利性国际民间组织，一直是消防界的先导，其宗旨包括推行科学的消防规范和标准，开展消防研究、教育和培训，减少火灾和其他灾害，保护人类生命财产和环境安全，提高人们的生活质量。各联邦政府自主采标，并经一定程序将采纳的标准颁布作为本地区的技术标准。

日本涉及建筑防火标准的法律文件为《建筑基准法》，其下再分别设置《建筑基准法施行令》、《建筑基准法施行规则》和一系列告示，如《避难安全见证法》、《耐火性能检证法等》，以上文件共同构成了建筑防火法规体系。日本《建筑基准法》第一版于1950年5月24日颁布，实施以来历经60余次修订，2000年6月进行了全面修订，导入了性能化的理念。《建筑基准法施行令》为政令，由内阁会议审议批准，而《建筑基准法施行规则》及一系列告示则由国土交通省发布实施。

我国的建筑防火规范已有几十年的历史。1954年在借鉴英国和前苏联防火标准基础上，结合我国国情由公安部组织专家着手编制我国第一部《建筑设计防火规范》。1956年4月，国家基本建设委员会批准颁布了《工业企业和居住区建筑设计暂行防火标准》；1960年8月，国家基本建设委员会和公安部批准颁布《关于建筑设计防火的原则规定》及所附《建筑设计防火技术资料》；1974年10月，《建筑设计防火规范》批准颁布，该标准奠定了我国建筑防火标准的基础，此后于1987年进行了系统的修订，2006年再次修订形成了现行在用的《建筑设计防火规范》GB 50016-2006。

随着我国高层建筑的大量兴起和快速发展，原国家经济委员会和公安部1982年联合发布了《高层民用建筑设计防火规范》，并分别于1995年、1997年、1999年、2001年和

2005 年进行了局部修订，形成了现行在用的《高层民用建筑设计防火规范》GB 50045-95（2005 年版）。

我国除上述两本建筑防火的基本规范，针对特定场所和工程形成了部分专门的防火设计规范，如《汽车库、修车库、停车场设计防火规范》GB 50067-97、《人民防空工程设计防火规范》GB 50098-98（2001 年版）等；另一类建筑防火标准为消防系统及设施设计、施工及验收规范，如《自动喷水灭火系统设计规范》GB 50084-2001（2005 年版）、《建筑灭火器配置设计规范》GB 50140-2005 等；此外，在特定的建筑设计规范中也包含有相应防火标准，如《铁路旅客车站建筑设计规范》GB 50226-2007、《医院洁净手术部建筑技术规范》GB 50333-2002 等。

这些标准和规范中的大部分是针对城市建设和建筑工程而制订的。针对农村建筑防火要求，我国制订了专门的规范——《农村防火规范》。我国建筑消防工程标准发生巨大量变和质变是在近 20 年中，20 世纪 80 年代初期时的建筑标准，总体表现为数量少、技术含量较低、操作性较差的特点。随着中国建筑业的迅速发展，城市化步伐的不断加快，各种类型的单层及多层建筑、高层及超高层建筑不断涌现，极大地促进了建筑防火标准规范的发展。

目前我国建筑防火标准规范体系已基本实现了与国际先进标准的接轨；标准所采纳的基本技术指标和方法具有较强的科学性和可操作性，初步建立了标准管理机制。

建筑防火的根本目的，在于确保建筑的防火安全性能，也就是使建筑的防火条件达到一定的对应标准，从而实现建筑的防火安全。建筑防火安全性能是一个综合的系统体现，它同众多因素相关联，建筑构造、建筑布局、建筑材料、使用者情况以及消防安全设施、设备情况等综合因素决定了建筑防火安全性能的高低。

建筑防火规范对促进消防技术进步，保证建筑工程的消防安全，保障人民群众的生命财产安全发挥着重要作用。特别是工程建设强制性标准，为建设工程实施消防安全防范措施、消除消防安全隐患提供了统一的技术要求，以确保在现有的技术、管理条件下尽可能地保障建设工程消防安全，实现最佳社会效益、经济效益的统一。

## 二、我国现行防火法规框架体系

建筑防火规范是指用以规范建筑工程在建造和使用过程中涉及消防安全的各类技术与行为的准则。建筑防火规范是消防法规体系的重要组成部分，属消防技术标准范畴，同时也是工程建设标准的重要组成部分。

### 1. 消防法规体系

我国现行消防法规体系由消防法律、消防法规、消防规章和消防技术标准几部分构成。

1）消防法律。法律是全国人大或其常委会经一定立法程序制定或批准施行的规范性文件。《消防法》是我国目前唯一一部正在实施的具有国家法律效力的专门消防法律。此外，《行政处罚法》、《治安管理处罚条例》、《行政诉讼法》、《刑法》、《国家赔偿法》等法律中有关消防行为的条款，也是消防法律规范的基本法源。

2）行政法规、行政规章。国务院有权根据宪法和法律，规定行政措施，制定行政法规，发布决定和命令。国务院各部、委员会有权根据法律和行政法规，在本部门的权限内，发布命令、指示和规章。在这些行政法规，规章中的有关规范，也是消防法规的基本法源。如 2002 年 2 月 1 日国务院发布的《化学危险物品安全管理条例》就属于行政法规。2012 年 7 月 17 日公安部第 119 号部令《公安部关于修改〈建设工程消防监督管理规定〉的决定》

就属于行政规章。

3）地方性法规，政府规章。我国宪法规定，省、自治区、直辖市的人大及其常委会，在不与宪法、法律、行政法规抵触的前提下，有权制定和颁布地方性法规。省、自治区人民政府所在地的市和经国务院批准的较大的市的人大，在不与宪法、法律、行政法规和本省、自治区的地方性法规抵触的前提下，可以制定地方性法规；省、自治区、直辖市的人民政府，省会城市，以及经国务院批准的较大的市人民政府，根据法律和国务院的行政法规的规定有权制定、发布政府规章。上述地方性法规和政府规章中有关消防的规定，也是消防法规的法源。

4）消防技术标准。消防技术标准是由国务院有关主管部门单独或联合发布的，用以规范消防技术领域中人与自然、科学、技术关系的准则和标准。它的实施主要以法律、法规和规章的实施作为保障。我国现行的消防技术标准主要包括两大体系：一是消防产品的标准体系，如《自动喷水系统用玻璃球》、《火灾报警控制器》、《通风管道的耐火试验方法》等。二是工程建筑消防技术规范，如《建筑设计防火规范》、《汽车库、修车库、停车场设计防火规范》和《火灾自动报警系统施工验收规范》等。

此外，民族自治地方的自治条例和单行条例中有关消防工作的规定也是消防法规的法源。

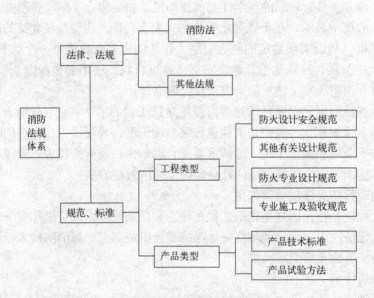

图 5-1　消防法规体系框图

2. 工程建设标准体系

工程建设标准指对基本建设中各类工程的勘察、规划、设计、施工、安装、验收等需要协调统一的事项所制定的标准。工程建设标准根据工程建设活动的类别、范围和特点，涉及工程建设的各个行业领域、各个工程类别和各个环节。

工程建设标准按行业领域可划分为房屋建筑、城镇建设、城乡规划、公路、铁路、水运、航空、水利、电力、电子、通信、煤炭、石油、石化、冶金、有色、机械、纺织等；按照工程类别，可分为土木工程、建筑工程、线路管道和设备安装工程、装修工程、拆除工程等；按照建设环节，可划分为勘察、规划、设计、施工、安装、验收、运行维护、鉴定、加固改造、拆除等环节。

工程建设标准按标准的约束性可划分为强制性标准、推荐性标准。保障人体健康、人身、财产安全的标准和法律、行政法规规定强制执行的标准是强制性标准，其他标准是推荐性标准。按内容可划分为设计标准、施工及验收标准、建设定额。按属性可分为技术标准、管理标准、工作标准。

我国标准的分级方式：国家标准→行业标准→地方标准→企业标准。国家标准指在全国范围内需要统一或国家需要控制的工程建设技术要求所制定的标准，如《住宅建筑规范》GB 50368-2005；行业标准指没有国家标准，而又需要在全国某个行业内统一的技术要求所制定的标准，如《外墙外保温工程技术规程》JGJ 144-2004 等；地方标准是对没有国家标准和行业标准而又需要在该地区范围内统一的技术要求所制定的标准，如北京市地方标准《自然排烟系统设计、施工及验收规范》DBJ 01-623-2006；企业标准是对企业范围内需要协调、统一的技术要求、管理事项和工作事项所制定的标准。

目前我国工程建设标准体系分为综合标准、专业基础标准、通用标准和专用标准四个层次。层次表示标准间的主从关系，上层标准的内容是下层标准内容的共性提升，上层标准制约下层标准。

综合标准是指涉及安全、卫生、环保和公众利益等强制性要求的标准，相当于目前城乡规划、城市建设、房屋建筑等部分的强制性条文。

专业基础标准是指在某一专业范围内作为其他标准的基础、具有广泛指导意义的标准。如术语、符号、计量单位、图形、模数、通用的分类等。

通用标准是指针对某一类标准化对象制订的共性标准。它的覆盖面一般较大，可作为制订专用标准的依据。如通用的质量要求，通用的安全、卫生与环保要求，通用的设计要求、试验方法以及通用的管理技术等。

专用标准是指针对某一具体标准化对象制订的个性标准，它的覆盖面一般不大。如某种工程的勘察、规划、设计、施工、安装及质量验收的要求和方法，某个范围的安全、卫生、环保要求，某项试验方法，某类产品的应用技术以及管理技术等。

规划、城建、房建领域的技术标准主要列入第二、三、四层次。

工程建设标准是为在工程建设领域内获得最佳秩序，对建设工程的勘察、规划、设计、施工、安装、验收、运营维护及管理等活动和结果需要协调统一的事项所制定的共同的、重复使用的技术依据和准则，对促进技术进步，保证工程的安全、质量、环境和公众利益，实现最佳社会效益、经济效益、环境效益和最佳效率等，具有直接作用和重要意义。

工程建设标准在保障建设工程质量安全、人民群众的生命财产与人身健康安全以及其他社会公共利益方面一直发挥着重要作用。通过行之有效的标准规范，特别是工程建设强制性标准，为建设工程实施安全防范措施、消除安全隐患提供统一的技术要求，以确保在现有的技术、管理条件下尽可能地保障建设工程安全，从而最大限度地保障建设工程的建造者、使用者和所有者的生命财产安全以及人身健康安全。

严格执行这些标准的规定，必将进一步提高我国建设工程的安全水平，增强建设工程抵御自然灾害的能力，减少和防止建设工程安全事故的发生，使人们更加放心地工作、生活在一个安全的环境当中。

3. 工程建设标准强制性条文

工程建设强制性标准是指直接涉及工程质量、安全、卫生及环境保护等方面的工程建设标准强制性条文。

改革开放以来，我国工程建设发展迅猛，基本建设投资规模加大，同时在发展过程中也出现了一些不容忽视的问题。特别是有些地方建设市场秩序比较混乱，有章不循、有法不依的现象突出，严重危及了工程质量和安全生产，给国家财产和人民群众的生命财产安全构成了巨大威胁。

2000 年 1 月 30 日，国务院发布第 279 号令《建设工程质量管理条例》，该条例首次对执行国家强制性标准作出了比较严格的规定。该条例的发布实施，为保证工程质量提供了必要和关键的工作依据和条件。

根据《建设工程质量建筑管理条例》（国务院令第 279 号）和《实施工程建设强制性标准监督规定》（建筑部令第 81 号），建设部自 2000 年以来相继批准了 15 部《工程建设标准强制性条文》，包括城乡规划、城市建设、房屋建筑、工业建筑、水利工程、电力工程、信息工程、水运工程、公路工程、铁道工程、石油和化工建设工程、矿山工程、人防工程、广播电影电视工程和民航机场工程，覆盖了工程建设的各主要领域。

2002 年 8 月 30 日，建设部建标（2002）219 号发布 2002 版《工程建设标准强制性条文》（房屋建筑部分），自 2003 年 1 月 1 日起施行；2009 年 10 月，住房和城乡建设部组织《工程建设标准强制性条文》（房屋建筑部分）咨询委员会等有关单位，对 2002 版强制性条文房屋建筑部分进行了修订，发布了 2009 版《工程建设标准强制性条文》（房屋建筑部分）。2009 年版强制性条文共分 10 篇，引用工程建设标准 226 本，编录强制性条文 2020 条。其中建筑防火篇共收录标准规范 33 个，如表 5-1 所示。

**工程建设强制性条文（房屋建筑部分，2009 年版）收录的防火相关规范** 　表 5-1

| 序号 | 标准名称 | 标准号 | 类别 |
| --- | --- | --- | --- |
| 1 | 《建筑设计防火规范》 | GB 50016-2006 | 防火基础规范 |
| 2 | 《高层民用建筑设计防火规范》 | GB 50045-95（2005 年版） | 防火基础规范 |
| 3 | 《汽车库、修车库、停车场设计防火规范》 | GB 50067-97 | 防火规范 |
| 4 | 《人民防空工程设计防火规范》 | GB 50098-98（2001 年版） | 防火规范 |
| 5 | 《自动喷水灭火系统设计规范》 | GB 50084-2001（2005 年版） | 防火规范 |
| 6 | 《建筑灭火器配置设计规范》 | GB 50140-2005 | 防火规范 |
| 7 | 《自动喷水灭火系统施工及验收规范》 | GB 50261-2005 | 防火规范 |
| 8 | 《气体灭火系统施工及验收规范》 | GB 50263-2007 | 防火规范 |
| 9 | 《泡沫灭火系统施工及验收规范》 | GB 50281-2006 | 防火规范 |
| 10 | 《干粉灭火系统设计规范》 | GB 50347-2004 | 防火规范 |
| 11 | 《气体灭火系统设计规范》 | GB 50370-2005 | 防火规范 |
| 12 | 《建筑灭火器配置验收及检查规范》 | GB 50444 – 2008 | 防火规范 |
| 13 | 《固定消防炮灭火系统设计规范》 | GB 50338-2003 | 防火规范 |
| 14 | 《建筑内部装修设计防火规范》 | GB 50222-95（2001 年局部修订版） | 防火规范 |

| 序号 | 标准名称 | 标准号 | 类别 |
|------|----------|--------|------|
| 15 | 《建筑内部装修防火施工及验收规范》 | GB 50354-2005 | 防火规范 |
| 16 | 《铁路旅客车站建筑设计规范》 | GB 50226-2007 | 其他设计规范 |
| 17 | 《医院洁净手术部建筑技术规范》 | GB 50333-2002 | 其他设计规范 |
| 18 | 《生物安全实验室建筑技术规范》 | GB 50346-2004 | 其他设计规范 |
| 19 | 《实验动物设施建筑技术规范》 | GB 50447-2008 | 其他设计规范 |
| 20 | 《档案馆建筑设计规范》 | JGJ 25-2000 | 其他设计规范 |
| 21 | 《图书馆建筑设计规范》 | JGJ 38-99 | 其他设计规范 |
| 22 | 《托儿所、幼儿园建筑设计规范》 | JGJ 39-87 | 其他设计规范 |
| 23 | 《文化馆建筑设计规范》 | JGJ 41-87 | 其他设计规范 |
| 24 | 《商店建筑设计规范》 | JGJ 48-88 | 其他设计规范 |
| 25 | 《综合医院建筑设计规范》 | JGJ 49-88 | 其他设计规范 |
| 26 | 《电影院建筑设计规范》 | JGJ 58-2008 | 其他设计规范 |
| 27 | 《汽车客运站建筑设计规范》 | JGJ 60-99 | 其他设计规范 |
| 28 | 《旅馆建筑设计规范》 | JGJ 62-90 | 其他设计规范 |
| 29 | 《博物馆建筑设计规范》 | JGJ 66-91 | 其他设计规范 |
| 30 | 《港口客运站建筑设计规范》 | JGJ 86-92 | 其他设计规范 |
| 31 | 《科学实验建筑设计规范》 | JGJ 91-93 | 其他设计规范 |
| 32 | 《中小学建筑设计规范》 | GBJ 99-86 | 其他设计规范 |
| 33 | 《殡仪馆建筑设计规范》 | JGJ 124-99 | 其他设计规范 |

强制性条文在工程建设活动中发挥的作用日显重要，具体表现在以下几个方面：

1）实施《工程建设标准强制性条文》是贯彻《建设工程质量管理条例》的一项重大举措。

2）编制《工程建设标准强制性条文》是推进工程建设标准体制改革所迈出的关键性的一步。

3）强制性条文对保证工程质量、安全，规范建筑市场具有重要的作用。

4）制定和严格执行强制性标准是应对加入世界贸易组织的重要举措。

### 三、我国建筑防火规范的发展展望

我国建筑防火规范经历了起步阶段、快速发展和现今的细化完善的几个阶段。伴随着我国城市化进程的加快和科技的进步，大量造型新颖、奇特，体量巨大的建筑不断涌现，出现了一些超规范或规范未涵盖的内容，这就对建筑防火规范的需求提出了更高的要求。建筑防火规范体系急待完善，以实现建筑防火规范体系的科学化、系统化、实用化。

世界上大多数国家对建设活动的技术控制，采取的是技术法规与技术标准相结合的管理体制。技术法规是强制性的，是把建设领域中的技术要求法治化，严格贯彻在工程建设实际工作中，而没有被技术法规引用的技术标准可自愿采用。这套管理体制，由于技术法规的数量比较少、重点内容比较突出，执行起来也就比较明确、方便，不仅能够满足建设时常运行管理的需要，而且有利于新技术的及时推广和应用，应当说，这对我国工程建设标准体制的改革具有现实的借鉴作用。

与国外发达国家建筑防火规范的相比，我国尚未形成系统性强的法规体系，各个规范在同一平台上，而规范主编单位由不同机构承担，且发布时间不统一，造成各个规范间的不同步、条文冲突时有发生。现阶段作为加强法规实施的一项有效措施，实行了工程建设标准强制性条文制度。

建筑防火规范作为工程建设标准体系的一部分，同样需要不断的完善和发展，努力向技术法规和技术标准相结合的体制转化，但这需要有一个法律的准备过程，还有许多工作要做。随着消防性能化设计评估理论和技术的不同发展和完善，建筑防火相关领域大量的新成果以及现代的信息技术，从技术层面为上述体制的转化创造了条件。

现行防火规范是以传统的建筑形式或建筑构造为对象提出的建筑规则，对于不断涌现的大型化、形式多样化的建筑需求，建筑规范和建筑功能需求之间出现了矛盾，如何解决二者矛盾，给设计者、业主及消防监督管理者工作造成了困难。

英国、新西兰等国家从20世纪80年代开始相继以建筑规范和建筑消防安全为研究对象，对其规范模式和规定内容进行了革新或修改，初步建立起性能化防火规范体系，并开发了相关的设计指南和评估方法，以适应经济、技术和社会发展的需要，提高本国产品和技术在世界上的竞争力。为适应我国建筑快速发展的需要，应加强建筑性能化规范的研究，逐步建立以性能化为导向的建筑防火法规体系，并建立起有效的法规管理机制，努力提高建筑防火安全性能，并兼顾合理性与经济性。

**主要参考文献**

[1]　李引擎.建筑防火的性能设计及其规范.建筑科学，2002（5）.

[2]　李引擎主编.建筑防火性能化设计.化学工业出版社，2005.

[3]　倪兆鹏.国外以性能为基础的建筑防火规范研究综述.消防技术与产品信息，2010（10）.

[4]　伍萍.谈日本建筑防火安全法规的修订.消防科学与技术，2007（4）.

[5]　工程建设标准体系：城乡规划、城镇建设、房屋建筑部分.中国建筑工业出版社，2003.

# 6. 建筑外墙外保温防火标准研究

朱春玲

中国建筑科学研究院

## 一、前言

建筑外墙外保温技术在 20 世纪 90 年代引入我国，逐渐得到广泛应用，为我国建筑节能事业的发展作出了巨大的贡献。与此同时，与建筑外墙外保温工程相关的火灾事故逐渐增多，特别是央视大火、上海教师公寓火灾、沈阳皇朝万鑫火灾的发生，使外墙外保温的防火问题引起广泛关注。引发外保温火灾的原因被指为聚苯乙烯、硬泡聚氨酯等有机保温材料的应用。

然而，有机保温系统并非我国独创。在欧美的建筑工程中，可燃类有机保温材料的用量也很大，却鲜少发生经济损失巨大、人员伤亡惨重的外保温火灾事故，外墙外保温系统的应用相对安全。目前，我国需要借鉴国外的先进技术与经验，保证外保温的防火安全。

本项目研究通过对国内外外墙外保温相关防火标准规范主要内容、具体规定和实际应用情况的对比，分析中外外保温防火要求的异同，总结提炼适用于我国以中、高层建筑为主的外墙外保温系统应用现状的相关防火技术指标，弥补国内标准和规范的不足，以促进我国建筑外保温工程防火安全性能的整体提高。

## 二、主要内容简介

根据住房和城乡建设部《关于印发〈2011 年工程建设标准规范制订、修订计划〉的通知》的要求，中国建筑科学研究院承担了标准研究项目《建筑外墙外保温防火标准对比研究》。项目组开展了系统、严谨的工作，通过广泛调研和总结分析国内、外建筑设计规范以及外保温相关技术标准的具体条文要求，结合实地考察期间获取的技术交流信息和实际工程案例情况，全面完成了项目研究任务。

1. 主要工作内容

1）收集了国外先进国家德国、英国、美国和 ISO、欧盟技术许可委员会的有关标准规范和相应的外墙外保温防火试验方法。

2）对我国建筑规范、外墙外保温相关产品和工程标准、保温材料产品标准、防火试验方法、施工技术规程以及相关政策文件进行了全面的调查分析。

3）结合与国外专家的技术交流和国内外实地工程考察情况，开展了大量的分析对比工作。

4）较系统地分析介绍了英国、德国和美国的建筑规范中对外墙外保温防火内容的主要规定，明晰了之前一些对国外标准规范相关规定认识不够清晰的问题。

5）得出了国内外建筑外墙外保温防火标准对比研究的结论，提出了对我国相关建筑标准有关工作的建议。

2. 项目主要特点

1）在浩繁的标准、规范条文中精简和提炼出涉及外墙外保温防火的主要技术要求，使用便捷。

2）按材料燃烧性能要求、建筑设计防火要求、保温系统防火构造、常规燃烧性能测试方法以及大尺寸模型火试验等几方面指标简明扼要地总结了国外标准规范的主要防火要求，便于对照采用；全面梳理了我国有关标准、规范中外保温防火的主要内容，对照分析国内、外标准规范的异同，指出我国外墙外保温防火技术的不足与缺陷，提出今后的主要研究方向。

3）本项目是我国第一次全面开展的针对外墙外保温防火问题的分析与研究，总结提炼出对我国外保温防火标准制订的建议，弥补国内相关标准的不足。

4）本项目将在进一步完善我国外保温防火标准化体系建设、缩小我国建筑防火标准相关内容与发达国家的差距、提高我国建筑外保温系统防火安全水平等方面起到重要作用，起到促进我国建筑节能标准与相关防火标准协调发展的积极作用。

### 三、国内外相关标准概况

1. 国外标准主要内容

1）欧盟的技术许可要求（ETAG 004）

ETAG 004《带抹灰层的墙体外保温复合体系欧洲技术许可标准》中对薄抹灰系统的防火性能提出了一些原则性的规定。

（1）燃烧性能

ETICS 系统的燃烧性能等级应为 A1、A2、B 或 C 级，以完整系统的试验结果作为判定指标。对于由聚苯乙烯或聚氨酯制成的保温产品，应该单独证明产品的燃烧性能等级满足 E 级的要求。

（2）防火构造

防火构造的类型和性质对于整个外保温系统的燃烧性能是重要的，但其影响只能在大尺寸试验中被观测到。因此，在现有的欧洲分级系统被完善以前，根据各个国家的规定可能需要对防火构造进行其他的评估以满足成员国的法规，例如检查设计措施或进行大尺寸试验。

（3）大尺寸试验的说明

由于目前欧洲燃烧性能试验方法的参考火灾场景尚未设定外保温的场景，因此在某些成员国可能需要进行大尺寸试验评估，直到目前的欧洲分级系统被完善。

2）英国建筑防火安全规范要求

英国建筑防火安全规范（ADB，2006 年版）对于建筑外部的火灾蔓延，考虑了建筑的用途、建筑的高度、到边界的距离以及部件或完整系统（对于 18m 以上的建筑适用）的耐火性能等多种因素，给出了详细具体的规定。

（1）建筑高度、用途与燃烧性能要求

ADB 对建筑外墙材料的防火要求被简单地总结在表 6-1 中。

外墙材料的防火要求 表6-1

| 建筑高度 | 建筑类别 | 与边界的距离 | 外墙材料防火要求 |
|---|---|---|---|
| < 18m | 住宅建筑 | > 1000mm | 对材料没有限制,但在实践中通过间距的规定限制可燃物的总量 |
| | | ≤ 1000mm | 英国分级 0 级或欧洲分级 B-s3、d2 级 |
| | 公共建筑 | > 1000mm | 距地面或公共出口上方10m以内的部分,英国分级 Index(I)≤ 20 或欧洲分级 C-s3、d2 级,表面至少为9mm 厚的木材覆盖物 |
| | | | 距地面或公共出口上方10m以上的部分,无限制 |
| | | ≤ 1000mm | 英国分级 0 级或欧洲分级 B-s3、d2 级,表面至少为0.5mm 厚、有机涂层厚度不超过 0.2mm 的异形钢板或平钢板 |
| ≥ 18m | 所有建筑 | > 1000mm | 距地面18m以内的部分,英国分级 Index(I)≤ 20 或欧洲分级 C-s3、d2 级,表面至少为9mm 厚的木材覆盖物 |
| | | | 距地面18m以上的部分,英国分级 0 级或欧洲分级 B-s3、d2 级、表面至少为0.5mm 厚、有机涂层厚度不超过 0.2mm 的异形钢板或平钢板 |
| | | ≤ 1000mm | 英国分级 0 级或欧洲分级 B-s3、d2 级,表面至少为0.5mm 厚、有机涂层厚度不超过 0.2mm 的异形钢板或平钢板 |

目前在英国,原来的国家分级和现在的欧洲分级都可以使用。根据建筑高度、建筑类别以及间距的不同,对外墙材料有不同的要求。而且当间距超过 1m 时,同一栋建筑物上,随距地面高度的不同也可以采用不同等级的材料。

(2) 防火构造

外墙空腔的边缘应进行隔离,包括开口的周围。此外,还应在外部夹芯墙和建筑物隔断墙的交界处以及外部夹芯墙的顶部进行空腔隔离,除非空腔由保温材料填满。

(3) 大尺寸试验的说明

英国是较早形成大尺寸试验的国家之一。建筑外墙材料的燃烧性能要满足规范要求。此外,建筑外墙按照 BS 8414 进行试验并满足 BR 135《多层建筑外墙外保温防火性能报告》的性能判定指标时,可以不遵循上述燃烧性能要求而直接在建筑上使用,并且没有高度限制。

3) 德国的法规和认证要求

(1) 建筑高度与燃烧性能要求

德国模板建筑法规(MBO)规定建筑材料至少是可燃性的,易燃材料不得使用;建筑组件通常情况下必须是不燃或难燃的;疏散楼梯处的覆盖层、抹灰层、保温层、楼板及固定装置均采用不燃材料。巴登—符腾堡州建筑法规(LBO)、黑森州建筑法规(HBO)同样规定建筑材料至少不得使用易燃物品,通常情况下建筑组件必须是不燃或难燃的。对于特殊结构和高度超过 22m 的建筑,德国高层建筑的建造和运行的模式导则(MHHR)要求建筑外墙的砂浆层、保温层和防护层必须由不燃材料制成。可燃保温材料被保护在不燃建筑材料或建筑构件里面也是允许使用的。根据建筑法规和认证标准,薄抹灰体系从整体上被视为一种建筑材料或者一种建筑类型。

（2）防火构造

MBO 要求可燃保温在外墙施工中断面要用不燃材料封闭；在外墙构造中有多层或中空的空气层时，要作特别安排。LBO 没有提出额外的防火构造要求。HBO 要求可燃保温材料要采取适当措施防止火灾蔓延，但没有指明具体措施。MHHR 没有提出外保温防火构造的规定。

（3）大尺寸试验的说明

对用于 7 ～ 22m 和 22m 以上建筑的保温系统需进行大尺寸试验认证，通过认证的系统才能在建筑中使用。

4）美国保温泡沫塑料应用的防火要求

美国的建筑规范 IBC-2009 将建筑按照外墙、外部构件和内部构件的耐火极限要求分为 Ⅰ、Ⅱ、Ⅲ、Ⅳ、Ⅴ类。在 Ⅰ ～ Ⅳ 类建筑的外墙中，有机泡沫保温塑料的应用应遵守以下几条原则。

（1）燃烧性能要求

表面燃烧性能：按 ASTM E84 或 UL 723 检测表面燃烧性能，系统中每个可燃成分的燃烧性能等级均须达到 A 级，即火焰传播指数 ≤ 25、产烟指数 ≤ 450。

潜热：泡沫保温塑料的潜热按照 NFPA 259 进行测试，不应超过 22.7 MJ/m²。

点火性：保温系统按照 NFPA 268 进行测试，受 12.5 kW/m² 的辐射热照射 20min，不得出现持续燃烧。

外墙组件的火焰传播特性：外墙应按 NFPA 285 测试和评价其火焰传播的特性，根据火焰的蔓延情况和热电偶监测的温度综合评定外墙系统是否具有抵抗火焰蔓延的能力。

（2）耐火极限要求

应用有机泡沫保温塑料后，外墙的耐火极限应被证明没有降低。按照 ASTM E 119 或 UL 263 检测，应保证耐火极限符合规范要求。

（3）防火构造

泡沫保温塑料应与建筑内部通过隔热层隔离，隔热层包括 0.5in（12.7mm）的石膏墙板或者等效的隔热材料。

（4）大尺寸试验的说明

泡沫塑料在大尺寸测试的基础上被特别许可不用遵从以上几条原则。这些大尺寸测试包括但不限于 NFPA 286、FM 4880、UL 1040 或 UL 1715。

2. 国内标准主要规定

1）建筑规范

我国早期的规范中没有针对外墙外保温系统的防火性能要求，仅有的条文都是针对保温材料的燃烧性能要求。新编规范中逐渐提出了防火措施的要求。在《农村防火规范》GB 50039-2010 中提出建筑应用可燃保温材料时要采取防火措施的规定。在《轻型钢结构住宅技术规程》JGJ 209-2010 中提出当使用 EPS 板、XPS 板、PU 板等有机泡沫塑料作为轻型钢结构住宅的保温隔热材料时，保温隔热系统整体应具有合理的防火构造措施；同时还规定轻质围护体系应符合建筑耐火极限的要求。GB 50016-201X 报批稿中对外保温的防火要求增加了系统试验以及其他一些规定，但仍主要以材料的燃烧性能为主，至今存在较大争议，未正式颁布。

2）外墙外保温系统标准

《外墙外保温工程技术规程》JGJ 144-2004 在编制过程中，对外保温的防火问题有所体现，提出了"高层建筑外墙外保温工程应采取防火构造措施"的要求，但没有对外保温整体系统的防火性能指标提出要求，也没有提出具体的、具有可操作性的构造措施。

《膨胀聚苯板薄抹灰外墙外保温系统》JG 149-2003 要求采用的"膨胀聚苯板应为阻燃型"，而没有对系统防火性能的要求。

《胶粉聚苯颗粒外墙外保温系统》JG 158-2004 中要求胶粉聚苯颗粒保温浆料达到难燃 $B_1$ 级；同时要求对系统进行火反应性试验，设定系统的火反应性指标要求为："不应被点燃，试验结束后试件厚度变化不超过 10%"。这一要求虽然与其他标准相比有所进步，提出了系统的防火性能要求，但由于胶粉聚苯颗粒外墙外保温系统相对来说饰面层近似不燃，因此试验结果更多反映的还是胶粉聚苯颗粒浆料的一种燃烧性能。

《硬泡聚氨酯保温防水工程技术规范》GB 50404-2007 中涉及外墙外保温的防火内容时，提出了"高层建筑外墙外保温工程应采取防火构造措施"、"硬泡聚氨酯表面不得长期裸露，上墙后，应及时做界面砂浆层或抹面胶浆层"和对硬泡聚氨酯燃烧性能的要求。

3）保温材料产品标准

模塑聚苯乙烯泡沫塑料的燃烧性能要求为 $B_2$ 级，氧指数不小于 30%；挤塑聚苯乙烯泡沫塑料的燃烧性能要求为 $B_2$ 级；硬质聚氨酯泡沫塑料的燃烧性能要求为 $B_2$ 级和（或）氧指数不小于 26%；硬质酚醛泡沫制品的燃烧性能要求不低于 $B_1$ 级。其他无机保温材料的燃烧性能等级要求为 A 级或 $A_2$ 级。

4）外保温施工技术工程

关于外保温的施工管理，北京市出台了地方标准《外墙外保温工程施工防火安全技术规程》DB 11/729-2010。国家标准《建设工程施工现场消防安全技术规范》GB 50720-2011 中也有部分条款可供外保温工程施工管理借鉴。

5）防火试验方法

我国原有的防火试验方法主要分为小比例试验和中比例试验两类，可用于保温材料燃烧性能的检测，不能用于对保温系统特别是包含防火构造的保温系统进行检测。大比例模型火试验方法经项目完成单位引入，也于 2012 年完成转化工作，可为我国外墙保温系统的防火试验提供统一的方法。

**四、研究结论**

国外对外保温系统的防火性能要求普遍关注的是外保温系统整体的防火性能，而非单独的保温材料燃烧性能要求，但各国都对保温材料的燃烧性能提出了自己的基本最低要求。

我国大多数现行标准、规范中涉及的外保温系统防火要求基本上都是关于系统所采用保温材料的燃烧性能指标，而没有明确的外保温系统防火性能指标的要求。因此，外墙保温防火技术应用陷入了既没有国家规范也没有行业标准的无序状态。加之我国施工现场人员素质不高、管理混乱的现状普遍存在，也有一些工程应用了不合格的保温材料，近年来与外保温有关的火灾事故频发。

我国今后的外保温防火技术研究应首先明确外保温系统整体防火安全的目标。采用材料防火与构造防火相结合的技术路线，从外保温系统整体综合防火性能的角度出发，通过新建立的大尺寸试验方法评价系统的防火性能，在相关防火规范及标准中引入外保温系统整体构造防火的技术思想，将外保温火灾风险限制在可控范围之内。

参考文献

[1] European Organization for Technical Approvals. ETAG 004 Guideline for European Technical Approval of External Thermal Insulation Composite Systems with Rendering[S]. Edition March 2000，Amendment June 2008.Kunstlaan 40 Avenue des Arts，B-1040 Brussels.2008.

[2] The Department for Communities and Local Government. The Building Regulations Fire Safety Approved Document B[S]. 2006 Edition. London：NBS，Part of RIBA Enterprises Ltd.2006.

[3] The International Code Council.International Building Code[S]. 4051 West Flossmoor Road，Country Club Hills，IL 60478-5795. 2006.

[4] 建设部科技发展促进中心．JGJ 144-2004 外墙外保温工程技术规程 [S]. 北京：中国建筑工业出版社，2005.

# 7. 集群式诱导通风技术在铁路隧道防排烟设计中的应用

刘松涛

中国建筑科学研究院建筑防火研究所

## 一、引言

铁路隧道通风可分为自然通风和机械通风两种方式,机械通风方式又分为全横向通风、半横向通风及纵向通风方式。纵向式通风具有经济、高效和便于维修等特点,故我国铁路隧道一般采用纵向式通风,其中以全射流纵向式通风居多。当隧道较长,采用全射流纵向式通风时间过长、洞内风速或装机功率过大时,可采用竖井、斜井、平行导洞等辅助通道将隧道长度分为几个区段,成为分段式纵向通风。在通常的铁路隧道通风设计中,采用全射流通风方式时,射流风机分散成组布置,在隧道内相隔一定的间距划分若干个断面,每个断面设置若干台风机,诱导隧道内部气流。分散接力式的诱导通风方式优点是使用灵活,缺点是施工、维修、管理不便 [1~4]。

为解决分散接力式诱导通风方式存在的问题,论文研究应用集群式诱导通风技术的可行性,即射流风机集中布置于隧道出入口,隧道内部不再增加射流诱导机组,诱导隧道内部气流,通风系统见图 7-1。

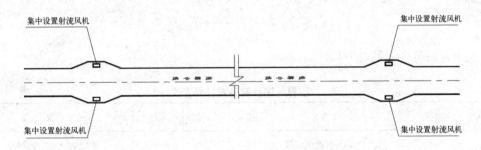

图 7-1 集群式诱导通风系统示意图

采用集中布置射流风机的通风方式具有以下优点 [4~5]:(1) 通风设备集中,降低安装成本。(2) 易于管理,对施工、维修和行车的干扰少。(3) 适应性强,对于某些受自身条件限制的隧道,如一些水下隧道、山岭隧道无法设置竖井、斜井、平行导洞等作为通风单元,采用此种通风方式有助于解决这些隧道的通风排烟设计难题。

集中布置射流风机时,需要集中设置多台大功率射流风机,实际的通风排烟效果受到不利因素的影响，其有效性需要进行进一步分析。本文以某铁路隧道为例，采用理论计算、数值模拟分析并结合该隧道的防排烟效果现场测试等技术手段，研究集群式诱导通风技术应用于长距离铁路隧道通风与防排烟设计中的可行性。

## 二、隧道运营通风设计

### 1. 基本参数

某客运专线铁路隧道全长 10.115km，其中引道敞开段长 180m，明挖段拱形结构长 520m，拱形结构长 1987m；暗挖段 7428m，全部为拱形结构。隧道最大坡度 20‰，最小曲线半径 8995m。采用单洞双线结构形式，拱形结构断面宽 12.6m，高 9.10m，轨面以上内净空有效面积为 100m²，断面湿周 38.4m。

### 2. 运营及火灾事故控制风速

在正常工况下，隧道内需保持一定的运营通风，以排除运营期间隧道内的有害气体、湿气、热空气等，达到符合卫生标准的空气环境，保证人身安全、设备正常使用和列车运行安全。

1）运营通风风速

铁路隧道运营通风计算以挤压理论为主，单通道隧道运营通风采用简算法计算[4]。

$$v_e = \frac{Q}{F} = \frac{L_T F}{tF} = \frac{L_T}{t} = \frac{10115}{90 \times 60} = 1.87 \text{m/s}$$

式中：$Q$ 为隧道通风量；$F$ 为隧道净空断面积；$L_T$ 为隧道长度；$t$ 为换气时间，取 90min。

隧道发生火灾时，由通风设备形成的纵向排烟风速应大于临界风速，从而控制火源处烟气不发生回流，并保证火灾上游人员的安全疏散以及消防救援。

2）火灾事故临界风速

临界风速采用 Danziger 和 Kennedy 以及 Wu 和 Bakar 提出的公式[6~8]。

$$v_c = k_g k \left( \frac{gHQ}{\rho C_p A T_f} \right)^{1/3}$$

$$T_f = \frac{Q}{\rho C_p A v_c} + T_0$$

式中各符号含义见表 7-1。

临界风速计算公式符号含义 表 7-1

| 符号 | 取值 | 含义 | 符号 | 取值 | 含义 |
|------|------|------|------|------|------|
| $v_c$ | —— | 临界风速（m/s） | $T_f$ | —— | 平均热空气温度（K） |
| $Q$ | $2 \times 10^4$ | 火灾热量释放功率（W） | $\rho$ | 1.225 | 空气密度（kg/m³） |
| $C_p$ | 1.005 | 空气比热（J/kg·K） | $A$ | 100 | 隧道面积（m²） |
| $T_0$ | 300K | 环境温度（K） | $K$ | 0.61 | 系数 |
| $K_g$ | 1.00 | 坡度系数 | $g$ | 9.81 | 重力加速度 |
| $H$ | 9.10 | 隧道高度 | | | |

经过计算临界风速约为 2.15m/s，取 2.5m/s。

火灾工况下的控制风速应取运营通风风速和火灾事故临界风速的较大值。故设定隧道内火灾事故工况下临界风速为 2.5m/s。

3. 通风阻力

按照《铁路隧道运营通风设计规范》TB 10068-2010 计算[4]。

1）沿程阻力

设定隧道内火灾事故通风速度为 2.5m/s 时，其断面通风量约为 250m³/s。

隧道沿程通风阻力如下：

$$P_\lambda = \lambda \frac{L_T}{d} \frac{\rho}{2} v^2 = 0.026 \times \frac{10115 \times 1.225}{10.42 \times 2} \times 2.5^2$$
$$= 96.62\text{Pa}$$

式中：$\lambda$ 为隧道摩擦阻力系数，根据文献[4]48 页推荐的双线隧道沿程阻力系数，并考虑一定的安全系数选取；$v$ 为隧道风速；$d$ 为隧道断面当量直径，计算如下：

$$d = \frac{4F}{L} = \frac{4 \times 100}{38.4} = 10.42$$

$F$ 为隧道净空断面积；$L$ 为断面湿周。

2）局部阻力

（1）列车停靠点的局部阻力（列车静止）

根据隧道横断面图，列车横断面面积约为 28m²，列车停靠处的风流速度为：

$$v_{min}^* = \frac{250}{100-28} = 3.47\text{m/s}$$

列车停靠点的局部阻力包括突然缩小局部阻力和突然放大的局部阻力，突然收缩的局部阻力系数取 0.5[4]，突然扩大的局部阻力系数取 1.5[4]。局部阻力为：

$$P_{\xi 1} = \xi \frac{\rho}{2} v_{min}^2 = 2.0 \times \frac{1.225}{2} \times 3.47^2 = 14.75\text{Pa}$$

式中：$\xi$ 为隧道内局部阻力系数，其他符号同上。

（2）沿途由设备、电缆等局部突出物产生的系统局部阻力

在隧道的局部阻力分析中，将特征位置（列车停靠位置）局部阻力单独分析，其余局部阻力保守的简单估算为沿程摩擦距离的 20%，为：

$$P_{\xi 2} = 96.62 \times 0.2 = 19.32\text{Pa}$$

3）自然通风阻力

双线隧道的自然风速按 2.0m/s 计算[5]。自然通风阻力为：

$$P_n = \left( \Sigma \xi + \lambda \frac{L_T}{d} \right) \frac{\rho}{2} v_n^2$$

$$= (1.5 + 0.026 \times \frac{10115}{10.42}) \times \frac{1.225}{2} \times 2.0^2$$

$$= 65.51 \text{Pa}$$

式中：$v_n$ 为隧道内自然风速；其他符号同上。

综上分析，该隧道在 2.5m/s 的控制风速下，全隧道产生的通风阻力为：

$$P = P_\lambda + P_\xi + P_n$$

$$= 96.62 + 14.75 + 19.32 + 66.51$$

$$= 196.20 \text{Pa}$$

4. 射流风机选择及布置

隧道采用完全射流风机通风方式时，射流风机的总推力是用于克服隧道中的空气阻力，为使隧道形成 2.5m/s 的通风风速，射流风机总推力为：

$$F_n = P \cdot S = 196.20 \times 100 = 19620 \text{N}$$

考虑 1.2 倍的安全系数，则射流风机总推力应为 23544N。

选用 SDS（R）-11.2-4P-8-33°型可逆转射流风机，参数如表 7-2。

射流风机参数表　　　　　　　　　　　　　　　　　　表 7-2

| 风机型号 | 流量（m³/s） | 出口风速（m/s） |
|---|---|---|
| SDS（R）-11.2-4P-8-33° | 36.3 | 36.9 |
| 轴向推力（N） | 电机功率（kW/台） | 内径（m） |
| 1519 | 55 | 1.12 |

每条隧道需要此风机台数为：n=23544÷1519 = 15.50。取整后 n=16 台。

根据工程实际情况，在进口明挖段（拱形结构）设置 1 组可逆转射流风机，每侧布置 3 台，共计 6 台；在出口明挖段（矩形结构）设置 2 组可逆转射流风机，一组每侧布置 2 台，一组每侧布置 3 台，共计 10 台，两组射流风机间距 200m（图 7-2、图 7-3）。

图 7-2　隧道风机布置平面图

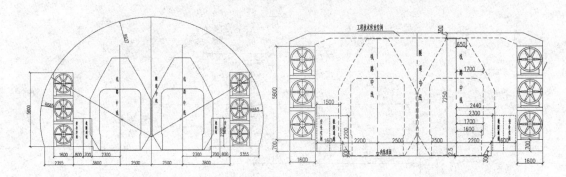

图 7-3　风机安装处横断面示意图

### 三、基于 CFD 技术的防排烟效果模拟

#### 1. 物理模型

为了分析集群式射流风机布置的通风排烟效果，采用 FDS5.3 对隧道内烟气运动情况进行模拟预测。根据该隧道断面和列车的实际几何尺寸建立三维模型，建模时忽略隧道截面边界处的倒角、隧道拐角处和坡度的影响，隧道的横断面和原尺寸一致；隧道长度为10115m。三维计算模型见图 7-4。

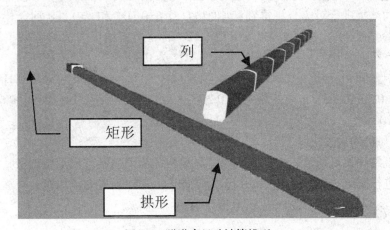

图 7-4　隧道全尺寸计算模型

#### 2. 关键参数的设置

##### 1）火源功率和位置

目前普遍认可的列车火灾热释放速率主要处在 7.5 ~ 20.0MW 之间。为安全起见，取客运列车火灾热释放率为 20MW，火源尺寸（长 × 宽 × 高）为 4m×3m×1.5m。将火源位置选择在列车中部车厢，列车位于整个隧道的中部。

##### 2）风速测点布置

为监测隧道内的平均风速，在距列车头部 500m 处（断面 A）和距列车尾部 500m 处（断面 B）设立风速测点，此断面距射流风机和列车较远，可作为隧道内稳定风速。采用 9 点法布置测点，即按照等面积布置的原则，把隧道断面分为面积相等的 9 份，测点位于每块面积的中心位置，9 个测点的平均值即为隧道的平均风速，测点布置如图 7-5。

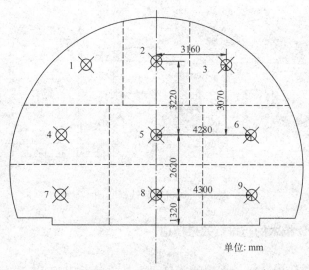

单位：mm

图 7-5 风速测点布置图

3）网格尺寸的划分

文献[9]通过 FDS 建立模型进行试验隧道的火灾数值模拟，并将不同模型的模拟结果和模型试验的结果进行对比分析得到：当网格尺寸 $d$=0.1D* 和 $d$=0.2D* 时，模拟结果都能较好地与试验结果吻合，当网格尺寸 $d$ 取 0.1D* 时，模拟结果与试验结果非常吻合（D* 为火灾特征直径），火源功率为 20MW 时，0.1D* 为 0.30m，0.2D* 为 0.60m。由于本隧道较长，故将射流风机、风速监测断面和火源前后各 50m 内网格尺寸采用 0.1D* 选取，网格间距 0.3m×0.3m×0.3m；其他区域采用 0.2D* 选取，网格间距 0.6m×0.6m×0.6m。总网格单元为 7843200 个。

4）射流风机的设置

射流风机结构相对简单，中间为风扇，风扇两侧为消声器，模型根据实际的射流风机的长度尺寸进行简化，如图 7-6。采用 FDS5.3 的 Fan 命令设置射流风机，喷嘴采用边长为 1.0m 的正方形，风量按照实际的风机取值，为 36.3m³/s。

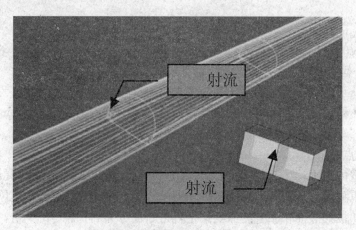

图 7-6 射流风机物理模型

### 3. 模拟结果分析

图 7-7 为起火列车区域隧道的烟气流动图，结果显示，在集中诱导风机的作用下，火灾发生后，烟气迅速向下风侧一段蔓延，模拟时段内（1200s），火灾烟气没有产生明显的回流现象，不会对上风侧人员疏散造成威胁。

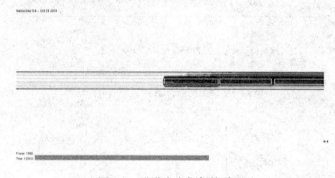

图 7-7　隧道火灾烟气流动图

表 7-3 列出了着火列车上风侧（断面 A）和列车下风侧（断面 B）各个测点风速。监测结果显示，在集中射流风机作用下，各个测点的风速均大于 2.5m/s，最小风速为 2.77m/s，最大风速为 3.48m/s；着火列车上风侧平均风速为 3.03m/s，下风侧平均风速为 3.20m/s。

监测断面风速统计表　　　　　　　　　　表 7-3

| 断面 | 风速监测值（m/s） | | | | |
|---|---|---|---|---|---|
| | 测点1 | 测点2 | 测点3 | 测点4 | 测点5 |
| 断面A | 2.80 | 3.03 | 2.79 | 3.05 | 3.41 |
| 断面B | 3.26 | 3.44 | 3.26 | 3.21 | 3.48 |

| 断面 | 风速监测值（m/s） | | | | |
|---|---|---|---|---|---|
| | 测点6 | 测点7 | 测点8 | 测点9 | 平均风速 |
| 断面A | 3.17 | 2.77 | 3.33 | 2.88 | 3.03 |
| 断面B | 2.73 | 2.91 | 3.79 | 2.76 | 3.20 |

由模拟结果分析可得，采用集群式诱导通风的防排烟方案，隧道能够形成较为稳定的风速，烟气没有回流现象，上风侧隧道能够为人员疏散提供安全环境，能够满足隧道通风排烟的要求，在一定程度上强化了射流通风的优势。

### 四、集群式诱导通风防排烟效果现场测试

铁路隧道通风与排烟设计影响因素较多，根据理论计算和数值模拟分析确定的集中布置射流风机的通风与排烟方案其实际效果需要进行实测验证。为此，在该隧道进行了火灾通风状态下排烟效果有效性的现场测试。

测试共设置 7 个断面，每个断面布置 3 个测点，如图 7-8、图 7-9 所示。

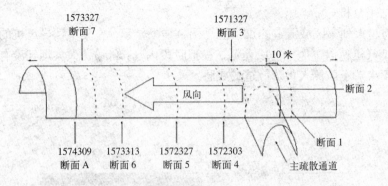

图 7-8　测点断面及风向示意图

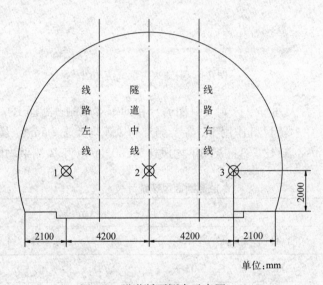

单位:mm

图 7-9　隧道断面测点示意图

测试时 16 台风机全部开启,隧道断面风速测试结果见表 7-4。

表 7-4

**隧道断面实测风速**

| 测试断面 | 断面风速测试值（m/s） | | | |
|---|---|---|---|---|
| | 测点 1 | 测点 2 | 测点 3 | 平均值 |
| 断面 1 | 2.74 | 2.42 | 2.71 | 2.62 |
| 断面 2（主疏散通道与主隧道交界面） | 0.3 | 0.81 | 0.61 | 0.57 |
| 断面 3 | 1.45 | 3.26 | 3.08 | 2.60 |
| 断面 4 | 2.97 | 2.988 | 3.10 | 3.02 |
| 断面 5 | 3.19 | 3.21 | 3.28 | 3.23 |
| 断面 6 | 3.27 | 3.02 | 3.25 | 3.18 |
| 断面 7 | 3.11 | 3.18 | 3.19 | 3.16 |

风速实测结果受到现场诸多因素影响，断面 1 隧道距离疏散通道较近，此处的隧道断面积较其他区域大，故测试结果较低；断面 3 的测点 1 由于处于变电设备附近，受到设备的遮挡，其测试结果偏低。

除断面 2、断面 1 的测点 2 和断面 3 的测点 1 外，其他各点的风速均大于 2.5m/s，最大风速为 3.28m/s。在主隧道内部检测的全部断面中，平均值均大于 2.5m/s。对比表 7-3 和表 7-4 发现，模拟结果与测试结果基本吻合。

测试结果显示，集中布置射流风机的通风方式能够在隧道内形成明显的稳定风速，射流风机在隧道内能够形成 2.5m/s 以上的稳定风速，大小能够满足隧道临界风速要求。

## 五、结语

铁路隧道集群式纵向诱导通风方式能够有效解决分段接力式诱导通风方式在空间布局、安装、维护等方面遇到的困难。

**参考文献**

[1] 铁路隧道设计规范 TB 10003-2005 [S]. 中国铁道出版社，2005.

[2] 高速铁路设计规范（试行）TB 10621-2009 [S]. 中国铁道出版社，2009.

[3] 铁路工程设计防火规范 TB 10063-2007 [S]. 中国铁道出版社，2007.

[4] 铁路隧道运营通风设计规范 TB 10068-2010 [S]. 中国铁道出版社，2010.

[5] 杨昌智，孙一坚. 铁路双线隧道通风的空气动力特性研究 [J]. 湖南大学学报，1997；24（2）.86～91.

[6] Danziger N H, Kennedy W D.Longitudinal ventilation analysis for the Glenwood canyon tunnels[A].In：Proceedings of the 4th International Symposium Aerodyn amicsand Ventilation of Vehicle Tunnels[C] York，UK，1982；169-186.

[7] Kennedy W D，Parsons B.Critical velocity：past，presentand future[A].In：One Day Seminar of Smoke and Critical Velocity in Tunnels[C]，London，1996.

[8] Y Wu，M Z A. Bakar. Control of smoke flow in tunnel fires using longitudinal ventilation systems-a study of the critical velocity. Tunnelling and Under- ground SpaceTechnology，2000.35（4）；363-369.

[9] 张会冰. 不同壁面边界条件对隧道火灾模拟结果的影响 [ D]. 成都：西南交通大学，2007.

# 8. 建筑外立面开口火溢流及垂直火蔓延阻隔技术与优化控制参数研究

赵 楠 张靖岩 邢雪飞 吴立志 李思成

赵楠、吴立志、李思成三位作者单位为中国人民武装警察部队学院，张靖岩为住房和城乡建设部防灾研究中心，邢雪飞为北京工业大学

## 一、子课题背景

随着世界经济的发展，城市人口快速增长，城镇土地资源日渐紧缺，迫使城市住宅建筑逐渐向高空发展。高层住宅建筑在带给人们生活享受和节约土地的同时，也带来诸如火灾等多种难以妥善解决的问题。

近年来随着建筑节能技术和新型保温材料的不断发展，在城市高层住宅建筑火灾中均形成了火灾沿建筑外立面迅速纵向蔓延并向建筑内部扩大的严重火灾事件，这为火灾的纵向蔓延增添了新途径。但在我国现行消防技术规范中没有关于建筑物外立面防火的相关规定。已有高层住宅建筑火灾安全研究成果主要针对室内火灾，对于城市高层住宅建筑外立面火灾蔓延的研究还比较少，对火灾发展过程缺乏科学认识。因此，如何依据我国建筑节能和建筑构造的实际情况，掌握建筑外立面火灾发生、发展的机理，确定合适的防火技术要求，确保高层住宅建筑的防火安全性，已成为当前火灾安全领域急需解决的关键问题。

为了减少高层建筑火灾损失，促进城市的公共安全建设以及和谐社会的构建，国家重点基础研究发展计划（973 计划）子课题《建筑外立面开口火溢流及垂直火蔓延阻隔技术与优化控制参数研究》顺应领域发展的需求，于 2012 年年初启动。

## 二、子课题目标和主要任务

本子课题针对抑制城市高层建筑外立面开口火溢流及垂直火蔓延的问题，结合试验研究和数值模拟，分析热浮力和环境风耦合作用下，窗槛墙、防火挑檐等外墙结构对开口火溢流特征参数与垂直火蔓延规律的影响，提出垂直火蔓延阻隔技术方法及其优化参数，从而降低建筑外立面开口火溢流竖向蔓延对建筑物的危害。

具体研究内容包括：

1. 分析热浮力和环境风耦合作用下，不燃外墙结构对建筑外立面开口火溢流及垂直火蔓延的影响机制与参数。

影响建筑外立面开口火溢流和垂直火蔓延的外墙结构因素有多种，我们将重点研究热浮力和环境风耦合作用下，外立面开口形状和尺寸、挑檐尺寸、窗槛墙的尺寸这三种因素对建筑外立面开口火溢流及垂直火蔓延的影响，并提出阻隔火溢流及垂直火蔓延的参数优

化设置方案。

2.研究火焰沿可燃外墙结构（外保温系统）传播的影响因素。

目前的建筑外墙外保温系统存在着一定的火灾蔓延风险，本子课题将通过试验研究影响外保温系统防火安全性能的主要因素，测试具有不同构造措施的外保温系统的防火性能，提出保证外保温系统防火安全的关键性指标。

### 三、子课题预期成果

1.提出抑制外立面开口火溢流及垂直火蔓延对建筑影响的最佳控制方案和技术参数；

2.提出保证外保温系统防火安全的关键性指标；

3.为降低建筑外立面开口火溢流及其诱发竖向火蔓延对建筑物的危害提供理论和技术上的支持。

### 四、子课题阶段性成果

子课题自 2012 年初启动以来，严格按照任务书规定的研究内容、考核指标、技术路线等要求全面开展研究任务，并取得了较为丰富的成果。

1.分析热浮力和环境风耦合作用下，不燃外墙结构对建筑外立面开口火溢流及垂直火蔓延的影响机制与参数。

阳台、窗槛墙和窗口对高层住宅建筑外立面开口火溢流蔓延的阻隔效果显著。本子课题采用全尺寸数值模拟的方法对高层住宅建筑外立面开口火溢流蔓延进行了研究。模型为一座 3 层住宅，每层长宽高均为 4m×4m×4m 且设计有不同尺寸的窗口、窗槛墙及阳台各 5 种。

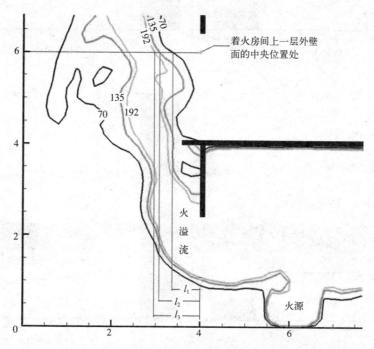

图 8-1　利用温度等值线判定阳台火溢流危险性

　　首先，观测了在外部环境无风、有低速侧吹风以及高速侧吹风这三种状况下，不同的窗口、窗槛墙及阳台尺寸对住宅建筑外立面开口火溢流蔓延的阻隔情况，并运用正交试验法收集数据，结合运用数值拟合找出在外部环境无风、有低速侧吹风以及高速侧吹风这三种状况下，火溢流蔓延程度与窗口、窗槛墙及阳台尺寸之间的相关性。分析此相关性可得出：外环境无风状况下，火溢流垂直向上蔓延，阳台伸长起主导阻隔作用；低速侧吹风状况下，火溢流顺风斜向上蔓延，阳台宽度起主导阻隔作用；高速侧吹风状况下，火溢流顺风横向蔓延，阳台伸长起主导阻隔作用。最后，针对城市高层住宅地下车库开口火溢流的蔓延问题，运用 FDS 数值模拟地下车库火溢流蔓延规律，分析在热浮力的作用下，防火挑檐对火溢流蔓延的阻隔机制，提出最优化的技术方案与设计参数。

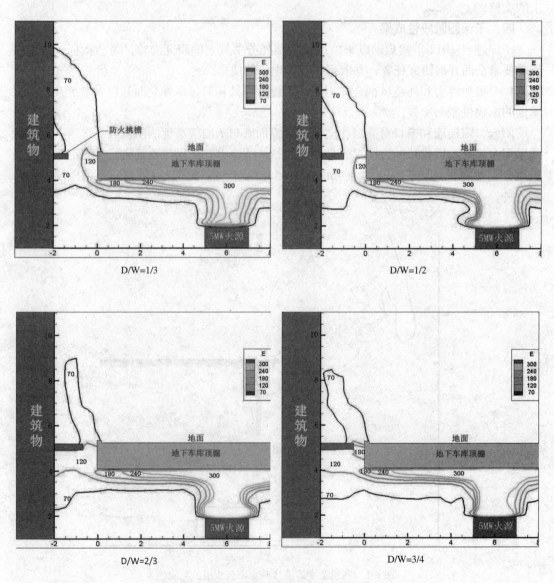

图 8-2　不同尺寸防火挑檐阻挡火溢流效果对比

2. 研究火焰沿可燃外墙结构（外保温系统）传播的影响因素。

采用小型墙角火试验模型，研究了热固改性 EPS 保温板的燃烧特性及火焰垂直蔓延现象。采用喷灯火源、电焊火源以及小型木垛—棉丝火源等三种常见的点火源，研究了带覆面层的热固性保温材料——硬泡聚氨酯复合保温板和改性酚醛泡沫复合保温板的点火性以及火焰传播性。

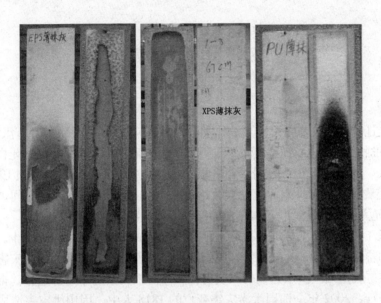

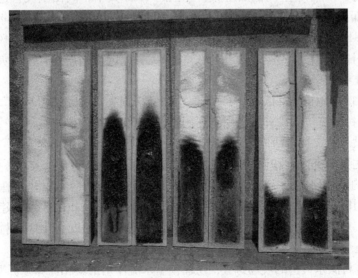

图 8-3　防火保护面层对保温系统防火性能的影响

## 五、研究展望

子课题现有取得成果主要是基于数值模拟，缺乏试验验证工作，下一步主要建成全尺寸建筑外立面火灾模型，以便对数值模拟结果进行修正。

# 9. 山区乡村建筑抗洪设计方法研究

朱立新　葛学礼　于　文

中国建筑科学研究院

## 一、前言

我国幅员辽阔，气候差异大，年降雨量区域分布不均匀，几乎每年都有洪涝灾害发生。如1991年江淮特大洪水，有皖、苏、鄂、豫、湘、浙、黔等省份受灾，死亡1200多人，伤25000多人，倒塌房屋几百万间，经济损失达700多亿元人民币。又如1998年长江中下游及嫩江流域等地特大洪水，死亡人数达1432人，倒塌房屋一千多万间，经济损失高达2200多亿元人民币。这是非正常年份的江河流域性特大洪水灾害。

随着我国江河流域防洪标准的提高，平原洪水造成的人员伤亡相对减少。除了江河流域性大洪水的特殊年份外，一般年份，我国的洪涝灾害则主要表现为山洪灾害，即山区乡村的洪水灾害。我国山区洪水造成的人员伤亡和经济损失呈逐年增加趋势。据国家防汛抗旱总指挥部统计，2002年全国因洪涝灾害死亡的1818人中，因山洪灾害造成的死亡人数占到了80%，而这一年大江大河并没有发生流域性洪水。2003年和2004年山洪灾害分别造成767人和815人死亡，分别占全国洪涝灾害死亡人数的49%和的76%。近年来，我国山区因降雨引发的山洪、泥石流、滑坡等山洪灾害问题日趋严重，山洪灾害已经成为当前防灾减灾工作中的突出问题。

为了减少山洪对山区乡村造成的人员伤亡和经济损失，国家"十一五"科技支撑计划设置了"山区乡村建筑抗洪设计方法研究"子课题(2006BAJ06B04-04)，本子课题隶属于"山区乡村建筑防洪与减灾技术研发"课题。

## 二、课题主要研究内容和研究成果

本子课题的主要研究内容包括以下几个方面：1）研究山区乡村建筑在水流作用下的破坏机理；2）山区乡村建筑在水流作用下的受力分析方法；3）山区乡村建筑在洪水环境下的抗洪技术；4）既有山区乡村建筑抗洪能力评价方法；5）既有山区乡村建筑抗洪加固技术措施。

通过山区乡村洪水灾害的现场调查、房屋模型水流作用试验和计算分析等研究工作，经过归纳、总结和试设计计算工作，历时三年完成了课题规定的内容，课题主要研究成果如下：

1）通过房屋山洪破坏现场调查研究，经过归纳总结，找出了山区乡村房屋抗洪存在的主要问题，提出了山区乡村建筑洪水破坏机理。

2）通过山区乡村房屋模型水流力作用的试验研究，并经过大量计算分析、总结，给出了房屋水流力作用计算方法，同时给出了墙体抗剪、平面外抗弯的计算方法，为山区乡村新建房屋的抗洪设计、既有房屋的抗洪评价和加固设计奠定了理论基础。

3）提出了山区乡村洪水防御对策（防洪规划要点），从乡域、村域范围防御洪水灾害规划角度，提出了工程防御措施和非工程防御措施。

4）从村镇防灾建设管理角度，提出了加强村镇建设管理，提高村镇综合防灾能力的对策建议。

5）本着因地制宜、就地取材、安全合理、经济适用的原则，提出了山区乡村建筑（砌体结构、木结构和石结构）抗洪构造措施。

6）提出了山区乡村建筑（砌体结构、木结构、生土结构和石结构）抗洪评价方法，为单栋房屋的抗洪能力鉴定提供了方法。

7）提出了山区乡村建筑（砌体结构、木结构和石结构）抗洪加固技术措施，为经过抗洪评价不满足要求的房屋提供了加固方法。

### 三、山区乡村房屋山洪灾害调研

课题研究过程，分别于 2009 年 7 月、8 月对黑龙江省宁安市沙兰镇、江西省黎川县厚村乡进行了山区洪水灾害调研工作，深入调查了山洪作用下房屋的破坏现状，总结和归纳破坏原因，以研究山洪对乡村房屋的破坏机制。

1. 黑龙江沙兰镇山洪灾害（2005 年 6 月 10 日）

1）灾害情况

沙兰镇位于丘陵地区，沙兰河是沙兰镇域内丘陵地区、牡丹江左岸的一条小支流，河床宽三十多米（图 9-1），平时河床中有水，但水量不满槽。沙兰镇位于沙兰河下游出口处，沙兰河穿镇而过。2005 年 6 月 10 日，沙兰镇上游突降大暴雨，3h 平均降雨 123.2mm，上游丘陵地带汇流面积大，洪峰到达沙兰镇时，仅三十多米宽的河床中水量大、水流急，瞬时槽满外溢，沙兰镇很快陷入一片汪洋之中。沙兰镇原中心小学位于沙兰镇西部（上游），沙兰河右岸的河边附近，此处地势较低。据介绍，校区洪水淹没水深最大达到 2m 多。由于小学生的自救能力太弱，尽管大多数躲过灾难，但仍有 105 名小学生不幸罹难，其他人员死亡人数为 12 人。

图 9-1　沙兰河河床宽 30 多米，平时水量不大

2）房屋结构类型与破坏情况

沙兰镇除了近几年新建的中小学、卫生院等为三、四层房屋外，其他基本都是一层砖房，也有为数不多的土坯墙房屋。

这次山洪历时约 3h，沙兰镇为数不多的土坯墙房屋全部倒塌（图 9-2），砖墙房屋基本没有破坏倒塌现象。砖墙房屋尽管

图 9-2　土坯墙房屋全部倒塌

是用砂泥砌筑的，耐浸泡能力也很弱，但由于内外墙面有水泥砂浆抹面或勾缝，阻止或延缓了洪水的浸入，保证了墙体的承载能力。

2.江西省黎川县厚村乡山洪灾害（1998 年 6 月 21 日）

大源河是山间的一条小河，河床宽二十多米，平时河床中有水，但水量不大，清澈见底。大源河流经厚村乡乡域。

1）灾害情况

1998 年 6 月 21 日下午 5 时至 22 日上午 10 时，厚村乡及大源河上游突降特大暴雨，不到 20h 的降雨量达到 352mm，为百年一遇的山洪，洪峰到达厚村乡焦陂村时，仅二十多米宽的河床很快涨满外溢，河边道路淹没水深达 1.5m，厚村乡和焦陂村的房屋大多进水。位于大源河右侧的村庄由于地势较高而没有淹水。

大源河左岸的焦陂村是顺河岸呈长条展开的，前面临河背后靠山，村子前后宽度仅有 2 ~ 3 排房屋，顺地势前低后高，窄的地段仅建有一排房屋（图 9-3）。持续的强降雨使山体土壤的含水率饱和，由于山坡较陡，在重力作用下产生山体滑坡。滑坡体冲坏、掩埋房屋多栋，造成 46 人死亡（图 9-4）。

图 9-3 大源河右侧山脚下村庄

图 9-4 冲坏、掩埋多栋房屋的滑坡体

2）房屋的结构类型与破坏情况

厚村乡焦陂村房屋的结构类型较为多样。洪灾前主要建有穿斗木构架房屋、空斗砖墙房屋、一层实心砖墙二层空斗砖墙房屋、一层石砌墙二层空斗砖墙房屋、少数土坯墙房屋。砖砌体房屋以两层居多，也有少数单层房屋；穿斗木构架房屋一般为单层。洪灾前建造房屋的砌筑砂浆一般为黏土泥浆，部分房屋外墙面采用白灰砂浆做了勾缝处理，也有一些未进行勾缝。

洪水中，除了山体滑坡冲坏、掩埋多栋房屋外，其他房屋的破坏情况大体如下：

（1）生土墙房屋。这次山洪历时十多个小时，房屋淹没深度达 1m 多，为数不多的土坯墙房屋全部倒塌。

（2）空斗墙房屋。这次洪灾中有的空斗墙房屋产生了严重破坏，主要表现为墙体开裂，或因地基被洪水浸泡后产生不均匀沉降导致墙体开裂，有的局部倒塌（图 9-5）。

（3）穿斗木结构房屋。由于该地区保温要求不高，穿斗木结构房屋的墙体大多用竹篱笆墙，内外抹一层黏土泥浆，或采用木板墙。由于淹没水深较浅，除了竹篱笆墙面黏土泥浆浸泡软化脱落外，一般损坏较轻（图9-6）。

（4）底层240mm实心砖墙房屋。这类房屋尽管也是黏土泥浆砌筑的，但由于外墙面有白灰砂浆勾缝，内墙面有抹灰层，灰缝泥浆没有浸透，仍有一定的竖向承载能力，故该类房屋基本没有较严重的破坏现象。

图9-5　地基浸泡后不均匀沉降墙体局部倒塌　　　　图9-6　竹篱笆墙内外抹一层黏土泥浆

（5）其他破坏情况。据黎川县水利局领导和有关专家介绍，由于这次山洪灾害是在黎川县以及相邻市县较大范围内发生的，房屋受灾情况多样，有的山区洪水将木结构房屋冲倒、冲走，有的地方砖墙房屋是被上游漂下来的木料撞坏的。如大源河桥面两侧的混凝土栏杆就是被漂浮物撞坏的。

3. 山洪灾害中乡村建筑的破坏机理

位于江河流域的村镇在洪水期间一旦被淹，建在其中的房屋就处在水环境中，并受到洪水的作用。山区洪水对房屋的作用按不同时段和作用特点主要分为几种，即：上游小水库堤坝决口时的水头冲击作用；水流冲刷作用；水流力作用；洪水浸泡作用；滑坡、塌方、泥石流等地质灾害作用。

1）水头冲击作用

当山洪暴发时，洪水的冲击作用异常猛烈，位于洪峰冲击路线上的房屋大多难以幸免。

2）水流冲刷作用

洪水的冲刷作用较冲击作用范围大，历时也长，凡是洪水流经之地，特别是在水跌、转弯的外侧之处，对地表都有可能造成破坏。可引起道路、桥梁、供电和通信线路的破坏，位于洪水径流区的房屋基础也会受到冲刷破坏。

3）水流力作用

水流力是具有一定流速的水体作用在水中物体表面（如房屋墙体迎流面）上的水流压力。水流压强与水体的流速有关，且压强与流速成正比，即流速愈大、压强也愈大，而洪水流速又与流域的地势（坡度）、地形、地貌（粗糙度）等有关。

水流槽房屋模型试验表明，水流对房屋的破坏主要是作用在房屋墙体迎流面上的水流力造成的。对于砌体房屋，水流力可使墙体平面外受弯或使墙体平面内受剪破坏；对木结构房屋，在水流力与浮力的共同作用下，可将木结构房屋推倒上浮冲走。

4）浸泡作用

洪水过程大多在 3 ～ 12h，这期间房屋将浸泡在洪水之中，浸泡能够引起砌体房屋的砌块（主要是生土墙）与黏土砌筑砂浆软化，失去粘结作用。一般来说，非水泥砂浆砌筑的墙体在高水位长时间浸泡后承载力会较大幅度降低，导致房屋破坏甚至倒塌。因此，尽管洪水的浸泡作用缓慢，但对于生土房屋和强度较低的黏土砂浆砌体房屋，其危害是严重的。

5）地质灾害（滑坡、塌方、泥石流）

当长时间降雨使山体土壤含水率达到饱和状态时，就容易产生滑坡、塌方、泥石流等地质灾害。地质灾害对房屋的破坏是毁灭性的，大多会将房屋掩埋或冲垮，造成的人员伤亡也最为严重。由于地质灾害预测预报的准确率较低，故防范难度大。

**四、山区乡村建筑抗洪试验研究**

1. 试验目的

为了了解山洪对山区乡村房屋的作用机理，掌握水头冲击和水流力等对房屋的作用强度，以便提高村镇建筑抗御山洪的能力。为此，我们在大连理工大学水工试验室的波流槽中，对山区乡村广泛采用的既有房屋模型做了水头冲击和水流力对房屋模型作用的试验研究工作。试验期望获得以下数据：

1）测试房屋模型在不同状态、不同流速的山洪水头冲击下，模型各片墙体的水头冲击压力分布；

2）测试房屋模型在不同状态、不同流速的山洪水流作用下，模型各片墙体的水流压力分布；

3）为提高这类房屋的抗洪能力提供设计依据。

2. 试验简况

1）试验模型

根据山区既有房屋的建筑材料、房屋规模（大小）和结构构造特点以及水压传感器尺寸等，试件采用 1：6 的缩尺（有机玻璃等）模型。原型房屋为两个开间，房屋原型尺寸长 6.84m，宽 6.24m，高 3.60m。

2）试验分组

（1）模型状态分组

模型状态共分为 6 组，即迎流面（A 轴）三组：窗洞尺寸高为 1.8m，宽分别为 1.2m、1.5m 和 1.8m；背流面（C 轴）二组：窗洞尺寸宽为 1.2m，高分别为 1.5m 和 0.75m。组合后为 6 组。

（2）荷载分组

包括水头冲击和水流作用两种荷载。

水流速分组应依据我国典型山区农村地形地貌确定。

3）模型制作与试验要求

（1）模型制作与试验应符合《水工建筑物水流压力脉动和流激振动模型试验规程》SL 158 和《水工（常规）模型试验规程》SL 155 以及其他有关标准的要求。

（2）模型与原型应满足几何相似、水流运动相似和动力相似、刚度相似等相似关系。

（3）试验顺序为：先水头冲击，再水流作用。

图 9-7　水头冲击试验　　　　　　　　　图 9-8　水流作用试验

**3.试验结论**

本项模型试验研究了山洪作用对山区乡村房屋的影响，得出的主要结论如下：

1）模型在冲击与稳流作用下，同一距离、同一开洞率，压力值随着水头高度的增大而增大。

2）在稳流作用下，建筑模型各面的压力分布基本呈二次曲线分布，压力值在水平方向趋势为中间大两头小，竖直方向随高度的增加而减小（包含静水压力）。

3）在稳流作用下，模型沿水流方向所受总合力随着开洞率的增大而减小，因此，在设计和建造山区乡村房屋时应考虑墙体的开洞率，以降低所受到的水流作用力。

**五、山区乡村建筑抗洪设计方法**

通过山区乡村房屋模型水流力作用 108 种工况的试验研究，并经过大量计算分析、总结，给出了一整套房屋抗洪计算方法，包括山区河流流速计算、水流力作用计算、墙体截面抗水流力受剪验算、孤立墙体平面外抗弯验算、洞口侧面墙体平面外沿齿缝抗弯验算等。

**1.山区河流流速**

通过对几十条河流坡降调查，我国山区河流地形坡度一般在 0.001 ～ 0.01 之间，平均坡度为 0.005。为了简化计算，将洪水期间村镇范围长度的河段视为明渠均匀流，明渠均匀流的坡度取 0.001 ～ 0.01 之间，由明渠均匀流计算公式（谢才公式）：

$$v = C\sqrt{Ri} \tag{9.1-1}$$

$$C = \frac{1}{n}R^{1/6} \tag{9.1-2}$$

$$R = A/x \tag{9.1-3}$$

式中：$v$—水流速度（m/s）；

　　　$C$—谢才系数；

　　　$R$—水力半径（m）；

　　　$i$—村镇范围长度河段的坡度，取平均值 $i$ =0.005；

　　　$n$—河床粗糙系数，取 $n$=0.03；

　　　$A$—河床截面面积（m$^2$）；

　　　$x$—河床截面湿周长（m）。

现场调查显示，山区小河河床大多多年没有进行疏浚工作，河床底部卵石泥沙淤积，河岸斜坡杂草丛生，河床两侧淹没区域大多种有庄稼、蔬菜等农作物或生长有杂草灌木等植物，较为粗糙，故取粗糙系数 $n=0.03$；淹没区域地势较平坦，淹没深度较浅，大多在 1～3m 深，但淹没范围较宽，大多在几百米范围，因此河流截面面积 $A$ 近似按矩形计算；洪水时河面宽取 500m，水深取 3m，坡度取 0.001～0.01。将数据代入式（9.1-1）～（9.1-3），可算得山区洪水主流区流速范围：$v=2.18～6.88$ m/s，当取坡度的平均值 0.005 时，$v_m=4.86$ m/s。图 9-9 给出了在淹没宽度、水深、粗糙系数不变的情况下，坡度与流速的关系。

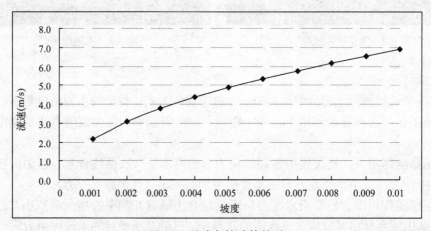

图 9-9　坡度与流速的关系

2. 水流力作用计算

1）作用于墙体迎流面上的水流力标准值，应按下式计算：

$$F_w = K_w \frac{\rho}{2} V^2 A \tag{9.2}$$

式中：$F_w$——水流力标准值（kN）；

$K_w$——水流阻力综合影响系数，可按表 9-1 取值；

$V$——水流设计流速（m/s）；

$\rho$——水的密度（t/m³），取 1.0；

$A$——墙面的毛面积（m²）。

水流阻力综合影响系数 　　　　　　　　　　　　　　表 9-1

| 墙面开洞率 $\eta$ | 0.25 | 0.30 | 0.35 | 0.40 | 0.45 |
| --- | --- | --- | --- | --- | --- |
| 水流阻力综合影响系数 $K_w$ | 1.79 | 1.64 | 1.51 | 1.39 | 1.28 |

上式给出了墙体开洞率与作用在墙体表面上水流力的关系，水流阻力综合影响系数 $K_w$ 是由放置在波流槽中的房屋模型试验数据，通过归纳、推导得出。表中开洞率 0.40 和 0.45 对应的 $K_w=1.39$ 和 1.28，这两项系数是参考《港口工程荷载规范》JTJ 215-98 给出的。

2）对沿水流方向排列的房屋，除了迎流方向第一排房屋外，后排房屋墙体迎流面上的水流力标准值，应乘以遮流影响系数 $\xi$，$\xi$ 可按表 9-2 选用。遮流影响系数 $\xi$ 是参考《港口工程荷载规范》JTJ　215-98 给出的。

遮流影响系数 $\xi$                                                                          表 9-2

| $L/B$ | $\leqslant 1$ | 2 | 3 | 4 | 6 | 8 | 12 | 16 | 18 | $\geqslant 20$ |
|---|---|---|---|---|---|---|---|---|---|---|
| 后排房屋 $\xi$ | 0.00 | 0.25 | 0.54 | 0.66 | 0.78 | 0.82 | 0.86 | 0.88 | 0.90 | 1.00 |

注：$L$—房屋沿水流方向的间距；$B$—房屋迎流面（垂直于水流方向）的尺寸。

3. 墙体截面抗水流力受剪验算

1）墙体水流力剪力，应按下列原则分配：

（1）现浇和装配整体式混凝土楼、屋盖等刚性楼屋盖房屋，宜按抗侧力墙体等效刚度的比例分配。

（2）木楼盖、木屋盖等柔性楼、屋盖房屋，宜按抗侧力墙体从属面积上重力荷载代表值的比例分配，从属面积按左右两侧相邻抗侧力墙间距的一半计算。

（3）预制装配式混凝土楼、屋盖等半刚性楼屋盖房屋，可取上述两种分配结果的平均值。

2）墙体的截面抗水流力受剪极限承载力，可按下列方法进行验算：

$$V_{\mathrm{w}} \leqslant \gamma_{\mathrm{w}} \zeta_{\mathrm{N}} f_{\mathrm{v,m}} A \tag{9.3-1}$$

$$\zeta_{\mathrm{N}} \leqslant \frac{1}{1.2} \sqrt{1+0.45\sigma_0/f_{\mathrm{v}}} \tag{9.3-2}$$

$$\zeta_{\mathrm{N}} \leqslant \begin{cases} 1+0.25\sigma_0/f_{\mathrm{v}} & (\sigma_0/f_{\mathrm{v}} \leqslant 5) \\ 2.25+0.17\ (\sigma_0/f_{\mathrm{v}}-5) & (\sigma_0/f_{\mathrm{v}}>5) \end{cases} \tag{9.3-3}$$

式中：$V_{\mathrm{w}}$—水流力作用下墙体剪力标准值（kN），可按本节 9.1 确定；

　　　$\gamma_{\mathrm{w}}$—极限承载力调整系数，承重墙可取 0.85，非承重墙（围护墙）可取 0.95；

　　　$f_{\mathrm{v,m}}$—砌体抗剪强度平均值（N/mm$^2$）；

　　　$A$—抗水流力墙体横截面面积（mm$^2$）；

　　　$\zeta_{\mathrm{N}}$—砌体抗剪强度的正应力影响系数；除混凝土小砌块砌体以外的砌体可按式（9.3-2）计算，混凝土小砌块砌体可按式（9.3-3）计算；

　　　$\sigma_0$—对应于重力荷载代表值的砌体截面平均压应力（N/mm$^2$）。

3）砌体抗剪强度平均值 $f_{\mathrm{v,m}}$，可按下列方法计算：

（1）对于砖砌体

$$f_{\mathrm{v,m}}=2.38\ f_{\mathrm{v}} \tag{9.4-1}$$

（2）对于毛石砌体

$$f_{\mathrm{v,m}}=2.70\ f_{\mathrm{v}} \tag{9.4-2}$$

式中：$f_{\mathrm{v}}$—砌体抗剪强度设计值（N/mm$^2$），砖和石砌体可按表 9-3 采用。

砌体抗剪强度设计值 $f_v$（N/mm$^2$）　　　　　　表 9-3

| 砌体种类 | 砌体砂浆强度等级 | | | | | |
|---|---|---|---|---|---|---|
| | M10 | M7.5 | M5 | M2.5 | M1 | M0.4 |
| 普通砖、多孔砖 | 0.17 | 0.14 | 0.11 | 0.08 | 0.05 | 0.03 |
| 小砌块 | 0.09 | 0.08 | 0.06 | — | — | — |
| 蒸压砖 | 0.12 | 0.10 | 0.08 | 0.06 | — | — |
| 料石、平毛石 | 0.21 | 0.19 | 0.16 | 0.11 | 0.07 | 0.04 |

4. 孤立墙体平面外抗弯验算

孤立墙体指两洞口之间的墙体，且该墙体没有与之相连接的垂直墙体。即两开间的轴线处墙顶搁置木屋架或木梁，并在此轴线上没有设置与窗间墙相连接的横墙。此处的纵墙墙垛由于没有横墙与之连接，在水流力作用下易产生平面外弯曲破坏。

可将孤立墙体看作为承受分布荷载的两端简支梁，进行抗水流力计算。

5. 洞口侧面墙体平面外沿齿缝抗弯验算

对于洞口两侧的墙体，在水流力较大时应对其进行平面外沿齿缝受弯承载力验算。可取单位高度，一端嵌固，承受分布荷载的悬臂梁，进行抗水流力计算。

六、推广应用前景

统计表明，中国 2100 多个县级行政区中，有 1500 多个分布在山丘地区，受到山洪、泥石流、滑坡灾害威胁的人口达 7400 万人。

2004 年 9 月 4 日，温家宝总理批示："山洪灾害频发，造成损失巨大，已成为防灾减灾工作中的一个突出问题。必须把防治山洪灾害摆在重要位置，认真总结经验教训，研究山洪发生的特点和规律，采取综合防治对策，最大限度地减少灾害损失。"

本课题的研究内容是当前山区乡村抗洪建设所急需的，以研究报告、论文形式提出的成果，也是编制山区乡村抗洪建设规范、标准的前期工作。当相关研究成果形成技术标准并付诸实施后，将对山区乡村的防洪规划、新建房屋的抗洪设计与施工、既有建筑的抗洪鉴定与加固起到重要作用；对提高山区乡村抗洪能力建设，减轻洪水造成的人员伤亡和经济损失具有重要意义。

# 10. 结构顶部不均匀雪荷载分布的研究方法

刘庆宽　孟绍军　李宗益　马文勇　刘小兵

石家庄铁道大学风工程研究中心；恒大地产集团

## 引言

随着我国经济发展、人民生活及审美要求的提高，城市中各类公共建筑越来越多。这些建筑普遍具有建筑外形不规则、平立面布局复杂、穹顶结构跨度大等特点，使得此类结构产生雪致破坏的可能性较大。例如，2005 年 12 月 24 日，日本山形县一所学校的体育馆顶棚被积雪压塌（图 10-1）。2006 年 1 月 29 日波兰卡托维茨（Katowice）国际博览会展厅在巨大雪荷载作用下发生坍塌，事故最终造成 66 人死亡，140 余人受伤（图 10-2）。

风致雪漂移是指气流经过地面建筑物或构筑物时会出现绕流、再附现象，在风力作用下雪颗粒将发生复杂的漂移堆积运动，从而造成大跨屋盖或地面上积雪的不均匀分布[1]。因此，风致雪漂移往往是产生较大雪荷载的重要原因。从日本的现行规范 Commentary on Recommendations for Loads on Buildings-Chapter 5 snow loads 给出的风致漂移雪堆积照片可以明显地看出：由于风致漂移而产生的积雪厚度远大于地面平均雪厚[2]（图 10-3）。除此之外，国内外规范对风致漂移的雪荷载也都作出了相应的规定。所以，本文从规范入手，通过总结规范的特点，可以发现，对于目前各类具有复杂外形的结构，规范的适用性存在着局限。因此，风洞试验成为了研究风致漂移雪荷载的重要手段。

本文选取我国《建筑结构荷载规范》GB 50009-2012[3]（下称我国规范），以及在国际上应用较为广泛的美国规范[4] ASCE 7-98、欧洲规范[5]（Eurocode 1）、加拿大规范[6~7]（NBC 2005）为对象，研究规范中的风致漂移雪荷载问题。

图 10-1　日本暴雪压塌体育馆顶棚

图 10-2 波兰卡托维茨国际博览会展厅雪毁

图 10-3 日本规范中的风致雪漂移照片 [2]

## 一、国内外雪荷载规范分析

### 1. 各规范中的屋面雪荷载基本计算公式

荷载规范的基本计算公式可以一定程度上反映出其建立的理论或实践依据，是规范主题思想的重要体现。

现将以上四本规范的基本计算公式列于表 10-1。通过表 10-1 可以看出，四本规范对于屋面雪荷载计算的基本思想是一致的，都是通过基本雪压乘以各种系数变换为屋面雪荷载。只是我国规范对各种参数的考虑显得过于单薄，但在我国纬度较高的一些地区降雪往往较大，与欧美规范中的某些情况有颇多相似之处，这就使得我国规范显得偏于乐观。所以，除了基本雪压，在规范中是否应该增加其他随地域及环境变化的参数值得商榷。

**各规范中的雪荷载基本计算公式** 表 10-1

| 规范名称 | 基本计算公式 | 符号意义 |
| --- | --- | --- |
| 我国规范 | $s_k=\mu_r s_0$ | $s_k$、$P_s$、$s$ 分别为屋面雪荷载；$s_0$、$P_g$、$s_s$、$s_k$ 分别为基本雪压；$\mu_r$ 为雪荷载分布系数；$C_s$ 为倾斜系数，反映屋面坡度的影响，$C_e$ 为遮挡系数，反映周围环境对建筑的遮挡效应；$C_t$ 为热力系数，反映建筑采暖情况的影响；$I$、$I_s$ 为建筑重要性系数；$C_b$ 为屋面雪荷载基本系数，除大跨度屋面有特殊规定外，一般情况下均取 0.8；$C_w$ 为风力系数；$C_a$、$\mu_i$ 为屋面形状系数；$s_r$ 为关联雨水荷载，其值不大于 $s_s$ $(C_b C_w C_s C_a)$ [8] |
| ASCE 7-98 | $P_s=0.7C_sC_eC_tIC_g$ | |
| Eurocode 1 | $s=\mu_iC_eC_ts_k$ | |
| NBC 2005 | $s=I_s$ $[s_s$ $(C_bC_wC_sC_a)$ $+s_r]$ | |

**2. 各规范所涉及的屋面类型**

四本规范所涉及的屋面类型见表10-2。从表10-2中可以看出，四本规范都给出了比较典型的几种屋面类型的雪荷载分布形式。但是，所涉及屋面类型都十分有限，对于一些比较复杂的屋面结构，尚未作出相应的规定。

各规范中的屋面类型　　　　　　　　　　　　　表 10-2

| 规范名称 | 涉及屋面类型 | 符号意义 |
|---|---|---|
| 我国规范 | 10 | 单跨单坡，单跨双坡，拱形，带天窗，带天窗有挡风板，锯齿形，双跨双坡（拱），高低，带女儿墙，大跨屋面 [3] |
| ASCE 7-98 | 5 | 平屋面，拱形，双坡，锯齿，高低屋面 [4] |
| Eurocode 1 | 10 | 单跨单坡，单跨双坡，双跨双坡（两种），拱形，高低，带挡风板（平、坡两种），带女儿墙，毗邻较高结构屋面 [5] |
| NBC 2005 | 7 | 单跨双坡，拱形（两种），双跨双坡（拱），高低（两种），带挡风板屋面 [7] |

另外，NBC 2005 中还提到，在某些情况下，屋面邻近较高的结构时，建议采用模型试验的方法确定其雪荷载 [7]。所以，现在面对越来越多布局复杂的结构，寻找一种合理的预测其雪荷载分布的方法成为亟待解决的问题。

**3. 不同规范对于高低屋面的计算结果**

四本规范的屋面雪荷载计算公式虽然有些差异，但是，对于一般结构，在一般环境下，分别用这四本规范对其雪荷载进行计算的话，所得到的最不利结果还是比较接近的。由于在各规范中，高低屋面都是遭受风致漂移雪荷载比较严重的屋面形式，所以不妨以高低屋面为例，分别用四本规范对其计算，其示意图如图 10-4。计算结果最大雪荷载分布系数 $\mu_{r,m}$ 及漂移雪荷载分布长度 $a$ 见表 10-3。从表 10-3 中可以看出，根据四本规范所得的 $\mu_{r,m}$ 值是比较接近的。我国规范、Eurocode 1 的 $a$ 值与 ASCE 7-98、NBC 2005 相差较大的原因是：我国规范与 Eurocode 1 中风致漂移雪荷载长度是高低屋面高差（$h$）函数，而 ASCE 7-98、NBC 2005 这一值是风致漂移雪荷载最大堆积厚度（$h_d$）的函数。

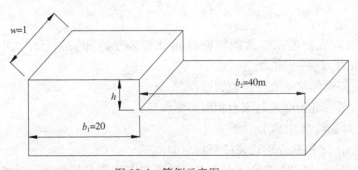

图 10-4　算例示意图

按不同规范计算所得最大雪荷载分布系数 $\mu_{r,m}$ 及漂移雪荷载分布长度 $a$　　表 10-3

| 规范名称 | $\mu_{r,m}$ | $\mu_{r,m}$ 计算公式 | 符号意义 | $a/m$ | $a$ 计算公式 |
|---|---|---|---|---|---|
| 我国规范 | 4.00 | $\mu_{r,m}=(b_1+b_2)/2h,\ (2.0\leqslant\mu_r\leqslant4.0)$ | $b_1$、$b_2$、$h$ 见图 10-3;$h_g$ 为地面积雪厚度;$l_t$ 为屋面的特征长度，按 $l_t=2w-w^2/l$ 计算，$w$ 为屋面的短边，$l$ 为屋面的长边，详见文献 [7]，此例中 $l_t=2w-w^2/l$;$h_p$ 为高屋面女儿墙高度;$h_d$ 为风致漂移雪荷载最大堆积厚度;$\gamma$ 为积雪密度 | 8.00 | $a=2h$,（4m<$a$<8m） |
| ASCE 7-98 | 3.84 | $\mu_{r,m}=\dfrac{0.43\ (b_1)^{\frac{1}{3}}(s_0+10)^{\frac{1}{4}}-1.5}{h_g}+1$ | | 2.54 | $a=4h_d$ |
| Eurocode 1 | 4.00 | $\mu_{r,m}=(b_1+b_2)/2h\leqslant\gamma h/s_0,\ (2.0\leqslant\mu_r\leqslant4.0)$ | | 10.00 | $a=2h$,（5m$\leqslant a$ $\leqslant$15m） |
| NBC 2005 | 4.03 | $\mu_{r,m}=0.35\ [\gamma l_t/s_0-6\ (\gamma h_p/s_0)^2]^{0.5}+C_b$ | | 3.03 | $a=5\ (s_0/\gamma)$ $(F-C_b)$ |

## 二、风致雪漂移风洞试验相似理论探讨

由于风洞本身的尺寸有限，所以要想利用模型试验得出可靠的结果，模型试验的整个过程就要满足相应的相似参数。严格地讲，模型的几何缩尺参数，流动形态即流型（flow pattern）参数，雪颗粒运行轨迹参数应该遵循与其相对应的同一个比例缩尺，这样才能保证流动形态和颗粒运行轨迹在模型与原型之间是相同的；模型试验只不过是原型按一定比例的缩尺而已。要想实现这点，需要使流体流动过程中的运动与动力相似，以及对颗粒运动过程的准确缩尺。这样模型与原型的动力效应才是相似的。所以，模型试验应该满足下面的相似参数 [9]。

为得到相似的流型需要满足：

1. 模型及其周围地貌都要满足几何相似（geometric similarity）。

2. 风洞流场的风剖面（velocity profile）相似。

为了得到准确的颗粒运行轨迹需要满足：

3. 惯性力与重力的比弗洛德数（Froude number）相似，即

$$\left[\frac{F_{in}}{F_g}\right]_M=\left[\frac{F_{in}}{F_g}\right]_P \tag{10-1}$$

4. 阻力与惯性力的惯性参数即欧拉数（Euler number）相似，雪颗粒气动阻力（$\rho L^2U^2$）与惯性力（$\rho_s L^2U^2$）之比，即

$$\left[\frac{F_D}{F_{in}}\right]_M=\left[\frac{F_D}{F_{in}}\right]_P \tag{10-2}$$

也可以用空气密度 $\rho$ 与雪颗粒密度 $\rho_s$ 比值表示，即 $\rho/\rho_s$。上式中，$F_{in}$——惯性力；$F_D$——气动阻力；$F_g$——重力。

5. 准确模拟雪颗粒从表面跃起的过程。

为了使雪漂移沉积形式与原型相同需要满足：

6. [休止角]$_M$=[休止角]$_P$

以上各式中 $M$ 和 $P$ 分别代表模型和原型。

理想状态下应该同时满足以上六点。但要想在实际环境中实现这点是不可能的。所

以，现有的研究中大都认为 3、4、5 较为重要，在不能同时满足全部要求时，要尽量满足这三点。为了使相似的等式更加合理，可以做进一步的推导。现有研究在这方面也做了许多工作，尤其是 Strom（1962）、Odar（1965）、Isyumov（1971）、Kind（1976）、Iversen（1979-1984）为此作出了巨大贡献[10, 11]。最终得出条件 3、4 可以利用下面的 7、8 更直观地表达。

7. 如果用 $U$ 表示参考风速；$L$ 表示参考长度；$g$ 代表重力加速度；$\rho$ 代表空气密度，$\sigma$ 代表颗粒密度，则有：

$$\left[\frac{U^2}{Lg}\frac{\sigma}{\sigma-\rho}\right]_M = \left[\frac{U^2}{Lg}\frac{\sigma}{\sigma-\rho}\right]_P \tag{10-3}$$

8. 涉及最终沉降速度 $V_F$，即

$$\left[\frac{V_F}{U}\right]_M = \left[\frac{V_F}{U}\right]_P \tag{10-4}$$

其中，公式（3）为考虑密度的弗洛德数（Froude number）。而条件 5 则可通过：

9. 涉及颗粒跃起速度 $v_1$ 的式子表达，即

$$\left[\frac{v_1}{U}\right]_M = \left[\frac{v_1}{U}\right]_P \tag{10-5}$$

这里，$v_1$ 表示颗粒刚从表面升起时具有的竖向速度。

目前，颗粒从表面跃起的过程暂不十分明确，但是 $v_1$ 最可能与 $d$、$\sigma$、$\rho$、$v$ 和 $u_*$ 有关。这里，$d$ 为颗粒直径；$v$ 为流体的动黏性系数；$u_*$ 为流动剪切速度。学者 Kind（Kind，1976；Kind and Murray，1982）认为，为了正确地模拟雪颗粒的跃起过程，需要满足条件 10[10]。

10. 流动剪切速度 $u_*$ 与临界剪切速度 $u_{*t}$ 间的关系，用 $U_t$ 表示表层颗粒达到 $u_{*t}$ 时，对应的某一高度处的参考风速[11]，则有：

$$\left[\frac{u_*}{u_{*t}}\right]_M = \left[\frac{u_*}{u_{*t}}\right]_P \text{ 或}\left[\frac{U}{U_t}\right]_M = \left[\frac{U}{U_t}\right]_P \tag{10-6}$$

另外，1984 年 Anno 的研究表明 $U_t$ 可以近似用 $u_{*t}$ 代替。所以，在本文后续试验中，试验风速的选取原则遵循了这一原则。

对于基于粗糙高度的雷诺数（Reynolds number），及颗粒密度与流体密度比是否应该在模拟试验中优先考虑目前还存在着很大的争议。但是，无论是风洞试验，还是水槽试验条件 1、2、6、7、8、10 都是可以满足的。另外，日本学者 Anno（1984）认为弗罗德数即条件 7 只在表面粗糙度发挥作用的风剖面底层范围内比较重要。有学者认为，放宽对弗罗德数的缩尺，会导致模型中的流体及模拟颗粒的速度过高，这种情况下，与重力相比，惯性力起主要作用，结果会使跃移轨迹的高度和长度过大。但是，在试验中，如果这一结果远小于风致雪漂移堆积区域的几尺寸时，放宽这一相似缩尺对试验的结果应该影响不大。

### 三、风致雪漂移风洞试验

#### 1. 试验概况

为了寻找一种合理的方法，利用风洞试验模拟风致雪漂移，本文进行了风致雪漂移风洞试验。为了使本次试验更具针对性，选择试验模型时参考了日本学者 M. Tsuchiya 的文献 [12]，选择了与其类似的试验模型，如图 10-5，$H$=100 mm。模拟颗粒选取了食用盐（NaCl）（粒径 0.2 ~ 0.5 mm）。

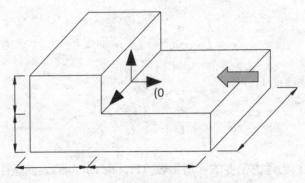

图 10-5　试验模型示意图

石英砂（粒径 0.5 ~ 0.7 mm）；明矾 [KAl(SO$_4$)$_2$·12H$_2$O]（粒径 < 0.1 mm）；干松木屑（粒径 0.5 ~ 1.8 mm），如图 10-6 ~ 图 10-9 所示。模拟颗粒属性参数见表 10-4。

图 10-6　食用盐颗粒

图 10-7　石英砂颗粒

图 10-8　明矾颗粒

图 10-9　干松木屑

**模拟颗粒与试验有关的属性参数**　　　　　　　　　　　表 10-4

| 颗粒名称 | 粒径 / mm | 密度 / (kg·m⁻³) | 临界剪切速度 / (m·s⁻¹) | 休止角 / (°) |
|---|---|---|---|---|
| 雪颗粒 | 0.15 ~ 0.2 | 50 ~ 700 | 0.15 ~ 0.36 | 30 ~ 50 |
| 硅砂 | 0.5 ~ 0.7 | 2650 | 0.39 | 37 |
| 食用盐 | 0.2 ~ 0.5 | 2165 | 0.30 | 33 |
| 明矾 | < 0.1 | 1757 | — | — |
| 干松木屑 | 0.5 ~ 1.8 | 450 | 0.18 | 30 |

**2. 试验过程与结果分析**

目前，虽然风致雪漂移的运动理论尚不完善，没有一套权威的相似参数作为依据，但风致雪漂移堆积形式的决定因素应该为颗粒的起动过程，以及其最终形成的稳定形态。所以，本次试验主要考虑了这两个相似参数：颗粒起动风速相似；颗粒堆积形状相似即休止角相似，详见表 10-4。风速相似参数参考了 J. D Iversen、R. J. Kind 及 Yutaka. Anno 的相关研究[10-13]，按如下选取：

$$\left[\frac{U}{u_{*t}}\right]_M = \left[\frac{U}{u_{*t}}\right]_p \tag{10-7}$$

试验持续时间通过对试验观察得到：吹风 30 min 后，漂移形式基本稳定。所以，各试验时间均取 30 min。因为 Yutaka. Anno 在文献[13]中提到漂移形式与风剖面不敏感。所以，试验在均匀流下进行，试验过程中低屋面处于迎风面，如图 10-5。

食用盐的试验风速为 6.4 m/s（因为在此风速下可以用肉眼观察到颗粒运动，其他材料情况与这里相同）。开始，为了寻找合理的初始铺设厚度的大致范围，选择了梯度较大的三个初始铺设厚度 10 mm、30 mm、50 mm。图 10-10 为持续吹风 30 min 后的低屋面中心位置处的无量纲厚度（$s/s_d$）与无量纲长度（$x/H$）关系。

石英砂的试验风速为 8.4 m/s。从食用盐的试验结果来看，当铺设厚度 50 mm 时，试验结果与实际情况相差较大，故对于石英砂的试验，采用了两个厚度 10 mm、30 mm 初始厚度进行试验。试验结果见图 10-11。从图中可以看出，虽然石英砂的临界剪切速度比食用盐要大，但是石英砂的试验结果与食用盐的试验结果相差不大。

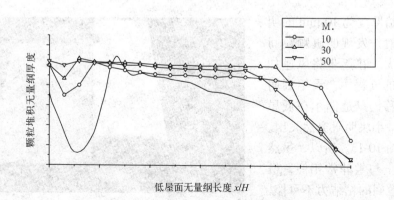

图 10-10　不同厚度食用盐的堆积曲线

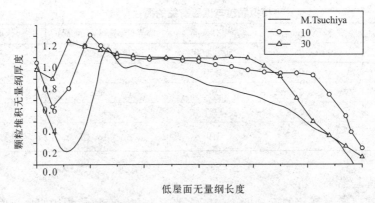

图 10-11　不同厚度石英砂堆积曲线

干松木屑的试验，采用的试验风速为 4.0 m/s。为了进一步寻找合理的初始铺设厚度，此次厚度选择为 10 mm、20 mm、30 mm。不同厚度下的试验结果见图 10-12。从图中可以看出，干松木屑在前端气流分离区会出现少量堆积。原因可能是：当低屋面处在迎风面时，来流在低屋面处出现分离，产生漩涡，而干松木屑的密度较小，且颗粒间不存在粘结力。这使得干松木屑可以随着漩涡向低屋面前端移动，从而前端产生堆积。这也印证了 R. J. Kind 给出的结论：轻质颗粒在风洞中模拟风致雪漂移效果不佳 [11]。

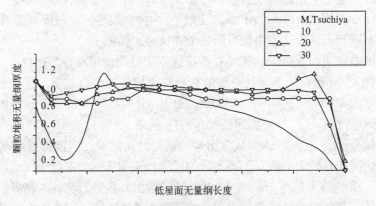

图 10-12　不同厚度下干松木屑堆积曲线

在对初始厚度为 10 mm 的明矾进行试验时，发现明矾颗粒间的粘结力过大。在逐步将风速加大到 11 m/s 的过程中，看不到明显的颗粒漂移，只是偶尔在低屋面前端会有一小块明矾突然飞出。试验照片见图 10-13。所以，虽然明矾在质感上与雪非常相似，但是由于其颗粒间的粘结力不可控，故不适合用来模拟风致雪漂移。

图 10-13　风速 11 m/s 时 10 mm 厚的明矾

另外，根据食用盐的试验结果推测，6.4 m/s 的风速偏小，而 30 mm 厚度略偏厚。于是，重新对食用盐颗粒，选择初始厚度 20 mm，风速 8.2 m/s 进行试验。因为，在 M.Tsuchiya 的试验中 $U$=3.5 m/s，雪颗粒为新降雪，取 $u_{*t}$=0.15 m/s。由此，根据式（7）所得的试验参考风速为 7 m/s。但现实环境中的风速极不稳定，3.5 m/s 的风速只能反映其平均值，而较大的风速对漂移效果影响更大。所以，选取试验风速比计算参考风速略大。从试验结果图 10-14 可以看出，相对于前面的试验，此结果与 M.Tsuchiya 结果较为接近。这也说明式（7）能近似反映试验环境与真实环境间的风速对应关系。另外，为了更直观地表明试验过程中的颗粒堆积和侵蚀情况，给出漂移形式的三维图（图 10-15）。由于其漂移形式沿低屋面中心呈对称分布，所以取其一半，其坐标方向见图 10-5。

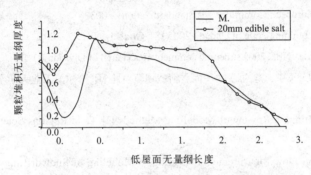

图 10-14　风速 8.4 m/s 时 20 mm 厚食用盐试验结果

**四、结语**

本文通过对比研究雪荷载相关规范，以及采用风洞试验对风致雪漂移进行模拟。主要得出以下几点结论：

1. 目前，对于外形不规则、布局复杂、穹顶跨度大的屋面结构，风致漂移雪荷载已成为威胁其安全性的重要荷载。

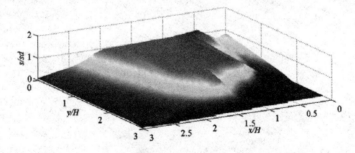

图 10-15　食用盐厚度 20 mm 时漂移堆积及侵蚀形式

2. 相对其他三本规范，我国规范对影响雪荷载的各种环境参数考虑较少。另外，四本规范涉及的屋面类型都十分有限，对于目前一些新兴的结构类型，其适用性存在一定局限，有进一步完善的必要。

3. 通过对不同模拟颗粒进行风洞试验发现：明矾因为颗粒间作用力较大，不易产生连续的漂移运动；干松木屑因为密度太小，模拟效果也不佳；大密度颗粒的食用盐和硅砂的模拟效果相对较好；利用初始铺设厚度 20 mm，粒径均匀的食用盐进行模拟试验时，风速相似参数式（7）可以近似反映试验环境与真实环境间的风速对应关系。

## 参考文献

[1] 周暄毅，顾明. 风致积雪漂移堆积效应的研究进展 [J]. 工程力学，2008，25（7）：5-10.

[2] AIJ. Commentary on Recommendations for Loads on Buildings-Chapter 5 snow loads [S]. Tokyo：Architectural Institute of Japan，2006.

[3] 中华人民共和国国家标准. GB50009-2012 建筑结构荷载规范 [S]. 北京：中国建筑工业出版社，2012.

[4] ASCE. ASCE 7-98 - Minimum design loads for buildings and other structures [S]. Reston：ASCE Press，1998.

[5] European Standard. EN 1991-1-3 Eurocode 1 - Actions on structures - Part 1-3：General actions - Snow loads [S]. Europe：European Committee for Standardization，2003.

[6] NRC-IRC. National building code of Canada 2005 [S]. Ottawa：NRCC，2005.

[7] NRC-IRC. User's guide - NBC 2005 structural commentaries (Part 4 of Division B)[M]. Ottawa：NRCC，2005.

[8] 范峰，莫华美，洪汉平. 中、美、加、欧屋面雪荷载规范对比 [J]. 哈尔滨工业大学学报，2011，43（12）：18-22.

[9] Kind R J. Snowdrifting：a Review of Modelling Methods [J]. Cold Regions Science and Technology，1986，12：217-228.

[10] Kind R J. Saltation Flow Measurements Relating to Modeling of Snowdrifting [J]. Journal of Wind Engineering and Industrial Aerodynamics，1982，10：89-102.

[11] Iversen J D. Comparison of wind-tunnel model and full-scale snow fence drifts [J]. Journal of Wind Engineering and Industrial Aerodynamics，1981，8：231-249.

[12] Tsuchiya M，Tomabechi T，Hongo T，Ueda H. Wind effects on snowdrift on stepped flat roofs [J]. Wind Engineering and Industrial Aerodynamics，2002，90：1881-1892.

[13] Anno Yutada. Requirements for Modeling of a Snowdrift [J]. Cold Regions Science and Technology，1984，8：241-252.

# 11. 建筑与桥梁强/台风灾变

赵林　葛耀君

同济大学土木工程防灾国家重点实验室

## 一、课题背景

我国地处太平洋西北岸，全世界最严重的热带气旋（台风）大多数在太平洋上生成并沿着西北或偏西路径移动，频繁地在我国登陆并正面袭击我国沿海地区，是世界上少数几个受自然灾害影响最严重的国家之一。据联合国统计，我国平均每年因自然灾害造成的经济损失仅次于美国和日本，居世界第三位，其中，风灾占有很高的比例。据统计，我国沿海地区平均每年有登陆台风 7 个、引起严重风暴潮灾害 6 次、最大风速可达 60m/s 以上，对沿海地区的生命财产安全以及重大工程构成严重威胁。我国沿海地区经济发达，财富高度集中，重大工程建设发展迅速，强/台风作用使沿海城市和重大工程的易损性与灾害链的易发性显著增加，成为重大工程安全性和适用性最主要的控制因素之一。目前我国沿海经济发达地区新建及待建的重大建筑与桥梁数量明显增加，强/台风引起的极值风荷载往往成为控制设计、施工和运行的关键因素，台风风场的涡旋结构和复杂下垫面共同作用而导致的近地层剧烈、复杂的湍流风是现代超大跨桥梁、超高层建筑、超大空间结构等致灾致损的重要因素。国内外现有抗风研究成果大都针对良态气象条件下的季风，其风场大体呈规则的"带状"分布，而台风风场则呈不规则的"环状"或"螺旋状"分布，两种不同环流结构天气系统的风场，尤其是近地边界层的脉动风特性差异很大。随着我国超大跨桥梁、超高层建筑、超大空间结构在东南沿海台风影响地区的大量兴建，强台风作用下的风致灾变将成为 21 世纪土木工程界所面临的最严峻的挑战。

## 二、实施以来的总体情况

通过对重大工程（包括大跨桥梁、超高建筑和大型空间结构）在强/台风场动力作用下的损伤破坏演化过程的研究，揭示重大工程的风致损伤和失效机理，建立重大工程动力灾变模拟系统，发展与经济和社会相适应的重大工程防灾减灾科学和技术。收集、观测了大量强/台风风场实测数据资料，研发了一批先进适用的物理实验和现场实测技术和设备，完成了众多结构模型风洞试验和实际结构现场实测，提出或修正了重大工程结构抗风理论和方法，提出或完善了结构风致效应数值模拟方法，并编写了相关的分析软件。

1. 强/台风风场实测数据和资料

获取、整理了登陆我国数百个台风过程的高空和近地边界层实测数据，包括我国东、南部沿海的主要台风过程的气象站实测数据、雷达和卫星观测数据；多种典型内陆地形的测风塔实测数据和典型地形模型的实验室均匀流场测试数据，为项目研究的开展提供了较好的支撑。对多组具有不同下垫面代表性台风强风风场实测数据分析研究，进一步揭示了登陆台风近地层的平均和脉动风场结构特性；给出了客观刻画台风强风致灾特性的各种参数计算方法、表达方式和分布特征；采用高分辨率重建资料，对登陆我国东部沿海地区的台风风场的水平和垂直结构特征进行了精细化分析研究，初步揭示了登陆台风风场分布的基本形态。

2. 物理试验 / 现场实测技术和设备

研发了先进适用的物理实验 / 现场实测技术和设备，包括：高精度人工降雨模拟技术和装置、斜拉索风雨激振水线超声测量系统、流态可视化试验记录装置（包括 PIV 流迹显示设备）；主动风扇与振动格栅组合方式的大气边界层湍流模拟装置、竖向和顺风向大尺度紊流的振动格栅发生装置；模拟桥梁断面大振幅运动的强迫振动装置用于非线性气动力识别；建成了多层建筑风速风压实测、超高层建筑风环境和结构响应长期实测的基地多个；建成了以舟山西堠门大桥、金塘大桥重大工程为依托的多个风效应长期实测基地。

3. 风洞试验 / 结构实测技术和信息

完成了结构模型风洞试验和实际结构现场实测，包括：50 多种典型桥梁断面二维刚性悬吊节段模型和拉条模型风洞试验；10 余座大跨度桥梁全桥气弹模型风洞试验；90 多个超高层建筑模型的测力和测压风洞试验；50 多个缩尺模型大跨屋盖结构的风洞试验信息；观测并汇总西堠门大桥（世界上最大跨度的分离式双箱梁悬索桥）和金塘大桥（大跨度斜拉桥）等风环境和风效应现场实测信息；以上海环球金融中心、广州西塔、广州新电视塔、深圳京基大厦、新世界中心和卓越世纪广场等为工程依托，获取了台风作用下结构响应加速度信息；系统整理并分析某气象站近 30 余年台风条件平均风速和降雨强度联合观测信息。

4. 重大工程结构抗风理论和方法

提出了创新性的结构抗风理论和方法，包括：城市风冠层湍流强度、阵风系数、湍流积分尺度、风速功率谱密度的垂直分布规律；强 / 台风条件下风雨共同作用气 / 液极值荷载概率模型、长拉索和大跨桥梁风雨激励效应模型；大跨桥梁非线性自激气动力模型及非线性气动参数识别方法、统一气动力模型以及基于该模型的缆索承重桥梁风致灾变全过程能量转化原理和三维数值模拟方法；拱桥板式吊杆大攻角颤振理论及驰振和涡振判别方法；分体钢箱梁涡振特性及其雷诺数效应的实桥现场观测与模型风洞试验方法；结构表面风压高斯区和非高斯区划分标准、极值风压概率分布和基于模糊神经网络的风压分布模型；结构风荷载的空间和时 / 频变异规律、多目标等效静风荷载统一方法。

5. 风致效应数值模拟方法和软件

完善了风致效应数值模拟方法和具有自主知识产权的软件，包括：高分辨率（水平1000m、垂直 50m）登陆台风风场预测模型、"台风致灾风参数"场分析方法、台风工程风险评估的数值模型；深切峡谷等复杂地形风场数值模拟分析方法、设计风速确定的复合模型；大跨桥梁抗风 Lattice Boltzmann 方法和 LES 方法软件、基于国际开源软件平台OpenFOAM 的 DES 方法软件；基于多相流（Multi-Phase）原理的斜拉索风雨振数值模拟的 VOF 方法和软件、风雨两相流中气液界面跟踪与重构的 DNS 软件、多界面输运及重构算子（MARS）的 DNS 软件；开放式超高建筑风致响应数值模拟平台、多目标等效静风荷载分析软件；结构风振物理实验与数值模拟的混合子结构方法和软件；建筑结构风荷载数据库系统；基于时变本构关系的索膜结构非线性分析软件。

三、重要进展及其影响

研究工作实施四年以来，主要就以下六方面研究内容取得了一些新的研究进展，包括：

（1）强／台风场的分布特性、时空模型与预测方法；（2）风荷载和结构响应的空间和非线性动力效应；（3）结构内部及与风雨环境介质之间的动力耦合效应和能量转换；（4）风致结构损伤演化规律与破坏倒塌机制；（5）结构风致灾变全过程数值计算和实测验证；（6）强／台风作用下重大工程风致效应现场实测。

1. 强／台风场的分布特性、时空模型与预测方法

目前世界上绝大多数国家风荷载规范仅针对良态气候及其结构风效应，缺少针对强／台风为代表的灾害性气候条件风场的定义和说明；尚未建立统一完整的强／台风风场时空理论模型和高分辨率数值模拟模型。

本项目针对登陆台风和强季风进行了实地观测，研究了强／台风的水平和垂直分布空间特性以及平稳与非平稳时间特性，提出了高时空分辨率（水平 1000m 和垂直 50m）的平均风及其相应的脉动风理论模型，揭示了登陆台风近地层风场结构特性。

2. 风荷载和结构响应的空间和非线性动力效应

现有建筑结构风荷载基本理论均以线性气动力荷载模式、准／定常荷载基本假定、平稳和单目标为出发点，其中对于柔性桥梁又以片条理论、实用气动力空间相关性分析为特点，使得重大工程风致动力灾变研究存在着很大的响应分析方法的近似性和实用性。

本项目采用国际上最先进的多风扇主动湍流发生装置和自主研发的振动格栅，基于两自由度大振幅强迫振动装置，对典型桥梁断面气动力非线性效应进行了研究，揭示了渐进收敛振动、极限环状振动和直接发散振动等三种振动形式下的气动力非线性动力效应。

3. 结构内部及与风雨环境介质之间的动力耦合效应和能量转换

现有桥梁和结构风工程理论一般独立考虑来流风的作用，并未将强／台风气候条件作为一种重要介质，即降雨效应的影响忽略不计。风速和雨强联合概率分布、风雨作用物理实验平台和模拟相似准则、风雨耦合效应对于结构气动力荷载的影响和能量转换研究极少涉及。

本项目基于台风过程中风速和雨强的历史记录资料，提出了适合于极值风速和极值雨强的独立分布概率模型和联合分布概率模型；采用研发的高精度人工模拟降雨装置，针对十种典型钝体断面实施了在风雨模拟环境下的气动荷载测力试验和悬吊模型测振试验，并揭示了雨强对钝体断面的定常气动力演化关系；采用数值模拟和流迹显示方法，研究了二维桥梁断面风致自激振动中的能量转换机理。

4. 风致结构损伤演化规律与破坏倒塌机制

现有建筑结构风荷载及其效应研究主要针对平坦场址来流条件、研究对象以单体、简单结构形体为主，缺少多种典型山区复杂风特性、多种典型结构气动外形、湍流和非平稳性来流效应、雷诺数效应、气动弹性效应及围护结构风载特征的深入研究。

本项目采用风洞试验和理论研究相结合的方法，对近百个不同外形的超高建筑模拟进行了系统研究，其中包括周边建筑气动干扰、来流湍流影响等；研究了典型大跨空间结构风荷载的空间和时频变异性，提出了屋盖表面风压高斯区和非高斯区的划分方法，建立了结合来流谱与漩涡脱落谱的脉动风压自谱模型。

5. 结构风致灾变全过程建模理论和数值分析

现有结构风荷载效应数值分析多针对忽略结构气动弹性效应的刚性构件表面气动力荷载分布和绕流流场特征为主，分析过程一般针对单一形态的流场条件和气动力效应，与原

型结构较为复杂的来流条件和气动响应存在较大差别。

本项目自主研发了 Lattice Boltzmann 方法和 LES 方法大跨桥梁风致关键效应数值分析软件以及基于国际开源软件平台 OpenFOAM 的 DES 等方法软件，并提出了物理实验与数值模拟混合子结构方法；建立了开放式超高建筑风致响应数值模拟平台和建筑结构风荷载数据库系统以及多目标等效静风荷载分析软件。

6. 强 / 台风作用下重大工程风致效应现场实测

现有重大工程原型实测工作多数针对良态气候条件结构表面气动力荷载及其效应；实测手段较为单一，难于兼顾各种结构风效应的一般特征。

本项目针对舟山西堠门大桥分体式钢箱梁风致振动和金塘大桥斜拉索风雨振等多个大跨桥梁进行了现场实测，分析比较了现场实测结果与风洞试验结果的差异；在上海环球金融中心、广州西塔等多个超高建筑，进行了风速风向、结构风荷载和风致振动的现场实测，分析比较了现场实测结果与风洞实验结果的差异。

**四、后继深入研究关键科学问题和研究内容**

为了满足国家重大战略需求，国家基金委在原有重大工程动力灾变项目基础上跟踪实施了集成研究计划。深入研究计划主要针对重大建筑与桥梁在建设和运行过程中面临五大科学和技术挑战：由强 / 台风边界层风场时空特性、效应模拟与预测模型以及登陆台风非平稳、非定常结构气动力特性与数学模型两大挑战，可以凝炼出第一个关键科学问题——强 / 台风场非平稳和非定常时空特性及其气动力理论模型；由重大建筑与桥梁风效应全过程精细化数值模拟与可视化、重大建筑与桥梁风致振动多尺度物理模拟与验证两大挑战，可以凝炼出第二个关键科学问题——强 / 台风与重大建筑或桥梁耦合作用的非线性动力灾变演化规律与全过程数值模拟原理及其验证；由重大建筑与桥梁风致灾变机理、控制措施与原理方面挑战，可以凝炼出第三个关键科学问题——重大建筑与桥梁风致动力灾变的失效机理与控制原理。围绕这三个关键科学问题，明确了六项研究内容，即强 / 台风场时空特性数据库和模拟模型、结构气动力数学模型与物理实验识别、三维气动力 CFD 数值识别与高雷诺数效应、结构风效应全过程精细化数值模拟方法与软件、结构风致振动多尺度物理模拟与实测验证、结构风致灾变机理与控制措施。

重大研究计划集成项目紧密围绕上述三个关键科学问题，着重开展超大跨桥梁、超高层建筑和超大空间结构强 / 台风作用下的结构致灾机理、灾变控制及实测验证，集成重大建筑与桥梁风致灾变模拟系统，包括强 / 台风场模拟、气动力风洞试验、气动参数数值模拟、风效应动态显示、风速全过程模拟、现场实测验证、风效应检验标准和风振控制措施等八大模块。除了风效应动态显示和风效应检验标准两个模块之外，本项目主要针对其余六大模块开展六个方面的研究工作，即强 / 台风场时空特性数据库和模拟模型、结构气动力数学模型与物理实验识别、三维气动力 CFD 数值识别与高雷诺数效应、结构风效应全过程精细化数值模拟方法与软件、结构风致振动多尺度物理模拟与实测验证、结构风致灾变机理与控制措施。

# 12. 超大型冷却塔抗风分析方法

陈凯　符龙彪
中国建筑科学研究院

## 一、引言

作为一类重要的工程结构，冷却塔在风荷载作用下的安全性历来受到工程界的高度重视。尤其是近年来冷却塔的建设规模越来越大，风荷载问题更加突出。目前规划的超大型间接空冷塔的高度已经超过了200m，其外形与传统双曲型冷却塔相比，高度与直径之比更小，风压分布的三维特征更为显著。另外超大型冷却塔的自振周期也更长，对风荷载作用也更加敏感。因而，对于超大型冷却塔的抗风设计方法，现有规范的相关规定[1]已不适用，一般要通过风洞试验确定其风荷载取值。

实际上，自1965年渡桥电站冷却塔风毁事故发生以来，国内外研究者针对冷却塔的风压分布和风致振动开展了大量研究工作。对于冷却塔的表面风压分布，有较多的研究成果，基本解决了冷却塔风洞试验的雷诺数相似性模拟问题[2]，对于多塔分布情况下的塔群干扰效应也有较多的研究结果[3]。而冷却塔在脉动风压作用下的风致振动，以往多采用气动弹性模型试验进行研究。根据弹性模型的制作工艺和测试方法不同，全弹性模型可以通过测量应变[4]和位移[2]、等效弹性模型[5]可以通过测量位移来研究冷却塔的风振特性。

虽然冷却塔气动弹性模型试验是研究冷却塔风振特性的重要手段，但气弹模型的缩尺比通常在数百分之一，模型加工精度和测量误差对结果都有不可低估的影响。另外，当要研究结构参数变化对风振响应的影响时，需要制作不同的气动弹性模型进行试验，费时耗力。因此，根据随机振动理论，利用同步测压的风洞试验结果进行风振响应分析，是一种简单有效的研究方法[6]。同步测压试验一般采用刚性模型，不能反映冷却塔的流—固耦合效应。但对比研究表明[5]，冷却塔的流—固耦合效应不显著，采用刚性模型试验的压力时程分析其风振响应，误差在工程可接受的范围。

基于风洞测压试验的随机振动分析，通常采用CQC方法或其改进方法进行计算，运算量较大，往往需要对测压时程进行归并处理，截断的参振振型数也较为有限。最近基于振型叠加法提出的广义坐标合成法[7]，较好地解决了风振计算量太大的问题，可方便快捷地得出各种响应统计值及其时程。另外，在结构设计实践中，为便于操作，通常将动力风荷载转化为等效静风荷载进行静力计算[8]。但对于振型密集的结构而言，等效静风荷载并不能很好满足所有荷载效应的等效。因此，考虑到冷却塔轴对称的结构特点，采用基于荷载效应的抗风分析方法是可行的[9]。

本文采用广义坐标合成法，结合超大型冷却塔的刚性模型测压试验，分析比较了不同结构参数设置时的冷却塔内力响应的区别，并对冷却塔的抗风分析方法提出建议。

## 二、风振响应计算方法和等效静风荷载的基本理论

### 1.广义坐标合成法

CQC 公式根据振型叠加原理，导出了响应和激励的功率谱矩阵之间的关系，响应的统计特性由功率谱在频域的积分求得。实际上，很多工程领域的随机振动问题，并不关心响应的谱特性，而更关心其统计特征。广义坐标合成法直接通过广义坐标的协方差矩阵计算响应统计值。对比分析表明，采用该方法计算风振响应统计值的时间通常只是 CQC 改进方法（虚拟激励法、谐波激励法）的几十分之一[7]。

响应的协方差矩阵可表示为：

$$[V_{xx}]=[\varPhi][V_{qq}][\varPhi]^{T} \tag{12-1}$$

其中 $[V_{xx}]$ 和 $[V_{qq}]$ 分别是响应和广义坐标的协方差矩阵。上式为广义坐标合成法的基本公式。该公式与 CQC 公式的等价性可通过帕斯瓦尔关系式得到证明。

除了位移之外，其他响应量（如内力）同样可以根据振型叠加法求解。此时只需将式（1）中的振型矩阵 $[\varPhi]$ 替换为和响应量对应的影响矩阵 $[A]$。

对于各态历经的平稳随机过程，经常对它的一次实现进行数学处理，将该次实现的时域统计值作为随机过程的期望值。在这种情况下，激励时程是已知的，可以用频域解法求解广义坐标的单自由度运动方程，进而得出 $[V_{qq}]$。广义力时程 $\{f(t)\}$ 可由下式计算：

$$\{f(t)\}=[\varPhi]^{T}[R]\{P(t)\}=[T]\{P(t)\} \tag{12-2}$$

其中 $[R]$ ——荷载扩展矩阵，将测点时程转换为节点时程；$[T]$ ——转换矩阵，可将测点时程 $\{P(t)\}$ 直接转换为广义力时程。注意到工程问题中，随机过程的一次实现得到的通常是有限的离散时间序列，因此可以对广义坐标方程两边施以快速傅立叶变换（FFT），之后再进行反变换，进而求得广义坐标时程，即

$$q_{j}(t)=\tilde{F}<H_{j}(i\omega)f_{jF}(\omega)> \tag{12-3}$$

其中 $\tilde{F}<\cdot>$ 表示对频域离散序列进行 FFT 逆变换，$H_{j}(i\omega)$ 和 $f_{jF}(\omega)$ 分别表示 $j$ 阶振型的频率响应函数和 $j$ 阶广义力时程的 FFT 变换。求得广义坐标时程后，即可计算其协方差。

直接求解广义坐标的运动方程不但计算量很低，而且可以根据振型叠加法，从广义坐标时程得出所需要的响应时程，这是该方法的一个突出优点。

上述公式建立了广义坐标合成法的基本计算框架。

风振计算时需要将测点的风荷载拓展到所有的受风节点上。冷却塔风压分布的特点是环向角度对于风压值影响最大。因此对于节点的风荷载值，采用了上下两层相邻测点的四点加权插值方法。各测点的权重取为测点与节点距离的倒数。即下式：

$$p_{m}(t)=\frac{\sum\limits_{k}w_{k}(t)/l_{km}}{\sum\limits_{k}1/l_{km}} \tag{12-4}$$

其中 $w_{k}(t)$ 为测点 $k$ 的压力时序，而 $l_{km}$ 为结构受风节点 $m$ 与测点 $k$ 的距离。测点共选择了 4 个，分别是节点的上、下两层中与其环向位置最接近的 4 个测点。而对于顶层和底层测点之外的节点，则采用相邻层的环向两点插值方法。

根据这种插值方法，荷载扩展矩阵 $[R]$ 为每行仅包含 4 个非零元素的稀疏矩阵。最终转换矩阵 $[T]$ 取决于结构振型和测点、节点的相对位置关系，因此只需要计算一次。且其

为 $K \times M$ 阶矩阵（$K$ 为振型数，$M$ 为测点数），比起直接用振型函数计算广义力的运算量要小很多。

2. 风振系数与阵风荷载因子

《建筑结构荷载规范》GB 50009 [10] 采用"等效风振力"的方法 [9] 考虑动力放大作用，并由此推导出一般悬臂型结构的风振系数。风振系数 $\beta_z$ 的计算公式可表示为

$$\beta_z(z) = 1 + [K]\{x_1\}(z) / \overline{P}(z) \tag{12-5}$$

其中 $\overline{P}(z)$ 分母为平均风荷载，$[K]$ 为刚度矩阵，$\{x_1\}$ 是在只考虑一阶振型的前提下，根据随机振动理论得出的各高度峰值脉动位移。中国规范的这种方法，可以保证高层建筑和高耸结构在由风振系数法给出的等效荷载作用下，各种荷载效应都等效。显然，不同高度处的风振系数值各不相同。

美国、欧洲等国家的规范，用单一的动力放大系数来考虑动力放大效应，该放大系数从理论上与"阵风荷载因子" [11] 类似，不同点只在于美国、欧洲规范的动力放大系数的计算基准是"极值风压"，而"阵风荷载因子"的计算基准是"平均风压"。

阵风荷载因子的基本思路是：选取关键的响应目标 $r$，计算其在风荷载作用下的极值 $\hat{r}$ 和平均值 $\bar{r}$，得出阵风荷载因子 $G_r$，并将平均风荷载按此比例放大得出等效静风荷载，即

$$\{P_{\text{eswl}}\} = G_r\{\overline{P}\} = (\hat{r} / \bar{r})\{\overline{P}\} \tag{12-6}$$

容易验证，线性结构体系在 $\{P_{\text{eswl}}\}$ 的作用下，将实现响应目标 $r$ 的等效。但很明显，对于其他响应，$\{P_{\text{eswl}}\}$ 的作用值并不一定等于其极值。换言之，不同响应对应的阵风荷载因子并不一定相等。因此这种放大系数实际上是"响应放大系数"。

如前所述，《建筑结构荷载规范》所称的风振系数有其特定的内涵和外延，和"阵风荷载因子"并不完全一样。然而对于大跨空间结构或冷却塔这样的复杂结构，其风致响应不能只考虑一阶振型，也就得不出能够满足各种效应等效的"风振系数"。由于"风振系数"和"阵风荷载因子"都是对于平均风荷载的放大倍数，因此国内工程界往往不加区分，将"阵风荷载因子"也称之为"风振系数"，并根据所选择的响应目标不同，将"风振系数"分为"位移风振系数"、"内力风振系数"等。

《工业循环水冷却设计规范》GB/T 50102 [1] 即以正对来流的壳体中、下部区域子午向内力为等效目标，规定了塔高 165m 以下的双曲线冷却塔的风振系数取值。其所谓的"风振系数"实际上也就是"内力阵风荷载因子"。

3. 冷却塔风振系数的取值方法

为尊重工程习惯，本文在不引起混淆的前提下，也对风振系数和阵风荷载因子不作区分。

当取定的等效目标不同时，可以得出各不相同的风振系数，也就会给出差异很大的等效静风荷载值。但冷却塔的风荷载取值有三个特殊因素应予考虑：

1）与普通民用建筑需要考虑围护结构设计和舒适度不同，冷却塔的风荷载一般只是为了满足主体结构设计时的取值需要。因此计算阵风荷载因子时，选取壳体内力为等效目标比较合理。

2）冷却塔的内力以子午向、环向内力和面内剪力为主，因此内力风振系数应分别针对这三类内力进行计算分析。

3）冷却塔是轴对称结构，因而只需要计算各个高度最大内力对应的风振系数即可满足结构设计要求。因此对同一高度的节点，可以只考虑内力风振系数代表值，即

$$\beta_z(z) = \hat{P}_i / \overline{P}_i, \ \text{其中} \hat{P}_i = \max_{\theta \in [0,360)} \left\{ \hat{P}(\theta, z) \right\} \tag{12-7}$$

其中 $z$ 是指定高度，$i$ 是最大内力发生处的节点号。根据内力的正负不同，每个高度可分别得到对应于正向和负向的内力风振系数代表值。

将内力风振系数代表值作为平均荷载的放大系数，可以保证给定高度的特定位置（出现最大内力的位置）的内力等效；而该高度其他位置的内力可能高于、也可能低于其实际发生的极值内力，但因其并不会超过该高度的内力最大值，因而不会影响结构安全。

综合不同高度的内力风振系数代表值，就可以得出一个统一的内力风振系数，用于对平均风荷载进行放大，从而保证结构的安全。

这种处理方法与中国《工业循环水冷却设计规范》和德国VGB规范[12]的思路是一致的。

值得一提的是，对于冷却塔的风振系数取值，有两种处理方法值得商榷。

第一种是计算出所有位置的风振系数后，取其中的最大值进行计算。这种处理方法将导致过于保守的设计。因为计算风振系数（实际上是阵风荷载因子）时，分母是特定响应的平均值。在平均值接近0的情况下，得到的风振系数并不能反映真实情况。

第二种是根据各高度的"风振系数代表值"直接分区取值。这种处理方法看似合理，但其实是混淆了《建筑结构荷载规范》中"风振系数"与"阵风荷载因子"的差别。对于风振系数，可证明沿高度的取不同值能够保证所有效应等效；对于阵风荷载因子，则必须取单一值才能保证选定的响应等效。

为获得更为经济合理的风荷载取值，可将各高度的最大内力为等效目标，得出满足"多目标等效"的静风荷载，并计算对应的不同高度的"风振系数"。

### 三、试验和分析概况

#### 1. 测压试验

试验原型塔高220m，底部直径185m，喉部直径104m。测压试验在中国建筑科学研究院建筑安全与环境国家重点实验室风洞内进行，试验前首先在风洞中模拟了B类大气边界层。模型缩尺比 1：500，外表面布置了 10 层测点，每层等间隔布置30 个；内表面布置了 6 层测点，塔底、塔顶稍密，中间略疏，共 60 个测点。所有测点均为同步测压，采样频率400Hz，采样时间21s。

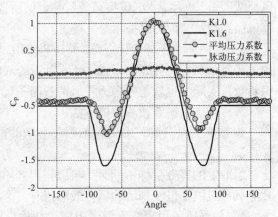

图 12-1　K1.0粗糙度配置下的喉部压力系数曲线

测压试验通过在冷却塔模型外表面布置粗糙条，较好地模拟了德国规范[10]规定的 K1.0 的风压曲线，如图 12-1 所示。

#### 2. 结构计算模型与基本参数

风振分析分别对有无加强环的冷却塔进行了分析计算。

无加强环的计算模型用 ANYSYS 搭建，从 -5m ～ 28.734m 之间的部分为底部透空区域，

28.734m 以上直到 220m 高度区域为壳体塔身，塔身壳体部分采用 shell63 单元模拟，底部透空部分的支撑构件用 beam188 单元模拟，整体模型包含 52668 个节点，52714 个单元，见图 12-2。

有加强环的模型是在原结构的基础上，在 4 个高度（65m、90m、118m 和 170m 高度）增设了水平加强环，以增强冷却塔的整体刚度。

设置水平加强环后，冷却塔的刚度有所增加，图 12-3 给出了两种结构形式前 600 阶自振频率的对比图。由图可见，设置了加强环后，各阶自振频率都有不同程度的提高。前两阶振型的自振频率由 0.609 提高到 0.615，增加约 1%。从前几阶振型特征看，有无加强环对振动形态并无太大影响，只是使冷却塔的刚度得以增强，自振频率有所提高。

风振计算时截取了前 600 阶振型进行计算，比较分析表明，此时采用振型叠加计算的平均响应也可满足精度要求。计算时基本风压取 0.60kN/m²，阻尼比取 5%。

图 12-2　结构计算模型

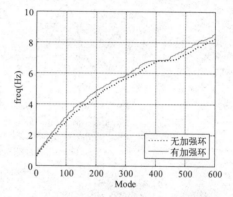

图 12-3　冷却塔前 600 阶自振频率

## 四、风振响应计算结果

### 1. 内力响应

#### 1）加强环对环向内力的影响

比较了有无加强环时的内力分布情况。设置加强环之后，冷却塔塔体单元内力总体分布规律大致不变，但数值普遍减小。其中受影响最大的是环向内力，结果如图 12-4 所示。从图 12-4（b）中可见，设置加强环后，在加强环的高度单元的平均和脉动环向内力有显著增加，主要原因在于加强环使冷却塔产生局部刚度突变。图 12-4（c）是 170m 高度（加强环位置）的环向内力沿环向角的分布。可以发现，设置了加强环的塔体单元的平均和脉动环向内力显著大于无环情况，增加的幅度在 100% 以上。

#### 2）单元内力极值

由于冷却塔为轴对称结构，因此结构设计中最关心的是不同高度处内力的最大值。统计了冷却塔各高度单元内力极值的最大值和最小值，如图 12-5 所示。由图可见，设置加强环后，冷却塔的经向内力有所减小，尤其是底部和喉部偏下区域减小幅度较为明显，减小幅度约在 3% 左右。环向内力则有所增大，尤其是在几个设置加强环的高度附近环向内力增加较为明显。面内剪力和未设置加强环时大体相当，只是在设置加强环的位置内力也出现了突变。

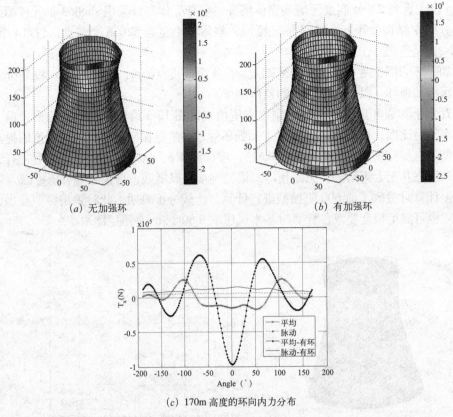

(a) 无加强环　　　　　　　　　　(b) 有加强环

(c) 170m 高度的环向内力分布

图 12-4 冷却塔环向内力

由图 12-5 可见，冷却塔中、下部区域的经向内力显著大于其他内力，因此冷却塔的结构设计一般由近底部区域的经向内力所决定。这也是中国水工规范和德国 VGB 规范将阵风荷载因子的等效目标取为底部经向内力的原因。

由于已经得出各高度在风荷载作用下的最大内力，因此在结构设计时可直接用图 12-5 给出的内力值与其他荷载效应进行组合，即"基于荷载效应"进行抗风设计。

3）内力风振系数

尽管可以直接用风振计算得到的内力极值进行抗风设计，但目前众多

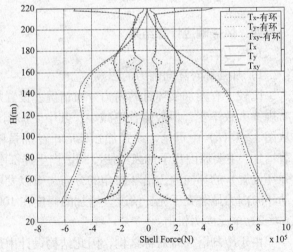

图 12-5 不同高度的单元内力极值的最大和最小值

的设计软件并不提供将荷载效应直接进行组合的接口，因此仍有必要计算内力风振系数代表值，进而得出等效静风荷载。

图 12-6 给出了经向内力 $T_y$ 的风振系数分布图。由图可见，大量节点的内力风振系数

都大于 3.0。这都是由于平均内力较小造成的。因此，这些风振系数并不能真正反映冷却塔的风振强弱。图 12-6 也表明，有无加强环的塔体，内力风振系数的分布规律基本相同。

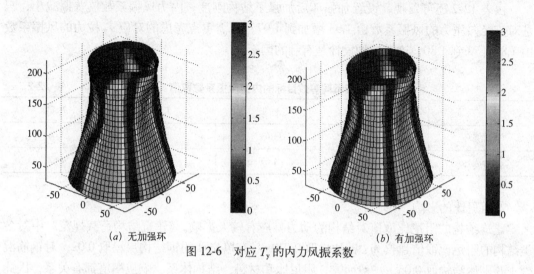

(a) 无加强环　　　　　　　(b) 有加强环

图 12-6　对应 $T_y$ 的内力风振系数

表 12-1 给出了按照式（7）计算的无加强环塔体的内力风振系数代表值。对应于环向内力 $T_x$ 的风振系数代表值普遍较高，主要原因是平均值较低的缘故。对比分析表明，有无加强环对内力风振系数代表值有一定影响。有加强环的塔体，面内剪切内力 $T_{xy}$ 的风振系数在加强环高度会发生跳跃式变化；在喉部以上区域，有加强环塔的经向内力风振系数有所减小，剪切力的风振系数则变化不大。

**若干高度的内力风振系数代表值（无加强环）**　　　　　　表 12-1

| $z$(m) | $T_{x_{max}}$(kN) | $T_{x_{mean}}$(kN) | $\beta_{Tx}$ | $T_{y_{max}}$(kN) | $T_{y_{mean}}$(kN) | $\beta_{Ty}$ | $T_{xy_{max}}$(kN) | $T_{xy_{mean}}$(kN) | $\beta_{T_{xy}}$ |
|---|---|---|---|---|---|---|---|---|---|
| 38.1 | 194 | 100 | 1.94 | 891 | 611 | 1.46 | 323 | 205 | 1.58 |
| 88.1 | 41 | 14 | 2.92 | 727 | 515 | 1.41 | 184 | 119 | 1.55 |
| 126 | 30 | 13 | 2.29 | 636 | 435 | 1.46 | 150 | 96 | 1.56 |
| 164.6 | 71 | 39 | 1.83 | 384 | 238 | 1.61 | 233 | 162 | 1.44 |
| 203.6 | 63 | 42 | 1.48 | 52 | 29 | 1.78 | 97 | 66 | 1.48 |

与同高度的经向内力相比，环向内力的最大值通常较小，因而冷却塔的抗风设计一般由经向内力所控制。若不考虑 $T_x$ 的内力风振系数，则可综合各高度的内力风振系数代表值，给出内力风振系数代表值中的最大值（见表 12-2）。以该值作为全塔的风振系数使用，将可以保证不同高度的内力最大值都大于或等于实际可能出现的值。

由表 12-2 可见，对应 $T_y$ 的内力风振系数取值要高于 $T_{xy}$ 的。对该表有两点说明：

（1）$T_y$ 内力风振系数代表值中的最大值通常仍是出现在 200m 以上区域，较低区域的内力风振系数代表值要更小，如在 160m 高度以下，内力风振系数代表值通常在 1.60 以内。若以冷却塔 1/3 高度以下的经向内力为等效目标，风振系数取为 1.50 即可。

（2）混凝土抗压不抗拉，且 $T_y$ 的拉力幅值要比压力更大，因此取值可仅参考对应 $T_y$ 最大拉力的内力风振系数，从而对应 $T_y$ 压力（$T_y$ 负）极值的风振系数也可不考虑。

由表 12-2 还可发现，设置加强环后加强了结构刚度，内力风振系数值普遍减小，只是对应经向压力的风振系数由 1.95 增加到 1.97。而需重点考虑的对应 $T_y$ 拉力的风振系数由 1.88 下降到 1.80，这对结构设计是有利的因素。

对应不同等效目标的内力风振系数取值 　　　　　　　　　　　　　表 12-2

|  | $T_y$正 | $T_{xy}$正 | $T_y$负 | $T_{xy}$负 |
|---|---|---|---|---|
| 无加强环 | 1.88 | 1.63 | 1.95 | 1.66 |
| 有加强环 | 1.80 | 1.63 | 1.97 | 1.62 |

### 2. 阻尼比的影响

建筑结构的阻尼比取值对结构的动力响应有较大影响。《建筑结构荷载规范》中对各类结构的阻尼比取值建议为：钢结构取 0.01，对有填充墙的钢结构房屋取 0.02，对钢筋混凝土及砌体结构取 0.05。一般而言，阻尼比和材料、结构体系、响应幅值都有关系，因此即使对于同一建筑结构，在计算强度（响应幅值较大）和计算舒适度（响应幅值较小）时，往往也采用不同的阻尼比。

为研究阻尼比对冷却塔风振响应的影响，分析了阻尼比在 0.01 ~ 0.05 之间无加强环塔体的风振响应。得到的冷却塔极值径向内力的最大值和径向内力风振系数的最大值示于图 12-7。由图可见，阻尼比由 5% 下降为 1% 后，最大径向拉力将由 891kN 增加到 908kN，增幅约 2%；最大径向压力则由 -634kN 变为 -665kN，增幅约 5%。但对应的风振系数取值增加幅度分别为 20% 和 17%。

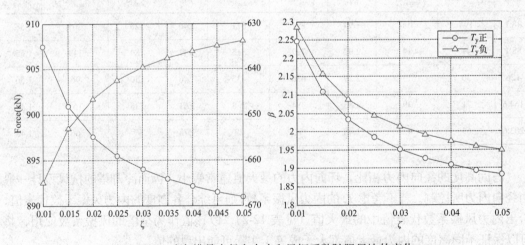

图 12-7　冷却塔最大径向内力和风振系数随阻尼比的变化

径向内力最大值和其风振系数取值之所以出现不同的增加幅度，主要原因在于二者取值的位置不同。径向内力最大值基本都出现在冷却塔较低位置。该区域经向内力的平均值很高，脉动量相对较小，因此阻尼比减小引起的脉动量增加在极值内力中所占比例较小，因此内力增加幅度较小；而对应 $Ty$ 的内力风振系数最大值通常出现在冷却塔顶部区域。在该区域 $Ty$ 的平均值较低、脉动量相对较高。因此阻尼比减小将造成极值内力与平均内力的比值明显增大。

## 五、结论

1. 结合风洞同步测压试验，利用随机振动高效算法，可方便地分析结构参数变化对冷却塔风荷载效应的影响，并实现基于荷载效应的冷却塔抗风设计。

2. 工程界所称的"风振系数"一般是指"阵风荷载因子"。根据冷却塔的特殊性，计算风振系数时采用经向拉力作为等效目标是较为合理可行的处理方法；且取定风振系数时，应综合考虑不同高度的内力风振系数和内力最值的大小。

3. 对某典型的超大型冷却塔的计算分析表明，冷却塔的内力在喉部以下以径向内力为主，而在喉部以上则以环向内力为主。对不同高度的径向内力最大值位置处的风振系数的统计表明，径向内力风振系数代表值通常随着高度增加而递增。综合全塔的风振系数代表值，对应径向拉力的风振系数取 1.88 可保证结构抗风安全。而若只考虑冷却塔中、低部区域的径向拉力，则风振系数可降低为 1.50。

4. 设置加强环后径向内力有所减小而环向内力增大，由于风荷载作用下塔体强度通常由径向内力控制，因此设置加强环对冷却塔抗风是有利的。

5. 阻尼比对冷却塔的响应有不同程度的影响，其取值由 5% 减小为 1% 之后将分别使径向拉力和对应的风振系数取值增加约 2% 和 17%。

### 参考文献

[1] 工业循环水冷却设计规范 GB/T50102-2003.北京：中国计划出版社，2003.

[2] Armitt J Wind loading on cooling towers. Journal of the Structural Division, 1980, 106（ST3）：623-641.

[3] 沈国辉，余关鹏，孙炳楠等．倒品字形分布三个冷却塔的风致干扰效应研究．空气动力学学报，2011：29（1）.107-113.

[4] 陈凯，魏庆鼎．冷却塔风致振动实验研究．第十一届全国结构风工程学术会议论文集：177-182.三亚，2003

[5] 柯世堂，侯宪安，赵林等．超大型冷却塔风荷载和风振响应参数分析：自激力效应．土木工程学报，2012：45（12）.45-53.

[6] 许林汕，赵林，葛耀君．超大型冷却塔随机风振响应分析．振动与冲击，2009：28（4）.180-184.

[7] 陈凯，钱基宏．随机振动问题的广义坐标合成法．计算力学学报，2012：29（2）.171-177.

[8] 柯世堂，葛耀君，赵林等．大型冷却塔结构的等效静力风荷载．同济大学学报，2011：39（8）.1132-1137.

[9] 陈凯，符龙彪，钱基宏等．基于荷载效应的结构抗风设计方法研究．建筑结构学报，2012；33（1）.27-34.

[10] 建筑结构荷载规范 GB 50009-2012.北京：中国建筑工业出版社，2012.

[11] Davenport A G. Gust loading factors[J]. Journal of the Structural Division, 1967, 93（3）：11-34.

[12] VGB-R 610Ue：2005，Structural Design of Cooling Towers.

# 13. 低层房屋抗风技术研究

朱立新　葛学礼　于文

中国建筑科学研究院

## 一、前言

随着我国村镇建设的快速发展，社会主义新农村建设成为各级政府议事的重要内容。村镇经济的快速发展必然带来人群数量的增加和财富的集中，一旦遭受破坏性的地震、风暴等自然灾害的袭击，在缺乏有效防御措施的情况下，将会造成严重的人员伤亡和经济损失。实践表明，我国自然灾害的受灾地区主要集中在广大农村和乡镇。

风暴是使村镇遭受严重灾害的灾种。我国平均每年约有 10 余个台风登陆。如 2001 年第 2 号台风"飞燕"在福建登陆，使受灾范围达到 21 个乡镇的 434 个行政村，受灾人口达 106.2 万人，损坏与倒塌房屋 2500 多间。福建省尽管采取强制办法转移人员，但仍造成 122 人死亡。又如 2006 年 8 月 10 日下午第 8 号台风"桑美"正面袭击浙江省温州市苍南县，据初步统计，台风造成浙江省温州市苍南县直接经济损失 91.24 亿元，因建筑物倒塌死亡 153 人，失踪 1 人；全县 36 个乡镇全部受灾，山体滑坡造成多处道路中断，50 多万群众财产受损；倒塌房屋 20310 间，严重损坏 45469 间，一般损毁 125241 间；5 万群众受地震、风暴围困，紧急转移安置 10.2 万人。全县通信、电力、交通基本中断，大部分工矿企业停产，商业网点基本停业。全县 20 家水厂中 17 家受损停止运行，城市树木、广告牌大量破坏，建筑工地临时设施、脚手架、塔吊等部分倒塌，大型机具、建材部分受损。

通过村镇既有建筑现状调查和台风灾害房屋灾害调查，掌握我国村镇房屋的建筑材料、结构形式、建造方式、传统习惯及其震害特点和存在的主要问题，针对村镇建筑在抗风方面存在的问题和破坏原因采取相应的抗御措施，对减轻村镇建筑风暴灾害造成的人员伤亡和经济损失具有重要意义。

## 二、村镇低层房屋风暴灾害特点及破坏原因分析

风暴灾害主要指热带风暴和台风，也包括内陆大风和沙尘风暴等灾害。风暴对房屋等的破坏作用主要表现在风的压力和风振（风的扰动）作用。风压和风振不断地作用在房屋的门窗、墙体和屋盖上，首先使门窗、屋檐等薄弱部位破坏。门窗破坏后气流进入室内，使屋内四壁及屋盖产生气流压力，在风压和风振作用下使与墙体连接不牢的屋盖掀翻、墙体失去支撑倒塌。

本文结合 2006 年 8 月 10 日第 8 号台风"桑美"对浙江省苍南县村镇建筑的破坏，分析木构架、砖木、石木和砖混四种结构类型房屋的破坏原因和在抗台风方面存在的主要问题。

1. 木构架房屋

木构架房屋有一层和二层，以二层居多。木柱横向用横木（梁）卯榫连接，没有穿枋，

木构架横向整体性不好，木构架横向卯榫拔出倒塌破坏见图 13-1。在木构架纵向，一层有木龙骨连接，屋顶处各柱顶搁置檩条，檩条用卯榫对接，没有扒钉、铁件或木夹板连接，纵向的整体性也很差，图 13-2 为木构架纵向卯榫拔出倒塌。部分房屋不设端屋架，采用硬山搁檩和硬山搁龙骨，由于墙体整体性差，山尖墙倒塌导致端开间屋架塌落（图 13-3）。这类房屋采用坡屋顶，檩条上面设有椽子，小青瓦屋面直接搁置在椽子上，没有固定措施，台风吹坏瓦屋面是普遍现象（图 13-4）。

图 13-1　木构架横向卯榫拔出倒塌

图 13-2　木构架纵向卯榫拔出倒塌

图 13-3　山尖墙倒塌导致端开间屋架塌落

图 13-4　风吹坏瓦屋面现象普遍

木构架围护墙大多采用空斗砖墙，也有用毛石和砖混合砌筑的围护墙。墙体与木构架之间没有任何拉接措施，加之墙体自身的整体性差，墙体倒塌现象普遍。

这类房屋破坏严重，轻者小青瓦屋面被风吹坏，重者纵向或横向卯榫拔出、屋盖塌落或墙体倒塌。

2. 砖木、石木房屋

砖木和石木结构房屋是指砖墙或石墙承重、木楼（屋）盖房屋。石墙房屋通常为一层，空斗砖墙房屋有一层～四层。这两类房屋采用硬山搁檩和硬山搁龙骨，坡屋顶，檩条上面铺设椽子，椽子上面搁置小青瓦屋面，由于檩条与山墙没有固定措施，台风掀翻屋盖进而导致墙体倒塌的较多（图13-5、图13-6）。由于墙体在各层内采用一斗到顶的砌法，墙体的整体性太差，山尖墙倒塌导致端开间屋架塌落（图13-7、图13-8）。砖木和石木房屋破坏严重，轻者小青瓦屋面被风吹坏，重者屋盖塌落、墙体倒塌，有的则全部倒塌。

图 13-5　空斗砖墙承重硬山搁檩房屋倒塌

图 13-6　毛石墙承重硬山搁檩房屋倒塌

图 13-7　空斗砖墙承重三层砖木房屋局部倒塌

图 13-8　屋盖刮走，山墙倒塌

3. 砖混房屋

图13-9和图13-10为砖混房屋破坏情况，这类砖混房屋为空斗墙承重，混凝土楼屋面。破坏的主要原因：

1）房屋墙体在各层内采用一斗到顶的砌法，在墙体厚度方向没有设置水平卧砌拉结砖，由于丁砖的拉结能力弱，墙体整体性差。

2）墙体在转角部位、纵横墙交接处、楼屋盖上下等关键部位没有采取实心墙砌筑，使墙体的水平荷载能力差。

3）墙体砌筑砂浆强度低，大多采用白灰砂浆，砂浆强度不足 M2.5。

4）没有设置混凝土圈梁和构造柱，房屋整体性差。

由于房屋和墙体自身的整体性都很差，有的房屋被台风整体刮倒。

4. 空斗砖墙、混凝土和木混合楼屋盖房屋

该地区还有一种空斗砖墙、混凝土和木混合楼屋盖房屋，通常是平顶的混凝土屋盖，木楼盖，也有一层顶板为混凝土，其他层为木楼盖。这种房屋破坏主要是由于房屋墙体在各层内采用一斗到顶的砌法、墙体自身的整体性很差、砂浆强度低等原因，山墙被台风吹坏导致屋盖倒塌。

图 13-9　由于墙体自身的整体性很差，房屋　　　图 13-10　由于墙体自身的整体性很差，房屋
　　　　　被台风整体刮倒 1　　　　　　　　　　　　　　被台风整体刮倒 2

### 三、村镇低层房屋抗风评价方法

1. 抗风评价原则

1）不同结构类型房屋，其抗风检查的重点、检查的内容和要求不同，应采用不同的评价方法。

2）对重要部位和一般部位，应按不同的要求进行检查和评价。重要部位指影响该类建筑结构整体抗风性能的关键部位和易导致局部倒塌伤人的构件和部位。

3）对房屋抗风性能有整体影响的构件和仅有局部影响的构件，在综合抗风能力分析时应分别对待。

4）根据房屋风暴灾害特点、存在的问题，对不符合抗风评价要求的房屋，在保障安全的前提下，其不符合程度尽可能控制在农民经济条件允许的范围内。

2. 抗风评价流程

1）房屋现状调查，包括确认房屋的结构类型、用途、施工质量和维护状况，以及房屋存在的抗风缺陷等。

2）根据各类房屋的结构特点、结构布置、构造措施等因素，采取相应的抗风评价方法。

3）对房屋整体抗风性能作出评价，对不符合抗风要求的房屋提出抗风对策和处理意见。

3. 抗风评价一般要求

村镇低层建筑的抗风评价，一般性要求与抗震类似，主要是检查房屋整体性连接情况、对主要抗风构件的承载力作出评估等。

1）检查结构体系，找出其破坏会导致整个房屋丧失抗风能力或丧失重力承载能力的部件或构件，并对其进行重点评价。

2）当房屋在同一高度采用不同材料的墙体时，应有满足房屋整体性要求的拉结措施。

3）结构构件的连接构造应满足结构整体性要求；非结构构件与主体结构的连接构造应满足在风暴作用下不倒塌伤人的要求。

4）结构材料实际达到的强度等级，应符合各种结构类型房屋规定的最低要求。

5）对风力不大于 10 级地区的房屋，可不进行墙体抗风作用计算，但房屋结构在整体性、节点连接、墙柱连接等应满足抗风构造措施的要求。

6）对风力大于 10 级地区的房屋，可将风力级别换算为对应的地震烈度，并按地震作用的计算方法计算风暴作用。水平地震作用烈度与风力级别的对应关系可按表 13-1 采用。

水平地震作用与风暴水平荷载的对应关系　　　　　　　　　　表 13-1

| 地震烈度 | 6 | 7 | 7.5 | 8 | 8.5 | 9 |
|---|---|---|---|---|---|---|
| 风力级别 | 9 | 10～11 | 12～13 | 14 | 15～16 | 17 |

7）隔墙与两侧墙体或柱应有拉结，墙顶尚应与梁、板或屋架下弦有拉结措施，对不满足要求的，应采取拉结措施。

8）山尖墙与屋盖构件之间应有墙揽等拉结措施；墙揽可采用角铁、梭形铁件或木条等制作；墙揽的长度应不小于 300mm，并应竖向放置。对不满足要求的，应增设拉结措施。

9）门窗洞口应有混凝土过梁或配筋砖过梁。

10）檩条与屋架（梁）的连接及檩条之间的连接应符合下列要求：

（1）搁置在梁、屋架上弦上的檩条宜采用搭接方式连接，搭接长度不应小于梁或屋架上弦的宽度（直径），檩条与梁、屋架上弦以及檩条与檩条之间应采用扒钉或 8 号铁丝连接。对不满足要求的，应采取相应的拉结措施。

（2）当檩条在梁、屋架、穿斗木构架柱头上采用无榫对接时，檩条对接处应采用木夹板或扁铁、螺栓连接，檩条与梁（柁）、屋架上弦宜采用 8 号铁丝绑扎连接。对不满足要求的，应采取相应的拉结措施。

（3）当檩条在梁、屋架、穿斗木构架柱头上采用燕尾榫对接时，檩条对接处可采用扒钉连接，檩条与梁、屋架上弦宜采用 8 号铁丝绑扎连接，对不满足要求的，应增设相应的拉结措施。

（4）双脊檩与屋架上弦的连接除应符合上述要求外，双脊檩之间尚应采用木条或螺栓连接。

11）椽子或木望板应采用圆钉与檩条钉牢。

12）屋檐外挑梁上不得砌筑砌体。

4. 抗风评价专项要求

除上述一般要求外，针对风暴灾害的特点，尚有以下专项评价要求：

1）木屋架、木屋盖

（1）木构架承重房屋，在纵横墙高度的中部和檐口高度处，围护墙与木柱之间应有拉结措施；屋架与木柱、木梁与木柱之间应有 U 形铁件等措施拉结牢固。

（2）砖砌体、生土墙和石砌体承重房屋的木屋架、硬山搁檩的檩条与埋置在 1/2 墙高

304

处的铁件应有竖向拉结措施（如采用8号铁丝等），以保证屋盖不被台风掀翻。

2）屋面

（1）木望板屋面的屋檐四周应设置封檐板，以阻止气流进入屋盖内部。

（2）当采用椽子上浮搁小青瓦屋面时，小青瓦与椽子间应采取连接措施；否则应采用竹竿或木杆网格压顶措施，以防止台风吹坏屋面。

3）门窗

（1）门窗框与洞口四周墙体应采用预埋木砖或铁件等连接牢固。

（2）对遭受台风袭击频率较高的沿海地区，门窗玻璃可采用钢筋栅栏、铁丝网、尼龙网等防护措施，以防止台风扬起物对门窗玻璃的打击。

5. 抗风评价处理原则

1）对部分项目不满足抗风评价要求的房屋，可根据不满足项目对房屋整体性的影响程度、加固难易程度等因素进行综合分析，提出相应的维修、加固、改造或拆建等抗风减灾对策。

2）村镇中的公共建筑必须进行抗风暴鉴定，对不满足要求的进行抗风加固，以便在台风发生时用于受灾群众躲避风暴。

**四、现有（受损）低层房屋抗风加固技术**

为了减轻风暴对村镇低层房屋造成的破坏，减少经济损失，避免人员伤亡，对村镇现有（或受损）房屋和经抗风评价（鉴定）有加固价值的房屋，应采取加固措施。

本加固措施适用于台风多发地区村镇房屋的加固设计与施工。

村镇房屋加固前，应根据房屋所在地区的风暴强度和结构类型进行房屋抗风能力评价，并进行加固经济分析，对有加固价值的，在征得住户同意后可进行抗风加固设计与加固施工。

1. 加固原则

村镇房屋加固应本着因地制宜、就地取材、简易有效、经济合理的原则。加固措施所用主要材料应尽量就地取材，避免由外地长距离运输增加费用。所采用的加固措施首先要保证安全，同时考虑村镇地区建筑的实际情况，施工难度不能过大。加固时要密切结合农村建筑结构与构造特点，因地制宜，采取具有适用性、可行性的加固方案和加固措施，不能完全照搬城市建筑的加固方法。

2. 加固依据

对于村镇低层建筑的抗风加固，目前仍缺乏相关标准规范作为依据，但建筑抗风与抗震在某些方面存在一致性，如都需要加强房屋的整体性连接，提高房屋抗侧力承载力等，因此，可以借鉴村镇建筑抗震方面的标准、规范及相关科研成果，结合村镇房屋风灾破坏特点，提出适用的抗风加固措施。

1）根据村镇建筑在抗御风暴方面存在的主要问题，针对房屋在主体结构的整体性、墙体砌筑质量、节点连接强度、抗侧力能力以及易倒塌部位等方面存在的问题，明确抗风加固部位，提出针对性的加固方案。

2）参考《镇（乡）村建筑抗震技术规程》中有关加强房屋整体性措施，加强墙体抗倒塌措施，防止屋盖及其构件塌落。

3）参考《建筑抗震加固技术规程》中木结构和土石墙房屋章节的相关加固措施。

依据上述要求提出的建筑抗风加固方法,适用于村镇一、二层低造价房屋,包括砌体房屋、木构架房屋、生土房屋和石砌体房屋。

3. 加固方法

1) 现有城市(镇)建筑加固技术的选择

考虑到村镇低层房屋的特点,与城市(镇)建筑存有的客观区别,依据村镇房屋加固"因地制宜、就地取材、简易有效、经济合理"的原则,应对现有应用于城市(镇)建筑的加固技术进行筛选,采用其中方法合理、造价低廉的加固技术。

(1) 房屋承载力不满足要求时,可采用拆砌或增设抗震墙、修补和灌浆和水泥砂浆面层加固。

(2) 房屋整体性不满足要求时,根据情况分别采取以下加固方法:

① 当墙体布置在平面内不闭合时,可增设墙段或在开口处增设现浇钢筋混凝土框形成闭合;

② 当纵横墙连接较差时,可采用钢拉杆、外加柱或外加圈梁等加固;

③ 楼、屋盖构件支承长度不满足要求时,可增设托梁或采取增强楼、屋盖整体性等措施;对腐蚀变质的构件应更换;对无下弦的人字屋架应增设下弦拉杆。

(3) 房屋中的易倒塌部位,如出屋面的烟囱、无拉结女儿墙、门脸等超过规定的高度时,宜拆除、降低高度或采用型钢、钢拉杆加固。

2) 适用于村镇低层房屋的抗震加固技术

除上述筛选出的几种可用的城镇建筑加固方法外,通过研究和试验,提出了几种适用于村镇一、二层低矮房屋的抗风加固方法。

(1) 房屋承载力不满足要求时,可采用钢丝网水泥砂浆面层加固或竖向配筋砂浆带加固。

(2) 房屋整体性不满足要求时,可根据不满足情况分别采取相应加固措施:增设水平配筋砂浆带加强墙体整体性;采用扒钉、扁铁、铁丝、木夹板等加强檩条与屋架(梁)的连接及檩条之间的连接;椽子或木望板与檩条之间用圆钉连接;采用竖向剪刀撑、水平系杆加强屋盖整体性。

(3) 房屋中易倒塌部位的加固

① 支承大梁等的墙段抗震能力不满足要求时,可采用双面竖向配筋砂浆带加固。

② 现有的空斗墙房屋和普通黏土砖砌筑的墙厚 120mm 的房屋,应采用双面钢丝网水泥砂浆面层加固。

③ 当纵横墙分别采用不同砌筑材料且为通缝时,可采用双面竖向配筋砂浆带加固,并采用高标号水泥砂浆灌缝。

④ 隔墙无拉结或拉结不牢,可采用埋设钢夹套、锚筋或钢拉杆加固;当隔墙过长、过高时,墙顶可采用钢夹套或木夹套与屋架构件拉结。

⑤ 山尖墙与屋盖构件之间无拉结或拉结不牢固,可采用墙揽拉结措施加固;墙揽可采用角铁、梭形铁件或木条等制作;墙揽的长度应不小于 300mm,并应竖向放置、沿山尖墙均匀分布。

3) 抗风暴专项加固方法

(1) 加强墙体与木构架的连接

　　砖砌体、生土墙和石砌体承重房屋的木屋架、硬山搁檩的檩条应采用 8 号铁丝与埋置在 1/2 墙高处的铁件竖向拉接，以保证屋盖不被台风掀翻。

（2）屋面的防风措施

①木望板屋面的屋檐四周应设置封檐板，以阻止气流进入屋盖内部。

②当采用椽子直接搁置小青瓦屋面时，由于屋面内外空气连通，应采用竹竿或木杆网格压顶措施，以防止台风吹坏屋面。

（3）门窗的防风措施

①门窗框与洞口四周墙体应采用预埋木砖或铁件等连接牢固；

②对遭受台风袭击频率较高的沿海地区，门窗玻璃可采用简易有效的钢筋栅栏、铁丝网、尼龙网等防护措施，以防止台风扬起物对门窗玻璃的打击。

# 14．桩基抗震性能振动台试验概述及研究

倪克闯

中国建筑科学研究院地基所

## 一、国内外背景研究

我国地处环太平洋地震带与欧亚地震带之间，构造复杂，地震活动频繁，是世界上大陆地震最多的国家。据统计，全国地震基本烈度 7 度以上地区占国土总面积的 32.5%，有 46% 的城市和许多重大工业设施、矿区、水利工程位于受地震严重危害的地区。全球大地震中有多次破坏性地震都集中在城市，造成了非常惨重的生命财产损失，如 1971 年美国 San Fernando 地震（Ms6.6），1976 年中国唐山大地震（Ms7.8），1989 年美国 Loma Prieta 地震（Ms7.0），1994 年美国 Northridge 地震（Ms6.7），1995 年日本 Kobe 大地震（Ms7.2），1999 年中国台湾集集大地震(Ms7.6),2008 年汶川大地震(Ms8.0),2010 年玉树地震(Ms7.1) 以及 2013 年雅安地震（Ms7.0）。这些地震灾害有一个共同特点，就是强地震作用下工程结构的破坏和倒塌是造成人员伤亡和财产损失的主要原因之一。地震波引起的地面运动通过基础传到结构，引起结构本身的振动，当振动引起的动应力超过结构构件的抗力时，特别是当结构的自振周期与地震动周期一致产生共振时，会造成结构的破坏。工程结构的破坏情况随结构类型和抗震措施的不同而有所差别，主要有以下三种：一是结构构件之间的连接失效而引起的破坏；二是构件抗力不足而产生的破坏；三是地基失效而引发的上部结构的破坏，如结构开裂、局部损毁、整体倾斜或倒塌。

图 14-1　汶川地震　　　　　　　　　　图 14-2　雅安地震

　　现行规范对于上部结构的抗震计算一般不计入地基与结构相互作用的影响，但在一定条件下，也可计入地基与结构动力相互作用的影响，对周期进行折减以减小上部结构受到的地震作用。在桩基础抗震设计方面，则不计入地基与结构相互作用的影响。桩基抗震计算中将上部结构传到基底的地震荷载当作静力，对桩基础进行校核验算。这种计算方法仍然沿用静力方法进行桩基抗震计算，忽略了桩—土—结构的动力相互作用。因此，对于有软弱夹层的建筑，抗震设计时有必要考虑相互作用对桩基础结构的影响。

　　通过对地基基础采取一定的抗震措施，能够同上部结构构成更坚固的抗震体系，是减轻地震灾害的重要环节。关于地下结构物的抗震性能，当前我国工程领域流行一种观点：埋置于地下的结构物不用进行抗震设计，这主要是基于唐山大地震震害调查得出的部分结论，当时认为地下结构随土体一起运动，内力很小，不易破坏。这个推论忽略了土体在地震中变形对埋置结构物的影响，实际地下结构的震害还是很严重的。

　　桩基是深基础中最常用的一种形式，它能较好地适应各种地质条件及各种荷载情况，具有承载力大、稳定性好、沉降值小等特点，在高层建筑、重型厂房、桥梁、港口码头、海上采油平台以及核电站工程中得到广泛应用。随着桩基工程的迅速发展和防震减灾的迫切需要，且震害中桩基础常因抵抗弯矩不足而产生断裂破坏，或产生过大位移而影响上部结构，桩基础的抗震性能已经成为当今地震工程界和岩土工程界的一个研究热点。桩基础是上部结构体系在地基中的延伸，桩基础的地震反应是地基场地本身与上部结构在地震中相互动力作用的具体反应，这种相互耦合作用使得桩基抗震量化分析变得复杂与困难。桩基的静力设计方法已很成熟，并有相关规范，但我国有关桩基的抗震设计的机理分析和量化方法都有待深入。现行桩基抗震设计方法中，不能定量评估地震时发生在桩身的地震响应，而只能运用经验，根据建筑场地地基的实际条件和本地区地震记录，按照《建筑抗震设计规范》、《建筑桩基技术规范》等对桩基采取构造措施或进行构造配筋，从而可能低估或者高估地震时发生在桩上的地震响应，由此造成安全上的隐患或经济上的浪费。因此研究建筑桩基抗震性能对保障地震时建筑物的安全性、提高经济效益均具有重要的理论价值和实际意义。

图 14-3　灌注桩剪断

图 14-4　桩头破坏

## 二、桩基震害特征分析

一般认为，桩基不仅能提高地基的承载力，还具有良好的抗震性能，如房屋建筑桩基本身的震害较少；在同一场地，设有桩基的建筑物的地震附加沉降较小、结构震害较轻等。与建筑物上部结构震害相比，关于桩基震害的报道较少。这表明，地下结构由于周边地基土的约束，在地震动过程中的破坏相对于地上结构较轻；还可能是由于桩基埋藏于地下，震害不易被发现。根据墨西哥地震、阪神地震等的震害资料，在某些情况下桩基的破坏及其后果是十分严重的。

综合有关调查及文献报道，对各类地基上桩基破坏特点可概括如下：

1. 非液化地基上桩基震害的主要原因

1）地震力引起的破坏，受损部位主要在桩头和承台连接处及承台下的桩身上部，以压、拉、压剪等因导致破坏；

2）地震力引起软土摩阻力下降，使桩基下沉量过大，或软硬土层界面的弯剪应力使桩身破坏；

3）土的变位引起破坏，如挡土墙后土楔滑动、土坡整体失稳、附近地面荷载下地基失稳等波及建筑下的桩基，使桩身弯矩增大，引起桩头、桩身中部的破坏或形成塑性铰。

2. 液化但无侧向扩展地基上桩基震害的主要原因

1）基桩桩端悬置于液化土层中或嵌入稳定土层中深度不够；

2）液化后喷水冒砂，桩基沉降，倾斜；

3）同一桩基中悬置于液化土中的短桩失效引发结构倾斜进而导致长桩折断；

4）液化土层中桩基的地面单侧堆载；

5）液化而无侧向扩展地基土中的基桩，由于侧向土体约束削弱，主要靠桩身抵抗地震作用，导致桩顶弯矩、剪力增大，桩顶破坏严重。

3. 液化侧向扩展地基上桩的震害

液化且有侧向扩展时，桩基不仅竖向承载力会削弱，而且还要承受侧扩液化层的侧向推力和惯性力作用，所受水平推力十分突出，震害非常严重，其特征表现为桩顶与承台或者桩身上下断裂且产生明显错位。

液化侧向地基上桩及上部结构的震害主要表现为：

1）桩身在液化层底和液化层中部的剪坏或弯曲破坏，系由流动的土体对桩的侧向压力所致；

2）桩顶与承台嵌固的破坏；

3）上部结构因桩身折断而产生不同程度的不均匀沉降。

## 三、试验研究

1. 现场原型试验

在岩土工程抗震课题中，研究土—桩—上部结构动力相互作用问题最有意义的试验研究应是现场的强地震观测或现场原型试验。在目前阶段，开展的试验研究由于现场原型振动试验成本很高且由于实际地震的时空不确定性和复杂性等因素的限制，进展较缓，难以大量开展。

现场原型试验一般包括现场动力试验，模拟爆炸地震试验以及地震观测。

（1）现场动力试验

现场动力试验包括冲击试验、强迫振动试验和自由振动试验。桩基现场动力试验大多为桩头激振试验，一般不涉及场地效应、波的反射以及土的刚度的退化，主要限于与惯性相互作用效应有关的检验。

（2）模拟爆炸地震试验

采用地面或地下爆炸法引起地面运动来模拟某一烈度或某一确定性天然地震对结构的影响，对大比例模型或足尺结构进行试验，并已在实际工程试验中得到实践。这种方法简单直观，并可考虑场地的影响，但试验费用高、难度大，国内外采用该方法的并不多。目前，国内还没有开展类似的关于桩—土—结构动力相互作用的爆炸诱发地震的试验。

（3）地震观测

地震观测是在现场的原型结构或缩尺的模型结构上布置大量测量仪器，把地震作为一种天然的激励方式来获得模型的动力反应。显然该试验方法较前面的现场试验及后述的室内试验更真实，但这种试验是一项长期的工作，规模大，需要耗费大量的人力、物力，而且在有效的时间内遇到大的地震概率并不大。但国内外均很重视地震观测工作。

虽然地震观测是较客观的试验，但是由于场地条件的多样性，影响桩、土、结构动力反应的各个因素错综复杂，使得即使根据同一观测数据，不同的研究者从不同的角度出发，采用不同的方法也可能得到不同的解释。因而，借助于室内试验进行各种研究是一种非常重要研究方法。

2. 室内试验

室内试验相对于现场试验成本低，试验条件易于控制，有利于参数研究和试验。室内试验包括离心机试验和1-g振动台试验，两种试验都要用到安装模型地基土的设备（下面称作试验土箱）。

1）试验土箱

试验土箱使土体受到了试验土箱边界的约束作用，在动力试验时，边界对土体变形限制以及波的反射和散射都将对试验结果产生严重的影响，即"模型箱效应"。因此，桩—土—结构动力相互作用是试验中，理想的试验土箱应满足两个条件：能够模拟土的边界条件；能够模拟土体的剪切变形。振动台试验中常用的土箱大致有三种形式。

（1）刚性试验土箱（Rigid wall box）

普通刚性矩形模型箱加内衬，箱型如图14-5所示，是近年来研究地铁结构振动台实验所采用的主要形式，杨林德、陶连金、陈国兴、姜忻良等开展地铁结构的典型振动台试验都采用了此种箱型。箱体外部一般是由钢框架支撑和木板组合而成的刚性壁来约束土体，内部沿水平振动垂直的方向上设柔性挡物（橡胶板或聚乙烯泡沫塑料板），保证和土体相似的剪切位移，并吸收地震波，减少边界效应。水平振动方向上则力求减少箱体的摩阻力，模型箱底部要求尽量粗糙，防止土体与箱体底板发生相对位移。采用这种试验土箱模拟真实土层的效果受试验土箱内壁所衬的材料性质及其厚度的影响，材料太柔太厚，则土层将发生弯曲变形而不是剪切变形；材料太刚太薄，则边界的反射太强，难以模拟土层的自由场地地震反应。刚性试验箱的整体刚度很大，振动时箱壁的侧向变形非常小，但是由于箱壁侧向变形刚度很大，导致边界上地震波的反射强烈。楼梦麟等（2000年）为了研究这种刚性试验土箱边界的影响，曾专门进行过振动台试验和理论分析。目前该试验土箱国内已基本不用。

图 14-5　刚性试验土箱（姜忻良）

（2）圆柱型柔性试验土箱（Flexible wall barrel）

首先由美国 Berkeley 大学的 Meymand（1998 年）设计并使用。这种试验土箱由一块围成圆筒形的橡胶膜，上下两端分别固定于钢环和箱底钢板上组成。上部钢圆环支撑在四根钢杆上，钢杆与钢环用万用接头连接，它允许试验土箱内的模型土发生多方向平动的剪切变形。橡胶膜外包纤维带或钢丝提供径向刚度。如图 14-6 所示陈跃庆（2001 年）、陈跃庆和吕西林等（2000 年）采用了类似的土箱试验土箱，陈国兴和王志华（2002 年）、武思宇、宋二祥（2007 年）等用此种试验土箱进行了相关振动台试验研究。柔

图 14-6　圆柱型柔性试验土箱（吕西林）

性试验土箱的外包纤维带的间距对试验结果有较大影响，过小则成了刚性试验土箱，难以提供剪切变形；过大则在振动时，土体向外膨胀，导致土体约束力减小，土层可能发生弯曲变形。采用这种试验土箱还应该注意避开振动过程中试验土箱上部钢环对土体施加的惯性力的影响。

（3）层状剪切试验箱（Laminar container）

Matsuda 等 1988 年采用层状剪切变形土箱进行了饱和砂土振动台试验研究。层状剪切变形土箱由多层矩形平面钢框架由下至上叠和，层间放置轴承，钢框架可以相对滑动以模拟土的剪切变形。

国内，伍小平（2001 年）自行研发了层状剪切箱后并首次进行了干砂自由场地振动台试验研究。凌贤长等（2002～2006 年）利用该种试验土箱进行了自由场地基液化振动

台试验研究；苏栋（2006 年）等研制了铝环叠层剪切试验土箱并进行了饱和砂土自由场地和饱和砂土层单桩的离心机振动台试验研究，史小军（2008 年）研制了可在两个相互垂直的方向上满足剪切变形的层状试验土箱，并对地下综合管廊进行了非一致激励振动台模型试验研究；黄春霞和张鸿儒（2006 年）研制了 3.0m×1.5m×1.8m（长×宽×高）的由 15 层长方形钢框架组成的层状剪切土箱。高博（2009 年）用轴承和端部弹性约束系统分别取代常见的滚珠和侧向刚性约束系统的方法对叠层剪切模型箱进行技术改进。陈国兴（2010 年）研制了一个 15 层叠层方钢管框架并辅之以双侧面钢板约束的叠层剪切型试验土箱。这些模型箱有共同特点：为了限制剪切箱垂直方向的变形及平面扭转变形，同时又能为箱体提供恢复力，设计者们在剪切箱的两端设置了固定的钢板。孙海峰（2011 年）设计并制作了三维叠层剪切模型箱，通过在地震模拟振动台的实际测试和检验，验证了该剪切箱可使地下结构大型模拟振动台试验较好地模拟半无限域中地下结构地震反应，杜修力、李霞（2012 年）设计并制作了悬挂式层状多向剪切模型箱。

其中 Lok 采用计算程序 QUAD4M 分析了几种不同种类的试验土箱来模拟土体边界时土体的反应。结果表明：层状剪切试验土箱能较好地再现原型的反应，具有较好的边界模拟性，在模拟土的剪切变形方面明显优于其他几种试验土箱，试验土箱的刚性框架，对土体能提供较好的侧向约束力，不会发生土体向外膨胀的现象，能够较好反映土体的剪切变形特征。

图 14-7　层状剪切箱（左孙海峰、右陈国兴）

2）离心机试验

常规缩尺模型试验由于其自重产生的应力远低于原型产生，以及原型材料明显的非线性，因而不能再现原型的特性，解决这一问题的途径就是提高模型的自重，使之与原型等效。离心模型试验将土工模型置于高速旋转的离心机中，让模型承受大于重力加速度的作用，来补偿因模型尺寸缩小而导致的土工构筑物自重损失。根据近代相对论原理，惯性力与重力是等效的，而土的性质又不因加速度的变化而变化。土工离心机产生的离心惯性力与重力等效，可再现原型中土体的应力水平，是解决重力相似比的有效手段。在 1998 年和 2002 年国际土工离心模型会议上，涉及桩基承受负摩擦力特性、水平荷载或竖向荷载下桩基静载和动载特性、地震液化引起的土体侧向流动下桩基特性、复合桩基特性等各个方面。

在美国，如 UC Davis、Rensselaer Polytechnic Institute 等，在英国，如剑桥大学岩土工程实验室，以及日本的建设省等国家科研机构、大学都拥有大型离心机实验室，并逐渐开始普及到其他许多国家，并已取得了不少研究成果。

20 世纪 90 年代土工离心模拟实验技术在中国得到广泛应用。已建成离心机振动台系统的单位有：香港科技大学、中国水利水电科学研究院、南京水利科学研究院、长江科学院、清华大学和河海大学等单位高校。应用领域也得到了进一步扩大，不仅有一般的土工问题如边坡、地基、土压力、海洋工程、隧道工程，而且有渗流、地震、爆破和模拟大地构造等领域的内容。模拟技术上，包括岩石边坡及治理工程中、类似混凝土面板堆石坝复合结构研究、结构—岩土相互作用、地下洞室的应力和变形稳定性研究、动力模型试验等。王年香和章为民进行了混凝土面板堆石坝的动力离心模型试验，观察了面板与坝体的地震反应情况；苏栋等人进行了可液化土中单桩地震反应的动力离心模型试验，观测了饱和砂土层中单桩—上部结构在强震中的反应，并通过数值分析方法分析了桩土水平相对位移和侧向土阻力的演变；张建民等人通过离心机开展了面板堆石坝、挡土墙的离心机模型试验；刘光磊、宋二祥等人研究了可液化砂土地基中地铁隧道结构的动力离心模型试验。

离心机试验对于解决复杂的土工动力问题具有较大的潜力，但由于离心机设备尺寸的限制及价格昂贵，只能使用较小的模型进行试验，模型过小不足以安装足够的测量设备，难于体现内部结构特性和地基工程地质特性；且在试验中存在由惯性坐标系和旋转坐标系之间的转换而产生的科里奥利效应，在一些模型试验中科里奥利效应足以使试验结果产生明显误差。尽管如此，离心机试验由于具有能模拟与原型相近的应力场这一其他试验方法所无法

图 14-8　离心机振动台

比拟的优势而广泛应用于桩—土—结构动力相互作用试验研究中。

3）振动台试验

振动台试验不存在科利奥利效应问题，可在短期内完成较多试验以消除一些随机影响因素，便于研究边界条件对模型动力响应约束作用和进行二维与三维模拟等。许多振动台可以同时模拟三向六个自由度的多重地震激励。振动台试验的模型几何相似比可以更大，而重力相似则可通过施加配重的方法来实现，因此振动台试验已成为研究地下结构地震反应分析的重要方法。

日本的 Kub 于 1969 年第一次进行桩—土—结构动力相互作用振动台试验。几十年来，各国学者在此方向上的研究逐渐增多，振动台试验技术也不断地发展。Matsuda（1988 年）采用分层土箱进行了饱和砂土振动台试验。为了估计侧向流动对桥梁基础的影响，Tamura Keiichi 等（2000 年）进行了振动台试验。根据试验和分析结果得出结论：施加于桥梁基础的场地流动力大致为非液化表层被动土压力与液化层的覆盖层压

力（overburden pressure）的 30%之和。这一结论已经写入日本公路桥梁规范。Gohl 和 Finn 进行了桩—土相互作用的振动台试验，研究强震下单桩的地震反应。Kagawa 等在日本 Tsukuba 的国家地震学和防灾研究所进行砂土液化下桩—土相互作用振动台试验。Sasaki 等（1991 年）、Tokida 等（1992 年）和 Ohtomo 与 Hamada（1994 年）在振动台试验中研究了侧向流动对模型群桩的效应，他们考虑了地表面坡度的变化、斜坡的长度、液化层的厚度等。

我国自唐山地震后，地震模拟振动台的研制得到了国家的重视。1983 年 7 月，同济大学地震模拟振动台在朱伯龙教授的领导下建成。1985 年，水科院抗震所从德国申克公司引进了 5m×5m、最大承载能力为 20t 的三向振动台，该振动台的工作频率上限达到了 120Hz，为目前国内工作频率最高的振动台。1986 年，中国地震局工程力学研究所采用国产设备自行研制了双向振动台，1997 年升级成三向振动台。该振动台台面尺寸 5m×5m；最大承载能力为 30t。2004 年中国建筑科学研究院建成投入使用由美国 MTS 公司生产的三向六自由度大型模拟地震振动台，是目前国内尺度最大（6m×6m）、承载能力最强（标准负荷 60 吨、最大负荷 80 吨）、技术最先进，其技术指标及控制精度在国际上均居于领先地位。

刘惠珊和乔太平（1984 年）、刘惠珊和陈克景（1991 年）进行了桩基振动台试验以研究桩基在液化土中的破坏机理。韦晓（1999 年）采用刚性土箱进行了一系列的试验，包括单柱桩墩模型、单墩群桩模型、双墩群桩模型试验。同济大学吕西林、陈跃庆（2000 年）采用圆桶形柔性试验土箱研究均匀土和分层土中桩—土—结构动力特性及规律。伍小平（2002 年）采用层状剪切变形土箱进行了干砂土—桩—结构相互作用振动台试验研究。王建华和冯士伦（2004 年）基于振动台试验，研究场地

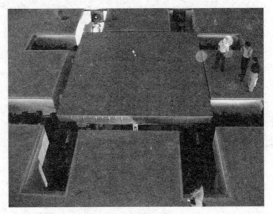

图 14-9　地震模拟振动台

液化中弱化动力 $p\text{-}y$ 曲线随孔压比变化规律。凌贤长等率先在国内成功完成可液化场地桩—土—桥梁结构地震相互作用振动台试验，并总结了可液化场地桩—土—桥梁结构动力相互作用振动台试验研究进展。武思宇、宋二祥（2007 年）等用圆桶形柔性试验土箱研究了刚性桩复合地基的抗震性能。陈国兴和左熹（2008 年）对可液化土层上土—地铁车站结构动力相互作用进行了地下大型结构振动台试验，通过试验了解可液化地基上地铁车站结构的地震反应的基本规律与特征。魏春莉和张力（2008 年）对桩—土—桥梁结构动力相互作用进行了振动台试验，分析了惯性相互作用和运动相互作用对桩—土—桥梁地震结构动力相互作用的影响的大小，增进了对桩—土—桥梁结构地震动力相互作用机理的理解。徐炳伟和姜忻良（2009 年）进行了大型土—桩—复杂结构振动台模型试验，试验初步得出土—桩—复杂结构体系的振动响应规律，检验了结构的抗震性能。许江波和郑颖人对边坡支护中的埋入式抗滑桩进行了振动台模型试验，探讨了地震作用下埋入式抗滑桩模型边坡的动力特性与振动响应规律以及地震动参数对动力特性和动力

响应的影响。

## 四、结语

目前，桩基和刚性桩复合地基的抗震性能一直是工程界甚为关注的问题。本文介绍了国内外桩—土—结构地震动力相互作用研究的情况，介绍了桩基震害产生的原因以及震害的主要类型，并对桩—土—结构抗震试验研究方法进行了总结。目前进行桩—土—结构地震动力相互作用试验研究采用最多的是振动台试验。

# 15. 库区地质灾害防治新技术应用

陈 云 高延川 冯世清 曹春侠 钟 静

中国建筑西南勘察设计研究院有限公司

## 一、引 言

长江三峡水利枢纽工程是世界上最大的水利枢纽工程。工程 1992 年决定上马，1997年实现大江截流，2006 年 9 月蓄水到 156m 水位，2009 年 9 月蓄水到 175m。

三峡库区地质环境脆弱，长期人为挖填破坏环境，将导致大面积的地质灾害。三峡库区各地工程活动引起的环境问题，形成了许多地质灾害隐患，工程活动引发的滑坡、崩塌、泥石流、地面塌陷、地裂缝灾害在库区各城市普遍存在；三峡水库蓄水后，由于干流水位每年在汛期和枯水期都有数十米的涨落，水位急剧上升或下降，很容易导致一些老的滑坡、崩塌体复发。调查表明，可能触发一千多个库岸滑坡，单个滑坡体积可达几亿立方米，严重威胁移民新区、航运和三峡大坝安全运营。为此 2003 年前，国家已投资 40 亿进行治理。

根据《三峡工程后续工作规划大纲》，按轻重缓急、分步实施的原则，三峡库区后续地质灾害防治规划基准年为 2008 年，规划实施起始年为 2010 年，近期为 2015 年，远期为 2020 年。《规划》中地质灾害防治内容包括崩塌滑坡工程治理、塌岸防护、监测预警等内容。在水库运行期间，库区地质灾害防治工作应以监测预警为重点，以及时发现、捕捉到隐蔽但又可能产生的突发地质灾害的征兆，及时实施监测，及时预警预报，对突发险情及灾情能及时应急处置为工作目标，补充、完善、加强全库区监测预警系统，保护库区受地质灾害威胁的人民生命财产的安全。

三峡库区地质灾害防治工程浩大，技术复杂，对数以千计的各种类型的崩塌、滑坡及塌岸等地质灾害的防治，存在理论及工程技术等诸多方面的技术难题，针对三峡库区地质灾害防治中遇到的和三峡水库蓄水 175m 后面临的地质灾害防治技术问题，结合本领域的前沿动态，1997 年，国务院三峡工程建设委员会移民开发局设立了《长江三峡工程库区移民迁建新址重大地质灾害防治研究》重大科技研究项目，旨在对迁建城镇新址重点地区滑坡防治、库岸防护、滑崩堆积体和土地开发利用进行综合治理研究，提出优化方案，对重点地段人工边坡和弃渣稳定性进行研究，总结库区地质灾害防治的成功经验，引进高新技术方法，编制三峡库区地质灾害防治技术标准，为三峡库区一、二期地质灾害防治提供科学技术支撑和示范。2008 年 8 月，国家在三峡库区三期地质灾害防治工作计划中安排专项资金，研究解决在三峡库区地质灾害防治中遇到的一些重大科学技术问题，围绕重大地质灾害勘查技术、设计参数、监测预报、预测评价、信息化与集成技术综合研究以及规范和标准制定，解决三峡库区地质灾害防治实施中所暴露的科技问题和蓄水后水库运行期间可能产生的重大地质灾害防治所必须解决的科技问题，提高我国地质灾害防治的科技水平。

## 二、库区地质灾害防治新技术

### 1.地质灾害治理工程设计新技术

三峡库区地质灾害治理工程设计新技术主要集中为对近年来设计中采用的新技术、新方法、新工艺的调研，分析其在地质灾害治理工程中的适用性及应用前景，并进行总结，如预应力抗滑桩技术、受荷段中空抗滑桩技术、GPS2型主动防护新技术、SNS柔性防护新技术、库岸消落带绿化技术、石笼整体沉排（格宾网垫）、弃渣处置加筋土挡墙、库岸土工合成材料防护技术等新技术。

#### 1）预应力抗滑桩技术

预应力抗滑桩类似于桥梁上部结构，通过对桩体受滑坡推力一侧钢筋的预先张拉，使其工作之前就存在拉力。由于预应力的施加，迫使桩体内部应力重新分布，桩体的整体抗剪强度得到改善，可使桩顶位移和转角减小，以克服桩体被拉裂现象，主动地控制了桩体的变形破坏过程（图15-1、图15-2）。在滑坡推力不变的情况下，与同等截面的普通抗滑桩相比，预应力抗滑桩可提高抗弯强度和抗剪强度。由此推断，在不减弱桩体刚度和稳定性的情况下，预应力抗滑桩可减小配筋率，甚至有可能减小桩长。

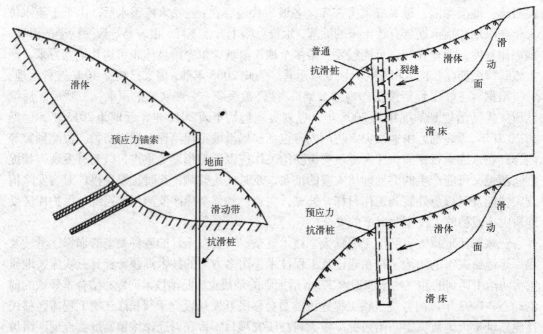

图15-1　预应力锚索抗滑桩结构体系示意　　　　图15-2　普通、预应力抗滑桩效果对比

预应力抗滑桩可提高桩体强度和抗滑桩的工作效率，减少配筋率、节约钢筋材料并降低工程造价，减少开挖工程量，减少桩身直径和嵌固深度，对滑坡扰动小，有利于滑体的稳定。预应力抗滑桩已在三峡库区重庆市巫山塔坪滑坡整治、重庆丰都县龙孔乡楠竹新房子滑坡、湖北省秭归县水田坝乡新址规划区北部滑坡、湖北省秭归县归州镇陶家坡滑坡等治理工程中成功应用。

#### 2）受荷段中空抗滑桩技术

抗滑桩体分受荷段和锚固段两部分，其位移及内力分析一般按悬臂梁求解。某滑坡抗滑桩内力分布见图15-3。滑动面埋深10m，桩身的弯矩和剪力主要集中在滑动面附近。滑动面向上，桩体的弯矩和剪力急剧下降，到地面几乎为零。若从桩底到桩顶都为等截面钢筋混凝土组成，滑面上部桩体的抗弯、抗剪强度显然得不到充分发挥，存在材料的浪费问题。如果经过强度和稳定性计算以后，在滑动面一定长度以上的某个截面开始，将抗滑桩桩体的内部设置成中空形式（图15-4），那么就可以大大降低钢筋、混凝土等材料的消耗。即在满足工程要求的情况下，可降低抗滑桩的工程造价。

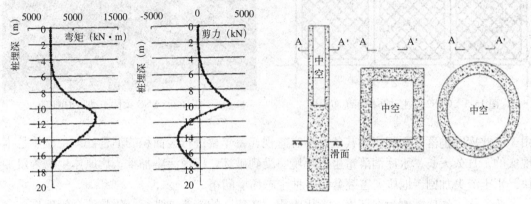

图15-3  抗滑桩弯矩、剪力分布图          图15-4  抗滑桩断面示意图

### 3）GPS2型主动防护新技术

GPS2主动防护系统是瑞士布鲁克集团开发的一种SNS（Safety Netting System）防护系统（图15-5），其模块化、标准化设计，便于安装、缩短工期、利于后期维护，对同步作业施工干扰小，其开放的特性，使得处理后表面美观，视觉效果好，保证了地下水和渗透水的自然排出，并且不影响后期自然或人工绿化植被的生长，已在三峡库区地质灾害的防治中得到推广应用，并有着广泛的应用前景。

GPS2型SNS柔性防护主动系统（图15-6），固定系统由锚杆和锚杆间的支撑绳构成，通过固定在锚杆或支撑绳上并施以一定预张拉的钢丝绳网对整个坡面形成连续支撑，其预张拉作业使系统尽可能地紧贴坡面并形成阻止局部岩体移动或在发生微小位移后将其裹缚（滞留）于原位附近的预应力，从而实现其主动防护（加固）的功能。系统的传力过程为柔性网→缝合绳→支撑绳→锚杆→稳定地层。该系统在施工工艺上为确保其尽可能紧贴坡面，锚杆孔口开凿了凹坑，使与支撑绳相连的钢丝绳锚杆的外露环套不高出坡面。该系统自身的柔性特征能使系统将局部集中荷载向四周均匀传递以充分发挥整个系统的防护能力，即局部受载，整体作用。

### 4）库岸消落带绿化技术

三峡工程建成后，库区冬季正常蓄水水位为175m，夏季为防洪，水位降至145m。这期间30m水位落差暴露出的地带被称为消落带。据测算，分布在湖北省、重庆市所有26个库区区县的消落区大约在300km²左右，沿岸2600km分散着消落带。消落带是江岸带中生态最为脆弱的地带。水位下降时，垃圾、杂草等污染物易随水流走，消落带总体危害不大。但是，两岸岩土被库水浸泡会留下痕迹，造成景观的不协调；而且，各种各样的污染物就沉淀在裸露的消落带，在烈日暴晒下，必然会蚊蝇滋生，有可能诱发传染病、瘟疫。

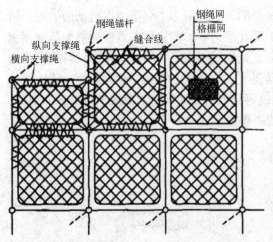

图15-5　GPS2型主动防护系统布置图

图15-6　SNS柔性主动防护网

由于三峡库区消落带面积广，其危害不容忽视，每年要进行大面积的消毒处理，显然是不现实的。日久天长，水库消落带生态环境将受到破坏，出现污染加重，病原体生物繁殖加快、水土流失加剧、地质灾害频繁等多种生态环境问题。

为美化三峡库区的生态环境、净化水质，在库区的消落带进行绿化是综合治理措施之一。即尝试在消落带内种植既能在水下30m生存，也能在陆地生长的植物，利用其根系固定土壤，截流地表径流中的污染物。2006年，三峡大学教授许文年等经多年研究完成的"植被混凝土护坡绿化技术"研究，采用将特制的植被混凝土基料喷射到岩石陡坡和混凝土边坡上，再进行绿化，不仅使"水泥和石头"上长了草，而且植被具有一定的抗冲刷功能，并从各地采集二十多种植物，进行水陆两栖实验驯化，开发防冲刷构件，目前已在清江隔河岩库区开始大面积应用。2009年中国工程院委托全国农林系统10余位专家考察了三峡库区消落区及库岸山地后，提出了在三峡库区实施"沧海桑田"生态经济建设项目。饲料桑作为一种耐旱、耐淹的经济树种，具有水陆生长的"两栖"特征。重庆在三峡库区消落带种植了几万亩桑树，从种植情况看，桑树存活情况比较良好。2012年，三峡坝上库首第一县湖北秭归县库区香溪段在消落带种植"长根系"草本植物——香根草、狗牙根、百喜草等品种。香根草又名岩兰草，是一种多年生草本植物，生长繁殖快，根系发达，耐旱耐瘠，被称为具有"最长根系的草本植物"，根系最长可超过5米。香根草可在水下淹没四五个月，水退后又长出来，目前正在香溪河段消落带试验栽种3.4万 m² 香根草，已取得了一定的成效。

5）石笼整体沉排（格宾网垫）

格宾网垫由于格宾网的外观与蜂巢相似所以又称蜂巢格网，是采用高强度的镀锌低碳钢丝，由机器编织而成的六边形网孔钢丝网。在中国，生态绿格网结构起源于二千多年前的竹笼、羊圈工艺，李冰父子在都江堰工程中首次使用，这是传统意义上的格宾网结构。石笼属柔性结构，对于不均匀沉陷自我调整性佳。岸面多孔性，石材间之缝隙利于动物栖息，植物生长，水线以上之石笼面可利用客土袋植生绿化符合生态的考量及安全的要求。

石笼沉排结构是将石笼（格宾网垫）联结捆绑成整体沉排用来护岸。石笼沉排有三个特点：一是抗冲，护底沉排延长了水流行程，减小了水流对岸坡河床部位的冲刷强度，提高了岸坡的抗冲能力；二是护底，排体纵向为连续整体，成为下部河床较稳定的隔离保护层，保护排体下的床沙不受水流淘刷走失；三是使冲刷坑外移，排体外沿在自重作用下，紧贴床面并随河床变形下蚀内收，使冲刷坑靠近岸坡的一侧得到了保护，限制了冲刷坑向岸坡坡脚发展，将坝前冲刷坑外移到不影响或少影响岸坡安全的外围。

原木面板石笼技术是一种充分利用天然材料的塌岸防治新技术，它由圆木组成面板、金属网和天然石材构成石笼，在箱笼里充填石材，通过台阶状填筑方式形成挡墙或护堤，其功能和特点可概括为：①柔性结构，能适应较大变形而保持整体性，有效抑制淘刷及冲蚀作用，护岸、防止侵蚀冲刷，提高库岸稳定性；②现场组装简便，易于施工；面板可以更换，便于维护；③透水性好，大小、形状各异的空隙利于生物的生息繁衍，可绿化，保护水边生态环境，与自然景观相协调。面板原木可以采用竖排形式或横排形式，金属网箱由高强镀锌钢丝线机编成双绞、六边形网片制成，线材为高强镀锌树脂密质钢丝。为防止石笼背后土的细颗粒被水流带出，可铺垫一层土工布，或者设置砂砾石反滤层。当缺乏砂砾石料时，土工布是首选的材料，它施工简便，反滤性能好。图 15-7 为原木面板的布置形式示意图。

石笼整体沉排技术可用于坡度陡、高度大的塌岸防治工程。当然，当库岸坡度小，基本不存在岸坡稳定性问题时，原木面板石笼也能应用。石笼顺地势而筑，能很好地起到防止岸坡冲刷、侵蚀的作用。由于该技术填筑简便，稳固可靠，非常适用于三峡库区塌岸防治工程，如 145～175m 水位变动带及 175m 水位以上岸坡地段的塌岸防治。

绿化槽锚板工法由混凝土槽、锚杆和锚板构成，分段填筑，在混凝土槽内可种草绿化，是一种环保型塌岸防治工程措施。混凝土槽可以制成各种形状。图 15-8 为椭圆矩形混凝土槽图示。

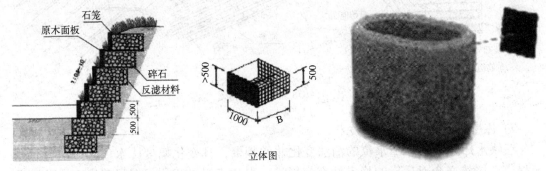

图 15-7　原木面板石笼护岸示意图　　　　图 15-8　绿化槽锚板组成

绿化槽锚板工法的特点有：①槽背由锚杆固定，可承受土压力、水压力作用，防治塌岸效果好；②槽内培土绿化效果明显，不受地形坡度影响，景观自然、协调；③槽背填土可以利用建设弃土、弃渣；④中空构造，质量轻，现场组装简便，易于施工。

在塌岸防治工程中，原木面板石笼护坡技术和绿化槽锚板护坡技术充分利用了天然材料，不仅可就地取材，施工简便，适应各种库岸边坡类型，可达到护坡、固坡、稳坡作用，而且可以抑制 $CO_2$ 排放量，保护水边生态环境和营造自然。

6）弃渣处置加筋土挡墙

在三峡库区新城建设过程中将产生大量弃渣，弃渣严重危害移民工程和长江航道。兴山、秭归、巴东、巫山、奉节等县区在暴雨期间，由于弃渣的不合理堆放产生了泥石流，对道路、工矿企业、房屋等造成了危害。巫山县利用弃渣回填冲沟，并利用加筋土技术修建了高达57m的加筋土挡墙（图15-9），有效地处置了建筑弃渣 $2000 \times 10^4 m^3$，奉节、忠县、重庆等也利用加筋土技术进行弃渣处置，取得了较好的效果。

图15-9　巫山57m高的加筋挡墙

加筋土挡土墙是利用加筋土技术修建的一种支挡结构物。加筋土是一种在土中加入拉筋的复合土，它利用拉筋与土之间的摩擦作用，改善土体的变形条件和提高土体的工程性能，从而达到稳定土体的目的。加筋土挡土墙由填料、在填料中布置的拉筋以及墙面板三部分组成，其基本结构如图15-10所示。加筋土挡墙的应用为库区大量弃渣的处理起到了巨大的作用，同时为国家节省了大量的资金。

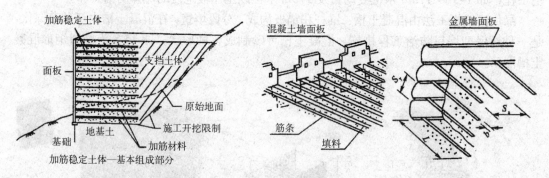

图15-10　加筋土结构图

### 7）库岸土工合成材料防护技术

三峡水库建成后，库水位的消涨变化非常频繁，且变化幅度比水库建造前有了明显提高，这势必会对库岸的稳定性产生影响，引起库岸堆积体沿深层基岩面滑动或发生塌岸。而土工合成材料以其良好的整体性、抗变形能力、保土透水性能及施工简便、造价低等独特优势，而成为一种上好的库岸防护材料。土工合成材料护岸形式主要有土工模袋混凝土面板、土工织物软体排、土工网或土工格栅石笼、土工网罩、三维植被网垫护岸。

土工合成材料应用于岩土工程的主要以聚丙烯、聚酰胺、聚氯乙烯等为原材料制成的各种产品，并分为土工织物、土工布、土工膜、土工复合材料和土工特种材料。主要功能有反滤功能、排水功能、隔离功能、防渗功能、防护以及加筋和加固。三峡水位变动导致巫山老县城沿江滑坡，结合沿江地带的滑坡治理，进行了巫山老县城库岸土工布防护技术的示范应用和研究（图15-11）。

图 15-11　巫山库岸滑坡土工布防护

## 2.地质灾害监测预警新技术

目前，三峡库区的滑坡监测系统已初步建立，大量新技术和新方法的应用，为及时准确掌握三峡库区滑坡的变形状况、预测预报滑坡的发生提供了科学依据。如光纤传感监测（BOTDR）技术、GPRS 滑坡监测技术、GPS 地质灾害预警技术、基于 InSAR 的地质灾害监测技术、3S 技术、基于无线传感器网络的滑坡监测技术、基于 GoogleEarth 的地质灾害专业监测预警信息集成技术等。

### 1）光纤传感监测（BOTDR）技术

光导纤维监测技术又称布里渊散射光时域光纤监测技术（BOTDR-Brillouin optic timedom -ain eflectometer），起初应用于航天领域，在发达国家相继应用于电力、通信、工程等领域的应变检测和监控，是近年来发展和成熟起来的一项尖端技术。与常规滑坡监测技术相比，具有多路复用分布式、长距离、实时性、精度高和长期耐久等特点，通过合理的布设，可以方便地对滑坡体的各个部位进行监测；由于其具有很好的技术应用前景，已经成为一些发达国家如日本、美国、加拿大、瑞士等竞相研发的课题。从 20 世纪 90 年代开始，我国就开始了光纤传感技术的应用研究，目前 BOTDR 技术在我国岩土工程、土木工程上的应用已得到有效开展，并在隧道工程、高陡边坡工程、大桥施工监测、堆石坝混凝土面板随机裂缝监测、滑坡等地质灾害监测方面得到了应用。2003 年中科院地质科学院引进 BOTDR 光纤应变分析仪，在三峡库区重庆市巫山县滑坡地质灾害预警示范站、新铺滑坡监测、巫山残联滑坡监测中进行了应用。

BOTDR 基本原理是利用光纤中的自然布里渊散射光的频移变化量与光纤所受的轴向应变之间的线性关系得到光纤的轴向应变（图 15-12、图 15-13）。

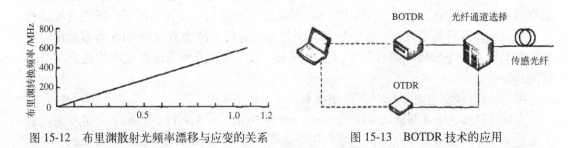

图 15-12　布里渊散射光频率漂移与应变的关系　　　图 15-13　BOTDR 技术的应用

2）GPRS 技术

近年来发展起来的 GPRS（General Packet Radio Service）技术为地质灾害的监测提供了一种新的技术手段。GPRS 是在现有 GSM 系统上利用分封交换（Packet-Switched）的概念所发展出的一套无线传输方式。分封交换就是将数据分装成许多独立的封包，再将这些封包一个个传送出去。应用 GPRS 高速无线通信网络技术，可以实现地质灾害的远程自动化监测，达到让监测部门、管理部门及专家群体实时观看到远程地质灾害动态监测信息的目的，这也是地质灾害监测预警发展的必然趋势。

地质灾害监测数据 GPRS 传输网络就是应用自动化技术与计算机、GPRS 通信网络等科学技术，将地质灾害的监测、数据传输技术手段与多媒体计算机网络、通信网络相结合；实时传输监测数据或实时显示远程监测数据曲线。异地计算机可以远程监控查看地质灾害现场各监测站点监测数据的变化，供管理决策部门及专家随时查看以制定相应的解决方案，并通过网络系统反馈到监测站点（图 15-14）。重庆市利用 GPRS 无线数据系统采集和传输三峡库区滑坡监测资料，准确无误，及时地监测和预警三峡库区的滑坡地带，试验证明，相对于其他的监测系统，实时在线、高速传输、可靠性等性能更好。

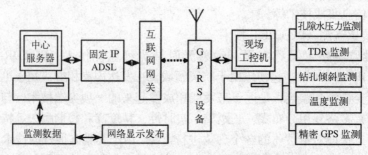

图 15-14　GPRS 无线监测传输示意图

3）GPS 技术

GPS（Navigation Satellite Timing and Ranging/Global Positioning System）是利用导航卫星进行测时和测距，以构成全球定位系统。目前，二十多颗 GPS 卫星已覆盖了全球，每颗卫星均在不间断地向地球播发调制在两个频段上的卫星信号。在地球上任何一点，均可连续地同步观测至少 4 颗 GPS 卫星，从而保障了全球、全天候的连续地三维定位。

GPS 技术应用于滑坡监测，是利用 GPS 静态相对定位原理，建立起高精度测量控制网，监测滑坡变形与位移。在我国用 GPS 进行滑坡监测从近几年才开始探索。国土资源部长江三峡链黄指挥部等单位在长江三峡新滩至巴东段进行崩滑地质灾害 GPS 监测的试验研究，监测精度为毫米级，同时在秭归县白河水、云阳县、万州库区滑坡中均建立了 GPS 监测预警系统。

4）合成孔径雷达干涉 InSAR 监测技术

合成孔径雷达干涉测量 InSAR（Interferometry Synthetic Aperture Radar）是近年来迅速发展起来的一种微波遥感技术，它是利用合成孔径雷达（Synthetic Aperture Radar，SAR）

的相位信息提取地表的三维信息和高程变化信息的一项技术，可以全天候利用传感器高度、雷达波长、波束视向及天线基线距之间的几何关系，精确测量地表每一点的三维位置，尤其利用差分雷达干涉处理技术，其精度可达到毫米级。该技术目前主要用于地形测量（建立数字化高程）、地面形变监测（如地震形变、地面沉降、活动构造、滑坡和冰川运动监测）及火山活动等方面。

2005 年，美国学者 Rana A. Al-Fares 利用 InSAR 技术，研究了美国内华达州 Gold Buttle 地区的落水洞发育区 1992 ~ 1997 年的干涉图像，通过对比计算出该塌陷区地面沉降速率为 0.5cm/a。中国也在研究开发这项技术用于崩塌、滑坡变形观测、地面沉降观测及地下水观测。在西南部干旱及较少植被覆盖（如戈壁沙漠地区）地区应用效果较好。尽管在干涉测量技术中采用相位测量可以监测到毫米级的变化，然而，轨道的系统误差与对流层的传播会使 InSAR 测量结果产生偏差，尽管 InSAR 测量结果随季节性变化较大，但长期记录可与位移测量计的测量结果比较。

2005 年中国地质环境监测院与德国地球科学研究中心在三峡库区重点灾害监测点秭归县卡子湾、树坪、链子岩等滑坡体上安装了角反射器进行 InSAR 监测，均取得了较好的效果。

5）3S 技术

3S 是在 GPS、RS、GIS 技术分别得到普遍应用的基础上发展起来的技术集成与优势互补的技术，目前在中国已经得到了较广泛的应用。如在三峡初步建成了库区地质灾害全球卫星定位系统三级监测网，通过建立库区 1P5 万三维动态飞行平台，实现了库区地质灾害空间监控与数据检索和全库区 20 个区县地质灾害监测数据网络化传输，空间基础地理数据库、地质灾害点数据库、基础工程地质及水文数据库等相继建成。经过几年的努力，涌现出若干能参与市场竞争的地理信息系统软件，如 GeoStar、MapGIS、OitySta、ViewGIS 等，与国外的差距迅速缩小，为建立地质灾害风险管理信息系统奠定了良好的基础。

在万州、巫山和奉节等地初步建立的"三峡库区库岸与滑坡变形监测及灾害预警系统"已获得部分观测成果。这些成果已经在评估三峡库区滑坡和库岸稳定性方面发挥了积极的作用。

6）无线传感器网络监测技术

采用无线传感器网络（WSN）技术实现库区特殊地段地质灾害的实时监测是一种技术上先进、适宜库区地貌特征的有效尝试。由于 WSN 本身的冗余性、无线性、网络的自组织性而具有较强的抗破坏能力，因而可以在基础通信设施被毁坏的情况下，完成一定的通信任务。因此，把无线传感器网络技术应用到长江三峡库区特殊地带的滑坡灾害监测预警中，利用各种传感器实时采集信息，通过无线的方式将信息传输给控制中心，能够解决布设有线监测系统的缺陷，而且适用于 GMS 网络信号无法覆盖的偏远山区滑坡灾害监测。

在大范围监控、预警的基础上，以局域网为研究平台，主要致力于数据采集和发送的有效性及处理上的精确性，监测预警系统的总体结构（如图 15-15）可分为上层的监控中心和下层的监控基站。监控基站和监控中心通过以太网连接，管理人员也可以通过自定义网络访问监控基站。监控基站和众多的无线传感器节点一起组成无线传感器网络。无线传感器网络具有很好的扩展性，随意地增减节点，对网络的拓扑结构和组网模式无太大影响，因而可以方便地根据实际情况增加或减少监控节点的数量。

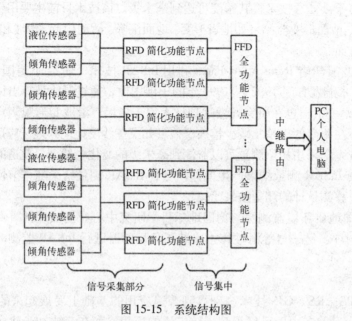

图 15-15　系统结构图

基于无线传感器技术和地面监测点组网，基本建立了研究三峡库区特殊地段滑坡的监测系统，通过使用证实了整个系统的可行性。对系统稍加修改便可以应用在水质污染、森林火灾等自然灾害监测中，还可以应用在室内防盗、智能交通、工业监控等领域。

7) 基于 Google Earth 的三峡库区地质灾害专业监测预警信息集成技术

监测预警是三峡库区地质灾害防治的主要措施，对其产生的海量信息进行有效管理是对库区进行有效防灾减灾和管理决策的基础。Google Earth 作为一款免费提供全球三维遥感影像数据的虚拟地球软件平台，在对地质灾害专业监测预警信息集成管理和展示方面具有成本低、实施快、展示逼真等优点。在分析三峡库区地质灾害专业监测数据组成及其安全性、用户可视化的空间认知过程和习惯等的基础上，提出了三峡库区地质灾害专业监测预警信息集成方案（图 15-16），并利用 Google Earth 提供的功能予以实现，取得了较好的效果，也表明 Google Earth 在地质灾害信息集成、管理和展示等方面具有广阔的应用前景。

**三、结语**

目前，三峡库区一、二、三期地质灾害治理工作已基本完成，但后续地质灾害的防治工作仍然艰巨，总结和探讨前期库区地质灾害治理新技术、新工艺、新方法，既有助于三峡库区地质灾害治理与监测技术的完善，又有助于库区实时自动化监测预警系统的建立，同时也可为我国滑坡、崩塌、塌岸等地质灾害防治工程人性化设计、施工以及提高防护工程质量和综合效益提供非常有益的借鉴。

在库区地质灾害治理过程中，随着科学技术的发展和环保意识的增强，营造自然生态环境与环境和谐共存的需求日益高涨，防治新理念和新技术也在不断加以应用，新材料、新工艺、新方法必将不断涌现，需要进行不断的总结和深入研究。

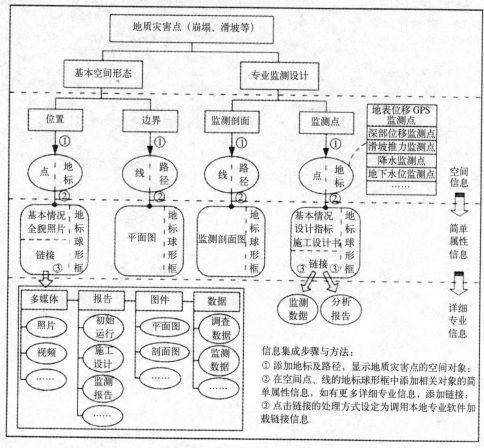

图 15-16　基于 Google Earth 的三峡库区地质灾害监测预警信息集成方案

# 第六篇 成果篇

"科学技术是第一生产力"。"十一五"和"十二五"期间，国家、地方政府和企业都加大了防灾减灾的科研投入力度，形成了众多具有推广价值的科研成果，推动了我国建筑防灾减灾领域相关产业的不断进步。通过对科技成果的归纳、总结，一方面可以正视取得的成绩并进行准确定位，另一方面可以看出行业发展轨迹，确定未来发展方向。本篇选录了包括工程抗震、建筑防火、建筑抗风雪、灾害风险评估计、地质灾害在内的 20 项具有代表性的最新科技成果。通过整理、收录以上成果，希望能够和广大防灾科技工作者充分交流，共同发展、互相促进。

# 1. 建筑工程抵御大地震灾害综合应用技术

**一、主要完成单位**

中国建筑科学研究院　清华大学　同济大学

**二、成果简介**

本成果源自"十一五"国家科技支撑计划重点项目，由中国建筑科学研究院作为项目承担单位。项目研究起止时间为 2009 年 1 月、2012 年 12 月。该项目于 2009 年 1 月启动，2013 年 5 月各课题通过验收，2013 年 6 月通过验收。

1. 成果与创新性

本研究成果在整体层面上提升了我国建筑工程抵御大地震灾害的技术水平，为推广应用提供了很好的技术支撑，对建筑抗震防灾有重要意义。

本成果在以下方面具有创新性：建筑结构地震倒塌数值分析、少墙框架、少支撑框架以及摇摆墙框架、分离式楼梯、填充墙新型连接构造技术、新型自密实混凝土材料、消能减震技术加固震损混凝土结构、玄武岩纤维复合材料加固震损砌体结构、弧形钢板与 L 形钢板加固震损木结构、串并联变刚度组合隔震支座及三维隔震系统、房屋消能减震和隔震装置快速施工技术和橡胶隔震支座更换技术等。

2. 成果应用前景

项目组所取得的重要科技成果已在十余项示范工程中得到应用，取得了显著的社会经济效益，具有良好的推广应用前景。

研究成果为修订、完善《建筑抗震设计规范》、《城市抗震防灾规划标准》、《建筑抗震鉴定标准》和《建筑抗震加固技术规程》提供基础数据。研究成果将作为未来的国家或行业标准《震损建筑抗震鉴定标准》和《震损建筑抗震加固技术规程》的主要依据。

目前日本的高层钢结构建筑基本都采用了消能减震技术。随着我国国民经济的持续稳定发展，抗震新技术的深入研发，项目研发的隔震和消能减震技术与产品将会在我国逐步推广应用。

通过震前震后加固能减少灾区震后恢复重建的建设投资，加快灾区震后恢复生产的速度成果的推广应用，可为国家节约巨额建设资金。

项目成果推广，可提高建筑抗倒塌能力，改善人居环境，将极大地减少因特大地震可能造成的人员伤亡和财产损失，带动整个行业的技术进步，使我国在该领域的技术水平有较大的提高。

# 2．社区防灾减灾能力提升技术

## 一、主要完成单位
北京城市系统工程研究中心

## 二、成果简介
社区防灾减灾能力提升技术主要针对家庭、社区应急物资储备研究、区域应急物资联动研究、社区灾害信息员装备研发及业务培训、社区居民智能应急疏散系统、社区综合防灾减灾及应急服务平台研究几方面展开。

1.家庭、社区应急物资储备研究

家庭应急物资的储备，一方面在突发事件发生时可以帮助受灾人群第一时间获得有效的应急物资，特别是水、高热量食品、简单医疗物资、逃生和求救物资等资源，对灾害中生存、自救发挥了重要作用。从实践看，这种做法也是非常有效的。

根据北京市易发自然灾害，以辅助家庭人员灾后紧急自救为目标，结合居家环境、家庭人员等情况，构建家庭应急物资储备清单。

- 清单包括：医疗救护，应急食品，常用工具，逃难保障，求救工具。
- 应急包需安置在干燥通风处，易于获取，便于保质，例如橱柜里面。
- 应急物资更新化，实行定期轮换制度。通过参与社区的应急演练，将家庭的应急物资消耗掉，以避免出现食品药品过期。
- 对未参与社区应急演练的居民，通过 APP 软件提醒居民应急物资的保质期，以保障居民按时更换应急物资。

家庭应急物资储备清单罗列的商品，需要同家庭人口规模数量相匹配。

社区应急物资的储备，以灾后居民生存保障、社区安全保障、社区持续运行保障为目标，依据社区灾害风险、灾害承载力等指标，构建社区应急物资储备标准。

- 主要从社区应对北京市常见的地震、高寒、暴雨、公共医疗、突发事件（断水断电）、信息通信等六个方面应急事件。
- 分别对城市社区地震、城乡结合部地下室水电安全、农村暴雨洪涝灾害的特殊情况出台差异的应急物资储备标准。
- 社区人员采用短信发放通知居民灾害发生，通过对讲机等工具进行紧急联系。
- 通过开展应急演练，消耗即将过期的食品等应急物资。

2.区域应急物资联动研究

各区域应急物资储备的种类、质量、基本功能；各类应急物资的空间分布、可调度范围、紧急供应渠道等。统计分析各区县历史突发事件的种类、应急措施、对应的应急物资需求种类。

构建应急物资需求分级等，使需要最紧急的应急物资尽可能短时间到达。首先对决策者给出的灾害点应急需求优先权排序；最后在考虑优先权排序下，设计应急物资调度决策方法。建立应急物资数据库，实现信息共享；建立调配策略库，合理配置应急物资，规范联动区域和范围。

3．社区灾害信息员装备研发及业务培训

灾害信息员不但要及时上报灾情，更多的是要培养灾害来临时的反应和措施，这就需要对灾害信息员进行公共知识、灾害救助业务、应急救灾演练等专业技能的综合培训。目前灾害信息员主要通过面授形式进行灾害信息员职业资格的考评及培训，考核鉴定方式分为理论知识考试和专业能力考核。

4．社区居民智能应急疏散系统

社区居民智能应急疏散系统包括应急疏散规划、导向标识、广播系统三个部分，基于社区灾害风险评估的应急避难图、风险地图、疏散标识、智能引导、分区疏散、应急预案联动、GIS 平台、预警信息发布等。

5．社区综合防灾减灾及应急服务平台研究

社区综合防灾减灾及应急服务平台包括为社区建立综合防灾减灾体系和编制综合社区防灾减灾体系建设指南。

社区综合防灾减灾体系是通过为社区提供具体的专业的防灾减灾安全指导和服务来实现。具体包括：提供社区脆弱性评估的咨询服务；指导社区制定科学、实用的应急计划和预案；设计培训并督促过程实施，确保有效性；指导社区通过练习和演习，不断完善应急预案，并提高居民防灾减灾能力。

1）社区脆弱性评估是一个确认危险、描述脆弱性、明确应急事件对社区的潜在影响的过程。脆弱性评估包括脆弱性描述、危险分级、编制社区灾害风险地图三个方面工作。开展脆弱性评估的目的是根据对于危险影响和潜在事件的描述进行应急准备。

2）制定社区应急计划。应急计划建立在脆弱性评估的基础上，它是在应急事件中就反应和恢复工作达成的协议，表述了责任、管理机构、政策和资源。社区应急计划的主要内容包括社区管理机构、组织的任务、信息管理、资源管理、特殊计划（如医疗、交通、治安和安全等）。

3）培训和教育。培训教育有两方面内容，一是建立培训体系，即制定一个合适、有效、高效率的培训计划的过程，包括分析社区的培训需要、设计培训、制定指导说明、实施指导说明、确认培训等。培训教育的第二个方面是实施公众教育计划，用于向公众通告可能存在的危险和相应的应急计划，指导民众做好预期的准备和采取适当的行动，同时对已知的弱势群体给予更多的关注。可以采用各种各样的宣传方式，如报纸、广播、电视、小册子、公开会议等。

4）监督和评价。用于监督和评价包括判定应急准备计划制定和执行的优劣，以及有待提高的地方。监督和评价准备的三种方式包括规划管理、清单、练习。规划执行阶段的监督评价包括测量计划目标方向上的进展、进行分析，找到计划中产生偏离的原因，决定正确的行动。清单可以用于评价现有的应急准备计划或者帮助制定新的计划，它能根据先前经验形成现有的简单又易于使用的知识小结。应急准备计划中监督评价部分最普遍的方式是通过指导练习，用于指导应急计划、培训教育等。

# 3. 变刚度隔震试验技术

**一、主要完成单位**

中国建筑科学研究院

**二、成果简介**

课题将形成与既有建筑绿色化改造相关的系列研究成果，主要分为以下几种形式：

1. 研发并设计完成了具有串联变刚度特性的组合隔震支座，完成了多组足尺试验研究。试验研究表明，串联组合隔震支座具有良好的力学特性，其在变刚度前水平剪切刚度与组合支座中较小支座更为接近，变刚度后组合支座水平刚度主要取决于组合支座中的大支座。串联组合支座竖向刚度可以取两组合支座串联计算值，试验表明理论计算值与试验值十分接近。

2. 研发并设计完成了并联组合隔震支座，该支座具有水平变刚度、铅芯耗能、摩擦耗能特性，同时比相同水平剪切刚度的普通支座具有更高的竖向承载能力。初始变形阶段组合支座水平刚度仅由内部小支座提供，外环支座可自由滑动，在此阶段外环摩擦板起摩擦耗能作用。到达设定位移目标后，内外环支座共同提供水平刚度，摩擦板相对静止。试验表明并联组合支座具有良好的变刚度和阻尼特性，同时在整个运动过程中内外环支座可以共同承担竖向荷载。

3. 深入归纳总结了隔震支座力学分析模型的适用性及技术特点，根据变刚度支座试验结论拟合了适用于串联和并联变刚度隔震支座的计算滞回模型。

4. 设计完成了三组缩尺比例1:10、原形结构为16层的钢筋混凝土框架结构振动台试验。三组模型分别采用了串联组合隔震支座、并联组合隔震支座和普通隔震支座。对比研究了三种采用不同隔震支座振动台模型的实际隔震效果和破坏模式，考察了因地震波频谱特性差异和单项、双向地震动输入差异引起的隔震结构反应区别。通过完成国内首例大比例高层钢筋混凝土变刚度隔震框架结构振动台试验，结合试验结果和现象验证了变刚度隔震技术的有效性，并对实际工程应用提出了设计建议。

5. 根据振动台试验结果，完成了针对试验模型的弹性时程和弹塑性时程分析。对比研究了弹性及动力弹塑性分析结果，其中弹性分析基于隔震层非线性变形、上部结构弹性变形的空间三维模型，动力弹塑性分析梁、柱单元基于纤维模型。上部结构在计算中考虑了材料非线性、几何非线性和施工模拟等因素，隔震层考虑了隔震支座非线性变形特性。以上两种计算模型中变刚度隔震支座均采用论文中拟合的滞回模型，通过计算分析与振动台试验结果进行了对比，重点考察了隔震层、隔震支座和上部结构整体反应情况，最终验证了论文中拟合的组合隔震支座计算滞回模型的实际效果。

# 4．钢筋混凝土框架支撑体系

**一、主要完成单位**

中国建筑科学研究院　建研科技股份有限公司

**二、成果简介**

在中高层建筑中，混凝土框架结构和框架—剪力墙结构的应用十分普遍。框架结构作为柔性结构，在地震中受到的地震作用较小，如构造合理、具有良好的抗震性能，但用于承受较大的地震作用时，则难以经济地提供足够的刚度来控制结构的层间位移和总体位移，且非结构构件损坏严重，输入结构的地震能量只能通过框架梁柱的非线性变形来耗散，梁端、框架节点和楼层损坏严重，加上 P-△效应的影响，甚至会引起建筑物局部或全部倒塌。框架—剪力墙结构则是一种常用的结构体系，在大震中，震害将主要集中在剪力墙底部、连梁和相应的楼层位置，给震后修复带来很大的困难。

支撑类框架的共同特点是：在正常使用阶段和中小地震作用下，结构表现出较高的抗侧刚度，且吸引的地震作用适中（介于剪力墙与框架之间）。但对于纯支撑框架，其支撑杆件在强震作用下的耗能能力是十分有限的；屈曲约束支撑采用钢材的屈服段来耗能，克服了钢材在受压时容易失稳的问题，从而解决了传统支撑在受压时不进入屈服段的问题。屈曲约束支撑在风荷载和中小地震作用下不会产生屈服变形，结构表现出支撑框架的工作特性；在强震下，屈曲约束支撑在主要构件屈服前的预定荷载下产生屈服变形，依靠阻尼耗散地震能量，同时由于结构变形后刚度变小，自振周期加长，减小了地震输入，从而达到降低结构地震反应的目的。采用屈曲约束支撑结构的意义在于：摒弃了传统的单纯依靠提高结构自身强度和刚度来抵御地震的抗震设计思想，借助于屈曲约束支撑耗散地震输入结构的大部分能量，经济且有效地确保大震中主体结构免于损坏。屈曲约束支撑除可用于中高层建筑中替代部分或全部剪力墙外，还可用于现有建筑的抗震加固。

2008 年汶川地震后，中国建筑科学研究院基于前期对框架支撑结构体系研究的积累并结合住房和城乡建设部"钢筋混凝土框架支撑结构体系的研究"课题，对钢筋混凝土框架支撑体系技术开展深入研究，并针对框架支撑体系构造原理、支撑系统等进行了系列试验研究。取得的成果主要体现以下几个方面：

1. 进行了多组屈曲约束支撑试验研究，研发了 JY-SD 系列屈曲约束支撑，该系列产品性能优越，实用性强，适用面广。

2. 对钢筋混凝土框架采用钢支撑加固的两种连接方式进行了对比试验，研究表明内嵌钢框架及节点加固外包型钢这两种连接方式均可靠，能够提高钢筋混凝土框架结构的抗震性能，是框架结构抗震加固的有效手段。

3. 课题对含屈曲约束支撑的新建钢筋混凝土框架结构进行了试验，研究表明采用屈曲约束支撑的框架具有很好的耗能能力，可显著改善框架结构的抗震性能。

4. 该课题在试验研究和理论研究基础上提出了设计方法建议，可用于指导工程实践。

# 5. 液体黏滞阻尼器在建筑上的防灾减震应用

## 一、主要完成单位

北京奇太振控科技发展有限公司　中国建筑设计研究院工程抗震研究所

## 二、成果简介

从 1999 年开始，首次从美国引进了这种世界先进的抗震技术，并在北京老火车站的大厅上安置了 32 个阻尼器，成功地把这座 20 世纪 50 年代修建的建筑，抗震等级从不设防（6度）提高到抗 8 度地震，从此该项技术逐步进入中国，开拓了相关设计、应用领域，逐步在多方面取得了成效。

1. 增加结构抗震、抗风能力

改变以结构破坏为代价保护结构的延性设计理念，加设可以往复工作的阻尼器，使结构增加结构阻尼比、减少地震力、耗散地震能量，以达到结构在地震中保护的作用。

2. 用阻尼器去防范罕遇大地震或大风

按小震不坏、大震不倒的原则，利用阻尼器既可减少小震、风震对结构的影响，又可减少中震、大震对结构的破坏。

3. 减少附属结构、设备、仪器仪表等在地震下的破坏性振动

在破坏性地震中，结构内部系统的价值可能远远超过结构本身，用这种速度型阻尼器可以减少内部隔墙、结构幕墙的附属结构、设备、仪器、仪表等设备的振动和破坏。

4. 解决常规办法难以解决的问题

在高地震烈度、土质情况恶劣的地区，单纯加大梁柱的尺寸会引起结构刚度增加，结构的周期减小，其结果可能引起更大的地震力。阻尼器可能会为这种情况提供特殊的解决思路。

5. 结构上的其他需要

在超高层建筑大量使用，是有益无害的结构保护系统，是提高抗风能力最有效的办法。

6. 结构性能设计的有力工具

对于使用功能具有特殊要求以及安全储备极高的结构，通过耗能减震设计能够达到性能设计提出的位移、受力等控制指标，满足业主的安全预期。

十几年来，从北京火车站抗震加固开始，分别采购安装了北京银泰中心、康宁厂房、广州大学体育场等 17 个建筑工程：

北京银泰中心消能减震设计分析并完成 73 个液体粘滞阻尼器安置；

北京盘古大观消能减震设计计算并完成 108 个液体粘滞阻尼器安置；

武汉保利大厦消能减震设计计算并完成 63 个液体粘滞阻尼器安置；

天津国贸中心消能减震抗风计算并完成 12 个液体粘滞阻尼器安置；

天津富力大厦消能减震设计，完成分析计算。

新疆阿图什钢筋混凝土消能减震的计算分析，目前正施工并安置 56 个液体粘滞阻

尼器；

新疆乌恰钢筋混凝土消能减震的计算分析，目前正施工并安置 72 个液体粘滞阻尼器；苏通大桥、西堠门大桥、厦漳大桥等 34 个桥梁工程。

## 三、创新成果

在进行工程实践的同时，结合不同项目需求，在学术和实用新型上还做出如下科技创新成果：

1. 新型多功能阻尼器，包括建筑用液体粘弹性阻尼器、桥梁用限位阻尼器和带熔断锁定装置；

2. 开创性提出低烈度设计用阻尼器，提高结构定量承载能力、节能的设计方法；

3. 套索阻尼器的应用，可节省一半阻尼器的设计和使用办法；

4. 加强层布置阻尼器的模型，解决阻尼器难于合理布置的重大难题；

5. 阻尼器抗风研究，阻尼器的抗风使用，无摩擦金属密封阻尼器的使用；

6. TMD 和直接安置阻尼器的联合使用方案；

7. 大型屋顶的抗风阻尼器设计；

8. 通过不断介绍阻尼器的构造和工作原理，从理论上协助国内十几家阻尼器新生产厂了解阻尼器、学习国外先进技术、提高改进产品。

结合以上创新成果，和合作单位一起共申报并获得了 4 项专利：

1. 苏通大桥——桥梁用液体粘滞阻尼器的限位装置

2. 韩家沱大桥——可熔断锁定装置

3. 一种抗风调谐质量阻尼器 TMD 系统

4. 一种防震的粘滞阻尼器连接系统——Toggle 连接技术

出版了《桥梁工程液体粘滞阻尼器设计与施工》、《桥梁地震保护系统》两本专著，发表了近 60 篇学术论文。

## 四、结构抗震的保证

目前结构工程用液体粘滞阻尼器已经发展第三代产品，即世界最先进的小孔激流型代液体粘滞阻尼器，随着生产和应用技术逐步完善，我国越来越多的工程师认识并广泛应用在实际工程中。

确保阻尼器在地震中发挥减震作用，最重要的是保证阻尼器长期、耐久、准确地使用，这就要求对阻尼器有更加深入的了解，同时也需要一系列完善的配套规范和测试设备，如此才能保证耗能减震结构的性能，使减隔震这个新兴行业持续健康发展。

## 五、阻尼器的前景

目前国外一些工程界人士广泛认为现在"阻尼器的新纪元来了"。我国不仅跟上了国际步伐，而且在高层建筑的抗震中已经创造了几种新的结构体系，走到了抗震的前列。结合我国飞跃发展的土木工程市场，地缘广阔的地震区和沿海大风区，以液体粘滞阻尼器为主要保护手段的结构保护系统的最新技术一定还会更广泛地发展。

# 6. 超高层建筑火灾后力学性能评估方法

## 一、主要完成单位

中国建筑科学研究院建筑防火研究所　清华大学　北京建筑大学

## 二、成果简介

央视新台址电视文化中心共有 40 个结构层，总建筑高度 159m，为典型的超高层建筑。该建筑结构为型钢混凝土结构与钢筋混凝土结构的混合结构。2009 年，该建筑发生特大火灾，火灾持续 6h，造成大面积结构损伤。为了对该建筑进行修复，需要对该超高层建筑结构的力学性能进行评估，并确定建筑结构的修复和加固范围。受业主委托，中国建筑科学研究院建筑防火研究所承担了该超高层建筑结构的火灾后力学性能评估工作。防火所开展了大量火灾现场调查、建筑结构火灾后力学性能的试验研究和理论分析工作，取得了系统的建筑结构火灾后力学性能评估的科研成果，为类似建筑结构的火灾后力学性能评估提供了示范。

火灾发生后，防火所立即组织了所里全部员工，对建筑火灾现场进行了详细的火灾现场勘察工作，利用文字记录、拍照和录像等手段对火灾后第一时间的现场进行了记录。然后对获得的资料按照不同的建筑楼层进行了系统的归纳和整理，绘制了整栋建筑各楼层火灾损伤程度及烧毁的火灾荷载的分布图，为确定建筑室内火灾温度场获取了宝贵的基础资料。为了全面评价火灾对建筑内外的损伤情况，需要对当时建筑整体的火灾蔓延情况进行再现和模拟。防火所采用专业火灾模拟软件 FDS 建立建筑整体火灾模拟的 CFD 计算模型，该模型计算网格数量为 500 万，计算时可对重点关注的区域网格进行局部细化。利用该模型实现了建筑整体火灾的数值模拟。

火灾下和火灾后实际建筑结构的性能是和荷载和火灾升降温过程耦合在一起的，只有考虑这种荷载、温度的耦合作用才能获得火灾后建筑结构的实际力学性能。在该超高层建筑结构火灾后力学性能评估中，提出了考虑火灾与荷载的耦合作用影响的火灾后建筑结构力学性能评估思路和具体实现方法。这种评估方法最大程度上考虑了结构与火灾的耦合作用，与实际最为接近，从而保证了评估结果的正确性与可靠性。

由于建筑结构为多次超静定结构，如果火灾过程中建筑结构构件发生塑性变形，火灾后结构的塑性变形不能恢复，结构内部将出现残余内力和残余变形。火灾后结构的残余内力和残余变形的分析需要进行整体结构在火灾和荷载耦合作用下的分析，这就需要建立整体结构的计算模型。在该建筑结构火灾后力学性能评估中，提出了建立整体结构计算模型的思路和方法，并建立了受火结构的整体计算模型，实现了整体结构火灾效应的分析。

提出了两种火灾后建筑结构承载能力验算方法：第一种为火灾后整体结构承载能力验算；第二种为火灾后构件的承载能力验算。整体结构验算可在结构整体层次上进行结构的承载能力和变形性能的验算，是一种基于性能的火灾后结构验算方法。在火灾后构件的承载能力验算方法中提出了火灾效应的计算方法及其与其他效应的组合方法。利用上述方法，在本项目中首先进行了荷载作用下整体结构的火灾升降温全过程分析以及火灾后承载能力的验算。同时，计算得到了各构件的火灾效应，进行了火灾后构件承载能力验算。对于不满足安全性要求的构件，提出了加固设计建议。

为了保证该建筑火灾后力学性能评估结论科学合理，进行了大量的材料、构件及结构的火灾后力学性能试验研究工作。进行的材料性能试验包括：（1）火灾后钢筋与混凝土的粘结特性试验；（2）火灾后型钢与混凝土的粘结滑移试验；（3）火灾后钢筋、钢材和焊缝的力学性能试验；（4）火灾后混凝土微观试验。进行的构件性能试验包括：（1）火灾后钢筋混凝土简支梁和约束梁力学性能试验；（2）火灾后型钢混凝土柱力学性能试验；（3）火灾后钢梁吊住节点力学性能试验。进行的结构试验包括型钢混凝土框架火灾全过程力学性能试验。以上试验既有材料特性试验，也有构件特性试验，同时也包含了结构层次的试验，试验较为全面，获得了丰富的试验数据，对火灾后的结构性能进行了系统的试验研究，为评估方法和计算模型提供试验验证，为评估方法和评估结论的正确性提供了保障。

# 7. 高层建筑火灾智能逃生系统

## ——高层建筑火灾时被困人员的绿色生命通道

### 一、主要完成单位
四川普瑞救生设备有限公司

### 二、完成人
白孝林  于文德  罗文军  杨越强  谭伟峰  熊小兵

### 三、成果简介

高层建筑发生突发性火灾时，必须断电以防止灾难的进一步扩大。但是，失去电力后的被困人群如何快速逃生？这一直是困扰业界的世界性难题。

四川普瑞救生设备有限公司研发了一种不用电源动力，利用重力作动力的高层建筑永磁类逃生舱，以它为基础建立的高层建筑智能逃生系统（以下简称"该系统"），巧妙地破解了这一世界性难题。

本系统项目所需产品，拥有自主知识产权，已申请了十多项发明专利，其中中国已授权六项，美国和日本各授权一项，其他十多项发明专利申请待批。强有力的专利保护，为本系统项目的实施奠定了牢固的法律保护基础。

本系统项目，以永磁阻尼为核心技术，先后参与了公安部创新应用项目、国家"十一五"和"十二五"科技支撑计划子课题的三个国家级项目。

本系统项目课题的研究，通过理论分析、工程实践、计算分析，对超高层建筑断电时逃生关键技术进行了较为系统的研究。该系统获得了四川省颁发的"四川省科技证书"和公安部颁发的"公安部科技成果鉴定证书"。本系统项目课题经公安部专家组现场鉴定，结论是：达到了国际同类产品领先水平。

### 四、该系统项目产品主要功能特点

1. 建筑火灾断电后，保证被困人员迅速撤至地面；

2. 具有相互独立、互为保险的安全装置；

3. 实时远程监控逃生舱待命和运行状态；

4. 联动逃生舱具有音频、视频功能；

5. 火警时，自动向"119"指挥中心报警；

6. 逃生舱能在避难间停靠站，准确停靠；

7. 单舱负荷范围，1 ~ 30人均可正常使用。

### 五、经济效益和社会效益

1. 巨大的经济效益

若在既有超高层建筑建立智能逃生系统，可释放出既有建筑总建筑面积约5%用于商业租售；若在新建超高层建筑建立智能逃生系统，可降低新建建筑成本可达 10% 以上；提高土地使用率，节约资源，同时增加利税可达 30% 以上。

2. 良好的社会效益

在超高层建筑建立智能逃生系统，可保证火灾时被困人员搭乘该系统逃生舱，迅速撤离建筑到达地面逃生，从而避免火灾产生的巨大伤亡而形成的沉重的社会负担，同时也避免了由于伤亡给家庭带来的无法抚平的心灵创伤。

# 8. 城市交通隧道火灾烟气控制及安全评估技术

## 一、主要完成单位
北京工业大学　中国建筑科学研究院

## 二、成果简介

以提高城市交通隧道火灾安全水平为研究目标，针对城市交通隧道埋深较大、设置多个出入口的特点，从案例调研、火灾试验和理论分析三个方面着手研究城市交通隧道火灾羽流特征。

调研了国内北京、武汉、广州、南京、重庆、厦门等城市的 50 余条城市交通隧道（公路隧道）以及公布的 2001 ~ 2011 年近 30 起城市交通隧道火灾事故。研究表明：城市地下公路隧道是城市地下空间的有机组成部分，城市交通隧道一般位于地下（山区城市的交通隧道除外），城市交通隧道火灾兼有地下建筑火灾和交通隧道火灾的特点。主要表现在以下方面：(1) 火灾发生的概率大，起火原因复杂多变。(2) 出入口设置受城市总体规划影响（如江底隧道、城市环形隧道），出入口设置状况也影响火灾羽流发展。(3) 隧道坡度对火灾中烟气扩散以及通风排烟的影响必须加以考虑（江底隧道呈"U"形）。(4) 隧道的横断面小，疏散难度大，内部防火系统设计非常关键。

城市地下公路隧道的出入口多为坡道设计，受地面已有建筑的限制，地下隧道需要在有限的距离内连接地面公路，因此坡度设计值往往较大，有的甚至达到 12%，远高于国际上所建议的公路隧道的坡度设计限值 5%。火灾发生后，隧道出入口成为天然的排烟口，而平直且坡度较大的出入口，由于烟囱效应，排烟效果更加明显。因此，出入口和坡度对城市隧道火灾烟气扩散有重要的影响。

项目承担单位北京工业大学、中国建筑科学研究院依托国家自然科学基金项目"城市交通隧道火灾羽流特性及安全评估研究（50878012）"项目，采用数值模拟、比例模型实验以及现场测试开展隧道坡度、火源功率、通风状况对烟气温度分布影响的研究。与中国科技大学开展合作，包括开展带坡度比例模型隧道火灾实验以及全尺寸现场试验，研究纵向通风情况下隧道内的烟气蔓延规律。

1) 针对城市交通隧道结构特点和防火安全要求，分析城市公路交通隧道结构特点以及火灾事故原因，确定城市交通隧道火灾场景关键参数。以坡度问题为重点，通过数值模拟、火灾试验和理论分析系统研究纵向通风条件城市交通隧道火灾羽流特征，系统地研究了纵向通风工况下，坡度、通风速度、火源功率对隧道烟气参数纵向分布特征的影响。基于该部分的研究成果，尤其调整比例模型试验台部分的建设，申请国家发明专利 1 项。

2) 进行隧道火灾纵向通风烟气层稳定性分析，推导出隧道通风保持烟气层稳定的风速公式，给出不同坡度以及火源热释放率的城市交通隧道火灾的最佳纵向通风速度范围。基于质量守恒和能量守恒原理，建立隧道车辆间火灾蔓延模型，确定了城市交通隧道火灾车辆临界安全距离。

3）建立了城市交通隧道火灾有限安全疏散时间 ASET 预测模型。建立了城市交通隧道火灾风险评估模型及方法，提出了城市交通隧道火灾风险控制方案和措施；进行了城市交通隧道采用细水雾系统进行衬砌安全防护的基础研究，分析了隧道中设置细水雾系统的喷头布置要求。

4）提出了保证城市交通隧道安全运营的完整的火灾安全技术对策，形成了一套城市交通隧道火灾安全评估方法体系。该体系为制定城市地下空间开发建设规划以及应急预案、应对突发事件提供参考。

# 9. 既有建筑疏散条件评估技术体系

## 一、主要完成单位

中南大学　北京城市系统工程研究中心　中国建筑科学研究院

## 二、成果简介

随着我国社会经济的飞速发展和建筑科技的长足进步，各种常规、超常规建筑物的数量大大增加，建筑形式和功能不断更新。在发生各类影响建筑安全的灾害（如火灾、风灾、地震等）时，为保证安全，建筑中的人员应及时进行疏散。在不同的建筑内部人员、设施和外部灾害条件下，人员疏散过程及效率是不同的，如何根据建筑现有条件和外部环境对其疏散效能进行评估是建筑防灾研究中非常重要的一个分支，研究成果对建筑设计和相应规范的完善具有重要意义。

考虑建筑疏散通道、应急照明条件等实际因素，采用经验法与模拟法相结合的方式，建立假想灾害（火灾、震灾、风灾）条件下典型建筑疏散条件评估体系，研究相应的性能分级方法，并进行实际工程应用。取得的成果主要体现在以下方面：

1. 通过搜集整理规范，建立建筑疏散设施检查表，根据建筑类型、建筑内疏散设施及疏散管理制度现状等对建筑疏散条件的规范条文满足性进行检查，给出检查结果的量化指标，建立检查表打分等级。

2. 确立了建筑疏散设施评估参数：人员数量、建筑占空比、出口数量、出口宽度、出口总宽、出口分布度、疏散走道边连通度、最大疏散距离等。采用模拟方法对各参数对疏散时间的影响开展了量化分析：

1）研究了建筑占空比与疏散时间的关系。随着占空比的改善，疏散时间减小，占空比对疏散时间的影响也越来越小。因此，需找到一个安全与经济的权衡点，结合我国城市实际情况，给出了不同类型建筑占空比的推荐值。

2）研究了复杂建筑主、次过道宽度对疏散的影响，作为对宏观占空比的补充。主过道宽度对疏散的影响较大，疏散时间随主过道宽度的增加而减小并逐渐趋于稳定。不同人员密度对应不同的拐点，在实际应用中应相互权衡，取最佳设置值。

3）从路网连通性的角度研究了建筑内通道网络连通度与人员疏散时间之间的关系，连通度对人员分流与引导有很大作用，从几何拓扑关系来定义的连通度，通道网络的每个节点（除尽头端节点外）至出口节点的几何连通度宜为 2 ～ 4。连通度太小，抗毁性差，只要其中关键的一条路径堵塞，就导致该路径的上游节点无法疏散；连通度太大，引导性不是很好，易出现"迷宫"路网，反而耽搁疏散时间。

4）研究了建筑人员密度、最大疏散距离与疏散时间之间的关系。人员密度、最大疏散距离与疏散时间呈线性关系，一般可根据建筑功能、规模、人员密度和最大疏散距离预估疏散时间。

5）提出用最小生成树来设置主疏散通道的方法，让主疏散通道在疏散过程起到更充分的作用以及更高的效率。

6）研究了出口分布度对疏散效率的影响，提出了出口滞留面积的预估法，避免在疏散过程中不必要的拥挤、堵塞。

3.考虑不同灾害（火灾、风灾、地震等）对建筑疏散设施的影响，评估了不同灾害条件下建筑疏散设施的有效性，提出了建筑疏散路径灾害条件下的抗毁性等级及相关指标。

4.综合建筑疏散设施检查表检查结果、建筑疏散设施评估参数设置的合理性等级以及建筑疏散路径灾害条件下的抗毁性等级，建立了建筑疏散条件评估指标体系，给出各项指标计分规则和权值，结合实际建筑对评估体系进行应用，取得良好效果。

# 10. 城市地下公路隧道自然排烟技术

## 一、主要完成单位

中国科学技术大学　郑州大学

## 二、成果简介

随着世界上各大城市交通拥堵问题日益严重，城市地下公路隧道（下简称"城市隧道"）已成为解决该问题的重要方式之一。东京、莫斯科等以及我国的北京、上海、南京等城市均已建成或正在建设城市隧道，其中北京已开发建设了中关村科技园西区、地下金融街、奥林匹克公园及 CBD 等多条地下快速路，同时正在设计建造四纵两横的地下快速路网。城市隧道的发展在很大程度上缓解了城市的交通压力，但由于其兼有地下建筑和公路隧道的特点，且净高低、交通流量大、车型复杂多样，发生火灾的几率与危险性均较高。由于公路隧道和地下建筑火灾的严重后果，及城市隧道日益增多的发展态势，城市隧道的火灾安全设计已成为大家关注的焦点。为了正常通风和在火灾情况下排出烟气与热量以保障隧道内人员的安全疏散，公路隧道通常采用纵向、横向、半横向通风排烟系统。在城市隧道中，排烟的目的是在火灾早期排出烟气和热量，保持烟气层稳定性，防止火灾跳跃式蔓延并确保人员的安全疏散。若采用射流风机进行纵向通风，会造成隧道出口处污染物浓度过高，难以满足城市环保要求，且在火灾条件下较大的纵向风速容易破坏隧道内的烟气分层，不利于火灾早期的人员疏散；采用横向和半横向机械排烟系统将极大增加隧道基建和运营管理费用，因此在隧道顶部设置开口进行自然通风和排烟成为城市隧道的合理选择之一。目前，若干城市地下隧道开始尝试采用自然排烟方式，并进行了现场实验，证明了在隧道顶部设置竖井进行自然排烟的可行性。

目前，国内外学者对长公路隧道内机械通风系统作用下的火灾烟气流动特性进行了较多研究，对城市隧道内自然通风条件下的火灾烟气流动研究较少，各国仅对采用自然通风的隧道长度进行了限制，尚无详细的设计理论可供应用。虽然城市隧道的自然通风排烟问题已引起了国内外一些学者的关注，但目前对城市隧道顶部竖井的自然排烟效果仍缺乏深入研究和准确的数学模型。

2010 年至 2012 年，中国科学技术大学和郑州大学依托前期在隧道火灾烟气流动及控制方面的积累，结合国家自然科学基金"城市地下公路隧道竖井自然排烟时烟气层吸穿临界判据及卷吸特性研究（50904055）"的支持，对地下公路隧道中火灾烟气在隧道内自然风和自然排烟竖井协同作用下所呈现出的动力学特性进行了系统研究，获得如下结果：

揭示了城市地下公路隧道自然排烟时的吸穿现象产生机理并建立了临界判据，与实验结果的对比表明判据能够较好地判断吸穿现象的发生；发现了竖井自然排烟时的边界层分离现象，即在隧道顶棚与竖井连接处上方、竖井内产生一个回流区域，该回流区域将严重阻碍烟气的排出，降低排烟效率，通过研究，提出将隧道与竖井的直角连接改为斜角连接，可以消除边界层分离现象带来的不利影响；研究了排烟对烟气层界面的扰动导致新鲜空气

346

被直接排出或与烟气掺混后被排出的现象，建立了竖井排烟导致的空气卷吸增量模型，明晰了纵向自然风对竖井排烟特性的影响规律，结果表明，在纵向风较小时，竖井排烟易产生吸穿，导致下层新鲜空气大量进入竖井，排烟效果不佳；在合适的纵向风区间内，吸穿现象不发生，可获得较佳的排烟效果；当纵向风速过大时，由于烟气温度过低和射流边界层分离产生的大漩涡的影响，将导致竖井烟气质量流率急剧下降，排烟效果变差。揭示了隧道内火源横向距离变化对顶棚下方烟气最高温度影响机理及并建了相应的预测模型，建立了水喷淋启动时近域自然排烟体积流量预测模型。项目成果可以为隧道竖井排烟系统设计提供实验依据和理论支撑。

# 11. 电梯层门火灾条件下气体泄漏量测试系统

## 一、主要完成单位
中国建筑科学研究院建筑防火研究所

## 二、成果简介
电梯层门的耐火性能从以下几个方面考虑：作为防火屏障保持在原有位置的能力；控制热气从层站侧泄漏到电梯井道的能力；满足其他附加标准的隔热和抗辐射的能力。前两者一般被称为完整性，而后者则被称为隔热性。火灾情况下，建筑物的电梯间在烟囱效应的作用下会成为烟火蔓延扩大的重要途径，电梯层门的耐火完整性是评价其耐火性能的重要指标。

一种简单的测试完整性的方法是通过测试耐火试验时层门试件的缝隙大小及长度和观察试件背火面是否出现火焰来判定完整性是否失效。具体为：进行耐火试验时，每隔一段时间，用缝隙测量探棒测量试件表面所出现的开口和裂缝，时间间隔的长短由试件的损坏速度来决定。测量时，使用直径为 6mm 和 25mm 的两种缝隙测量棒。当有下列情况出现时，可认为完整性破坏：(1) 直径为 6mm 的缝隙测量棒能从开口或裂缝处通过试件深入到炉内，且可沿着开口或裂缝移动 150mm 的距离；(2) 直径为 25mm 的缝隙测量棒能从开口或裂缝处通过试件深入到炉内。同时，观察试件背火面是否出现火焰，若试件背火面出现持续超过 10s 的火焰，即认为试件的完整性破坏。

欧洲标准 Safety rules for the construction and installation of lifts—Examination and tests—Part 58：Landing doors fire resistance test BS EN 81-58：2003《电梯制造与安装安全规范检查和试验 第 58 部分：层门耐火试验》（英文版）介绍了一种利用 $CO_2$ 作为跟踪气体，从而测得电梯层门在火灾条件下气体泄漏量的方法。判定规则为：不考虑最初的 14min 的试验，电梯层门开门宽度方向上的每米烟气泄漏量超过 $3m^3/min$ 时，认为其完整性失效。同时，观察试件背火面是否出现火焰，若试件背火面出现持续超过 10s 的火焰，即认为试件的完整性破坏。

本项目根据 BS EN 81-58：2003 提出的测试原理，研制了电梯层门火灾条件下气体泄漏量测试系统。该测试系统与垂直构件耐火试验炉配合使用，在耐火试验期间，在试件（电梯层门）的背火面安装一个罩子来收集泄漏的气体，用一台引风机通过管道将这些气体抽走。在气流通道上安装气体流量测量装置，在耐火试验炉内和气流测量点布置 $CO_2$ 气体探头，测量 $CO_2$ 气体浓度。测得的压力、温度及 $CO_2$ 浓度值通过 IPM（Isolated Measurement Pods）数据采集板、Schlumberger 数据采集卡采集到计算机中，通过数据采集计算程序实时计算出热烟气通过电梯层门的泄漏量。

该测试系统满足 BS EN 81-58 中的相关技术要求，主要技术性能指标如下：炉内 $CO_2$ 测量仪的测量的范围为 0% ~ 20%，精度为 ±0.5%；管道上 $CO_2$ 测量仪的测量范围为 0% ~ 2.5%，精度为 ±0.05%；炉内温度 ±15℃，其他温度 ±4℃；差压测量范围为 0 ~ 3kPa，精度为 0.065%；系统泄漏量整体误差小于 10%。

　　该成果可以直接应用于电梯层门火灾条件下的气体泄漏量测试，还可以应用于其他建筑构件或产品的气体泄漏量测试及科研，为评估其他建筑构件或产品的隔热烟气能力提供依据。

　　2012 年 12 月，该项目通过了由中国建筑科学研究院科技处组织的验收会，验收结论认为：项目完成了原定任务和目标，提供的验收资料齐全，数据翔实，符合验收要求。项目的研究成果实现了利用测试气体泄漏量的方法来评价电梯层门的耐火完整性的目的。测试系统填补了国内空白，达到了国内领先水平。2013 年 5 月，采用该测试系统的测试方法通过了中国合格评定国家认可委员会组织的扩项评审。

# 12. 电气火灾全方位远程监控技术

**一、主要完成单位**

湖南邵阳卫士消防监控技术开发有限公司 邵阳市保安电器厂

**二、成果介绍**

电气火灾隐患已成为当代城乡火灾发生的主要原因。电气火灾何时何处发生难以预料，在技术上如何及时、准确、有效地发现电气线路超负荷、接触不良、局部发红打火、电弧等隐患报警并自动断开电源，曾被公认为世界性技术难题。

发明的《电气火灾防控保安器》和开发的《电脑联网监控电气火灾预警系统》系列产品适合高层建筑、地下车库、人员密集场所、易燃易爆单位及城乡千家万户住宅的电气火灾隐患监控预警。该技术解决了防止"火灾发生和火灾蔓延"的三大难题：

1. 防火于未燃。电气线路出现过载过热、过载欠压、接触不良、局部过热发红、时通时断、火花电弧、漏电、短路等电气线路故障（电气火灾隐患）报警并自动断开电源。

2. 阻止火势蔓延。如果装有《电气火灾防控保安器》，一旦起火，就可立即自动断开电源，阻止火势顺线路向外蔓延或阻隔外部火势顺线路侵入。

3. 杜绝冬季电烤火炉（或类似用电设备）"停电后忘记关断电源，再来电引发火灾"的常见火灾。

这一技术符合《国家中长期科学和技术发展规划纲要》关于公共安全科技发展战略重点和重大任务的"七个重点领域"之一，即火灾与爆炸安全领域预测、预防、预警与调查处置关键技术，国标 GB 50440-2007《城市消防远程监控系统技术规范》，建立国家公共安全主体多功能监测和监控系统以及信息化平

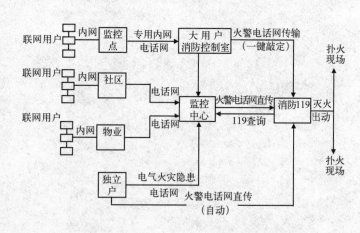

台，实现《全国城市消防安全远程监控系统建设规划目标》即高层建筑、地下空间、人员密集场所、易燃易爆单位的火灾防控。可以实现一个县、一个城市、一个省（区）乃至全国的联网监控。2005 年通过了国家型式检验合格，编入《中国消防产品年鉴》，认为"这一科技成果是防火报警技术的重大进步和创新，是火灾隐患报警关键技术的重大突破，对产品更新换代，防火改造，从源头上杜绝火灾发生具有重要意义和作用"。公安部消防局电气火灾原因技术鉴定中心对该核心技术原理进行了论证，并在《中国消防年鉴网》公告推广，已在工程中成功应用。监控模式请见左上图。

# 13．新型无机绝缘防火电缆产品

## 一、主要完成单位

远东电缆有限公司　江苏新远东电缆有限公司

## 二、成果简介

新型无机绝缘防火电缆是一种结构新颖，技术工艺性能好，防火、防水、耐腐蚀性能高，安装敷设方便，安全性高的防火电缆。它兼有矿物绝缘防火电缆及耐火电缆的优点，同时也克服了矿物绝缘防火电缆的绝缘易吸湿、制造工艺复杂、电缆长度短、接头多及电缆结构硬、不易弯曲、安装困难等缺点。且该产品的电性能、机械性能、耐火、防火性能明显优于矿物绝缘电缆，是代替矿物绝缘电缆的最优产品。新型无机绝缘防火电缆主要适用于大型城市的高层建筑、娱乐场所和众多要求高质量和高度安全的建设项目，主要为在发生火灾时不切断电源，又达到安全的目的。

本课题针对电缆在着火环境下的运行特点，从结构和材料上对防火电缆进行了深入的试验研究，开发了一种新型无机绝缘防火电缆。得到了具有工程实际意义的成果如下：

1. 防火性能优越

防火燃烧试验超过英国标准BS6387标准中规定的A类950～1000℃ 5h燃烧试验，在燃烧中承受水喷与机械撞击，电缆保持了正常供电。同时，电缆也经受了长达24h在950～1000℃的火焰燃烧环境下保持连续供电的试验，充分证明了该电缆防火性能优越性。

2. 加工长度长

无论是单芯还是多芯电缆，其长度与普通电缆相当，可以满足供电敷设长度需要，极大减少了电缆中间接头，降低了接头风险，降低了成本。

3. 导体截流能力强

新型防火电缆经过负载试验证明，正常运行环境下，导体运行温度可极大提高，工作温度120℃条件下，截流能力比传统防火电缆提高20%，而外护套表面温度仍低于60℃，说明电缆各层介质导热性能好。

4. 电缆具有高柔性

采用绞合导体代替实芯导体，采用无机绝缘材料绝缘，非磁性金属护套轧纹，增加了电缆的柔软性。电缆可以盘在电缆盘上。

5. 具有安全环保特性

电缆除了在火焰中正常供电，启动灭火设备，减少火灾损失，同时对人身安全也特别可靠，其铜护套是最好的接地线，大大提高了接地保护灵敏度和可靠性。该电缆内部采用全无机和金属材料组成，具有低烟无卤低毒等特性。

6. 耐腐蚀性好

电缆采用非磁性金属护套，不需要穿管，耐腐蚀性好。

7.防爆、防腐、无电磁干扰，安全性好

电缆与信号、控制等电线电缆同时敷设时，电缆在铜护套的屏蔽下，不会对信号线、控制电缆传输的信号产生干扰。

8.运输和安装简单方便。

电缆运输和安装近似于普通电缆，不需要要有特殊工具。

### 三、产品的结构图和实物图

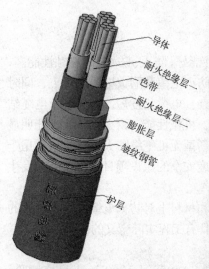

导体
耐火绝缘层一
色带
耐火绝缘层二
膨胀层
皱纹钢管
护层

WTTEZ 电缆结构图

产品实物图

本课题对防火电缆的结构、材料等关键技术进行了深入研究，产品自投放市场来，受到了用户的欢迎，并在七十余项工程中应用，解决了产品应用和工程施工的关键问题，得到了具有工程实际意义的成果，实际应用情况与研究的成果相符合，得到了用户和施工单位的广泛认可和好评，同时课题成果也作为中国建筑标准设计的依据。

# 14. 建筑用防火电缆产品

## 一、主要完成单位

远程电缆股份有限公司

## 二、成果简介

伴随社会向高度信息化的发展，防灾减灾工作也越来越重要，对防灾系统的高可靠性能的要求也不断提高。在这种情况下，进行了建筑用防火类电缆产品（BTT 系列）的研制、开发，该产品现已广泛应用于建筑市场。

防火电缆属于消防电缆产品，用于消防系统中的应急电源回路。这一回路要在受灾的一定时间内确保通电。防火电缆应用示意图见图 14-1。

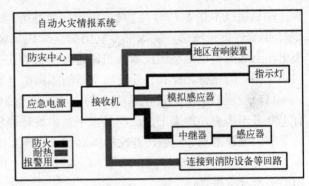

图 14-1　防火电缆应用示意图

防火电缆有电力电缆和控制电缆等产品。导体截面从 1.0 ~ 630mm$^2$、芯数依现场需要而定。这类电缆的最大特征是：导电线芯均为铜材，绝缘采用无机材料，护套由密封铜材组成；具有耐火、耐腐蚀、防水、防爆、无卤、无毒、载流量大等优点，可以在 1083℃火焰中正常工作。

经过十余年该类产品的制造经验积累，不断进行工艺进步的研究，现在采用世界最先进的自动灌装连续生产工艺进行产品制造，突破了传统套装工艺对制造长度的制约，能够实现按用户要求的任何长度进行制造，由于制造长度长，减少或取消了中间接头，从而提高了线路的可靠性。

防火电缆类产品执行 GB/T 13033.1—2007 ≤额定电压 750V 及以下矿物绝缘电缆及终端≥，该产品广泛应用于空港、医院、铁路车站、大型公共建筑、地铁站台等特种建筑对防火要求等级较高的场所。

消防用电缆是该公司成熟的产品，随着用途的扩大和防灾器材的发展，其品种还会逐渐增加。为满足市场发展的要求，现有产品也在不断进行性能改善的研究。

# 15．隔氧层技术在电缆中的应用

## 一、主要完成单位

上海市高桥电缆厂有限公司

## 二、成果简介

隔氧层技术始于1991年，北京供电局金融街、太阳宫等五处地下变电站为其首批用户，1993年通过由机械部、能源部专家出席技术成果鉴定会，至今已有二十多年的生产应用历史。上海高桥电缆集团技术人员通过多年努力在原隔氧层技术的基础上对配方和工艺结构作了相应的完善和提高，开发出全新的隔离型（柔性）矿物绝缘及分支电缆。

目前应用的矿物绝缘电缆（BTT），国外称为MI型，发明于19世纪90年代，至今已有120多年历史，加工工艺、产品水平基本维持原状，电缆存在接头多、米数短、接头处易受潮、敷设困难等问题。开发的隔离型（柔性）矿物绝缘电缆基本特性如下：

1. 电缆型号WDZAN-BTLY（NG-A）：950 ～ 1000℃/3h不击穿，国家检测中心及四川消防所双重报告；

2. 950℃/3h后铝管不开裂、不熔融，电缆可浸水并继续维持额定电压；

3. 有防震结构，可耐重物坠落；

4. 出厂试验电压为3500V/5min，其允许运行电压为0.6/1kV；

5. 制造长度可满足用户需求，不必用中间接头接续，提高了电缆的稳定性；

6. 连续无缝挤出的金属套，确保电缆在任何条件下都具有可靠的防水性能；

7. 阻燃能力超过A类（电缆容量可不受限制；受火时间：80min，受火温度850℃及以上；延燃高度：低于0.5m；自熄时间：5s；透光率≥70%）；

8. 电缆含卤量为零；

9. 终端采用常规热收缩封口；

10. 敷设弯曲半径为电缆直径的15倍（多芯），单芯为20倍。

带着具有上述特性的WDZAN-BTLY（NG-A）隔离型矿物绝缘电缆的实样，在全国各大城市、省会、直辖市进行了宣讲和现场试验，其稳定的950℃/3h的耐火特性及超A类的阻燃演示，给成千上万建筑设计师们留下了十分深刻的印象。

WDZAN-BTLY（NG-A）把氟带恢复成无毒的金云母带，把焊接而成的铜管改成能连续挤出的铝管。要实现上述二点，关键是把它们的受火温度从950 ～ 1000℃降到铝材的熔点660℃及以下，这就是所有问题的症结。而WDZAN-BTLY（NG-A）结构的外层有阻火层（也称耐火隔离层）存在，它能把950℃的高温火焰降到500℃以下。

铝管在火焰下3h温度只有480℃，因此完好无损，当然铝管内的金云母带其受热温度决不会高于480℃，离820℃的热破坏限值还有340℃的差距，故大可不必请氟带出场。

氢氧化铝与氢氧化镁在受高温前是呈凝胶状态可直接挤出，密实填充在电缆芯管隙间，它的导热系数比空气高出100余倍，而一旦受火就会即刻分解，变氢氧化铝和氢氧化镁为

354

氧化铝和氧化镁，同时放出大量结晶 $H_2O$。水气的生成不但降低了受热体（电缆）的温度，而且由此构成的多孔性气穴高效地阻隔了外部火焰对内的热辐射和热传导；常态下的高热导使电缆额定载流量不降反升（约 15% ~ 20%），而火焰时又即刻反向逆转成高热阻材料，阻止高温对内的侵袭，这一"开关"特性是造就 NG-A 隔离型耐火电缆成功闯关的核心。

隔离型（柔性）矿物绝缘耐火电缆通过了 BSI 英国标准化试验室的严格检测，性能完全满足 BS6387 标准 C\W\Z 三个检测指标的要求，也是国内唯一一家防火电缆通过 BSI 英国标准化试验室检测的电缆企业。取得了国家防火建筑材料质量监督检验中心型式检验报告，性能完全符合 BS6387 标准 C\W\Z 三个检测指标的要求，是国内首家通过 BS6387 型式检验的电缆企业。

矿物绝缘电缆在分支这一领域一直是个空白，故很难保证一些重要电气线路在火灾过程中正常的进行工作，现有技术中，国内矿物绝缘电缆若要有分支要求，一般采用分支箱方式。主干线进分支箱，分支线芯由分支箱引出，此种方式需要在工地现场操作，安装繁琐；分支箱本身不防火、不防水，火灾发生无法保证矿物绝缘电缆继续维持通电的要求。隔离型（柔性）矿物绝缘耐火分支电缆的出现，填补了矿物绝缘电缆在分支这一领域的空白。

# 16. 既有山区乡村建筑抗洪评价方法

## 一、完成单位
中国建筑科学研究院

## 二、完成人
葛学礼 于文 朱立新

## 三、成果简介
山区洪水中建筑的破坏是造成洪水灾害的主要原因。我国山区乡村既有建筑在建造时是不考虑洪水作用的，所以其抗洪能力普遍较低。在山洪中，生土房屋因洪水浸泡墙体软化失去承载能力而倒塌；一些木构架房屋在水的浮力作用下漂起被洪水冲走；一些用黏土泥浆砌筑的砖房因洪水浸泡砌浆软化导致破坏；一些房屋因洪水漂浮物的撞击而破坏。

本指南提出的建筑抗洪评价方法，仅适用于既有山区乡村一、二层低造价房屋，包括砌体房屋、木构架房屋和石砌体房屋。

1. 抗洪评价内容

1）房屋现状调查，包括确认房屋的结构类型、施工质量和维护状况，以及房屋存在的抗洪缺陷等。

抗洪评价时，首先应进行房屋现状调查，确认房屋的结构类型。施工质量和维护状况主要是查看砌体砂浆强度和各构件现状、有无腐朽和缺损等。

2）根据各类房屋的结构特点、结构布置、构造措施等因素，采取相应的抗洪评价方法。

查看结构类型是否明确，结构布置是否得当，构造措施有无缺失等，以便采用相应结构类型的抗洪评价方法（相应的章节），必要时进行抗洪能力分析、验算。

3）对房屋整体抗洪性能作出评价，对不符合抗洪要求的房屋提出抗洪对策和处理意见。

2. 抗洪评价原则

1）不同结构类型房屋，其抗洪检查的重点、检查的内容和要求不同，应采用不同的评价方法。

2）对重要部位和一般部位，应按不同的要求进行检查和评价。

重要部位指影响该类建筑结构整体抗洪性能的关键部位和易导致局部倒塌伤人的构件和部位。

3）对房屋抗洪性能有整体影响的构件和仅有局部影响的构件，在综合抗洪能力分析时应分别对待。

3. 抗洪评价的基本要求

1）检查结构体系，找出其破坏会导致整个房屋丧失抗洪能力或丧失重力承载能力的部件或构件，并对其进行重点评价。

2）当房屋在同一高度采用不同材料的墙体时，应有满足房屋整体性要求的拉结措施。

3）结构构件的连接构造应满足结构整体性要求；非结构构件与主体结构的连接构造

应满足在水流力作用下不倒塌伤人的要求。

4）结构材料实际达到的强度等级，应符合各结构类型房屋规定的最低要求。

5）对水流速度不大于 1.5m/s 地区的房屋，可不进行墙体抗水流作用计算，但房屋结构在整体性、节点连接、墙柱连接等应满足抗洪构造措施的要求。

对水流速度大于 1.5m/s 地区的房屋墙体，可按指南中方法进行墙体抗水流作用验算，对不满足要求的，应采取加固措施。

6）各类结构房屋的承重墙、围护墙以及隔墙，对垂直于水流方向的各道墙体的开洞率均宜在 25% ～ 45% 之间，且洞口下沿高度不宜超过 1m。

对平行于水流方向的墙体应按正常使用要求开洞，且开洞宽度不宜过大。

要求洞口以下墙体高度不宜超过 1m，主要是为了此处墙体不致因承担过大的水流荷载而破坏。

对平行于水流方向的墙体应按正常使用要求开洞，且开洞宽度不宜过大，满足使用要求即可，开洞宽度过大将影响该墙体的抗剪承载能力。这是因为水流力对平行于水流方向的墙体不作用或作用很小。

7）隔墙与两侧墙体或柱应有拉结，墙顶还应与梁、板或屋架下弦有拉结措施，对不满足要求的，应采取拉结措施。

隔墙与其两端的墙体或柱应有拉结措施，同时隔墙的墙顶与梁、板或屋架下弦也应有拉结措施，否则在水流力作用下容易平面外倒塌伤人或砸坏房屋的其他构件或室内设备。

8）当洪水对房屋的淹没深度超过屋檐时，山尖墙与屋盖构件之间应有墙揽拉结措施；墙揽可采用角铁、梭形铁件或木条等制作；墙揽的长度应不小于 300mm，并应竖向放置。对不满足要求的，应采取拉结措施。

9）门窗洞口应有混凝土过梁或配筋砖过梁；窗洞应设置窗台板，且窗台板下应有不低于 M2.5 的砂浆垫层粘接牢固。对不满足要求的，应对该部位采取加固措施。

过梁和窗台板两端深入墙体内并与墙体有效粘结，对抵抗墙体平面外弯曲变形有利。

10）各屋面构件之间，檩条与屋架（梁）的连接、檩条之间、椽子或木望板与檩条之间的连接应符合相应要求。

11）对位于淹没水位以下的雨篷，其外挑长度不宜大于 0.8m，并在嵌固端两侧应有支撑的壁柱；壁柱的支承长度（出墙平面尺寸）应不小于 240mm。当不满足要求时，应对该部位采取加固措施。

4. 不满足评定要求的房屋进行加固

对不满足评定要求的房屋，可根据对房屋整体性的影响程度、加固难易程度等因素进行综合分析，提出相应的维修、加固、改造或拆建等抗洪减灾对策。

# 17. 乡村低层房屋抗风技术导则

## 一、完成单位

中国建筑科学研究院

## 二、完成人

葛学礼　朱立新　于文

## 三、成果简介

本导则根据住房和城乡建设部工程质量安全监管司 2010 年度所列项目"低层房屋抗灾技术研究"的要求，由中国建筑科学研究院编制而成。

编制过程中，编制组经过广泛调查研究，认真总结了近些年国内乡村低层房屋在抗台风方面的经验和不足，采纳了新的科研成果，并考虑了我国农村当前的经济状况，在广泛征求意见的基础上制订而成。

1. 编制目的和适用范围、使用对象

相对于城市建筑，我国村镇建筑具有单体规模小、就地取材、造价低廉等特点；并且基本上是由当地建筑工匠按传统习惯进行建造，一般不进行正规设计。在抗风能力方面，由于村镇建筑存在主体结构材料强度低（如生土）、结构整体性差、房屋各构件之间连接薄弱等问题，加之普遍未采取抗风措施，风暴灾害严重。

制定本导则的目的，是为了减轻村镇房屋风暴破坏，减少人员伤亡和经济损失。

村镇民房基本未进行抗风设防，抗风能力差，造成了村镇房屋的严重风暴灾害。适用对象主要是村镇中层数为一、二层，采用木楼（屋）盖，或采用冷轧带肋钢筋预应力圆孔板楼（屋）盖的一般低层民用房屋。

本导则的使用对象主要是县级设计室的基层技术人员和村镇工匠，主要是以图表的形式表达，对于具备一定建筑设计能力的技术人员，也提供了计算方法，可进行设计计算。

2. 抗风设防目标

针对目前我国大部分村镇地区房屋的现状，本导则提出村镇建筑抗风设防目标是：当遭受低于本地区抗风防御级别的风暴作用时，一般不需修理可继续使用；当遭受相当于本地区抗风防御级别的风暴作用时，可能发生损坏，但经一般修理仍可继续使用；当遭受高于抗风防御级别的罕遇风暴作用时，主体结构不倒塌或危及生命的严重破坏。

村镇地区大量建造的低层（二层以下）砌体房屋，由于受技术经济等条件的限制，其主要承重构件为砖墙、砖（或木）柱和木或钢筋混凝土预制楼屋盖，在不大幅度提高造价、不改变结构形式和主要构件材料的条件下，采取的抗风构造措施是设置配筋砖圈梁、配筋砂浆带、木圈梁和墙揽等，在农民家庭经济可接受的造价范围内，能够较大程度地提高农村低层房屋的抗风能力。

3. 主要技术内容

本导则的主要技术内容是：1. 总则；2. 术语；3. 抗风基本要求；4. 地基和基础；5. 砌体

结构房屋；6.木结构房屋；7.生土结构房屋；8.石结构房屋；9.附录。

其中"抗风基本要求"一章包括：新建房屋结构体系、基本规定、结构材料和加固要求。"地基和基础"一章包括地基、基础和加固要求。

第5章至第8章，针对各种结构类型房屋和特点和要求，提出了各类房屋抗风设计一般规定、抗风构造措施和抗风加固方法几方面的技术内容。

附录A提供了低层房屋墙体截面抗风受剪极限承载力验算方法，包括风暴荷载标准值计算和墙体截面抗风受剪极限承载力验算方法。

附录B为过梁计算方法。

附录C为砂浆配合比参考表，可供农民在建房屋时方便地按需求查表确定配合比。

附录D提供了几种主要抗风加固方法和加固设计和施工要点，包括水泥砂浆面层和钢丝网砂浆面层加固、增设抗侧力墙加固、外加配筋砂浆带加固和钢拉杆加固方法。

# 18. 三峡库区建筑地质灾害治理工程技术

**一、主要完成单位**

中国建筑西南勘察设计研究院有限公司　西南交通大学

**二、成果简介**

长江三峡水利枢纽工程是世界上最大的水利枢纽工程。三峡库区地质环境因水位长期升降变得脆弱，滋生多种地质灾害；另一方面，随着城市化进程的加快，沿岸两侧现代都市圈逐渐形成，长期人为挖填破坏环境，将可能导致大范围的地质灾害。因此，三峡库区各种工程活动引起的地质环境变化，形成了许多地质灾害隐患。对三峡库区地质灾害防治工程的集成技术研究，建立相关系统的评价机制和评价标准，选择切实可行的地质灾害监测预警、治理技术，不仅可为三峡库区的可持续发展作出相应的实际贡献，而且可以有效控制库区的水土流失，对于保护库区有限的土地资源具有战略意义。

中国建筑西南勘察设计研究院有限公司联合西南交通大学，对已搜集到的三峡库区270余处地质灾害工点资料以及几十余篇三峡库区地质灾害问题的相关文献（包括专著）进行了深入整理，通过对成功案例的分析、总结，结合对近年来国内外地质灾害治理工程中的新技术、新方法进行调研，形成了地质灾害治理工程从可研性评估方法、勘查手段、治理工程设计与优化、施工工艺直至检测及监测的技术集成，同时分析新技术、新方法在地质灾害治理工程中的适用性及推广应用前景，研究成果为今后类似的地质灾害治理工程提供了宝贵经验和决策支持。本项集成技术研究成果主要体现在以下方面：

1. 地质灾害治理工程可研性评估方法研究。本项集成技术根据搜集资料的各种地质灾害数量比例，主要研究三峡库区最有代表性的 4 类地质灾害类型：滑坡、危岩、高边坡及塌岸（下同）。地质灾害治理工程可研性评估主要综合了常规的可研阶段勘查、地质环境条件调查、工程地质测绘、施工条件调查、勘查阶段监测等手段并配合物探方法。其中，重点探讨 K 剖面法、地质雷达法、电测深法、面波技术、浅层地震法、高密度电法、声波测井、综合物探法等物探方法在地质灾害评估中的应用。

2. 地质灾害治理工程勘查方法研究。主要对现行各行业规范中常规的地质灾害勘查方法及技术手段在三峡库区地质灾害治理工程中的应用，以及近年来地质灾害治理工程勘察的新技术、新方法进行调研和总结，分析其技术特点、适用性和有效性。其中，滑坡勘查技术与方法主要集中在对常规勘探、物探（K 剖面法、高密度电法、瞬态面波技术等）、原位测试（声波测井、井下电视成像技术、深部位移监测技术、218P0 法）的应用研究；危岩体勘察方法与技术主要集中在对三维激光扫描技术、探地雷达、电磁波层析成像技术、瞬态瑞雷面波法、声波技术等的应用研究；高切坡勘察主要集中在对常规钻探、标贯及触探结合高密度电法等的应用研究；塌岸防护工程勘查主要集中在对钻探、井探和槽探等的有效性研究。

3. 地质灾害治理工程设计与优化研究。通过对近年来特别是三峡库区地质灾害治理工程设计中的新技术、新方法、新工艺的分析与总结，形成一套完善的设计及优化方法。其中，滑坡治理工程设计及优化主要涉及削方、排水、综合治理措施的方案选择和设计、抗滑桩合理配筋设计、锚拉抗滑桩预应力锚索的设计及优化等方面。高边坡防护工程设计方法及优化主要涉及岩质高边坡防护工程设计、土质高边坡防护工程设计、危岩体处治工程设计与优化。塌岸防护工程设计及优化主要涉及不同岩性岸坡库段的塌岸防护工程设计、回填碾压加上岸坡的设计、不同类型格构护坡设计与优化。

4. 地质灾害治理工程施工技术研究。收集分析并总结国内外地质灾害治理工程施工技术，分别通过典型案例分析，总结了锚索抗滑桩施工技术、阻滑桩施工控制技术、锚索施工技术、格宾网施工技术、GPS2 型主动防护施工技术、预应力锚索施工技术、喷播植草施工技术的施工工艺，并分析讨论新技术、新方法、新工艺在地质灾害治理工程中的适用性。

5. 地质灾害治理工程检测技术研究。主要分析总结了抗滑桩、锚杆（锚索）的施工质量检测技术。其中，抗滑桩施工质量检测技术包括钻芯法、声波测桩等；锚杆（锚索）施工质量检测技术包括应力波反射法边坡锚索无损检测技术、钢筋探测技术、FS-1 型锚索腐蚀检测、锚杆抗拔检测、电磁波 CT 技术、预应力锚索拉拔力检测、谱能分析解译"三段法"、拉脱法（反拉法）等。

6. 地质灾害治理工程监测技术研究。主要分析总结了滑坡工程监测中的各类常规监测方法和手段，如常规地面测量、大地精密测量、滑坡深部位移监测、滑体应力监测等，以及各类新型监测技术，如时域反射同轴电缆监测技术（TDR）、光纤传感技术监测（BOTDR）、GPRS 技术、GPS 技术、合成孔径雷达干涉 InSAR 监测、3S 技术、基于 Internet 技术远程监测系统、激光扫描技术、综合自动遥测法等方法的应用效果研究；危岩体和高切坡工程监测技术主要研究了无线自动化监测预报系统和全自动岩土体边坡稳定性监测系统的应用；塌岸防护工程监测技术中重点研究遥感技术在塌岸地质灾害监测中的方法及应用。

7. 三峡岸坡地质灾害数据库及辅助决策系统。基于搜集到的大量三峡库区地质灾害工点基础数据，利用 mapinfo 和 mapgis 等软件建立了三峡岸坡地质灾害数据库及辅助决策系统。通过该系统，可以查阅三峡库区各地质灾害工点的详细地质勘查资料、地质灾害类型、整治工程措施类型及详细设计资料。通过该系统可以进行各地质灾害工点的稳定性分析，并利用模糊数学、范理推理等方法作相似性比选和评价；通过该系统还可以对拟治理工程进行稳定状态分析的同时，提出工程建议方案及设计参数，为后期治理工程实施提供辅助决策。

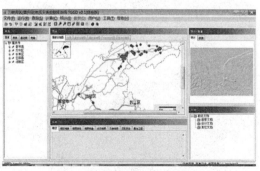

图 18-1　地质灾害数据库系统开始界面　　　　图 18-2　地质灾害数据库系统操作界面

本项集成技术研究通过对三峡库区地质灾害治理工程的可研评估、勘查、设计、施工、检测以及监测预警等工作全过程的系统研究及总结，以及三峡库区地质灾害数据库系统的开发，从根本上提高了地质灾害工程的治理效率，节约了社会成本，且可以有效避免在无相关参考资料情况下的决策失误以及实施过程中的失误，为今后类似地质灾害治理工程综合考虑土地开发利用、生态保护、环境美化等多方面影响，创造和谐、安全的生存环境，提供一个科学、系统、经济、快捷的评价和决策平台。

# 19．复杂体型的大底盘高层建筑基础设计方法

## 一、主要完成单位

中国建筑科学研究院

## 二、成果简介

在我国城镇化进程的大规模工程建设中，充分利用土地资源，在建筑工程中节能省地、建设节约型社会、开发地下空间已成为工程建设首要考虑的问题。从发展趋势看，建筑的基础向超大、超深、大跨、大底盘方向发展，复杂条件下的建筑越来越多。基础工程的复杂程度及难度增加了，简单的工程地质条件与一般中小建筑物的基础设计与施工方法已难以适应当前基础工程的技术要求，需要对复杂条件下的地基与基础设计施工技术进行研究。

"复杂体型"是指荷载、结构刚度不均匀或结构体型不均匀、可产生地基应力叠加效应的建筑结构体系。研究以大底盘多塔楼高层建筑和平面形状不规则的高层建筑地基基础设计为主要内容。

大底盘多塔楼高层建筑、地下商场、地下车库建筑以及大跨空间、多层地下结构，在目前住宅小区建设以及大型公建项目中都占有非常重要的地位，其地下建筑面积可达总竣工建筑面积的 20% 以上。在以往建设的多层住宅小区，少见地下车库建设，仅有少量抗震防灾地下室建筑面积。但按目前的规划，小区车库的建设要求，至少应建地下 2 层以上。为了改善住宅的居住环境，会所、健身房、餐饮等设施也向地下发展，这些建设项目的实施，真正实现了在同一整体大面积基础上建有多栋多层和高层建筑，形成了"大底盘"基础。同时，随着地下交通设施的建设，以及地下商场、地下变电站、地下仓储等的建设，已形成了整体开发、地上地下一体开发的地基基础设计，集建筑功能、基础结构耐久性、加固改造为一体的面向未来的设计理念，给地基基础工程技术人员提出了新的研究方向和课题。

"大底盘"基础上的建筑群带来了全新的基础设计概念。对于地基设计来说，一方面由于"大底盘"基础分担上部结构荷载，减少基底压力；由于基础埋深增大，与单体建筑不同，使地基部分处于超补偿状态；由于周边裙房的减荷效应，可采用地基承载力特征值；由于主裙楼连接，地基承载力选用可能由连接条件的变形控制等，使得地基承载力的设计工况增加，复杂程度提高。另一方面，由于"大底盘"基础作用的附加应力减少，建筑物的整体沉降减少；由于地下结构的埋深大，地基土回弹再压缩变形所占的比例增加，主裙楼结构的变形控制对保证基础结构的正常使用变得更加重要。同时，对于基础设计来说，可能由于基础结构整体挠曲度增加，产生裂缝的危险增大；可能由于主裙楼连接要求，增加基础板厚度；可能由于荷载扩散作用，增大裙房基底压力，增加裙房基础板和柱的设计要求。对于施工要求来说，可能由于基础板尺寸大，需设施工"后浇带"；可能由于每个单体荷载的作用，形成若干沉降中心，施工中要采取减少基础沉降差措施；可能由于地下施工采取的降水或支护结构变形，而对周边环境产生影响，应采取保护措施等。总之，"大底盘"基础设计计算与传统的单体建筑具有许多不同之处，应进行深入研究。

与简单体型的大底盘高层建筑相比，复杂体型的大底盘高层建筑基础设计中的地基变形和反力分布以及引起的结构变形和内力问题更加复杂，此类建筑基础设计缺乏理论指导。因此复杂体型的大底盘高层建筑基础设计问题亟待解决设计施工关键技术。对复杂体型的大底盘高层建筑基础设计方法的研究可以为此类建筑基础设计提供技术支持，对推动我国建筑地基基础技术进步有重要意义。

在以往研究成果基础上，课题组完成 2 台大比例模型试验并进行了工程实测以及数值分析计算研究，解决了考虑共同作用的大底盘结构基础设计方法，包括大底盘结构基底反力、基础变形的适用计算方法；主裙楼结构基础设计；特殊体型基础简化设计方法等工程急需解决的问题。课题研究成果为复杂体型的大底盘高层建筑基础设计提供了技术支持。

课题取得的主要研究成果如下：

1. 整体大面积基础上建有多栋多层或高层建筑，基础结构的变形控制应通过上部结构、基础和地基的共同作用分析进行变形计算。当其结果满足地基反力分布形态、地基变形形态及其数值符合实测结果时，可得到与实际符合的基础结构内力。

2. 共同作用分析采用分层地基模型，当地基反力计算结果满足输入地基刚度对应的反力值与计算得到地基反力值的偏差小于 10%，计算的基础结构内力与实测结果接近，能满足工程设计需要。

3. 整体大面积基础上建有多栋多层或高层建筑的基础结构采用 Winkler 地基模型的弹性地基梁板分析结果，基础的整体挠度与采用分层地基模型的共同作用分析结果接近，但基础沉降和地基反力分布与实测结果不符合，此时的基础结构内力及差异沉降控制应按地区经验调整，否则基础结构设计结果将偏于不安全。

4. 主裙楼一体结构的共同作用分析可简化为主体结构加外挑一跨地下结构的模型进行分析，不影响主体结构的内力分析结果。

5. 主裙楼一体结构的地基反力分布与单体结构有较大区别，外挑的结构使地基反力向外扩散，使得外挑结构产生整体弯曲，导致内力值增大，设计时应加以重视，采取必要的工程措施。

6. 共同作用分析结果表明，与单体结构相比，大底盘基础上的主体结构的内筒部位竖向荷载以及地基反力值变化不大，但外框柱荷载变化与基础结构的外挑尺寸有关，由于地基反力值明显减少，柱下筏板的冲剪验算变得十分重要，可能成为板厚设计的控制因素。

7. $L$ 型、$Z$ 型大底盘基础结构在内角处的地基反力具有增大效应，基础结构设计时应予以加强。

8. 大底盘基础结构的内力分析，可在传统分析方法的基础上，增加共同作用分析结果的工况，确定基础结构构件的最不利荷载组合的内力设计值，此工况是基础结构整体挠度、主体结构角柱边柱冲剪验算的控制因素，也是裙楼结构由于基础整体挠曲变形引起内力的控制因素。

9. 大底盘基础结构，由于冲剪破坏，锥体形状发生了变化，基础底板冲剪验算按内筒、角柱、边柱需要的板厚较均衡。考虑基础板的弯矩影响，大底盘基础底板结构冲剪计算所需的筏板厚度与单体结构相当。

# 20．填土场地锚碇型锚拉桩支挡结构及其应用

## 一、主要完成单位

中国建筑西南勘察设计研究院有限公司　中国建筑股份有限公司

## 二、成果简介

在工程建筑中，经常会遇到由于场地竖向设计要求，形成不同高度的新近填筑边坡或具有一定厚度的新近填土覆盖的不稳定原土边坡进行支挡的问题。常规是在整个边坡填筑完成后，采用在其高度范围内设置全长的并具有一定嵌入深度的支护排桩，并与锚杆（锚索）联合桩间挡土面板形成支挡结构，防止松散填筑坡体的变形或垮塌。而在这类场地进行填筑边坡支挡时，由于新近填土整体结构松散，即使采取了一定的施工措施提高填土的密实程度或对填筑体在回填后进行处理，仍然无法给锚杆（锚索）提供足够的握裹力和锚固体的摩擦力，必然将随着时间、坡体含水量及坡顶荷载情况的变化，支挡结构的锚杆（锚索）将因没有足够的锚固力而产生较大的变形甚至失效，从而造成整个支挡结构大变形或边坡失稳。因此，为了提高新近填土场地支挡结构的安全性，就需要加大锚杆的长度或者锚杆的直径或加大排桩的断面尺寸，增加填土的施工和处理措施，以此实现对边坡体的有效支挡。如此处理，不仅没有充分利用原状边坡土体可提供的锚固力和填筑体因密实度要求而形成的自身强度，势必将增加工程造价，同时也不利于缩短工程建设周期。

为了解决常规支挡结构的不足和充分发挥边坡土体的自有强度，本发明提供一种锚碇型锚拉桩（肋柱）支挡结构（包括下部针对原状土体的锚杆（锚索）型和上部镇对填筑体的锚碇型组合的锚拉排桩支挡结构），不仅可以利用原状边坡土体可提供的锚固力和填筑体因密实度要求而形成自身强度，充分体现就地取材的原则，对边坡进行有效的支挡，同时减少支护桩长度和锚索的用量，充分利用新近填土层在压密土体时产生的侧向强度，解决新近填土层抗拔力低的问题。

锚碇型锚拉排桩支挡结构是由钢筋混凝土支挡排桩（肋柱）、锚碇拉杆和锚碇板（或锚索）、钢筋混凝土桩间土支护板构成。施工可按下述步骤进行：(1) 平整场地；(2) 成孔灌注钢筋混凝土支挡桩，并预留锚碇拉杆（锚索）孔；(3) 逐步加高支挡桩和逐步施工桩间挡土面板的同时，分层填筑土体施工；(4) 随填筑分层开挖沟槽，安放锚碇拉杆和锚碇板，原槽浇注混凝土；(5) 从下至上按设计要求逐道张拉锚碇型拉杆并锁定；(6) 当下部设置有锚索时，应在上部锚碇结构完成后，随逐层开挖桩前土体施工锚索。

重庆某发展有限责任公司拟在重庆市某区建设地产项目，其中，11 号区域设计标高200.5m，场地形成后，将存在高 2.5 ~ 10.5m 的填土边坡，需要进行支挡，以保证场地稳定和邻近建筑物的安全。中国建筑西南勘察设计研究院有限公司和中国建筑股份公司基于前期对锚碇型锚拉排桩支挡结构研究和四川省成都某监狱填土边坡及攀枝花某设计院住宅小区填土边坡支挡设计及施工技术的工程经验，结合中国建筑股份公司 2012 年科技支撑"复杂条件下深大基坑支护结构共同作用机理与稳定性控制技术研究"课题，对填土场地

稳定性开展深入分析和研究，在该地产项目填土边坡工程进行了应用。工程采用支挡桩＋预应力锚碇板（锚索）进行支挡。取得的成果主要体现在设计和施工两个方面：

在设计方面：(1) 对于完全填土边坡，结合场地填筑施工，全部采用锚碇型锚拉排桩支挡结构，改变支挡桩受力状态，解决支挡桩弯矩不均或集中问题；(2) 对于部分原状土和部分填土边坡，采用下部锚索上部锚碇板的支护桩结构，充分利用原状土可提供的抗拔力和填筑体密实程度提供的侧向抗力，解决了支护桩多支点协调桩身弯矩问题；(3) 支挡结构前嵌固段土体软弱区域，采用了超前加固措施，解决了桩前抗力不足的问题。

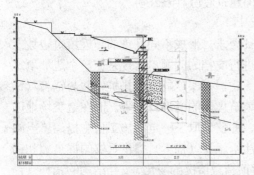

图 20-1　锚碇型锚拉抗滑结构

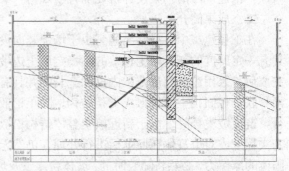

图 20-2　锚碇锚索组合型锚拉抗滑结构

在施工方面：(1) 根据不同区域填土厚度不同、施工时机不同和与支挡桩平面设置位置关系，提出临时边坡支护措施和施工顺序，解决了施工过程中临时边坡的稳定性和消除了可能对边坡长期稳定带来的不利影响；(2) 为确保加固施工过程中的局部稳定性，提出了锚碇张拉、锚索张拉及支挡桩前土体开挖的合理施工顺序，消除了施工过程可能对边坡长期稳定带来的不利影响；(3) 为了保证支挡结构的长期稳定性，提出了在施工阶段和施工后一定时期的应力和变形监测，实现对边坡状态的实时监控。

通过本工程的设计和施工的实践，锚碇型锚拉排桩支挡结构和监测方案，结合提出的施工技术措施，实现了对填土边坡稳定性及变形的有效控制，降低了工程造价，缩短了工程施工周期。同时表明，锚碇型锚拉排桩支挡结构结构简单，施工便捷，便于推广使用。

# 第七篇 工程篇

　　中国幅员辽阔，地理气候条件复杂，自然灾害种类多且发生频繁。我国 2/3 以上的国土面积受到洪涝灾害威胁，约占国土面积 69% 的山地、高原区域因地质构造复杂，滑坡、泥石流、山体崩塌等地质灾害频繁发生。此外，现代化城市生产、人口、建筑集中，同时伴有可燃易燃物品多、火灾危险源多等现象，从而导致城市火灾损失呈增长趋势。防灾减灾工程案例，对我国防灾减灾技术的推广具有良好的示范作用。本篇选取了有关工程抗震、建筑防火、抗风、灾害风险评估以及防灾信息化等领域的工程案例 8 个，通过对实际工程如何实现防灾减灾的阐述，介绍了防灾减灾实践经验，以达到抛砖引玉、促进防灾减灾事业稳步前进的目的。

# 1. 上海市绿城埃力生大厦抗震加固改造工程

陈明中　黄坤耀　马建民　叶伟平　陈立文

上海维固工程实业有限公司

## 一、工程概况

### 1. 项目概况

大楼建造于 1998 年，平面整体近似呈矩形，东西向长约 88m，南北向宽约 28m，总建筑面积约为 23400m²，使用功能为办公。

大楼结构体系为框架剪力墙结构，结构地上部分共 15 层，一～六层层高为 4.5 ～ 4.9m，标准层层高 3.6m，主要屋面高度 59.9m。地下为两层，每层层高约 3.3m，室内外高差接近 1m。结构基础形式为桩筏基础，钻孔灌注桩直径 650，桩长 32 ～ 34m，基础底板板厚 1.4m。标准平面布置图见图 1-1。

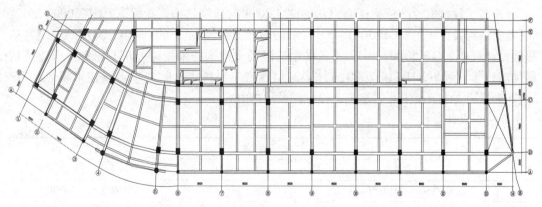

图 1-1　标准平面布置图

因业主变更，在不改变建筑使用性质和主要规划控制指标的前提下，对建筑功能进行调整，使之在功能配置上满足高档的甲级写字楼的标准，对建筑形体和立面进行改造，同时满足现行规范对建筑的抗震要求。

### 2. 抗震加固目标

结构主要改建加固内容如下：

➢ 核心筒处部分剪力墙拆除并根据建筑梯井要求和结构计算需要重新布置；

➢ 1 轴和 2 轴剪力墙因建筑观景需要取消；

➢ 二层 3 ～ 8-B ～ C 轴间梁板拆除；

➢ 1/3 ～ 6-D ～ E 轴楼板拆除，根据现有建筑重新布置结构；

> A 轴柱底层以上部分全部拆除，在 AB 跨间横向增设 2000mm 左右的外悬挑梁板结构；
> 顶层屋面拆除，并在新的标高处新增屋面结构；

改建后效果图见图 1-2 所示。

图 1-2　建筑效果图

## 二、主要抗震加固设计依据和参数

### 1. 设计依据

《建筑工程抗震设防分类标准》GB 50223-2008；《建筑结构荷载规范》GB 50009-2012；《混凝土结构设计规范》GB 50010-2010；《建筑抗震设计规范》GB 50011-2010；《建筑地基基础设计规范》GB 50007-2010；《高层建筑混凝土结构技术规程》JGJ 3-2002；《建筑抗震加固技术规程》JGJ 116-2009；《超限高层建筑工程抗震设防专项审查技术要点》（建质 [2006]220 号）；《超限高层建筑工程抗震设计指南》。

### 2. 基本设计参数

| 序号 | 设计参数 | | |
| --- | --- | --- | --- |
| | 参数内容 | 原结构设计 | 按现行规范设计 |
| 1 | 原结构设计使用年限 | / | 50年（其中加固为30年） |
| 2 | 基本风压（MPa） | / | 0.55 |
| 3 | 地面粗糙度 | / | C类 |
| 4 | 建筑结构的安全等级 | / | 二级 |
| 5 | 抗震设防类别 | / | 丙类 |
| 6 | 抗震设防烈度 | 7度 | 7度 |
| 7 | 设计基本地震加速度（g） | / | 0.10 |
| 8 | 设计地震分组 | / | 第一组 |
| 9 | 场地类别 | IV类 | 上海IV类 |
| 10 | 场地特征周期（s） | / | 0.9 |
| 11 | 框架抗震等级 | / | 三级 |
| 12 | 核心筒抗震等级 | / | 二级 |

3. 地震作用

工程所在地区抗震设防烈度为 7 度，设计基本地震加速度值为 0.10g，设计地震分组为第一组。场地类别为Ⅳ类（上海），多遇地震设计特征周期 0.90s，结构阻尼比为 0.05。

## 三、原结构抗震分析

原结构计算采用空间结构有限元分析软件 SATWE，该程序是国内认可且应用比较广泛的软件之一。结构分析采用三维空间建模，材料本构关系采用线弹性模型。地震作用时考虑质量偶然偏心对整体结构的不利影响，在计算中考虑了平、扭耦连效应。二层洞口周围设置为弹性楼板。

通过计算分析可知，结构虽然平面和竖向结构基本规则，但仍有局部不规则的情况存在，其中：

1. 扭转位移比最大值 1.34，大于 1.2，扭转不规则；

2. 结构在 13 层局部收进，收进后尺寸为相邻下层的 61%，收进后该层的侧向刚度为下层楼层侧向刚度的 77%（Y 向），侧向刚度不规则；

3. 二层楼板因建筑需要开大洞，开洞后有效楼板宽度仅为典型楼板宽度的 15%，楼板局部不连续。

## 四、抗震加固设计方案

针对结构超限情况，从两个方面进行抗震加固改造：一是加强结构整体抗侧刚度，避免上下刚度突变过于剧烈；二是对构件采取抗震加固措施，加强构件刚度，提升构件承载能力。具体有以下几种加固方法：

1. 结构体系抗震加固

由于 1 轴和 2 轴剪力墙因建筑观景需要取消，该区域结构抗侧刚度削减较大，导致扭转位移比超限，每层均在 1 轴处增设防屈曲耗能支撑以强化该处抗扭强度。同时，针对13 层以上屋面局部收进超限问题，亦可增设防屈曲耗能支撑加大上部收进层的抗侧刚度。防屈曲支撑的主要特点有：

1）在小震作用下防屈曲耗能支撑的变形以弹性变形为主，不会发生屈服；

2）中震大震作用下在拉压作用下均可以达到全截面屈服，消耗地震能量；

3）基于防屈曲耗能支撑的这一特点，在小震及风荷载作用下防屈曲支撑可以实现与普通支撑同样的效果，增加结构的刚度减小层间位移。在大震作用下防屈曲耗能支撑能够全截面进入屈服消耗能量。

本工程所采用的防屈曲耗能支撑参数如表 1-1、表 1-2 所示。

**各层纯钢型防屈曲耗能支撑（BRB）类型**　　　　　　　　表 1-1

| 层数 | 标高 | 支撑编号 | 线刚度（kN/m） | 屈服承载力（kN） | 构件尺寸（B×H） |
|------|------|----------|----------------|------------------|-----------------|
| 1 | -0.050~4.900 | BRB-1-1 | 860300 | 2970 | 270×360 |
| | | BRB-2-1 | 803300 | 3500 | 270×360 |
| | | BRB-3-1 | 803300 | 3500 | 270×360 |
| 2~3 | 4.900~13.900 | BRB-1-2；BRB-1-3 | 882700 | 2700 | 270×360 |
| | | BRB-2-2；BRB-2-3 | 84880 | 3380 | 270×360 |
| | | BRB-3-2；BRB-3-3 | 848800 | 3380 | 270×360 |
| 13 | 48.100~51.700 | BRB-4-1；BRB-4-2；BRB-4-3 | 1021000 | 3240 | 220×360 |

| 纯钢型防屈曲耗能支撑（BRB）的参数要求 | | | | | 表 1-2 |
|---|---|---|---|---|---|
| 项目 | 材料性能 | | 连接方式 | | 支撑产品重量 |
| | 屈强比 | 延性 | 型板样式 | 套筒结构 | |
| 参数要求 | ≤0.8 | 25% | 十字形 | 纯钢组合套管 | 小于350kg/m |

抗震加固后的防屈曲耗能支撑平面布置图见图1-3。

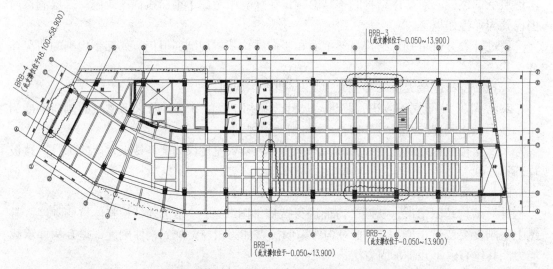

图 1-3　抗震加固防屈曲耗能支撑平面布置图

防屈曲耗能支撑立面图见图1-4。

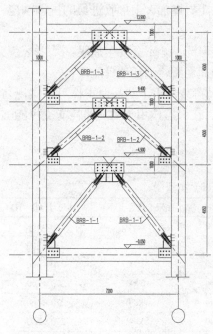

图 1-4　抗震加固防屈曲耗能支撑立面图　　　图 1-5　防屈曲耗能支撑现场施工图

2. 结构构件抗震加固

1）梁柱加大截面

外围因楼板开洞而越层的框架柱，采用增大截面加固，箍筋全高加密；由于 1 轴和 2 轴剪力墙因建筑观景需要取消，对 1 轴上边柱和边梁进行加大截面加固。

柱加大截面的典型做法如图 1-6 所示。

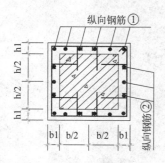

图 1-6　柱加大截面典型做法

图 1-7　柱加大截面现场施工图

梁加大截面的典型做法如图 1-8 所示。

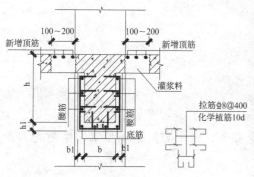

图 1-8　梁加大截面典型做法

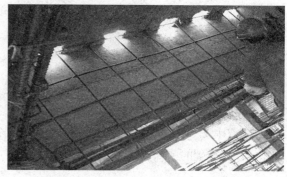

图 1-9　梁底 / 侧加大截面现场施工图

2）板叠合层

针对结构二层楼板连续性超限，二层楼板 1 ~ 9 轴楼板采用叠合层加固，加厚至 180mm，底部新加钢筋的配筋率放大至 0.35%；十三层以上屋面局部收进处板厚亦采用叠合层加固至 160mm 厚。

叠合层做法如图 1-10 所示。

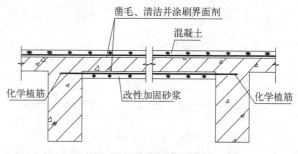

图 1-10　叠合层典型做法

**五、抗震加固计算**

1. 计算模型及基本假定

根据办公楼抗震加固后的受力状况建立准确的模型(图 1-11)。结构计算分析的过程中，考虑以下的设计假定，以模拟结构的真实受力状态：

1）二层洞口周围设置为弹性楼板，楼板厚度按加固后的厚度计算；

2）加固后的梁柱按加大截面后的截面尺寸计算；

3）在相应位置设置斜向支撑模拟防屈曲耗能支撑。

图 1-11　计算模型

2. 动力特性分析

计算中为考虑高振型的影响，采用了 15 个振型，两个方向的质量参与系数均大于 90%；计算得到的前六阶模态结果如表 1-3。

<table>
<tr><td colspan="8" align="center">结构动力特性</td><td align="right">表 1-3</td></tr>
<tr><td>周期<br>序号</td><td>周期<br>（s）</td><td>X向平动比例<br>（%）</td><td>X向平动比例<br>（%）</td><td>扭转比例<br>（%）</td><td>扭转周期比</td><td>结构总质量<br>（t）</td><td colspan="2">有效质量系数<br>（%）</td></tr>
<tr><td>T1</td><td>1.653</td><td>0.83</td><td>0.07</td><td>0.10</td><td rowspan="3">0.72</td><td rowspan="3">39914</td><td colspan="2" rowspan="3">99.60<br>（X向）</td></tr>
<tr><td>T2</td><td>1.397</td><td>0.07</td><td>0.93</td><td>0.00</td></tr>
<tr><td>T3</td><td>1.189</td><td>0.1</td><td>0.09</td><td>0.81</td></tr>
</table>

计算结果表明：

1）结构具有较好的抗扭刚度，第一扭转周期与第一平动周期的比值小于 0.85，满足规范要求。

2）结构在两个主轴方向的动力特性相近，第二平动周期与第一平动周期的比值不小于 0.80。

3. 地震作用扭转位移比分析

**加固前后最大层间位移比对比** 表 1-4

| | 加固前 | | | | 加固后 | | | |
|---|---|---|---|---|---|---|---|---|
| | Y向地震 | Y双向地震 | Y-5%地震 | Y+5%地震 | Y向地震 | Y双向地震 | Y-5%地震 | Y+5%地震 |
| 楼层 | 14 | 3 | 3 | 5 | -- | -- | -- | -- |
| Ratio-（X） | 1.22 | 1.24 | 1.29 | 1.2 | -- | -- | -- | -- |
| Ratio-Dx | 1.26 | 1.30 | 1.34 | 1.22 | -- | -- | -- | -- |
| 楼层 | -- | -- | -- | -- | 14 | 3 | 5 | 3 |
| Ratio-（Y） | -- | -- | -- | -- | 1.03 | 1.13 | 1.18 | 1.19 |
| Ratio-Dy | -- | -- | -- | -- | 1.07 | 1.17 | 1.18 | 1.18 |

注：Ratio-（Y）：最大位移与层平均位移的比值；
　　Ratio-Dy：最大层间位移与平均层间位移的比值

由表 1-4 可以看出，在多遇地震下抗震加固前 Y 向最大层间位移比 1.34，不满足规范小于 1.2 的要求；采取抗震加固措施后 Y 向最大层间位移比 1.19，满足规范限值要求。

4. 二层楼板应力分析

针对二层楼板开洞造成楼板连续性超限问题，对二层楼板及其相关连接构件用 PMSAP 进行细化分析。对整层楼板采用弹性板 6（考虑平面刚度内、外刚度，完全弹性有限元壳模型）模型研究其在地震作用下板内应力情况。分析框架、墙的情况采用弹性膜（不考虑平面外刚度）模型，不考虑板的抗弯刚度贡献。

在地震作用下，板平面内应力非常小，由此可知，对二层楼板连续性超限问题，通过对楼板及相关构件进行加强后，可以满足要求。

## 六、总结

本工程因二层楼板连续性超限造成该层平面特别不规则，十三层以上屋面局部收进，扭转位移比 1.36，属超限高层结构。针对各种超限情况，从结构整体性能和构件承载力两方面采取相应的加固方法：

1. 针对扭转位移比超限，采取增设防屈曲耗能支撑加固方法加强结构抗侧刚度，同时加大 1 轴边柱和边梁截面。

2. 针对局部收进超限，采取增设防屈曲耗能支撑加固方法加大上部收进层的抗侧刚度，同时对收进屋面板进行叠合层加固。

3. 针对二层楼板性连续性超限，对二层 1～9 轴楼板进行叠合层加固，开洞楼板外围越层框架柱加大截面加固。

有限元软件 SATWE 和 PMSAP 的计算分析，说明通过上述加固措施，可提升结构整体抗震性能，加强重要构件的刚度和承载力，从而减小结构规则性超限带来的不利影响，使得结构仍具有良好的抗震性能，满足现行规范和规程的要求。

# 2. 武当山遇真宫整体顶升工程

边智慧　李旭光　付素娟
河北省建筑科学研究院　河北省建研科技有限公司

## 一、工程概况

### 1.文物概况

武当山遇真宫位于湖北省武当山旅游经济特区武当镇东 4km 处。遇真宫为武当山九宫之一，该建筑因明初道士张三丰曾在此结庵修炼，又称"会仙馆"。明代永乐十年（1412年）敕建，永乐十五年竣工，为世界文化遗产、国宝文物武当山古建筑群的重要组成部分。遇真宫主体由中宫、西宫和东宫构成，西宫与东宫的建筑已无存。现存的宫门、宫墙、龙虎殿、真仙殿残迹、配殿等地面建筑为中宫的主体建筑。

丹江口水库作为南水北调工程中线工程的水源，需进行加高。经长江水利委员会与地方政府协作勘查在原先选定的 13 处淹没区的基础上，于 2003 年新增遇真宫、孙家湾两处防护区。丹江口大坝加高后，防护堤外库水位持续高出堤内 8 ~ 19m，库水将会向防护区内渗漏，致使防护区内地下水位升高，遇真宫因之面临被水淹没的危险。

图 2-1　遇真宫山门与东西宫门

通过对围堰保护、迁移保护与顶升保护的方案进行论证对比，整体顶升能够最大程度地保留文物古建筑原貌，是对文物古建筑实施完整保护的有效技术手段，最终有关部门决定对遇真宫山门及两翼琉璃墙体、东西宫门选择原地顶升并进行原址回填。

2. 顶升工程概况

根据现场勘查实际情况和工期要求，对原招标顶升设计方案进行了重新设计与细化，并对施工方法和施工进度安排进行调整。在"确保文物结构主体安全和加快工程施工进度"的原则下，出具了新的顶升工程施工图纸。在完成顶升前的整体托换施工并已具备整体顶升条件后，东西宫门、山门先后于 8 月 15 日和 8 月 20 日起动顶升，自 2012 年 12 月 16 日主体顶升结束，整体顶升施工持续 123 天。

工程需整体顶升 15m，顶升高度达世界之最。其中山门结构（含底盘）重约 4600t，山门混凝土托盘下部布置 48 台 200t 千斤顶；东西宫门结构（含底盘）重各约 1200t，每个宫门混凝土托盘下部布置 12 台 200t 千斤顶。其顶升主要实施方案为在结构四周制作灌注桩，作为结构顶升反力基础；在建筑底部人工盾构制作混凝土转换层，作为结构顶升刚性托盘；利用多组液压千斤顶作为结构顶升动力体系；采用型钢剪力墙作为结构支撑体系；该工程中采用的顶升千斤顶以 250mm 为单次顶升高度，共计循环顶升 60 次完成 15m 的顶升高度。

3. 工程技术难点

本工程如此超大高度的整体顶升，尚属世界首例，技术复杂程度世界少有，其主要的工程难题有以下几点：

1）文物结构年代久远

本工程文物建筑建造年代较为久远，常年受自然环境侵蚀，砌体材料老化严重，结构整体性差，变形能力也较差，垂直度偏差超出国家现行规范要求，这些都给本工程的基础托换和同步顶升造成较大的困难。

2）地质条件复杂

遇真宫作为皇家建筑其下部处理过的地基十分坚硬，强度高于普通砂浆强度，山门青砖垫层厚度达 1m 多，为制作混凝土托换底盘增大了难度，场区地层主要为①素填土、②粉质黏土、③卵石、④ -1 强风化钠长片岩及④ -2 中风化钠长片岩，托盘下部的土层主要为卵石层和纳长片岩层，且建筑所在场地地下水位高，场地地下水主要为填土层和粉黏层中的上层滞水和卵石层中的孔隙水，滞水层的土层渗透性弱，而卵石层的渗透性好，施工时排水困难，对施工造成较大影响。

图 2-2 顶升前山门外照

图 2-3 建筑场区地下水位高

3）山门结构平面复杂

山门两侧各有一面翼墙，两侧翼墙需和山门主体一同顶升，翼墙刚度与山门主体相差较大，墙体高厚比大，稳定性差，同时翼墙与山门主体基础不同，对结构托换技术要求更高，大大增加了工程难度。

图2-4　遇真宫山门

4）顶升高度大

建筑物整体顶升是一项技术要求较高的技术，同时本工程顶升高度达15m，顶升高度为世界纪录的5倍；本工程为砖石混合结构，建筑物自重大，因此对同步顶升系统和下部支撑体系要求非常高。

5）工期紧迫

根据南水北调工程施工进度的要求，该三个文物在2012年8月底之前需顶高7m，以保证南水北调工程的正常蓄水进度，工期相当紧迫。

二、设计依据

1.设计依据

《建筑结构荷载规范》GB 50009-2012；《混凝土结构设计规范》GB 50010-2010；《建筑抗震设计规范》GB 50011-2010；《建筑地基基础设计规范》GB 50007-2010；《砌体结构加固设计规范》GB 50702-2011；《钢结构设计规范》GB 50017-2003；《岩土工程勘察规范》GB 50021-2001；《冷弯薄壁型钢结构技术规范》GB 50018-2002；《建筑地基处理技术规范》JGJ 79-2002；《建筑桩基技术规范》JGJ 94-2008；《建筑桩基检测技术规范》JGJ 106-2008；《无粘结预应力混凝土结构技术规程》JGJ 92-2004；《建筑工程预应力施工规程》CECS 180：2005；《建筑物移位纠倾增层改造技术规范》CECS 225：2007。

2.基本设计参数

| 序号 | 设计参数 | |
| --- | --- | --- |
| | 参数内容 | 按现行规范设计 |
| 1 | 使用年限 | 100年 |
| 2 | 建筑结构的安全等级 | 一级 |
| 3 | 抗震设防类别 | 乙类 |
| 4 | 抗震设防烈度 | 6度 |
| 5 | 设计基本地震加速度（g） | 0.05 |
| 6 | 设计地震分组 | 第一组 |
| 7 | 场地类别 | Ⅱ类 |
| 8 | 基础设计等级 | 甲级 |

续表

| 序号 | 设计参数 | |
|---|---|---|
| | 参数内容 | 按现行规范设计 |
| 9 | 顶升高度 | 15m |
| 10 | 山门自重（含底盘） | 4600t |
| 11 | 山门平面尺寸 | 37500×16000（mm×mm） |
| 12 | 山门基础埋深 | -1.800（相对于室内地坪） |
| 13 | 山门单桩竖向承载力特征值 | 2500kN |
| 14 | 东、西宫门（含底盘） | 1200t |
| 15 | 东、西宫门平面尺寸 | 11120×8000（mm×mm） |
| 16 | 东、西宫门基础埋深 | -1.300（相对于室内地坪） |
| 17 | 东、西宫门单桩竖向承载力特征值 | 1600kN |

### 三、工程设计方案

针对上述工程难点，此次整体顶升工程克服了多项技术难题，实现了多项技术重大突破，创造了我国乃至世界古建筑整体顶升高度最高、一次顶升数量最多、建筑年代最久远等多项纪录。

1. 古建筑上部结构整体加固

本工程为了保证结构稳定性，对结构支撑体系采用方钢管焊接桁架体系，山门和宫门内部建有竖向支撑，外部设置侧向稳定支撑，山门翼墙处设置侧向支撑，所有支撑体系与下部混凝土顶升托盘固结，保证文物在施工过程中的安全。外部加固体系根据建筑形态变化，所有与建筑接触点均垫有胶皮等柔性填充物，最大可能地保护文物不受施工损伤。

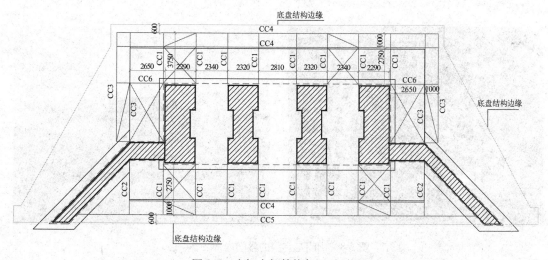

图 2-5　山门上部结构加固平面图

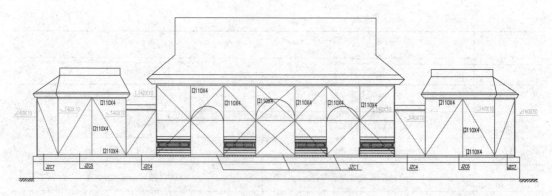

图 2-6　山门上部结构加固立面图

图 2-7　山门与东西宫门上部结构加固效果

图 2-8　山门与宫门的拱门内部支撑

2. 古建筑物基础托换

本工程基础托换方法采用钢箱梁盾构施工。混凝土箱梁托换为我单位于 2002 年 8 月完成的明代土石结构昆明金刚塔整体顶升保护工程首创的古建筑基础托换技术，通过在塔体下构筑整体刚性基础作为托举平台，将重达 2300t 的主体结构顺利顶升 2.6m，开创了国内外土石结构古建筑整体顶升保护的先例。通过多年的研究和技术改进，在本工程中我院采用嵌入式钢箱梁进行基础托换，此种方法具有施工速度快、顶推力小、施工工艺简单等优点。同时这种方式对原有土体扰动小，上部结构因托换产生的不均匀沉降小。在钢箱梁内部增加预应力钢筋混凝土芯梁，可以有效减少底盘的挠度变形，并在各个钢箱梁端部增加了大刚度的边梁，保证底盘的整体性。

图 2-9　钢箱梁盾构施工

图 2-10　托换底盘钢筋贯入

由于该工程古建筑上部结构年代久远，材料强度低，因此对建筑进行顶升施工前必须在建筑下部建造大刚度基础托盘。其中，基础托盘采用预应力技术，待钢箱梁盾构完成后，将绑扎成型的箱梁内部钢筋笼牵引移入钢箱梁内部。在箱梁两端制作漏斗型模板，浇筑流动性强的免振混凝土，形成混凝土箱梁。依次将所有箱梁施工完毕后，在钢箱梁底部横向直接掏土，制作横向连系梁，最后制作周圈边梁将托换底盘形成整体。

图 2-11　托换底盘周圈边梁浇筑

图 2-12　横向连系梁张拉钢绞线

此外，经过现场开挖发现文物青石基础部分为咬砌，强行拆除会对文物地基造成破坏，从而引起不均匀沉降，对上部结构造成损伤，也不利于下部顶升作业。针对以上情况，顶升方案将青石基础作为文物的一部分同时顶升，在青石基础下部预留原状土体，减少制作托换底盘对结构影响，顶升结构自重和面积都比初步设计增大许多，既保证文物结构安全，同时最大程度地保护文物原有形态，充分体现本次顶升的历史意义。

3. 古建筑整体顶升反力系统

顶升工程采用冲击灌注桩作为顶升反力桩，桩端进入中风化纳长片岩层，桩基设计时单桩承载力均考虑土方回填后造成的负摩阻力，形成安全可靠的整体顶升反力系统。山门周围布设 34 颗顶升受力桩，宫门周围布设 14 颗顶升受力桩，确保顶升反力安全储备，而且顶升反力桩穿过了压缩性较大的土层，减小顶升完成后结构的工后沉降量。桩体施工与结构托换可同步进行，两种工序通过合理安排可交叉施工，节约时间，加快了施工进度。

图 2-13　宫门预应力大底盘

图 2-14　钻孔灌注桩施工

4. 整体顶升支撑体系

本工程下部顶升支撑体系山门与东西宫门均采用型钢混凝土剪力墙结构，顶升支垫采用型钢短柱，同时支撑体系的混凝土浇筑采用滑模施工，在建筑顶升过程中完成滑模的提升，实现滑模与顶升的同步施工。由于型钢短柱支垫承载力高，顶升不受支撑结构混凝土龄期的限制，顶升速度快，缩短了施工工期。另外由于循环顶升高度大，回填土工作空间大，因此回填质量更容易保证。而且采用此种方法对回填土要求低，支撑体系刚度大，可以独立支撑上部结构，结构传力体系明确，能确保文物顶升过程和就位后的结构安全。

图 2-15　型钢剪力墙钢筋绑扎

在顶升滑模一体化施工时，先将上部托换系统顶举到一定高度，然后在基础上组装普通模板，浇筑混凝土，待混凝土达到一定强度后，拆除模板，再安装滑模顶升一体化系统。与常规模板工程相比，具有机械化程度高，施工速度快，可以节省支模和搭设脚手架所需的人工、材料和机具费用，模板周转使用率高等优点。与滑模施工相比，它不需要搭设提升架，充分利用顶升工程中托换系统同步升高的特点，用托换系统代替提升架，将顶升和滑模有效结合，增加了千斤顶的使用效率，不用专设滑模提高操作人员，提高了劳动生产率。因此滑模顶升一体化施工具有很好的社会经济效益。

图 2-16　型钢剪力墙成型

图 2-17　顶升滑模施工

5. 采用高精度限位装置及防倾技术

为避免顶升过程中古建筑产生横、纵向偏移，设立了限位装置，限位装置有足够的强度，并在限位方向有足够的刚度，在顶升过程中起限位兼防侧倾的控制作用。

本工程限位装置包括横向限位和纵向限位两部分，在建筑物的每侧设置防倾柱，在防倾柱上设置限位轨道，底盘侧面对应位置安装型钢短柱，使得顶升过程中建筑物只能延着限位轨道向上顶升，很好地限制了建筑物的侧向位移。

图 2-18　顶升防倾柱

6. 首创了建筑物长行程无回降多点同步顶升技术

顶升系统采用多点同步顶升系统，根据本工程特点进行了顶升方案设计，确保建筑平稳顶升。同步顶升系统利用液压变频调速控制、压力和位移闭环自动控制的方式，实现多点力均衡控制，对山门和宫门进行称重、同步顶升、同步降落。

顶升系统中的液压泵站采用阀配流形式的柱塞泵，泵站上安装有均载阀，可靠地保证千斤顶在顶升和降落时都处于进油调速控制，缓解了千斤顶升降切换过程中液压冲击力对顶升的同步精度和梁体结构的影响，同时均载阀可以无泄漏地锁住千斤顶，在意外停电时仍能保证千斤顶不会自由下滑，使千斤顶所承负载不会处于失控境地。系统中还安装有压力变送器和检测装置位移检测装置，当千斤顶移动时，压力检测装置就可以实时精确地测定千斤顶所承受的负荷；同时位移检测装置可测定千斤顶的实时位移，从而测得梁体的顶升高度。

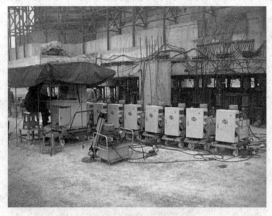

图 2-19　同步顶升设备　　　　　　　图 2-20　武当山工程顶升到位

### 四、施工工序

1. 主要施工工序

山门宫门结构检测、损伤普查 → 山门宫门结构加固 → 顶升反力桩基础制作 → 文物底部顶升托盘制作 → 桩顶反力基础制作 → 顶升动力系统安装（PLC 同步顶升）→ 循环顶升过程 → 到达指定高度就位连接 → 拆除加固措施，恢复原貌。

2. 关键施工工艺

1）文物底部顶升托盘制作

文物一侧开挖顶推基坑 → 制作顶推反力墙 → 钢箱梁分节就位 → 钢箱梁顶推入文物底部 → 首节顶推完毕后焊接第二节钢箱梁循环顶至穿透建筑 → 箱梁内部土体掏空 → 绑扎箱梁内部钢筋笼 → 牵引钢筋笼进入箱梁 → 浇筑 C40 免振混凝土完成单个箱梁制作 → 依次将文物底部全部托换完毕 → 制作箱梁四周连系梁形成整体坚固托盘。

2）循环顶升过程

千斤顶安装完毕并调试系统 → 文物试顶升并对上部结构称重，确定每个受力点承载力大小 → 安装位移监测系统 → 对建筑进行调平纠偏 → 顶升文物 250mm → 安装千斤顶下部型钢垫块，垫块高度 250mm → 循环顶升至 1.5m，进行下部型钢混凝土基础制作 → 在混凝土强度达到设计值 70% 后，进行下一个 1.5m 顶升 → 到达 3m 后进行原址回填土工作 → 制作下部型钢混凝土基础连系梁 → 再次循环 3m 顶升直至达到指定高度。

### 五、结论

本工程采用超大高度建筑物顶升技术，完成了武当山遇真宫原位顶升 15m 超高顶升工程，在顶升过程中分别对各关键工序进行实时监测和监控，及时对数据进行分析，并进行不断的调整，确保了顶升工程安全顺利进行。

1. 完善的钢桁架整体加固体系保证了顶升时古建筑物的安全，且所有与建筑接触点均垫有胶皮等柔性填充物，最大可能地保护文物不受施工损伤。

班人员被困，造成 120 人遇难，70 人受伤。

2013 年 6 月 7 日 18 时 20 分许，福建省厦门市一公交车在行驶过程中突然起火，共造成 47 人死亡、34 人因伤住院。

2013 年 6 月 8 日，住房和城乡建设部批准《细水雾灭火系统技术规范》为国家标准，编号为 GB 50898-2013，自 2013 年 12 月 1 日起实施。其中，第 3.3.10、3.3.13、3.4.9（1、2、3）、3.5.1、3.5.10 条（款）为强制性条文，必须严格执行。

2013 年 6 月 9 日，住房和城乡建设部现批准《建筑消能减震技术规程》为行业标准，编号为 JGJ 297-2013，自 2013 年 12 月 1 日起实施。其中，第 4.1.1、7.1.6 条为强制性条文，必须严格执行。

2013 年 6 月 25 日，公安部消防局在贵州省贵阳市组织召开了工程建设国家标准《木结构民族民居建筑防火设计规范》编制组成立暨第一次工作会议。来自设计、施工、科研单位以及消防监督部门的 30 名代表出席了会议。会上，编制组听取了主编单位贵州省公安消防总队、贵州建工集团有限公司关于规范立项、调研前期准备情况及规范编制大纲编写情况的报告，并就规范编制大纲、任务分工和工作进度等进行了认真讨论。

2013 年 7 月 2 日，公安部作出表彰决定，授予福建省长乐市金峰义务消防队等 41 个先进集体和浙江省上虞市道墟镇肖金村义务消防队队长阮炳炎等 56 名先进个人首届全国 119 消防奖，并分别颁发奖匾、奖章和证书。

2013 年 7 月 16 日，公安部消防局在广东东莞召开全国建设工程消防行政审批改革工作现场会，推广广东、上海等地经验，在全国推行建设工程消防设计审核、消防验收技术审查检测与行政审批分离制度。

2013 年 7 月 18 日，由我国向国际标准化组织提交的二项消防泡沫灭火系统国际标准制定项目提案，经国际标准化组织相关技术委员会投票，获得全票通过，得以成功立项。新国际标准项目名称分别为：《泡沫灭火系统第 3 部分：中倍数泡沫设备》ISO 7076-3；《泡沫灭火系统第 4 部分：高倍数泡沫设备》ISO 7076-4。

2013 年 7 月 22 日 7 时 45 分，在甘肃省定西市岷县、漳县交界（北纬 34.5 度，东经 104.2 度）发生 6.6 级地震，震源深度 20 公里。截至 23 日晚间，地震共造成 95 人死亡、千余人受伤；5.18 万间房屋倒塌，7.55 万间房屋严重损坏，58.16 万人受灾，紧急转移安置 22.67 万人。

2013 年 8 月 12 日 5 点 23 分，在西藏自治区昌都地区左贡县、芒康县交界（北纬 30.0，东经 98.0）发生 6.1 级地震，震源深度 10.0 公里。

2013 年 8 月 22 日～23 日，第二届全国防灾减灾工程学术会在哈尔滨召开，会议以"防灾减灾与可持续发展"为主题，针对近年来我国在防灾减灾与防护工程领域研究的重大实践与应用、最新进展与成果、学科前沿与发展等方面进行了交流与讨论，为推动我国防灾减灾工程研究发展、实现我国防灾减灾可持续发展战略、保障重大工程的安全建设与运营提供了交流与合作的平台。

2013 年 8 月 16 日到 18 日，全国消防标准化技术委员会灭火救援分技术委员会（SAC/TC 113/SC 10）一届五次会议在内蒙古自治区呼伦贝尔市召开。会议期间，分技术委员会组织审查了《火灾信息报告规定》、《地下建筑火灾扑救行动指南》等两项公共安全行业标准。与会各位委员、专家代表本着高度负责的精神，对标准认真审查，提出修改意见，并通过了两项标准送审稿的审查纪要。会议要求各标准编制组会后根据与会委员和专家提出的修改意见，认真修改并尽快形成标准报批稿报批。

2013 年 08 月 22 日，山西将在大同、朔州、忻州 3 市开展 1 万户农村住房抗震改建试点，通过新建、加固等方式，指导农户建设安全、舒适、节能、美观的住宅，整体提高住房抗震水平，并逐步推广。

2013 年 08 月 29 日，云南省人民政府日前出台的《关于开展城乡人居环境提升行动的意见》（以下简称《意见》）提出，从今年开始，全省力争 5 年内建设 80 万套以上城镇保障性住房，有效解决城镇中低收入家庭住房困难问题。到 2017 年年底，基本消除全省各类棚户区，完成 100 万户以上农村危房改造及地震安居房建设，解决 450 万农村困难群众的住房问题。

2013 年 8 月 30 日 13 时 27 分，新疆维吾尔自治区乌鲁木齐市(北纬 43.8 度，东经 87.6 度)发生 5.1 级地震，震源深度 12 千米。12 分钟后在乌鲁木齐市（北纬 43.8 度，东经 87.6 度)又发生 3.2 级地震，震源深度 8 千米。地震发生时，乌鲁木齐市城区大部震感强烈。

2013 年 08 月 30 日，西藏自治区组建了建筑工程抗震应急及鉴定专家库。专家库的首批专家由 50 名专业人员组成，其成员主要为全区住房城乡建设系统从事结构设计、质量监督、建设监理、建筑施工等与建筑抗震相关的专业技术人员。

2013 年 10 月 1 日，《消防应急救援》系列国家标准由国家质检总局和国家标准委批准实施。该系列标准均为推荐性国家标准，名称和编号如下：《消防应急救援 通则》GB/T 29176-2012、《消防应急救援 技术训练指南》GB/T 29175-2012、《消防应急救援 训练设施要求》GB/T 29177-2012、《消防应急救援 装备配备指南》GB/T 29178-2012、《消防应急救援 作业规程》GB/T 29179-2012。

达影像图，影像清晰，信息丰富。环境减灾 C 星于 2012 年 11 月 19 日成功发射，作为我国第一颗民用合成孔径雷达卫星，具备空间分辨率 5 米条带和 20 米扫描两种成像模式，幅宽分别为 40 千米和 100 千米，具有全天时、全天候的成像能力，可在多云、阴雨、大雾等任何恶劣天气条件下，稳定获取地表遥感影像数据。

2012 年 12 月 24 日，住房和城乡建设部批准《城市轨道交通车辆防火要求》为城镇建设行业产品标准，编号为 CJ/T 416-2012，自 2013 年 4 月 1 日起实施。

2012 年 12 月 31 日，中国国务院总理温家宝来到青海玉树藏族自治州州府所在地结古镇，考察地震灾后恢复重建情况，看望慰问各族干部群众并致以新年问候。

2013 年 1 月 5 日，民政部减灾和应急工程重点实验室第一届学术委员会第二次全体会议在北京召开，民政部国家减灾中心副主任、实验室主任范一大出席会议。实验室学术委员会副主任、中科院电子所吴一戎院士，实验室学术委员会副主任、北京邮电大学刘韵洁院士，实验室学术委员会副主任、北京师范大学李京教授，龚健雅院士、曾澜研究员、文江平研究员、迟耀斌研究员等学术委员会委员，赵忠明研究员、李震研究员等实验室特聘专家，以及武汉大学、北京师范大学、航天五院 503 所等共建单位和国家减灾中心二十余人出席会议。

2013 年 1 月 9 日，甘肃省委、省政府召开舟曲特大山洪泥石流灾后恢复重建总结表彰大会，标志着舟曲特大山洪泥石流灾后恢复重建基本完成。2010 年 11 月启动的舟曲灾后恢复重建共安排 170 个项目，规划总投资 50.2 亿元，涉及城乡居民住房、城镇建设、公共服务、基础设施、白龙江和沟道治理、灾害治理、产业重建、生态修复等八大类。据了解，目前已有 169 个项目完成建设内容，累计完成投资 47.5 亿元。

2013 年 1 月 10 日，湖南省提前完成 96 个县级山洪灾害防治非工程措施建设任务，并于 2012 年底全部通过竣工验收。在 2012 年防汛抗灾过程中，96 个县级山洪灾害防治非工程措施发挥显著作用，全省因灾伤亡人数 12 年来最少。2010 年汛末，国务院决定全面启动全国 1836 个县的山洪灾害防治非工程措施建设项目。根据规划，湖南省项目县共有 96 个，总投资 5.76 亿元，其中中央补助 3.579 亿元，要求 3 年建成。2010 年 11 月，湖南省成立山洪灾害防治非工程措施建设协调领导小组，按照"早建成、早受益"的原则，确定了"三年任务两年完成"的建设目标。

2013 年 1 月 11 日，从云南省安监局了解到，自 2008 年以来，云南省累计投入数千万元加强安全生产应急救援体系建设。目前，云南省建立了省级安全生产应急救援队伍 9 支，省级危险化学品事故应急救援队伍 3 支。自 2008 年以来，全省 16 个州（市）共建立 21 支应急救援骨干队伍，有各类安全生产应急救援队伍 2726 支、36460 人。今年共有 25227 人次参加预防性安全检查 8747 次，投入检查经费 1306.58 万元，提出整改意见 29502 条，已督促整改 28195 项，在事故预防和应急救援工作中发挥了重要作用。

2013 年 1 月 11 日，李立国部长会见了到访的联合国秘书长减灾事务特别代表瓦尔斯特龙女士一行。李立国部长回顾了民政部与联合国国际减灾战略多年来的合作成果，对减灾战略在全球倡导减灾所做的工作表示赞赏，表示愿继续借助这一良好平台与国际社会分享防灾减灾经验、共享科技发展成果。瓦尔斯特龙感谢民政部对联合国减灾工作的一贯支持，高度评价中国政府减灾救灾工作成就，愿与民政部进一步拓展防灾减灾领域的合作。双方就其他共同关心的问题交换了意见。

2013 年，1 月 11 日，上午 8 时 20 分许，云南省昭通市镇雄县果珠乡高坡村赵家沟村民组发生山体滑坡，造成重大人员伤亡。习近平总书记、温家宝总理、李克强副总理高度关切，立即作出重要指示。习近平要求全力组织搜救，尽最大努力减少人员伤亡；搞好灾民安置和村民避险，防止发生二次灾害和次生灾害；做好受灾群众心理抚慰、思想疏导和社会治安、救灾重建工作，确保社会稳定。

2013 年 1 月 14 日，亚洲社区综合减灾合作项目启动仪式在北京举行。此次活动由中国民政部、英国国际发展部、联合国开发计划署共同举办，民政部副部长顾朝曦与英国国际发展部国家项目总干事乔伊·赫其恩女士一同出席项目启动仪式并致辞。英国国际发展部为该项目提供资金支持，民政部作为中方牵头部门，与中国水利水电科学研究院、中国地震应急搜救中心等单位共同推进项目实施，孟加拉国和尼泊尔是该项目的两个亚洲伙伴国，联合国开发计划署负责项目管理和协调。

2013 年 1 月 16 日，新疆维吾尔自治区启动融雪型洪水灾害综防示范工程研究项目。根据计划，将编制《新疆融雪型洪水灾害综合防治示范工程实施方案（叶尔羌河流域）》建议稿，研究制定叶尔羌河流域融雪型洪水监测预警工程、工程性防灾减灾工程、灾害防御体系建设工程等示范工程的具体内容，以提高新疆抵御融雪型洪水灾害、应对极端气候事件以及适应气候变化的综合能力、增加区区域可持续发展能力；研究编制《新疆融雪型洪水灾害综合防治示范工程实施方案（叶尔羌河流域）》，分析新疆融雪型洪水灾害综合防治能力的形势和要求，提出指导思想、总体要求、监测预警工程、工程性防灾减灾工程、灾害防御体系建设工程建设和主要内容，以及《实施方案》执行保障措施等。

2013 年 1 月 25 日召开的国家重点基础研究发展计划（973 计划）"气候变暖背景下我国南方旱涝灾害的变化规律和机理及其影响与对策"项目启动会上宣布，未来五年，科学家将建立针对我国南方不同气候区域旱涝预测的关键技术业务系统平台，分析评估我国南方旱涝区农业和水资源对旱涝灾害的风险等级。

2013 年 1 月 28 日，中国气象局预报与网络司再次发布关于做好霾天气预警工作的通知，针对霾预警信号标准进行了修订，首次将 PM2.5 作为发布预警的重要指标之一。同日，中央气象台首次单独发布霾预警。此次修订将霾预警分为黄色、橙色、红色三级，分别对应中度霾、重度霾和极重霾，反映了空气污染的不同状况。

2013 年 1 月 28 日，住房和城乡建设部批准《电力设施抗震设计规范》为国家标准，编号为 GB 50260-2013，自 2013 年 9 月 1 日起实施。其中，第 1.0.3、1.0.7、1.0.8、1.0.10、3.0.6、3.0.8、3.0.9、5.0.1、5.0.3、5.0.4、7.1.2 条为强制性条文，必须严格执行。原国家标准《电力设施抗震设计规范》GB 50260-96 同时废止。

2013 年 2 月 18 日，中国气象局正式发布《天气研究计划（2013-2020 年）》和《气候研究计划（2013-2020 年）》，这是天气、气候、应用气象和综合气象观测四项研究计划中的两项。中国气象局局长郑国光亲自为研究计划题写序言并指出，制定并滚动修订四项研究计划，将为扎实推进气象科技创新体系建设、更加有效地推动现代气象业务发展和气象现代化建设提供重要的基础和保障。四项研究计划以发展现代气象业务为切入点，面向世界气象科技发展，凝练重大科技问题，梳理并提出重大科研方向、科研重点与主要任务。其总体框架由引言、总体目标、重大专项、重点领域和基础支撑平台五部分构成。

2013 年 2 月 19 日，中国地震局工作人员表示，中国地震局"国家地震烈度速报与预警工程"已经进入发改委立项程序，计划投入２０亿元，用五年时间建设覆盖全国的由5000多个台站组成的国家地震烈度速报与预警系统。

2013年2月19～20日，全国减灾救灾工作会议在四川省成都市召开。民政部党组副书记、副部长姜力出席会议并讲话。姜力指出，2012年全国减灾救灾工作成绩显著，各级民政部门加强政策创制，出台了一批规范性规章制度；认真落实规划，启动了一批重点项目；强化备灾建设，提升了应急保障能力；积极组织协调，综合减灾作用进一步发挥。

2013年3月3日13时41分，云南省大理白族自治州洱源县发生5.5级地震，震源深度9公里。截至4日5时，地震共造成洱源、漾濞、云龙、剑川、永平5个县11个乡镇受灾，学校、水利、交通、通信、电力等基础设施在地震中不同程度受损。

2013年3月7日，中国气象局政策法规司组织召开会议，部署6个标委会成立及归口标准项目交接工作。至此，气象领域的全国和行业标准化技术委员会和分技术委员会达到14个，基本实现标准化技术组织在气象业务服务领域的全覆盖。这6个标委会包括全国人工影响天气、农业气象、气候与气候变化等3个标准化技术委员会以及大气成分观测预警预报服务、风能太阳能气候资源、气象影视3个标准化分技术委员会。

2013年3月7日，"十二五"国家科技支撑计划"重大突发性自然灾害预警与防控技术研究与应用"项目推进会在北京召开。科技部农村司、农村中心、项目组专家以及各课题负责人和研究任务团队负责人等60余人参加了会议。重大突发性自然灾害预警与防控技术研究与应用项目主要立足北方、西南和长江流域三大区域粮食主产区，针对玉米、小麦、水稻等作物在不同区域低温、洪涝和干旱等灾害问题，开展重大突发性自然灾害监测预警与防控应急技术研究，为稳定粮食生产发挥作用。

2013年3月14日，中日韩三国合作秘书处１４日在韩国首尔举办了"三国灾害管理桌面演练"。三国合作秘书处秘书长申凤吉在致辞词中说，近年来东北亚自然灾害频发，尤其是2008年汶川大地震、2011年东日本大地震伤亡惨重，因此，韩、中、日三国有必要通过合作制定出有效的灾难管理合作方案。

2013年3月19日以来，福建、江西、湖南、广东、贵州等地遭遇雷电、大风、冰雹等强对流天气，灾区群众生产生活受到较重影响。据福建、江西、湖南、广东、贵州5省民政厅报告，截至3月21日12时统计，风雹灾害造成福建、江西、湖南、广东、贵州5省114县（区、市）153万人受灾，24人死亡，4人失踪，紧急转移安置和其他需紧急生活救助21.5万人，2000间房屋倒塌，24.8万间房屋不同程度损坏，农作物受灾面积92.9千公顷，其中绝收16.4千公顷，直接经济损失13.1亿元。

2013年03月21日，北京市政府日前下发《关于进一步推进首都气象事业发展，率先实现气象现代化的意见》，要求到2015年达到以下目标：将建设面向市民生活服务的24小时天气预报，该预报将精细化到街道、乡镇；雾霾、雪、沙尘、高温、寒潮等高影响天气提前两天以上预报；同时建设北京市突发事件预警信息发布中心，局地暴雨、雷雨大风等突发灾害性天气预警实现分区、分级发布，并提前30分钟以上发布预警。

2013年3月23日，第５３个世界气象日，中国气象局局长郑国光在2013年世界气象日致辞中指出，我国已建立地基、空基、天基相结合的立体化综合气象监测网。

2013年3月29日，凌晨6时左右，位于中国黄金集团华泰龙公司甲玛矿区内的墨竹工卡县扎西岗乡斯布村普朗沟泽日山发生山体塌方，塌方长3公里，塌方量约200余万方。

据初步统计，83 名工人（藏族 2 人，其余均为汉族，多为云贵川等内地职工）被埋。目前，西藏自治区党委、政府和有关企业正在全力组织抢险救援。

2013 年 4 月 1 日下午，民政部部长、民政部—教育部减灾与应急管理研究院理事会理事长李立国主持召开研究院理事会扩大会议。会议审议并通过了研究院理事会人员调整建议方案，听取并审议了研究院 2012 年工作报告和 2013 年工作计划。理事会充分肯定了研究院近年来在减灾救灾学科建设、人才培养、科研项目、科技服务以及国际交流等方面取得的重要进展和明显成绩，并同意研究院 2013 年的工作计划。

2013 年 4 月 14 日，湖北省襄阳市樊城区前进东路一景城市花园酒店发生火灾，致 14 人遇难，47 人受伤。

2013 年 4 月 20 日，8 时 02 分，四川省雅安市芦山县（北纬 30.3 度、东经 103.0 度）发生 7.0 级地震，震源深度 13 公里，震中海拔约为 1300 米。震中距离芦山县城约 17 公里，距离宝兴县城约 18 公里。截至 20 日 14 时，经与受灾市（州）民政局电话联系，初步统计，地震已造成雅安、成都、甘孜、眉山、德阳、资阳、阿坝、凉山 8 市（自治州）77 人死亡，大量房屋倒损，道路交通等基础设施不同程度受损。

2013 年 4 月 21 日，四川雅安地震发生后，国家减灾委、民政部紧急启动国家三级救灾应急响应，并立即组织启动国际减灾宪章机制（CHARTER），获取国际遥感卫星数据，全力支持抗震救灾工作。此次是国家减灾委第 12 次针对我国重特大自然灾害事件启动CHARTER 机制，此前已经利用该机制先后成功应对了淮河流域洪涝、南方低温雨雪冰冻、汶川地震、玉树地震等历次重特大自然灾害。CHARTER 机制启动后，各成员国或区域的航天机构和组织，积极根据我国重大自然灾害应急响应需求，紧急制定卫星观测计划，并及时提供遥感卫星数据资源的应急支持。CHARTER 机制是目前国际上影响最大、运行最稳定的国际空间技术减灾合作机制之一。我国于 2007 年 5 月正式加入该机制，国家减灾委是中国的授权用户。

2013 年 5 月 7 日，由中国消防协会主办的第十五届国际消防设备技术交流展览会 7 日在北京开幕。共有来自 21 个国家和地区及国内的 500 余家企业和机构参展，是展会举办以来规模最大、科技含量最高的一届。

2013 年 5 月 12 日是我国第五个"防灾减灾日"，主题是"识别灾害风险，掌握减灾技能"。各地结合区域或行业灾害风险特点，以城乡社区、机关、学校和企业等为平台，通过专家讲授、现场演示、播放视频、举办培训班和知识竞赛等形式，组织开展了面向社会公众的防灾减灾基本技能普及活动。树立主动减灾、综合减灾和灾害风险管理的理念，结合工作实际，进行了灾害风险隐患的排查治理，并组织机关、企事业单位、学校、医院等开展了防汛抗旱、防震减灾、防风防雷、地质灾害防御、森林草原防火、消防安全、事故防范、卫生防疫等方面的应急演练活动。

2013 年 5 月 31 日，位于林甸县花园镇境内的中储粮黑龙江林甸直属库发生火灾，造成 78 个储粮囤中的几万吨粮食过火，直接损失近亿元。

2013 年 6 月 2 日，台湾南投发生 6.7 级地震，为当年台湾最大地震。台湾地震测报中心主任郭铠纹表示，造成这次地震的肇因是南投县仁爱乡的盲断层，这条断层在地底深处，尚未破裂到地表。

2013 年 6 月 3 日，位于吉林省德惠市米沙子镇的宝源丰禽业有限公司发生火灾，当

2.首次将钢箱梁盾构法和高效预应力大底盘技术用于古建筑物基础托换和整体顶升，通过钢箱梁盾构进行建筑物基础托换施工，保证上部结构的整体稳定性，并在钢箱梁盾构过程中对上部预留土的影响以及上部结构的整体性进行监测。通过监测结果发现在托换过程中钢箱梁变形引起上覆土体的扰动较小，从而上部结构的扰动较小。施工过程处于安全、稳定、快速、优质的可控状态，保证了工期和工程质量。

3.首次将冲击灌注桩用于古建筑整体顶升的反力系统，桩体施工与结构托换同步进行，两种工序通过合理安排交叉施工，节约时间，加快了施工进度。

4.首次将型钢混凝土支撑和滑模顶升施工技术用于建筑物超大高度整体顶升，并对大高度型钢混凝土结构变形和沉降进行阶段性监测，监测数据显示，外表混凝土受力变形仅为其极限抗压应变的55%，型钢垫块应变仅为其弹性极限应变的80%。沉降监测结果数据显示沉降量基本为零，整个型钢混凝土结构安全稳定，有效支撑上部建筑物并保证上部建筑物的完整性，完成了顶升高度15m的世界之最。

5.采用了高精度的限位装置和防倾技术防止顶升过程中古建筑物的倾斜。限位装置包括横向限位和纵向限位两部分，在顶升过程中有效地控制了建筑物的横、纵向偏移。

6.首创了建筑物长行程无回降多点同步顶升技术确保古建筑物平稳顶升。顶升过程中实现了对山门和宫门的整体平稳同步顶升，位移数据显示在顶升过程中同步误差控制在0.01mm左右，并对山门和宫门进行区域性位移监控，顶升过程中严格控制顶升位移的同步性。单行程误差控制在0.1mm左右，累积误差小于1mm。施工过程处于安全、稳定、快速、优质的可控状态，解决了在整体顶升过程部分千斤顶回降所引起的结构顶升不同步现象，工程质量优异并如期完工，无安全生产事故发生，山门和东西宫门完好无损，得到了各方的好评。

# 3. 北京英特宜家购物中心大兴项目二期工程消防性能化设计评估

孙　旋

中国建筑科学研究院建筑防火研究所

## 一、工程概况

北京英特宜家购物中心大兴项目二期工程位于北京市大兴区西红门镇京九铁路以东，北邻西红门东西街，东邻兴华大街，西邻西红门西区二号路，南邻西红门南二街的建设地块。项目所处区域为规划中的西红门商业综合区，南侧和西侧南部分别为拟建办公建筑，东侧北部与大兴区轨道四号线西红门站连接，西侧与一期宜家家居连通。

项目建筑布局上由 7 栋地上建筑物组成，建筑物编号为 1 号～7 号楼，如图 3-1 所示。沿四周布有 5 栋建筑，分别为 1 号、2 号、

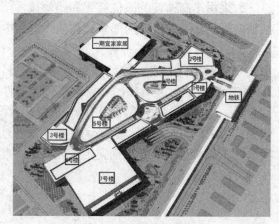

图 3-1　项目建筑物组成

3 号、6 号、7 号楼，中间为两个岛型建筑，分别为 4 号、5 号楼。建筑的北侧、东侧和南侧设有主入口，北侧主入口与地铁二层和三层连通，东侧主入口约有 50m 的高大中庭空间，南侧主入口将有室外架空步行连桥系统与用地南侧的兴创和春光地块相连接，为行人创造通畅的立体步行系统。环形的室内商业街贯穿建筑物的南北和东西向，其首层及二、三层连桥将 7 个建筑物和主入口联系起来，商业街顶部为玻璃采光顶屋面。

1 号、2 号、3 号楼为 3 层建筑，局部 4 层，功能包括商铺、餐饮、屋顶设备机房等；4 号楼为 3 层建筑，首层、二层为商铺和小餐饮，三层为亚洲小精品店，屋顶为设备机房；5 号楼为 3 层建筑，首层、二层为商铺和小餐饮，三层为美食广场和大型餐饮店，屋顶为设备机房；6 号楼首层、二层为商铺和小型餐饮，南侧首层、二层为运动卖场，三、四层为电器卖场；7 号楼位于东南角，首层、二层为超市，超市上方的三层为电影院，电影院观众厅为二层通高大空间，有 10 个影厅，观众厅之间设有夹层作为放映室。

地下为 3 层大型汽车库，可提供 4750 辆停车位。地下一层为汽车库、设备机房、变配电室、消防控制室、锅炉房及大型卸货区，锅炉房位于地上建筑的投影范围外；地下二

层为汽车库；地下三层为汽车库、六级人防物资库、主要设备机房，如制冷站、给排水机房中水机房等。

建筑层高：地上各层为5.58m（其中三层中心岛层高为6.09m），地下一层为5.58m，地下二层为4.34m，地下三层为4.65m。

建筑净高：地上各层为5.36m（其中三层中心岛净高为5.95m）。

## 二、存在的主要消防问题

由于本项目具有体量庞大、占地面积大、空间相互贯通、业态功能多样等特点，其防火设计难以完全依据现行建筑防火设计规范进行设计，其主要的消防设计难题和问题见表3-1。

项目存在的主要消防设计难题和问题

表 3-1

| 序号 | | 消防设计问题 | 规范要求 |
|---|---|---|---|
| 1 | 界面处理问题 | 购物中心与宜家家居及地铁空间贴邻，难以采用防火墙进行分隔（图3-2） | 《建筑设计防火规范》GB 50016-2006第5.2.1规定：两座建筑物相邻较高一面外墙为防火墙或高出相邻较低一座一、二级耐火等级建筑物的屋面15m范围内的外墙为防火墙且不开设门窗洞口时，其防火间距可不限 |
| 2 | 消防车道问题 | 建筑长边为490m，难以设置穿过建筑物的消防车道（图3-3） | 《建筑设计防火规范》GB 50016-2006第6.0.1规定：街区内的道路应考虑消防车的通行，其道路中心线间的距离不宜大于160m。当建筑物沿街道部分的长度大于150m或总长度大于220m时，应设置穿过建筑物的消防车道。当确有困难时，应设置环形消防车道 |
| | | 宜家家居（一期）在购物中心施工期间消防车道不能形成环形 | |
| 3 | 防火分区问题 | 购物中心内步行街区域（即中庭及回廊组成的交通空间）总面积约为46737m²，难以按照规范进行防火分区划分（图3-4） | 《建筑设计防火规范》GB 50016-2006第5.1.7条、第5.1.11条、第5.1.12条规定：地上商店营业厅首层最大防火分区面积为10000m²，其他楼层最大防火分区面积为5000m²。防火分区之间应采用防火墙分隔。当采用防火墙确有困难时，可采用防火卷帘等防火分隔设施分隔 |
| 4 | 人员疏散问题 | 部分楼梯间在首层不能直接对外，且其出口距直通室外的安全出口大于15m，最远距离达到120m（图3-5） | 《建筑设计防火规范》GB 50016-2006第5.3.13条规定：楼梯间的首层应设置直通室外的安全出口或在首层采用扩大封闭楼梯间。当层数不超过4层时，可将直通室外的安全出口设置在离楼梯间小于等于15m处 |
| | | 各层均有距安全出口直线距离超出37.5m的问题（图3-6） | 《建筑设计防火规范》GB 50016-2006第5.3.17条对商业疏散宽度确定进行了规定：……营业厅和阅览室等，基室内任何一点至最近安全出口的直线距离不大于37.5m |
| | | 步行街及中庭人员通过相邻分区进行疏散，其人员荷载确定规范未作规定，如按商业营业厅确定人数，则疏散宽度不足 | 《建筑设计防火规范》GB 50016-2006第5.3.2条规定：公共建筑内的每个防火分区、一个防火分区内的每个楼层，其安全出口的数量应经计算确定，且不应少于2个；第5.3.17条对商业疏散宽度确定进行了规定 |
| | | 疏散楼梯形式问题（含非性能化设计区域） | 《建筑设计防火规范》GB 50016-2006第5.3.5条和第7.4.2条对楼梯间形式进行了规定 |

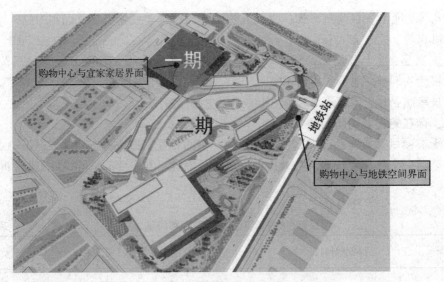

图 3-2　贴邻建筑示意图

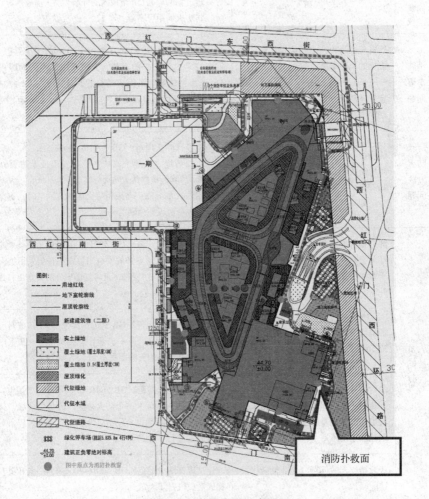

图 3-3　消防车道示意图

(a) 首层　　　　　　　　(b) 二层　　　　　　　　(c) 三层

图 3-4　防火分区问题示意

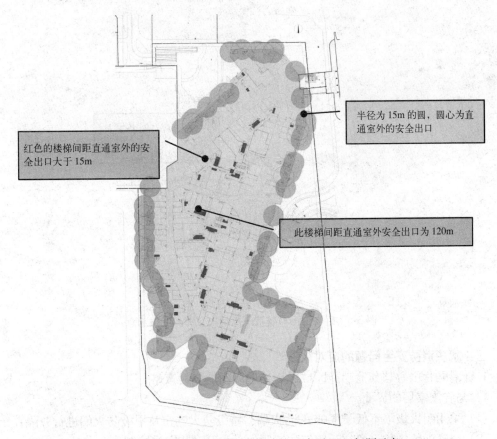

图 3-5　楼梯间距直通室外的安全出口大于 15m 问题示意

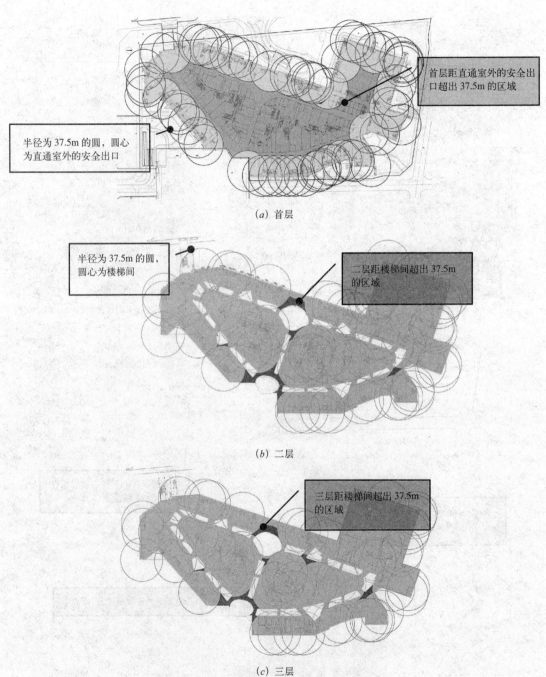

图 3-6　距安全出口疏散距离超出 37.5m 区域示意

### 三、解决消防安全问题的应对策略

1. 针对购物中心与其他功能区域界面处理问题的应对策略

1）与宜家家居的界面

（1）采用耐火极限不低于 3.0h 的防火墙、特级防火卷帘及甲级防火门进行分隔；

（2）分隔处特级防火卷帘两侧消防控制中心均可对其实施控制；

（3）本项目购物中心与宜家家居2个消防控制中心火灾报警信息实现共享。一期红线界线与消防分界线之间区域的消防系统，在一期营业且二期建设期间暂由一期消防系统控制，二期建成后，其消防系统由二期控制。

（4）宜家家居入口中庭（即一二期红线分界线与消防分界线之间区域）与购物中心中庭相连通，划分逻辑防烟分区。

2）与地铁空间的界面处理

（1）首层为开敞空间，可不进行防火分隔处理，购物中心二、三层应采用特级防火卷帘或甲级防火门与连通地铁空间的连桥进行分隔，此连桥不得作为经营活动场所；

（2）地铁空间与连桥间采用特级防火卷帘或甲级防火门进行分隔；

（3）本项目购物中心与地铁空间实现火灾报警信息共享。

2. 针对消防车道设置问题的应对策略

1）外部（包含一期和二期）消防车道应形成环形，实现快速到达各建筑区域；

2）购物中心四周均应布置消防车登高操作场地，且应符合下要求：场地靠建筑外墙一侧的边缘至建筑外墙的距离不宜小于5m；每块消防车登高操作场地的长度和宽度分别不应小于15m和8m；操作场地及其下面的地下室、管道和暗沟等，应能承受大型消防车的压力；

3）在四周适当位置设置扑救窗口，窗口的净尺寸不得小于0.8m×1.0m，窗口下沿距室内地面不宜大于1.2m，窗口的玻璃应易于破碎，并应设置可在室外识别的明显标志；

4）设置穿越建筑并可进入建筑内部空间的消防车道，如图3-7所示。

3. 针对防火分区及人员疏散问题的应对策略

首先应将具有独立疏散条件的区域如运动卖场、电器卖场、超市及电影院等严格按照规范进行防火分区划分，并采用3.0h防火墙、3.0h防火卷帘及甲级防火门与其他区域进行防火分区分隔。

本项目其他区域应对策略如下：

1）步行街区域

（1）步行街区域首层、二层及三层建筑面积共约46737m²，划分为一个防火分区，其内禁止放置任何固定可燃荷载，如

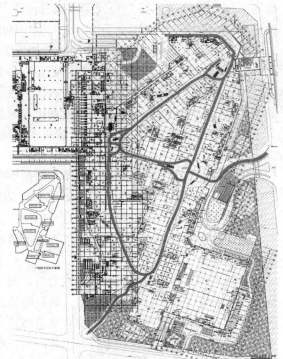

图3-7　建筑内消防车道示意图

确有需要，可设置一些主体材料为不燃的家具，但不应影响人员疏散和消防救援。

（2）步行街区域应允许消防车进入（保证首层4m净高的消防通道），进而实施灭火救援。顶部结构采用一定耐火等级的防火构件和安全玻璃，确保该区域火灾时的人员疏散及消防救援的安全。

（3）步行街区域应设置消防水炮或大空间智能灭火装置。

（4）步行街区域应设置适用于大空间的火灾探测系统。

（5）步行街区域应设置机械排烟系统。

（6）步行街区域消防应急照明供电时间不应小于60min，且保证地面最低水平照度不应小于5.0lx。

（7）步行街区域应设置疏散指示标志和消防应急广播系统；疏散指示应采用具有火灾时能优化疏散路径功能的集中控制型疏散指示系统。

（8）应根据区域功能特点、防火分隔条件等因素对步行街区域合理划分火灾联动控制分区。

2）步行街以外区域

首层商业（含零星布局餐饮）按建筑面积不大于10000m² 进行防火分区划分，二、三层商业与餐饮按建筑面积不大于5000m² 进行防火分区划分，同时应满足以下要求：

（1）当步行街两侧商铺建筑面积不大于750 m² 时，应采用耐火极限不低于2.0h的固定分隔物将商铺与周围区域进行防火分隔，商铺与步行街区域之间分隔可采用2.0h实体防火墙或钢化玻璃+WS喷头方式（2h）处理。

（2）当商铺建筑面积大于750m² 时，应采用耐火极限不低于3.0h的防火墙（局部开口可采用3.0h防火卷帘）与周围区域进行防火分隔。首层店铺与步行街间若设置防火卷帘分隔，则需增设厚度不小于12mm的钢化玻璃隔断。

（3）对于餐饮类商铺及美食广场热加工区应采用耐火极限不低于2.0h的墙体和甲级防火门进行分隔；座椅区、冷加工区及配餐区可以开敞布置，但其主体家具应为不燃。

（4）所有疏散走道两侧墙体的耐火极限应不低于2.0h，吊顶的耐火极限应不低于1.0h。首层"岛"区域的疏散走道还应增设加压送风系统，其加压送风量按风速法计算确定。

（5）本项目疏散楼梯（仅用于解决疏散宽度难题）可采用剪刀楼梯，但应满足以下条件：

①楼梯间应为防烟楼梯间（具备自然排烟条件且靠外墙的楼梯间可采用封闭楼梯间）；

②梯段之间应设置耐火极限不低于1.0h的不燃烧体墙分隔；

③防烟楼梯应分别设置前室，且分别设置加压送风系统；

④同一组剪刀梯，只作为解决疏散宽度措施，不应作为一个防火分区的2个出口。

四、结论

经对本项目各区域的火灾危险性分析，通过设置一定的火灾场景和疏散场景，并采用性能化防火设计方法对各火灾场景、疏散场景进行初步分析后，可以得到如下结论：

本项目尽管具有功能业态多样、建筑体量大、空间互通、人员众多等特点，且存在防火分区过大、疏散距离超长等特殊消防问题，通过采用消防策略方案，本项目各个消防安全目标可以得以实现。

# 4. 北京第一高楼"中国尊"的抗风设计

严亚林　唐　意　陈　凯

中国建筑科学研究院

## 一、项目概况

北京朝阳区 CBD 核心区 Z15 地块高层建筑高宽比约为 8.7，总高度为 532.1m，建成后将是北京最高建筑。其基本截面形式为带圆角的正方形，倒角半径与边长之比约为 0.2；正方形边长和圆角半径随高度等比例变化。此类长细比较大的超高层建筑，对风荷载的静力和动力作用都很敏感，因此有必要通过风洞模型试验来确定作用在其上的风荷载，并对其进行风致效应研究。

## 二、风洞试验概况

建筑物所处的风环境因素包括风气候、地貌、风向和周围建筑的干扰。根据荷载规范[1]，北京地区 100 年重现期的基本风压为 0.5kPa，由此可得梯度风高度处 100 年的风速为 50m/s。根据周边地区的发展状况，该建筑所在地区地貌可认为是 C 类。考虑到 Z15 地块高层建筑先于其南侧 8 栋联体高层建筑建设，因此同时考虑短期没有待建建筑干扰的环境工况（"无干扰"工况）和考虑发展后有待建建筑干扰的环境工况（"有干扰"工况）。在风洞中用尖塔和粗糙元模拟了 C 类地貌，模拟的结果如图 4-1 所示，结构坐标系定义如图 4-2 所示，试验工况图片如图 4-3 所示，模型阻塞率约为 5%，对结果影响较小。

对本项目进行两种类型的模型试验。第一种试验是高频底座天平动态测力技术[2, 3]。高频天平试验模型的设计除了要模拟建筑物的外形外，还要满足轻质和刚度要求，以保证天平—模型系统自振频率

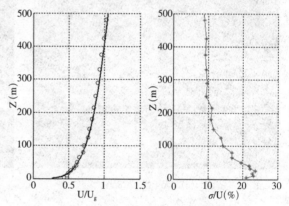

图 4-1　C 类风剖面及湍流度模拟图

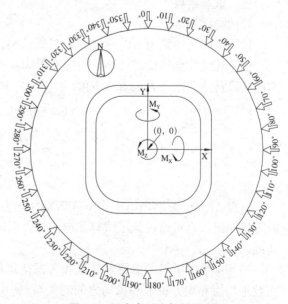

图 4-2　风向角及坐标轴示意图

393

足够高[4]。根据建筑的实际高度、风洞试验段尺寸、模型制作和风场模拟的可能性，选择模型和实际结构的尺度比例为1∶500，这样模型的总高度为1.06m。本次试验模型以铝合金形成骨架，覆盖泡沫塑料，外表面再粘贴1mm厚的轻质泡沫广告纸模型外形，模型总重量600g。试验考虑天平—模型系统的频响特性和输出信号的信噪比之间寻求平衡，确定试验风速为6m/s。

除了采用高频底座动态测力天平试验外，对该建筑还可以采用刚性测压模型试验。测压刚性模型采用ABS板制作，模型与实际模型尺寸比例为1∶500。在模型上布置20层测压孔，测压孔沿宽度和厚度方向均匀分布，每边6个测压孔，合计480个测压孔。

(a)"无干扰"工况图　　　　　　　　(b)"有干扰"工况图

图4-3　试验工况图

### 三、试验结果

1. 试验结果

试验风向角增量为10°，通过旋转试验转盘来实现，风向角定义如图3-2所示。

由于该结构整体偏心较小，扭转方向响应不明显，因此本文主要分析X、Y两个主轴方向的风荷载。定义X向和Y向的平均基底弯矩系数和脉动基底弯矩系数为：

$$C_{Mx}^m = \overline{M}_x / \rho U_H^2 BH^2/2$$
$$C_{My}^m = \overline{M}_y / \rho U_H^2 BH^2/2$$
$$C_{Mx}^r = \sigma_{Mx} / \rho U_H^2 BH^2/2$$
$$C_{My}^r = \sigma_{My} / \rho U_H^2 BH^2/2$$

这里$\overline{M}$、$\sigma_M$分别表示平均基底弯矩和均方根基底弯矩，可通过高频底座天平测力试验直接测出，也可通过测压试验测得的外表面风压积分求得；$B$和$H$分别为模型的宽度和高度。

图4-4给出了不考虑待建建筑和考虑待建建筑影响两种状态下X向和Y向基底弯矩系数平均值和均方根值与风向之间的关系。图中，$NC$表示无干扰系数；$C$表示有干扰系数；$P$表示测压试验结果；$F$表示高频底座天平试验结果；mean表示均值；sigma表示均方根。

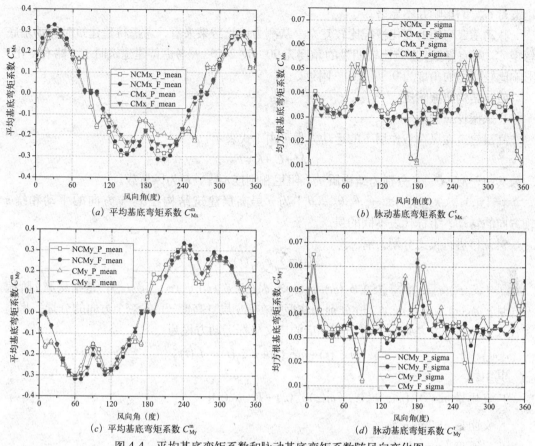

(a) 平均基底弯矩系数 $C_{Mx}^m$

(b) 脉动基底弯矩系数 $C_{Mx}^r$

(c) 平均基底弯矩系数 $C_{My}^m$

(d) 脉动基底弯矩系数 $C_{My}^r$

图 4-4 平均基底弯矩系数和脉动基底弯矩系数随风向变化图

从试验结果来看，测力试验与测压试验基底弯矩平均值和均方根值总体上比较接近，但在某些角度相差较大。这主要是由于结构角部均用圆角过渡，在个别风向角上，来流在圆角附近的分离点位置对风速及模型表面粗糙度较为敏感，因而导致较大差异。

2. 影响因素分析

1) 风向的影响

两种干扰状态下，风向对结构风振响应的影响趋势相同。

对平均基底弯矩，当风向与结构主轴偏离 30°～60° 时，迎风面为建筑倒角位置，没有发生明显的分离现象，平均基底弯矩系数绝对值较大，两个主轴方向的最大平均基底弯矩 $C_{Mx}^m$、$C_{My}^m$ 分别为 0.32（风向角为 30°）和 0.32（风向角为 240°）。风向与主轴方向平行时，侧面平均风压对称分布，故横风向平均基底弯矩接近于 0；迎风面倒角位置出现分离现象，端部产生较强的负压，与迎风面中间部位的正压抵消，因而顺风向平均基底弯矩系数绝对值较小。对脉动基底弯矩，其规律与一般矩形建筑较为类似，即顺风向脉动较小，横风向脉动较大。具体来说，$C_{Mx}^r$ 在 90° 及 270° 附近时较大（横风向），为 0.06～0.07；在 0° 及 90° 时最小（顺风向），仅为 0.01；$C_{My}^r$ 取值情况刚好与 $C_{Mx}^r$ 相反。

2) 待建建筑的影响

总体来看，考虑待建建筑时，平均基底弯矩将有所减小。在 130°～170° 及 190°～230° 风向角范围，由于南侧近场待建建筑干扰，$C_{Mx}^m$ 显著减小，减小幅度为 20%～25%；待建

建筑对 $C_{My}^m$ 的影响并不显著。

脉动基底弯矩的变化情况比较复杂。从测力试验结果来看，考虑待建建筑时脉动基底弯矩 $C_{Mx}^r$ 略有降低，影响比较明显的角度为 90° 及 270°。考虑待建建筑时 $C_{My}^r$ 略有变化，影响比较明显的角度为 0°、210° 附近。

### 四、结构风振响应

1. 风振计算方法

高层建筑在风荷载作用下的运动方程可由下式表示：

$$M_{\ddot{x}} + C_{\dot{x}} + K_x = F$$

其中，$M$、$C$、$K$ 分别为结构质量、阻尼和刚度矩阵，$F$ 为风荷载。

$x = \{x_1, x_2, \ldots, x_n, y_1, y_2, \ldots, y_n, \theta_1, \theta_2, \ldots, \theta_n\}'$ 为 $n$ 层高层建筑结构在 $x$、$y$ 方向的平动和绕 $z$ 轴方向的转动，下标代表不同的层。

对位移进行模态分解，有

$$x(t) = \sum_j \varphi_j \xi_j(t)$$

$\varphi_j = \{\phi_{jx}(z_1), \phi_{jx}(z_2), \ldots \phi_{jx}(z_n), \phi_{jy}(z_1), \phi_{jy}(z_2), \ldots \phi_{jy}(z_n), \phi_{j\theta}(z_1), \phi_{j\theta}(z_2), \ldots \phi_{j\theta}(z_n)\}'$ 是结构第 $j$ 阶振型向量。$\phi_{jx}(z_i)$，$\phi_{jy}(z_i)$，$\phi_{j\theta}(z_i)$ 分别为该振型在第 $i$ 层（高度 $z_i$）的三个方向的分量。将上式代入运动方程并左乘 $\varphi_j^T$，得出解耦后的广义坐标运动方程为

$$m_j \ddot{\xi}_j(t) + c_j \dot{\xi}_j(t) + k_j \xi_j(t) = f_j(t)$$

其中：

广义质量 $m_j = \sum_i [m(z_i)\varphi_{jx}^2(z_i) + m(z_i)\varphi_{jy}^2(z_i) + I(z_i)\varphi_{j\theta}^2(z_i)]$

广义阻尼 $c_j = 2m_j\omega_j\xi_j$

广义刚度 $k_j = m_j\omega_j^2$

广义力 $f_j = \sum_i [f_x(z_i, t)\varphi_{jx}(z_i) + f_y(z_i, t)\varphi_{jy}(z_i) + f_\theta(z_i, t)\varphi_{j\theta}(z_i)]$

由高频底座天平试验数据进行风致响应分析时，基于一阶线性振型假定可由基底弯矩推导得结构的一阶广义气动力

$$f_j = C_{jx}\frac{M_y(t)}{H} - C_{jy}\frac{M_x(t)}{H} + \alpha C_{j\theta}M_\theta(t)$$

其中，$C_{jx}$、$C_{jy}$、$C_{j\theta}$ 分别为 $x$、$y$、$z$ 向振型参与系数；$H$ 为结构总高度。

当采用测压试验结果时，为与测力结果统一，同样采用上式计算一阶广义气动力。

2. 风振计算结果及分析

用 ETABS 模型分析得到 Z15 高层建筑的前几阶频率特性：一阶 X、Y 方向（弯曲）频率为 0.1389Hz；一阶 Z 向（扭转）为 0.3292Hz。

计算风振位移响应时，结构阻尼比取为 2%，峰值因子取 2.5。图 4-5、图 4-6 分别给出了两种工况下的顶层位移响应。其中 min 为最小值；mean 为均值；max 为最大值。

从图 4-5、图 4-6 可知，不考虑待建建筑影响时，由高频底座天平动态测力结果计算得到的 100 年重现期塔楼顶层的峰值位移为 0.45m（X 向）和 0.46m（Y 向），考虑待建建筑影响时，顶层峰值位移为 0.48m（X 向）和 0.46m（Y 向）。不考虑待建建筑影响时，由测压试验计算，100 年重现期塔楼顶层的峰值位移为 0.49m（X 向）和 0.48m（Y 向），考虑待建建筑影响时，顶层峰值位移为 0.54m（X 向）和 0.49m（Y 向）。由于测压试验测点

布置密度及试验风速的不同，测压试验分析结果比高频底座天平动态测力试验结果略高，但其偏差位于工程允许范围之内。

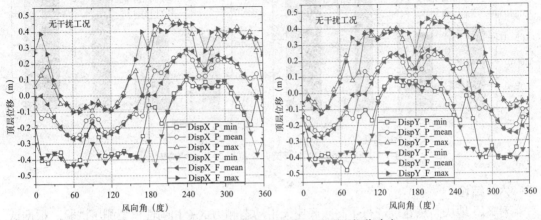

图 4-5　100 年重现期下无干扰工况顶层位移响应

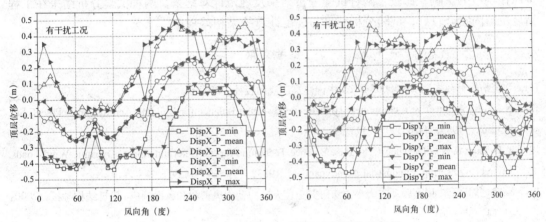

图 4-6　100 年重现期下有干扰工况顶层位移响应

为了考察 Z15 地块高层建筑的舒适性问题，还分析了塔楼 532m 处的加速度响应。取峰值因子为 2.5，阻尼比为 0.5%，计算得到 10 年重现期最大横风向加速度为：无干扰工况 0.022g；有干扰工况 0.02g。

**五、与规范对比**

采用《建筑结构荷载规范》计算基底剪力和弯矩响应，并与风洞试验计算结果对比，如图 4-7 示。

由图 4-7 可知，由于《建筑结构荷载规范》GB 50009-2012 计算横风向风荷载时考虑了角沿修正，故规范计算值与试验分析结果比较接近。对于顺风向响应，由于《建筑结构荷载规范》没有给出此类截面的体型系数，参考欧洲规范[5]取体型系数为 0.74。顺风向基底剪力和基底弯矩与试验分析结果接近。

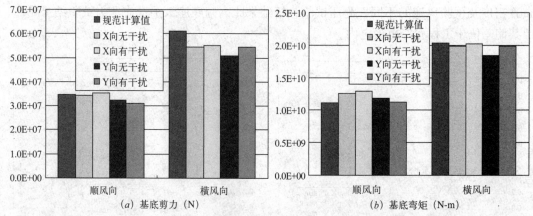

$(a)$ 基底剪力（N）　　　　　　　　$(b)$ 基底弯矩（N-m）

图 4-7　100 年重现期下顺风向、横风向基底响应对比图

## 六、结论

对 Z15 地块高层建筑进行了高频底座天平动态测力试验和刚性模型测压试验。根据试验结果及风振分析得到了该塔楼在风作用下的动力响应，以及考虑周围建筑干扰条件对结构风振响应的影响。比较了两种试验分析结果及规范计算结果，两种试验分析结果在工程精度范围内吻合较好，试验分析结果与规范计算结果相差较小。

**参 考 文 献**

[1] 建筑结构荷载规范 GB 50009-2012. 中国建筑工业出版社，2012.

[2] N J Cook.A Sensitive 6-component High-frequency-range Balance for Building Aerodynamics.Phys.E.Sci. Instrum., 1983，116：390 ~ 393.

[3] T Tschanz & A G Davenport.The Base Balance Technique for the Determination of Dynamic Wind Loads. J.Wind Engineering & Industrial Aerodynamics，1983，13：429 ~ 439.

[4] 顾明，周印等.用高频动态天平方法研究金茂大厦的动力风荷载和风振响应.建筑结构学报，2000：21（4）.55 ~ 61.

[5] Britishi Standard.Eurocode1：Actions on Structures Part 1-4：General actions –Wind actions.2005.

# 5．甘肃省文县南山康家崖地质灾害治理

关海平

中国建筑科学研究院西部工程院

## 一、工程概况

工程场地位于甘肃省文县县城南面，紧邻白水江右岸陡峻的南山山体下部，山体极不稳定，"5·12"地震造成该区域出现严重滑坡等地质灾害隐患，严重威胁县城安全。地震后山体针状片石疏松，时有崩塌隐患，局部产生坍塌，零星岩土滑落，并形成数条顺坡走向、宽度不等裂缝，外侧岩土发生错落，随时有可能大规模塌方堵塞白水江，严重威胁县城城区及周边群众生命财产安全。2009年3月，曾两次发生较大范围的滑坡坍塌，淤堵江水，并毁坏电站导流明渠、输电线路和下游农田灌溉渠道，毁坏坡面天然灌溉工程、草类植被、人工林木和景观灯饰等，造成直接经济损失累计达600余万元，严重威胁县城居民正常的生产生活，并造成心理恐慌。灾情发生后，文县县委、县政府高度重视，及时委托甘肃省环境监测院开展治理工程勘查和施工设计。在7月11日由文县国土资源局委托兰州鸿志工程经济咨询有限公司对该工程项目进行的施工招标中，建研地基基础工程有限责任公司西部工程院中标地质灾害治理工程施工。治理工程于2009年7月20正式开工，共包括削坡减重、系统锚杆锚固和预应力锚固、砌体条带护坡和坡面生物防护、重力式坡脚支挡、边缘和平台内置排水、坡面防护、绿化等五项治理内容，工程预算投资773万元，由中央重建资金投资，于2010年7月29日竣工，有效消除或降低了该段山体坍塌堵塞江水的安全隐患。如今，康家崖地质灾害治理工程已成为文县县城一道靓丽的风景线，坡体上塔柏、红叶李、爬山虎等生机盎然。

## 二、工程地质条件

文县地处陇南山地南部，境内山高谷深，沟壑纵横，地形起伏强烈，地质构造复杂，断裂发育，岩体破碎，暴雨频繁，地质灾害极为发育，且处南北地震带中部，发生地震或受邻近地震带波及的频次与强度较高，是甘肃省滑坡、泥石流严重发育区之一，也是国家确定的长江上游水土保持重点治理县之一。

南山康家崖滑坡位于县城南侧、白水江右岸陡峻的南山坡体下部，地理坐标为东经104°40′47″、北纬32°56′30″。在汶川地震中，山坡的表层岩土松动，零星岩土块产生溜坍或滚落，并形成数条顺坡走向延伸、规模不一的裂缝，沿裂缝外侧岩土局部发生错落。

依据确定的边界范围，文县南山康家崖滑坡斜长约163m，平均宽106m，斜面积约17280m$^2$，欠稳定岩土厚4～9m（中上部厚于下部），平均厚6.5m，体积达11.23×10$^4$m$^3$，属中层岩质潜在滑坡，规模为中型。

文县南山康家崖滑坡发育处坡体陡峻，坡形呈凸形，坡度大部在40°～50°之间，平均达45°，局部发育直立坡段。由于位于南北向朝河谷延伸山脊的倾伏端，坡面纵、

横方向均不平整，东、西两部分坡向不一，其总体倾向北东。根据滑坡边界条件，以后部相对趋于缓和的梁面为界，潜在滑坡体高差达 117m。2009 年 3 月发生的堆积层滑坡，参与滑动物质复杂，大部为坡积碎石土，部分为冲积砾卵石，局部为板岩，其扰动范围长约 100m，平均宽 74m，面积达 7400m²，其上岩土裸露，植被毁坏，坡面极其破碎。

边坡中部、上部炭质板岩、泥质板岩部分裸露，大部由厚 0.5 ~ 3.0m 的坡积碎石土覆盖，板岩普遍存在总厚为 3.0 ~ 4.5m 的全—强—中等风化层；西段表层土体滑动后，冲洪积砾卵石层（Ⅲ级阶地）广泛出露，并有约 750m³ 滑坡堆积碎石土体残存于坡面；东段中下部的砾卵石层（Ⅱ级阶地）未有变形迹象，中上部则由薄层滑坡堆积碎石土（汶川地震时发生）和人工堆积碎石土（近来滑坡排险时削坡产生）覆盖；中段下部为完全裸露的陡立岩质岸坡，由炭质板岩偶夹变质砂岩构成，该处岩体裂隙发育，性能较为软弱，但前期未有大的变形。

边坡炭质板岩、泥质板岩、砂质板岩、变质砂岩呈薄层状、层状产出，产状 37°∠78°，岩石力学强度半坚硬—坚硬，根据岩层走向与斜坡走向的关系，该处边坡类型为斜向坡。岩层构造节理发育，主要被五组节理切割成岩块，其产状分别为 11°∠40°、2°∠64°、322°∠70°、203°∠46°、278°∠87°，同组裂隙间距一般为 0.2 ~ 2.0m。节理延伸方向起伏程度小，多属平面型节理，表面粗糙程度低，多为平坦型节理。勘查区周边稳定原岩发育的结构面结合程度较好，其张开度普遍小于 2mm，多为铁质、钙质胶结，而滑坡区岩体受较强的表生改造作用，结构面张开程度增大，许多节理演变为风化、卸荷裂隙，部分顺坡向陡倾的卸荷裂隙进一步发展成为裂缝，缝中有松散的泥质夹岩屑充填。依据边坡岩体块裂化、碎裂化现状，将其划归为Ⅲ类岩体，呈碎裂层状结构。根据边坡主要软弱结构面（即后缘顺坡向陡倾的卸荷裂隙，以及底部顺坡倾斜、但倾角小于坡角的结构面）倾向与斜坡临空面倾向的关系，将该处斜坡结构类型定为顺向坡。

## 三、工程技术特点

该治理工程共包括四级平台削坡减重、系统锚杆锚固和预应力锚固、砌体条带护坡和坡面生物防护、重力式坡脚支挡、边缘和平台内置排水、坡面防护、绿化等工程等五项治理内容，治理难点在于山体震后结构松散破碎，呈松散针状片石，稳定性极差，山体高耸和坡度陡峻，施工工作面狭窄，大型机械难以展开，材料设备输送困难等。山脚紧邻白水江江面，削坡减重工作量大且极易壅塞江面河道，必须及时组织削坡土石方清理转运。

工程设计需要的潜在滑动边坡岩土技术参数包括岩体重度、主要控制性结构面抗剪强度、主要控制性结构面抗拉强度等。本次工作综合分析炭质板岩、泥质板岩的岩石、岩体力学性能、滑坡控滑结构面的类型及其连通性、结合程度等因素，在《建筑边坡工程技术规范》GB 50330—2002 所列的经验值中选取，见表 5-1。

**边坡岩体物理力学性能参数一览表**　　　　表 5-1

| 岩体名称 | 重度 $\gamma$ (kN/m³) | 结构面抗剪强度 | | 结构面抗拉强度 $\sigma_t$ (kPa) |
| --- | --- | --- | --- | --- |
| | | 内摩擦角 $\phi$ (°) | 粘聚力 $c$ (kPa) | |
| 炭质板岩、泥质板岩岩体 | 25.0 | 18.0 | 50.0 | 10.0 |

### 四、工程经验

工程治理主要措施为削坡减重工程、锚固工程、坡面防护工程、支挡工程、截排水工程等。针对工程的难点，经现场踏勘，拟定详尽的施工技术方案，经省专家组审定论证，付诸实施。共完成机械削方放坡 414500m³，钢筋混凝土框架格构 1603 m³，10m 深锚杆 507 根，5m 锚杆 436 根，15m 深预应力锚索 121 束，浆砌块石挡墙 155m，浆砌块石排水渠 139 m³，累计投工 45880 个，移动土石方量 77358 m³。

甘肃陇南文县地质环境脆弱，震后更是留下众多地质隐患，文县南山康家崖地质灾害治理工程防灾减灾工程的实施，减少了次生灾害的发生，改善了局部生态，消除了地质灾害隐患，保障了人民群众生命财产安全。

通过上述工程措施实施，消除了大规模滑坡隐患，稳定了滑坡山体，改善了局部生态条件，保护城区群众生命财产安全。

图 5-1　现场照片

# 6. 成都市某综合住院楼基坑抢险治理工程

易春艳　王　宁　王新　晏　宾　康景文

中国建筑西南勘察设计研究院有限公司

## 一、工程概况

拟建的某综合住院楼工程位于蓉都大道天回路 270 号院内。工程由 1 栋综合住院楼及其裙楼组成，设 -3F 地下室。综合住院楼筏板基础，框架—剪力墙结构；裙楼和纯地下室，独立基础，框架结构。场地东侧为 4 层综合楼，北侧紧邻为内科住院楼，西侧为门诊大楼，南侧邻近征地红线，且其外为鱼塘，若基坑出现垮塌事故，后果极其严重。

原基坑设计最大开挖深度为 17.00m，基坑开挖至 -15.00m 左右时，通过监测发现基坑东侧、南侧水平位移较大，局部接近 100mm（图 6-1），远远超过基坑设计变形控制值（设计控制值 30mm）。通过现场踏勘，发现基坑东侧、南侧冠梁边、排水沟边和活动板房附近均出现水平裂缝，裂缝宽度 2 ～ 5mm，图 6-2；部分冠梁顶部出现纵向裂缝，且裂缝已贯穿冠梁全断面，图 6-3。

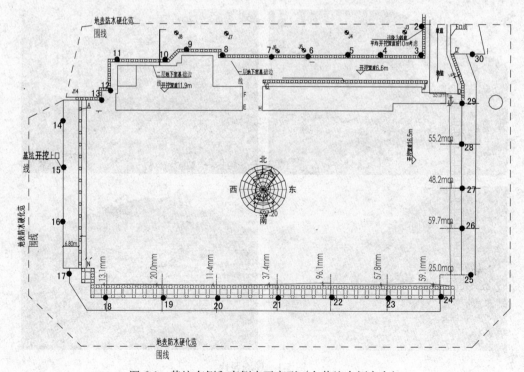

图 6-1　基坑东侧和南侧水平变形（向基坑内侧方向）

图6-2　基坑周边平行基坑边裂缝　　　　图6-3　基坑冠梁顶部纵向裂缝

## 二、险情发生段及其关联段原基坑支护结构设计

基坑支护结构布置及基坑开挖深度见图6-4。

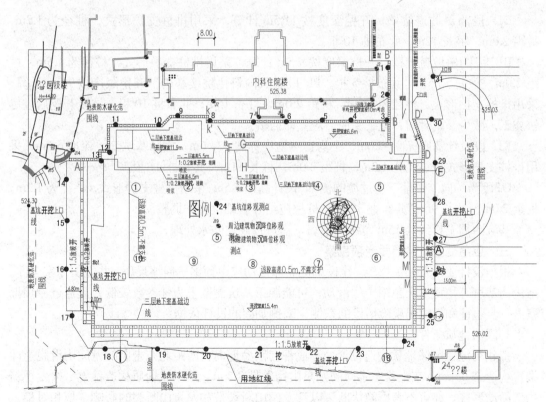

图6-4　基坑支护结构布置及基坑开挖深度

　　本工程 ±0.00 标高525.0m，NM 段设计基底标高 -16.5m，平均自然地坪标高523.9m。实际基坑开挖深度15.4m，采用双排桩支护形式。前后排桩径均为1.5m，前排桩距2.3m，后排桩距4.6m，前后排桩间距4.0m，桩长22.5m，共布桩125根。支护结构剖面见图6-5。

LM'段设计基底标高 -17.0m，平均自然地坪标高 525.0m。实际基坑最大开挖深度约 17.0m，采用双排桩支护形式。前后排桩径均为 1.5m，前排桩距 2.3m，后排桩距 4.6m，前后排桩间距 4.0m，桩长 24.0m，共布桩 36 根。结构剖面见图 6-6。

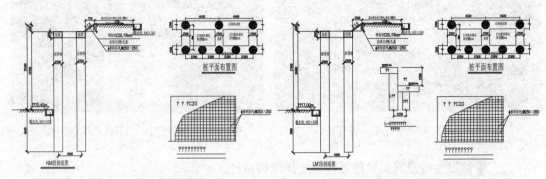

图 6-5　NM 段支护结构剖面　　　　　图 6-6　LM' 段支护结构剖面

DD'段为斜坡道坑壁，开挖深度按 11.5m 计算，采用排桩支护形式，桩径为 1.2m，桩距 2.0m，桩长 12m，共布桩 10 根。

BB'段为斜坡道坑壁，开挖深度按 9.5m 计算，采用排桩支护形式，桩径为 1.5m，桩距 2.0m，桩长 15.5m，共布桩 5 根。PP'段紧邻内科住院楼基础，开挖深度按 7.5m 计算，采用排桩支护形式，桩径为 1.5m，桩距 2.0m，桩长 15m，共布桩 10 根。该段开挖后应尽快施工，减少暴露时间，施工完成后应立即回填。

KL'段设计基底标高 -7.0m，平均自然地坪标高 524.6m。实际基坑开挖深度 6.6m，采用排桩支护形式。桩径为 1.2m，桩距 2.0m，桩长 11m，共布桩 41 根。

GJ 段为一向二层地下室过渡的侧壁，设计高差 5.5m，采用排桩支护形式。桩径为 1.2m，桩距 2.0m，桩长 9m，共布桩 38 根，桩位应结合基础位置作调整。

基坑四周上口线外 15m 范围内地表，需进行硬化防水处理。

### 三、应急处置及险情段专项勘察

根据设计要求及相关规范，建设单位立即启动应急预案—回填反压，并组织专家会商。结论为基坑开挖诱发大范围土体滑动，可能源于基坑侧壁土力学参数较低，需通过专项勘察进一步验证和提供出现险情段的东侧、南侧加固的设计依据。

1. 区域地质条件

拟建场地在区域地质构造位置处于成都凹陷盆地内，西距北东走向的龙门山滑脱逆冲推覆构造带 60km，东距北东走向的龙泉山褶皱带 20km。该区域地质构造稳定，未发现新构造活动形迹，亦可不考虑隐伏断裂以及龙门山断裂带和龙泉山断裂的影响，属相对稳定地块。

2. 地形地貌及气象资料

拟建场地地形整体平坦、开阔，交通便利。场地孔口地面标高介于 523.52～527.79m，最大高差 4.27m。场地地貌单元为成都岷江水系三级阶地，地貌单一。

根据成都气象台观测资料表明，成都地区属亚热带湿润气候区，多年年平均降水量

947mm，降雨强度（极端）262.70mm/d（1981 年 7 月 13 日）。丰水期为 6 ～ 9 月份，降水量占全年降水量74%，枯水期1 ～ 3 月份，其余为平水期。丰、枯水期地下水水位年变化幅度为 1.50 ～ 2.50m，蒸发量多年年平均为 1020.5mm，相对湿度多年年平均为 82%。多年年平均气温 16.2℃，极端最高气温为 37.3℃，极端最低气温 -5.9℃。

3. 地层结构

根据现场勘探及周边已有地质勘察资料，构成场地自上而下的地层为：

第四系全新统人工填土层（Q4ml）。杂填土：灰色、杂色、湿，松散，主要由生活垃圾及建筑垃圾组成，在场地内个别勘探点分布，层厚 0.50 ～ 2.80m；素填土：黄褐色、灰色、杂色、湿，结构松散，主要以黏性土为主，富含腐殖质和植物根须，场地内均有分布，层厚 1.10 ～ 4.60m。

第四系中下更新统冰水堆积层（Q1+2fgl）。黏土：黄褐色、褐黄色、灰褐色，硬塑。裂隙发育，常有光滑面和擦痕，裂隙中充填着灰白色高岭土，裂隙面倾斜，其倾角约为 40° ～ 45°，干强度较高，韧性较好。含少量铁、锰质氧化物及钙质结核，局部富集，钙质结核大小一般 1 ～ 4cm，含量约5%，同时含有少量灰白色的高岭土条带及斑痕，土体干裂现象明显，遇水后极易分解，土体具有一定的膨胀性，在场区内普遍分布，分布连续，层厚 1.10 ～ 4.60m；含卵石黏土：黄褐色、褐黄色、灰褐色，稍湿，以硬塑黏土为主，中间含有 20% ～ 30% 的卵石，卵石粒径主要为 2 ～ 8cm，场地内局部分布，层厚 1.50 ～ 3.70m。

白垩系灌口组（K2g）泥岩。泥岩：棕色、紫红色，泥质结构，中厚层构造，裂隙较发育。基岩顶板埋深 7.50 ～ 12.00m，标高 512.61 ～ 518.88m。根据其状态可分为：全风化泥岩：含水量高，呈饱和、可塑至软塑状，结构已完全破坏，风化成土状，裂隙发育，裂隙间充填有灰白色高岭土，在场区内普遍分布，分布连续，层厚 1.20 ～ 4.90m；强风化泥岩：岩质软，岩芯呈碎块状，手捏易碎，遇水后易软化，风干后易开裂，偶夹中风化泥岩，揭露厚度为 1.50 ～ 5.60m；中风化泥岩：岩质较软，岩芯较完整，岩芯呈柱状，部分为碎块状，易折断，失水后易开裂，节长 6 ～ 18cm，根据已有地质资料和本次钻探采芯率来看，泥岩的岩石质量指标 RQD 值在 20% ～ 45% 间（软岩），属于较完整的软岩。地层产状平缓，倾角在 3° ～ 5° 间，本次勘察未揭穿，最大揭露厚度 14.50m。

4. 水文地质条件

场地地下水类型有两类。一是上层滞水。上层滞水分布广泛，但水量有限，无明显统一水位，除大气降水下渗补给之外无其他补给来源，排泄方式主要为蒸发。勘察期间受降雨影响，雨水流入钻孔，加之部分孔壁坍塌等，本次勘察仅在部分钻孔内测得初见水位埋深 1.10 ～ 1.50m，高程 522.22 ～ 524.58m。上层滞水对工程建设影响甚微。二是赋存于基岩中的裂隙水，场地水文地质单元属于台地浅丘区。场地地下水主要为赋存于下伏基岩中的风化裂隙水，其埋藏较深，水量较小。

据成都市水文地质工程地质综合勘察资料，黏土层渗透系数 $K$ 一般为 0.027 ～ 2.01m/d，平均为 0.44m/d，与成都平原一、二级阶地厚大砂卵石含水层相比，属于极弱透水层。

## 5. 基坑加固设计参数

| | | | | | | 表 6-1 |

基坑设计特性指标建议值

| 岩　土<br>名　称 | 重度<br>$\gamma$（kN/m³） | 粘聚力<br>$C$（kPa） | 内摩擦角<br>$\varphi$（°） | 承载力特征值<br>$f_{ak}$（kPa） | 天然单轴抗压强度<br>特征值$f_{rk}$（MPa） | 土体与锚固体粘结强度<br>特征值$f_{rb}$（kPa） |
|---|---|---|---|---|---|---|
| 杂填土 | 18.5 | 3 | 8 | / | / | 16 |
| 素填土 | 19.0 | 8 | 5 | / | / | 18 |
| 黏土 | 20.0 | 20 | 12 | 200 | / | 50 |
| 含卵石黏土 | 20.5 | 8 | 20 | 200 | / | 60 |
| 全风化泥岩 | 19.0 | 14 | 11 | 180 | / | 65 |
| 强风化泥岩 | 20.0 | 35 | 15 | 240 | 0.48 | 120 |
| 中风化泥岩 | 22.0 | 50 | 25 | 550 | 3.39 | 300 |

潜在滑动面计算滑动带土层工程特性指标建议值

| | 粘聚力$C$（kPa） | 内摩擦角$\varphi$（°） |
|---|---|---|
| 潜在滑动面滑带土 | 8 | 5 |

## 四、基坑变形原因分析及稳定状态评价

### 1. 基坑变形原因分析

1）内因：场地内黏土为弱膨胀性土，裂隙发育（裂隙断面见图 6-7），裂隙断面倾角为 40°～45°，裂隙面光滑、平直，裂隙间充填灰白色高岭土，基岩与上部土层接触带富集的地下水，软化了交界面土层而形成软弱带，为基坑侧壁土质蠕滑导致基坑变形创造有利的内部条件。

2）外因：基坑开挖形成临空面，为基坑侧壁土质蠕滑导致基坑变形创造有利的外部条件。

图 6-7　黏土层中的光滑裂隙段面

### 2. 基坑稳定性评价

根据现场情况，为比较通常基坑设计计算的土压力和目前出现大范围蠕滑所出现的土压力的大小，并用两者之间的压力差作为附加荷载以评价基坑现状稳定性。选择典型剖面进行未支护状态下稳定性计算，计算结果见表 6-2。

**未支护状态下基坑稳定性计算**　　　　　表 6-2

| 剖面号 | 安全系数 | 剩余推力（kN/m） |
|---|---|---|
| 3-3' | 0.777 | 624.845 |
| 4-4' | 0.566 | 577.971 |
| 5-5' | 0.484 | 543.862 |
| 8-8' | 0.579 | 572.683 |

计算结果表明：基坑开挖后在未支护状态下将沿黏土裂隙面及土、岩接触带产生滑动。

通过在原支护结构附加原计算土压力和蠕滑状态下的土压力之差计算基坑目前稳定状态，见表 6-3。结果表明，基坑目前处于欠稳定状态，变形和抗倾覆验算不能满足规范要求，如基坑继续开挖或基坑周边环境发生变化将会导致基坑支护结构倾斜垮塌，危机临近建筑。

**现有状态下基坑稳定性计算**　　　　　表 6-3

| 基坑支护段 | 水平位移（mm） | 抗倾覆稳定系数 | 整体稳定系数 |
|---|---|---|---|
| 基坑东侧 | 70.86 | 0.896 | 2.236 |
| 基坑南侧 | 55.87 | 1.003 | 2.236 |

### 五、基坑抢险治理及应急预备措施

综合以上分析，为满足施工需要，同时保证基坑安全，对出现险情的东侧、南侧基坑采取综合治理措施进行加固。治理整体布置见图 6-8。

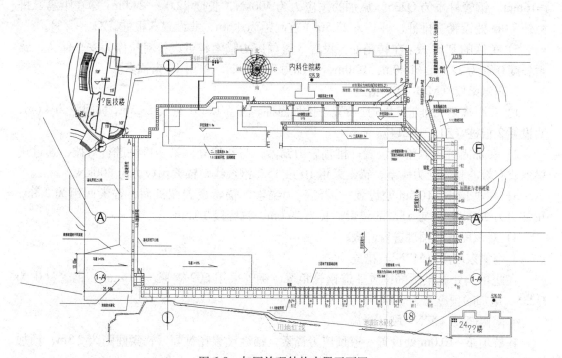

图 6-8　加固治理结构布置平面图

1. 东侧北段（L'M'段）措施

1）在距离第二排桩7.0m处设置一排加固桩，桩径1.5m，桩长23.5m，桩间距为4.6m，共设置9根桩（Z4～Z12），对该段基坑顶部进行卸载，图6-9。

2）在加固桩顶冠梁处设置一排预应力锚索，与基坑外侧第一排桩进行对拉，通过连梁形成有效的整体受力体系，锚索采用10束15.2钢绞线，锚索预应力为800kN，图6-10。

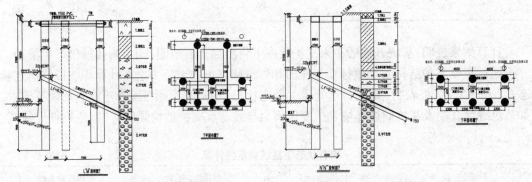

图6-9 东侧加固结构示意图　　　　图6-10 南侧加固结构示意图

3）在桩顶下-10.5m处设置一道预应力锚索，锚索设置在桩间，锚索间距为2.3m，预加力为200kN，5束15.2的锚索，长为19.0m，锚固段10.5m对该段基坑顶部进行卸载。

4）由于东侧、北侧（18轴交F轴）拐角处基坑未封闭，为了加强该段基坑的稳定性，对该段进行加强处理：①在LL'与JG'之间设置4道水平斜撑，斜撑采用609钢管，$t$=16mm，钢管材质为Q235，施加的预应力为400kN，长度22.0～24.0m；②在距第二排桩外7.0m处设置一排桩，桩长为23.5m，桩间距为4.6m，共设置3根桩（Z1～Z3）。

5）关联的P'L'段：在转角处，设置3道预应力锚索将桩进行对拉作为安全储备，锚索长度分别为22.5m、16.0m、12.0m，预加力为600kN，采用10束锚索。

2. 东侧南段（MM'段）措施

1）在距离第二排桩7.0m处设置一排加固桩，桩径1.5m，桩长23.5m，桩间距为4.6m，共设置2根桩（Z13～Z14）。

2）在加固桩顶冠梁处设置一排预应力锚索，与基坑外侧第一排桩进行对拉，通过连梁形成有效的整体受力体系，锚索采用10束15.2钢绞线，锚索预应力为800kN。

3）在桩顶下-10.5m处设置一道预应力锚索，锚索设置在桩间，锚索间距为2.3m，预加力为200kN，5束15.2的锚索，长为19.0m，锚固段10.5m。

4）对该段基坑顶部进行卸载。

3. 南侧东段段（M''N'）措施

在此拐角处冠梁顶部设置3道钢管角撑，钢管采用609钢管，$t$=16mm，钢管材质为Q235，施加的预应力为300kN。

4. 南侧西段（N'N''段）措施

在桩顶下-10.0m处设置一道预应力锚索，锚索设置在桩间，锚索间距为2.3m，预加力为300kN，5束15.2的锚索，长为19.0m，锚固段10.5m。

**5. 排水及膨胀力释放措施**

1) 在桩外侧距桩中心线 1.5m 处设置集水井，并远离加固桩。共设置 18 口，孔径 600mm，间距为 9.2m，集水井深度穿过杂填土层。

2) 在桩间设置应力释放孔（兼泄水作用），对黏性土进行应力释放，以增强基坑安全。

3) 由于该基坑为膨胀土，对水较敏感，对于北侧、东侧与南侧基坑顶部采用柔性防水，材料采用土工布，防水范围为基坑顶部至截水沟处。

**6. 应急预备措施（K"L'G'G 段）及监测**

由于该段近邻住院部大楼，为一二层高差部位，高差为 5.5m，监测数据显示，该段基坑目前处于稳定状态，但为确保住院楼的安全，在此段设置 4 根钢管支撑作为应急措施，支撑位置避开基础承台，钢管支撑与上部桩通过钢筋混凝土支墩连接。

在施工的过程中加强监测，在监测东侧、南侧的同时，应着重加强北侧与西侧的变形。

## 六、抢险治理效果及结论

工程自 2013 年 5 月 10 日开始治理施工，5 月 28 日完工。根据连续的基坑变形观测结果，加固进行过程中基坑侧向变形已经得到有效控制，基坑加固完成至基坑开挖回填，基坑变形稳定，再无出现任何险情。连续变形监测结果见图 6-11（南侧）和图 6-12（东侧）。

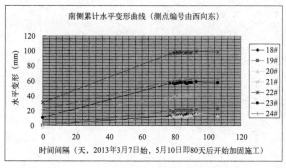

(a) 按时间间隔绘制

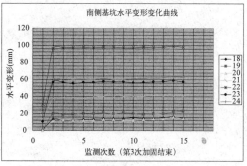

(b) 按观测次数绘制

图 6-11　南侧基坑水平变形监测成果

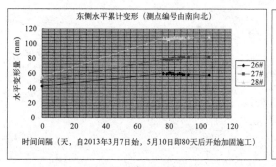

(a) 按时间间隔绘制

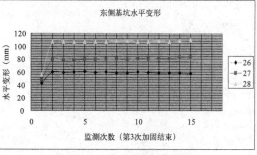

(b) 按观测次数绘制

图 6-12　东侧基坑水平变形监测成果

实践证明，采取的治理措施得当，效果显著，有效地确保了基坑的稳定性及环境安全，为今后类似基坑抢险加固提供了可借鉴的工程经验。同时也说明，基坑工程地质条件千变万化，不能完全依赖前期场地勘察资料，而应该结合工程实施过程中观察和观测到的实际状态，及时对设计进行完善，有时甚至是大幅度的调整。尤其是膨胀土地区的基坑，由于目前勘察手段尚不能有效地查明如裂隙分布等工程特征对基坑工程的不利作用，因此也不能完全依赖规范方法对具有地方特殊地质条件的基坑进行稳定性分析和结构计算，更应该有效地利用信息化施工方法，确保基坑工程的安全。

# 7. 河北冀菜研发基地地质灾害危险性评估

李显忠

中国建筑科学研究院地基所

## 一、工程概况

唐山市河北冀菜研发基地建设项目位于唐山市路南区南新东道南侧，建设南路东侧，增盛路东侧。该地块土地用地性质为商住金融业用地，总用地面积 6596.63m²。容积率 1.0，建筑密度 50%，建筑高度 16m，估算总建筑面积 6596.63m²。本工程拟解决的技术难题为：

1. 查明评估区及附近的地质环境条件及地质灾害类型；

2. 根据评估区地质环境条件的复杂程度，分析论证评估区地质灾害的危险性，并分别进行现状评估、预测评估和综合评估；

3. 提供建设用地适宜性评估结论，并提出具体的地质灾害防治措施和进一步工作建议。

## 二、工程地质条件

1. 工程地质特征

各层地基土的物理力学性质指标、压缩模量、承载力特征值见表 7-1。

邻近场地各地层物理力学性质指标表　　　表 7-1

| 序号 | 名称 | 含水量ω (%) | 天然孔隙比 (e) | 液性指数 $I_L$ | 塑性指数 $I_p$ | 标贯击数N (击) | 压缩模量$E_s$ 0.1~0.2 (MPa) | 承载力特征值$f_{ak}$ (kPa) |
|------|------|------|------|------|------|------|------|------|
| ① | 粉土 | 15.9 | 0.549 | 0.38 | 8.5 | 9.3 | 5.3 | 160 |
| ② | 细砂 | | | | | 21.1 | 16.04* | 200 |
| ③ | 粉质黏土 | 31.0 | 0.81 | 0.5 | 10.9 | 8 | 5.6 | 160 |
| ④ | 细砂 | | | | | 23.7 | 16.76* | 220 |
| ⑤ | 粉质黏土 | 30.2 | 0.882 | 0.44 | 16.3 | 11.4 | 5.54 | 170 |
| ⑥ | 细砂 | | | | | 36.6 | 20.32* | 280 |
| ⑦ | 粉质黏土 | | | | | 15.8 | | 240* |

＊：经验指标或估算指标

411

将评估区附近30m深度范围内分为8个工程地质层,自上而下进行分层描述,见表7-2。

邻近场地工程地质特征表　　　　　　　　　　　表7-2

| 编号 | 名称 | 层底埋深（m） | 厚度（m） | 平均厚度（m） | 工程地质特征 |
|---|---|---|---|---|---|
| ① | 杂填土 | 0.5~2.9 | 0.5~2.9 | 1.32 | 杂色,稍湿,松散—稍密,以砖石炉灰为主,下部以细砂粉土为主混少量石子砖块等 |
| ② | 粉土 | 2.0~8.2 | 1.5~7.3 | 3.20 | 黄褐色,稍湿,密实,切面略粗糙,黏性稍差,切感较硬,韧性稍低,高干强度,无摇振反应,局部混细砂颗粒 |
| ③ | 细砂 | 8.0~13.0 | 2.8~11.0 | 5.92 | 黄褐色,稍湿,中密—密实,长英质,分选稍差,磨圆中等,砂质纯净 |
| ④ | 粉质黏土 | 10.0~14.5 | 1.5~3.6 | 2.46 | 黄褐色,可塑,切面光滑,切感稍硬,高干强度,高韧性,无摇振反映,局部可见锈染斑,夹粉土层 |
| ⑤ | 细砂 | 14.0~21.2 | 2.9~11.2 | 5.42 | 黄褐色,稍湿,中密—密实,长英质,分选稍差,磨圆中等,砂质纯净,局部含粉土,偶见水平层理 |
| ⑥ | 粉质黏土 | 23.2~26.2 | 2.0~11.2 | 6.60 | 黄褐色,可塑,切面光滑,切感稍硬,高干强度,高韧性,无摇振反应,可见锈染斑、有机斑,局部为粉质黏土与粉土互层 |
| ⑦ | 细砂 | 27.8~30.0 | 3.8~4.6 | 4.20 | 黄褐色,稍湿,密实,长英质,分选较好,磨圆中等,砂质纯净,可见锈斑,局部为粉砂,偶见水平层理 |
| ⑧ | 粉质黏土 | 30.0m未揭穿 | | | 黄褐—褐色,可硬塑,切面光滑,切感稍硬,高干强度,高韧性,无摇振反映,可见锈染斑、有机斑 |

2. 勘察结果

勘察期间地下水位埋深约20.0m,可不考虑地下水对基础的腐蚀性及砂土液化影响;场地土类型为中软土,场地类别为Ⅱ类;场地抗震设防烈度为8度,属建筑抗震不利 - 危险地段;本场地标准冻结深度为0.80m;评估区不存在软弱土层、液化土层,各层土承载力特征值较高,除杂填土外各层土均可作建筑物地基持力层。

根据邻近场地钻孔资料综合分析,场地各工程地质层物理力学性质良好,但评估区下方为开滦集团唐山矿采空区,存在一定工程安全隐患,初步判定评估区工程地质条件较差。

## 三、工程技术特点

项目通过对评估区历史与现状调查(水文、气象、地形地貌、地层岩性、地质构造、工程地质、水文地质条件以及人类工程活动对地质环境的影响等),对评估区的地质灾害危险性进行了现状评估、预测评估、综合评估及提出了防治措施。

1. 评估区正下方及西北部均有地下采掘活动,受地下采煤影响,评估区周边形成大小不等的地表塌陷坑数个,并且评估区及附近历史上破坏地质环境的人类工程活动强烈,对地质环境影响严重;

2. 地下煤层开采形成的采空区改变了土体原来固有的平衡状态,在自重或外力作用下,岩土体产生移动，反映到地表产生地面变形，形成地面塌陷；

3.通过对评估区各煤层开采移动总时间的计算，结合目前评估区附近西南一带已经形成多个大小不等的塌陷坑，预测未来的采掘活动将会进一步加大地表沉陷的范围，会对地表建筑造成破坏；

4.综合评估评估区地质灾害危险性大，建设场地适宜性为适宜性差，场地地质结构复杂，应在充分满足抗震及抗变形要求后实施。

**四、工程施工经验**

1.全面收集评估区及周边区域气象、水文、地理、区域地质、环境地质和地质灾害等资料；开展水、工、环综合地质调查，为高质量评估工作奠定基础；

2.确定地下煤层开采是导致采空塌陷的主要因素，现状评估采空塌陷波及影响地质灾害危险性大，如实、客观地反映了建设用地的实际情况；

3.预测评估工程建设引发或加剧的地质灾害危险性为中等，可能遭受采空塌陷及波及影响地质灾害危险性大；

4.评估区地质灾害危险性大，工程建设之前必须进行场地和地基稳定性评价，依据评估结论，应将主要建筑物布置在非塌陷区，且应采取加强建筑物基础及上部结构的整体性及刚度等措施减小地面建筑可能遭受的采空塌陷的影响。

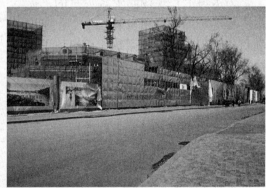

图 7-1　现场照片

# 8. 天津高银117大厦远程验收系统工程

余地华　安　培　周晓帆
中建三局工程总承包公司

## 一、工程概况及系统开发依据

天津高新区软件及服务外包基地综合配套区中央商务区一期工程（117大厦工程）由117层的117塔楼、37层的总部办公楼、2至3层的商业廊及2层的精品商店组成。工程总建筑面积84.7万 $m^2$，其中地上49.7万 $m^2$，117塔楼总高度597m，结构高度596.2m，是中国结构第一高楼，为钢筋混凝土核心筒＋巨型框架的结构体系。工程拥有10项工程之最：结构高度中国之最（597m），单体建筑面积中国之最（84.7万 $m^2$），单体建筑基坑土方开挖之最（200万 $m^3$），民用建筑工程桩长度之最（117大楼工程桩桩长为100m），民用建筑工程桩长细比之最（120），民用建筑工程水下浇注混凝土之最（C55水下浇注），深基坑环形混凝土内支撑直径中国之最（188m），民用建筑工程桩钢筋规格之最（直径50mm三级钢），底板C50大体积混凝土体量最大（65000 $m^3$），钢结构巨型钢柱尺寸世界之最（24m×22.8m）。预计2016年8月底全部竣工并投入使用。届时，这座令人瞩目的世界摩天大楼将傲然耸立于渤海之滨，成为天津市的靓丽名片和标志性建筑。

为达到工程现场防灾减灾目的，提高工程现场的安全质量管理水平，在该项目建设了远程验收系统。系统利用网络视频技术，结合我国房地产及建筑行业特点，通过可视化管理手段实现了项目过程管理的标准化、流程化，提高项目建设过程中对质量、安全的控制，同时利用系统的便捷性，提高工作效率，降低沟通成本，加强管控手段，提高灾害发生时的应急调度能力。

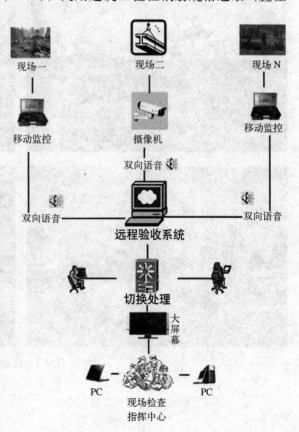

## 二、远程验收系统简介

通过远程验收系统可以观察待验收现场的视频信息。现场检查中心作为整

414

个验收的指挥中心，指挥人员可以结合现场图像对前端工作人员进行调度，所有验收人员在验收过程中可以调用相应的电子图纸等相关知识作为验收参考，最终形成一致的验收报告存档到系统中。整体调度由现场检查指挥中心来统一控制，各个现场待检测点根据整体检测部署处于流水检查的各个阶段，例如正在检查、待命状态等，现场检查指挥中心随时可以根据需要切换到需要检查和了解的施工现场。

### 三、系统的主要功能

天津 117 大厦工程由于层数较高，且施工技术难点较多，施工现场较复杂，为此经常需要采用联合检查的方式进行验收，为了保证安全和节约人力物力方面，本系统需要做到：

1. 满足多部门协同验收的需要。

2. 保证相关专家的安全。

3. 确保钢结构工程的质量，保证交流沟通。

4. 进行对几百米高度处的验收，省却在工地办公室与验收楼层之间行走的时间。

5. 文件记录电子化，通过信息共享提高生产效率。

6. 在对几百米高度处验收时，确保员工的人身安全。

通过本系统最终可以实现：

1. 可通过本系统对工程进行拍照和录像，包括实时录像和定时录像等；

2. 完成对主体结构施工质量的验收，特别是钢结构质量的验收；

3. 对人员不能到达处的工程质量，可利用本系统借助其他工具进行质量验收；

4. 利用本系统，在质量验收的过程中与现场人员进行文字、图像及声音互通和交流；

5. 本系统的检查记录自动生成电子文档，且便于检索；生成电子文档中包含文字（表格）、现场实物照片、图纸详图及编号、参加验收人员签名等；

6. 可以通过互联网远程邀请相关专家参与验收；

7. 文件记录电子化，通过信息共享提高生产效率。

### 四、系统的总体框架设计

1. 远程监控和视频采集子系统

从前端 CCP 塔吊眼监控终端采集相应的现场视频全局信息，以确认验收区域；通过 CCP 便携监控箱可以实现移动便携监控，以支持远程验收。

2. 图档管理子系统

从建设单位或者设计单位获得电子图纸，这些电子图纸可以直接导入系统中；如果无法获得电子图纸，则可以通过图纸管理员采用扫描或者复画的方式将图纸采集到本系统实现图纸管理的电子化。进入系统的图纸，作为图纸管理员，可以通过相应的授权进行维护。这样，在验收的时候，验收人员就可以调用和验收内容相关的图纸进行验收参考，同时也可以把图纸的部分内容作为验收报表的一部分进入验收报表子系统中。

3. 验收报表子系统

这里包括和验收相关的所有应填表格，通过这里可以完成相关验收结论和报表等内容的填写与维护。

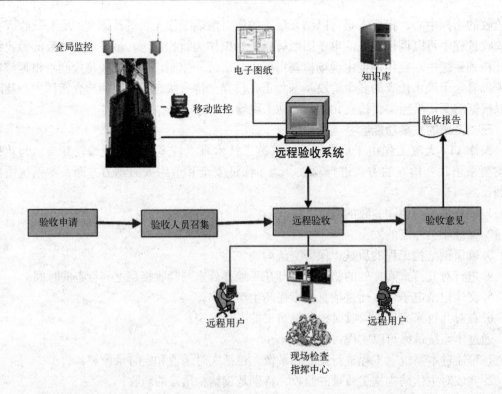

#### 4. 多媒体交互子系统

用于处理验收参加人员之间，特别是验收指挥中心和现场人员的语音等信息的交互。现场室内验收人员与室外现场操作人员进行语音通信与指挥。使用多媒体系统能及时解决技术、疑难、事故、管理等方面的远程指挥问题。

#### 5. 归档管理工具

在满足项目质量验收数据归档的要求的同时，保证验收数据的安全性。本子系统为一个独立的应用软件，任何一台电脑只要安装了本"独立软件"，便可对本系统形成的电子文档的邮件、记录在光盘中的电子文档等进行自动整合，并可检索、查询验收的情况，但不能对电子文档中的数据进行修改和删除。

#### 6. 无线网络系统

本无线网络覆盖系统包括平台无线网络覆盖子系统、骨干链路子系统、防雷子系统、供电子系统四部分。平台无线网络覆盖子系统主要由无线室外双模 AP 组成。本方案采用 Strix Mesh 无线组网解决方案，实现无线网络覆盖，对固定监控、移动监控和应急临时监控及 VOIP 语音服务提供宽带无线接入。

通过在每一层设置一台无线室外双模 AP，加设 2.4G 天线功分器，使每一层具有两个 2.4G 天线覆盖。在顶层作业面制高点设置一台无线室外双模AP，为塔吊眼视频回传做支撑。骨干链路子系统由 Strix 四模室外设备组成，在担负与平台 5.8G 互联的情况下，还可为部分办公区提供无线网络覆盖，以丰富获取平台数据的方式。

另设置一台便携式 AP，在平台内部盲区内架设，保证远程验收系统使用强度及质量。

### 五、采用远程验收系统的意义

远程验收系统的开发和应用，成功解决了超高层建筑施工现场联合验收困难的问题，提高对施工现场的管理水平，更加有效地保证了施工质量，降低了安全事故灾害的发生概率。开发网络远程视频协同建设管理，更好地满足了项目可视化管理控制的需求，实现信息共享和协同工作，使建设企业的信息化管理上一个大的台阶，同时也将灾害的应急调度指挥效率有效的提高。

# 第八篇　附录篇

　　科学的灾情报告统计，为相关决策提供了有效的依据和参考，对于我们今天的建筑防灾减灾工作具有重要的借鉴意义。近年来，我国自然灾害频发，尤其是 2008 年到 2012 年期间，我国发生了南方低温雨雪冰冻、汶川特大地震、大范围秋冬春连旱、青海玉树地震、舟曲特大山洪泥石流、华北地区洪涝风雹灾害等重特大自然灾害，给国家和人民带来了空前的损失。面对近年来我国自然灾害频发的严峻趋势，为及时、客观、全面地反映自然灾害损失及救灾工作开展情况，基于住房和城乡建设部、民政部和国家统计局等相关部门发布的灾害评估权威数据，本篇主要收录我国 2012 年到 2013 年间，住房和城乡建设部抗震防灾、村镇建设防灾工作情况，民政部、国家减灾办发布的 2012 年全国自然灾害基本情况、2013 年上半年全国灾情等数据。

# 建筑防灾机构简介

## 一、住房和城乡建设部防灾研究中心

### (一) 中心简介

住房和城乡建设部防灾研究中心（以下简称防灾中心）1990 年由建设部批准成立，机构设在中国建筑科学研究院。防灾中心以该院的工程抗震研究所、建筑防火研究所、建筑结构研究所、地基基础研究所、建筑工程软件研究所的研发成果为依托，主要任务是研究地震、火灾、风灾、雪灾、水灾、地质灾害等对工程和城镇建设造成的破坏情况和规律，解决建筑工程防灾中的关键技术问题；推广防灾新技术、新产品，与国际、国内防灾机构建立联系，为政府机构行政决策提供咨询建议等。

目前，防灾中心设有综合防灾研究部、工程抗震研究部、建筑防火研究部、建筑抗风雪研究部、地质灾害及地基灾损研究部、灾害风险评估研究部、防灾信息化研究部、防灾标准研究部，组织机构如图所示。

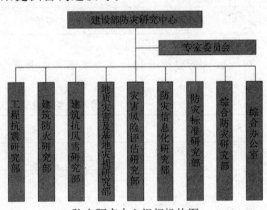

防灾研究中心组织机构图

近年来，防灾中心紧紧围绕促进科技发展，提高创新能力，增强核心竞争力，继续保持在全国建筑防灾减灾领域的领先地位，在"十一五"国家科技支撑项目、863 项目、973 项目、国家自然科学基金项目、科研院所科技开发专项和标准规范项目、国家重点实验室建设等方面开展了有效的工作。截止到 2012 年，中心累计共完成科研成果 100 余项，完成标准规范制修订项目等 120 余项，其中国家和行业标准制修订项目 60 余项，荣获国家科技进步奖、国家自然科学奖、全国科学大会奖等 40 余项，为推动我国建筑防灾减灾事业的科技进步作出了应有的贡献。

### (二) 防灾中心主要任务

1. 开展涉及建筑的震灾、火灾、风灾、地质灾害等的预防、评估与治理的科学研究工作；

2. 开展标准规范的研究工作，参与相关标准规范的编制和修订；

3. 协助建设部进行重大灾害事故的调查、处理；

4. 协助建设部编制防灾规划，并开展专业咨询工作；

5. 编写建筑防灾方面的著作、科普读物等；

6. 协助建设部收集与分析防灾减灾领域最新信息，编写建筑防灾年度报告；

7. 召开建筑防灾技术交流会，开展技术培训，加强国际科技合作。

## （三）防灾中心各机构联系方式

| 机构名称 | 电话 | 传真 | 邮箱 |
|---|---|---|---|
| 综合防灾研究部 | 010-64517751 | 010-64517763 | bfr@dprcmoc.cn |
| 工程抗震研究部 | 010-64517202<br>010-64517447 | 010-84287481<br>010-84287685 | eer@dprcmoc.cn |
| 建筑防火研究部 | 010-64517751 | 010-64517763 | bfr@dprcmoc.cn |
| 建筑抗风雪研究部 | 010-64517357 | 010-84279246 | bws@dprcmoc.cn |
| 地质灾害及地基灾损研究部 | 010-64517232 | 010-84283086 | gdr@dprcmoc.cn |
| 灾害风险评估研究部 | 010-64517315 | 010-84281347 | dra@dprcmoc.cn |
| 防灾信息化研究部 | 010-84274089 | 010-84274089 | idp@dprcmoc.cn |
| 防灾标准研究部 | 010-64517711 | 010-64517912 | dps@dprcmoc.cn |
| 综合办公室 | 010-64517465 | 010-84273077 | office@dprcmoc.cn |

## （四）防灾中心机构与专家委员会成员

### 住房和城乡建设部防灾研究中心主要领导名单

| 姓名 | 职务/职称 | 工作单位 |
|---|---|---|
| 主任 | | |
| 王清勤 | 教授级高工 | 住房和城乡建设部防灾研究中心 |
| 副主任 | | |
| 李引擎 | 研究员 | 住房和城乡建设部防灾研究中心 |
| 王翠坤 | 研究员 | 住房和城乡建设部防灾研究中心 |
| 黄世敏 | 研究员 | 住房和城乡建设部防灾研究中心 |
| 高文生 | 研究员 | 住房和城乡建设部防灾研究中心 |
| 总工程师 | | |
| 金新阳 | 研究员 | 住房和城乡建设部防灾研究中心 |
| 主任 | | |
| 李引擎 | 研究员 | 住房和城乡建设部防灾研究中心 |
| 副主任 | | |
| 金新阳 | 研究员 | 住房和城乡建设部防灾研究中心 |
| 宫剑飞 | 研究员 | 住房和城乡建设部防灾研究中心 |

| 姓名 | 职务/职称 | 工作单位 |
| --- | --- | --- |
| 综合防灾及防火 | | |
| 赵克伟 | 高工 | 北京市消防局 |
| 王佳 | 教授 | 北京建筑大学 |
| 韩林海 | 教授 | 清华大学 |
| 陈南 | 教授 | 中国人民武装警察学院 |
| 金路 | 教授级高工 | 北京城建设计研究院 |
| 黄晓家 | 教授级高工 | 中元国际工程设计研究院 |
| 夏令操 | 教授级高工 | 北京市建筑设计院 |
| 邱仓虎 | 研究员 | 中国建筑科学研究院 |
| 张向阳 | 研究员 | 中国建筑科学研究院 |
| 李宏文 | 研究员 | 中国建筑科学研究院 |
| 程志军 | 处长/研究员 | 住房和城乡建设部防灾研究中心 |
| 张靖岩 | 主任/高工 | 住房和城乡建设部防灾研究中心 |
| 白孝林 | 总经理 | 四川普瑞救生设备有限公司 |
| 工程抗震 | | |
| 吕西林 | 教授 | 同济大学 |
| 叶列平 | 教授 | 清华大学 |
| 马东辉 | 教授 | 北京工业大学 |
| 曾德民 | 副所长/研究员 | 中国建筑标准研究院 |
| 黄世敏 | 副总工程师/研究员 | 住房和城乡建设部防灾研究中心 |
| 程绍革 | 副所长/研究员 | 中国建筑科学研究院 |
| 杨沈 | 主任/研究员 | 住房和城乡建设部防灾研究中心 |
| 唐曹明 | 副主任/研究员 | 住房和城乡建设部防灾研究中心 |
| 郑文忠 | 副院长/教授 | 哈尔滨工业大学 |
| 薛彦涛 | 研究员 | 中国建筑科学研究院 |
| 抗风雪灾害 | | |
| 魏庆鼎 | 教授 | 北京大学 |
| 顾明 | 教授 | 同济大学 |
| 杨庆山 | 副院长/教授 | 北京交通大学 |
| 刘庆宽 | 主任/教授 | 石家庄铁道大学 |
| 肖从真 | 副总工程师/研究员 | 中国建筑科学研究院 |
| 钱基宏 | 副主任/研究员 | 中国建筑科学研究院 |
| 陈凯 | 主任/高工 | 住房和城乡建设部防灾研究中心 |

续表

| 姓名 | 职务/职称 | 工作单位 |
|------|-----------|----------|
| 地基基础 | | |
| 孙毅 | 教授级高工 | 建设综合勘察研究设计研究院有限公司 |
| 张建青 | 副总工程师/研究员 | 中航勘察设计研究院有限公司 |
| 康景文 | 教授级高工 | 中国建筑西南勘察院 |
| 章伟民 | 教授级高工 | 中国市政工程西北设计研究院有限公司 |
| 王曙光 | 副总工程师/研究员 | 中国建筑科学研究院 |
| 衡朝阳 | 工程部经理/研究员 | 中国建筑科学研究院 |
| 灾害评估 | | |
| 潘文 | 总工/教授 | 昆明理工大学 |
| 周铁钢 | 主任/教授 | 西安建筑科技大学 |
| 葛学礼 | 研究员 | 中国建筑科学研究院 |
| 江静贝 | 研究员 | 中国建筑科学研究院 |
| 朱立新 | 主任/高工 | 住房和城乡建设部防灾研究中心 |
| 信息化 | | |
| 王毅 | 副主任/研究员 | 住房和城乡建设部信息中心 |
| 李永录 | 所长/研究员 | 中冶建筑研究总院有限公司 |
| 张健清 | 教授 | 顿楷国际物流信息化公司 |
| 杜劲峰 | 副主任/高工 | 中国建筑第二工程局有限公司 |
| 郭春雨 | 副主任/研究员 | 中国建筑科学研究院信息化软件研究事业部 |
| 周耀明 | 副主任/副研究员 | 中国建筑科学研究院信息化软件研究事业部 |
| 雷娟 | 副主任/高工 | 中国建筑科学研究院信息化软件研究事业部 |

## 二、全国超限高层建筑工程抗震设防审查专家委员会

### (一) 委员会简介

超限高层建筑工程是指超出国家现行有关规范、规程等技术标准所规定的适用高度和适用结构类型的高层建筑工程，体形特别不规则的高层建筑工程和超长大跨度建筑工程。由于这些结构超出了现行有关规范、规程的适用范围，再用规范规定的相关要求进行设计，势必带来极大的抗震安全隐患，必须根据建筑物超限的具体情况提出高于规范要求的设计标准，以充分保证建筑物的抗震安全。超限高层建筑暨大跨结构抗震设防专项审查的目的是加强超限高层建筑工程抗震设防的管理，提高超限高层建筑工程抗震设计的可靠性、安全性，保证超限高层建筑工程抗震设防的质量。

全国超限高层建筑工程抗震设防审查专家委员会自1998年按照建设部第111号部长令要求成立以来，已历四届。十多年来，在建设行政主管部门的领导下，超限高层建筑工

程抗震设防专项审查的法规体系逐步完善，建设部发布了第59号及111号部长令并列入国务院行政许可范围；出台了相关的委员会章程、审查细则、审查办法和技术要点等文件，明确了两级委员会的工作职责、行为规范、审查程序；建立健全了超限高层建筑工程抗震设防专向审查的技术体系，对规范各地的抗震设防专项审查工作起到了积极的指导作用，使超限高层建筑工程抗震设防专项审查工作顺利进行。截至目前，专家委员会已审查了包括中央电视台新主楼、上海环球金融中心、上海中心、北京国贸三期等地标性建筑在内的上千栋高度100米以上的超限高层建筑。

随着建筑高度越来越高、建筑体形、平面布置日趋复杂，特别是来自非地震区、缺乏抗震设计经验的境外设计师所作的体型特别不规则的设计方案，对抗震设计特别不利，所有这些因素都使我们的超限审查面临新的挑战。同时，通过超限高层建筑工程抗震设防专向审查，提高了建筑结构的抗震安全性；促进了建筑工程领域的科技进步，包括推动新材料、新技术、新工艺的发展；为相关规范标准的不断改进提高和修订积累了经验。

全国超限高层建筑工程抗震设防审查专家委员会下设办公室，负责委员会日常工作，办公室设在中国建筑科学研究院工程抗震研究所。以全国超限高层建筑工程抗震设防审查专家委员会名义进行的审查活动由委员会办公室统一组织。

（二）委员会成员

### 全国超限高层建筑工程抗震设防审查专家委员会第四届委员名单

| 主任委员 | | |
|---|---|---|
| 徐培福 | 住房和城乡建设部科技委 | 研究员 |
| 顾问 | | |
| 王彦琛 | 深圳市勘察设计协会 | 教授级高工 |
| 韦承基 | 中国建筑科学研究院工程抗震研究所 | 研究员 |
| 方鄂华 | 清华大学 | 教授 |
| 刘志刚 | 中国建筑学会抗震防灾分会 | 高工 |
| 胡庆昌 | 北京市建筑设计研究院 | 设计大师 |
| 崔鸿超 | 上海中巍结构工程设计顾问事务所 | 教授级高工 |
| 委员 | | |
| 丁永君 | 天津大学建筑设计研究院 | 教授级高工 |
| 丁洁民 | 同济大学建筑设计研究院 | 教授级高工 |
| 于海平 | 山东省建筑设计研究院 | 教授级高工 |
| 方泰生 | 云南省设计院 | 教授级高工 |
| 王立军 | 中冶京诚工程公司 | 教授级高工 |
| 王亚勇 | 中国建筑科学研究院工程抗震研究所 | 研究员 |
| 邓小华 | 重庆市设计院 | 教授级高工 |

委员

| 冯远 | 中国建筑西南设计研究院 | 教授级高工 |
| 卢伟煌 | 福建省建筑设计研究院 | 教授级高工 |
| 左江 | 南京市建筑设计研究院 | 教授级高工 |
| 甘明 | 北京市建筑设计研究院 | 教授级高工 |
| 刘树屯 | 中国航空工业规划设计研究院 | 设计大师 |
| 吕西林 | 同济大学 | 教授 |
| 江欢成 | 上海现代建筑设计（集团）有限公司 | 院士、设计大师 |
| 齐五辉 | 北京市建筑设计研究院 | 教授级高工 |
| 吴汉福 | 中元国际工程设计研究院 | 教授级高工 |
| 吴学敏 | 中国建筑设计研究院 | 设计大师 |
| 杨红卫 | 吉林省建设工程咨询公司 | 研究员 |
| 汪大绥 | 上海现代建筑设计（集团）有限公司 | 设计大师 |
| 沈祖炎 | 同济大学 | 院士 |
| 陈宗梁 | 上海现代建筑设计（集团）有限公司 | 教授级高工 |
| 陈富生 | 中国建筑设计研究院 | 教授级高工 |
| 周福霖 | 广州大学抗震研究中心 | 院士 |
| 林立岩 | 辽宁省建筑设计院 | 设计大师 |
| 林树枝 | 厦门市建设局 | 教授级高工 |
| 郁银泉 | 中国建筑标准设计研究院 | 教授级高工 |
| 金如元 | 江苏省建筑设计研究院 | 教授级高工 |
| 娄宇 | 中国电子工程设计院 | 教授级高工 |
| 施祖元 | 浙江省建筑设计研究院 | 教授级高工 |
| 柯长华 | 北京市建筑设计研究院 | 设计大师、教授级高工 |
| 赵基达 | 中国建筑科学研究院 | 研究员 |
| 容柏生 | 广东省建筑设计研究院 | 院士、设计大师 |
| 徐永基 | 中国建筑西北设计研究院 | 教授级高工 |
| 莫庸 | 甘肃省建设科技专家委员会 | 教授级高工 |
| 袁金西 | 新疆建筑设计研究院 | 教授级高工 |
| 钱稼茹 | 清华大学 | 教授 |
| 陶晞暝 | 中国建筑西北设计研究院 | 教授级高工 |
| 顾宝和 | 建设综合勘察研究设计院 | 勘察大师 |

| 委员 | | |
| --- | --- | --- |
| 顾嗣淳 | 上海现代建筑设计（集团）有限公司 | 教授级高工 |
| 黄世敏 | 中国建筑科学研究院工程抗震研究所 | 研究员 |
| 黄兆纬 | 天津市建筑设计院 | 高级工程师 |
| 傅学怡 | 中建国际（深圳）设计顾问有限公司 | 研究员 |
| 程懋堃 | 北京市建筑设计研究院 | 设计大师 |
| 董津城 | 北京市勘察设计研究院 | 教授级高工 |
| 窦南华 | 中国建筑东北设计研究院 | 教授级高工 |
| 戴国莹 | 中国建筑科学研究院工程抗震研究所 | 研究员 |
| 魏琏 | 中国建筑科学研究院深圳分院 | 研究员 |

## 三、全国城市抗震防灾规划审查委员会

### （一）委员会简介

为贯彻《城市抗震防灾规划管理规定》（建设部令第 117 号），做好城市抗震防灾规划审查工作，保障城市抗震防灾安全，建设部于 2008 年 1 月决定成立全国城市抗震防灾规划审查委员会。

全国城市抗震防灾规划审查委员会（以下简称"审查委员会"）是在建设部领导下，根据国家有关法律法规和《城市抗震防灾规划管理规定》，开展城市抗震防灾规划技术审查及有关活动的机构。审查委员会第一届委员会设主任委员 1 名、委员 36 名，主任委员、委员由建设部聘任，任期 3 年。审查委员会下设办公室，负责审查委员会日常工作。全国城市抗震防灾规划审查委员会办公室设在中国城市规划学会城市安全与防灾学术委员会。以全国城市抗震防灾规划审查委员会名义进行的活动由审查委员会办公室统一组织。

审查委员会的宗旨是：通过审查委员会的工作，加强对各地城市抗震防灾规划编制工作的指导，提高我国城市抗震防灾规划的编制水平，推动各地城市抗震防灾规划的实施，发挥城市抗震防灾规划对城市合理建设与科学发展的促进作用。

### （二）委员会成员

**第二届全国城市抗震防灾规划审查委员会组成人员名单**

| 一、主任委员 | | |
| --- | --- | --- |
| 陈重 | 住房城乡建设部 | 总工程师 |
| 二、副主任委员 | | |
| 苏经宇 | 北京工业大学 | 研究员 |

三、顾问

| 叶耀先 | 中国建筑设计研究院 | 教授级高工 |
|---|---|---|
| 刘志刚 | 中国勘察设计协会抗震防灾分会 | 高级工程师 |
| 乔占平 | 新疆维吾尔自治区地震学会 | 高级工程师 |
| 李文艺 | 同济大学 | 教授 |
| 张敏政 | 中国地震局工程力学研究所 | 研究员 |
| 周克森 | 广东省工程防震研究院 | 研究员 |
| 董津城 | 北京市勘察设计研究院 | 教授级高工 |
| 蒋溥 | 中国地震局地质研究所 | 研究员 |

四、委员

| 于一丁 | 武汉市城市规划设计研究院 | 教授级高工 |
|---|---|---|
| 马东辉 | 北京工业大学 | 研究员 |
| 王正卿 | 四川省住房和城乡建设厅 | 高级工程师 |
| 王晓云 | 中国气象局大气探测技术中心 | 研究员 |
| 冯启民 | 中国海洋大学 | 教授 |
| 叶列平 | 清华大学 | 教授 |
| 叶燎原 | 云南工业大学 | 教授 |
| 左美云 | 中国人民大学 | 教授 |
| 毕兴锁 | 山西省建筑科学研究院 | 教授级高工 |
| 江津贝 | 中国建筑科学研究院 | 教授级高工 |
| 乔润卓 | 石家庄市城市规划设计研究院 | 教授级高工 |
| 任爱珠 | 清华大学 | 教授 |
| 朱思诚 | 中国城市规划设计研究院 | 教授级高工 |
| 狄载君 | 苏州市抗震办公室 | 教授级高工 |
| 苏幼坡 | 河北省地震工程研究中心 | 教授 |
| 宋波 | 北京科技大学 | 教授 |
| 汪彤 | 北京市劳动保护科学研究所 | 研究员 |
| 张久慧 | 吉林省住房和城乡建设厅 | 研究员 |
| 张耀 | 西部建筑抗震勘察设计研究院 | 教授级高工 |
| 李刚 | 天津市城市规划设计研究院 | 高级规划师 |
| 李杰 | 同济大学 | 教授 |
| 李彪 | 安徽省建设工程勘察设计院 | 教授级高工 |

| 四、委员 | | |
|---|---|---|
| 祁皑 | 福州大学 | 教授 |
| 辛鸿博 | 中冶建筑研究总院有限公司 | 教授级高工 |
| 陈龙珠 | 上海交通大学 | 教授 |
| 范继平 | 徐州市城乡建设局抗震设防处 | 高级工程师 |
| 陆鸣 | 中国地震局地壳应力研究所 | 研究员 |
| 罗翔 | 重庆市规划设计研究院 | 高级工程师 |
| 杨明松 | 中国城市规划设计研究院 | 研究员 |
| 杨保军 | 中国城市规划设计研究院 | 研究员 |
| 赵振东 | 中国地震局工程力学研究所 | 研究员 |
| 金磊 | 北京市建筑设计研究院 | 研究员 |
| 郭小东 | 北京工业大学 | 教授 |
| 郭迅 | 中国地震局工程力学研究所 | 研究员 |
| 葛学礼 | 中国建筑科学研究院 | 研究员 |
| 韩阳 | 河南工业大学 | 教授 |
| 谢映霞 | 中国城市规划设计研究院 | 研究员 |
| 曾德民 | 中国建筑标准设计研究院 | 研究员 |
| 裴友法 | 江苏省住房和城乡建设厅 | 教授级高工 |
| 廖河山 | 厦门市建设与管理局 | 高级工程师 |
| 潘文 | 昆明理工大学 | 教授 |
| 颜茂兰 | 四川省建筑科学研究院 | 教授级高工 |
| 戴慎志 | 同济大学 | 教授 |
| 五、委员会办公室 | | |
| （一）办公室主任 | | |
| 马东辉 | 中国城市规划学会城市安全与防灾规划学术委员会副秘书长 | 北京工业大学研究员 |
| （二）办公室副主任 | | |
| 谢映霞 | 中国城市规划学会城市安全与防灾规划学术委员会副秘书长 | 中国城市规划设计研究院研究员 |
| 郭小东 | 北京工业大学 | 教授 |
| （三）办公室工作电话：010-67392241 | | |

## 四、中国消防协会

中国消防协会是 1984 年经公安部和中国科协批准，并经民政部依法登记成立的由消防科学技术工作者、消防专业工作者和消防科研、教学、企业单位自愿组成的学术性、行业性、非营利性的全国性社会团体。经公安部和外交部批准，中国消防协会于 1985 年 8 月正式加入世界义勇消防联盟。2004 年 10 月正式加入国际消防协会联盟，2005 年 6 月被选为国际消防协会联盟亚奥分会副主席单位。公开出版的刊物有《中国消防》(半月刊)、《消防技术与产品信息》(月刊)、《消防科学与技术》(双月刊)、《中国消防协会通讯》(内部刊物)。2006 年 4 月，召开了第五次全国会员代表大会，选举孙伦为第五届理事会会长。

下属分支机构包括：

（一）学术工作委员会、科普教育工作委员会、编辑工作委员会

（二）建筑防火专业委员会、石油化工防火专业委员会、电气防火专业委员会、森林消防专业委员会、消防设备专业委员会、灭火救援技术专业委员会、火灾原因调查专业委员会

（三）耐火构配件分会、消防电子分会、消防车、泵分会、防火材料分会、固定灭火系统分会

（四）专家委员会

# 住房城乡建设部抗震防灾 2012 年工作总结和 2013 年工作要点

## 一、2012 年主要工作

2012 年，我国自然灾害形势严峻，特别是地震灾害仍然较为突出，全国共发生 16 次 5 级以上地震，部分地震造成了较大人员伤亡和财产损失。按照国务院的统一部署，我部认真组织开展住房城乡建设系统抗震防灾工作。

### （一）法制建设和工作部署方面

一是加强《建设工程抗御地震灾害管理条例》的起草研究工作，形成征求意见稿。二是召开全国部分省市抗震办公室主任座谈会，交流各地工作经验，研究进一步加强抗震防灾工作措施。三是部署全系统防灾减灾日宣传工作，并开展 5·12 防灾减灾日有关活动。四是召开推广建筑隔震减震技术座谈会，研究隔震减震技术推广应用工作。

### （二）标准规范和技术文件方面

一是批准发布了《构筑物抗震设计规范》、《底部框架—抗震墙砌体房屋抗震技术规程》、《石油化工钢制设备抗震设计规范》等 3 项抗震相关标准。二是组织编制并完成《城市抗震防灾规划标准》、《城市综合防灾规划标准》、《村镇综合防灾规划标准》、《城镇防灾避难场所设计规范》、《建筑震后应急评估和修复技术规程》、《城市地下空间工程抗灾设防专项论证技术要点》等标准规范和技术文件的征求意见稿。

### （三）城市抗震防灾规划方面

一是完成第二届全国城市抗震防灾规划审查委员会换届工作。二是推动完成 67 项城市抗震防灾规划的编制工作，并对部分城市抗震防灾规划技术评审工作进行指导。三是加强城市总体规划中有关城市抗震防灾专项内容审查、论证，注重完善城市防灾避难场所规划和地下空间开发利用等规划内容，提高城市设防能力。四是开展用于城市防灾规划的防灾社区指标体系研究。

### （四）建设工程抗震设防监管方面

一是推动各地完成 1126 项超限高层建筑工程抗震设防专项审查工作，强化全国超限委对超限高层建筑工程的抗震设防审查和技术总结工作。二是推动完成 23 项重要市政公用设施抗震设防专项论证工作，并更新全国市政公用设施抗震专项论证专家库。三是作为全国校舍安全工程领导小组成员单位，完成对广西壮族自治区的对口督查工作。

### （五）自然灾害处置和应急能力建设方面

一是参加国务院救灾工作组赴"5·10"甘肃省定西市特大冰雹山洪泥石流、"7·21"北京市特大暴雨灾害房山等受灾地区并开展相关工作。二是组织救灾工作组赴"9·7"云南省彝良地震灾区了解灾情，并派出相关专家对灾后重建给予技术指导。三是做好与西藏亚东、新疆伊犁等震区抗震主管部门的实时联系，为灾区提供技术指导和政策文件。四是根据新修订的《国家地震应急预案》，开展《住房城乡建设系统破坏性地震应急预案》修订工作。

### （六）抗震技术研究和国际交流合作方面

一是组织开展具有历史价值木结构和砖石结构建筑的抗震鉴定加固技术要点研究工

作，组织编制具有历史价值钢筋混凝土建筑的抗震鉴定加固案例。二是组织开展房屋建筑抗震质量评定指标体系、建筑隔震施工与验收技术、工程组织等研究工作。三是参加地震工程国际研讨会暨中美合作协调会、亚太经合组织灾后恢复重建能力建设研讨会等交流活动。四是继续开展中日合作"建筑抗震技术人员研修"活动，年内组织了 3 批赴日培训共计 44 人，开展 14 期国内培训共计 3014 人。

### 二、2013 年工作要点

2013 年，我部将继续贯彻"预防为主，防、抗、避、救相结合"的方针，以切实抓好房屋建筑和市政公用设施抗震设防监管为目标，以制、修订住房城乡建设系统防灾减灾法律法规、技术标准为重点，加强抗震设防管理体制机制研究，加强新建建筑工程抗震设计、施工质量监管，加强城市抗震防灾规划的编制与实施，继续抓好农村危房改造工作，积极推动既有建筑抗震性能普查和加固工作，进一步提升城市防灾和工程抗震水平。

（一）加强法规制度建设，做好工作部署

一是按照国务院立法计划，做好《建设工程抗御地震灾害管理条例》起草工作。二是开展《城市抗震防灾规划管理规定》和《超限高层建筑工程抗震设防管理规定》的修订研究工作。三是印发《住房城乡建设系统破坏性地震应急预案》。四是根据国家防总统一部署，继续开展城镇排水与暴雨内涝防治的汛前检查与督查。五是年内召开全国抗震办主任工作座谈会。

（二）进一步完善技术标准体系

一是加快《城市综合防灾规划标准》、《村镇综合防灾规划标准》等标准规范制订工作。二是开展《城镇防灾避难场所设计规范》、《城市抗震防灾规划标准》等标准规范的宣传贯彻工作。三是组织开展我国抗震防灾技术标准体系研究。

（三）继续推动城市抗震防灾规划编制与实施工作

一是组织编制《城市抗震防灾规划审查技术要点》，并开展城市详细规划阶段抗震防灾规划设计研究工作。二是指导各地全面普查城市排水设施现状，编制城市排水与暴雨内涝防治有关规划。三是推动各地开展城镇防灾避难场所建设，研究有关试点工作机制。四是组织编制抗震城市防灾社区评价技术指南。五是召开第二届全国城市抗震防灾规划审查委员会全体会议。

（四）强化新建建设工程抗震防灾监管

一是建立全国超限高层建筑工程抗震设防专项审查管理信息系统，进一步规范超限审查工作。二是继续推动各地实施市政公用设施抗震设防专项论证制度。三是加强供水、供热、供气、城市桥梁、地下工程等市政公用设施的安全监管，采取有效措施防治城市内涝。四是开展第五届全国城市抗震防灾规划审查委员会换届工作。五是积极稳妥推广减隔震技术在建设工程中的应用，并适时开展相关检查工作。

（五）切实提高既有建筑抗震防灾能力

一是开展既有建筑抗震设防对策研究，推动各地逐步开展既有建筑抗震性能普查、建筑抗震鉴定与加固等工作，推动加强抗震管理组织机构建设。二是进一步加强对农村危房改造质量安全和抗震设防监管，同时，对没有政府补贴的农民自建房加强抗震安全指导，推动农房质量安全长效机制建立。三是继续加强村镇建设管理员培训和农村建筑工匠培训、考核及监管。四是继续支持和指导喀什市老城区危旧房改造综合治理项目实施。

# 住房和城乡建设部 2012 年村镇建设防灾工作情况

2012 年，村镇建设继续以农村危房改造为重点，推动农房质量安全和抗震防灾。

## 一、加大农村危房改造力度

按照中央关于加大农村危房改造支持力度的要求，2012 年中央先后追加 2 次投资，共安排补助资金 445.72 亿元，支持 560 万贫困农户改造危房，中央补助资金及任务大幅增加，试点范围扩大到全部农村地区。2012 年 6 月，住房和城乡建设部、国家发展改革委、财政部联合下发《关于做好 2012 年扩大农村危房改造试点工作的通知》（建村〔2012〕87号），明确了农村危房改造工作试点范围和补助标准，提出了质量安全、建设标准、资金管理、信息报送、监督检查等基本政策要求。

各地按照通知要求，认真贯彻落实中央决策部署，将农村危房改造工作列为重要民生工程，及时分解中央任务，加强组织领导，制定政策措施，细化实施方案，多方筹措资金，完善项目管理，强化技术指导，严格质量安全监管。截至 2012 年底，中央下达的第一批400 万户任务开工率 99.9%、竣工率 95.1%。

2012 年 6 月下旬，云南省宁蒗县与四川省盐源县交界处、新疆维吾尔自治区新源县与和静县交界处先后发生 5.7 级和 6.6 级地震，极震区烈度均达到 8 度。经灾损评估，未经改造的农房受损较重，受损率分别达 58% 和 36%，而经危房改造后的农房受损极小，云南仅 2% 轻微或中度受损，新疆无一受损。农村危房改造工程经受住了较强地震的考验，切实保护了农民生命财产安全。

## 二、加强质量安全技术培训与指导

住房和城乡建设部、国家发展改革委、财政部在有关政策及管理文件中明确要求各地强化质量安全管理，建立农村危房改造质量安全管理制度，积极探索抗震安全检查合格与补助资金拨付进度相挂钩的具体措施；地方各级住房城乡建设部门要组织技术力量，开展危房改造施工现场质量安全巡查与指导监督。2012 年底住房和城乡建设部组织开展了农村危房改造任务落实情况检查，重点检查各省份农村危房改造质量安全管理制度建设情况，并随机抽取部分农户现场检查改造后农房选址是否存在安全隐患、建筑质量是否符合抗震基本要求。根据检查考核情况，印发了检查结果通报并抄送省政府，督促各地对照问题整改。开展农村危房改造质量安全培训，提高基层管理和技术人员的抗震安全意识与技术水平。

## 三、健全法律法规与技术支撑体系

抓紧修订《村庄和集镇规划建设管理条例》，力争通过条例，明确地方各级政府特别是乡镇政府村镇规划建设管理责任和农村居民的义务；健全乡镇建设管理员制度，对农房建设实行基本的设计施工审查和指导；恢复农村建筑工匠管理制度，明确建筑工匠的质量责任，提高工匠技能；根据农民经济条件等实际情况，引入农房抗震和设计方面的基本标准，明确农房质量等方面要求。

根据农村实际挖掘和提升传统农房抗震工艺，针对不同地区、不同结构农房，研究确定经济适用的抗震加固新技术新材料。委托西安建筑科技大学以甘肃省会宁县为基地开展现代夯土绿色民居示范项目，以此推动我国夯土建造技术的适宜性革新研究和推广应用。我国首座现代夯土示范农房于 2012 年 7 月在甘肃会宁县丁家沟乡建造完成，示范房在继承传统夯土建筑保温节能优势的同时，结构安全性和墙体耐久性能获得了极大的提升。由于现代夯土技术可就地取材、施工简易，该示范农房造价仅为当地常规砖混建筑的 2/3。该研究成果对于我国广大具有生土建造传统的农村地区房屋建设可持续发展具有深远意义，今后将在其他地区进一步示范研究推广。

# 民政部、国家减灾办发布2013年上半年全国灾情

民政部救灾司

近日，民政部、国家减灾委员会办公室会同国土资源部、交通运输部、水利部、农业部、卫生计生委、统计局、林业局、地震局、气象局、保监会、海洋局、总参谋部、总政治部等部门和单位对2013年上半年全国自然灾害情况进行了会商分析。经核定，上半年，我国自然灾害以地震灾害为主，干旱、洪涝、风雹、低温冷冻、雪灾、山体崩塌、滑坡、沙尘暴、森林草原火灾、风暴潮等灾害也均有不同程度发生，灾情较去年同期偏重。各类自然灾害共造成全国15247.4万人次受灾，782人死亡，67人失踪，245.1万人次紧急转移安置；17.7万间房屋倒塌，330.6万间不同程度损坏；农作物受灾面积14199.7千公顷，其中绝收871千公顷；直接经济损失1730.2亿元。总体看，上半年自然灾害呈现如下特点：

一是灾害覆盖广频次高，损失集中西南地区。上半年，全国有29个省（自治区、直辖市）的2100余个县（区、市）不同程度受到自然灾害影响，各类自然灾害累计发生次数超过6200次，近900个县（区、市）重复受灾3次或3次以上。灾害损失主要集中在西南地区，该地区因灾死亡失踪人数、紧急转移安置人数、倒损房屋数量和直接经济损失均占全国总损失一半以上，其中，四川省上述指标均占全国总损失近3成或3成以上。从集中连片特困县受灾情况来看，西南贫困地区受灾尤为严重，死亡失踪人数和倒损房屋数量占全国集中连片特困受灾县8成以上。

二是地震灾害损失重大，地质灾害伤亡严重。上半年，我国大陆地区中强震非常活跃，5级以上地震发生21次（其中黄海海域2次），边境附近发生2次，远超过常年年均20次水平。地震灾害是造成损失的最主要灾种，全国32%的因灾倒塌房屋、53%的因灾损坏房屋由地震造成。四川省中强震发生频次最高、灾害损失最大，共发生5级以上地震6次，造成的各项损失均占全国地震损失的8成以上。尤其是4月20日芦山县7.0级强烈地震，震级高、破坏性强，造成严重人员伤亡和大量房屋损毁。上半年，因降雨、冰雪冻融等因素引发多起山体崩塌、滑坡等地质灾害，共造成220人死亡，30人失踪，死亡失踪人数较去年同期增加4成以上。其中，1月11日云南昭通市镇雄县山体滑坡造成46人死亡，3月29日西藏拉萨市墨竹工卡县山体滑坡造成83人死亡或失踪。

三是水旱灾害总体偏轻，局地损失较为突出。上半年，全国降水接近常年同期，入汛以来降水偏多，强降雨过程频繁、影响范围广，但总体分布较为分散。洪涝灾害造成的损失较近年同期偏轻，其中房屋倒损数量为近10年同期最少。由于局部地区降雨强度大，广东、湖南等省灾情较重。春季，东北地区遭遇低温灾害、春涝灾害"双碰头"，平均气温为1958年以来同期最低，累计降水量为1952年以来同期最多，低温春涝对农区春耕备耕和适时春播造成一定影响，但由于后期气温回升、雨量适宜，总体影响不大。上半年干

旱灾害较近年同期偏轻，农作物受灾面积和绝收面积偏少 3 成以上，但西南、西北、北方冬麦区等部分地区旱情较重，尤其是云南、四川南部自 2009 年入秋以来连续 4 年受旱，灾害叠加效应明显。进入 5 月，旱区大部陆续出现降水，旱情基本解除。

四是南方风雹灾害频发，低温雪灾损失突出。3 月份以来，南方地区区域性雷雨大风、冰雹等强对流天气频发，华南、西南等地灾情较重，全国有 1000 余个县（区、市）遭受风雹灾害。年初，南方地区接连遭遇两次低温雨雪过程，部分地区交通出行和通信受到较大影响。4 月，西北地区东部、华北、黄淮先后出现 3 次强降温过程，处于拔节至孕穗期的冬小麦生长发育受到一定影响。与近年同期相比，低温冷冻雪灾损失较重。

五是雾霾影响中东部地区，海洋灾害影响北方沿海。上半年，全国平均雾霾日数 20.1 天，较常年同期偏多 7.7 天，为 1961 年以来同期最多，其中 1 ~ 3 月份较为突出。雾霾天气主要集中在中东部地区，一季度北京、河北、河南等地雾霾日数达 20 ~ 30 天，江苏部分地区在 30 天以上，持续雾霾天气对交通运输和人体健康造成严重影响。上半年，我国海洋灾害以风暴潮和海冰灾害为主，其中 5 月底的温带风暴潮灾害造成山东多地受灾；年初海冰灾害导致辽宁省海水养殖业受灾严重。

六是林业生物灾情同比持平，森林火灾偏轻发生。上半年，全国林业有害生物危害同比持平，局部危害较重，导致 6843 千公顷林业面积不同程度受灾。发生森林火灾 2973 起，其中较大森林火灾 1053 起，没有发生重大和特别重大森林火灾，共造成 8656 公顷森林受害，损失森林蓄积 20.4 万立方米。全国森林火灾较近年同期偏轻，火灾次数、受灾森林面积、伤亡人数分别比前三年均值下降 44%、58% 和 46%。

# 民政部国家减灾办发布 2012 年全国自然灾害基本情况

中华人民共和国民政部救灾司

近日，民政部、国家减灾委员会办公室会同工业和信息化部、国土资源部、交通运输部、铁道部、水利部、农业部、卫生部、统计局、林业局、地震局、气象局、保监会、海洋局、总参谋部、中国红十字会总会等部门对 2012 年全国自然灾害情况进行了会商分析。经核定，2012 年，各类自然灾害共造成 2.9 亿人次受灾，1338 人死亡（包含森林火灾死亡 13 人），192 人失踪，1109.6 万人次紧急转移安置；农作物受灾面积 2496.2 万公顷，其中绝收 182.6 万公顷；房屋倒塌 90.6 万间，严重损坏 145.5 万间，一般损坏 282.4 万间；直接经济损失 4185.5 亿元。

总体上，2012 年我国自然灾害以洪涝、地质灾害、台风、风雹为主，干旱、地震、低温冷冻、雪灾、沙尘暴、森林火灾等灾害也均有不同程度发生，灾情较常年偏轻，但局部地区受灾严重。其中，四川、云南、甘肃、河北、湖南等省灾情较为突出。全年相继发生"5·10"甘肃岷县特大冰雹山洪泥石流灾害、6 月下旬南方洪涝风雹灾害、7 月下旬华北地区洪涝风雹灾害、8 月上旬"苏拉""达维"双台风灾害、"9·7"云南彝良 5.7 和 5.6 级地震等重特大自然灾害，给当地经济社会发展和人民生命财产安全带来较大影响。2012 年我国自然灾害主要呈现以下特点：

一是灾害分布点多面广，局部地区受灾严重。全国 31 个省（自治区、直辖市）的 2600 余个县（区、市）不同程度受灾，占全国县（区、市）总数的 90% 以上。其中，900 余个县（区、市）先后遭受 5 次以上自然灾害影响，200 余个县（区、市）先后遭受 10 次以上自然灾害影响。华北地区因洪涝、风雹、台风等自然灾害造成的损失较为严重，其死亡失踪人口、紧急转移安置人口、损坏房屋数量、直接经济损失均为 2000 年以来最高值；西北地区洪涝、滑坡和泥石流灾害损失偏重，其损坏房屋数量、直接经济损失为 2000 年以来第四高值；西南地区年初遭遇重旱，汛期遭受多轮暴雨袭击，多次遭受 5 级以上地震，其死亡失踪人口、倒损房屋数量均占全国总损失数的 4 成左右。

二是南方春汛夏汛明显，北方洪涝异常偏重。南方多省春汛提前，其中浙江、江西、广东等省发生 1998 年以来最早的大范围春汛。夏季，全国出现 21 次暴雨过程，长江和黄河流域部分地区发生较大规模洪水，其中长江干流重庆境内发生 1981 年以来最大洪水，黄河上中游发生 1989 年以来最大洪水。2012 年我国北方洪涝灾害的突发性、异常性特征明显，历史上属于旱灾频发的内蒙古、甘肃等地因洪涝灾害造成的损失情况较近 10 年均值有大幅度增加，其中 5 月 10 ~ 11 日甘肃岷县冰雹及强降雨引发特大冰雹山洪泥石流灾害；7 月 21 ~ 22 日京津冀三地区域性大暴雨到特大暴雨导致发生百年一遇的特大暴雨洪涝和山洪泥石流灾害。

　　三是台风频繁密集登陆，影响范围跨度较大。我国大陆地区先后受到 10 个台风影响，其中 7 个台风在我国沿海登陆，登陆时间集中，强度偏强。7 月下旬至 8 月下旬间，6 个台风先后登陆我国，为 1949 年以来历史同期罕见。其中，8 月 2～8 日七天之内，有 3 个台风先后在我国登陆，频次之高为 1996 年以来首次。"达维"与"苏拉"在间隔不到 10 个小时内先后登陆我国，为有气象纪录以来首次。台风影响区域从华南沿海延伸至东北，涉及 17 个省（自治区、直辖市）968 个县（区、市），其中河北、辽宁、吉林、黑龙江、山东等较少受到台风灾害影响的北方省份灾情异常偏重，5 省除死亡失踪人口和紧急转移安置人次外，其余灾情指标合计值均占全国台风总损失的 4 成以上。

　　四是风雹灾害局地较重，干旱灾情明显偏轻。全国平均强对流日数为 38.2 天，为 1961 年以来历史第三少，但局地风雹灾害强度大、灾情较重。其中，华北、江南因风雹灾害发生密集，损失较为突出，其死亡失踪人口、倒塌房屋间数、直接经济损失之和占到全国的 5 成以上。干旱灾情明显偏轻，区域性、阶段性特征明显。2011～2012 年度冬春期间，云南、四川南部等地降水较常年同期明显偏少，连续第三年遭受多季连旱，灾害叠加效应凸显，对群众生产生活造成较大影响；5～6 月，黄淮海夏播区大部分地区降水量不足 30 毫米，造成河北、山西、江苏、安徽、山东、河南等省部分春播玉米、大豆、花生等农作物受旱较重。但总体来看，粮食主产区和粮食生产关键期未受到严重旱灾影响，农作物受灾面积、绝收面积均为 2000 年以来最低值，饮水困难人口、直接经济损失为 2000 年以来次低值。

　　五是西部地震频繁发生，低温雪灾连袭北方。我国大陆地区共发生 5 级以上地震 16 次，全部集中在西部地区，其中，新疆地震活动尤其活跃，共发生 11 次 5 级以上地震。地震引发次生地质灾害造成人员伤亡、房屋倒损现象突出。6 月 30 日新疆伊犁哈萨克族自治州新源县、巴音郭楞蒙古自治州和静县交界发生的 6.6 级地震全年震级最高，9 月 7 日云南省昭通市彝良县发生的 5.7 和 5.6 级地震造成损失最重。进入 2012 年冬季，全国平均气温较常年偏低，11 月后出现 7 次明显降温过程，华北、东北以及青海、新疆等地频繁遭遇降温降雪袭击，造成设施农业受损严重，牲畜觅食困难。上述地区因低温雪灾造成损坏房屋数量、直接经济损失均占到全国总损失的 8 成以上。其中，11 月中旬，黑龙江鹤岗市出现历史同期最大深度积雪；12 月 20～24 日，北京、河北、内蒙古、山东等多地出现有气象记录以来最低温度。

　　六是贫困地区灾频灾重，灾贫叠加效应显著。全年全国 9 成以上的集中连片困难县不同程度遭受自然灾害影响，其中秦巴山区、燕山－太行山区的集中连片困难县全部受灾。受灾集中连片困难县中，9 成以上重复遭受 5 次以上自然灾害影响。受灾的集中连片困难县占全国受灾县总数的 2 成以上，其死亡失踪人口、倒塌房屋间数、损坏房屋间数均占全国因灾总损失的 4 成以上。西南地区的受灾县中，有 286 个属于集中连片困难县，占西南地区全部受灾县的近 6 成，其因灾造成的房屋损坏间数占西南地区房屋损坏间数的 7 成以上。上述受灾困难县贫困覆盖面广，受灾程度深，群众自救能力弱，救灾救助工作难度大。

# 国家减灾办发布"2012 年全国十大自然灾害事件"

中华人民共和国民政部救灾司

日前，国家减灾委员会办公室会同民政部、工业和信息化部、国土资源部、交通运输部、铁道部、水利部、农业部、卫生部、统计局、林业局、地震局、气象局、保监会、海洋局、总参谋部、中国红十字会总会等部门，综合考虑因灾人员伤亡、直接经济损失和经济社会影响等指标，评选出 2012 年全国十大自然灾害事件。具体如下：

1. 7 月下旬华北地区洪涝风雹灾害
2. "9·7"云南彝良 5.7、5.6 级地震
3. "5·10"甘肃岷县特大冰雹山洪泥石流灾害
4. 8 月上旬"苏拉""达维"双台风
5. 6 月下旬南方洪涝风雹灾害
6. 2011～2012 年度云南冬春连旱
7. 7 月初四川盆地至黄淮地区洪涝灾害
8. 8 月末川渝暴雨洪涝灾害
9. 7 月中旬南方洪涝灾害
10. 6 月初湖南暴雨洪涝灾害

# 2012 年建筑业发展统计分析

来源：中国建设报　2013-06-01

## 一、2012 年全国建筑业基本情况

2012 年是我国全面实施"十二五"规划承上启下的重要一年，建筑业以科学发展为主题，以转变发展方式为主线，更加注重发展的质量与效益，进一步加快推进发展方式转变和产业结构调整，总体发展实现稳中有进。全国建筑业企业（指具有资质等级的总承包和专业承包建筑业企业，不含劳务分包建筑业企业，下同）完成建筑业总产值 135303 亿元，增长 16.2%；完成竣工产值 75504 亿元，增长 14.4%；房屋施工面积 98.15 亿平方米，增长 15.2%；房屋竣工面积 34.59 亿平方米，增长 9.3%；签订合同额 245688 亿元，增长 16.9%；实现利润 4818 亿元，增长 15.6%。截至 2012 年底，全国有施工活动的建筑业企业 74042 个，增长 2.4%；从业人数 4180.8 万人，增长 8.5%；按建筑业总产值计算的劳动生产率为 267860 元 / 人（计算劳动生产率的平均人数为 5051.3 万人），比上年增长 14.9%。

**建筑业产业规模持续扩大，总产值增速延续放缓态势**

改革开放以来，我国建筑业企业随着生产和经营规模的不断扩大，完成的建筑业总产值屡创新高。2012 年全国建筑业企业完成建筑业总产值达到 135303 亿元，是"十一五"期末（2010 年）的 1.4 倍，"十五"期末（2005 年）的 3.9 倍，产业规模持续稳步扩大。

受固定资产投资增速及国家宏观经济结构调整等因素影响，2012 年建筑业总产值增速延续了上年的放缓态势，增长 16.2%，比上年增幅降低了 5.7 个百分点，增速连续两年放缓。

2012 年，全国固定资产投资（不含农户）364835 亿元，比上年增长 20.6%，增速比上年回落 3.2 个百分点。建筑业固定资产投资 4035.6 亿元，比上年增长 24.6%，增速与上年的 42.9% 相比有较大幅度下降，增速在国民经济行业 20 个门类中排名第 10 位，比去年下降 8 位。

**建筑业企业数量与从业人数增加，劳动生产率稳步提高**

截至 2012 年底，全国共有建筑业企业 74042 个，比上年增加 1762 个，增长 2.4%。国有及国有控股建筑业企业 6957 个，比上年增加 28 个，占建筑业企业总数的 9.4%。平均每个建筑业企业完成总产值 1.83 亿元，比上年增长 13.0%。

2012 年，全社会就业人员 76704 万人，建筑业从业人数 4180.8 万人，比上年增加 328.3 万人，增长 8.5%，扭转了上年的缩减趋势。建筑业在吸纳农村富余劳动力、促进城乡统筹发展和维护社会稳定等方面仍然继续发挥着重要作用。

2012 年，按建筑业总产值计算的劳动生产率稳步提高，达到 267860 元 / 人（计算劳动生产率的平均人数为 5051.3 万人），比上年增长 14.9%。表明建筑业劳动者的平均熟练

程度、各项新技术的应用推广以及生产过程的组织管理水平等正得到改善与提高。

**建筑业有力支持国民经济稳步增长支柱产业地位进一步巩固**

2012 年，在国家继续加强和改善宏观调控、促进经济平稳较快发展的总体布局下，我国国民经济发展保持稳中有进，国内生产总值 519322 亿元，按不变价格计算比上年增长 7.8%，全年全社会建筑业实现增加值 35459 亿元，按不变价格计算比上年增长 9.3%，增速高出国内生产总值增速 1.5 个百分点，对 GDP 增长的贡献率 8.03%，拉动 GDP 增长 0.6 个百分点，有力支持了国民经济持续健康稳定发展。2012 年，建筑业增加值占国内生产总值比重为 6.83%，比上年增加 0.08 个百分点，在国民经济各行业中位列第 5，建筑业支柱产业地位得到进一步巩固。

**建筑业企业利润平稳增长，企业经营状况稳定**

2012 年，全国建筑业企业实现利润 4818 亿元，比上年增加 650 亿元，增长 15.6%，保持了较为稳定的增长态势。建筑业产值利润率（利润总额与总产值之比）为 3.56%，与上年持平，表明利润总额与总产值保持同步增长，企业经营状况稳定，运行效益良好。

与此同时，建筑业利税额亦逐年增高，税收占利税的比例有所下降，从 2005 年的 56.1% 下降到 2011 年的 48.1%。

**房屋施工面积、竣工面积增速放缓，实行投标承包工程房屋面积占八成以上**

2012 年，全国建筑企业房屋施工面积 98.15 亿平方米，比上年同期增长 15.2%；竣工面积 34.59 亿平方米，增长 9.3%。两项指标的增速均比上年有所下降（图 10）。全年房屋建筑施工面积中，实行投标承包工程房屋面积 79.6 亿平方米，占 81.1%。2005 年以来，投标承包工程面积占施工面积比例稳定，始终保持在八成以上。

**建筑业企业签订合同额、新签合同额增速放缓**

2012 年，全国建筑业企业签订合同总额 245688 亿元，比上年同期增长 16.9%。其中，本年新签合同额 145030.2 亿元，增长 12.6%。建筑业企业签订合同总额在经历了 2005 以来每年 20% 以上的高速增长后，2012 年增速明显放缓。新签合同额的增速也延续了上一年的放缓趋势。

**对外承包工程业务增长提速，业务发展机遇大于挑战**

2012 年，我国对外承包工程新签合同额 1565.3 亿美元，比上年增长 10.0%，增幅高于上年 4.1 个百分点；完成营业额 1166 亿美元，比上年增长 12.7%，高于上年 0.5 个百分点。这是自 2009 年以来，我国对外承包工程连续三年呈现出增速回落态势之后的首次反弹。

## 二、2012 年全国建筑业发展特点

**江、浙两省行业龙头地位稳固，中西部地区展现较强发展活力**

2012 年，江苏、浙江继续领跑全国建筑业，建筑业总产值分别达到 17927.23 亿元、17144.72 亿元，共占全国建筑业总产值的 25.9%，以绝对优势捍卫行业龙头地位。

除江、浙两省外，总产值超过 6000 亿元的还有辽宁、山东、湖北、北京、广东、四川和河南，9 省市完成的建筑业总产值占全国建筑业总产值的 60.5%。

从各省建筑业总产值增长情况看，中西部省份，尤其是甘肃、江西、云南、贵州表现出较强的发展活力，上述四省产值增幅分别达到 32.5%、30.3%、27.7%、24.7%，高出全国总增速 8.5 个百分点至一倍。值得注意的是，2012 年有 3 个省市出现了负增长，分别是上海 0.5%、青海 2.2%、西藏 31.8%。

### 各地区固定资产投资与建筑业产值的关联度差异大

2012 年，全社会固定资产投资（不含农户）364835 亿元，比上年增长 20.6%，增速比上年回落 3.2 个百分点。各地区固定资产投资与建筑业总产值增长的关联性差异较为显著。江苏、辽宁、四川、福建等地固定资产投资与建筑业总产值排名完全一致，表现出较强的联动性。而浙江、湖北、北京、上海、重庆、天津等相对发达地区的建筑业总产值对固定资产投资的依赖性较小。特别是浙江、北京、上海，固定资产投资排名分别为第 7 位、第 23 位、第 26 位，但完成的建筑业总产值分别为第 2 位、第 6 位、第 11 位。河南、河北、安徽、内蒙古、吉林、广西等地建筑业总产值受固定资产投资的拉动较弱，如内蒙古固定资产投资排名为第 13 位，完成的建筑业总产值为第 25 位。上述反映出各地区建筑施工能力与其固定资产投资工作量匹配程度具有很大差异性。

建筑市场总量持续做大，发达地区竞争依然激烈 2012 年，全国建筑业企业新签合同额 145030.2 亿元，比上年增长 14.3%，增速较上年降低 2.4 个百分点。浙江、江苏两省建筑业企业新签合同额继续包揽前两位，分别达到 17698.5 亿元、17038.2 亿元，共占全国总额的 23.9%。进入前十位的省市还有广东、湖北、北京、山东、辽宁、四川、河南和上海，新签合同额均超过 5500 亿元。2012 年新签合同额排名前十位的省市与 2011 年完全一致，十省市新签合同额总量占全国的 64.0%，建筑业发达地区的市场竞争仍十分激烈。

### 跨省完成产值持续增长建筑业发达地区对外拓展能力强

2012 年，各省市跨地区完成的建筑业总产值 42397.1 亿元，比上年增长 20.0%。跨地区完成建筑业总产值占全国建筑业总产值的 31.3%，与上年相比提高 1.3 个百分点。跨地区完成的建筑业总产值排名一、二的仍然是浙江和江苏，分别为 8623.8 亿元、7212.0 亿元，共占各省市跨地区完成总额的 37.4%。紧随其后的北京、湖北、上海、福建、河南、广东、河北，跨地区完成的建筑业总产值均超过 1500 亿元。

从外向度（即在外省完成的建筑业产值占本地区建筑业总产值的比例）来看，排在前三位的省市与上年相同，依然是北京、浙江、上海，分别为 60.9%、50.3%、47.3%，外向度均比上年有所提高，对外拓展能力进一步增强。此外，外向度超过 30% 的还有江苏、福建、湖北、湖南、江西、河北、陕西七省。与 2011 年相比，30 个地区（除西藏外）中，外向度有所提高的 19 个，下降的 11 个。其中，提高最显著的是江西，增加 6.7%；下降最大的是吉林，降低 9.6%。

### 多数地区从业人数增加，劳动生产率地区性差异显著

2012 年，全国建筑业从业人数超过百万的地区共 14 个，比上年增加 1 个。14 个地区的建筑业从业人数占全国建筑业从业人数的 81.9%。其中，江苏从业人数首次突破 700 万，达到 702.9 万人。浙江紧随以后，为 621.4 万人。山东、河南、辽宁、四川从业人数均超过 200 万，分别为 275.4 万人、225.8 万人、218.6 万人、200.8 万人。与上年相比，23 个地区的从业人数增加，8 个地区的从业人数减少。增加人数最多的是江苏，增加 83.4 万人；减少人数最多的是四川，减少 34.0 万人。

从按总产值计算的劳动生产率来看，2012 年除黑龙江、甘肃、青海、西藏 4 个地区外，其他 27 个地区的劳动生产率均有较大幅度提高。排在前六位的是：天津 571511 元 / 人、海南 456397 元 / 人、上海 399708 元 / 人、陕西 393860 元 / 人、广东 340363 元 / 人、北京 337320 元 / 人。劳动生产率最高的天津是最低的福建的 3.4 倍。天津自 2009 年我国首个

住宅产业化集团在该地落户后，劳动生产率始终保持领先全国，建筑工业化对建筑业劳动生产率提高所产生的积极影响日益显现。

　　*沿海地区领跑对外承包工程业务，广东对外承包优势明显*

　　2012 年，我国对外承包工程业务完成营业额 1166 亿美元，比上年增长 12.7%。其中，各地区（包括新疆生产建设兵团）共完成对外承包工程营业额 801.9 亿美元，比上年同期增长 17.5%，营业额占全国的 68.8%。完成营业额在 40 亿美元以上的有六个地区，分别是广东 160.5 亿美元、山东 81.1 亿美元、上海 68.1 亿美元、江苏 64.7 亿美元、四川 56.4 亿美元和湖北 45.6 亿美元，这六个地区的总额占各地区总营业额的 59.4%。仅广东一省就占到全国的 20.0%，比上年增长 2.8 个百分点，继续领跑对外承包工程业务。与上年相比，增幅最大的是青海省，达 377.1%。其他增长较快的地区还有新疆、吉林、广东、重庆、云南，均在 35% 以上。营业额下降的地区有山西、海南、河南、宁夏、黑龙江和甘肃。此外，内蒙古和西藏实现对外承包工程业务突破，分别完成 857 万美元、501 万美元。

# 大事记

2012 年 6 月 5 日，公安部技术监督委员会批准发布公共安全行业标准《乡镇消防队标准》，标准号 GA/T 998-2012，自 7 月 1 日起施行。

2012 年 6 月 30 日，天津蓟县县城莱德商厦发生火灾。截至当晚 23 时，初步确认 10 人死亡，16 人受轻伤。

2012 年 9 月 18 日，2012 中国消防协会科学技术年会暨广东高层建筑消防安全管理高峰论坛在广州市召开，本届会议的主题是"科技发展与消防现代化和社会化"。

2012 年 9 月 27 日，人力资源社会保障部、公安部联合印发了《关于印发注册消防工程师制度暂行规定和注册消防工程师资格考试实施办法及注册消防工程师资格考核认定办法的通知》（人社部发 [2012]56 号），明确在我国建立注册消防工程师制度，于 2013 年 1 月 1 日起施行。

2012 年 10 月 18 日，新疆气象局防灾减灾业务平台正式启用。该防灾减灾业务平台建设内容涉及预报预警与应急指挥、突发公共事件预警信息发布、气候与生态环境业务、农业气象与兴农网业务、能源与交通专业气象服务、人工影响天气业务指挥、气象信息网络业务等。据介绍，新疆维吾尔自治区气象局建设了集气象预报预警、气象防灾减灾应急、公共气象服务为核心的业务平台，体现了气象高科技含量，并展示了气象科技能力。平台的建成将成为新疆防灾减灾体系建设的重要组成部分。

2012 年 10 月 22 日，国家标准化管理委员会正式批准发布《自然灾害分类与代码》、《自然灾害灾情统计第 3 部分：分层随机抽样调查方法》、《自然灾害遥感专题图产品制作要求第 1 部分：分类、编码与制图》、《自然灾害遥感专题图产品制作要求　第 2 部分：监测专题图产品》、《自然灾害遥感专题图产品制作要求第 3 部分：风险评估专题图产品》、《自然灾害遥感专题图产品制作要求　第 4 部分：损失评估专题图产品》和《自然灾害遥感专题图产品制作要求第 5 部分：救助与恢复重建评估专题图产品》等七项减灾救灾国家标准，于 2013 年 2 月 1 日起正式实施。

2012 年 10 月 27 日，青海省玉树藏族自治州人民医院竣工并交付使用，这标志着玉树地震灾区灾后重建学校、医院工程建设全面完成。

2012 年 11 月 17 日，全国减灾救灾标准化技术委员会在北京组织召开了减灾救灾标准技术审查会，标委会主任委员史培军教授出席并主持会议。会议审查通过了《救灾帐篷第 8 部分：20m$^2$ 棉帐篷》、《应急期受灾人员集中安置点基本要求》和《暴雨型洪涝灾害灾情预评估方法》三项民政行业标准送审稿。

2012 年 11 月 28 日，公安部印发了《关于印发〈消防产品技术鉴定工作规范〉的通知》，公布消防产品技术鉴定机构为公安部消防产品合格评定中心，自 2013 年 1 月 1 日起，委托人可以向消防产品技术鉴定机构提出消防产品技术鉴定委托。

2012 年 12 月 9 日，环境减灾 C 星有效载荷首次开机成像，成功获取首轨合成孔径雷